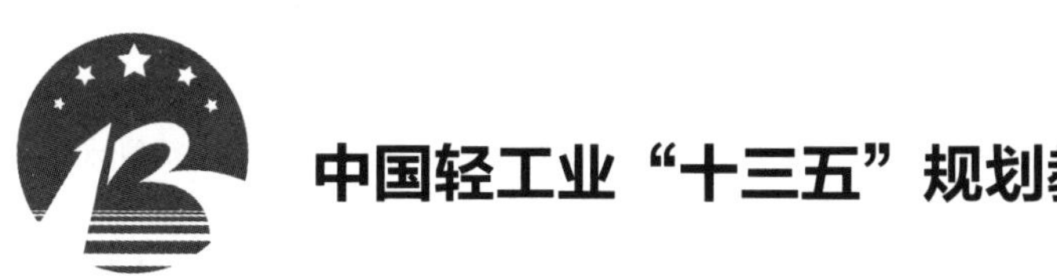

玻璃工业机械与设备

郭宏伟　韩方明　王翠翠　编著

第二版

化学工业出版社

·北京·

内容简介

本书介绍了玻璃工业中使用的一般机械设备和不同类型玻璃生产及加工专用机械设备的种类、构造、工作原理、参数确定、选型和操作技术等，包括粉碎机械、筛分机械、称量设备、混料机械、起重及运输机械、贮料与加料机械设备、防尘及收尘设备、供料机械与设备等行业通用机械，玻璃瓶、灯泡、玻璃管、玻璃纤维、平板玻璃、光学玻璃生产设备以及玻璃窑炉烟气脱硫脱硝设备。本书相对于上一版整合和去除了一些生产效率低、能耗高的玻璃生产机械与设备，增加了玻璃工业的脱硫脱硝设备，玻璃新型球磨设备，除尘设备，玻璃管制瓶生产设备，玻璃激光雕刻设备，电子玻璃基板等的生产设备。

本书列入“中国轻工业‘十三五’规划教材”，可供大专院校材料科学与工程专业、无机非金属材料工程专业教学使用或参考，也可供玻璃工业、建材工业、建筑工业、硅酸盐工业、化学工业、电真空工业等行业的科技人员、管理人员和技术工人使用。

图书在版编目（CIP）数据

玻璃工业机械与设备/郭宏伟，韩方明，王翠翠编著. —2版. —北京：化学工业出版社，2020.6
中国轻工业“十三五”规划教材
ISBN 978-7-122-36490-6

Ⅰ.①玻… Ⅱ.①郭…②韩…③王… Ⅲ.①玻璃-加工-工业生产设备-高等学校-教材 Ⅳ.①TQ171.6

中国版本图书馆CIP数据核字（2020）第046891号

责任编辑：李玉晖　杨　菁　　　文字编辑：陈　喆
责任校对：宋　玮　　　装帧设计：韩　飞

出版发行：化学工业出版社（北京市东城区青年湖南街13号　邮政编码100011）
印　　刷：三河市航远印刷有限公司
装　　订：三河市宇新装订厂
787mm×1092mm　1/16　印张$21\frac{3}{4}$　字数585千字　2021年1月北京第2版第1次印刷

购书咨询：010-64518888　　售后服务：010-64518899
网　　址：http：//www.cip.com.cn
凡购买本书，如有缺损质量问题，本社销售中心负责调换。

定　　价：68.00元

前 言

中国是一个玻璃生产大国，玻璃产品种类多，产量大。目前，中国日用玻璃和平板玻璃的产量均居世界第一位。玻璃经过配料、熔制、成形、加工后才能成为合格产品，其间每一道工序都要用相应的机械与设备来完成，因而，玻璃机械设备与玻璃工艺、玻璃窑炉成为无机非金属材料工程（玻璃）专业的三大主干课程。

《玻璃工业机械与设备》是在多年教学实践的基础上，按照陕西科技大学现用的教学大纲和授课内容，以及自编的玻璃机械设备讲义，结合现有国内出版的玻璃机械设备专业教材，参考了大量文献后编写而成。

《玻璃工业机械与设备》第二版主要论述玻璃工业中使用的一般机械设备和不同类型玻璃生产及加工专用机械设备的种类、构造和工作原理以及各项参数的确定等。本次修订中去除了一些生产效率低、能耗高的玻璃生产机械与设备，增加了玻璃工业的脱硫脱硝设备，以及玻璃新型球磨设备、除尘设备。同时，增加了玻璃管制瓶生产设备、玻璃激光雕刻设备、电子玻璃基板等的生产设备。学生通过本课程的学习，要能够根据玻璃生产的工艺要求，正确地使用机械设备，具有一定的机械设计能力，并能比较顺利地阅读有关技术文献，从事科学研究工作。

《玻璃工业机械与设备》第二版由郭宏伟、韩方明、王翠翠等编著。其中第一、二章和第四章至第六章由高档妮（陕西科技大学）编写，第三章由韩方明（中国建材国际工程集团有限公司）编写，第七章、第十一、十三章由郭宏伟（陕西科技大学）编写，第八章至第十章由王翠翠（陕西科技大学）编写，第十二章由 Yuxuan Gong（Glass Coatings and Concepts Limited Law Coporation）编写，全书由郭宏伟统稿。在本书编写过程中，山西祁县红海玻璃有限公司李宁、中国建材国际工程集团有限公司李园、天津仁新玻璃材料有限公司付玉生、湖北戈碧迦光电科技股份有限公司杜成、成都市金鼓药用包装有限公司何勇、昆山永新玻璃制品有限公司白胜利、浙江光泰照明有限公司吴明、江西大华玻纤集团有限公司侯超刚等为本书提供了大量翔实的资料和图片。杨涛、郑新月、党梦阳、吴明、童强、赵聪聪、刘磊、刘帅、谢驰等完成了本书大量的文稿输入及图表制作工作。本书得到了科技部国家重点研发计划项目（2017YFB0310201-02）和陕西科技大学教学改革研究项目（9Y060）的大力支持，在此一并表示衷心的感谢。

由于编著者水平有限，书中难免有不足之处，欢迎读者批评指正。

编著者

2020 年 5 月

目 录

第五章　起重及运输机械 ………………………… 68

第六章　贮料与加料机械设备 ………………………… 100

第七章　防尘及收尘设备 ………………………… 124

第一章　粉碎机械

第一节　概　　述

一、原料粉碎的作用

借用外力的方法克服固体物料内部凝聚力而将其分裂的操作称为粉碎。外力可以是人力、机械力、电力或爆炸力等。根据所处理物料尺寸大小的不同，将大块物料分裂成小块的操作称为破碎；将小块物料变为细粉的操作称为粉磨。破碎和粉磨统称为粉碎。按照处理后物料尺寸的不同，粉碎作业可以详细分级如下。

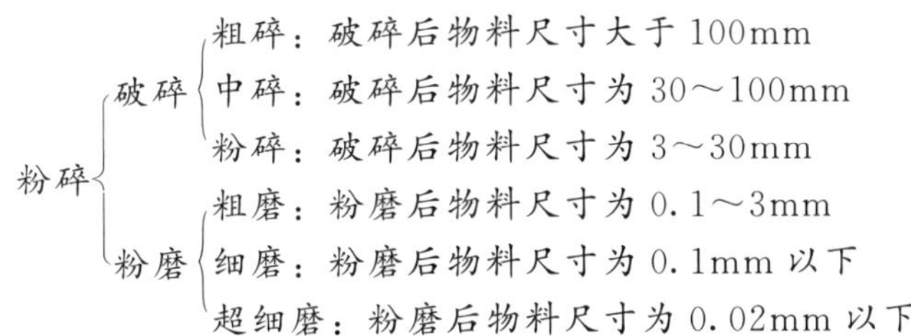

玻璃制品生产中使用的各种原料，首先必须粉碎成一定的粒度才能进行熔制。粉碎的意义如下。

(1) 均化混合　配合料中各种原料的粒度越小，混合的均匀度就越高，越可以促进玻璃的均质化。

(2) 加快反应速率　在玻璃配合料的熔制过程中，颗粒间的接触表面积是影响熔化反应速度的重要因素之一。因而在熔化条件相同时，物料粒子越小，颗粒间的接触表面积越大，熔化反应速度越快。玻璃工厂中配合料（含碱的平板玻璃）颗粒大小对熔化速度的影响见表1-1。

表1-1　玻璃工厂中配合料（含碱的平板玻璃）颗粒大小对熔化速度的影响

粒子大小		熔化速度相对比值
比表面积/(cm^2/g)	在1000孔/cm^2筛面上的筛余/%	
610	82.3	1
3030	43.0	1.14
7400	13.5	2.40
8200	6.7	2.85
11000	0	4.40

(3) 便于剔除有害杂质　对于天然原料，其化学组分一般并不是纯粹单一的。为了剔除有害杂质，必须减小其粒度，才能进行分离操作。如石英砂中氧化铁的分离。

(4) 提高流动性　粉状物料具有较好的流动性，可以进行气体输送。气体输送便于操作的连续化，通常优于机械输送。

因此，玻璃工厂粉碎作业直接关系着玻璃制品的质量和成本。一般大中型玻璃工厂所需的天然原料均需自行粉碎，而小型玻璃工厂大都采用粉状物料进厂。也有的玻璃工厂对用量多的天然原料自行加工粉碎，以保证原料的品质，而对用量少的原料，则是直接购买粉状物料。

二、粉碎的方法

玻璃工业中采用的粉碎方法主要是靠机械力的作用。常见的粉碎方法主要有下列 4 种，如图 1-1 所示。

（1）压碎　压碎如图 1-1(a) 所示，当物料在两个破碎工作平面间受到缓慢增加的压力时就会破碎。它的特点是作用在物料上的力逐渐增大，力的作用范围也较大，多用于玻璃厂中大块物料的破碎。其作用方式如下。

① 使用两块相对运动的金属板相互挤压作用。

② 使用两个相对旋转辊的碾压作用。

③ 使用内锥体在外锥形筒中做偏心旋转的挤压作用。

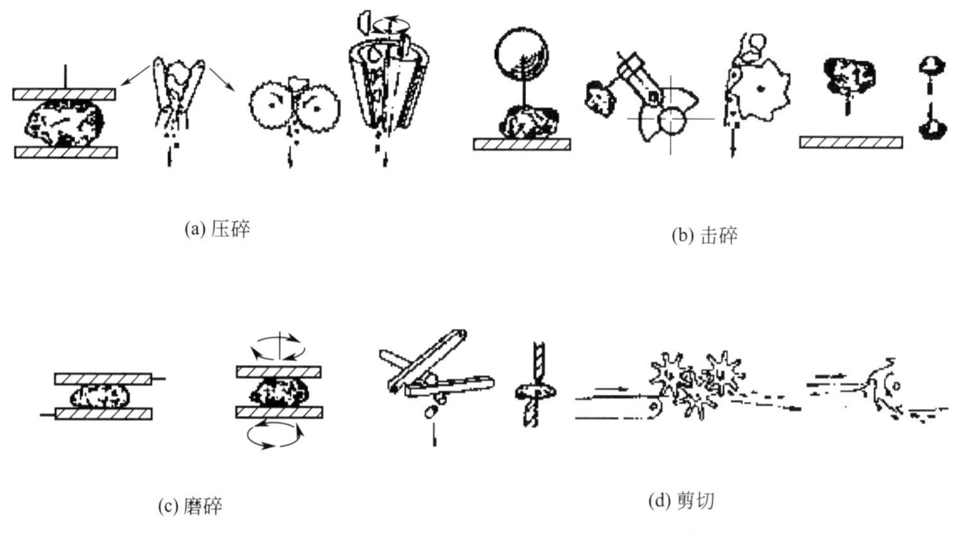

(a) 压碎　(b) 击碎　(c) 磨碎　(d) 剪切

图 1-1　物料的粉碎方法

（2）击碎　击碎如图 1-1(b) 所示，当物料在瞬间受到外来的冲击力时就会破碎。冲击的方法较多，如在坚硬的表面上，物料受到外来冲击力的击打；高速运动的机件冲击料块；高速运动的料块冲击到固定的坚硬物体上；物料块间的相互冲击等。此方法常用于脆性物料的粉碎。

（3）磨碎　磨碎如图 1-1(c) 所示，当物料在两工作面或各种形状的磨体之间受到摩擦力、剪切力时，就会进行磨削而变成细粒。多用于小块物料或韧性物料的粉碎。

（4）剪切　剪切如图 1-1(d) 所示，物料在两个破碎工作面间承受集中荷载的两交点（或多支点）梁，除在外力作用点受劈力外，还发生弯曲折断。此方法多用于玻璃工厂中硬、脆性大块物料的破碎。

玻璃工厂常用的粉碎机的形式不同，其处理物料所使用的粉碎方法亦各不同。各工厂使用的粉碎机械，一般同时具有多种粉碎方法的联合作用。

粉碎机的种类如表 1-2 所示。

表 1-2 粉碎机的种类

分类	机械名称	主要粉碎方法	运动方式	适用范围	
破碎机械	颚式破碎机	压碎	往复	粗、中碎	硬质料 中硬质料
	圆锥式破碎机	压碎	回转	粗、中碎 中、细碎	硬质料 中硬、硬质料
	辊式破碎机	压碎	旋转(慢速)	中、细碎	硬质、软质料
	锤式破碎机	击碎	旋转(快速)	粗碎 细碎	硬质料、中硬、软质料
	反击式破碎机	击碎	旋转(快速)	中、细碎	中硬质
粉磨机械	笼式粉碎机	击碎	旋转(快速)	细碎、粗磨	软脆质料
	轮碾机	压碎和剪碎	自、公转	细碎、粗磨	中硬、软质料
	辊磨机	压碎和剪碎	自、公转	细磨	软质稍硬料
	球磨机	压碎和剪碎	旋转(慢速)	粗、细磨	硬质磨性料
	振动磨	击碎	振动	超细磨	硬质料
	自磨机	压碎和剪碎	旋转(慢速)	细碎、粗磨 细碎、超细磨	硬质料

三、粉碎机性能参数

为了衡量粉碎机的粉碎效果，在这里将引入粉碎比这个概念。物料粉碎前的平均直径与粉碎后平均直径之比称为平均粉碎比。平均粉碎比由下式计算

$$i=\frac{D}{d} \tag{1-1}$$

式中，i 为平均粉碎比；D 为物料粉碎前的平均直径，m；d 为物料粉碎后的平均直径，m。

平均粉碎比是表示物料粉碎前后尺寸变换程度的一个指标。

为了简易地表示和比较破碎机的这一特性，常用其允许的最大进料口尺寸与最大出料口尺寸之比作为粉碎比，称为公称粉碎比。由于实际破碎时加入物料的最大尺寸总小于最大进口尺寸，所以破碎机的平均粉碎比一般都小于公称粉碎比。平均粉碎比一般为公称粉碎比的70%～90%。在粉碎机的选型时应注意这一点。

一般破碎机的平均粉碎比为3～30，而粉磨机通常为300～1000，甚至达1000以上。

对于粉碎机而言，粉碎比是评定机械效率的一项重要指标。对于物料而言，粉碎比的要求是确定粉碎工艺流程和设备选型的依据。在多级粉碎中，总粉碎比和各级粉碎比有下述关系

$$i_{\varepsilon}=i_1 i_2 \cdots i_n \tag{1-2}$$

式中，i_{ε} 为总粉碎比；i_1，i_2，…，i_n 为各级粉碎比。

衡量粉碎机工作效率的优劣和经济性能的参数，除粉碎比外，还有粉碎机的生产能力、需要的功率、操作强度和单位功耗等。

粉碎机在单位时间内粉碎物料的质量称为粉碎机的生产能力，用符号 Q 表示，单位为t/h。

粉碎机的生产能力 Q（t/h）与机器质量 m（t）之比称为粉碎机的操作强度 E[t/(h·t)]，即

$$E=\frac{Q}{m} \tag{1-3}$$

粉碎机粉碎单位质量物料所消耗的能量称为粉碎机的单位功耗（也称为单位电耗），用符号 A 表示，单位为 kW·h/t。当粉碎机的平均功率为 P（kW）时，则有

$$A=\frac{P}{Q} \tag{1-4}$$

由于各种物料的机械和物理性质不同，粉碎的难易程度是有区别的。因此，用同一台粉碎机械，在相同粉碎比的条件下粉碎不同物料时，生产能力和单位功耗是不一样的。

四、粉碎作业

（一）粉碎原则

粉碎物料时，必须遵守一个基本原则，即“不做过粉碎”。

在粉碎作业中，被碎料的加入与碎成料排出的调节都十分重要。特别是在连续作业的场合，加料速度与排料速度不仅应当相等，还要与粉碎机的处理能力相适应，这样才能发挥其最大的粉碎效率。如果在粉碎机中滞留有碎成料，则会影响粉碎效果。碎成料的滞留意味着它有继续粉碎的可能性，故而超过了所要求的粒度，做了过粉碎，则浪费了粉碎功，而这些过粉碎的粒子会将尚未粉碎的粒子包围起来。这种在大粒子的周围由细小粒子构成的弹性衬垫具有缓冲作用，妨碍粉碎的正常进行，降低粉碎效果。这种现象被称为“闭塞粉碎”。不可否认，“闭塞粉碎”作为一种粉碎作业的情况还是存在的，例如下述的间歇粉碎。相反，粉碎效率高的“自由粉碎”是依靠水流、空气流将碎成料自由地从粉碎机中带出，即碎成料粒子一旦达到要求，就能马上离开粉碎作业区。

贯彻“不做过粉碎”的原则，依赖于下列措施。

① 尽量做到“自由粉碎”。碎成料不滞留，尽快离开粉碎机，避免“闭塞粉碎”。

② 物料在进行粉碎前，必须先进行筛分处理。

③ 使粉碎功真正地只用于物料的粉碎上。

（二）粉碎流程

在粉碎操作中有间歇粉碎、开路粉碎和闭路粉碎 3 种操作流程，如图 1-2 所示。

（1）间歇粉碎　间歇粉碎如图 1-2(a) 所示，将一定量的被碎料加入粉碎机内，关闭排料口，粉碎机不断运转，直到全部达到要求的粒度为止。一般适用于处理量不大而粒度要求较细的粉碎作业。

（2）开路粉碎　开路粉碎如图 1-2(b) 所示，被碎料不断加入，碎成料连续排出。被碎料一次通过粉碎机（又称无筛分连续粉碎），碎成料被控制在一定粒度下。开路粉碎操作简便，适用于破碎机作业。

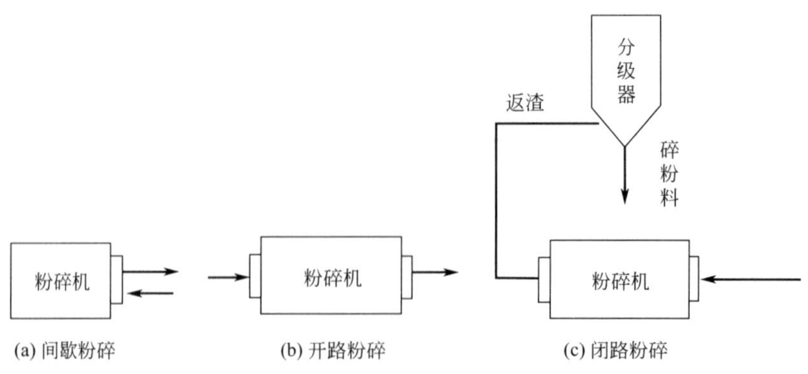

图 1-2　粉碎流程

（3）闭路粉碎　闭路粉碎如图 1-2(c) 所示，被碎料在经粉碎机一次粉碎后，除粗粒子留下继续粉碎外，其他粒子立即被运载流体（水或空气）夹带而强行离机。再由机械分离，取出其粒度合乎要求的部分，而较粗的不合格粒子返回粉碎机再进行粉碎。闭路粉碎是一种循环连续作业，它严格遵守“不做过粉碎”原则。它和开路粉碎相比，生产力可增加 50%～100%，单位质量碎成料所需要的功可减少 40%～70%。

粉碎流程的比较如表 1-3 所示。

表 1-3　粉碎流程的比较

粉碎流程	粉碎料加入	碎成料排出	碎成料粒度分布幅度	生产能力	机件磨损	适用范围	设备费用
间歇	方便	不方便	广	低	大	粉磨	低
开路	方便	方便	广	中	大	破碎	低
闭路	方便	方便	狭	高	小	细碎粉磨	高

（三）粉碎方式

粉碎方式分为干式和湿式两种，其不同点是物料含水率不一样。一般干式的含水率越小越好，而湿式则需要加入适量的水。

（1）干式粉碎　粉碎物料的含水率在 4%以下称为干式粉碎。

其特点是：①处理的物料及其产品是干燥的；②进行粉碎时，需设置收尘设备，以避免粉尘飞扬；③在细磨时磨碎效率低；④当其含水率超过一定值时，颗粒黏结，粉碎效率降低；⑤较细颗粒自粉碎机中排除出来较为困难（一般常用空气吹吸排除）。

（2）湿式粉碎　被碎料的含水率在 50%以上称为湿式粉碎。

其特点是：①原为湿的物料可以不经干燥而直接处理；②粉碎后的物料排出便利，粉碎效率高，输送方便；③操作场所无粉尘产生；④颗粒分级较为简单；⑤禁止浸湿或易溶于水的物料多用此方式。

干式和湿式粉碎方式各有优缺点，需按物料的性质及产品的用途进行选用。一般干式常用于物料破碎，湿式常用于物料的粉磨。

五、粉碎机的发展

（1）新技术的应用

① 电子技术的应用　英国早在 1964 年就出现了电子计算机控制的自磨机。我国一些玻璃厂近几年也开始采用计算机控制粉碎设备的操作。

② 液压技术的应用　液压技术是机械产品的重要发展方向。美国和德国在 20 世纪 50 年代就制造出了液压破碎机。我国近几年制造的大型颚式破碎机采用液压技术调整排料口。国外有些制造厂还采用了液压架体的开启装置，它装在大型反击式破碎机上，能够迅速打开架体，以利于易损件的更换。

③ 新材料的应用　用塑料代替金属零件能节省金属，减轻重量，降低机器的生产成本。日本生产的简摆颚式破碎机，其动颚轴承就采用了含油性合成树脂，也有用平的橡胶衬板代替光滑的锰钢衬板，其磨损速度降低 1/2，而带筋橡胶衬板的消耗量只有光滑橡胶衬板的 1/3。瑞典在磨机出料端、加料端以及筒体采用橡胶衬板后，成本降低了 5%，安装时间比锰钢衬板快 2～3 倍，对物料的研磨性增加了 10%～15%，同时又降低了电能消耗和机器重量，并且磨机运行时无噪声。

④ 新的粉碎技术　目前所有的粉碎设备都是靠机械力的作用将物料直接粉碎。新的粉碎

原理正在探索中，例如采用气能、电能、热能、原子能、化学能、声能和太阳能等，并由此研制出新的粉碎设备，如热力粉碎设备、超声波粉碎设备、水电效应粉碎设备、等离子装置、微波装置、激光装置等。但目前这些设备很不经济，只限于特殊用途，如用于粉碎不能污染的核反应所需的物料。

（2）防噪声的研究　粉碎设备的突出缺点是噪声大。防止噪声的措施有两条：一是减少机械本身所产生的噪声，如安装橡胶衬板；二是防止噪声的传播。前者较难办到，后者仍是主要的措施。首先对大型设备，如颚式破碎机和球磨机，可以装在地下，小型粉碎机可以安装遮音罩；其次在新的设计中，把产生噪声的机械尽量集中安装，并使之控制自动化，这样就可将建筑物完全封闭。

（3）防振的研究　对大型粉碎设备，其基础重量要尽量大一些，基础重量应为机械本体重量的3～5倍，振幅要控制在0.3mm以下，小型设备可在机器本体与底座间设置防振橡胶垫。随着新技术、新材料、电子计算机及工业电视的应用，粉碎设备将向着大型化、自动化、高效能方向发展。

第二节　颚式破碎机

一、工作原理与分类

颚式破碎机主要用于坚硬和中硬物料的粗、中粉碎过程中。它构造简单，工作可靠，维修方便，以及生产费用较低，因而在玻璃工厂得到广泛应用。

颚式破碎机是利用活动颚板（简称动颚）对固定颚板（简称定颚）做周期往复运动，从而将两块颚板之间的物料破碎。根据活动颚板的运动特性不同，将颚式破碎机分为复杂摆动式（简称复摆式）和简单摆动式(简称简摆式）两类，如图1-3所示。

（1）简单摆动式　如图1-3(a）所示，活动颚板2以悬挂轴6为支点，当偏心轴4回转时，通过连杆3及推力板5带动做往复运动。其上各点的运动轨迹都是简单的圆弧，而且以排料口处最大。

（2）复杂摆动式　如图1-3(b）所示，活动颚板2悬挂在偏心轴4上，当偏心轴回转时，活动颚板除以偏心轴为支点做往复运动外，还有上下运动。其上各点的运动轨迹都是椭圆，而且从上往下，椭圆度越来越大。

根据加料口的宽度不同，颚式破碎机分为3类：大于600mm的为大型；300～600mm的

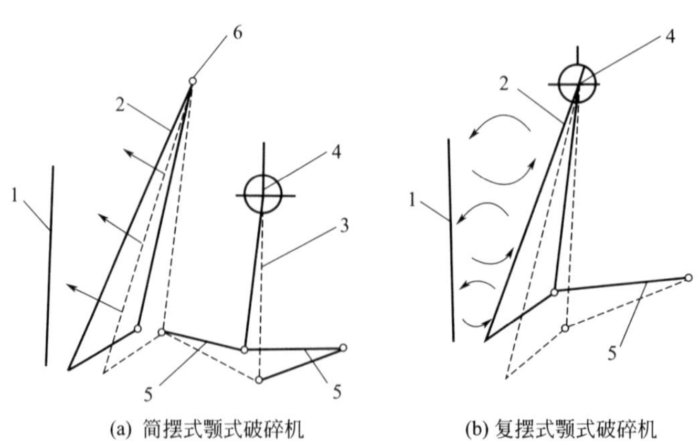

图1-3　颚式破碎机类型

1—固定颚板；2—活动颚板；3—连杆；4—偏心轴；5—推力板；6—悬挂轴

为中型；小于 300mm 的为小型。简单摆动式多为大、中型；复杂摆动式一般为中、小型。目前，已有向大型发展的趋势。

此外，液压颚式破碎机是近几年出现的较先进的破碎设备，它是在上述各种破碎机上装设液压部件而成。由于液压颚式破碎机有启动容易和保护部件不受损害等优点，因而随着液压技术的发展，其必将得到广泛的应用。

二、颚式破碎机的构造

根据目前玻璃工厂的实际，本章着重介绍颚式破碎机中复摆式破碎机的原理和构造。

（1）复摆式破碎机的原理　图 1-4 所示复摆式颚式破碎机结构是各玻璃厂广泛用于中碎或细碎长石、石英、石灰石、白云石等物料用的破碎机。由图 1-4 可知，该颚式破碎机是以平面四杆机构为工作机构，且以连杆为运动工作件的机械。因为作为破碎工作件的动颚（连杆）是做平面复杂运动，故又称复杂摆动式颚式破碎机，简称复摆式颚式破碎机。

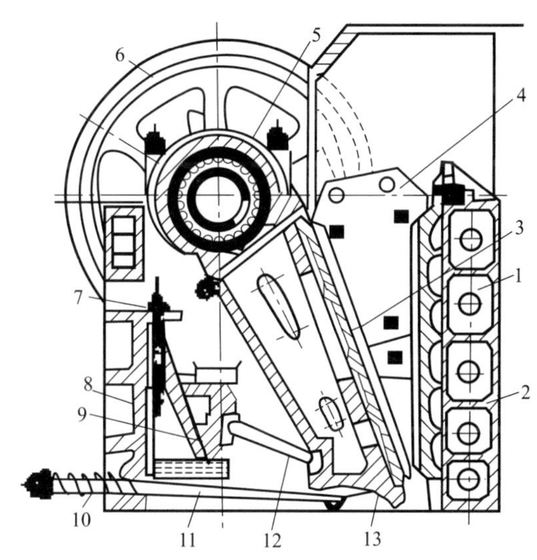

图 1-4　复摆式颚式破碎机结构

1—机架；2—定颚衬板；3—动颚衬板；4—侧衬板；5—偏心轴；6—飞轮；7—调整螺栓；8—调整楔铁；9—滑块支座；10—拉紧弹簧；11—拉杆；12—推力板；13—动颚体

图 1-5 所示为动颚板上 A、B、C、D 四点的运动轨迹（即连杆曲线）。由图 1-5 可知，A 点做圆周运动，B 点受推力板的约束做绕 O_2 点摆动的圆弧线运动。其余各点的轨迹为扁圆形，从上到下的扁圆形越来越扁平。上部的水平位移量为下部的 1.5 倍，且垂直位移量稍小于下部。就颚板来说，垂直位移量为水平位移量的 2～3 倍。工作时，曲柄处于Ⅱ区是完全工作行程；处于Ⅲ区，上部靠前、下部靠后；在Ⅳ区是空回行程；在Ⅰ区是上部靠后、下部靠前。动颚的这些运动特性决定了它具有以下特点。

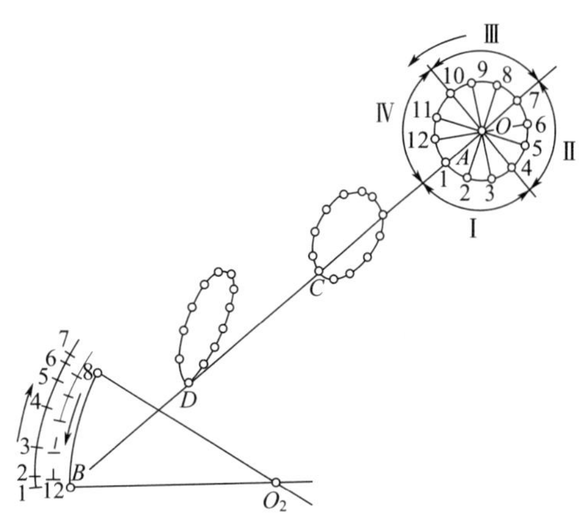

图 1-5　动颚板上各点的运动轨迹

① 动颚的平面复杂运动，时而靠近固定的定颚，时而离开，形成一个空间容积变化的破碎室（称为颚膛）。物料主要受到压碎，伴随着研磨、折断等。

② 这种运动使物块受到向下推动的力，且大块在上部得到破碎，能促进排料，也能促进物块在内翻转，使排出料多为立方体，这些都有利于提高生产能力。

③ 摩擦剧烈，颚板的磨损较快。

（2）颚式破碎机的主要零部件

① 原动机和传动件　一般用电机作为原动机，用一级 V 带传动，电机与机架分开安装，飞轮兼作大皮带轮。

② 机架　主要支承偏心轴（主轴）、颚板并承受破碎力。常用铸钢（如 ZG35）整体铸出，或分件装配成，也可用厚钢板焊接成。为了增加机架刚性，一般在其外面配有纵横向的加强肋板。

③ 动颚　工作面装有颚板（破碎板），一般用 ZG45、ZG35 铸成。上部由偏心轴支承，有的用滑动轴承，有的用滚动轴承，下部由推力板支承。动颚工作表面镶有带齿的破碎板，用螺栓紧固。动颚安装倾斜角通常为 15°～25°。为了减轻动颚的重量，增大其刚性，常做成箱形体，并且动颚的最底部，用钩头拉杆钩拉住。

④颚板和护板　动颚工作面和所对的机架前面装带齿的颚板，在机架的两内侧壁装不带齿侧护板，形成一个四方锥形破碎室。颚板和护板是直接与破碎物料接触，要受到强大的破碎挤压力和摩擦磨损，常用 ZGMn13 或高锰镍铝钢材料制造。

高锰钢虽然耐磨性好，但机械加工性能、焊接性能差，铸锻时性脆。但经水淬后，可得到高拉伸、剪切、延性、韧性等性能，故一般在出厂时，破碎板是经水淬处理的，使用时一般不要重新加热。由于不同破碎区有磨损不均匀和调换的可能，因而颚板与护板都采用了可拆连接，且设计成可以调头使用的。

⑤ 偏心轴（又称主轴）　它支承动颚和飞轮，承受弯曲、扭转，起曲柄作用。偏心距一般为 10～35mm，是颚破机（即颚式破碎机）中最贵重的零件。常用 42MnMoV、30MnMoB、34CrMo 等高强度优质合金钢锻造加工而成，小型的也有用 45 钢。一般需经调质等处理。

⑥ 推力板（肋板）　主要作用是支承动颚并将破碎力传递至机架后壁。推力板的后端有调节装置时，可以用来调整排料口的大小。设计时，常选用灰口铸铁，按超负载时能自行断裂的条件确定尺寸。推力板也是一种保险装置，在工作中，如出现不允许的超载，它能自动停下，使卸料口增大，达到保护动颚的作用，使偏心轴、机架等贵重零部件不致遭到破坏。因此，如没有特殊原因，不要随便更改原图纸的材料及尺寸。

⑦ 飞轮　安装飞轮主要是由于颚式破碎机的工作是间歇性的、工作冲程与回程消耗的功差别较大，从而引起负载与速度的波动。这种速度的变动引起的惯性力使运动副受到附加的动压力，降低机械效率和工作的可靠性，此外这种周期性的波动会引起弹性振动，从而影响各部分的强度。因此，在偏心轴的两端安装具有一定质量的回转件，当驱动功大于阻力功时，将多余的能量蓄存起来，使动能增大；当阻力功大于驱动功时，又将这些能量释放出来，以使负载、速度的波动控制在一定范围内。

⑧ 支承　支承包括偏心轴的支承轴承和动颚的支承。对于中小型颚式机，多用双列自位滚动轴承，也有的用滑动轴承，但要特别注意轴承的润滑。

⑨ 排料口　目前，小型机常用楔铁式，通过旋转螺杆调整楔铁，改变推力板位置，从而调节出料口的大小以及颚板的倾角。大型颚破机常用常规的液压式排料口调节装置。

三、主要参数

颚式破碎机的规格可用进料口尺寸（宽度×长度）表示。如 900×1200 颚式破碎机，即进料口宽为 900mm、长为 1200mm。表 1-4 列出玻璃厂常用颚式破碎机的部分规格和技术性能。字母代表型号，其中，P 为破碎机，E 为颚式，F 为复杂摆动式，J 为简单摆动式。

表 1-4 玻璃厂常用颚式破碎机的部分规格和技术性能

型号/mm	排料口调整范围/mm	最大入料粒度/mm	生产能力/(t/h)	偏心轴转速/(r/min)	偏心距/mm	功率/kW	外形尺寸(长×宽×高)/mm	质量/t
PEF 150×250	10～40	125	1～4	300	—	5.5	875×745×935	1.1
PEF 200×350	10～50	160	2～5	—	—	7.5	1080×1060×1090	1.6
PEF 250×400	20～80	210	5～20	300	10	15	1430×1310×1340	2.8
PEF 400×600	40～160	350	17～115	250	10	30	1700×1732×1655	6.5
PEF 600×900	12～150	<480	56～192	250	19	80	2792×3828×2525	—
PEJ 900×1200	75～200	650	140～200	180	30	110	7391×7178×2695	—
PEJ 1200×1500	130～180	—	170	—	—	180	8185×8085×3585	—

注：表中所列生产能力，是当物料密度 $\rho=1.6\mathrm{t/m^3}$ 时的生产能力。

（1）入料粒度 进入颚破机的最大粒度一般为进料口宽度的 75%～85%。

（2）钳角 定颚板和动颚板的夹角为颚式破碎机的钳角 α，如图 1-6 所示。由于颚板的运动和推力板的调节，实际的钳角是在一定范围内变化的。

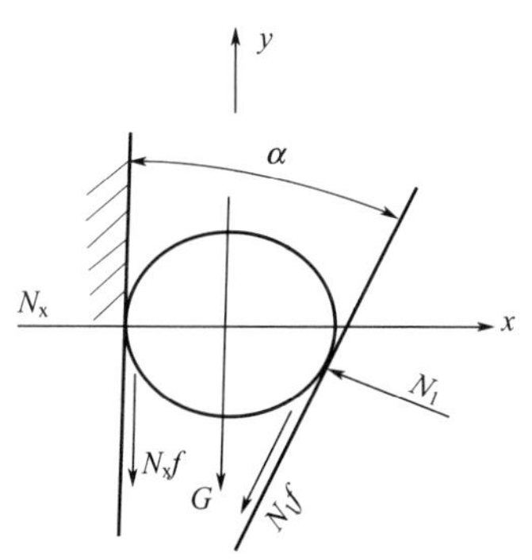

图 1-6 颚式破碎机的钳角

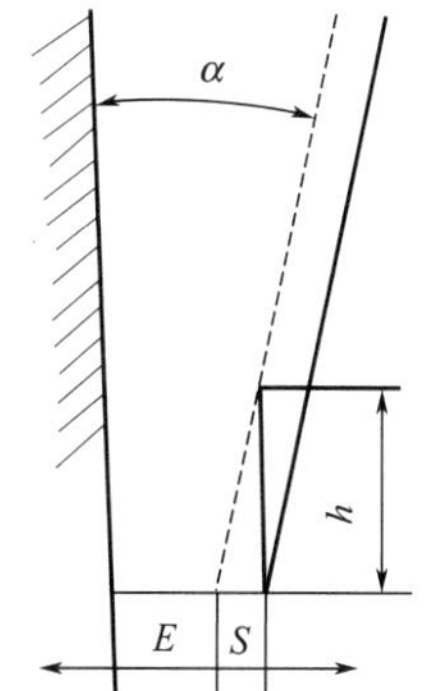

图 1-7 颚式破碎机卸料腔

从图 1-6 中可以看到，钳角越小，粉碎比就小；钳角越大，越容易将物块推出。实际生产中，常取 $\alpha=18°\sim22°$。

（3）偏心轴（即主轴）的转速（n） n 由本机工作机构的性能所决定，破碎工作是间歇性的，偏心轴转一次，完成一个破碎周期。转速过低，生产能力小，转速过高，破碎的物料来不及排卸，造成过度粉碎，能耗增加，生产率也不能提高，因此主轴的转速应该取一个合适的数值。

颚式破碎机卸料腔如图 1-7 所示，设 α 不变，动颚近似地看做平移运动，S 是排料口的水平位移量，则有

$$S=h\tan\alpha$$

$$h=\frac{S}{\tan\alpha}$$

而物块自由降落 h 高度所需的时间 t 为

$$t=\sqrt{\frac{2h}{g}}=\sqrt{\frac{2S}{g\tan\alpha}}\,(\mathrm{s})$$

假设一半时间用于破碎，另一半时间为空程，则降落时间有

$$\frac{1}{2}\times\frac{60}{n}=\frac{30}{n}\,(\mathrm{s}) \tag{1-5}$$

式中，n 为主轴转速，r/min。

破碎操作的必要条件为

$$\sqrt{\frac{2S}{g\tan\alpha}}=\frac{30}{n}\,(\mathrm{r/min}) \tag{1-6}$$

注意：式中，S 的单位为 cm。实际上考虑到各种阻力和滞留的影响，降低 30%，得

$$n=470\sqrt{\frac{\tan\alpha}{S}}\,(\mathrm{r/min}) \tag{1-7}$$

一般情况下，$S\approx1.33e$，式中，e 为偏心轴的偏心距，cm。

另外，也有用下面经验公式：对于进料口宽度 $B\leqslant1200$mm，$n=(310\sim145)B$；对于进料口宽度 $B>1200$mm，$n=(160\sim42)B$。

应注意的是：若提高转速，生产能力虽然高一些，但动力消耗显著增加，惯性力大，机器的稳定性变差，故大型颚式破碎机的转速相应地应选择低一些。

（4）生产能力　生产能力是指单位时间内所破碎物料的重量，它受物料性质、操作条件、机械本身性能等影响。可近似估算为

$$Q=(1.2\sim1.25)\frac{dSLn}{\tan\alpha}60\mu\gamma\,(\mathrm{N/h}) \tag{1-8}$$

式中，Q 为产量，N/h；d 为破碎后物料平均尺寸，m；μ 为松散系数，一般取 0.25～0.6，平均数取 0.3；γ 为卸出物料的重度，N/m^3；S、L、n、α 意义和单位同前。

（5）功率　同样采用经验公式：

对于 $B\geqslant600$mm，$N=\left(\frac{1}{120}\sim\frac{1}{100}\right)BL$（kW）；

对于 $B<600$mm，$N=\left(\frac{1}{70}\sim\frac{1}{50}\right)BL$（kW）。　(1-9)

（6）粉碎比　粉碎比通常为 $i=3\sim8$，其中 $i_{max}\leqslant10$，其主要是受颚板的长度、刚度、钳角、强度等因素的限制。

第三节　雷　蒙　磨

一、结构及工作原理

雷蒙磨（Reymond Mill）又称悬辊式磨机，其结构如图 1-8 所示。雷蒙磨主要由固定不动的底盘和做旋转运动的磨辊构成。在底盘的边缘上装有磨环。磨辊绕垂直轴旋转时，由于离心力作用紧压在磨环上，与磨辊一起旋转的刮板（又称铲刀）将底盘上的物料撒到磨辊与磨环之间，物料在磨辊与磨环之间受到挤压和研磨作用而被粉碎。

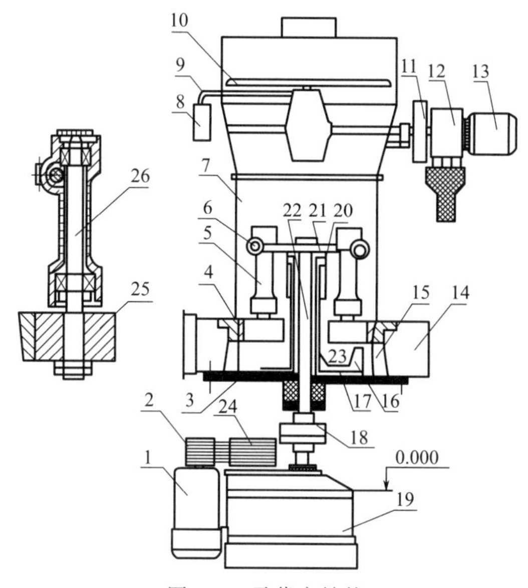

图 1-8　雷蒙磨结构

1,13—电动机；2,11,24—V 轮；3—底盘；4—磨环；5—磨辊；6—短轴；7—罩筒；8—滤气器；9—管子；10—空气分级机叶片；12—电磁转差离合器；14—风筒；15—进风孔；16—刮板；17—刮板架；18—联轴器；19—减速器；20—进料口；21—梅花架；22—主轴；23—空心立柱；25—辊子；26—辊子轴

底盘 3 的边缘上为磨环 4，底盘中间装空心立柱 23 作为主轴的支座。主轴 22 装在空心立柱 23 的中间，由电动机 1 通过减速器 19、联轴器 18 带动旋转。主轴上端装有梅花架 21，梅花架上有短轴 6，用来悬挂磨辊 5，使磨辊能绕短轴摆动。磨辊中间是能自由转动的辊子轴 26，轴的下端装辊子 25。每台磨机共有 3～6 只磨辊，沿梅花架均匀分布。

在梅花架下面固定着套于空心立柱 23 外面的刮板架 17，在刮板架 17 上正对每只磨辊前进方向都装有刮板 16。当主轴旋转时，磨辊由于离心力作用紧压在磨环上，因此，磨辊除有被主轴带动绕磨机中心旋转的公转运动外，还有由于磨环和辊子之间的摩擦力作用而产生的绕磨辊轴中心线旋转的自转运动。从给料机加入落在底盘上的物料被刮板刮起撒到磨辊前面的磨环上，当物料未落下时，即被随之而来的磨辊粉碎。

在底盘下缘的周边上开有长方形的进风孔 15，最外缘为风筒 14。由通风机鼓入的空气经风筒和进风孔进入磨机内，已粉碎至一定细度的物料被气流吹起，当经过磨机顶部的空气分级机叶片 10 附近时，气流中的粗颗粒即被分出，回落至底盘上再进行粉碎，达到要求粒度的物料随同气流离开磨机，进入旋风分离器（图 1-9）。在旋风分离器中，大部分物料被分离出来，从旋风分离器底部排出，空气则从顶部出风管排出，经过风机后，大部分空气重新鼓入磨机内。为了在磨机和旋风分离器内形成负压，以防止粉尘外逸，小部分空气经由通风机出口处的支风管进入几个旋风分离器和袋式收尘器，将空气中的固体颗粒再次收集后放入大气中。

产品的粒度通过改变空气分级机转速的方法来调节，空气分级机转速增大，上升气流及其中的物料颗粒的旋转速度随之增大，颗粒沿半径方向的离心沉降速度加快，因此可使气流中的物料颗粒在通过空气分级机前后更多地沉降至气流速度较小的罩筒附近并随之落回到底盘上，只有尺寸更小的颗粒才能随气流离开磨机成为产品，因此产品的细度变细。反之，空气分级机转速减小，物料颗粒的径向沉降速度变慢，大多数颗粒都能通过空气分级机作为产品卸出，故产品的细度变粗。

雷蒙磨的优点是：性能稳定，操作方便，能耗较低，产品粒度可调范围较大等。缺点是：一般不能粉磨硬质物料，否则磨辊和磨环磨损较大。另外，不能空车运转，否则磨辊直接压在

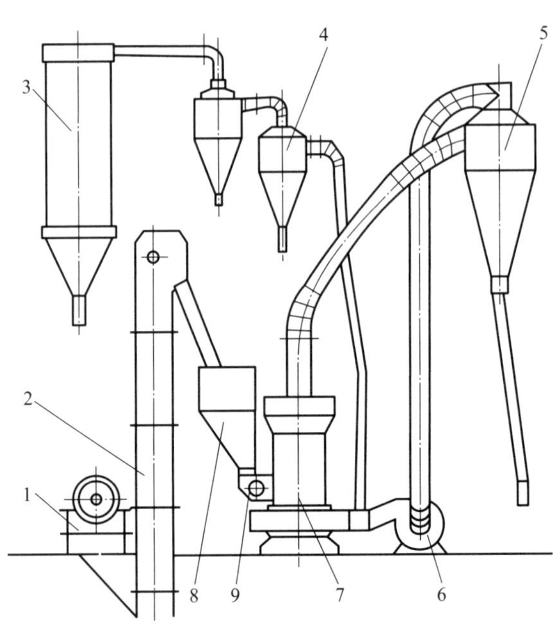

图 1-9　雷蒙磨及其附属设备布置

1—颚式破碎机；2—斗式提升机；3—袋式收尘器；4，5—旋风分离器；
6—通风机；7—雷蒙磨；8—给料机；9—料斗

磨环上甚至发生强烈的碰击，无疑会加剧它们的磨损。

雷蒙磨多用于粉磨煤、焦炭、石墨、石灰石、滑石、膨润土、陶土、硫黄等非金属矿物及颜料上，此外，还用在化工原料、农药、化肥等行业。目前许多非金属加工厂都装备有雷蒙磨粉碎系统。

雷蒙磨的规格表示为×R××××。如 4R3216，R 前面的数字 4 代表磨辊的数量为 4 个；R 后面的前两位数字 32 表示磨辊直径为 320mm，后两位数字 16 表示磨辊的高度为 160mm。雷蒙磨的规格及主要性能见表 1-5。

表 1-5　雷蒙磨的规格及主要性能

项目	3R2741	4R3216	5R4018
磨环内径/mm	830	970	1270
磨辊直径/mm	270	320	400
磨辊高度/mm	140	160	180
磨辊数目/个	3	4	5
主轴转速/(r/min)	145	124	95
最大入料粒度/mm	30	35	40
产品粒度/mm	0.04～0.125	0.04～0.125	0.04～0.125
生产能力/(t/h)	0.3～1.5	0.6～3.0	1.1～6.0
分级机叶轮直径/mm	1096	1340	1710
通风机风量/(m^3/h)	12000	19000	34000
通风机风压/Pa	1700	2750	2750

二、影响雷蒙磨生产能力的因素

影响雷蒙磨生产能力的因素有以下几种。

① 物料的硬度　越硬的物料，雷蒙磨粉磨越困难，而且对设备的磨损越严重。雷蒙磨粉磨的速度慢，当然能力就小。

② 物料的湿度　物料中所含的水分较大时，物料在雷蒙磨粉机内容易黏附，也容易在下料输送过程中堵塞，造成雷蒙磨粉磨能力减小。

③ 雷蒙磨粉磨后物料的细度　细度要求高，即要求雷蒙磨粉磨出来的物料越细，则雷蒙磨粉磨能力越小。

④ 物料的组成　雷蒙磨粉磨前物料里含的细粉越多，越影响雷蒙磨粉磨，因为这些细粉容易黏附影响输送。对于细粉含量多的，应该提前过一次筛。

⑤ 物料的黏度　物料的黏度越大，越容易黏附。

⑥ 雷蒙磨的耐磨性　雷蒙磨粉磨件（锤头、颚板）的耐磨性越好，雷蒙磨粉磨能力越大。如果不耐磨，将影响雷蒙磨粉碎能力。

第四节　球　磨　机

球磨机是被广泛地用于玻璃工业中的一种粉磨机械。其主要优点是结构简单，操作方便，被碎料的混合作用较好，粉碎比大（可达 300 以上），细度能够迅速而准确地加以控制，可以粉磨各种不同硬度的物料。但其缺点是工作效率低，功耗大，工作时噪声大，体型笨重，需装配减速装置等。

球磨机装有一个卧式回转筒体。筒内装研磨体（一般为球形）和被磨的物料。当其工作时，研磨体由于离心力和摩擦力的作用贴在磨机筒体内壁，与筒体一道进行回转运动，当被带到一定高度后，由于研磨体本身重力的作用而落下。下落的研磨体像抛射体一样将物料击碎（图 1-10），同时由于研磨体在筒体内沿筒体轴心的公转和自转，以及沿筒体内壁的滑动等现象（图 1-11），同时赋予物料以研磨作用。连续作业的球磨机，在湿磨时，碎成料顺水流出；干磨时，碎成料是靠通风或自然排料方式排出。

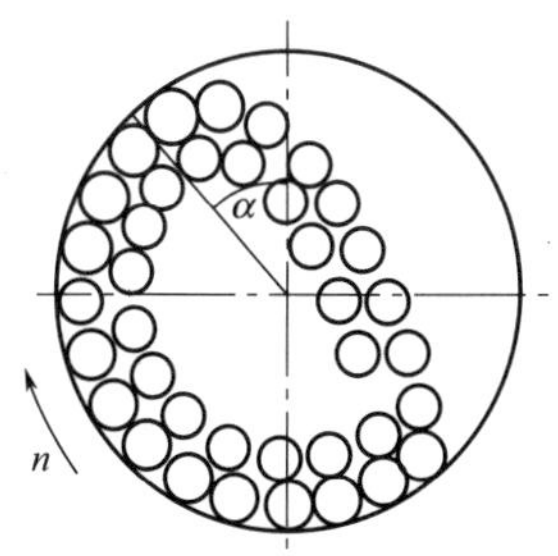

图 1-10　球磨机作用原理

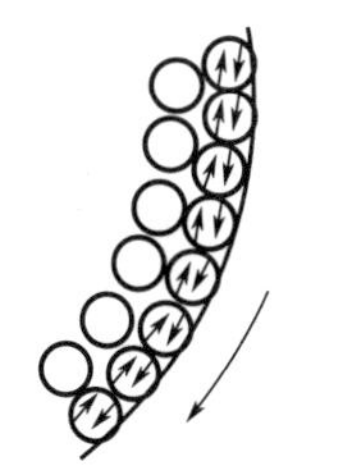
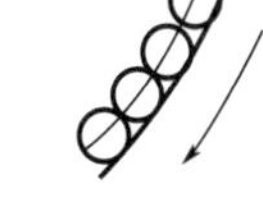

图 1-11　球的滚滑

球磨机的种类繁多，按筒体形状可分为筒形（包括长筒形和短筒形）的（$L<2D$）、锥形的（$L<D$）和管形的［$L=(2\sim7)D$］；按卸料方式可分为间歇卸料的、溢流连续卸料的、周边连续卸料的和格子连续卸料的；按操作方法可分为间歇操作的和连续操作的；按传动方式又可分为周边齿轮传动的和中心传动的；按研磨体材料可分为金属的和非金属的；按生产方式可分为干法的和湿法的。

图 1-12 是各类球磨机简图。

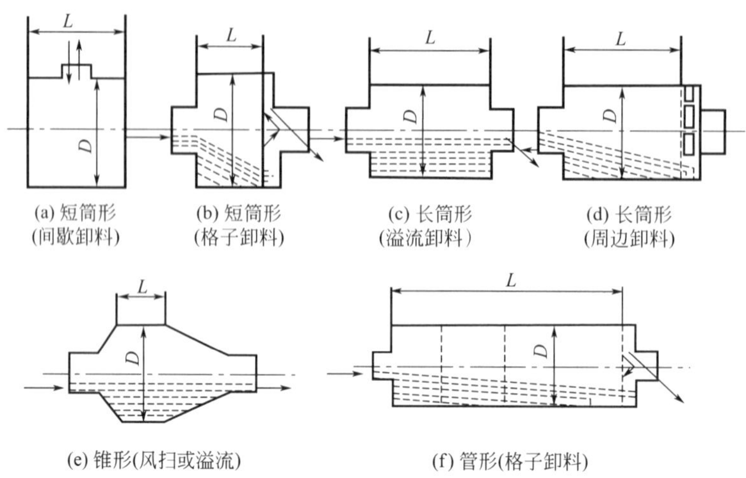

图 1-12　各类球磨机简图

目前，在玻璃工业中所使用的球磨机一般为结构简单、周边传动、间歇操作的球磨机，这主要是由生产规模和条件以及生产的工艺特点所决定。

球磨机的规格一般以筒体的内径和长度来表示。此外，间歇操作球磨机也以装填物料的吨数来表示。

一、球磨机构造

图 1-13 所示为间歇式球磨机的构造。它主要由一个筒体、两个主轴承和一套传动装置组成。

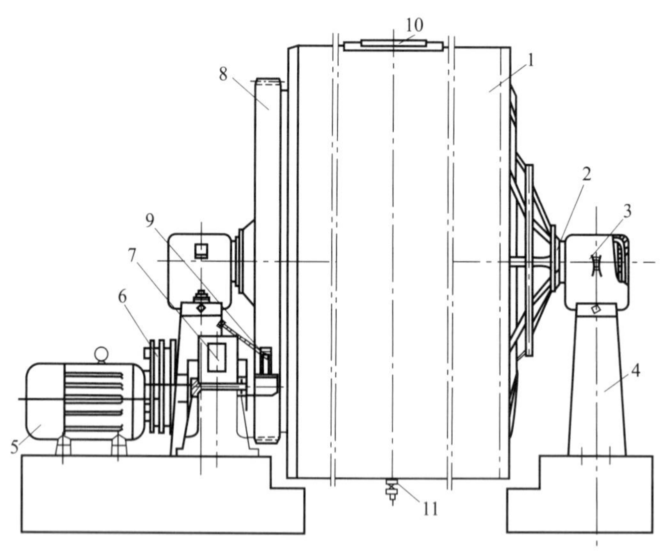

图 1-13　间歇式球磨机的构造

球磨机的筒体 1 由钢板焊接或铆接而成。其两端用端盖加以封闭，端盖用铸铁（如 HJ18-30）铸造加工而成，一般带加强筋。端盖中心有钢质或球墨铸铁制成的主轴头 2，用轴承 3 通过主轴头、端盖将筒体支承在机架 4 上。筒体用单独电机 5 通过皮带传动，离合器 6、减速器 7 及减速器输出轴上传动大齿轮 8 带动回转。为了使启动时电动机不致过负荷，常采用离合器。同时，为了使磨机定位方便，离合器由操纵杆 9 控制。

筒体 1 的中部有兼作加料和入孔的开口 10 和卸料口 11（也有加料、卸料及入孔为一个开口的）。筒体的内壁镶有一层适当质量和形状的防护衬板。由于磨损较大，其材料一般为锰钢、铬钢、瓷质、硅石及花岗岩等。目前，橡胶衬板以及聚氨酯衬板得到了普遍使用，取代了以前使用的含铁较低的遂石衬里，使用的研磨体以天然的鹅卵石为主。衬板一般均用快硬水泥胶凝在球磨机筒体的里壳，衬板间隙接缝越窄越好。

二、球磨机的工作状态

球磨机内研磨体的运动主要是依靠球磨机衬板与研磨体间的摩擦力和球磨机旋转时产生的离心力的作用，使它们紧贴着筒体的内壁旋转和提升。在这个过程中，往往又因各种条件的影响而产生不同的工作状态，如图 1-14 所示。如光滑衬板、摩擦系数小、荷载又不多（填充系数 $\phi<30\%$）的球磨机转速较慢时，研磨体就不能随筒体进行旋转和提升，这时研磨体沿球磨机筒体壁滑动，研磨体层与层间做相对滑动和自转。

当球磨机的转速相对较低时，整个粉磨体（包括研磨体和物料）在球磨机的旋转方向偏转 $40°\sim50°$。并且经常保持粉磨体沿同心圆轨迹升高。当面层的研磨体超过自然休止角时，便自然泻落，随后由外向内一层层地泻落下来，周而复始地进行循环。此种状态如图 1-14(a) 所示，称为泻落状态。这时物料所受粉碎是由研磨体的滑滚运动产生的碾碎和研磨。

当球磨机的转速相对较高时，整个粉磨体随筒体沿圆形轨道提升到一定高度，然后离开圆形轨道，开始沿抛物线轨道下落，如图 1-14(b) 所示，称为抛落状态。这时粉磨主要靠落下的研磨体产生的击碎和研磨。一般球磨机就是在这种工作状态下工作的。

当球磨机的转速提高到促使研磨体达到离心状态跟随筒体一起旋转时，称为离心状态，如图 1-14(c) 所示。这时球磨机失掉了磨碎的作用。

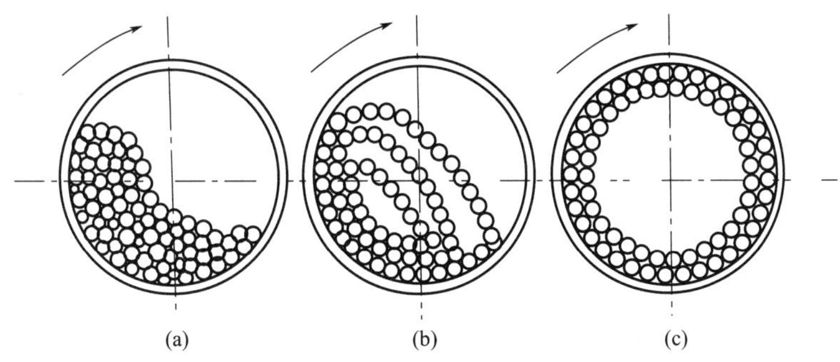

图 1-14 球磨机的工作状态

三、主要参数确定

（一）转速

为了便于计算，假定研磨体与筒体之间不产生相对滑动，研磨体的直径比筒体内径小得多，可以忽略不计。

(1) 临界转速　球磨机临界转速计算如图 1-15 所示，当质量为 m 的研磨体随筒体回转时，在筒体的半径方向，它仅受到离心力 $\frac{mv^2}{R}$ 和重力分力 $mg\cos\alpha$ 的作用（式中，α 为筒体垂直半径与通过研磨体 A 的半径之间的夹角）。当它上升到一定高度而脱离筒壁抛落时，必须满足下列条件

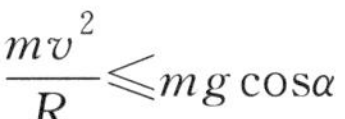

$$\frac{mv^2}{R}\leqslant mg\cos\alpha$$

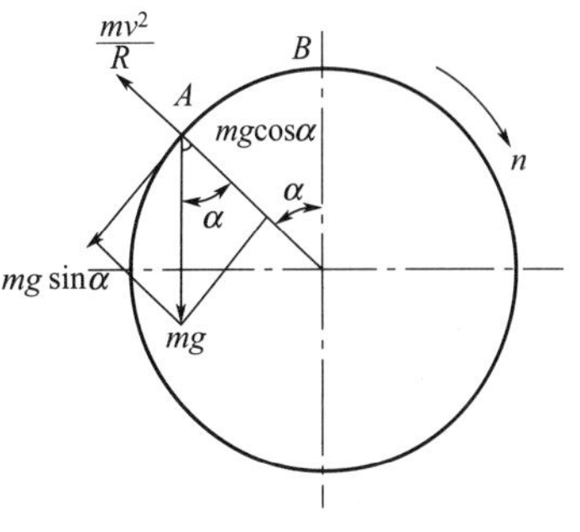

图 1-15 球磨机临界转速计算

即

$$\frac{v^2}{R} \leqslant g\cos\alpha \tag{1-10}$$

式中，v 为筒体内壁圆周速度，m/s；R 为筒体内半径，m；g 为重力加速度，m/s^2；α 为脱离角，(°)。

将 $v=\frac{\pi Rn}{30}$ 代入上式可得

$$\frac{n^2 R}{900} \leqslant \cos\alpha \tag{1-11}$$

式中，n 为球磨机转速，r/min。

球磨机内研磨体分成若干层，式(1-11) 对各层都适用。这时 R 便是该层研磨体与筒体中心的距离。

增加球磨机的转速，使研磨体上升到最高极限位置 B（$\alpha=0°$）时，便无法抛落，而随筒体做圆周运动。此时的转速即为临界转速。从式(1-11) 可知，当 $\alpha=0°$，则

$$n_{临}=\frac{30}{\sqrt{R}}=\frac{42.4}{\sqrt{D}} \tag{1-12}$$

式中，$n_{临}$ 为临界转速，r/min；D 为球磨机内径，m。

然而实际上，当球磨机筒体带着研磨体向上升起时，由于重力作用，研磨体还会沿着筒壁向下滑动。故式(1-12) 中的 $n_{临}$ 是理论临界转速。实际的临界转速比理论值大。

（2）工作转速　球磨机的工作转速指使研磨体产生最大粉碎功时的筒体转速。研磨体在磨机内被抛落的高度越大，则冲击力就越大，粉磨作用越强。通过分析研磨体在磨机内的抛射运动轨迹，并对其运动方程进行微分处理，可得出最佳脱离角 $\alpha=54°40'$。

将 $\alpha=54°40'$ 代入式(1-11)，则得出最佳工作转速为

$$n=\frac{32}{\sqrt{D}} \tag{1-13}$$

式中，n 为球磨机的最佳工作转速，r/min；D 为球磨机内径，m。

令 φ 为工作转速与临界转速之比（简称转速此），即

$$\varphi=\frac{n}{n_{临}}\times 100\%=\frac{\frac{32}{\sqrt{D}}}{\frac{42.4}{\sqrt{D}}}\times 100\%=76\%$$

所以，理论上导出的最佳工作转速应为 $n=0.76n_{临}$。

实践证明，湿磨物料时最佳工作转速为

$$D \geqslant 1.25\text{m 时} \qquad n=\frac{35}{\sqrt{D}} \tag{1-14}$$

$$D < 1.25\text{m 时} \qquad n=\frac{40}{\sqrt{D}} \tag{1-15}$$

干磨物料时，转速可适当低些。

（二）装载量

球磨机内装有研磨体和物料，若为湿磨，还有水或其他液体。

（1）研磨体的装载与选择

① 研磨体的形状和材料　研磨体的形状和材料种类非常多。常用的有球体、短圆柱体。如以碰击方式粉碎，以球体为好；以研磨方式粉磨，则以短圆柱体为好。

经验证明，研磨体的重度大，研磨效果好。但考虑到物料的污染，对某些特殊原料的球磨，其研磨体最好选用成分与物料相同或相近的材料。常用的研磨体材料有钢、硅石、陶瓷、玻璃。

② 研磨体的大小　当总装载量一定时，研磨体小，总接触面积就大，装的数目就多，但碰击能力较小。当研磨体尺寸较大时，碰击能力大，但研磨体的总数减少，不利于研磨的进行，故研磨体的大小要适当。

在间歇操作的湿法球磨机中，研磨体的表面黏有一薄层料浆，形成了有利于研磨的条件，应该选用尺寸较小的研磨体。通常装入磨机的研磨介质（瓷球或鹅卵石）的直径都小于60mm，但大于25mm。研磨体直径可按筒体的直径确定。

$$d_{球} \leqslant \left(\frac{1}{24} \sim \frac{1}{18}\right) D \tag{1-16}$$

式中，$d_{球}$为研磨体直径，mm；D 为球磨机内径，mm。

同一台球磨机中，研磨体的大小一般分为 3～5 级，搭配量一般是两头大、中间小，具体数字按照生产实践来确定。

③ 研磨体的装载量　研磨体的装载量一般用填充系数表示

$$\phi = \frac{\text{填入的研磨体质量}(m)}{\text{筒体填满研磨体时的总质量}(m_{总})} = \frac{m}{\pi R^2 l \rho} \tag{1-17}$$

或

$$\phi = \frac{\text{筒体静止时研磨体的填充截面积}(F)}{\text{筒体的有效截面积}(F_{总})} = \frac{F}{\pi R^2} \tag{1-18}$$

或

$$\phi = \frac{\text{装入研磨体的体积}(V)}{\text{筒体的有效容积}(V_{总})} = \frac{V}{\pi R^2 l} \tag{1-19}$$

式中，m 为研磨体装载物料量，t；R 为筒体直径，m；l 为筒体的有效长度，m；ρ 为物料的密度，t/m^3。

实践证明，一般研磨体填充系数以 0.4～0.5 较为适合；湿式间歇球磨机中以 0.5～0.55 为宜。

(2) 被碎物料的装载量　被碎物料的装载量应该与加球量相适应。对于静止着的球磨机而言，物料应填满球体的间隙，并能稍将最上一层研磨体掩盖住，即料面的裸度应低于球磨机内半径的 4/5。一般物料与球体的装载量之比为 1∶(1.1～1.2)。

在湿磨中，还要加一定量水。一般水、料量之比为（0.5～1）∶1。总之，在湿法球磨机中，常用的是按球、料、水的比例来控制。试验得知，球磨机的总填充系数为 0.9 时，最有利于球磨机的工作。

（三）生产能力

间歇式作业球磨机的生产能力常用下式进行计算

$$Q = \frac{m}{T} \tag{1-20}$$

式中，Q 为生产能力，t/h；m 为每次装载物料量，t；T 为每次所需的球磨时间，h。

（四）功率

球磨机的功率一部分消耗在将研磨体升举到一定的高度并使其获得动能上，另一部分消耗在克服摩擦阻力上。

由于理论计算较复杂，一般按经验公式计算

$$N = Cm\sqrt{D} \tag{1-21}$$

式中，N 为球磨机的功率消耗，kW；m 为球体装载物料量，t；C 为功率计算系数（它与填充系数有关，见表 1-6）。

表 1-6　功率计算系数与球体填充系数的关系

球体填充系数 ϕ	0.1	0.2	0.3	0.4	0.5
功率计算系数 C	9.8	9.0	8.3	7.0	5.8

表 1-7 列出了常用球磨机的规格与配用电机的参数。在实际操作中，应尽量使球磨机在满载条件下工作。

表 1-7　常用球磨机的规格与配用电机的参数

型号	生产能力/(t/次)	转速/(r/min)	电机功率/kW	型号	生产能力/(t/次)	转速/(r/min)	电机功率/kW
QM1200×1400	0.5	27	28	QM1800×1200	1.5	23	10
QM1250×1500	0.8	27	7	QM2100×2100	1.5	20.9	30
QM1466×1830	1.0	23	4.5				

第五节　高能球磨机

高能球磨机常用于特种玻璃行业，用于快速球磨具有一定粒径特殊要求的玻璃粉体。在高能球磨机的工作过程中，研磨介质在旋转的筒体内高速运动，通过相互冲击与碰撞传递能量，物料在这种运动过程中被粉碎与研磨。

目前常用的高能球磨机分为行星式高能球磨机、搅拌式高能球磨机和抗震高能球磨机 3 种。

一、行星式高能球磨机结构及工作原理

1. 传统行星式高能球磨机结构及工作原理

传统行星式高能球磨机的结构如图 1-16 所示，包括机架 1，机架 1 内固定设置有电机 2，电机 2 的主轴上安装有主动皮带轮 3，主动皮带轮 3 通过皮带 4 连接从动皮带轮 5，从动皮带轮 5 上方安装行星齿轮传动机构 6，行星齿轮传动机构 6 包括与从动皮带轮 5 固定连接且随从动皮带轮 5 转动的太阳齿轮轴 9，太阳齿轮轴 9 上固定连接随太阳齿轮轴 9 转动的太阳齿轮 10，太阳齿轮 10 的外圈设置有外齿圈 11，外齿圈 11 与机架 1 固定设置且外齿圈 11 与太阳齿轮 10 同心设置，太阳齿轮 10 与外齿圈 11 之间设置有多个行星齿轮 12，行星齿轮 12 与太阳齿轮 10、外齿圈 11 均啮合，行星齿轮 12 的中部均固定设置有行星齿轮轴 13，行星齿轮轴 13 上均固定安装随其转动的球磨罐固定架 7，球磨罐固定架 7 内倾斜固定安装有球磨罐 8。

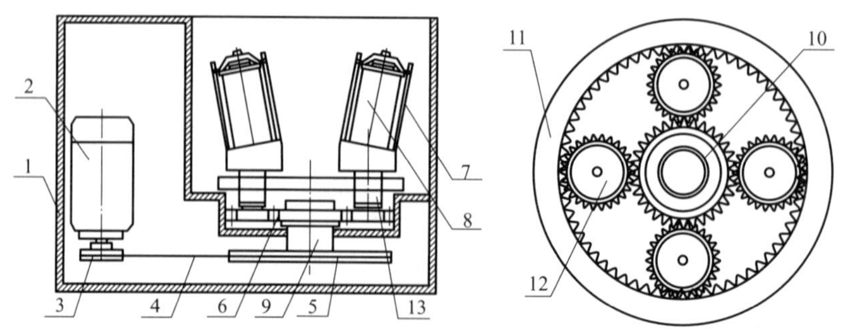

图 1-16　行星式高能球磨机的结构

其工作过程为：电机 2 带动主动皮带轮 3 转动，主动皮带轮 3 通过皮带 4 带动从动皮带轮 5 转动，太阳齿轮轴 9 随从动皮带轮 5 转动，太阳齿轮轴 9 转动的过程带动与其键连接的太阳齿轮 10 转动，太阳齿轮 10 转动，从而带动与其啮合行星齿轮 12 转动，行星齿轮 12 既绕太阳齿轮 10 公转，同时也绕行星齿轮轴 13 自转，球磨罐固定架 7 跟随行星齿轮 12 运动。球磨罐 8 与水平面呈一定角度倾斜设置，这样球磨罐 8 在转动过程中没有固定底面，能够有效解决粉体结底的问题。另外，倾斜设置的球磨罐 8 能够使磨球的运动轨迹复杂化，增加球磨效率。

2.低温行星式高能球磨机结构及工作原理

传统行星式高能球磨机一般在室温下工作，随着机械合金化过程的进行，物料、磨球和球磨罐的反复撞击会导致整个球磨罐及内部的温度不断上升，这对于某些元素的合金化过程是极其不利的。通常的解决方法是通过给球磨机添加保温罩、密封箱等密闭装置，利用低温气体或液态冷却介质来维持球磨过程中的低温状态，此法实施简单，达到了一定的冷却效果，但是密封装置容积太大，导致冷却材料的大量浪费，且给众多的机械部件在低温下的长时间工作带来了巨大考验。另一种方法是在球磨罐周围包裹冷却管，通过在管路中循环流过冷却液将热量带走，从而降低球磨罐温度，此法在立式搅拌球磨机中可以较好实现，但是在行星式高能球磨机中安装冷却管及冷却液循环装置很难操作。

低温行星式高能球磨机将液化气体通过输送管路通入保温罐中，在驱动装置驱动行星式高能球磨机转动的同时，利用低温冷却液及气化吸热保持保温罐内球磨罐的低温状态，最后冷却液气化后，由保温罐顶盖上的排气孔溢出。由于分流头上部的储液罐为窄口，且保温罐空间不大，使得冷却液的使用量小，实现了精确、高效、便捷和节约地制备更小、钝化的纳米颗粒或非晶合金粉末。

低温行星式高能球磨机包含 4 个球磨筒 6、底座 5，每个球磨筒 6 由保温罐 21、球磨罐 22 和拉马桶 17 构成，球磨罐 22 置于保温罐 21 内，保温罐 21 置于拉马桶 17 内，保温罐 21 的内壁有隔热涂层，球磨罐 22 与磨球的材质为不锈钢、氧化锆或氧化铝；底座 5 上安装有公转主轴 9 和变频电机 4，变频电机 4 通过小皮带轮 10 带动大皮带轮 11，再经过传动装置带动球磨筒 6 做行星式运动。与液化气体瓶 1 通过阀门 2 连接的冷却液总输入管 3 伸到多口分流头 8 上部的储液罐开口处，多口分流头 8 的其他通口分别连接分流输入管 7，多口分流头 8 的底部与公转主轴 9 固定连接，使多口分流头 8 及分流输入管 7 绕公转主轴 9 旋转。保温罐 21 的顶盖 18 设有排气孔 20，顶盖 18 上方有顶盖压环 16，拉马桶 17 的顶部连接横梁 15，内套接分流输入管 7 的压紧螺杆 13 依次穿过横梁 15、顶盖压环 16、顶盖 18 进入保温罐 21 中顶压球磨罐 22 的顶部，压紧螺杆 13、锁紧螺母 14、横梁 15 和顶盖压环 16 相互配合使保温罐顶盖密封，压紧螺杆 13 的底部设有连通分流输入管 7 和保温罐 21 内腔的泄流口 19，在横梁 15 的上方设有将压紧螺杆 13 固定的锁紧螺母 14；拉马桶 17 固定装配在与公转主轴固接的托盘 23 上，托盘 23 的下方有与公转主轴 9 同轴固定的行星轮 12 以及驱动拉马桶 17 旋转的行星轮，公转主轴 9 的行星轮 12 通过皮带与其他行星轮连接形成行星式运动，如图 1-17 所示。

二、搅拌式高能球磨机结构及工作原理

刮铲搅拌卧式高能球磨机如图 1-18 所示，包括：电机 1，和电机 1 相连接的搅拌轴 11，在搅拌轴 11 上设置有水平放置的球磨室 5，在球磨室 5 内搅拌轴 11 上安装有多个搅拌杆 4，在搅拌轴 11 靠近电机 1 的一端设置有第一支撑轴承 2，远离电机 1 的一端设置有第二支撑轴承 7，搅拌杆 4 与球磨室 5 的内壁及端盖之间的间隙可调；搅拌轴 11 上安装的搅拌杆 4 由刀头 12 和杆身 13 组成，其中刀头 12 采用刮铲结构；搅拌杆 4 的刀头 12 采用热处理后耐磨工具钢材料，搅拌杆 4 的杆身 13 采用调质的中碳合金钢，保证工作过程中刀头具有较长的寿命而刀杆不易受冲击折断；第一支撑轴承 2 采用静密封，第二支撑轴承 7 采用动密封 3，确保球磨室 5

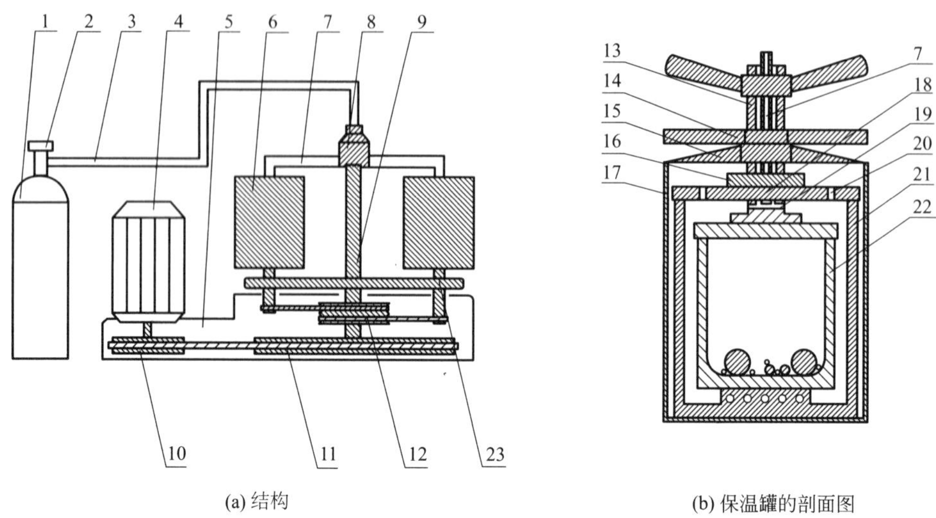

(a) 结构

(b) 保温罐的剖面图

图 1-17　低温行星式高能球磨机结构和保温罐的剖面图

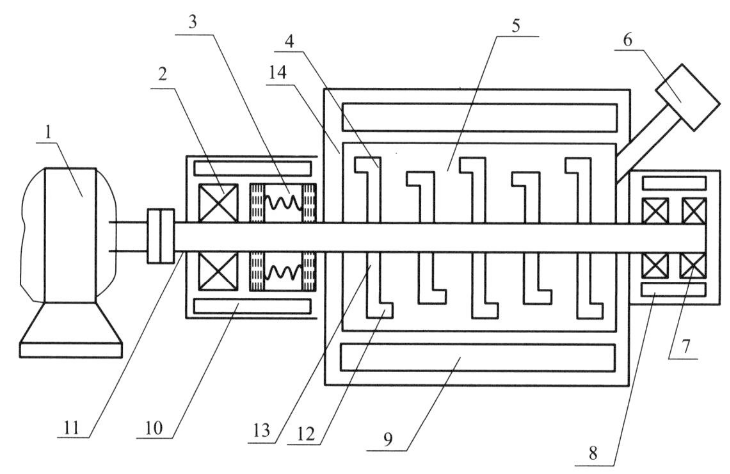

图 1-18　刮铲搅拌卧式高能球磨机结构

的密封性，使球磨过程既能在 1MPa 以内的保护气氛下进行，也能在真空度为 10^{-2}Pa 的条件下进行；球磨室 5 的支座上设置有第一冷却室 9，第一支撑轴承 2 的支座上设置有第二冷却室 10，第二支撑轴承 7 的支座上设置有第三冷却室 8，第一冷却室 9、第二冷却室 10 以及第三冷却室 8 均采用夹层水冷结构，低温循环冷却泵冷却，保证球磨过程中发热热量能及时散发出去；球磨室 5 端盖上设置有压力安全阀；球磨室 5 靠近电机 1 的一端端盖上设有可通入保护气体的进气孔 14，远离电机 1 的端盖上设有进出料口 6，采用球阀密封。

工作原理为：首先从球磨室 5 端盖上的进出料口 6 中投入待球磨玻璃原料，从球磨室 5 端盖上的进气孔中通入保护气体，然后启动电机 1，带动搅拌轴 11 旋转，同时搅拌轴 11 带动球磨室 5 内的多个搅拌杆 4 旋转开始球磨，随后启动第一冷却室 9、第二冷却室 10 以及第三冷却室 8 的循环冷却泵，在球磨的过程中同时冷却，待球磨过程结束后，把球磨好的粉末从球磨室 5 端盖上的进出料口 6 倒出。

三、抗震高能球磨机结构及工作原理

抗震高能球磨机如图 1-19 所示，包括电机 1、减速器 2 和磨壳 5，电机 1 与减速器 2 相连

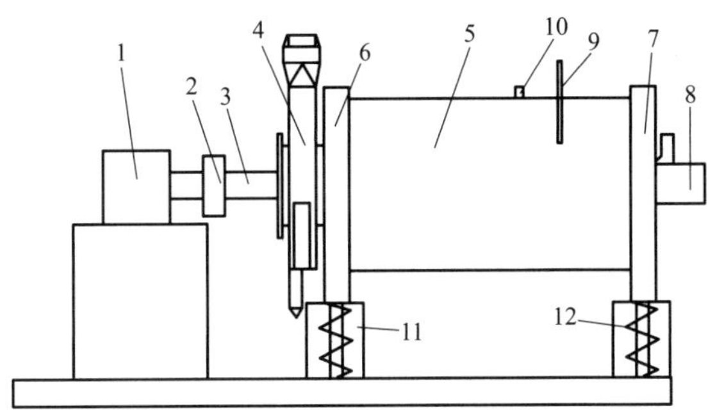

图 1-19　抗震高能球磨机结构

接，减速器 2 通过联轴器 3 与磨壳 5 相连接，磨壳 5 为圆柱形筒状，磨壳 5 内部为加工腔，在磨壳 5 两端分别设置有进料装置 8 和卸料装置 4，在磨壳 5 两端分别设置有前滑履轴承 6 和后滑履轴承 7，卸料装置 4 安装在前滑履轴承 6 上，进料装置 8 安装在后滑履轴承 7 上，在磨壳 5 的加工腔内设置有隔仓板，隔仓板横向设置将加工腔分为两个，在两个加工腔内都设置有研磨介质，通过调整各腔的研磨介质级配和填充率，提高了物料在磨壳 5 内的加工效率和加工效果，并且降低了设备作业的耗电量；在磨壳 5 上设置有一端伸入磨壳 5 内部、另一端延伸至外部的真空泵 9，真空泵 9 与设置在磨壳 5 上的真空压力表 10 相连接，通过真空泵 9 工作将磨壳 5 内部抽至近真空状态，提升物料在球磨机中的加工效率。

磨壳 5 通过吸震支座 11 安装在水平面上，吸震支座 11 内设置有弹簧 12，弹簧 12 连接磨壳 5 和地面，在球磨机工作时产生的冲击力通过弹簧 12 吸收，保证了设备在运行时的稳定性，提高了设备的使用寿命，进一步的，吸震支座 11 的数量为 4 个，多个吸震支座 11 的设置保证了吸震效果，同时 4 个吸震支座 11 的设置避免设备受力部位不均造成的倾斜，在弹簧 12 上还连接有平衡器，平衡器确保不同部位的弹簧形成一个力平衡，这样设备在转动过程中不会产生倾斜，避免对设备形成意外的拉力，导致不同结构之间的距离发生变化，影响加工效果。

工作原理是：通过在磨壳 5 下方设置吸震支座 11，保证设备在运行时的稳定性，提高设备的使用寿命，真空泵 9 在工作时将磨壳 5 内抽至近真空状态，且磨壳 5 内加工腔由隔仓板分成两个，有效地提高了加工效率和加工效果，并且降低了设备作业时的耗电量。

思　考　题

1. 名词解释：粉碎；粉碎比。
2. 简述粉碎在玻璃生产过程中的重要意义。
3. 简述玻璃工业中采用的粉碎方法主要有哪几种。
4. 简述玻璃工业中如何做到“不做过粉碎”。
5. 写出玻璃工厂常用的粉碎机械（破碎和粉磨设备各写出 3 种）。
6. 简述复杂摆动式颚式破碎机的主要零部件及工作原理。
7. 球磨机有哪些工作状态？最佳的工作状态是什么？
8. 常用的高能球磨机有哪些形式？

第二章　筛分机械

第一节　概　　述

一、物料筛分的意义

筛分是指物料通过筛面（筛网、筛板、棒条）上一定大小的筛孔来完成颗粒分级作业的过程。筛分一般适用于较粗物料的分级，即粒度大于 0.05mm 的物料分级。其根据流体力学原理，颗粒在流体（气体或液体）介质中的沉降速率不同，而分成不同的粒级。

筛分过程中，大于筛孔尺寸且被留在筛面上的物料颗粒称为筛上物；小于筛孔尺寸且通过筛孔分出的物料称为筛下物；进入筛分过程的物料统称为筛分物料。而筛下物的最大粒度与筛上物的最小粒度 d，通常可假定为等于所用筛面的筛孔尺寸 D，也就是 $d=D$。因此，可用下列符号来表示物料粒度：筛下物——$-D$ 或$-d$；筛上物——$+D$ 或$+d$。

筛分按其在工艺过程所要完成的任务，分为辅助筛分和独立筛分。独立筛分的目的是直接获得粒度合乎要求的产品。例如，用天然石英砂制备玻璃的工厂中；筛下物直接作为配合料。辅助筛分则是对粉碎作业起到辅助作用，在粉碎前进行的辅助筛分常被称为预先筛分，它可在粉碎前就分出粒度合格的部分；而在粉碎后对所得产物进行筛分的辅助筛分则称为检查筛分，用以保证最终产品的粒度。因为辅助筛分可提高粉碎作业的效率，改善产品质量并降低能耗。因而，带有筛分的粉碎作业已在玻璃工业中得到广泛应用。

为把固体颗粒物料分离成若干粒度级别，需使用一系列孔径大小不同的筛面，其排列次序称为筛序。通常有由细到粗，由粗到细，混合。筛分顺序如图 2-1 所示，由粗到细的筛序［图 2-1（b）］的优点是可将筛面由粗到细叠置，节省厂房面积，并由于粗粒不接触细筛网而减少细筛网的磨损，因此是目前玻璃工厂中普遍采用的方法，但这种配置的缺点在于不便于维修。由细到粗的筛序［图 2-1(a）］与上述刚好相反，由于粗颗粒接触细筛网，因此细筛网既易磨损又易被堵塞，容易降低筛分质量。混合筛序［图 2-1(c）］是上述两种的组合。筛分作业是玻璃生产中的必经过程，无论是采用天然粉料的流程，还是带有粉碎作业的流程，都要经过筛分，才能获得所需粒度的物料。

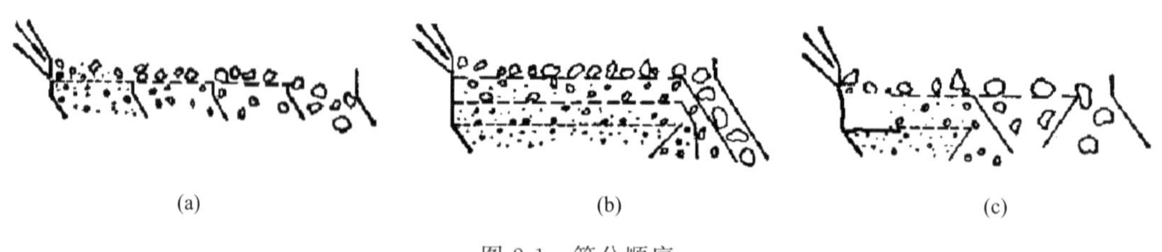

图 2-1　筛分顺序

二、粒度的确定

我国玻璃工业对原料的粒度要求至今尚无统一的标准，习惯做法是规定原料必须通过所选用的筛孔，即为合格粉料，也就是说，仅规定原料粒度的上限，而对原料细粒级的含量和各级颗粒度的配比没有提出具体要求。所以目前检查粉料粒度的标准是，看是否有大于筛孔尺寸的大颗粒进仓。在确定原料的粉碎、筛分工艺流程和设备选型时，往往只是考虑产量的高低，而很少考虑

“过粉碎”问题。根据试验研究和多年来生产实践经验，原料的粒度应满足以下要求。

① 与原料的熔化温度、重度及其在配合料中的比例要相适应。对难熔的原料颗粒应细些，易熔的可粗些；密度大的原料颗粒适当小些，密度小的原料颗粒应大些。以达到均匀混合，不易分层及同步反应的目的。

② 尽量控制原料粒度分布，减少原料中的“细粉”含量。所谓“细粉”，各厂都有不同的粒度范围，对硅质原料，一般是指 180 目（80μm）以下的颗粒。

③ 力求缩小原料粒径的比例，减少原料粒度的分散性。原料颗粒度一致性越好，它们的运动性质和熔化速度越接近。

特别应当提及的是白云石、石灰石等碳酸盐原料的合理颗粒问题。试验表明，碳酸盐原料的粒度应为 2～3mm。因为它们开始反应温度比硅砂低，所以颗粒可大些。这样在熔融的初期阶段，能阻止碳酸盐的分解和碳酸复盐的生成；中期促进初生液相硅酸钠（$Na_2O \cdot SiO_2$）的形成和它们对硅砂粒子的完全包裹，加快配合料的熔化速度；在熔融的后期阶段，由于它们的急速分解所放出来的大量气体，可大大加速玻璃液的澄清和均化作用。

但是，这类原料中，如含有较多的游离石英，其粒径就应小于 2mm，否则易造成配合料熔化困难。

三、筛分机理

（1）筛分过程的分析　在筛分过程中，筛上物是通不过筛孔的，而筛下颗粒首先要通过筛上颗粒所组成的物料层到达筛面，再透过筛孔而完成筛分过程。要使这两个阶段能够实现，物料与筛面必须有适当的运动特性，一方面使筛面上的物料呈松散状态，造成分层现象，使大颗粒位于上层，小颗粒位于筛面上；另一方面使堵在筛孔上的颗粒脱离筛面，让出细粒通道。经试验得出的结论是：粒度小于或等于筛孔 3/4 的颗粒是易筛粒；粒度大于筛孔 3/4 而小于筛孔的是难筛粒；粒度大于筛孔而小于或等于筛孔 1.5 倍的是阻碍粒；粒度大于筛孔 1.5 倍的对其他粒子的筛分过程影响不大。

（2）颗粒通过筛孔的概率　发生任何一个事件的概率（P）是指有利于该事件出现机会的次数（m）与可能出现的全部机会次数（n）的比值，即 $P=m/n$。假设筛孔为正方形（图 2-2），筛孔每边净长为 D，筛丝粗细为 b，而被筛分的物料颗粒为球形，其直径为 d。要使粒子能顺利地通过筛孔，其球心应在画有虚线的面积 $(D-d)^2$ 之内，而球粒在筛孔上可能出现的位置应为 $(D+b)^2$ 的面积。所以颗粒通过筛孔的概率为

$$P=\frac{(D-d)^2}{(D+b)^2} \tag{2-1}$$

上式说明，筛孔尺寸越大，筛丝和粒子直径越小，则粒子通过筛孔的概率越大。表 2-1 所示为两种 b/D 下，不同 d/D 值的概率 P。从表中可看出，当 $d/D>0.8$ 时，粒子通过的概率就很小，很难过筛，故称作“难筛粒”，而 $d \geqslant D$ 的颗粒是筛上粒。

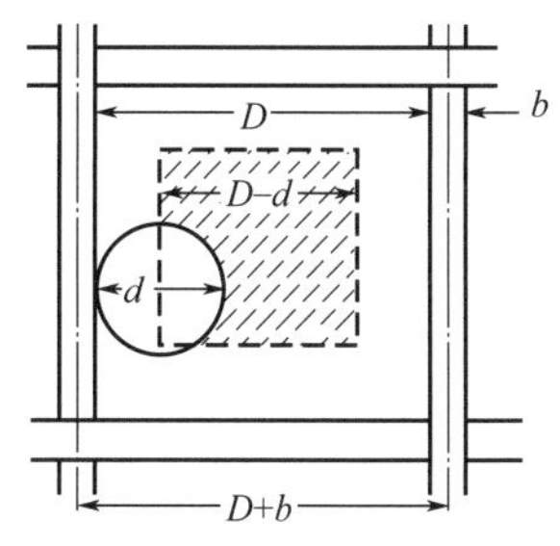

图 2-2　颗粒通过概率

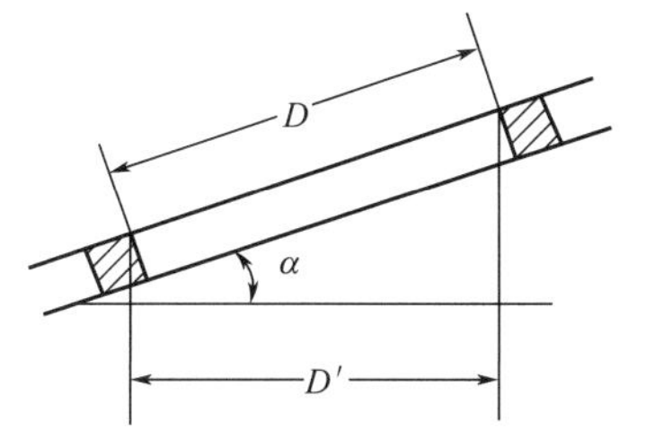

图 2-3　斜筛面对颗粒通过的影响

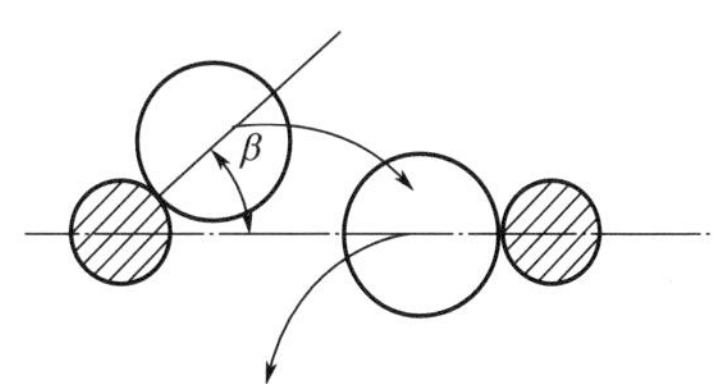

图 2-4　粒子弹跳通过筛孔

表 2-1　两种 b/D 下，不同 d/D 值的概率 P

d/D	$P/\%$	
	$b=0.25D$	$b=0.50D$
0.1	51.84	36.00
0.2	40.96	28.44
0.3	31.36	21.78
0.4	23.04	16.00
0.5	16.00	11.11
0.6	10.24	7.11
0.7	5.76	4.00
0.8	2.56	1.78
0.9	0.64	0.44
1	0	0

如果筛面是倾斜的（图 2-3），则筛孔 D 只以它的投影面起作用，即 $D'=D\cos\alpha$，因此粒子通过筛孔的机会必将减少。反之，筛面虽然是水平放置，但球粒的运动方向不垂直筛面，或者颗粒不是球形的，都会降低通过筛孔的机会。但在实际情况下，球粒通过筛孔的概率要比上述的大一些，其原因是：当球粒落在稍微偏外一点而与筛丝相碰时，只要角度 β 在一定范围内，当球粒被弹起来二次落下时，仍有落入筛孔而通过的可能，如图 2-4 所示。

四、筛分效率

筛分效率用来表示筛分过程进行的完全程度和筛分产物的质量，它是评定筛分过程的一个重要指标，可分为总筛分效率和部分筛分效率两种。

总筛分效率指的是筛下物料量与原料中筛下级别物料量的比值。

假设：G_1 为过筛前的物料量，kg/h；G_2 为筛下物的物料量，kg/h；G_3 为未过筛的物料量，kg/h；a_1 为筛前物料中筛下级别含量的百分比；a_2 为筛下物料中筛下级别含量的百分比；a_3 为未筛物料中筛下级别含量的百分比，则总筛分效率 $\eta_{总}$ 为

$$\eta_{总}=\frac{G_2a_2}{G_1a_1}\times100\% \tag{2-2}$$

在工业生产中，筛分过程往往是连续进行的，筛分前后物料不易准确称量，因此只能采用取样的方法进行筛分物料粒度的测定，所以应将公式改变成由粒度表示的形式。

根据物料衡算

$$G_1=G_2+G_3 \tag{2-3}$$

$$G_1a_1=G_2a_2+G_3a_3 \tag{2-4}$$

将式(2-3) 代入式(2-4) 得

$$G_1a_1=G_2a_2+(G_1-G_2)a_3$$

化简得

$$\frac{G_2}{G_1}=\frac{a_1-a_3}{a_2-a_3} \tag{2-5}$$

将式(2-5) 代入式(2-2) 得

$$\eta_{总}=\frac{(a_1-a_3)a_2}{(a_2-a_3)a_1}\times100\% \tag{2-6}$$

当筛面没有破损时，$a_2=100$，则总筛分效率 $\eta_{总}$ 为

$$\eta_{总}=\frac{(a_1-a_3)\times 100}{(100-a_3)a_1}\times 100\% \qquad (2\text{-}7)$$

可见，只要已知 a_1 和 a_3，就能计算出总筛分效率。通常在工业生产中，筛分的平均效率是 60%～70%，而振动筛的筛分效率则高达 95%以上。特别注意的是，总筛分效率是指整个筛下级别的筛分效率，而部分筛分效率指的是筛下级别中某一粒度范围内的分离效率。

五、影响筛分的因素

影响筛分生产效率的因素较多，总体可分为以下 3 类。

（一）物料物理性能的影响

（1）物料粒度　物料粒度对筛分生产率有很大影响：首先，筛分机械生产率随着物料中筛下级别含量的增大而提高；其次，同一筛分机械生产率因物料粒度组成不同而相差甚远。尤其是当物料中筛下级别含量较少时，筛上物就覆盖了整个筛面，进而妨碍细颗粒通过。由于这种情形将明显降低生产率，因此需要预先用筛孔较大的辅助筛网将过粗的粒级排出，然后再对含有大量较细级别的物料进行最终筛分，以提高筛分效率。

实践证明，当物料粒径小于筛孔的 0.8 时，粒子很容易穿过物料层到达筛面，并很快通过筛孔。物料中这部分粒子含量的增加会使生产率明显提高。相反，物料中大颗粒越多，粒度越接近筛孔，筛分效率将越低。

（2）物料含水率　当物料中含有水分时，筛分效率和筛分生产率将会显著降低。尤其是当利用细孔筛网进行筛分时，水分的影响更为突出。一方面由于物料表面的水分使细粒黏结成团，并附着在大粒子上，因此会堵塞筛孔；另一方面附着于筛丝上的水分有可能在表面张力的作用下形成水膜，把筛孔掩盖起来。这样便阻碍了物料的分层和通过。

需要指出的是，影响筛分过程的并不是物料所含全部水分，而只是表面的水分。因为化合水分和吸附水分不会对筛分造成影响，所以吸湿性较好的物料允许带有一定量的水分。不同物料含水率对筛分效率的影响需要通过试验来鉴定。图 2-5 表示两种不同物料的筛分效率与物料的含水率的关系。

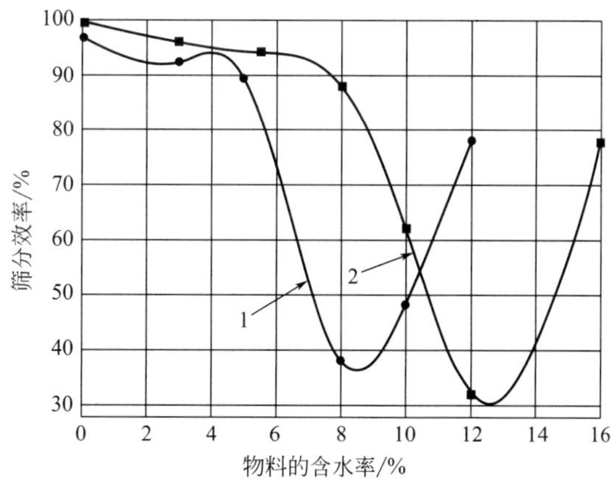

图 2-5　筛分效率与物料的含水率的关系

1—吸湿性弱的物料；2—吸湿性强的物料

（3）物料含泥量　当物料中含有结团的泥质混合物，其含水率达到 8%时，细粒物料就会黏结在一起，再经筛面摇动即成球团，将很快堵塞筛孔。由于筛分这类物料很困难甚至不可

能，所以需要采用湿式筛分，即在筛分过程中不断向筛面物料喷水。由图 2-5 可知，当物料含水率超过一定值后，筛分效率反而提高。这是因为有部分水分开始沿着粒子表面流动，流动的水起到了冲洗粒子和筛网的作用，从而改善了筛分条件。

（二）筛面运动特性及其结构参数的影响

（1）筛面运动特性　筛面与物料之间的相对运动是进行筛分的必要条件，这种运动可以分成两类：粒子垂直筛面运动，如振动筛；粒子平行筛面运动，如筒形筛、摇动筛等。实践证明：第一种运动类型的筛分效率高于第二种。这是因为物料做垂直筛面运动而使物料层的松散度和析离速度变大，进而粒子通过筛孔概率增大，筛分效率提高。并且垂直运动时，物料堵塞筛孔的现象得到缓解，所以振动筛的筛分效率远高于摇动筛。

筛面的运动频率和振动幅度同样对筛分效率有很大影响，因为它与粒子在筛面上的运动速度和通过概率有直接关系。一般来讲，粒度较小的颗粒适宜小振幅和高频率振动。

（2）有效筛面面积　筛孔面积与整个筛面面积之比称作有效筛面面积。有效筛面面积越大，生产率和筛分效率将越高。但是有效筛面面积也不是越大越好，过大也会降低筛面强度和使用寿命。

（3）筛面长度　通常筛机的生产率和筛分效率主要取决于筛面尺寸。筛面越长，物料在筛面上停留时间越长，进而增加了粒子通过筛孔的概率，所以筛分效率也会提高。但筛面的延长并不能始终有效地提高筛分效率，一般在筛分的最初阶段，筛下物的产量增加很快，随后却会逐渐变慢。所以，一般工业上使用的筛子的长度不超过其宽度的 2.5～3 倍。此外，筛孔尺寸越大，筛面的单位面积生产率和效率也将越大。

（三）操作条件的影响

（1）加料均匀性　加料均匀性应满足两点：一是单位时间的加料量相等；二是入筛物料沿筛面宽度需均匀分布。这样只有当筛面保持在稳定最佳状态下工作，筛面才能充分发挥作用。并且通常对均匀性的要求在细筛筛分时显得尤为重要。

（2）料层厚度　料层厚度越薄，粒子越容易透过物料层，增加接触筛面的机会，从而提高筛分效率。但如此一来，就会因物料的减少而降低了生产率。料层过厚，则会使筛孔堵塞，筛分效率降低。

（3）筛面倾角　筛面倾角增大，可提高送料速度，使生产率有所增加，但会减少物料在筛面上的停留时间，引起筛分效率下降。所以，筛面最适宜的倾角同样要在试验中确定。

六、筛分的基本流程

工业上通常将粉碎和筛分组成一个联合系统，所谓筛分流程，实则就是粉碎筛分流程。由于粉碎机粉碎比的限制，很难在一次粉碎中达到要求的物料粒度，并且出于经济原则的考虑，往往会把几台粉碎机串联起来使用，而每一台只进行整个粉碎过程的一部分，这样的部分称为流程的段，并将只有一段粉碎的称为一段粉碎筛分流程，两段以上的称为多段流程。

一段粉碎筛分流程只有 4 种基本形式，见图 2-6。A、C 型为开路流程，B、D 型为闭路流程。通常情况下，闭路流程比开路流程更能保证产品的粒度质量。

还有一种流程（图 2-7）虽然经常见到，但并不是独立的形式，而是 D 型流程的变形——D′型，它将预先筛分和检查筛分合在一起。

多段粉碎筛分流程可由几个一段流程组合而成。因为每一种基本流程都可与包括自身在内的 4 种基本流程组合，所以二段流程可有 $4^2=16$ 种方案，三段流程有 $4^3=64$ 种方案。图 2-8 和图 2-9 分别表示了 3 种二段粉碎筛分流程和 2 种三段粉碎筛分流程的实例。

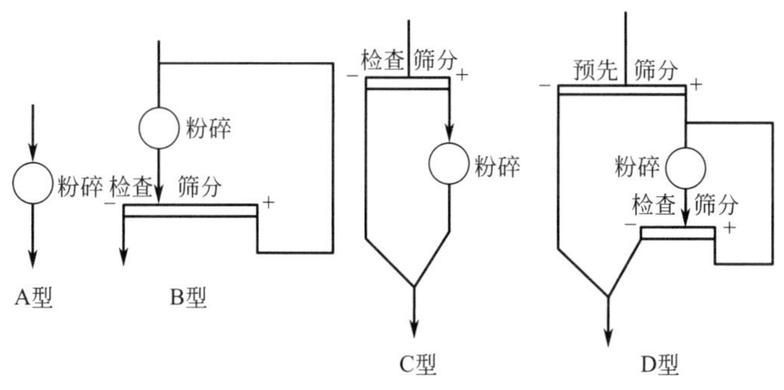

图 2-6　一段粉碎筛分流程

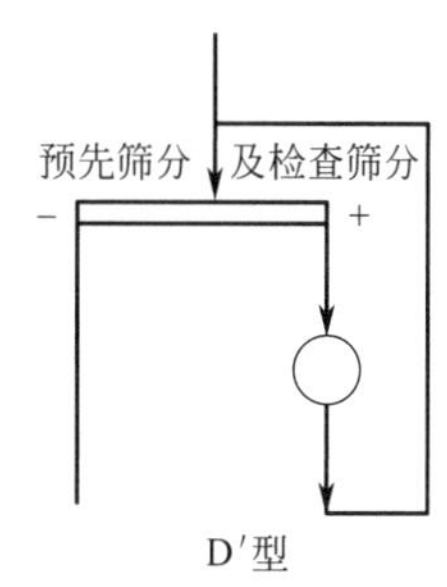

图 2-7　D 型流程的变形——D′型

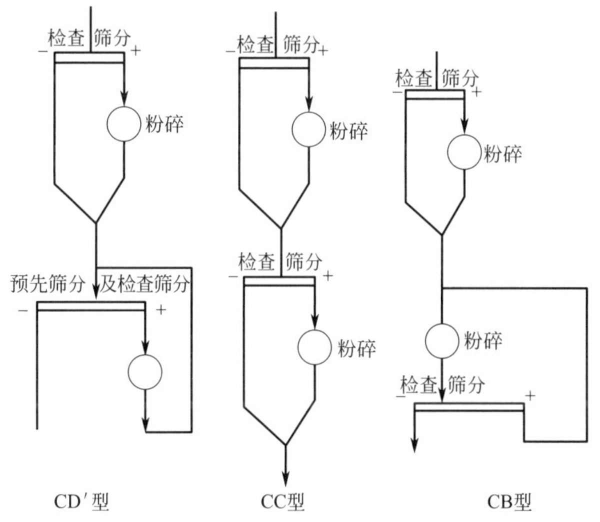

图 2-8　3 种二段粉碎筛分流程

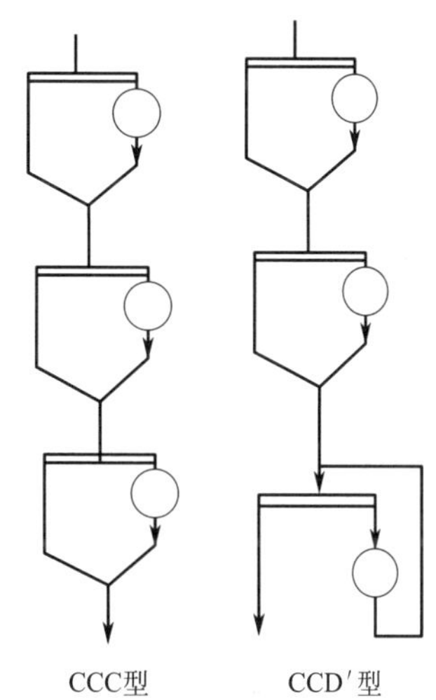

图 2-9　2 种三段粉碎筛分流程

七、筛面和筛制

（一）筛面

筛面是筛分机械的主要工作部件，可分为栅筛、板筛和网筛 3 种结构。

（1）栅筛　栅筛又称格栅或箅条，是由相互平行的、按一定间隔排列的钢质栅条组成。栅条的断面形状很多（图 2-10），但全部都上大下小，以防止物料堵塞。也有用钢轨作栅条的，轨底朝上。栅筛通常用作固定式的筛子，筛面与水平面成 35°～45°的倾斜角，对于黏性矿石，可高达 50°～60°。栅筛筛分效率一般不超过 60%～70%，主要用于粗筛，即粗碎前的预先筛分。它的筛孔尺寸一般都大于 50mm。其优点是机械强度大，易检修。

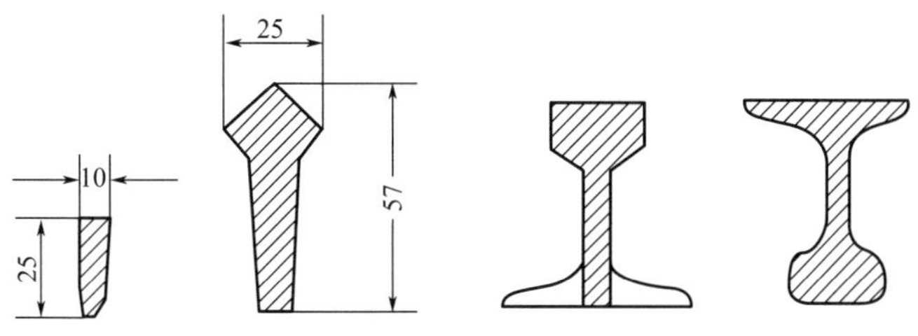

图 2-10　栅条的断面形状

（2）板筛　板筛是由薄钢板（不超过 12.5mm）冲孔制成。孔形有圆形、方形和长条形，如图 2-11 所示。为减少堵塞，筛孔常稍呈锥形，上小下大。筛孔多采用交错排列，以提高筛分效率，筛孔尺寸为 12～50mm，常用于中筛作业。板筛的机械强度通常较高，所以也可用作细网筛的保护底层。

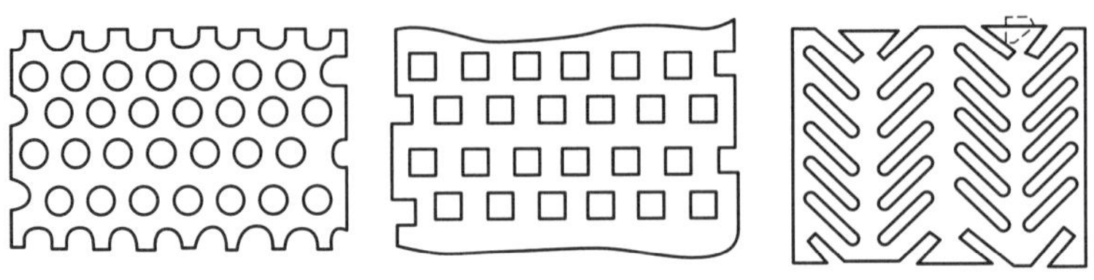

图 2-11　板筛上的孔形及排列方法

（3）网筛　网筛也称编织筛，是应用最广泛的一种筛面。它是由金属丝编织而成。工厂中若采用的筛网是钢丝制成的，其筛孔直径一般都不小于 0.4mm；若是用黄铜丝和青铜丝制成的，孔径为 0.04～0.4mm；若是用合成纤维或绢丝制成的，则孔径可在 0.2mm 以下。筛孔有正方形和长方形两种，如图 2-12 所示。正方形的较常用，但因长方形的处理能力比正方形的高 30％～40％，且堵塞现象较轻，已经开始获得应用。

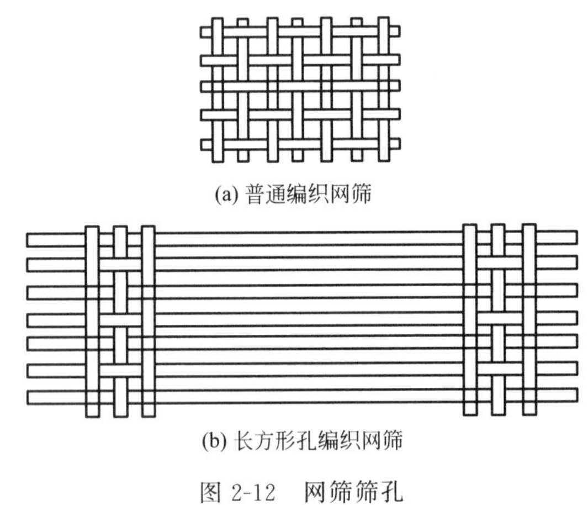

(a) 普通编织网筛

(b) 长方形孔编织网筛

图 2-12　网筛筛孔

用筛孔尺寸相等而筛孔形状不同的筛面进行筛分时，筛下产品的粒度并不一样。其筛下物料粒度大小依次为长方形孔＞正方形孔＞圆形孔。它们的筛下物料粒度最大尺寸：圆形孔约为筛孔尺寸的 0.7，正方形孔为 0.8～0.9，长方形孔则接近于筛孔尺寸。

（二）筛制

筛制即网筛的系列标准，不同国家采用不同筛制。目前有 3 种主要称法：一种称为多少目筛，是英制筛，指每英寸（1in＝25.4mm）长度的筛网上，单行所具有的正方形筛孔数目，如 240 目筛就表示 240 孔/in，英美国家通常采用这种表示法；另一种称为多少孔筛，是指每平方厘米筛网上的筛孔数目，如万孔筛，即 10000 孔/cm^2；还有一种称多少号筛，是公制筛，指每厘米长度的筛网上，单行所排列的筛孔数，如 100 号筛，即 100 孔/cm，我国标准筛采用此表示法。

显而易见，筛孔尺寸与单位面积上的筛孔数目有关，孔越多，尺寸越小，并且筛孔尺寸还与筛丝粗细程度有关。因此在制定标准时，应对筛孔尺寸、筛丝尺寸、上下两筛号间筛孔大小之比都做出规定，可以查表 2-2 和表 2-3 得到它们的对应关系。网筛的筛孔尺寸幅度很大，从几十微米至几十毫米，所以它的用途也广，通常用于细筛和中筛作业中。

表 2-2 编织筛规格（英制筛）

筛目	筛孔尺寸/mm	筛目	筛孔尺寸/mm	筛目	筛孔尺寸/mm	筛目	筛孔尺寸/mm
8	2.500	32	0.560	70	0.224	160	0.090
10	2.000	35	0.500	75	0.200	190	0.080
12	1.600	40	0.450	80	0.180	200	0.071
16	1.250	42	0.420	90	0.160	240	0.063
18	1.000	45	0.400	100	0.154	260	0.056
20	0.900	50	0.355	110	0.140	300	0.050
24	0.800	55	0.315	120	0.125	320	0.045
26	0.700	60	0.280	130	0.112	360	0.040
28	0.630	65	0.250	150	0.100		

表 2-3 编织筛规格（公制筛）

筛号	筛孔数目	筛孔尺寸/mm	筛丝直径/mm	筛号	筛孔数目	筛孔尺寸/mm	筛丝直径/mm
1	1	6	3.4	16	256	0.375	0.24
2	4	3	2.0	20	400	0.300	0.20
3	9	2	1.2	24	576	0.250	0.17
4	16	1.5	1.0	30	900	0.200	0.13
5	25	1.2	0.8	40	1600	0.150	0.10
6	36	1.02	0.65	50	2500	0.120	0.08
8	64	0.75	0.50	60	3600	0.102	0.065
10	100	0.60	0.40	70	4900	0.088	0.055
11	121	0.54	0.37	80	6400	0.075	0.050
12	144	0.49	0.34	90	8100	0.066	0.045
14	196	0.43	0.28	100	10000	0.060	0.040

八、筛分机械的分类

筛分机械的品种较多，通常可分为以下 4 类。

① 格筛　分为固定格筛和滚轴筛等。

② 筒形筛　包括圆筒筛、圆锥筛、角柱筛（如六角筛）和多角锥筛等。

③ 摇动筛　分为单筛框和双筛框等。

④ 振动筛　按传动方式可分为机械振动筛和电力振动筛两类。

在玻璃工业中，格筛的应用极少，以振动筛应用最广，特别是机械振动筛。

第二节 筒 形 筛

（一）工作原理与构造

筒形筛是由筒体、支架和传动装置等组合而成的。筒体由筛网或筛板制成。按筒体形状不

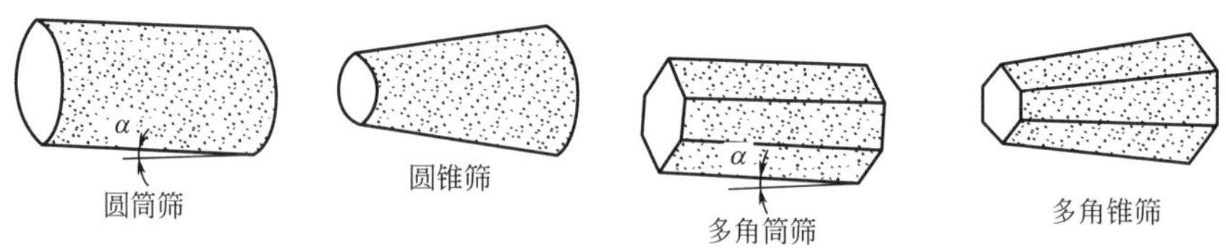

图 2-13　筒形筛的分类

同可分为圆筒筛、圆锥筛、多角筒筛、多角锥筛 4 种，见图 2-13。其中最常用的是六角筛，其结构如图 2-14 所示。筒形筛的工作原理较简单，电机经减速器带动筛机的主轴（中心轴）转动，使筛面做等速旋转，物料在筒内由于摩擦力作用而被升举至一定高度，然后因重力作用向下滚动，随之又被升起，于是一边进行筛分，一边沿着倾斜的筛面逐渐从加料端移向卸料端，细粒通过筛孔进入筛下，粗粒在筛筒的末端被收集。

筒形筛的特点是工作平稳，冲击和振动小，不需要特殊基础，所以可以安装在建筑物的上层，并且易于密闭收尘，使用年限较长，检修与维修比较方便。在安装筒形筛时，常常使主轴与水平面夹有 4°～9°的倾角，以保证使筒内的物料沿轴向移动。筒形筛适用于粒度为 60mm 以下的物料筛分。

六角筛作为最常用的筒形筛，构造比较简单，且具有运行平稳、消耗功率小、噪声低、密封性好、维修方便等优点，因而被广泛应用于玻璃工业中砂岩、白云石、长石、石灰石、萤石、纯碱和芒硝等原料的筛分作业。

六角筛由传动装置、回转筛箱、外壳、入料口、排料口、排渣溜子以及贮渣仓等部分组成，如图 2-14 所示。六角筛在使用过程中可以根据需求确定相关参数和电机功率，大型、中型玻璃工厂较为常用。

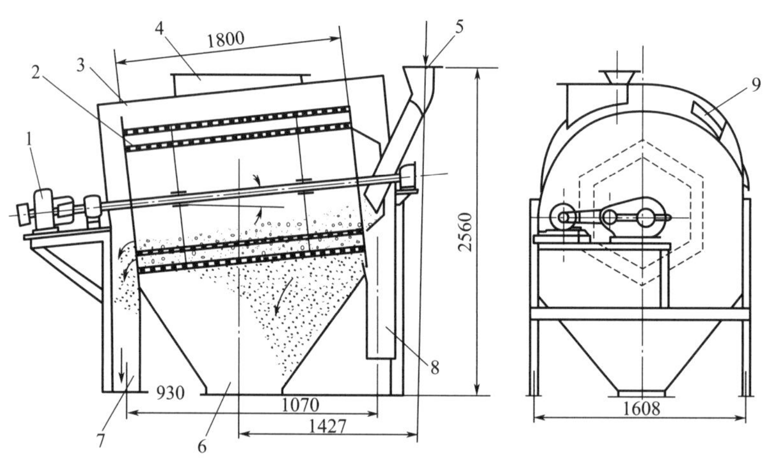

图 2-14　六角筛结构

1—传动装置；2—回转筛箱；3—外壳；4—吸尘管；5—入料口；6—排料口；7—排渣溜子；8—贮渣仓；9—操作口

其工作原理是：电机经由 V 带传至减速机后带动主轴开始回转。物料从入料管流入主轴上固定着的由型钢焊接形成的筛箱（其横断面呈六角形，有两层筛面，内层是筛板，外层是编织筛网，筛板孔大于筛网孔），而后率先进入内层筛板，由于筛箱有 6°左右的倾斜角，所以在回转时，小于筛板孔的物料将落入编织网，大于编织网筛孔的物料则落入排料口。而没有透过筛的物料则从入料端逐渐流向出料端，最后从排渣口排出。

（二）使用及维护

① 工作前检查传动部分，润滑点加油。

② 定时检查筛下物中是否含有大颗粒。

③ 定期检查筛面是否破漏，按规定补好或更换。

④ 检查进、出料口及溜子是否漏料，漏料时要及时补好。

第三节　摇　动　筛

一、工作原理与分类

摇动筛利用曲柄连杆机构进行传动，电机通过皮带传输运动使偏心轴旋转，然后利用连杆带动筛框做一定方向的往复运动。筛框的运动使筛面上的物料能够以一定速度向排料端移动，并进行筛分，其运动方向应与支杆或吊杆中心线垂直。

工业上应用到的摇动筛通常有如图 2-15 所示几种形式。摇动筛大体可分为两类。

（1）单筛框摇动筛　单筛框摇动筛只有一个筛框，筛框上可设置一层或两层筛网。根据支承形式不同，可分为滚轮支持的［图 2-15(a)］、吊杆悬挂的［图 2-15(b)］和弹性支杆的［图 2-15(c)］3 种，其工作原理大体相同。

单筛框摇动筛的结构较为简单，安装和检修较为方便。但最大缺点就是会将振动传给厂房建筑，尤其是当筛子质量大、转速高时，这一现象就更加明显。这就导致筛机的工作转速比较低，通常为 250r/min 左右。

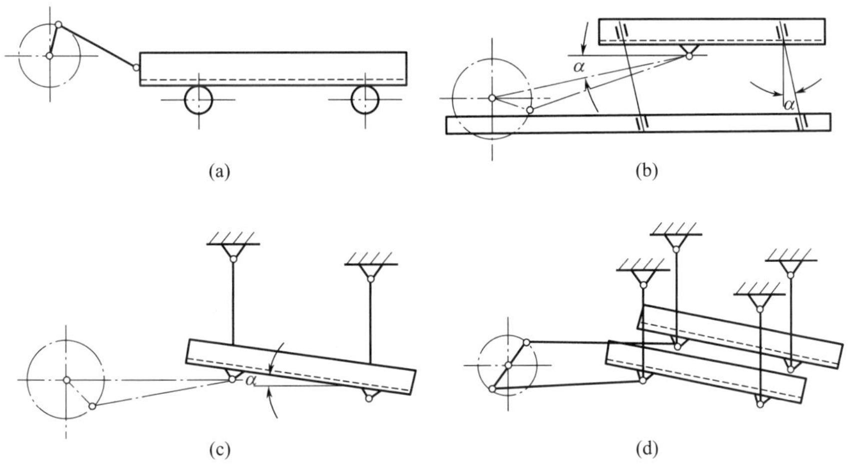

图 2-15　几种典型摇动筛结构

（2）共轴式双筛框摇动筛　共轴式双筛框摇动筛有两个筛框，用吊杆相互平行地悬挂在筛架上。两个筛框的驱动连杆连在同一个偏心轮上，如图 2-15(d) 所示，连接铰链成 180°角，所以两个筛框总是做反向摆动，使得筛框的惯性力得到一定的平衡。当然，两个筛框连同筛上的物料总量不可能完全相同，因此动力平衡也并不完全。但与单筛框的相比，已有了较大的提高。因此其工作转速可以提高到 400～600r/min，故又叫快速摇动筛。

二、主要参数的确定

根据生产实践经验，当物料在筛面上出现正、反向滑动或跳动时，会提高筛分效率。因此在设计摇动筛的转速时，需考虑这种特性转速。下面通过求摇动筛的曲柄转速来讨论这种特殊情况下的运动条件。

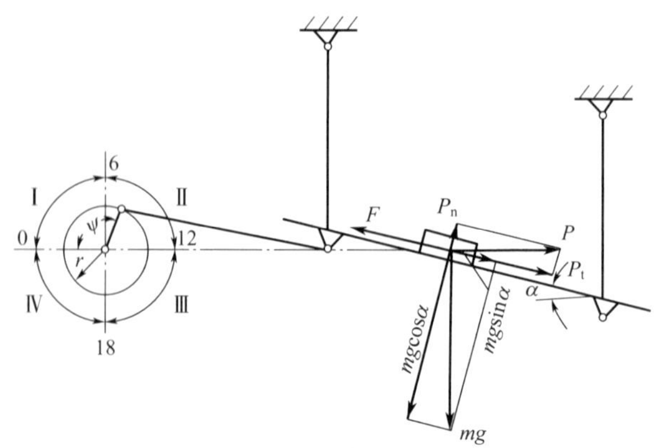

图 2-16 物料颗粒在倾斜筛面上的运动原理

图 2-16 为物料颗粒在倾斜筛面上的运动原理，曲柄的转角与所处象限如图所示。当曲柄位于第Ⅰ和第Ⅳ象限时，物料可能沿筛面向上运动，称为反向滑动。因为这时筛面所获得的加速度方向向右，物料惯性力方向向左。当曲柄位于第Ⅱ和第Ⅲ象限时，物料可能沿筛面向下运动，称为正向滑动，同时也可能发生物料向上抛起的现象。

在第Ⅰ和第Ⅳ象限中，P_t 的方向向左，摩擦力方向向右，物料反向运动的条件表示为

$$P_t \geqslant f(mg\cos\alpha + P_n) + mg\sin\alpha \tag{2-8}$$

式中，P_t 为与筛面平行的惯性分力，N；f 为物料与筛面的摩擦系数；P_n 为与筛面垂直的惯性分力，N；m 为物料颗粒的质量，kg；α 为筛框的倾斜角，(°)。

$$P_t = P\cos\alpha = m\omega^2 r\cos\psi\cos\alpha \tag{2-9}$$

$$P_n = P\sin\alpha = m\omega^2 r\cos\psi\sin\alpha \tag{2-10}$$

式中，P 为惯性力，等于物料颗粒质量与加速度的乘积，N；ω 为曲柄角速度，rad/s；r 为曲柄的半径（偏心距），m；ψ 为曲柄回转角，(°)，由左边的死点开始，按顺时针方向计算。

将式(2-9) 和式(2-10) 代入式(2-8) 得

$$\omega r^2 \geqslant \frac{g(f\cos\alpha + \sin\alpha)}{\cos\psi(\cos\alpha - f\sin\alpha)} \tag{2-11}$$

曲柄在死点 0 处的加速度最大，因为此时 $\psi=0°$，$\cos\psi=1$，且摩擦系数等于摩擦角的正切值，即 $f=\tan\varphi$，用转速 n 表示角速度 ω，便可得出物料在死点 0 时开始沿筛面反向滑动的曲柄轴最低回转速度 n_1。

$$n_1 = 30\sqrt{\frac{\tan(\varphi+\alpha)}{r}}\ (\text{r/min}) \tag{2-12}$$

同理，导出物料在死点 12 上开始沿筛面正向滑动时曲柄轴的回转速度 n_2 为

$$n_2 = 30\sqrt{\frac{\tan(\varphi-\alpha)}{r}}\ (\text{r/min}) \tag{2-13}$$

在第Ⅱ和第Ⅲ象限内，物料有可能向上跳动，所以物料颗粒脱离筛面的条件为

$$P_n + mg\cos\alpha \leqslant 0 \tag{2-14}$$

当 $\psi=180°$时，$\cos\psi=-1$，死点 12 上的 P_n 值最大。将式(2-10) 代入式(2-14) 得

$$m\omega^2 r\sin\alpha \geqslant mg\cos\alpha \tag{2-15}$$

因而可求出物料在死点 12 处向上跳动时曲柄轴的转速 n_3 为

$$n_3=\frac{30}{\sqrt{r\tan\alpha}} \tag{2-16}$$

那么便可依据上述导出的 n_1、n_2、n_3 的公式按要求选择筛机的曲柄转速。

如果要求物料颗粒仅出现正向滑动，则取转速为

$$n_2<n<n_1、n_3$$

若要使物料在筛面上做正向和反向滑动，转速应满足

$$n_1、n_2<n<n_3$$

若要使物料在筛面上跳动，则需满足

$$n>n_3$$

通常，在设计摇动筛时，要求物料在筛面上做轻微跳动，因此曲柄转速范围可取

$$n=\frac{30}{\sqrt{r\tan\alpha}}\sim\frac{45}{\sqrt{r\tan\alpha}} \tag{2-17}$$

按上述方法设计的摇动筛，其工作转速往往较低，所以筛面上的物料不会出现因剧烈跳动和大的冲击而引起物料颗粒的破碎。

摇动筛的安装倾角通常为 0°～10°，筛面呈水平的或微倾斜，其振幅一般为 4～22mm。对于细筛应采用较小的振幅和较高的转速，而粗筛则刚好相反。

摇动筛与筒形筛相比，筛面利用率和运动特性较优越，因此生产率和筛分效率要高些。但由于它的动力不能完全平衡，筛分过程筛孔易被堵塞，工作效率不如振动筛高。表 2-4 中列出两种摇动筛的技术参数。

表 2-4 两种摇动筛的技术参数

名称		粉料摇动筛	平面摇动筛
筛网规格	宽×长/mm	$1m^2$	460×1182
	层数/层	1	1
	筛孔/mm	0.3×0.3	40×46(目)
振动/(次/min)		360	250
生产能力/(t/h)		0.05	
配套电机	型号	$JO_2$32-4	$JO_2$21-6
	功率/kW	3	0.8
外形尺寸(长×宽×高)/mm		1840×1120×1000	1843×797×1000
总质量/kg		1350	

三、平面摇动筛

平面摇动筛适用于筛分含水率较高的物料，如硅砂、长石粉等，它具有构造简单、运行平稳、噪声小等优点，玻璃工厂常用。

1. 工作原理

平面摇动筛由底架 1、主轴传动装置 2、筛体 3、中间闸板 4、滑块支承 5 和闸板 6 组成，如图 2-17 所示。筛体一端支承在滑块支承 5 上，另一端与主轴传动装置 2 的偏心盘连接。筛体有 3°30′的倾斜角。电机经 V 带使主轴偏心盘转动，再带动筛体平面摇动。物料在筛面上做椭圆运动，借助物料自身重力作用，强制合格颗粒透过筛网。

在筛面上设置木闸板以隔断被筛分的物料，使其保持一定的料层厚度，进行强制过筛。筛分一段时间后，根据情况打开闸板，使不合格的大颗粒沿筛面从尾端排出。

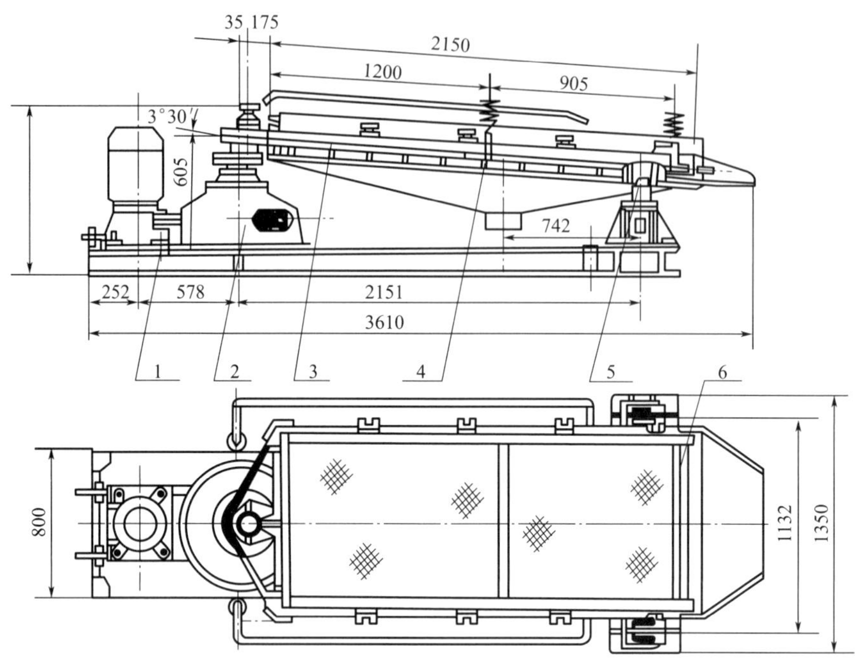

图 2-17　平面摇动筛结构

2.使用与维护

① 开动前检查传动装置，紧固筛网，并向各润滑点加油。

② 空车运转正常后加料。生产加料时要均匀，进料端料层厚度不大于 120mm。

③ 筛面分成两段：靠近传动端为第一段；后端为第二段。筛分一定时间后，第一段大颗粒较多时，提起中间闸板，将料放入第二段继续筛分，第一段则继续加入新料，这样可提高筛分效率。

④ 每 20～30min 清理一次筛上物。

⑤ 注意轴承运转情况，及时加油，温度不得高于 60℃。

第四节　振　动　筛

一、工作原理与分类

振动筛的工作原理与其他类型的筛机有所不同，其筛面做上下振动，振动方向与筛面互相垂直，或接近垂直，而摇动筛的运动方向基本上平行于筛面。振动筛的运动特性加剧了物料颗粒之间、颗粒与筛面之间的相对运动，再加上筛面具有强烈的高频振动，即使用来筛分黏性或潮湿的物料，筛孔也不会被物料堵塞，因而筛分效率很高，并且其生产能力强，筛面利用率高，应用范围较广，能筛分 0.25～100mm 的粉粒料，加之构造简单，占地小，重量轻，动力消耗小，价格低，是目前应用最为广泛的一种筛分机械。

振动筛种类较多，按动力来源可分为机械振动筛和电力振动筛。机械振动筛又分为偏心振动筛、惯性振动筛、自定中心振动筛与共振筛等多种。电力振动筛又可分为电磁式振动筛、振动电机振动筛和概率筛等。按照结构不同，大致可分为偏心振动筛、惯性振动筛、自定中心振动筛、共振筛、电振筛、概率筛等。

振动筛分类见表 2-5。

表 2-5 振动筛分类

一般分类	通用名	驱动方式	备注
圆振动型倾斜振动筛	偏心振动筛	偏心轴	
简易型振动筛	单轴惯性振动筛	不平衡重锤	筛框上有驱动机构,不适于大型机械
直线振动型水平振动筛	单轴惯性振动筛	不平衡重锤	筛框用弹性杆支承
	双轴惯性振动筛		
	低型		几乎直线运动
	共振筛	曲柄弹性,连杆	在大型机械中推广
电磁式振动筛		电磁铁	使筛面做直接振动 电磁振动器使筛框振动
振动电机振动筛	共振式	振动电机	一个振动电机,在共振下工作
概率筛		振动电机	筛面倾斜率依次增大
		不平衡重锤	筛孔随流动方向依次变小,数层重叠

二、偏心振动筛

偏心振动筛又叫半振动筛，也称陀旋筛。

偏心振动筛（如图 2-18 所示，其中右图是横轴的剖面示意图）带有一个筛框，筛框上装有 1～2 层筛网，轴水平地安装在固定筛架的滚轴承上。轴上有两个偏心轴颈，轴颈与轴承的内座圈配合，轴承的外圈固定在筛框上。筛框倾斜安置，它与水平线成 20°的倾角，但可在±5°范围内进行调整。利用弹簧的支承，筛框可保持在一定位置上。

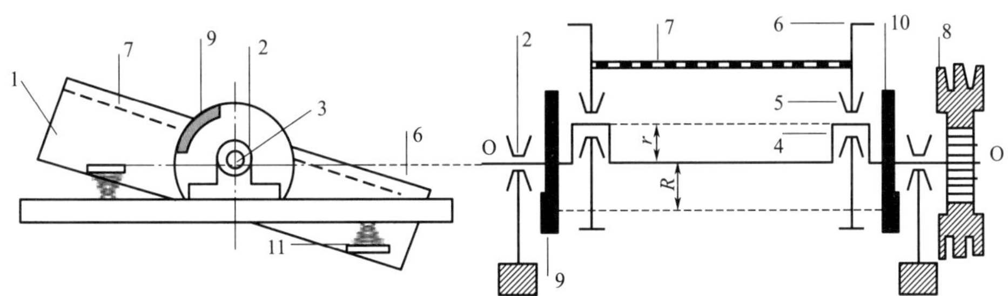

图 2-18 偏心振动筛原理

1—筛架；2—滚动轴承；3—横轴；4—偏心轴颈；5—轴承；6—筛框；7—筛网；8—皮带轮；9—平衡重；10—飞轮；11—弹簧

电机通过皮带驱动皮带轮使偏心轴转动。由于偏心轴颈的作用，筛框中部便做圆形运动，圆运动的半径等于偏心距，筛框的供料端与排料端做闭合的椭圆运动，椭圆的轨迹取决于弹簧的刚度和位置。平衡重块用作平衡筛框的惯性力。物料在从供料端（高端）移送到排料端的过程中便得到筛分。

偏心传动轴的转速可以根据物料沿筛面的运动特性来求得。图 2-19 表示单块物料在筛面上的受力情况。

当分力 $P_n \geqslant G_n$ 时，物料颗粒可能出现跳动。并且在实际生产过程中，偏心振动筛也是在物料跳动情况下工作的。所以只要得到相应的最低转速，工作转速便可确定。

物料颗粒向上跳动的运动方程式为

$$P\sin\psi \geqslant mg\cos\alpha \tag{2-18}$$

式中，P 为物料的惯性力，N；ψ 为偏心轴的相位角（以平行筛面的中心线左端为始点，

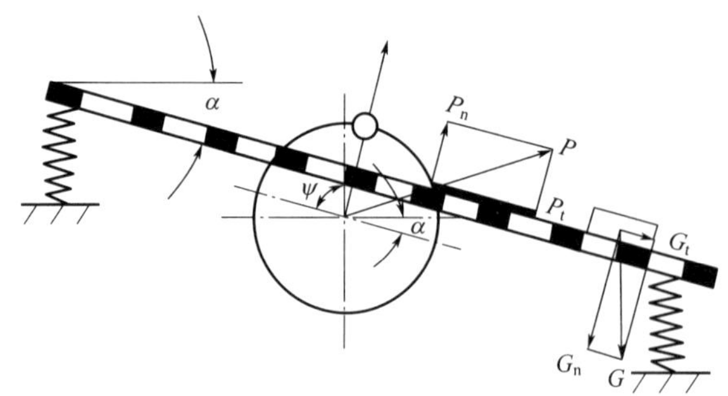

图 2-19　单块物料在筛面上的受力情况

顺时针方向计算），rad；m 为物料颗粒的质量，kg；α 为筛面倾斜角，(°)。

当 $\psi=90°$时，$\sin\psi=1$，则物料具有最大垂直惯性分力

$$P_n=\frac{m\pi^2n^2r}{30^2} \tag{2-19}$$

将式(2-19) 代入式(2-18) 得

$$n\geqslant 30\sqrt{\frac{\cos\alpha}{r}}\ (\mathrm{r/min}) \tag{2-20}$$

式中，r 为轴的偏心距，m。

实际生产中，为保证物料的充分跳动，通常将转速加大 50%左右，因此

$$n\geqslant 45\sqrt{\frac{\cos\alpha}{r}}\ (\mathrm{r/min}) \tag{2-21}$$

表 2-6 所示为矿山所用偏心振动筛的技术规格。

表 2-6　矿山所用偏心振动筛的技术规格

型号		SBZ1250×3000
筛网规格	宽×长/mm	1250×3000
	层数/层	2
	筛孔/mm	13～100
振次/(次/min)		840
最大入料粒度/mm		300
生产能力/(t/h)		120
配套电机	型号	JB12-4
	功率/kW	8
外形尺寸(长×宽×高)/mm		3980×2235×1895
总重/kg		2500

三、双轴惯性振动筛

双轴惯性振动筛的筛框常带有一个或几个筛面。筛框装在弹性支杆上，或用弹性吊杆悬挂在支架上，筛框上装有产生振动的双轴自相平衡振动器，如图 2-20 所示。双轴自相平衡振动器由两个构造相同的不平衡轴组成，如图 2-21 所示。

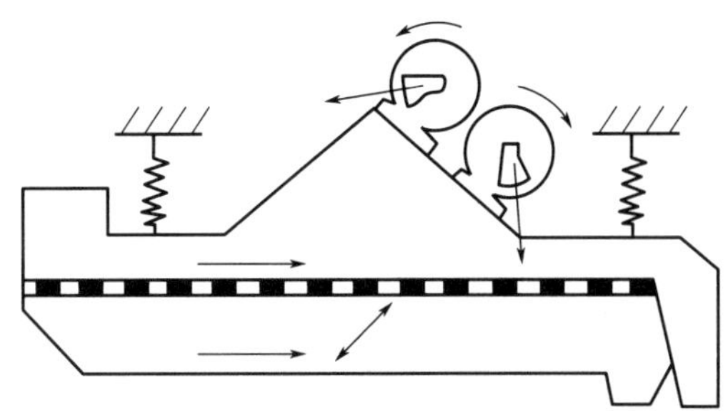

图 2-20　双轴惯性振动筛原理

两个不平衡轴分别安装在两组轴承上，两轴彼此之间利用齿轮副进行传动，并始终保持转向相反、转速相等以及两不平衡轴的相位相反，使得重块 A 和 A'无论在什么位置上产生的合力将始终沿着 X 轴的方向，如图 2-21(b) 所示，而离心力在 Y 方向上的分力则达到平衡。振动器的激振力从零变化到最大值，且不平衡轮每转 180°，力的方向就改变一次。

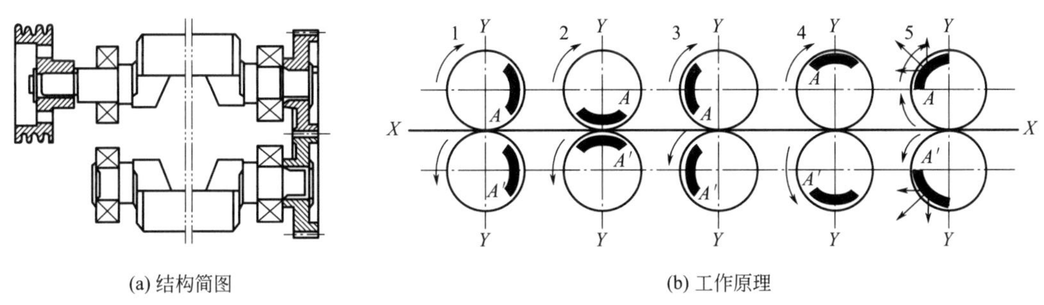

(a) 结构简图　(b) 工作原理

图 2-21　双轴自相平衡振动器

由于这类振动器产生的振动力为直线惯性力，当筛面以 35°～55°角安装时，筛框就会沿着这个方向做定向振动，使得筛面上的物料跳跃前进，实现了筛分和运输。因此双轴惯性振动筛机并不需要倾斜安装。但因为它的振动器结构复杂，制造成本高，所以在工业上的应用不如单轴振动筛或自定中心振动筛普遍，主要用于细筛和中筛。

对于振动筛的转速，可以利用摇动筛一节中所导出的公式进行计算。

表 2-7 和表 2-8 分别列出了两种双轴惯性振动筛的技术性能和定型双轴惯性振动筛系列的规格参数。

表 2-7　两种双轴惯性振动筛的技术性能

<table>
<tr><td rowspan="2">名称</td><td colspan="2" rowspan="2">型号</td><td colspan="3">筛网规格</td></tr>
<tr><td>宽×长/mm</td><td>层数/层</td><td>筛孔/mm</td></tr>
<tr><td>双轴惯性振动筛</td><td colspan="2">SSZ_1-9</td><td>1800×5500</td><td>1</td><td>0.5～100</td></tr>
<tr><td>双轴惯性振动筛</td><td colspan="2">SSZ_2-7</td><td>1500×5500</td><td>2</td><td>0.5～100</td></tr>
<tr><td rowspan="2">振次
/(次/min)</td><td rowspan="2">最大入料粒度
/mm</td><td rowspan="2">生产能力
/(t/h)</td><td colspan="2">配套电机</td><td rowspan="2">外形尺寸
(长×宽×高)/mm</td></tr>
<tr><td>型号</td><td>功率/kW</td></tr>
<tr><td>800</td><td>300</td><td rowspan="2">20～30</td><td>$JO_2$52-4</td><td>10</td><td>5700×1980×1797</td></tr>
<tr><td>800</td><td>300</td><td>$JO_2$52-4</td><td>10</td><td>5650×1550×2085</td></tr>
</table>

表 2-8 定型双轴惯性振动筛系列的规格参数

型号	筛面规格（宽×长）/m	工作面积/m^2	筛面层数/层	入料粒度/mm	筛孔尺寸/mm		生产能力/(t/h)	配套电机	
					上层	下层		型号	功率/kW
DS1256 ZS1256	1.25×5.60	6	1	0～300	0.5、6、8、10、13		40～54	JQO$_2$-61-4	13
2DS1256 2ZS1256			2		13、25	0.5、6、8、10、13			
DS1556 ZS1556	1.5×5.60	7.5	1	0～300	0.5、6、8、10、13		50～60	JQ-62-4	10
2DS1556 2ZS1556			2		13、25	0.5、6、8、10、13			
DS1565 ZS1565	1.5×6.50	9	1	0～300	0.5、6、8、10、13		55～65	JO-62-4	10
2DS1565 2ZS1565			2		13、25	0.5、6、8、10、13			
DS1756 ZS1756	1.75×5.60	9	1	0～300	0.5、6、8、10、13		约 80	JQO$_2$-52-4	10
2DS1756 2ZS1756			2		13、25	0.5、6、8、10、13	50～80	JQO$_2$-62-4	17
DS2065 ZS2065	2.00×6.50	12	1	0～300	0.5、6、8、10、13		70～100	JQO$_2$-62-4	17
2DS2065 2ZS2065			2		13、25	0.5、6、8、10、13	70～100	JQO$_2$-62-4	17

四、自定中心振动筛

自定中心振动筛又名万能吊筛，它是由带有偏心性质的振动器使筛子产生振动的筛分设备。图 2-22 为自定中心振动筛工作原理。弹簧 4 将筛框 3 倾斜悬挂在固定支架结构上，与筛框刚性连接的轴承 2 支承着偏心轴，带配重 6 的皮带轮 7 装在轴的两端，不平衡块位置与偏心轴的位置刚好相反。固定在支架上的电机带动在轴上的 V 带轮运转。

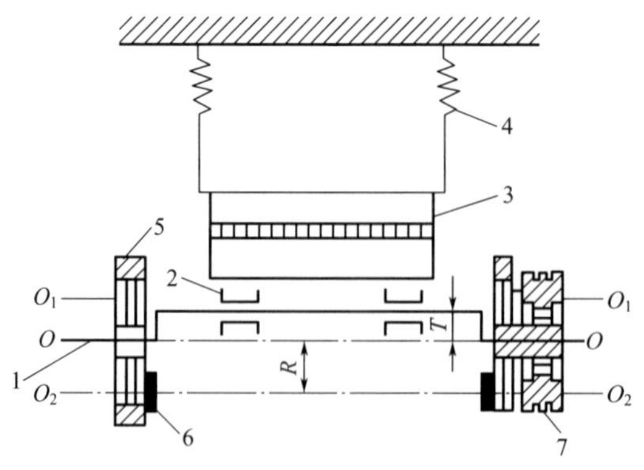

图 2-22 自定中心振动筛工作原理

1—主轴；2—轴承；3—筛框；4—弹簧；5—偏重轮；6—配重；7—皮带轮

在两个回转体相互作用下，主轴旋转时筛框将做圆周运动。一个回转体是弹簧悬挂着的筛框，另一个是固定在主轴上的不平衡重块。若从弹簧 4 处断开，可将振动筛视作一个隔离体。这样一来，轴的偏心使筛框产生运动的力变成了振动系统的内力，并与和它相位相差 180°的不平衡块的离心力平衡。如果没有其他外力作用在振动系统上，那么系统的重心应该是固定不变的。因此，主轴转动时，筛框应在垂直平面内绕系统的重心做某一半径的圆周运动。皮带轮 7 上不平衡块的重量，应该能保证它们产生的离心力与筛框旋转（回转半径等于主轴的偏心距）时所产生的离心力平衡。

$$Pe=GR \tag{2-22}$$

式中，P 为筛框和物料的总质量，kg；e 为主轴的偏心距，m；G 为不平衡块的质量，kg；R 为不平衡块的重心与回转轴线间的距离，m。

此时，筛框绕 $O—O$ 轴线做圆周运动，而主轴的轴线（或皮带轮轴线）在空间中不移动，因此把这种筛称为自定中心振动筛。

从上述关系式可以看出，若不平衡重块的重量过小，即 $Pe>GR$ 时，筛框将以半径小于偏心距 e 的轨迹回转。如果不平衡重块过重，则筛框的回转半径就大于主轴的偏心距。在上述两种情况下，主轴的轴线都将围绕系统的重心做某种圆周运动。但这种运动不会对电机的挠性传动产生影响。因此可得出结论，自定中心振动筛的质量不需要控制得很精确。这是自定中心振动筛的主要优点，并且当筛框的振幅变大时，皮带轮的中心位置也近乎不动，所以这种筛机具有很强的适应性。

自定中心振动筛的运动轨迹也属于圆周运动，它的转速计算可参照偏心振动筛。筛面也要倾斜安置以传输物料，倾角一般不大于 30°。

自定中心振动筛与单轴惯性振动筛的区别在于：前者的为偏心传动轴，而后者的轴承中心和皮带轮中心在同一直线上，所以自定中心振动筛的皮带轮中心在传动过程中保持不变，而单轴惯性振动筛与电机的中心距则时刻发生变化，导致前者筛框比后者有更大的振幅。自定中心振动筛较偏心振动筛的优越之处在于：不像后者在轴两端还安装着一对与筛架连接的轴承，前者只在筛框上连有一对轴承，不但结构简单，而且筛框惯性力得到了平衡，不易引起周围结构的振动。

除此之外，它还具有以下特点。

① 该振动筛的配重质量大小可以调节，另外还可以根据生产要求调节筛子振幅大小。

② 当所给物料发生变化时，振幅也会发生变化。当给料量多时，振幅变小；而当给料量少时，振幅加大、振动加剧。

③ 筛上物料在振动作用下能达到很好的松散和分层。

④ 适用于中、细粒矿粒的筛分，而不适应粗物料筛分。

表 2-9 列出了自定中心振动筛的系列规格参数。

表 2-9　自定中心振动筛的系列规格参数

型号	筛面规格（宽×长）/mm	工作面积/m^2	层数/层	最大入料粒度/mm	筛孔尺寸/mm	双振幅/mm	产量/(t/h)	频率/(次/min)	倾斜角/(°)	配套电机	
										型号	功率/kW
SZZ 220×550	220×550	0.12	1		2×2	6	0.5				0.25
SZZ 400×800	400×800	0.32	1	25	1～16	6	2	1500	0～30	JO_2-12-4	0.8
SZZ_2 400×800	400×800	0.32	2	25	1～16	6	2	1500	0～30	JO_2-12-4	0.8

续表

型号	筛面规格（宽×长）/mm	工作面积/m^2	层数/层	最大入料粒度/mm	筛孔尺寸/mm	双振幅/mm	产量/(t/h)	频率/(次/min)	倾斜角/(°)	配套电机	
										型号	功率/kW
SZZ 400×800	400×800	0.32	1	40	2×2	6	2	1000	0～30	JO_2-22-4	0.6
SZZ_1 400×800	400×800	0.32	2	40	3～10	6	6	1000	0～30	JO_2-22-4	0.6
SZZ 800×1600	800×1600	1.28	1	100	6～40	6	3.5	1430	0～30	JO_2-31-4	2.2
SZZ_2 800×1600	800×1600	1.28	2	100	6～40	6	2.5	1430	0～30	JO_2-32-4	3.0
SZZ 900×1800	900×1800	1.62	1	40	1～25	6	20～25	1000	15～25	JO_2-31-4	2.2
SZZ_2 900×1800	900×1800	1.62	2	40	1～25	6	20～25	1000	15～25	JO_2-314	2.2
SZZ 1250×2500	1250×2500	3.13	1	100	1～40	6	40～55	800	15～25	JO_2-424	5.5
SZZ_2 1250×2500	1250×2500	3.13	2	100	1～40	6	40～55	800	15～25	JO_2-42-4	5.5
SZZ 1500×3000	1500×3000	4.5	1	100	1～75	8	40～55	800	20～25	JO_2-52-4	10
SZZ_2 1500×3000	1500×3000	4.5	2	100	1～75	8	40～55	800	20～25	JO_2-52-4	10
SZZ 1500×4000	1500×4000	6	1	150	1～75	8	50～55	840	20	JO_2-52-4	10
SZZ_2 1500×4000	1500×4000	6	2	150	1～75	8	50～55	840	20	JO_2-52-4	10
SZZ 1800×3600	1800×3600	6.48	1	150	1～75	8	60～65	750	25±2	JO_2-62-4	17
SZZ_2 1800×3600	1800×3600	6.48	2	150	1～75	8	60～65	750	25±2	JO_2-62-4	17

五、电振筛

电振筛按所用振动器不同，可分为电磁振动筛和振动电机振动筛。电磁振动筛又可根据振动部位的不同分成筛网直接振动和筛框振动两种。

目前筛框振动的电磁振动筛应用较多。在共振状态下工作，这类筛机的筛框做直线型振动，其运动特性类似于双轴惯性振动筛。

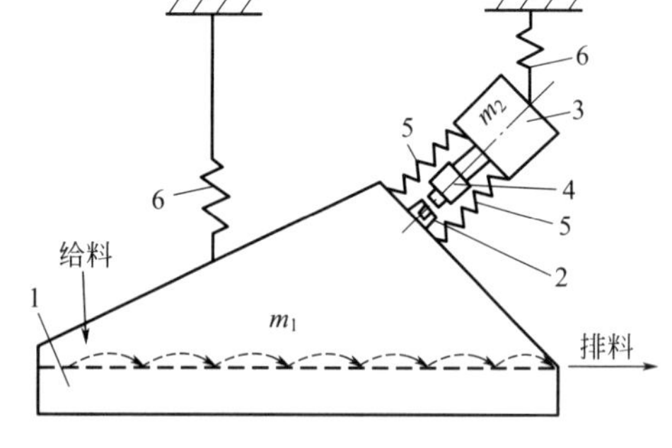

图 2-23　电磁振动筛

电磁振动筛如图 2-23 所示，筛框 1 和筛框上的振动器衔铁 2 一起组成一个振动机体 m_1。辅助重物 3 和振动器的电磁铁 4 组成第二个振动机体 m_2。两振动机体间用弹簧 5 连接，整个系统用弹簧吊杆 6 悬挂于固定的支架结构上。当给振动器通入交变电流时，振动器衔铁 2 和电磁铁 4 的铁芯交替进行吸引和排斥过程，使两振动机体产生振动。如果机体的质量和弹簧 5 的刚度选择合适，振动系统就可能在接近共振状态下工作。其他带有水平筛框或倾斜筛框的筛机一样，振动器倾斜安装在筛框上，与筛面有一定夹角，让筛框的振动带动物料跳动，以便物料在沿筛面移动过程中同时进行筛分。

电磁振动筛的优点是结构简单，无传动元件，体积小，电耗少，筛分效率高（可高达 98%），适宜密封筛分，便于自动化等，因此在玻璃工业中应用越来越广泛。

思考题

1. 名词解释：筛分；总筛分效率。
2. 简述筛分在玻璃生产过程中的重要意义。
3. 写出玻璃工厂常用的筛分机械名称。
4. 简述影响筛分的因素有哪些。
5. 简述六角筛的工作原理，玻璃工业中常用六角筛可筛分哪些原料。
6. 简述偏心振动筛、惯性振动筛、自定中心振动筛、共振筛、电振筛的驱动方式。

第三章 称量设备

第一节 概 述

一、称量的重要性

在玻璃工厂里，原料称量是一道非常重要的工序。称量过程不仅确定各种原料的用量，同时也确定了它们之间的重量百分比。显然，如果称量时出现错误或称量不准确，结果将得不到正确组分的玻璃或者熔制的玻璃达不到预期的性能指标，还有可能在熔制过程中出现熔制困难，引起玻璃熔窑等设备的损坏。要熔制出正确组分的玻璃，从料方设计到原料的加工处理、熔制成形等各个环节，工厂都需要投入相当大的人力和物力。但是，如果各原料的称量没有严格按照要求，那么之前的一切劳动工序都将付诸东流，会给工厂造成严重的损失。所以原料的称量虽然看似简单，但却是一项十分重要的工作。

二、称量误差分析

称量过程的误差是不可完全避免的，但可以减小误差。为了提高称量的准确性，下面对称量误差分类讨论，旨在指导玻璃工厂在误差超出许可范围时提出改进措施。

任何一个物理量的真值是测不到的，因为测量方法、环境、仪器等因素的影响，无论哪个测量系统都不能完全消除误差。然而对一个物理量做无限多次的正确测定而获得的平均值，是很接近真值的，也称近似真值。所谓测量误差，就是指测量值与近似真值之差。

一般来说，根据误差的性质和产生误差的原因，可将误差分成以下几种。

(1) 系统误差　系统误差产生的原因有以下几点。

① 测量仪器不够精密，如刻度不准或砝码未被校正。

② 测量环境的变化，如环境温度和压力等变化，引起称量值改变。

③ 测定人员的技术水准不同，如读数偏高或偏低。

一般情况下，系统误差所产生的结果总是偏向一边的，其值大小也不变，故称为恒定误差。系统误差是可以通过校正排除的。

(2) 偶然误差　在消除系统误差之后，往往称量读数的尾数仍出现差别，这就是偶然误差。引起偶然误差的原因比较复杂，这种误差的大小和方向是随机的，且不易控制。但在得到一组数据之后，可以运用数学统计学的方法进行统计分析，减小偶然误差。

(3) 过失误差　由于操作不当或仪器出现故障可引起过失误差，这类误差引起的称量数值变化无常，没有规律可循。要消除这种误差，需要设备操作人员细心认真，严格按照规范程序操作。

上述对误差原因和性质的分析有利于工厂采取正确的减小误差的措施。在称量作业中，为了尽量减小称量误差，可以采取以下措施。

① 合理地选用秤的称量范围。一般称量值越是接近秤的全量程，它的误差就越小，尽量不用大秤来称量小料。

② 合理地选用称量方法。一般原料单独称量的误差要比几种原料累积称量误差小，因为后一种称量可能造成积累误差，从而造成更大的误差。

③ 加强操作人员责任心。人工称量特别是称量小料时，应一人称量、一人复核，防止出

现差错。

④ 严格操作规程，按国家计量规定，定期校验称量设备，并随时注意称量设备的维护。

三、配料秤的种类

玻璃工厂中采用的称量设备大致有以下几种。

① 台秤。台秤又称磅秤。台秤是一种机械式杠杆秤，它的最大允许误差为全量程的1/1000。

② 机电自动秤。机电自动秤是在台秤的基础上加设电子装置实现自动称量，玻璃工厂中应用较广。

③ 电子自动秤。电子自动秤以传感器作为测重原件，以电子装置自动完成称量、显示和控制，是一种新型的称量设备，可实现自动化称量和远距离控制，因此正在被自动化配料的玻璃厂使用。

第二节 磅 秤

磅秤又称台秤，它利用不等臂杠杆原理工作，包括承重装置、读数装置、基层杠杆和秤体等部分。磅秤的特点是结构简单，计量较准确，只要有一个平整坚实的秤架或地面就能放置使用。中国磅秤产品的型号由 T、G、T 这三个字母和一组阿拉伯数字组成，其中字母 T、G、T 分别表示台秤、杠杆结构、增砣式，阿拉伯数字表示最大称量（kg），主要型号有 TGT-50、TGT-300、TGT-500 和 TGT-1000。

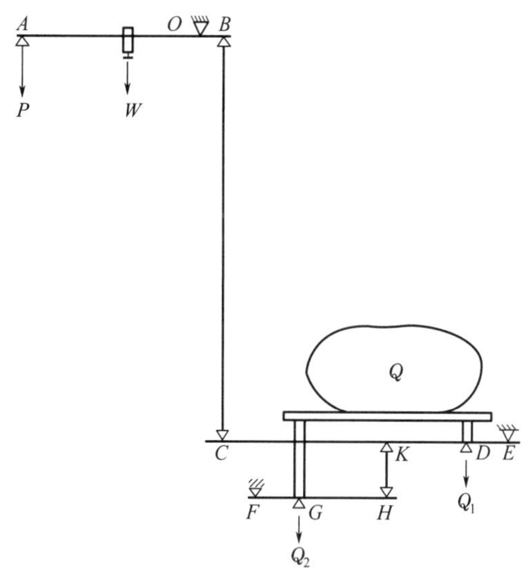

图 3-1 磅秤的结构

磅秤是一种使用最为广泛的衡器，在日常生活中经常见到，它的形状及其使用性能都为大家所熟悉。磅秤的结构如图 3-1 所示。台板通过刀子 D 与 G 将荷载作用在传力杠杆 FH 和 CE 上，小杠杆 FH 又用刀子 K 将以一定比例缩小的力作用到大杠杆 CE 上，大杠杆 CE 与标尺杠杆 AB 之间由连杆 BC 连接，于是作用力由刀子 B 传递给标尺杠杆 AB。利用改变标尺杠杆上的砝码 P 的质量和游码 W 的位置，即能达到杠杆系统的平衡。读取此时的相应标尺和砝码的读数，即为被称重物的质量。磅秤的特点是在实际称量中，秤的示值不随物体在台板上的位置而变化，仅与物体的重量有关。因此，两传力杠杆的尺寸应满足一定的比例关系。

以图 3-1 为例，假设台板上放置的重物质量为 Q，它按平行力系分解成两个分力，作用于大杠杆 CE 的刀子 D 上的分力为 Q_1，作用在刀子 G 上的分力为 Q_2。根据杠杆原理，可以求出在刀子 C 处的作用力为 Q_1'。

$$Q_1'=\frac{ED}{EC}\times Q_1 \tag{3-1}$$

假设分力 Q_2 在刀子 H 处的作用力 Q_2'' 为

$$Q_2''=\frac{FG}{FH}\times Q_2 \tag{3-2}$$

Q_2''通过连杆 KH 也作用到CE 上，此时它在 C 点引起的作用力Q_2'为

$$Q_2' = \frac{EK}{EC} \times Q_2'' = \frac{EK}{EC} \times \frac{FG}{FH} \times Q_2 \tag{3-3}$$

由上述计算可知，Q_1 和 Q_2 都是将力变换到 C 点并通过连杆 BC 作用到标尺上，而标尺上的砝码和游码所平衡的力就是 Q_1 与 Q_2 之和。如果力 Q_1 至 Q_1'，Q_2 至 Q_2'，这两力在传递过程中均以相同的比例进行缩小，且比例尺为 K，则可有下式

$$Q_1' + Q_2' = KQ_1 + KQ_2 = K(Q_1 + Q_2) = KQ \tag{3-4}$$

也就是说，不论 Q_1 与 Q_2 如何分配，只要都有相同的缩尺 K，那么 $Q_1' + Q_2'$之值总是不变的，也就是秤的示值不变。于是位置问题就转化成缩尺的比例问题，为使其比例相同，则

$$\frac{Q_1'}{Q_1} = \frac{Q_2'}{Q_2} \tag{3-5}$$

因此，由式(3-1) 和式(3-3) 可得出

$$\frac{FG}{FH} = \frac{ED}{EK} \tag{3-6}$$

由此可以得出：当小杠杆的两臂之比等于大杠杆上短臂部分的两臂之比，称重位置就不受限制。

表 3-1 列出了常用磅秤的主要规格和技术参数。

表 3-1　常用磅秤的主要规格和技术参数

型号	最大称量/kg	计量杠杆量值/kg		最大称量允差/g	外形尺寸（长×宽×高）/mm
		最大称量	最小分度值		
TGT-50	50	5	0.05	50	615×546×600
TGT-100	100	5	0.05	100	615×760×600
TGT-500	500	25	0.2	500	953×545×1104
TGT-1000	1000	50	0.5	1000	1223×855×1150

第三节　机电自动秤

在一些中小型玻璃工厂中经常会用到机电自动秤，它有多种型号，但按其结构特点可分成标尺式机电自动秤和圆盘指示数字显示式机电自动秤两种类型。下面通过对两种秤的介绍来了解机电自动秤的结构及工作原理。

一、标尺式机电自动秤

以 BCP 型标尺式机电自动秤为例，该秤主要用于工业生产中粉粒状物料配料的计量。它由电磁振动加料和卸料器、称量装置以及电气控制箱等组成，如图 3-2 所示，图中并未表示出电气控制箱。它有自动、半自动及手动 3 部分控制线路。

标尺式机电自动秤称量前必须先进行零位调整，使读数标尺处于平衡位置。调整游码 1 供细调零位之用，作为粗调用的平衡锤，一般在设备出厂时是已调整好的。

称量开始时，先在砝码托盘 7 上加砝码并拨动游码 2 使之符合给定值。然后合上开关，接通电路，电磁振动加料器开始加料。此时由于砝码托盘 7 处于下位，读数标尺也位于最低位置，标尺的下触点与接触棒 6 相接，电磁振动加料器 20 将串接在阻值较低的电路中，因而进

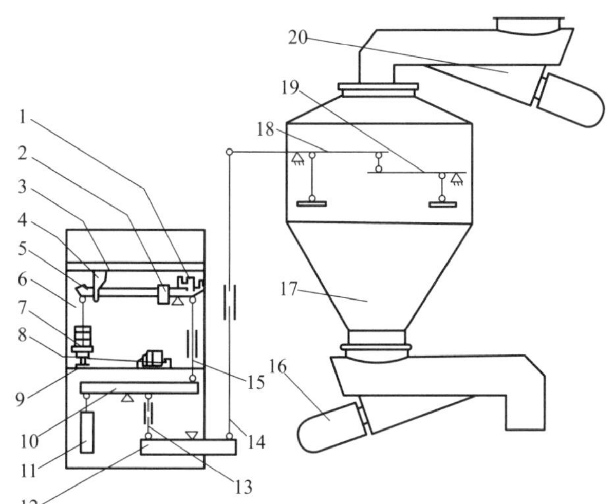

图 3-2 标尺式机电自动秤的结构

1—调整游码；2—游码；3,4,6—接触棒；5—读数标尺；7—砝码托盘；8—砝码；9—附加重锤；10,12—传力杠杆；11—平衡重锤；14—拉杆；13,15—可调连杆；16—电磁振动卸料器；17—秤斗；18,19—承重杠杆；20—电磁振动加料器

行快速加料。当即将达到重物的重量值时，读数标尺开始向上抬起而脱离接触棒，并且挂上附加重锤，这时电路也做相应切换，使加料机进行慢速加料，直至读数尺上触点与接触棒 4 连接。

采用快速加料和结束时慢速加料相结合的方法，使称量工作既快又准。附加重锤的位置调节如图 3-3 所示。当读数标尺还处于最低位置时，附加重锤应平放在橡胶垫上，小钩与环形螺杆间保持 5mm 左右的间隙。因此，在加料结束之前的大部分时间里，附加重锤不参与平衡，仅当加料接近给定值时，读数标尺上升使环形螺杆与小钩接触，附加重锤才参与称量。利用这种结构，便可将加料过程分为读数标尺由最低位置到接触小钩做快速加料，以及提起附加重锤至最高位置做慢速加料两个阶段。慢速加料的流量一般调节在 1kg/s，当改变慢速加料区间的这段间距，使之加料时间有 0.1s 的变化，就可改善 0.1kg 左右的误差。

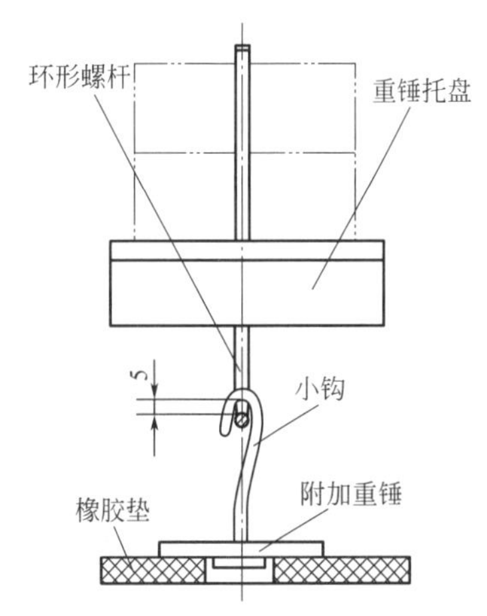

图 3-3 附加重锤的位置调节

读数尺与接触棒 4 接触，表示物料质量已经达到给定值。此时控制电路将自动停止加料机运转，并使电磁振动卸料器开始卸料。料斗中的物料由于不断卸料而减轻，读数尺则下降，并使触点连接接触棒 6，此时由于延时继电器的作用，不会马上接通加料器，而仍继续完成卸料工作，直至卸料完毕，才开始下一周期的加料。

称量中如发生过载现象，读数尺在与接触棒 4 连接后还会继续抬起，并同时与接触棒 4 和接触棒 3 相连，此时立即发出过载信号。BCP 型标尺式机电自动秤的允许误差范围是最大称量值的 1/400。电源为 220V、50Hz。

BCP 型标尺式机电自动秤的规格和主要参数见表 3-2。

表 3-2　BCP 型标尺式机电自动秤的规格和主要参数

型号	计量范围/kg	最小分度值/kg	秤斗容积/m^3	工作能力/(t/h)	外形尺寸(长×宽×高)/mm	自重/kg
BCP01	10～100	0.1	0.1	2	1977×1701×1722	600
BCP02	20～200	0.2	0.2	3	1977×1701×2042	650
BCP05	50～500	0.5	0.5	6	2237×1831×2360	750

二、圆盘指示数字显示式机电自动秤

在圆盘指示数字显示式机电自动秤中，以 XSP 型配料自动秤使用较多，它是工业自动化生产中精确配料的自动化衡器。它有以下特点：生产中既可以由几台秤组合成配料秤组来完成多种物料的配料，也可以由一台秤进行自动配置 4 种以下不同配合比的物料；该秤的称量准确性较高，操作方便，能够做远距离控制。

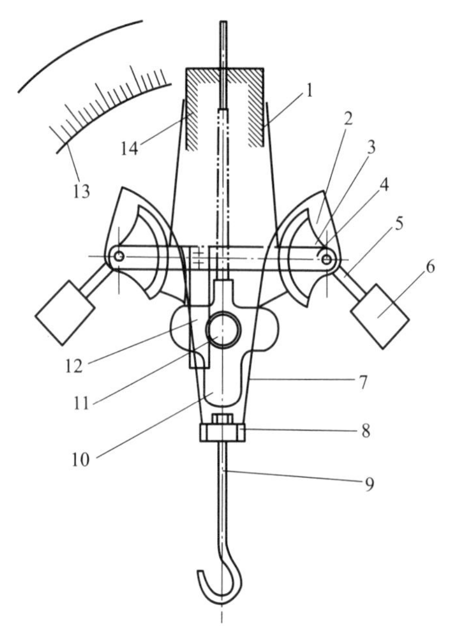

图 3-4　圆盘指示机构

XSP 型配料自动秤主要包括电磁振动加料和卸料器、圆盘指示机构、称量系统、数字显示系统及自动控制系统等。前两部分的结构和工作原理与标尺式机电自动秤相似，称量系统也是采用多级杠杆组，为了提高称量速度，增设了一个油阻尼器。下面着重介绍圆盘指示机构的工作原理。

圆盘指示机构如图 3-4 所示。电磁振动加料器通电后，当被称物料进入秤斗，物料的质量通过杠杆系统传递作用在挂钩 9 上，这个作用力通过挂钩上方的十字接架 8 和两根柔性钢带（即传力钢带）7 作用到凸轮 2 上，每个凸轮与前后两个扇形轮固定在一根轴上，每个扇形轮以其固定在轮廓上的支承钢带 1 与支架 14 相连，于是这个作用力经过凸轮、扇形轮、钢带，最后由支架承受。重锤杆 5 与凸轮采用固定连接，一般在出厂前已调节完毕，平衡锤即安装在重锤杆 5 上，当凸轮回转时，重锤杆 5 也做等角度摆动，由此改变平衡锤的力臂长度。

由凸轮 2、平衡锤 6、拉板 4、齿条 12 和齿轮 11 组成的回转机构采用 4 根支承钢带 1 悬挂，受力后传力钢带 7 将带动凸轮向下转动，这时同轴的扇形轮 3 则沿着支承钢带 1 向上滚动。为了不使扇形轮在沿钢带向上滚动时偏斜摆动，需用拉板 4 支撑。与此同时，由于凸轮在向下运动时改变了钢带对它的作用臂长度，也改变着平衡锤的作用臂长（即改变平衡力矩），促使回转机构停止滚动，进而在新的位置上取得平衡。所以，作用力只要不超过平衡范围，回转机构总可以凭借平衡力矩的变化，在一个相应的位置上静止下来。作用力越大，静止位置就越高，这就是质量向线位移转化的过程。利用装在拉板上的齿条 12 与齿轮 11 啮合，实现了线位移改变为齿轮轴的角位移。齿轮轴的前端安装着指针 10，指针的转角对应于物料的质量，以便在刻度盘 13 的分度值上读得被测质量值。为了便于绘制刻度盘，凸轮的轮廓曲线应满足指针的转角按线性变化的要求。

数字显示和数字控制的原理框图如图 3-5 所示。

数字显示是利用光敏元件将秤的角位移转换成电信号实现的。秤的指针旋转角正比于被称物的质量，不同的旋转角用不同的代码通过光电信号输出，经电子逻辑系统将相应的信号译成

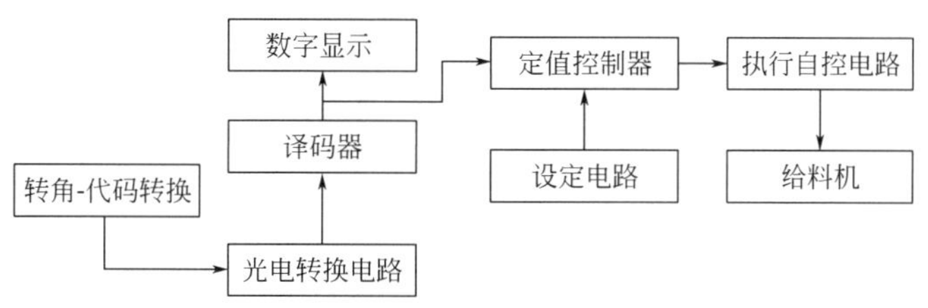

图 3-5　数字显示和数字控制的原理框图

十进制数字，并通过数码管显示。该秤用玻璃码盘作为转角-代码转换器，码盘固定在秤的指针轴上与指针同轴旋转，码盘上印有一定数量同心的码道，每一位十进制数字占用 4 个码道，每个码道上有透光和不透光两部分，码道上不透光部分称为“0”，透光部分称为“1”。在码盘的一侧有固定光源，另一侧装有与码道相应的光敏元件的受光元件板。光源经聚焦成为一条细长的光束，通过码盘射在光敏元件上，各光敏元件由于码盘的透光或不透光而有受光与不受光之分，由此输出相应的光电信号，因为码盘的编制是与刻度盘的分度值相对应，所以输出信号代表了物料的质量。

光电转换电路是利用光敏元件的特性工作的，光敏元件在无光照时，它的内阻值很大，相当于电路断开；而在有光照时，反向电阻值显著降低，相当于电路接通。因此，在电路的输出端上就有两种电压，即为－10V 和 0V 两种状态，它们分别表示“1”和“0”。

译码器是把光电转换电路输出的“0”和“1”状态，根据编码制度译成人们所熟悉的十进制数字，再用数码管将译出的数字显示出来，并用其进行称量控制。它是由 4 个二极管组成逻辑与门，其输入端接到光电转换电路，输出端与译码三极管相连，数码管即按译码三极管的电压信号而起辉，以显示出最终称量结果。

在自动控制系统中设计了程序控制电路，根据需要控制相应的开关按钮，配料秤即能自动完成快速加料、慢速加料、停止加料及自动卸料等工作。当超过给定值时，系统还会发出报警信号。XSP 型配料自动秤已被玻璃厂广泛采用，其规格和性能指标如表 3-3 所示。

表 3-3　XSP 型配料自动秤的规格和性能指标

项目	XSP006	XSP010	XSP100
最大称量/kg	60	100	1000
最小分度值/kg	0.1	0.2	2
允差/kg	0.15	0.25	2.5
秤斗容积/m^3	0.4	0.4	0.7
单机外形尺寸/mm	850×400×1400	850×400×1400	850×400×1400
电源/V	220	220	220
气源/Pa	$(5\sim6)\times10^2$	$(5\sim6)\times10^2$	$(5\sim6)\times10$
计量周期/min	2	3	8
质量/kg	400	400	800

第四节　电子自动秤

电子自动秤简称电子秤，它是目前比较完善的、可实现自动化称量和远距离控制的设备。

其特点是结构简单、体积小、重量轻，因此为自动化配料的玻璃厂所采用。

（一）工作原理

电子自动秤用电阻式测力传感器作为称量参数变换器，替代了机械秤中的杠杆系统，因此它完全脱离了机械杠杆的称量原理。物料的自动称量是通过电位差计及二次仪表实现的，使用较多的为 DCZ 系列电子自动秤。

DCZ 系列电子自动秤由一次仪表和二次仪表组成，其中一次仪表由电阻式荷重传感器和稳压电源组成，二次仪表即为称量的显示部分，它包括定电压单元、三级阻容滤波、晶体管放大器和可逆电机、刻度盘等。DCZ 型电子自动秤的工作原理如图 3-6 所示，当传感器承受荷载时，输出一个微弱的信号，经滤波单元馈送于测量桥路，使桥路的平衡受到破坏，从而产生一个不平衡的电压，此不平衡电压经过晶体管放大器放大后，输出一个足以推动可逆电机转动的功率。可逆电机轴带动测量桥路中滑线电阻的滑臂，以改变滑线电阻的接触点位置，从而产生一个相位相反的电压来补偿一次仪表的电压差值，使放大器的输入电压减小到最低限度，直到放大器的输出功率不能驱动可逆电动机转动时为止，这时整个系统获得新的平衡。由于一次仪表输出的电压正比于荷载大小，测量桥路又是一个线性桥，标尺刻度又与滑线电阻触头处在同一位置上，因此标尺上将线性地指示出荷载的量值。

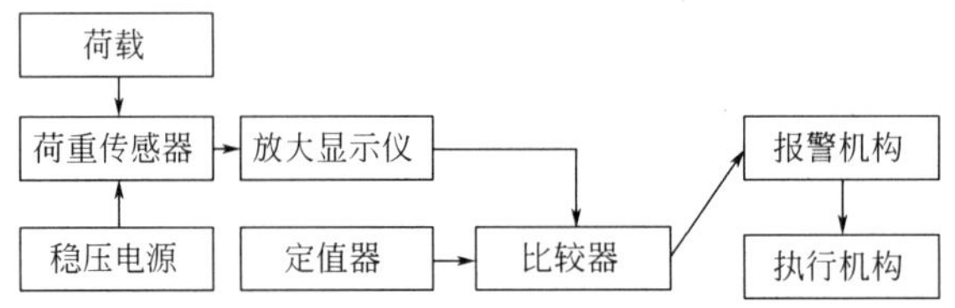

图 3-6 DCZ 型电子自动秤的工作原理

自动称量的实现，还需设置程序控制装置。系统中的比较器会对上述放大后的信号和定值器送来的给定信号进行比较，在物料量到达给定值时立即停止加料。当被测量超出给定值时，比较器将给报警机构输出一个脉冲信号，并通过执行机构动作，由此实现称量过程的自动控制。

（二）电子自动秤的结构

1. 荷重传感器

荷重传感器的工作原理是利用金属弹性元件（应变筒或应变梁）在外力作用下产生弹性变形，使粘贴在弹性元件上的应变片也发生变形，阻值发生变化，从而输出不平衡的电压。

这类电子自动秤采用的荷重传感器可装配成应变筒式和应变梁式两种，如图 3-7 所示。常用的 BLR-1 型拉压力传感器和 BHR-4 型荷重传感器是应变筒式传感器，可测量较大的荷载。

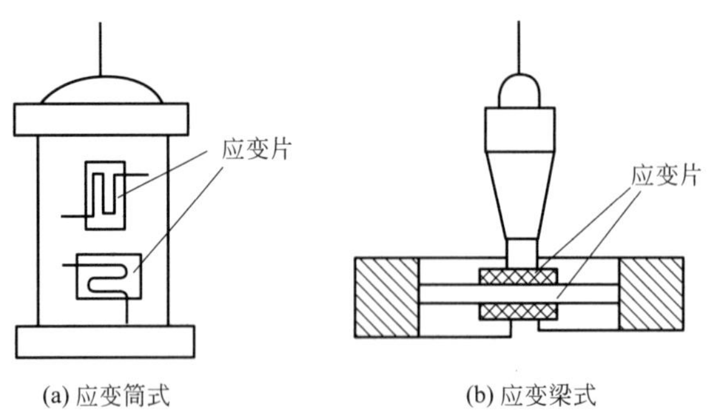

(a) 应变筒式　　(b) 应变梁式

图 3-7 传感器的结构

用于测量 1000N 以下荷载的 BHR-7 型传感器，则是应变梁式传感器。

以应变筒式传感器为例，如图 3-8 所示，在应变筒的表面上粘贴有应变片，应变片有丝式和箔式两种。丝式用康铜绕成，箔式是康铜箔经腐蚀后制成的一块具有网状结构的铜箔。康铜是一种由铜、镍、锰组成的合金，电阻温度系数很小，因此温度变化对其电阻率的影响不大。

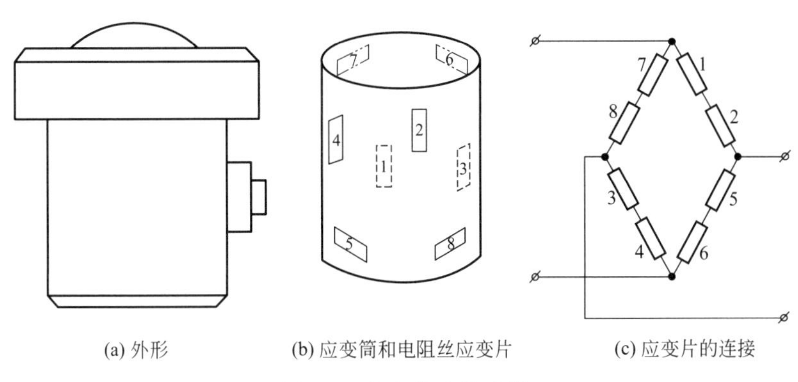

图 3-8 应变筒式传感器

应变筒上共粘贴有 8 片应变片，分为横向和纵向两组，其中横向粘贴的为副片或补偿片，纵向粘贴的为主片或工作片。两组应变片连接成一个等臂电桥。由于应变筒是用金属弹性材料制成的元件，所以，在弹性限度内，外力的作用会使它产生弹性变形，外力消失后，它又会恢复原来的形状，且变形的程度与外力的大小成正比。

应变筒在压力作用下产生变形时，粘贴在上面的电阻丝应变片也随之发生相应的变化。横向应变片电阻丝受到拉伸而变细，长度伸长，从而阻值增大；纵向应变片电阻丝受到压缩而变粗，长度缩短，使阻值减小。因此，由应变片组成的电桥就失去了平衡，在电桥的输出端就有一个电压信号输出，输出电压的大小与作用力成正比。因此可以利用输出电压的大小来衡量作用力的大小。荷重传感器就是把非电量的“力”变为电量输出的变送器。

2. 自重调节装置

组成电桥的各片应变片阻值可能不等，这就需要把电桥调平。此外，为了使仪表能直接显示出所称量物料的重量，称量时必须扣除称量装置（如料斗等）的重量，因此就需要将由于称量装置的重量造成的电桥不平衡调平。因此，电子秤装设了自重调节装置，如图 3-9 所示，旋动电位器，即可调节输出电压，当输出电压为零时，电桥达到平衡。

3. 滤波器

传感器输出的信号电压比较微弱，而且外界交变电磁场产生的干扰电压会进入仪表的测量桥路，从而影响称量结果。因此，为了提高仪表的抗干扰能力，在传感器的输出端接入了由三级 L 型滤波电路组成的滤波器。如图 3-10 所示，滤波器的各级均由 2kΩ 的电阻和 10μF 电容

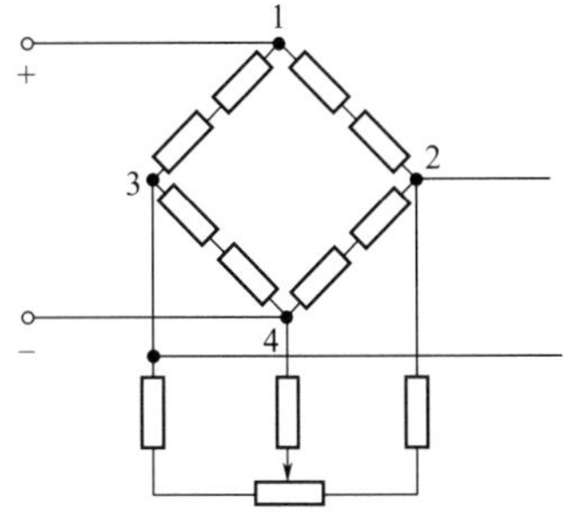

图 3-9 自重调节装置的原理

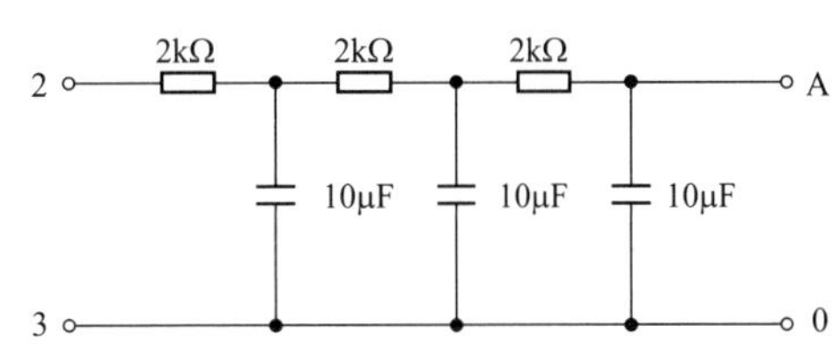

图 3-10 三级 L 型滤波电路滤波器原理

组成，抗干扰能力较强，即使有相当于仪表量程100%的50Hz交流干扰电压加到仪表的输入端，仪表也能正常工作。

4.稳压电源

稳压电源是保证测量精度必不可少的装置。它由变压器、整流电路、滤波电路、二级稳压电路等几部分组成，其原理如图3-11所示。稳压电源用硅稳压管进行稳压，线路中采用二级稳压电路，目的是提高稳压效果。当电源电压波动时，经整流、滤波后的直流电压也随之波动，但由于两级硅稳压管的稳压作用，经限流电阻后的直流电压能基本上保持不变，可满足技术要求。为了确保稳压电源的性能稳定，组装前硅稳压管要进行老化处理（可使硅稳压管连续通过15～20mA的电流1～2星期），选择在老化过程中电压波动较小、电压大小适中，而且稳定的稳压管作为第二级稳压管使用，其余的可作为第一级稳压管。

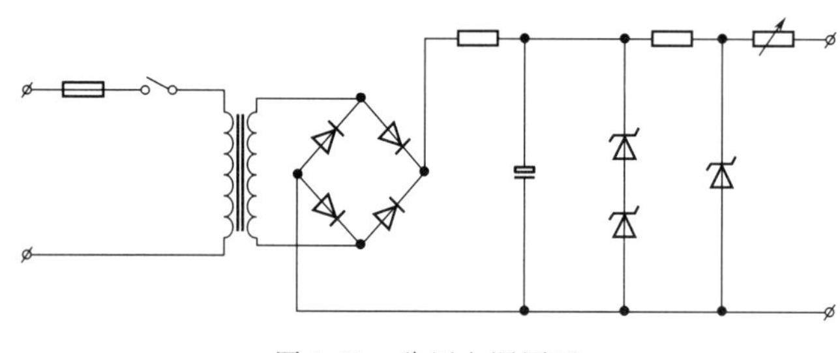

图3-11　稳压电源原理

5.测量桥路

测量桥路是根据电压平衡原理自动进行工作的，其原理如图3-12所示。

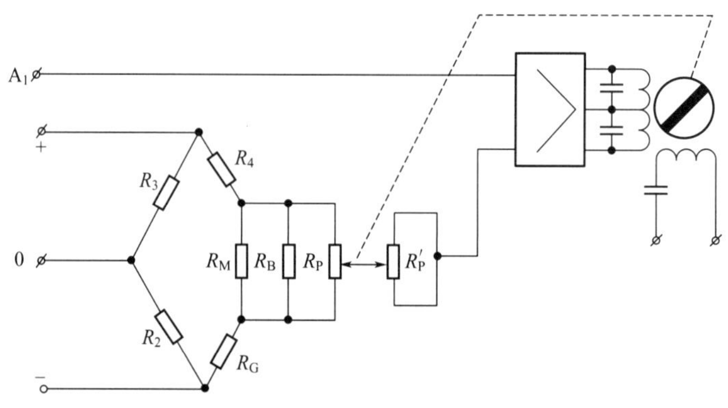

图3-12　测量桥路原理

从传感器输入的直流电压与测量桥路两端的直流电压相比较，比较后的差值电压（即不平衡电压）输入放大器中，经放大器放大后，输出一个足以使可逆电机转动的功率，可逆电机通过传动机构（如齿轮以及螺杆、螺母等）带动测量桥路中滑线电阻的滑臂，使滑触点与滑线电阻的接触位置发生改变，从而输出一个反向的补偿电压，当补偿电压与传感器输入的电压相等时，放大器的输入端电压为零，可逆电机停止，此时系统达到新的平衡。同时，可逆电机还带动刻度盘旋转，对于滑触点的每一个平衡位置，刻度盘都相应地转过一定的角度，因此，固定在仪表上的指针就会通过刻度盘指示出荷载的大小。

6.放大器

放大器的作用是把从测量桥路来的微弱不平衡电压放大到能推动可逆电机旋转，以带动测量桥路中滑线电阻的滑臂，移动滑触点，使得测量桥路中的电压与传感器的输出电压相互补偿，从而达到新的平衡。

目前普遍应用的是 JF-12 型晶体管放大器，它由变流器、输入变压器、电压放大级、功率放大级以及电源变压器等几部分组成，其方块图如图 3-13 所示。

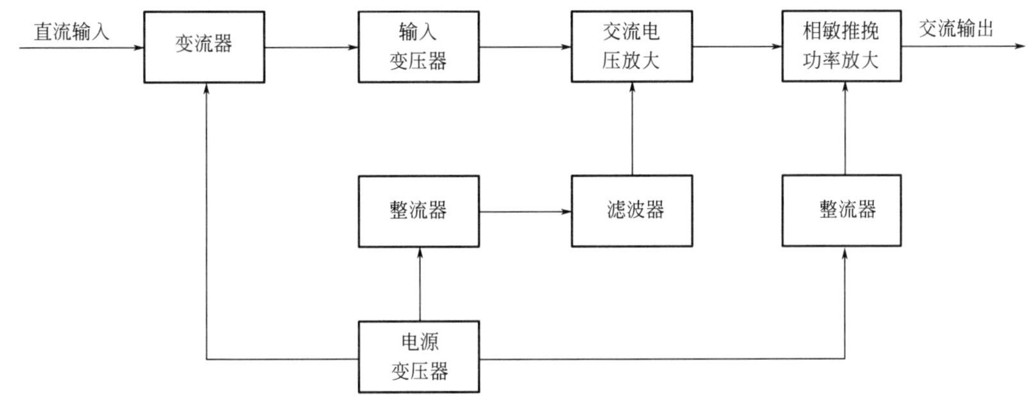

图 3-13　JF-12 型晶体管放大器方块图

图 3-13 中，变流器和输入变压器组成放大器的输入级。测量桥路来的直流不平衡电压经过输入级后，立即被调制成 50Hz 的交流信号，并经过电压放大和功率放大，即可输出足够的功率去推动可逆电动机。

7. 可逆电动机

目前普遍采用的是 ND-D 型可逆电动机，见图 3-14。可逆电动机的定子由两组绕组构成，每组 4 个，它们交替地排列在定子周围。其中一组与电容器串联，接在 50Hz 的交流电源线路中，称为励磁绕组。另一组与电容器并联，接在放大器的输出端，称为控制绕组。两个绕组的电角度相差 90°，是一种电容分相式的电动机。

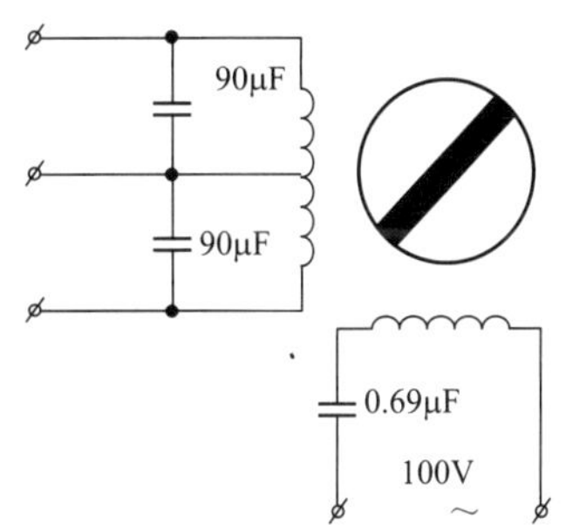

图 3-14　ND-D 型可逆电机原理

当励磁绕组通入 50Hz 的励磁电流，控制绕组也通入控制电流时，由于两个绕组中电流的电角度相差 90°，故其产生的脉动磁场合成为一个旋转磁场，使转子旋转。

可逆电机与普通电机不同的是，要求它能对控制电流做出灵敏的反应，当控制电流消失后，电机应立即停止转动，不能存在继续旋转的现象。

8. 附加装置

电子秤有两种附加装置，可以根据需要选用。一种是给定值电接点装置，它由 KWX 型微动开关组成，电接点为常开触点，容量是交流 220V、1A 或直流 30V、0.5A。当被称量物料达到给定值时，微动开关会发出开关量信号输出，作为报警或控制称量用，因此这种附加装置特别适用于质量配料。另一种是电阻比例调节装置，它可输出一个正比于被称物料质量的电阻信号（0～200Ω），供连续作用的调节器使用。

图 3-15 为 DCZ-1/030 型电子秤原理，它配有 3 个传感器作为料斗秤用。

在玻璃工业中，电子秤一般是安装成料斗秤作为质量配料用，料斗通常用 3 个或 4 个传感器支承，如传感器的个数为 N，称量的总重（包括料斗和物料）为 W，则选用传感器的规格为

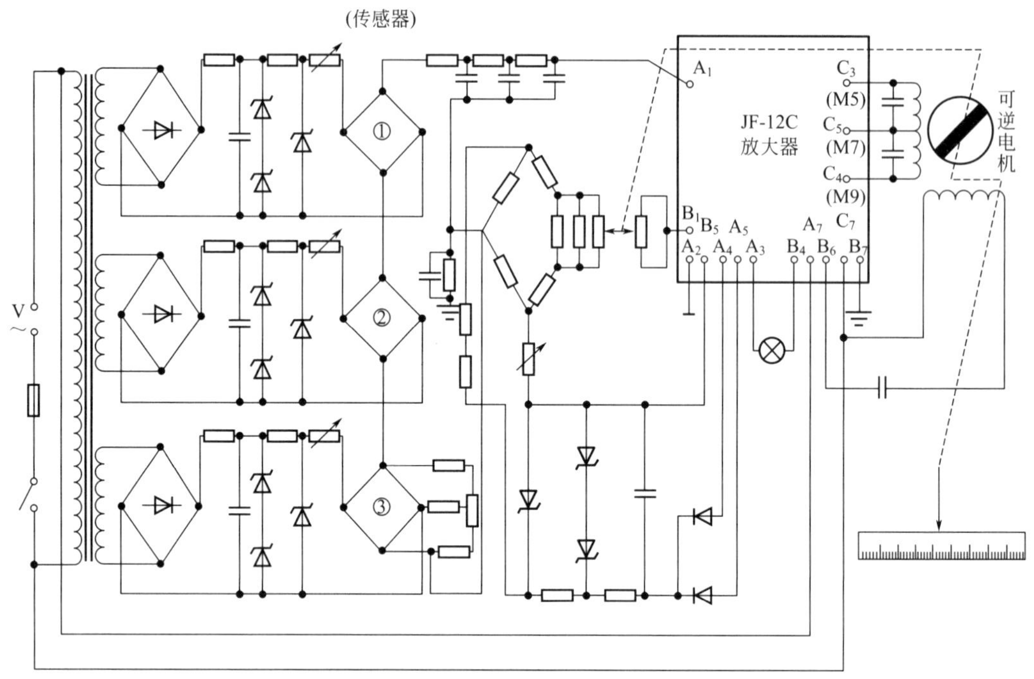

图 3-15　DCZ-1/030 型电子秤原理

$$C=\frac{W}{N} \tag{3-7}$$

电子秤的二次仪表应装于明亮、清洁的地方，最适宜的温度为 20℃±5℃，相对湿度不大于 80%，而且附近不应装有产生强磁场的设备，以免产生的强大干扰影响仪表的使用。

荷载必须沿着传感器的轴线方向，且不能有任何力矩作用于传感器，同时，应尽可能使各传感器承受的荷载相等，偏载量也不能太大。传感器应牢固地安装在支架或基础上，安装传感器时，可考虑加装调节装置。最简单的传感器安装高度调节装置如图 3-16 所示，旋转调节螺栓，即可改变传感器的高低位置。

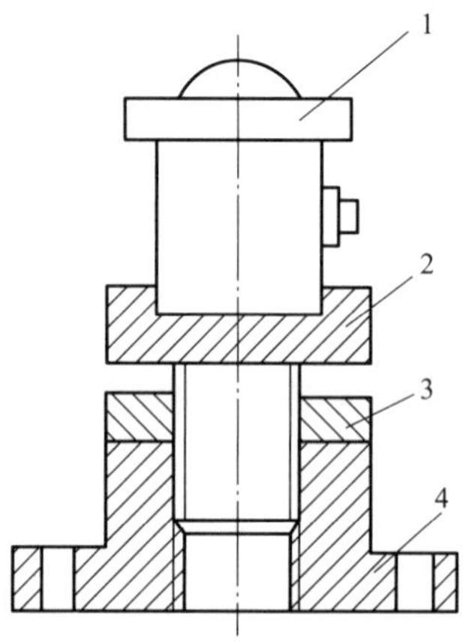

图 3-16　最简单的传感器安装高度调节装置

1—荷重传感器；2—连接板；3—锁紧螺母；4—调节座

DCZ 系列电子秤一、二次仪表的外部接线如图 3-17 所示。

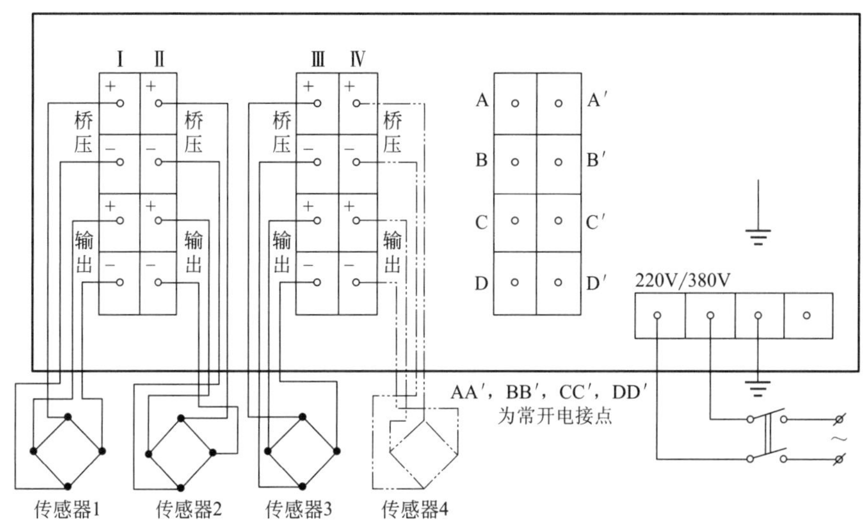

图 3-17 DCZ 系列电子秤一、二次仪表的外部接线

第五节 称量设备的操作与维护保养

一、配料岗位操作规程

对采用粉料进厂的企业，玻璃配合料的制备包括配料和混合两个工艺过程。目前各种浮法玻璃生产线都采用电子计算机自动配料称量系统和强制混合机。各电子配料称量系统原理相同，操作略有差异。

配料岗位根据化验室“原料配料通知单”，利用电子称量系统称取各种原料，保质保量地满足混合机用料要求。下面是配料岗位的具体操作规程。

接班后认真检查交班记录，检查各设备开关是否处于正常状态；检查秤斗连接是否松动、有无积料；检查电磁振动喂料机和收尘罩是否和秤斗相碰撞、卸排料气阀各部位有无松动和漏气现象，保证各气阀气压在 0.4MPa 以上。

开启除尘器，并组织人员校秤，各秤误差都必须小于规定的允许值，过大则自行检查处理或找维护人员校正，不允许私自乱放。

按化验室“原料配料通知单”的参数定秤，定秤做到“一定三检”：定秤，互检、自检、化验员检，然后才能存入电脑及配套仪表。

接窑头通知要料后，班长或其他有关人员重新复核检查一遍电脑中的配料单是否有误，通知混合岗位后才能开车。

开车顺序：窑头可逆皮带→配合料输送皮带（原熔皮带）→混合机→配料（集料）皮带→电子秤→振动喂料器（停车相反）。

启动电脑控制系统，尽量少选择手动，如用手动需经有关人员同意。

配料过程中严格按配方进行称量，保证称量准确。未经允许，任何人不准更改配方。严禁配料工私自修改程序和系统设计中的有关参数，慎用配料系统程序中的“排料运行”“小二合一”功能。

每 15min 巡视一次。巡视内容包括：放料是否准确；皮带是否跑偏而致漏料；抽尘下料是否均匀；电磁振动机悬挂部件是否松掉；仓壁振动器是否有力；气缸等气动元件是否松动和漏气；软连接是否漏料；电磁振动喂料机是否和秤斗相撞。

严格执行放料顺序：硅砂→纯碱→白云石→长石→石灰石→芒硝和煤粉。

飞落的料不能重新加到皮带上，以免影响配合料的质量。

送料过程中要集中精力，密切注意放料状态，观察显示屏上的数字变化和设备的运行状态指示。发现误差过大和设备状态不正常，应及时做出调整或处理。

配料时应注意各仪表柜中振动机的电流及控制柜中配料皮带、混合机下皮带电流表的电流，发现异常，应及时采取措施。

配料过程中，严禁在电脑上做与配料无关的工作，不允许非操作工随意动键盘和鼠标（特殊情况除外）。

中途停车或交班时，应按“系统返回”按钮退出“监控开始”，停车时应关掉显示器电源，保护显示屏。

停车时应将皮带及秤斗等设备的料跑空后方可停车。停车顺序与开车顺序相反。

停车后打扫干净工作现场，保持现场和设备清洁卫生，工器具完整，排放整齐。

真实、准确填写生产日志，除记录配料情况外，当班发生的各种事故应一一做好记录（事故发生的时间、部位、原因和处理者）。

振动料斗“活化料斗”不下料，要暂停，拆开软连接，排除故障后，方可继续配料。

加入色料要按“定量”加，计量准确，不准用结块小料。

要与混合工密切配合，紧密联系，随时做好“开车”或“停车”准备。

配料控制室在任何时候都应有人，以免临时要料，而无人“开车”。

二、称量设备的校验

为保证秤的称量精度，必须做好秤的日常维护工作，秤的准确度应当定期地用标准砝码或适当的方法进行校正，经常性保持传感器与支座的清洁。

以减量称量法为例来说明电子秤的检验方法。一般减量称量法的电子秤由传感器、给卸料机和秤斗钢结构组成，当电子秤安装好后，就要进行调校。精校每年校定一次，验秤每班进行1～2次。如生产需要，随时对电子秤进行检验。

(1) 校验方法　送电后将二次仪表调至需要的单位，并设置最大称量值、感量“分度值”及小数点位置，清扫秤体，保证空秤状态。同时仔细检查秤体与其他部位有无摩擦、挂碰现象。二次仪表置于零点。加满量程的标准实验砝码放在秤台上，将二次仪表调至实验重量；去掉实验砝码；检查是否回零。上述完成后，即完成了电子秤的线性调整。然后按满量程的1/4、1/2、3/4、4/4分段用实验砝码测试，并做细微调整。在每一段测试感量。按满量程的125%做15min热压实验，然后使其回零。全部完成并满足要求后，一台电子秤的校准工作结束。

(2) 精校　用标准砝码校至满量程或接近满量程，精度达到1‰。量程在500kg以上的秤用2×20kg的标准砝码；量程在100～500kg的秤用1×20kg的标准砝码；量程在10～100kg的秤用1×5kg的标准砝码。然后按前述校验方法对秤进行精校。

(3) 校验传感器　在日常生产中已经校准的电子秤还要经常进行维护和保养，应经常检查秤体是否有碰撞现象，传感器的受力方向是否垂直，连接是否松动等，使电子秤能够稳定地工作在高精度的称量状态，以保证配料的系统精度。

三、称量过程的质量控制

生产中影响称量精度的因素较多，主要有以下几个方面：物料的含水率、称量过程对物料的控制程度、称量料斗各机械连接件的灵活程度、荷重传感器的灵敏性及配料工对设备操作的熟练程度等。而物料的含水率是影响最大也是最难控制的，下面就水分的测定和补偿进行讨论。

硅砂是玻璃生产用量最大的原料，也是称量过程中水分补偿的重点，如果一条生产线每副配合料的硅砂用料为2600kg左右，其水分波动0.1%，将会造成称量值2.6kg的波动，由此造成的硅砂称量误差远远大于因称量精度所造成的误差。如果选用的硅砂为湿法生产，水分含量高而且随气候、季节变化很容易产生波动，对硅砂水分的波动实施特殊的补偿方式以提高称量准确性就很有必要。水分补偿的准确性靠下列两种方法来完成。

① 安装在线快速水分测定装置，实现硅砂水分自动补偿。在线自动测水仪与配料控制系统联网，该测水仪的安装位置及测定原理、方法克服了其他类型在线测水仪的缺点，实现了硅砂水分的在线快速准确测定及自动补偿。同时采用离线水分测定仪校对在线水分测定值，确保在线测水数据的准确性，例如通常采用MA-30型离线测水仪。

② 人工测定硅砂的水分实施人工补偿。每班测定3次硅砂水分，测定水分超出允许范围（±0.30%）时，原料化验站内观测人员及时将测定值报给配料控制室控制人员，在计算机上输入新的硅砂水分测定值，实施硅砂水分控制和湿基量的正确补偿。

由于人工测定水分而实施硅砂水分补偿的方法存在明显的滞后性，因而正常生产过程中一般不采用人工测水补偿方式，只有当在线自动水分测定仪出现故障时才被迫使用。

正常生产过程中，必须坚持硅砂的人工测水（用烘干法和使用离线快速测水仪）制度，以便经常性地与自动测水值进行比较，实施对自动水分测定仪测定值准确性的监控。

硅砂水分有较大的变化（超出测水仪准确测定的量程范围），或硅砂来源变化时（不同产地的硅砂重度不同，与测水值对应的参数不同），必须对在线自动测水仪的有关参数进行必要的调整。

在线水分测定仪有许多种，如电容式、微波式、中子式和红外式等。在线水分测定仪可以实现硅砂水分的在线快速准确测定及自动补偿。

原料水分波动直接影响配合料的质量，尤其是硅砂的水分波动较大。为了能及时测定物料水分，为生产提供准确的物料水分值，各玻璃厂普遍采用中子测水仪、电容式测水仪测量硅砂的含水率。

在玻璃生产中，要对称量后的原料进行充分混合。混合过程是指玻璃原料在外力作用下，运动速度和方向不断发生改变，使各组分粒子得以均匀分布的操作过程。为了生产高质量的玻璃制品，除在熔制过程中设置鼓泡、搅拌等方法强化玻璃液熔化外，从配合料方面，首先必须保证称量后的原料充分地混合均匀。生产实践证明，玻璃制品中出现的玻筋、结石、气泡等熔制缺陷，在很大程度上往往是配合料达不到要求的均匀度、混合质量低下造成的。因此，制备质量良好的配合料是熔制优质玻璃的先决条件，混合过程在玻璃生产中是一道重要工序。

思　考　题

1. 简述称量的基本原则。
2. 简述磅秤的基本原理。
3. 论述称量的重要性，说明卸空法称量与残量法称量的优缺点。
4. 简述电子自动秤的工作原理。
5. 电子自动秤包括哪些重要的部件？

第四章　混料机械

第一节　概　　述

混料是指在外力的作用下，物料的运动速度和方向发生改变，从而使各组分粒子得以均匀分布的操作。为了生产质地均匀、符合要求的玻璃产品，在玻璃生产过程中，除在熔制过程中设置鼓泡、搅拌等均化玻璃液的手段外，从原料角度讲，最重要的是保证配合料的均匀度。实践中发现，制品中存在的条纹、气泡及结石等缺陷，往往是因为配合料的质量达不到要求的均匀度引起的。因此，混合质量良好的配合料是熔制优质玻璃的先决条件，混合是玻璃生产中必不可少的环节之一。

一、混合基本概念

假设两种原料发生混合，可以把这两种组分的粒子看作黑白两种立方块（图 4-1），图 4-1(a) 所示为两种粒子未混合时的状态，在理想状况下，经充分地混合后，按照前述的定义，应该达到黑白相间有序排列的状态［图 4-1(b)］，此时黑白两种粒子的接触面积最大，这种状态称为理想完全混合状态。但是，在实际的混合过程中，永远不会达到这种状态。实际混合的最佳状态如图 4-1(c) 所示，是无序的不规则排列。此时，从混合物中任意一点的随机取样中同种成分的浓度值应当是接近一致的，混合程度不随时间延长而发生变化，这样的一种过程称为随机混合，图 4-1(c) 所示的状态称为随机完全混合状态。

(a) 原始未混合状态

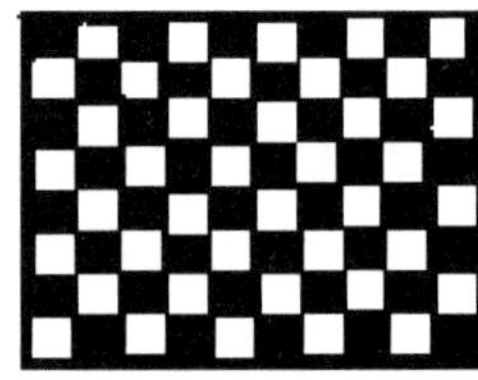
(b) 理想完全混合状态

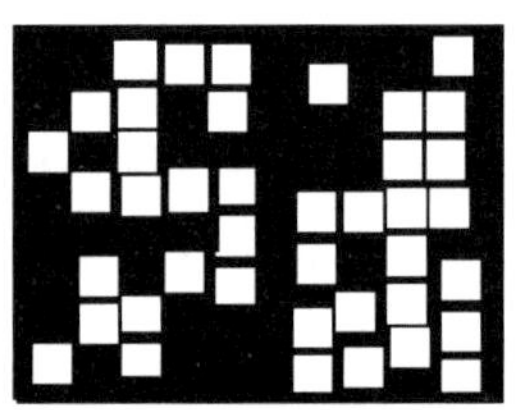
(c) 随机完全混合状态

图 4-1　黑白两种粒子的混合状态

在混合机内，对于任意点处的随机取样，得到的某一成分的浓度值是一个随机变量。这是由于在每次测定之前都无法确定它们的浓度值，每次测定都具有偶然性。经过大量实验统计后，发现随机变量不只具有偶然性，还有一定的规律性，这就是所谓的统计学规律性。在数理统计中，往往采用几种特征数来描述混合的均匀程度。

图 4-2　浓度值沿混合机某个方向变化曲线

在图 4-2 中给出了浓度值沿混合机（或料罐）某个方向变化曲线。图中 $\overline{X}$ 表示某组分浓度的算术平均值，S 表示各点测定值 X 对 $\overline{X}$ 的均方根离差，也称为标准偏差。

对于所测定的 n 次某组分浓度值 X_1，X_2，X_3，…，X_i，…，X_n，当测定次数 n 为有限时，某一组分浓度的算术平均值可通过下式计算

$$\overline{X}=\frac{1}{n}\sum_{i=1}^{n}X_i \tag{4-1}$$

当测定次数 n 趋于无穷大时，$\overline{X}$ 的极限 a，可以看作某一组分浓度的真值。

$$a=\lim_{n\to\infty}\left(\frac{1}{n}\sum_{i=1}^{n}X_i\right) \tag{4-2}$$

各次浓度测定值对于真值 a 的标准偏差定义为

$$\sigma=\sqrt{\frac{1}{n}\sum_{i=1}^{n}(X_i-a)^2} \tag{4-3}$$

对于有限次测定，$\overline{X}$ 是最接近真值 a 的一个特征值，为了对标准偏差提供无偏的估计，各次测定值对 $\overline{X}$ 的标准偏差定义为

$$S=\sqrt{\frac{1}{n-1}\sum_{i=1}^{n}(X_i-\overline{X})^2} \tag{4-4}$$

图 4-3 表示了测定值 X 的概率密度分布函数曲线，由图 4-3 中可以看出 S 值的大小影响曲线的形状，曲线随 S 值的增大而渐趋平坦，这就意味着浓度测定值 X_i 的离散程度越大，偏离算术平均值 $\overline{X}$ 的距离增大。也就是说，组分浓度值在混合机内处于离散状态，尚不均一。另外，S 值越小，表明测定值的数据越集中，各次的测定值也就越接近算术平均值 $\overline{X}$，混合的均匀度越高，效果就越好。

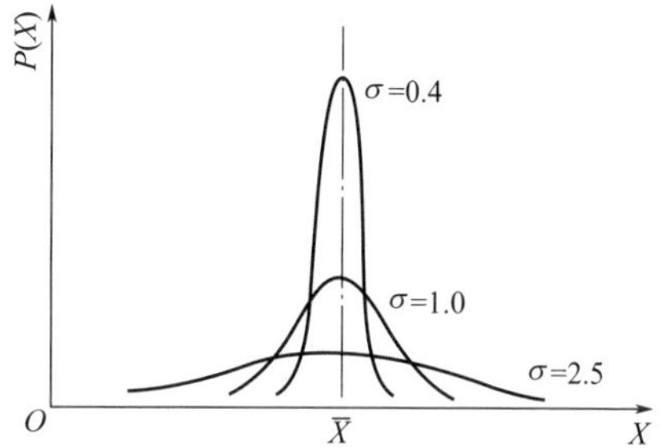

图 4-3　测定值 X 的概率密度分布函数曲线

标准离差值仅仅反映了某一组分各处浓度值的绝对波动状况，不能充分地表示混合程度。如某一组分在混合物中含量为 60%，经测定其 S 值为 0.03，而若有另外一种组分在混合物中仅含 6%，其 S 值也为 0.03，则不能直接比较出两种组分在混合物中的均匀度大小。但是，实践研究表明：前一种组分在混合物中是均匀分布的，后一种组分尚未混合均匀。因此，S 值只与各取样点的测定值 X_i 相对 $\overline{X}$ 值的离差有关，与测定值本身没有关系。这样单独的用 S 和 $\overline{X}$ 两个特征数还不足以全面客观地反映混合质量。因此，引入一个新的特征量——变异系数。该特征量是标准偏差 S 与算术平均值 $\overline{X}$ 的比值，用来衡量一组测定值的相对离散程度，公式为

$$C_v=\frac{S}{\overline{X}}(\%) \tag{4-5}$$

根据式(4-5) 可知，在上述例子中，第一种组分的相对离散程度值只有 5%，而第二种组分的相对离散程度值则达到 50%。如此看来，通过 C_v 的大小值就可以准确表明某一种组分的相对离散度，也就是不均匀度。那么，可以用以下公式来表示组分的均匀度 H_s：

$$H_s=1-C_v(\%) \tag{4-6}$$

以上所提的特征量 $\overline{X}$、S 和变异系数 C_v 都未涉及样品含量大小。从图 4-1(c) 中可以看出，总体是均匀的，而局部是不均匀的。如果所取的试样含量很大，整体的均匀性有时会掩盖局部的不均匀性；然而当所取试样相当小，局部的不均匀性有可能抹杀整体的均匀性。因此，不仅组成浓度对标准偏差有影响，而且也受随机取样大小的制约。通常情况下，玻璃配合料均匀度测试取样量约为 2g。

此外，由式(4-4) 可知，随着测定的次数 n 的不断增加，$\overline{X}$ 值就不断逼近真值 a，计算出

的 S 值就越真实。取样的个数一般要根据测试的条件和需要而定。在取样容易、分析测定所需时间短的条件下，应尽量增加取样测试次数，这样对于混料的质量鉴定就越准确。通常取 20～50 个。同时，取样点应尽可能在整个料罐或混合机内部分布，这时试样就具有代表性。

二、混合机理

混合是用机械的或流体动力的方法，使粉料在混合机里从最初的整体混合到局部混合均匀的状态，在某个瞬间达到动态平衡。在此之后，混合的均匀度不再提高，分离与混合不断反复进行。一般认为在混合机中粉料的混合作用有以下 3 种方式。

(1) 对流混合　对流是指物料的团、块或颗粒从一个位置转移到另一个位置的过程，对流混合又称为体积混合或移动混合，这种混合作用的强度主要取决于运动状况，作用区域比较大，混合速度较快，但混合的均匀程度并不太高。

(2) 扩散混合　扩散是指由于颗粒在物料整体新生表面上的分布作用而引起个别颗粒的位置分散迁移过程，扩散混合主要指相溶组分（固体与液体、液体与气体、液体与液体组分等）中的混合现象。对于互不相溶组分的粒子，在混合过程中以单个粒子为单位向四周移动（类似气体和液体分子的扩散），使各组分的粒子先在局部范围内扩散，达到均匀分布。实际上，完全不互溶是不存在的，在混合过程中有一个由对流混合到扩散混合的过渡，主要取决于分散尺度的大小，在粉料的运动中也存在扩散混合。这种方式的作用区域小，混合速率较慢，但混合精度高。

(3) 剪切混合　剪切是指在颗粒物料团内开辟新的滑移面而产生的混合作用，剪切混合主要是利用剪切力的作用，使物料组分被拉成越来越薄的料层，导致某一种组分原来占有区域的尺寸越来越小，对于高黏度组分特别明显，例如在捏合机、螺旋挤压机等设备中，物料受到强烈的剪切力。这种方式作用区域较小，只发生在剪切面及其附件上，混合速度较慢，但混合精度高。

实际上，在各种搅拌混合设备中，上述 3 种混合作用是不能截然分开的，各种混合机都是以上 3 种混合作用中的某种作用起主导作用。例如，回转圆筒式混合机以扩散混合为主；螺旋混合机中对流混合速度高于扩散混合；桨叶无重力混合机中，桨叶在容器内转动，在横向产生对流混合，由于桨叶上下翻动，物料升落之际也会造成扩散混合。虽然桨叶与粉粒体相对移动时还产生剪切混合作用，但对流混合起主要作用。各类混合机的混合作用如表 4-1 所示。

表 4-1　各类混合机的混合作用

混合机	对流混合	扩散混合	剪切混合
重力式(容器旋转)	大	中	小
强制式(容器固定)	大	中	中
气力式	大	中	小

三、影响混合的因素

(一) 固体粒子的物理性质

在玻璃混料过程中，固体粒子的粒度、密度、休止角、形状、流动性、含水率、表面粗糙度等，都对混合有不同程度的影响。另外，进料顺序、混合时间、加水时间、加水方式也会对玻璃混料均匀度有影响。如果含水率较多，那么粒子之间相互黏结成团，流动性降低，混合速度大大减慢，还容易黏结在机器内壁和桨叶上，对混合有严重影响。

1. 由于各组分间物理性质的差异所引起的分料现象

试验表明，在混合过程中，对于有粒度差（或密度差）的物料，在机械力和流体动力作用下，粒子的排列状态会发生改变。这种由于物料本身所具有的物理差异对于玻璃原料的随机完全混合起着抑制作用。对于物料的形状、休止角、粗糙度等的差异，也会在不同程度上引起分料。

在玻璃配合料进行混合至进入窑炉之前这段过程中，一直存在分料的可能性。在混合机排出配合料时，会因为粒度及密度差产生堆积分料。对于大粒子或者密度较小的粒子，则会分布在堆积圆锥的周围；而小粒子或密度较大的粒子则集中在堆积圆锥的中心，这种分布趋势对于刚刚混合好的玻璃配合料起着反混合的作用。此外，搅拌力、振动力都会使物料产生分料的现象。

2. 如何防止分料

分料的产生往往伴随着局部混合的产生，所以选择以对流混合为主的玻璃混料设备可以减弱分料的形成；尽量减少卸料落差，可以防止玻璃配合料从排料口卸料时发生堆积分料；在传送带上也应尽可能减少振动；缩短从混合机到窑炉的输送距离等，都可以减少输送过程中引起的分料。

对于原料本身的粒度差、密度差等因素引起的分料，可以采取调整各原料间的重度比的方法。应当不只控制各玻璃原料的粒度直径在所要求的范围内分布，应以石英砂为中心选用各原料的粒度及密度。为了防止不同组分的分料，需控制纯碱、石灰石等密度和石英砂相近的物料的粒度与石英砂接近，以免发生重料沉底、轻料上浮的现象。

在玻璃配合料混合过程中，一般加入4%～5%的水，不仅能达到工艺的要求，而且还可以防止分料。但水量过多或分布不均匀，反而会影响混合的均匀度。

（二）操作因素

1. 最佳转速

对于回转容器型混合机来说，在重力、离心力、摩擦力等力的相互作用下，物料粒子产生流动而混合。当重力与物料在竖直方向作用的离心力相等时，物料受力达到平衡，玻璃物料随容器以同样速度旋转，物料间不发生相对流动混合，这时的混合机回转速度达到临界转速。我们把离心力与重力的比 Fr 称为重力准数，可表示为

$$Fr=\frac{\omega^2 R_{\max}}{g} \tag{4-7}$$

式中，ω 为容器旋转角速度，rad/s；$R_{\max}$ 为容器最大回转半径，cm；g 为重力加速度，cm/s^2。

可以看出 Fr 值应小于1。通常选用时，圆筒型混合机 Fr 应为0.7～0.9，而对于V型混合机，Fr 应为0.3～0.4。通过 Fr 值可计算出 ω 的大小。

对于固定容器型混合机，在生产中可发现，桨叶式混合机的桨叶直径与回转速度成反比关系，如图4-4所示，可用下式表示

$$nd_{\text{桨叶}}=2v_{\text{搅拌}}=\text{常量} \tag{4-8}$$

一般情况下，碎玻璃不掺杂混合，以防磨损卡住混合机，限制桨叶处线速度小于3m/s，$v_{\text{搅拌}}$ 值取1.3～1.6m/s时，可达到最佳效果。核算过程中，可根据给定的桨叶直径计算转速大小。

2. 装填方式及装料比

根据物料在混合机中的混合过程分析，显然物料在容器中的流动应尽可能剧烈。当物料装满容器时，物料没有足够的运动空间而难以流动。试验发现，对于水平圆筒形混合机，装料容量比（即装料比）F/V 与混合速度系数的曲线有一个极大值（图4-5），对应的 F/V 为30%左右（其中 F/V 是指装料体积与容器容积之比），对于V型混合机、正立方体形混合机，F/V 值可达50%，有些固定容器型混合机可达60%左右。

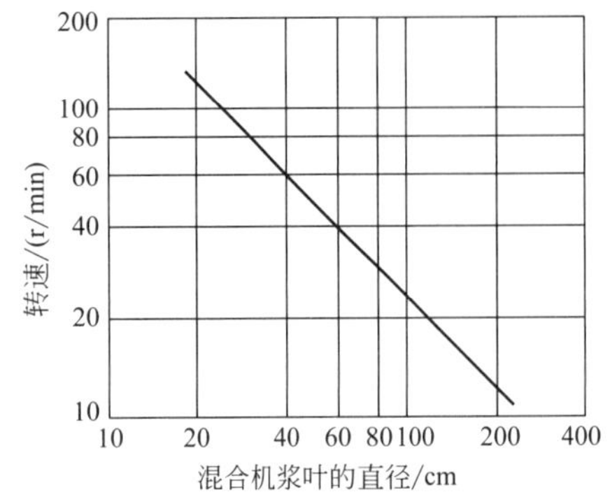

图 4-4　转速与桨叶直径的关系

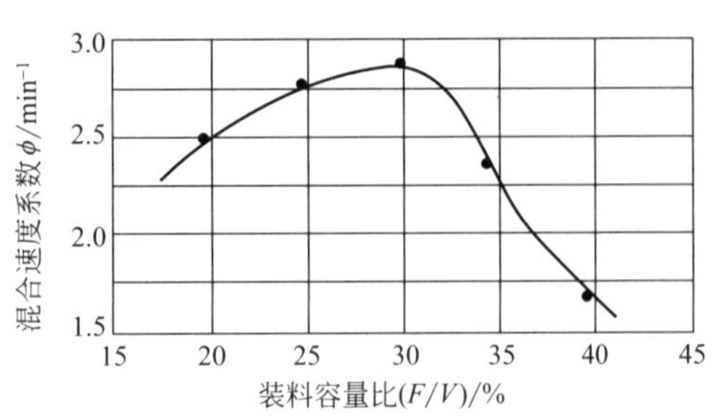

图 4-5　装料容量比与混合速度系数的关系

3. 物料对流流动与混合时间

将物料在混合机中对流流动的情况进行具体分析，可计算物料循环流动一次的时间，可把循环一次所用时间与混合度联系起来。

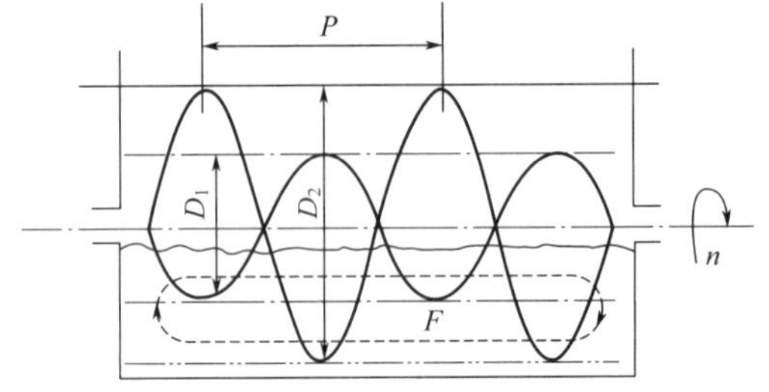

图 4-6　螺旋式混合机原理

例如，物料在螺旋式混合机中的循环流动可用图 4-6 来表示。物料在内外反向螺旋作用下，由对流流动进行混合。

循环对流的流量为

$$q=\frac{Pn}{60}\xi\times\frac{\pi}{4}(D^2-d^2) \tag{4-9}$$

式中　P 为螺旋的螺距，cm；d 为内螺旋直径，cm；D 为外螺旋直径，cm；n 为螺旋每分钟的转数，r/min；ξ 为螺旋埋入粉料中的深度占整个螺旋长度百分比，%，此处内、外螺旋的 ξ 值相同。

内、外螺旋推动的粉料量应该相同，且都等于 q。当装料量为 F（cm^3）时，循环流动周期为

$$T=\frac{F}{q} \tag{4-10}$$

经过大量的试验证明，虽然 F/V 和 n 值有所改变，但是发现达到最佳混合度所需的混合时间 t 与 T 存在特定的关系式

$$t=20T \tag{4-11}$$

如果推算出某台用于混料设备的 T 值，操作因素就可以简单地归结为混合时间 t。即在达到一定的混合时间 t 后，混合均匀度就能满足要求。

四、混料机械种类

玻璃混合设备是利用各种不同混合装置的结构，使玻璃原料中粉体粒子产生相对运动，不断改变其相对位置，并且不断克服由于物料差异等因素而引起的玻璃物料分层趋势。

按照其工作方式分类，混合机可分为间歇式和连续式两种，现在常用的是间歇式的混合机，但是由于企业发展不断趋于全自动化控制生产过程，连续式混合机不久将会占据主导地位，按其工作原理可分为重力式和强制受力式。重力式是指物料由于重力不断产生各种复杂运动而相互混合；强制受力式是物料在桨叶等的强制推动下，或在强制气流的作用下互相混合。按照其形式可以分为旋转容器型和固定容器型。

在选用混合机时，混合性能必须作为首要考虑因素。另外，混合时间的长短，混合均匀度

的高低，混合物料性质对混合机性能的作用，混合机所需动力及生产能力，加卸料方便与否，对粉尘的预防等问题都需要整体统筹考虑，以满足相应的玻璃生产工艺需求。

图 4-7 展示了生产玻璃时不同企业所用混合机类型。其中，图 4-7(a)～(d) 是回转容器型混合机。它们具有以下特点。

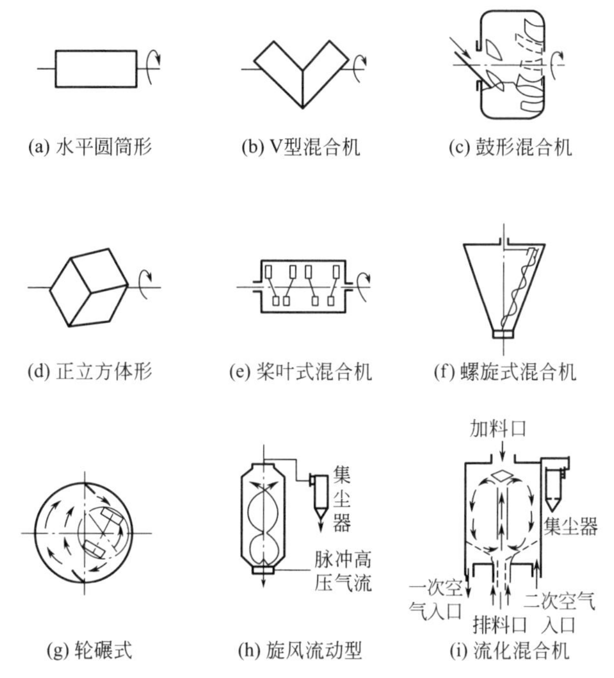

图 4-7　玻璃工厂各类混合机示意图

① 大多数为间歇式操作，装料比 F/V 比固定容器型小。

② 物料随着容器转动发生相对混合，当粉料流动性较好且其他物理性质差异较小时，就会产生良好的均匀度。其中 V 型混合机的混合均匀度最高。

③ 可用在磨琢性较强的物料之间的混合作业，对于品种多、批量小的物料的混合比较适用。

④ 在混合机的加料和卸料过程中，容器需要在一个固定的位置上保持不动。此时就增加一个定位机构来使容器停止回转。在玻璃加料时，容易产生粉尘，故应采取防尘措施。

⑤ 容器内部发生回转，因而容易清理。

图 4-7(e)～(g) 为容器固定型混合机的工作简图。其特点如下。

① 在混合机内的搅拌桨叶的强制作用下，物料的对流和剪切使其发生运动达到物料的均匀混合，在混合过程中可加入水分。

② 此类混合机混合速度高，可得到较为满意的均匀度。

③ 当加入适量水时，粉尘飞扬和分料将不会产生。

④ 此种混合机的容器内部的清理较为困难。

⑤ 搅拌部件的磨损较大。

图 4-7(h)、(i) 为流态化混合的机理。用脉冲高速气流使粉料受到强烈振动发生相对翻动，也可因为高压气流形成粉料对流流动引起物料的混合。这种混合机的特点是：混合速度快，混合均匀度高，但对于混合凝聚性较强的物料不宜采用。

玻璃工厂中，容器固定型的混合机较为常见。主要有桨叶式、QH 型、轮碾式及芒硝煤粉混合机。

第二节　轮碾式混合机

轮碾式混合机多用在中小型玻璃生产企业，由于其结构简单，检查维修方便，混合均匀度可达到 95%～98%，用于一般配合料的混合，可按传动方式分为上传式和下传式。按碾轮工作的状况，可将轮碾式混合机分为两种：第一种是固定式碾盘，两个碾轮绕其主轴做公转，与此同时碾轮做自转运动；第二种是旋转式碾盘，玻璃物料与碾盘发生摩擦，使碾轮绕着固定横梁自转。

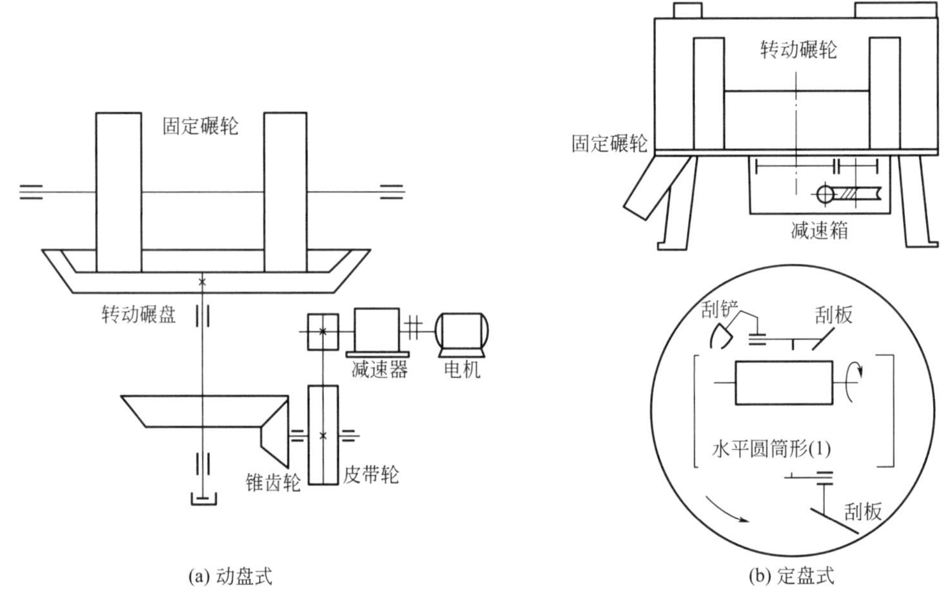

图 4-8　下传式轮碾式混合机传动简图

下传式轮碾式混合机传动简图如图 4-8 所示。作为混合玻璃物料用的轮碾机，不仅能破碎一些废玻璃和较大的物料粒子，还能使物料的水分与粒度分布均匀，防止分料。一般为间歇式作业，碾盘上装有可拆换的衬板，物料在衬板上被碾轮碾压。图 4-8 所示的下传式轮碾式混合机的碾轮质量比相应规格的干式碾轮机轻 25%～30%。这种混合机的碾盘上无筛孔，靠刮板刮掉玻璃配合料，然后从卸料门卸料。

从图 4-8(b) 可知，电机通过减速箱带动固定装在主轴上的横梁，使碾轮产生公转和自转。安装在横梁上的刮铲把被碾轮压紧在碾盘上的物料铲净。内外的导向刮板搅翻物料使其混合，于是物料就集中在碾轮转过的环形区内。在碾压和搅拌作用下，各组分的玻璃物料紧密结合，均匀分布。碾轮的高度可以根据物料的性质和混合要求进行自动调整。轮碾式混合机混压所用时间较长，一般为 5～15min，消耗功率较大，效率较低。

轮碾式混合机混合玻璃时应注意以下几点。

① 没有进行混料前，应预先开低速空车，确定没有故障后，再将启动离合器开到正常运转挡的位置，横梁需沿逆时针方向旋转。

② 待机器正常运转以后，方可加入玻璃原料，防止碾轮卡住不转。

③ 在停止作业前，必须先将碾盘上的混合料排净，以免对下一次机器的启动造成影响。

④ 需经常检查内外刮板、刮铲与碾盘间的距离，通常应保证在 2～4mm。

⑤ 在玻璃生产中，混合机上的转动部件应每三个月清洗换油一次，并定期给各转动部位加入润滑油，使其正常运转，使用寿命延长。

轮碾式混合机技术指标见表 4-2。

表 4-2　轮碾式混合机技术指标

碾盘尺寸 ($\phi \times H$)/mm	混合量 /kg	混合时间 /min	碾轮尺寸(直径×宽) /mm	碾轮个数 /个	外形尺寸/mm	机重/t
1600×900	200～250	5～15	570×165	2	长×宽×高 2300×1600×1800	2.5
1600×800	200～250	5～15	610×165	2	直径×高 ϕ1700×1435	2.5

第三节　桨叶式混合机

桨叶式混合机的优点是结构简单，密封防尘效果好；缺点是混合时间较长，而且造价昂贵，混合均匀度为 96%～98%。以容量为 500L 的桨叶式混合机为例，转速为 26r/min，若一次加料量为 800kg，混合时间为 8min 左右。

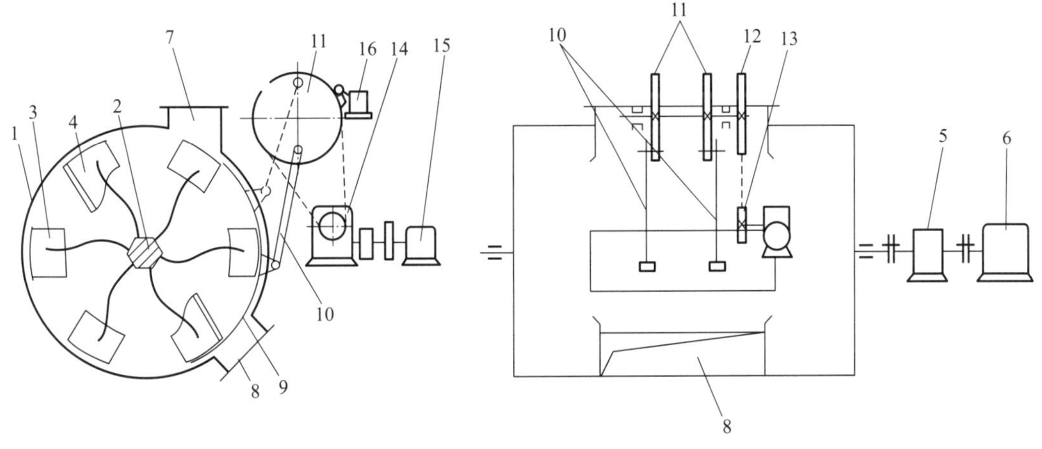

图 4-9　桨叶式混合机传动简图

1—机壳；2—六角轴；3—桨叶；4—端部桨叶；5—主减速器；6—主电机；7—进料口；8—卸料口；9—卸料门；10—连杆；11—圆盘；12,13—链轮；14—料门减速器；15—料门电机；16—限位开关

桨叶式混合机传动简图如图 4-9 所示。由电机通过减速器和联轴器带动六角轴 2 转动。在六角轴上装有 6 对桨叶，每对夹角均为 60°，刮刀刀尖的第一对与第四对，第二对与第六对，第三对与第五对彼此反向安装，以便快速混合。靠近混合机机壳两端的桨叶形状近似 L 形，不断刮铲端面容器壁上的玻璃物料。进料口为长方形的孔，位于容器的上方，卸料口位于侧面下方。卸料门由一个曲柄连杆机构与链轮控制开闭，由限位开关和固定于链轮上的凸块控制电机的正反转，从而实现曲柄连杆机构的来回运动。在机壳上 1/4 的构件可以打开，这样便于进行检修和更换桨叶、清扫内部等工作。表 4-3 列出了在玻璃混合中所用到的桨叶式混合机技术指标。

表 4-3　桨叶式混合机技术指标

容器尺寸 ($D\times L$) /mm	生产能力 /L	主轴转速 /(r/min)	主传动电机功率 /kW	主传动减速器传动比 i	卸料门电机		卸料门减速器传动比 i	外形尺寸 /mm	总重 /kg
					功率/kW	转速 /(r/min)			
ϕ1240×1740	750	25	13	40.17	0.8	930	65	316×2247×1750	3635

第四节　QH 型混合机

QH 型混合机是目前国内平板玻璃及大型日用玻璃企业常用的配合料混合机械。该混合机的混合均匀度可达到 98.4%甚至更高，混合时间大约为 3.5min，而且结构简单，检查维修方便，密封较好，运行较为平稳，振动较小，不易产生粉尘，便于清扫。图 4-10 为 QH 型混合机传动简图。

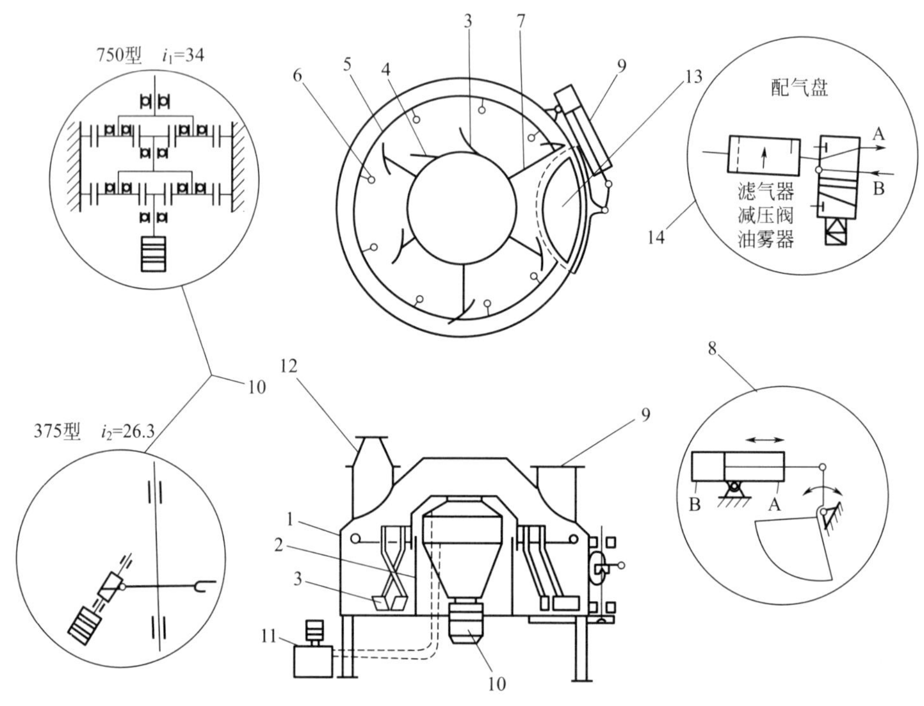

图 4-10　QH 型混合机传动简图

1—外壳体；2—内壳体；3—涡桨；4—刮板；5—水管；6—喷嘴；7—涡桨托臂；8—卸料门气缸；9—供料口；10—主电机及减速器；11—润滑系统；12—除尘口；13—卸料门；14—配气盘

涡桨是由电机通过二级行星轮减速器（375 型的为蜗轮蜗杆减速器）带动涡桨托臂而驱动。涡桨开始转动后，在上罩的加料口处投入玻璃配合料，此时开启加水装置，向配合料中均匀喷洒定量的雾状水。物料在涡桨叶片的作用下被强制翻搅混合，使得玻璃的各组配合料均匀分布。然后配气盘中电磁换向阀工作，推动卸料门上的气缸开门机构，使卸料门摆动 120°，混合好的玻璃配合料被涡桨和刮板刮出混合机。

图示的刮板 4 共有两块，装置在距盘底部 250mm（750 型）处，用来刮除黏附在机壳上的玻璃物料。6 片涡桨沿圆周均匀地安装在与减速器相连的托臂上。在启动涡桨之前，应检查并调节涡桨上的铲片及刮板与壳内壁之间的间隙（一般保持在 2～5mm），还应启动润滑装置，需使减速器中有一定量的润滑油。在涡桨正常运转后，从供料口 9 投进玻璃原料，达到混合均匀后，打开卸料门，直到排净混合料方可停车，这样就避免了较大的物料颗粒卡住涡桨或刮片，损坏机器。

在使用期间，应定期检查内外衬板、底面衬板及涡桨的磨损情况，及时清扫残余碎渣，更换构件，以保证出料品质量和混合效率，延长混合机使用寿命。

长期的实践生产中，QH 型混合机得到广泛认可与使用。但是该混合机涡桨的线速度较高，达到 3m/s，磨损较大，卸料门容易卡住而漏料，这是生产过程中不能忽视的。因此，为减小它对刮板的磨损，碎玻璃不能加入混合机中进行混合。表 4-4 列出了这类混合机的技术性能。其中 QH2250 型有两台电机和两个卸料门。

表 4-4 QH 型混合机的技术性能

型号	生产能力/L	涡桨转速/(r/min)	涡桨个数	主传动电机		卸料门机构		外形尺寸(长×宽×高)/mm	机重/kg
				功率/kW	转速/(r/min)	气缸直径/mm	气缸工作压力/Pa		
QH375	375	36.4	6	11	960			1554×1820×1558	1493
QH750	750	29	6	22	975	120	4.6×10^5	2700×2310×1980	3000
QH2250	2250	19.33	6	30	1470	120	4.6×10^5	5360×3660×1500	10100

第五节 芒硝煤粉混合机

芒硝煤粉混合机是一种生产玻璃的常用设备，也是浮法玻璃生产中必备的设备。玻璃生产中，要求芒硝与煤粉预先混合。该设备的占用面积较小，较为简单，在生产过程中，需加入适量水分，混合时间需 1～2min，但是该机器造价相对昂贵。

这种混合机由电动机经减速机带动搅拌叶片旋转，使物料进行均匀地混合，其工作传动过程与桨叶式混合机相似，较常用的是 MH80A 型芒硝煤粉混合机，其结构如图 4-11 所示。此种混合机技术性能见表 4-5。

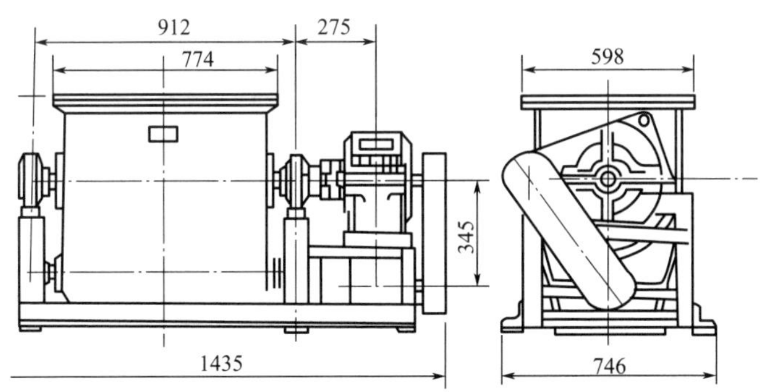

图 4-11 MH80A 型芒硝煤粉混合机结构

表 4-5 MH80A 型芒硝煤粉混合机技术性能

额定装料容量/L	混合时间/min	叶片转速/(r/min)	卸料门工作气压/Pa	电机		设备质量/kg	外形尺寸(长×宽×高)/mm
				功率/kW	转速/(r/min)		
80	1	26	5×10^5	2.2	950	340	1435×746×780

第六节　V 型混合机

V 型混合机由两个圆筒成 V 形交叉结合而成，交叉角为 80°～81°，直径与长度之比为 0.8～0.9，物料在圆筒顶角转向上时，分成两股流动，随后顶角转向下，物料又汇入顶角，如此反复分开和汇合，这样不断循环，在较短时间内即能混合均匀，该混合机以对流混合为主，混合速度快，在旋转混合机中效果最好，在光学玻璃生产及特种玻璃行业应用广泛。操作中最适宜的转速可取临界转速的 30%～40%，最适宜的充填量为 30%。图 4-12 所示为带强化混合元件的 V 型混合机及其外形。

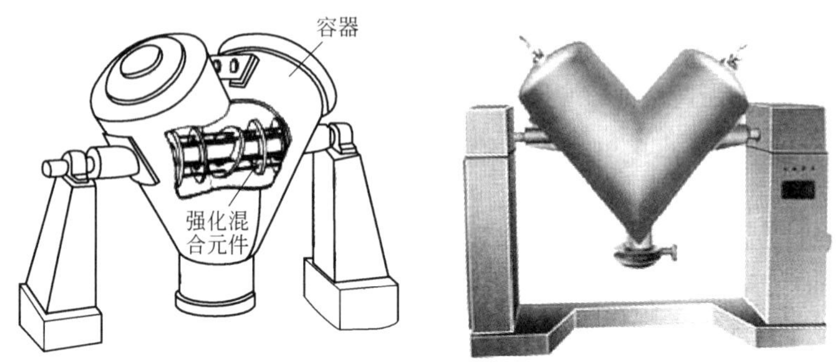

图 4-12　带强化混合元件的 V 型混合机及其外形

第七节　多面体混合机

多面体混合机由多面体（正方体形、矩形、双锥形和正八角形等）容器及其内壁上所装的导向板等组成，如图 4-13 所示。当容器旋转时，待混物料翻滚、掺和以达到混合目的，这种混合机多用于干粉状、粒状物料的混合。

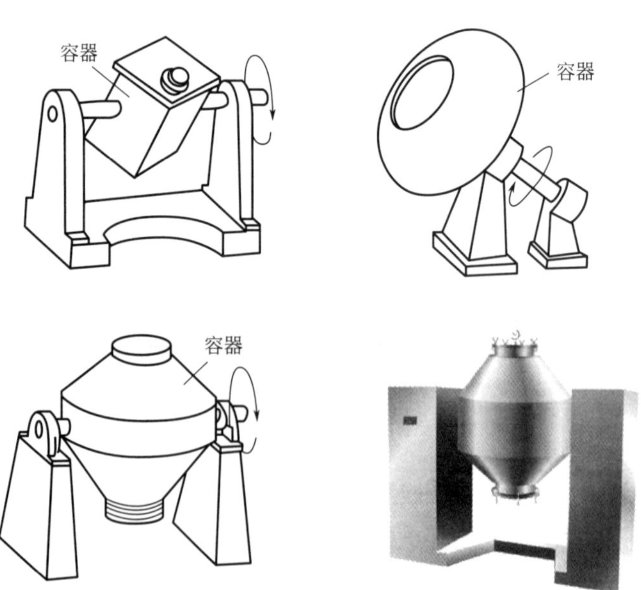

图 4-13　多面体混合机种类及其外形

其中双锥形混合机由两个圆锥形筒组成，双锥形混合机转动时，被混合物料翻滚强烈，由于其流动断面的不断变化，能够产生良好的横流效应，对流动性好的物料混合较快，且功率消耗低，操作方便，劳动强度低，工作效率较高，适用于干粉的混合。

正方体形混合机（即箱式）的容器为正立方体，而正立方体对角线的位置就是容器旋转的轴线，当混合机工作时，容器内物料由于受到三维方向上的重叠混合作用的影响，因而混合速度加快，混合时间较短，同时没有死角，卸料也比较容易。

思　考　题

1. 名词解释：混合；堆积分料。
2. 混合作用有哪3种方式？对玻璃配合料进行混合，应选择哪一种混合方式的混料机？
3. 简述影响混合的因素。
4. 为什么不用标准偏差 S 明确反映均匀度。
5. 写出玻璃工厂常用的5种混料设备名称。

第五章 起重及运输机械

第一节 概 述

1.起重及运输机械的重要性

起重及运输机械是用于提升、搬运或短距离运输物料的机械。它不仅可以降低劳动强度，而且是实现生产过程机械化、自动化不可缺少的重要设备之一。起重及运输机械属于通用机械，因而在玻璃工厂中被广泛应用。目前，起重及运输机械在玻璃工厂中，早已远远超出只作为辅助生产设备的范围。它不仅可以用来完成原料、半成品及成品的输送，而且生产过程中的部分工艺操作，也使用起重及运输机械。

起重及运输机械使得成批大量生产和机械化流水作业得以实现，同时也是衡量一个工厂机械化水平高低的重要标志。起重及运输机械的广泛应用，不仅提高了生产效率，而且为大规模和连续化生产创造了条件。

2.起重及运输机械的种类及工作特性

起重机械是以间歇重复的工作方式，通过吊钩或其他吊具起升、降落或升降与运移物料的机械设备。其工作特点是：吊物一般具有很大的质量或势能；起重作业时是多种运动的组合；作业范围广、作业条件多变；群体作业多人配合；暴露活动的零部件较多。

运输机械是指在一定线路上连续输送物料的物料搬运机械，通常是指连续运输机。其工作特点是：输送物料范围广、距离长、输送量大；装卸料简单、方便；能耗低、效率高等。

起重及运输机械可以分为起重机械和运输机械两大类。

- 起重机械
  - 轻小型起重设备——千斤顶、电动葫芦、绞车
  - 升降机——电梯
  - 起重机
    - 桥架类——门式、桥式、龙门式、流动式
    - 臂架类——塔式、门座式、流动式
- 运输机械
  - 连续运输机
    - 有挠性构件——带式、刮板式、斗式
    - 无挠性构件——螺旋输送机、振动输送机、辊子输送机
  - 装卸机械——叉车、堆取料机、单斗装载机

起重及运输机械的种类繁多，包括桥式起重机、电动葫芦、皮带运输机、斗式提升机等。

第二节 桥式起重机

一、桥式起重机的特点及分类

桥式起重机在起重机械中占据重要地位，是被各行各业广泛采用的起重机械。目前，我国桥式起重机的数量占起重机总数的60%～80%。

桥式起重机的特点是：

① 可以在移动空间的任意地点装卸货物，具有很大的灵活性；

② 桥式起重机不占地面，使仓库或车间能够得到充分利用；

③ 桥式起重机的提升高度一般不受机械本身的限制，而是取决于建筑物的高度。

桥式起重机搬运的物品分为成件和散装两大类。因此，它的攫取装置也分为两类。对于成件物品，采用吊钩和电磁铁盘；对于散装物料，采用自动抓取器（如抓斗等）。根据攫取装置的构造，桥式起重机分为桥式吊钩起重机、桥式抓斗起重机、桥式电磁铁盘起重机。

桥式起重机的小车上有提升机构和行走机构，可用于保证物品垂直提升与沿车间横向行走。桥架（大车）上装有起重机沿车间纵向行走的机构。将这三种运动合理配合，即可实现物品的空间转移。

桥式起重机的起重量用分数来表示，其中分子、分母分别表示主卷起重量和副卷起重量。一般情况下，副卷起重量为主卷起重量的12%～25%。

由于厂房建筑的标准化（跨距是按3m的倍数$3n$来计算，即9m、12m、15m、18m、…、33m），所以桥式起重机的跨度也已标准化，其跨度比厂房的跨度小1.5m（即7.5m、10.5m、13.5m、16.5m、…、31.5m）。

从桥式起重机的几种形式来看，可以知道它们的结构大体相同，只是根据需求不同，安装不同的攫物装置。器皿玻璃工厂所用的起重机大多为小起重量的桥式抓斗起重机，而对大型浮法玻璃，常使用桥式吊钩起重机。本章重点讲解小起重量的桥式抓斗起重机。

二、桥式起重机的结构

桥式抓斗起重机由桥架及其运行机构（大车）、小车及卷扬机构、抓斗取货机构3个主要部分构成，见图5-1。其中驾驶室设在桥架下面。

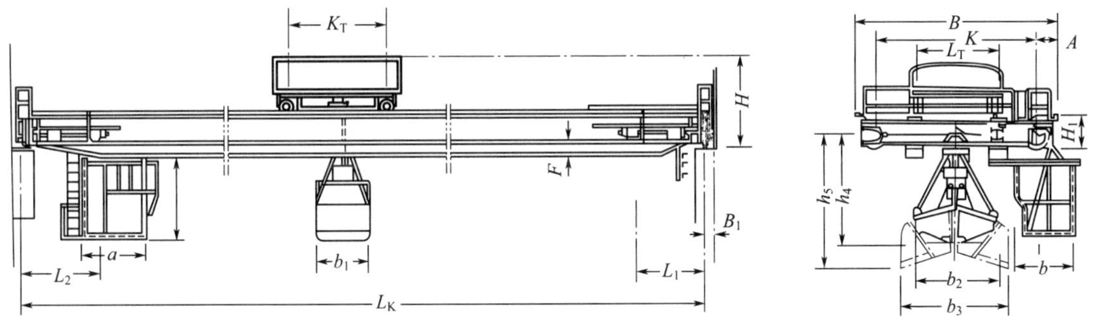

图5-1　桥式抓斗起重机

（一）桥架及其运行机构

桥架（图5-2）是起重机的承载机构，分为箱形梁和桁形梁两种，两者都是双梁。运行小车的自重及起吊荷载，由桥架通过装在横梁两端部的车轮压在厂房轨道梁上。

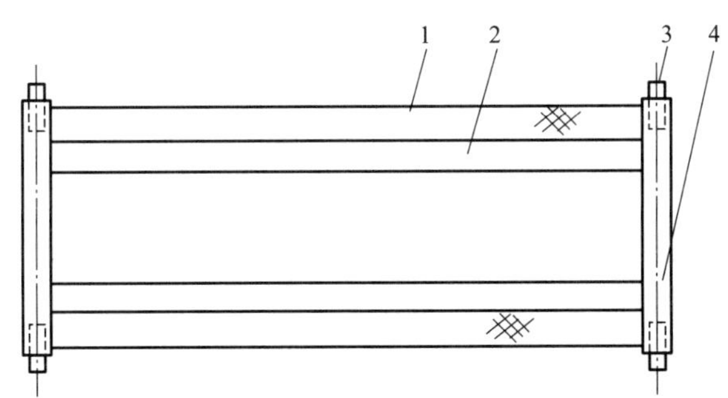

图5-2　桥架

1—走台；2—主梁；3—车轮；4—横梁

起重机桥架主梁主要受弯矩或弯矩与扭矩的联合作用。由结构力学可知，在质量和尺寸都有利的情况下，若采用薄板闭合结构，可使结构获得较大的刚度。为了保证薄板组合梁的几何不变性和薄板受压区域的稳定性，在梁内部还装设有肋板，见图 5-3。

（1）箱形梁桥架　箱形梁桥架（图 5-3）是由上盖板 1、下盖板 4、肋板 2、腹板 3 组成。整个桥架都是由钢板焊接而成的，箱形梁桥架比桁形梁桥架的刚性好，所以被广泛采用。

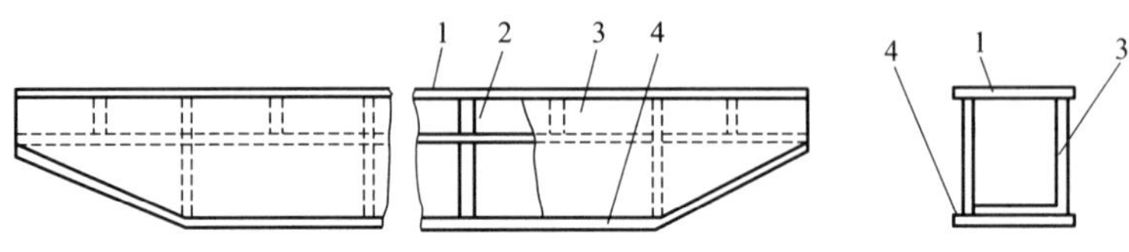

图 5-3　箱形梁桥架结构

（2）桁形梁桥架　桁形梁桥架分为三桁架和四桁架两种。整个桁架梁都是由不同尺寸的型钢铆接或焊接而成。

（3）大车运行机构　起重机的运行驱动装置布置在桥架上，由电动机通过传动机构和装在横梁上的车轮来加以实现。驱动方式分为集中驱动和分别驱动两种。

① 集中驱动　大车的集中驱动是电动机通过同一个减速器上的两根输出轴驱动车轮行走。集中驱动的优点是节省一台电动机和一台减速器，缺点是如因车轮安装偏差等因素，引起起重机行走时的歪斜，则无法自行解决。

② 分别驱动　分别驱动是桥梁两边的车轮分别由两个驱动装置独立驱动。分别驱动装置装拆方便，运行性能好，工作时不受桥架主梁变形的影响，工作寿命长，使用比较广泛。双驱动虽不需要长轴，但必须保证两台电动机同步。

车轮有两个轮缘，起重机在运行时起导向作用以及保证不出轨，也有采用无轮缘车轮与水平导向轮，如图 5-4 所示。

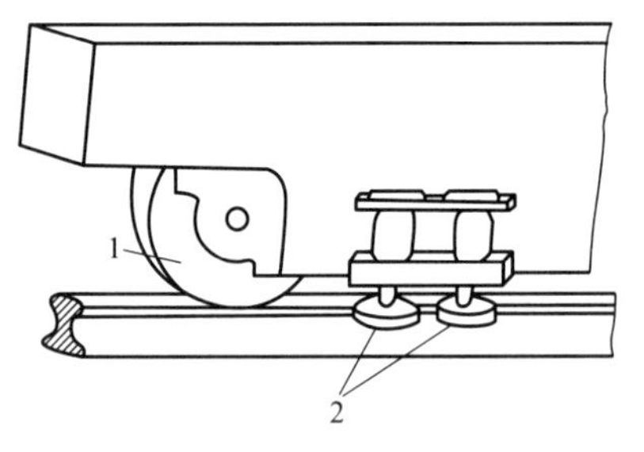

图 5-4　水平导向轮结构

1—无轮缘车轮；2—水平导向轮

（二）小车及卷扬机构

（1）小车　运行小车（图 5-5）是由起升机构、行走机构与小车车架 3 部分组成。

近年来，行走机构广泛采用了单独传动形式，装拆方便。所有运行小车上的机械部件都装在车架上。小车车架需具有足够的刚度与强度，以保证各机械部件在工作时能正确运转，从而延长使用寿命。

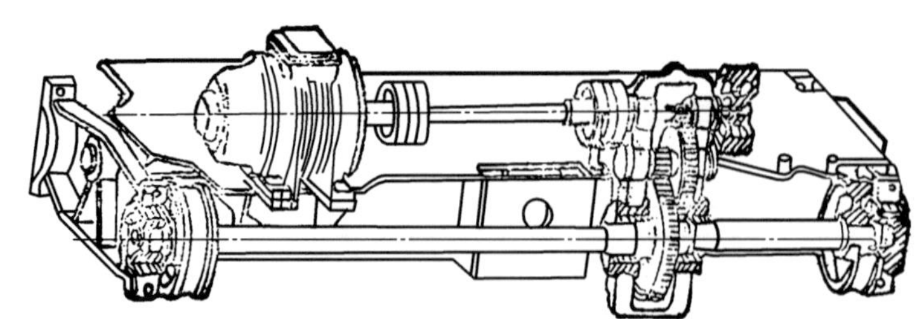

图 5-5　运行小车

（2）卷扬机构　卷扬机构（起升机构）中的主要部件之一是卷筒。电动机的转矩通过齿轮减速器传给卷筒。卷筒多采用铸钢或铸铁材料制成，有时也用钢板卷成。卷筒表面有螺旋绳槽，当卷筒旋转时，钢绳能够整齐地缠绕在螺旋槽上。

起升卷筒和闭合卷筒可由同一台电动机通过离合器或行星齿轮来控制，也可以由两台电动机带动以保证分开或同时工作。其中后一种结构简单、装拆和操作较方便。

单电动机通过行星齿轮传动的机构虽然较为复杂，但运行可靠，其传动机构如图 5-6 所示。

图 5-6 中电机 1 经由减速齿轮 2 和 3 使闭合卷筒 4 旋转。齿轮 2 上的轴 5 穿过盘 6，盘 6 套在轴 5 上。轴 5 的末端连接齿轮 7 置于盘 8 内。在盘 6 上连有若干个行星齿轮 9，它们围绕在齿轮 7 的四周，行星齿轮 9 与盘 8 内部的齿相啮合。当轴 5 旋转时，如用电磁刹车 10 将盘 8 制住不动，而将电磁刹车 11 松开，则齿轮 7 仅使行星齿轮 9 随同自转及公转，盘 6 也随着转动，但是不起任何作用。反之将电磁刹车 11 刹住，电磁刹车 10 松开，则齿轮 7 使行星齿轮 9 仅发生自转，而不做公转，使盘 8 随之转动，因而通过齿轮 12、13 使卸货卷筒 14 可以随同或不随同闭合卷筒 4 转动，达到启闭抓斗的目的。

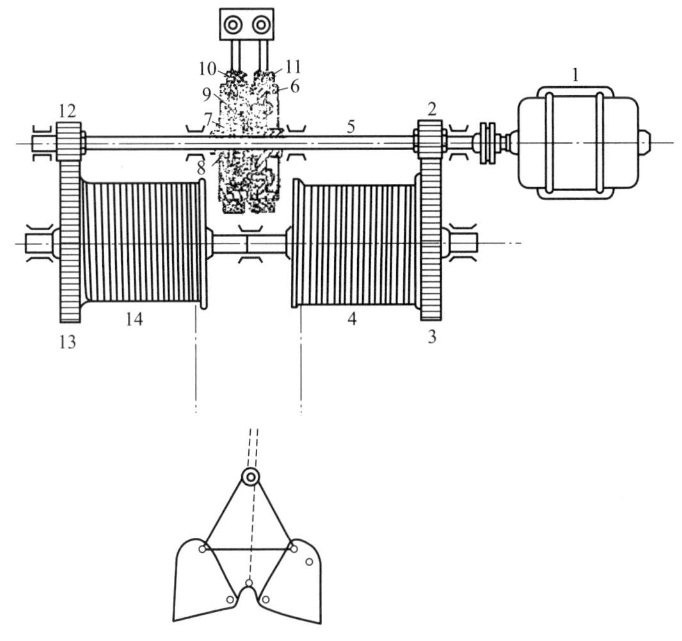

图 5-6　行星齿轮传动机构

（3）制动装置　制动装置是桥式起重机的一个重要机构。在运行机构上采用制动装置，能保证其在指定位置平稳而准确地停住，在起升机构上采用制动装置能保证物品静止地悬在空中。

桥式起重机各机构上所采用的制动装置，通常都是常闭式的，即机构不工作（电动机不通电）时，借助于弹簧并通过制动杠杆的作用，使闸瓦抱住转动轴（通常是电动机轴）上的制动轮，机构工作时则松开闸瓦。松开闸瓦的方法，目前采用电磁铁和液压推杆两种。通电时推杆向上，通过杠杆系统的作用克服弹簧力，便可将制动器打开。

（三）抓斗取货机构

起升卷筒与闭合卷筒转动，使抓斗开始工作，抓斗的工作原理如图 5-7 所示。

满载抓斗由起升绳 1、闭合绳 2 支持于空间。此时起升绳不动，闭合绳从卷筒上放出，在颚板内卸完物料后，起升绳与闭合绳以同一速度运动，直到张开的抓斗落于物料堆上。接着起升绳不动，闭合绳收进，抓斗颚板关闭，关闭的过程也就是装料的过程。当抓斗完全关闭后，

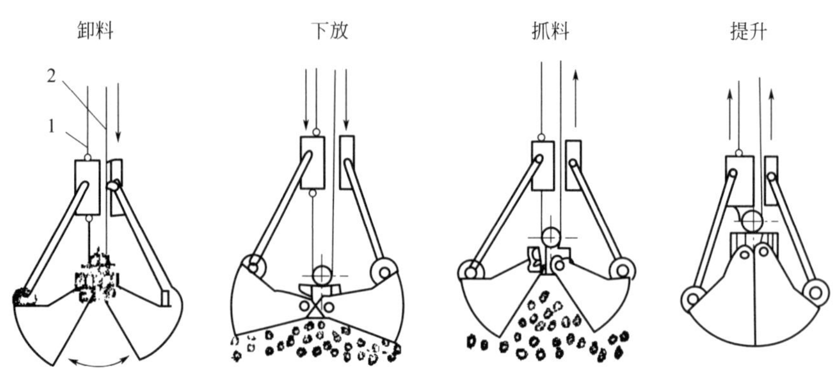

图 5-7 抓斗的工作原理

两根绳子以同一速度上升到一定高度，开始第二个循环的卸料。

抓斗的内荷载充满程度是抓斗起重机一个重要操作特性。为了保证抓斗有良好的抓取性能，常将抓斗的自重设计成与抓斗所要抓取的物料重量相近。抓斗颚板的几何形状对抓斗关闭后的装载率有直接影响，因此，不同的物料要用不同的抓斗，一般在挖取重而大块的物料时，抓斗以平底为宜，而抓取易于流动的砂石之类，则以半圆形为宜。

抓斗的钳口，依抓取物料的种类而定，可为光滑直线或齿形。对于特殊目的而使用的抓斗，如抓取含石块、砂土等坚硬物料，则钳口最好选用尖锐的齿形。表 5-1 为常用桥式抓斗起重机的主要规格及技术参数。

表 5-1 常用桥式抓斗起重机的主要规格及技术参数

<table>
<tr><th rowspan="2">起重量/t</th><th rowspan="2">跨度/m</th><th rowspan="2">起重总量/t</th><th rowspan="2">最大轮压/t</th><th rowspan="2">起升高度的选择/m</th><th colspan="3">速度/(m/s)</th><th colspan="5">抓斗特性</th></tr>
<tr><th>起重机运行</th><th>小车运行</th><th>提升开闭</th><th>类型</th><th>容积/m^3</th><th>物料密度/(t/m^3)</th><th>抓取量/kg</th><th>抓斗质量/kg</th></tr>
<tr><td rowspan="8">5</td><td>10.5</td><td>17.3</td><td>7.8</td><td rowspan="8">6～32</td><td rowspan="4">87.5</td><td rowspan="8">44.6</td><td rowspan="8">38.8</td><td rowspan="3">轻型</td><td rowspan="3">2.5</td><td rowspan="3">0.5～1.0</td><td rowspan="3">1250～2500</td><td rowspan="3">2493</td></tr>
<tr><td>13.5</td><td>19.0</td><td>8.4</td></tr>
<tr><td>16.5</td><td>21.1</td><td>9.0</td></tr>
<tr><td>19.5</td><td>23.4</td><td>9.6</td><td rowspan="3">中型</td><td rowspan="3">1.5</td><td rowspan="3">1.1～1.8</td><td rowspan="3">1650～2700</td><td rowspan="3">2294</td></tr>
<tr><td>22.5</td><td>26.0</td><td>10.4</td><td rowspan="4">88.6</td></tr>
<tr><td>25.5</td><td>29.3</td><td>11.3</td></tr>
<tr><td>28.5</td><td>32.0</td><td>11.9</td><td rowspan="2">重型</td><td rowspan="2">1.0</td><td rowspan="2"></td><td rowspan="2">1800～2600</td><td rowspan="2">2377</td></tr>
<tr><td>31.5</td><td>34.9</td><td>12.7</td></tr>
<tr><td rowspan="8">10</td><td>10.5</td><td>20.6</td><td>12.3</td><td rowspan="8">10～30</td><td rowspan="6">91</td><td rowspan="8">46</td><td rowspan="8">40.6</td><td rowspan="3">轻型</td><td rowspan="3"></td><td rowspan="3"></td><td rowspan="3"></td><td rowspan="3"></td></tr>
<tr><td>13.5</td><td>22.7</td><td>13.2</td></tr>
<tr><td>16.5</td><td>25.0</td><td>14.1</td></tr>
<tr><td>19.5</td><td>27.8</td><td>15.0</td><td rowspan="3">中型</td><td rowspan="3">3</td><td rowspan="3">1.1～1.8</td><td rowspan="3">3300～5400</td><td rowspan="3">5420</td></tr>
<tr><td>22.5</td><td>30.4</td><td>15.8</td></tr>
<tr><td>25.5</td><td>33.9</td><td>16.9</td></tr>
<tr><td>28.5</td><td>37.2</td><td>17.9</td><td rowspan="2">91.6</td><td rowspan="2">重型</td><td rowspan="2">2</td><td rowspan="2">1.9～2.6</td><td rowspan="2">3800～5200</td><td rowspan="2">4223</td></tr>
<tr><td>31.5</td><td>39.9</td><td>18.7</td></tr>
</table>

续表

<table>
<tr><th rowspan="2">起重量/t</th><th rowspan="2">跨度/m</th><th rowspan="2">起重总量/t</th><th rowspan="2">最大轮压/t</th><th rowspan="2">起升高度的选择/m</th><th colspan="3">速度/(m/s)</th><th colspan="5">抓斗特性</th></tr>
<tr><th>起重机运行</th><th>小车运行</th><th>提升开闭</th><th>类型</th><th>容积/m^3</th><th>物料密度/(t/m^3)</th><th>抓取量/kg</th><th>抓斗质量/kg</th></tr>
<tr><td rowspan="8">15</td><td>10.5</td><td></td><td></td><td rowspan="8">6～44</td><td rowspan="5">91.6</td><td rowspan="8">48.3</td><td rowspan="8">39</td><td rowspan="3">轻型</td><td rowspan="3"></td><td rowspan="3"></td><td rowspan="3"></td><td rowspan="3"></td></tr>
<tr><td>13.5</td><td>33.5</td><td>16.4</td></tr>
<tr><td>16.5</td><td>35.9</td><td>17.4</td></tr>
<tr><td>19.5</td><td>39.2</td><td>18.4</td><td rowspan="3">中型</td><td rowspan="3">4</td><td rowspan="3">1.1～1.9</td><td rowspan="3">4400～7600</td><td rowspan="3">6699</td></tr>
<tr><td>22.5</td><td>41.7</td><td>19.2</td></tr>
<tr><td>25.5</td><td>45.8</td><td>21.5</td><td rowspan="3">84</td></tr>
<tr><td>28.5</td><td>49.4</td><td>22</td><td rowspan="2">重型</td><td rowspan="2"></td><td rowspan="2"></td><td rowspan="2"></td><td rowspan="2"></td></tr>
<tr><td>31.5</td><td>53</td><td>22.6</td></tr>
</table>

第三节 电动葫芦

电动葫芦（图 5-8）是一种由电力驱动的轻型起重机械，一般安装在直线和曲线工字型轨道上行走或悬挂在梁式起重机上。电动葫芦与其他形式的起重机械相比，具有外形尺寸小、重量轻、结构紧凑、操作方便等特点。因而在许多中小型玻璃工厂中得到广泛的应用，它多作为原料车间至窑头料仓的运料设备，同时在机修车间或其他场所也有使用。

电动葫芦的工作原理：先启动起升电机，把重物起升到适当的高度，再启动运行电机把重物运移到指定位置，运行小车在单工字钢梁的下缘行走。行走时是由一个电机驱动运行小车两边的车轮。运行小车在行走时，为了防止重物下降，在起升机制上设置了一个电磁制动器。制

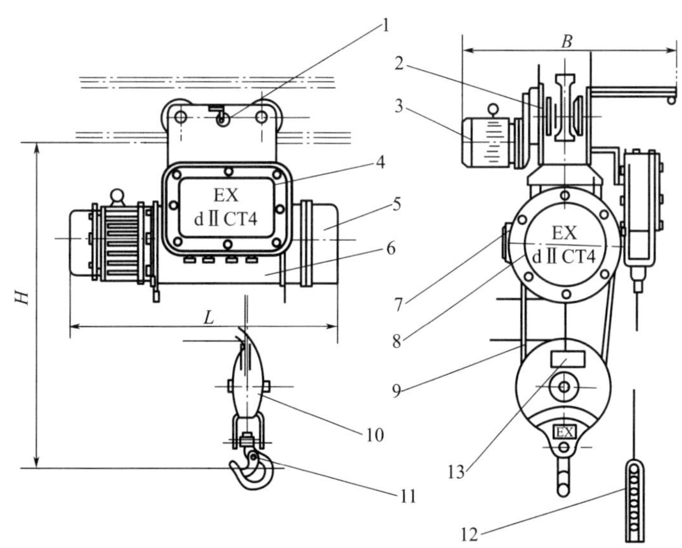

图 5-8 电动葫芦

1—电源引入器；2—驱动装置；3—运行电机；4—电控箱；5—减速箱；6—卷筒装置；7—断火限位器；8—起重用电机；9—钢丝绳；10—滑轮装置；11—吊钩装置；12—隔爆型按钮；13—警示牌

动是依靠弹簧的压力把内、外盘压紧，其原理与摩擦离合器相似；松开时利用电磁铁通电后吸住外盘而使内、外盘松开。电磁制动器的电路与起升电机的电路并联，因此只要起升电机一启动，电磁制动器便松开，使重物上升、下降自如。当电机关闭时，则电磁制动器也断电，电磁吸引力消失，在弹簧的压力下，内外盘紧紧压住，起到制动作用。

我国现今生产的电动葫芦有快速型与慢速型两种形式。慢速型的电动葫芦适用于精密安装、吊运铁水和铸造等场合。玻璃工厂对电动葫芦没有特殊要求，多用快速型。

电动葫芦的起重量有 100kg、250kg、500kg、1000kg、2000kg、3000kg、5000kg 和 10000kg。

近年来，大起重量的电动葫芦在国内外得到了迅速的发展，而且已经有以电动葫芦代替操作不很频繁的桥式及门式起重机的运行小车，从而简化大型起重机的结构。

电动葫芦除有钢丝绳式、环链式结构外，国外还有板链式结构，并有液压传动及气动葫芦等形式。

电动葫芦由起重机构和小车运行机构两个主要部分构成。小车沿着单工字钢梁的下缘运动，电动葫芦的传动原理如图 5-9 所示。

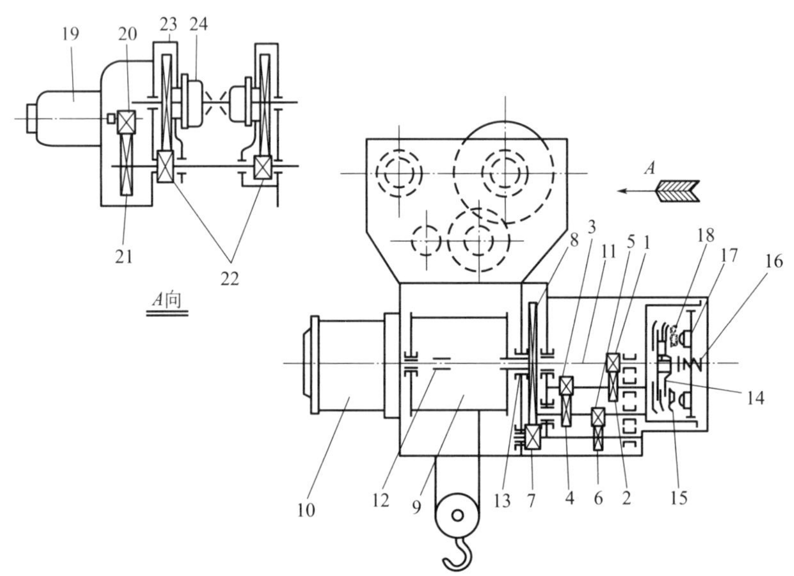

图 5-9　电动葫芦的传动原理

CDMD 系列电动葫芦的工作过程：起升机构是先由电机 10 通过联轴器 12 带动齿轮减速箱的传入轴 11 转动，再由齿轮 1 带动齿轮 2，进行第一次减速。齿轮 3 带动齿轮 4 进行第二次减速。齿轮 5 带动齿轮 6 进行第三次减速。齿轮 7 带动齿轮 8 进行第四次减速。齿轮 8 与花键套 13 固接，花键套空套在减速箱传入轴 11 上，由壳体支承着，它的左端与卷筒 9 固接，卷筒的左端用滚珠轴承支承在套筒上。这样，当齿轮 8 转动时，卷筒 9 也随着转动。传入轴 11 的右端用花键套装上圆盘式电磁制动器的内盘 14，制动器的外盘 15 则固定在减速箱的外壳上。制动器的上闸依靠弹簧 16 的压力将内外盘压紧，制动器的松闸则依靠 3 个电磁铁 17 吸住在外盘 15 上的铁块 18，使内外盘松开。电磁铁 17 的电路与电机 10 的电路并联，因此电磁铁 17 随着电机 10 工作而起作用。

小车运行机构由电机 19 通过齿轮 20～23 驱动车轮 24，使整个电动葫芦运行起来，小车一般有 4 个车轮。电动葫芦多数是由一个电动机驱动两边的车轮，行走速度小。为了简化构造，故小车行走机构一般不装制动器。

电动葫芦大部分采用三相交流笼式电机。电机由地面控制，在垂悬电缆下部悬挂着一个开关盒，上面装有按钮。如果电动葫芦用在电动单梁起重机上，也可在司机室里操纵。

为了防止发生吊钩超出上升极限位置而使钢丝绳拉断，造成事故，在卷筒的下部设有上升限位器。当荷载起升至极限高度时，压板与按钮接触，主电源线路被切断。限位器是为了防止吊钩上升超过极限高度，造成事故时备用的，故不能经常使用。电动葫芦在使用时是要绝对禁止超过额定负荷和每组额定合闸次数（TVH 型 60 次/h，CD 型 120 次/h）的情况出现的。同时要密切注意钢绳的磨损情况，如发现问题，需及时更换，以避免事故的发生。

钢丝绳的报废标准见表 5-2，当钢丝绳表面有显著磨损时，则钢丝最大折断数应按表 5-3 适当降低。

表 5-2　钢丝绳的报废标准

钢丝绳结构	搓绕形式	报废的钢丝绳在搓绕节距长内折断的根数
6×19+1	交绕	12
	顺绕	6
6×37+1	交绕	22
	顺绕	11

注：6 股，每股 19 根，另加一根绳芯。

表 5-3　钢丝的折断

钢丝表面磨损占直径的百分比/%	在一个搓绕节距长内断裂的根数降低率/%
10	85
15	75
20	70
25	60
30	50

第四节　皮带运输机

皮带运输机是用一条长的带子，绕过机头和机尾的滚筒（鼓轮）首尾相连，组成一条封闭的带。先由电机经过减速机带动传动滚筒转动，再依靠传动滚筒与皮带间的摩擦力带动皮带运转。用张紧装置将皮带拉紧，可避免皮带在传动滚筒上打滑。物料由机器的一端或其他部位加到皮带上，运转的皮带将物料输送到另一端或其他规定的位置卸料。在输送带的全长上，为避免皮带负重下垂，采用多组托辊将皮带托住。

皮带运输机有以下优点。

① 连续输送操作，动作平稳，噪声较小。

② 运输量较高。

③ 各部分摩擦阻力小，动力消耗较低（一般为链板式输送机的 1/5～1/3）。

④ 皮带运输机的运输距离较长，在运输距离相同时，它所使用的台数较其他运输机较少，因而减少了中间交换装置。

⑤ 在输送带全长的任何地方均可装料与卸料。

⑥ 安装维护方便，使用可靠。

但皮带运输机也有以下缺点。

① 价格较高，购置费用较大，故短距离运输或运输量较少时，采用皮带运输机不太适宜。

② 倾斜运输时，坡度最高可达 17°～18°，如做升高运输，需将运输机延长。

③ 只能做直线运输，如需改变方向，必须数台相连。

一、皮带运输机的特点和用途

皮带运输机是一种适应能力强、应用广泛的连续输送机械，见图 5-10。通常用它来输送散粒物料，但也可用来搬运单件物品。皮带运输机主要有固定式［图 5-10(a)］和移动式［图 5-10(b)］两种。但不论哪一种，都可以水平安装或倾斜安装。在采用多点驱动时，长度几乎不受限制。

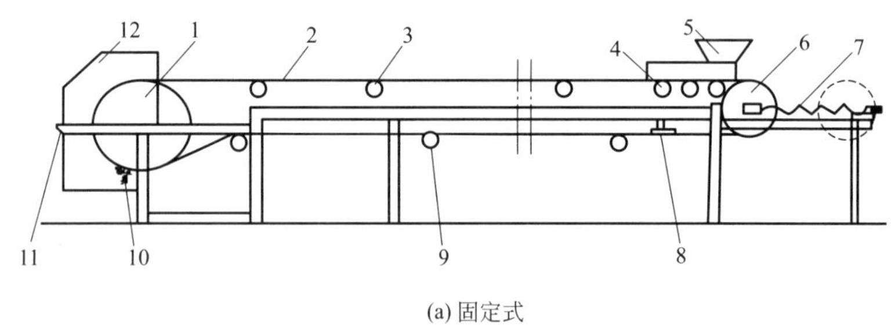

(a) 固定式

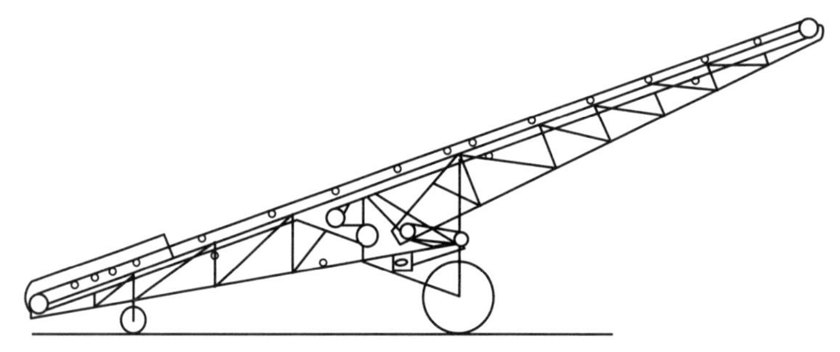

(b) 移动式

图 5-10 皮带运输机

1—传动滚筒；2—输送带；3—上托辊；4—缓冲托辊；5—给料器；6—尾部改向滚筒；7—张紧机构；8—空段清扫器；9—下托辊；10—弹簧清扫器；11—机架；12—头罩

由于皮带运输机的生产率很高，动力消耗少，故每吨物料的运费往往低于其他常用的输送方式。

皮带运输机除运送物料的基本用途外，还用于工业流水线的传送带（作为活动工作台），烘干、洗涤、浸渍过滤、输送。此外，还用于料仓排料、称量等工作。

临时架设的传送带常用移动式的皮带运输机组合而成，而在流水线上常采用固定式的皮带运输机。常温下可用胶带输送机。

皮带运输机可能存在的问题：粉尘飞扬；黏湿物料对输送带的黏附；硬质块料砸伤输送带；输送带对酸碱及高温的耐腐蚀程度。

二、输送带

由于使用条件等的差别，输送带的类型多种多样。例如：纤维纺织品输送带、橡胶输送带、金属丝编织的输送带、钢带、由钢丝绳支承的输送带等。下面介绍玻璃工厂常用的输送带。

① 橡胶输送带　橡胶输送带是使用最普遍的一种输送带，它由纤维纺织品及橡胶制成，

其宽度、厚度及帆布层都有标准。它耐磨、耐酸碱且防潮，但怕沾染油脂类，通常最高工作温度在 373K 左右，硅橡胶为 553K。普通橡胶覆面层输送带的倾斜度可达 16°左右，采用花纹橡胶覆面层，倾斜度可达 40°，但是花纹比较容易磨损。

国产通用固定式皮带运输机所采用的输送带宽度系列是 500mm、650mm、800mm、1000mm、1200mm、1400mm，它们能承受的最大张力和帆布层数 Z 及带宽 B 的数值有关（表 5-4），根据耐磨性的要求，输送带上表面覆盖胶层的厚度有 3 种规格，即 3mm、4.5mm、6mm。对应的下胶层厚度为 1.0mm、1.5mm、1.5mm。对于磨损性和块度大的物料，应采用较厚的覆盖胶层。

② 金属丝编织的输送带　金属丝编织的输送带的特点是可在 223～1473K 温度范围内使用。例如喷釉、烘干、玻璃退火以及高温处理等设备均可采用金属丝编织的输送带。此类输送带有些用驱动滚筒传动，有些用链轮传动。

普通碳素钢丝在潮湿的地方容易锈蚀，特别怕酸，在 477～588K 之间更易氧化。在 813K 及以下表面产生的氧化层比较致密，能够很好地保护内部金属，因而使用效果好。超过 813K 所产生的氧化层厚，且易剥落，使金属丝很快损坏。含碳量在 0.10%～0.12%的低碳钢丝适用于温度最高达 477K 或 533K 的干燥工作。含 35%镍和 19%铬的镍铬丝能在 1225～1394K 的温度下工作。

输送带作为牵引件兼作承载件。一般采用橡胶输送带，也可使用聚氯乙烯输送带。后者的耐磨性和耐腐蚀性都很好，但对高温和低温的适应性较差，易老化。目前玻璃工厂所使用的皮带运输机均为橡胶输送带。输送带的封闭接头有两种，分别为硫化接头和机械接头。硫化接头强度高，强度可达胶带本身强度的 85%～90%，使用广泛。机械接头简易方便，但是较少采用。橡胶带内夹有若干层帆布，每两层帆布之间用硫化方法浇上一薄层橡胶，输送带的上下面及左右的两缘覆以橡胶保护层。

运输物料时，帆布层是承受拉力的主要部分，皮带越宽，帆布层数越多，承受的总拉力随之越大，但随着层数增多，输送带的横向柔性会减小，输送带就会跑偏。常用胶带的帆布层数和胶带的最大允许张力（拉力）见表 5-4。

表 5-4　常用胶带的帆布层数和胶带的允许最大张力（拉力）

帆布层数 Z	带宽 B/mm							
	300	400	500	650	800	1000	1200	1400
普通型橡胶输送带允许最大张力/N								
3	4940	6690	8240	10710	13185	16483	19780	
4		8790	10990	14280	17680	21950	26380	
5			12490	16240	16973	24966	29670	34960
6			14080	19480	23980	29970	35960	41950
7			16050	23620	27960	34990	41950	48940
8			19670	23970	31960	39950	47932	65940
9				28810	32960	41200	49440	57780
10					36620	45780	54940	64088
11						50355	66430	70605
12							65920	76910

续表

帆布层数 Z	带宽 B/mm							
	300	400	500	650	800	1000	1200	1400
强力型橡胶输送带允许最大张力/N								
3				18360	22600	28250		
4				24490	30140	37670	45205	
5				27820	34250	42810	61365	71920
6					41090	51365	62650	71920
7						52980	71920	80805
8							82190	95890
9							84760	98885
10							93976	109870

从表 5-4 中看出，根据输送带的宽度，可知帆布层的最大与最小层数。帆布实际需要层数 i 可根据输送带的最大张力计算。

$$i=\frac{S_{最大}R}{BK_{p}} \tag{5-1}$$

式中，i 为帆布实际需要层数；$S_{最大}$ 为输送带的最大张力，N；R 为安全系数（表 5-5）；B 为输送带的宽度，cm；K_{p} 为每层帆布的极限抗张力，N/cm，一般取 540～638。

表 5-5　胶带安全系数

帆布实际需要层数 i	3～4	5～8	9～12
安全系数 R	10	11	12

橡胶层的作用：一是保护帆布不受潮湿而腐烂；二是防止砂石对帆布的摩擦。因此橡胶层的厚度随工作面（接触物料的一面）及非工作面（不接触物料的一面）而有所不同。工作面称为上胶层，非工作面称为下胶层。下胶层的厚度为 1.0～1.5mm，而上胶层的厚度是根据物料的质量、密度、硬度等特性决定的。

普通的橡胶能在－10～60℃的温度下顺利工作。如温度为－250～－55℃，则应采用在制造过程中加入了软化剂的耐寒橡胶带；如温度在 150℃以上，则应使用耐热的橡胶带，这种橡胶带的表面敷有石棉的保护层。

三、托辊

由于皮带运输机的长度可达几十米或数百米，如仅靠两端滚筒支承而中部悬空，则由于输送带本身的重量和载物的重量，必然使胶带下垂，并可能将胶带拉断，所以必须在输送带下面装设若干托辊来支承胶带，用来支持和引导输送带，使输送带不至于过重下垂。

托辊的结构与支承形式有以下几种（图 5-11）。

(1) 平形托辊［图 5-11(a)］　用于平带输送机的上下托辊或者槽形带式输送机的下托辊。

(2) 槽形托辊［图 5-11(b)］　用于槽形带式输送机的上托辊，它使输送带的载物带形成槽形，因而装载量大大增加。

(3) 橡胶覆面的缓冲托辊［图 5-11(c)］　在喂料段的输送带下面装设缓冲托辊能有效地减少输送带被砸伤的情况，此外缓冲托辊还能减少输送带与托辊的磨损。

(4) 橡胶圆盘下托辊［图 5-11(d)］　因为下托辊是与粘有物料的输送带外表面接触，黏附

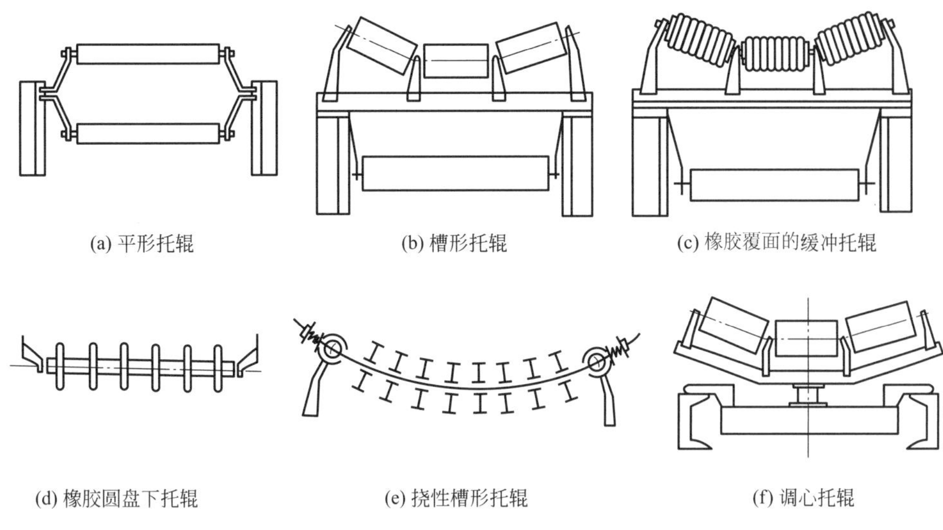

(a) 平形托辊　(b) 槽形托辊　(c) 橡胶覆面的缓冲托辊

(d) 橡胶圆盘下托辊　(e) 挠性槽形托辊　(f) 调心托辊

图 5-11　托辊的结构与支承形式

的物料往往使下托辊与输送带间产生摩擦，在空回边的荷载不很大，用圆盘形托辊足够支承，这种托辊避开了许多刺入胶带上的物料，并有利于黏附的物料层的剥落。

(5) 挠性槽形托辊［图 5-11(e)］　挠性槽形托辊适用于重载与荷载不均匀或输送能力经常需要改变的输送机上。其结构是由几个硬橡胶圆盘在软轴上旋转，而软轴悬挂在输送机两旁的机架上。当输送带空运转时，托辊几乎处于水平位置，但当承载后，根据荷载情况，托辊自然地形成适当的槽形。

(6) 调心托辊［图 5-11(f)］　调心托辊的作用是避免输送带跑偏，图中的调心托辊的支持架有垂直的转轴，当输送带跑向左边或碰到左边的导向辊轴时，支持架不平衡而绕垂直轴偏转，于是托辊圆周速度的横向分速度使输送带往右边移动，因而实现自动调心的作用。

在载物带下面的托辊应比空回边配置的间距小些，托辊纵向间距与带的尺寸及装载量等因素有关，一般支承载物带的托辊间距为 1～1.5m，但在喂料段的载物带下面，托辊间距还应少 1/2 左右，因为此处受到密集的冲击，而支持空回带的托辊间距一般为 2～3m。靠近滚筒的托辊与滚筒的间距不超过 1m，上托辊的间距为 300～600mm，下托辊的间距为 2.5～3m，或是上托辊间距的 2 倍，可以每隔 10 组托辊安设一组调心托辊。

托辊直径与带宽的关系见表 5-6。

表 5-6　托辊直径与带宽的关系　mm

带宽 B	300～400	600～900	1000～1400
托辊直径	89	408	159

托辊由铸铁制成，也可采用无缝钢管截成，钢管两端设有轴承（大多选用滚珠轴承，仅在载重极大的工作条件下才用滚柱轴承）。

四、传动、张紧、制动装置

皮带运输机是用传动滚筒来传动输送带的，输送带在传动滚筒上，若没有足够的张力及包角，就不能满足传动功率与速度的要求，所以设置了张紧机构，它还保持了上托辊之间输送带的垂度范围，使输送的物料比较稳定。

(1) 传动装置　皮带运输机的传动机构有两种：一种是电动滚筒，其密封性良好，结构紧凑；另一种是用标准减速器驱动传动滚筒。传动滚筒的直径 D 的大小和输送带的层数 Z 及输送带接头的方式有关，TD 型皮带运输机按表 5-7 选用。

表 5-7　传动滚筒的直径 D 和输送带的层数 Z

D/mm		500	650	800	1000	1200	1400
Z	硫化接头	4	5	6	7～8	9～10	11～12
	机械接头	5	6	7～8	9～10	11～12	—

传动滚筒的宽度比输送带宽，以适应运转时皮带的游动范围。带宽为 300mm 时，滚筒每边比带宽多 50mm。带宽为 1400mm 时，滚筒每边多 100mm。滚筒的直径与宽度已标准化，应根据负载情况查表选择。

传动滚筒的位置一般是根据"输送带紧边为载物带，松边为空回带"的原则来确定的，因此，一般都在卸料的一端。在图 5-12 中表示了传动滚筒放置的几种位置，圆圈内打"×"的表示传动滚筒，当传动力不足时，采用双传动滚筒；当两端都不允许安装传动机构时，传动滚筒也可以借助改向滚筒装于中部。

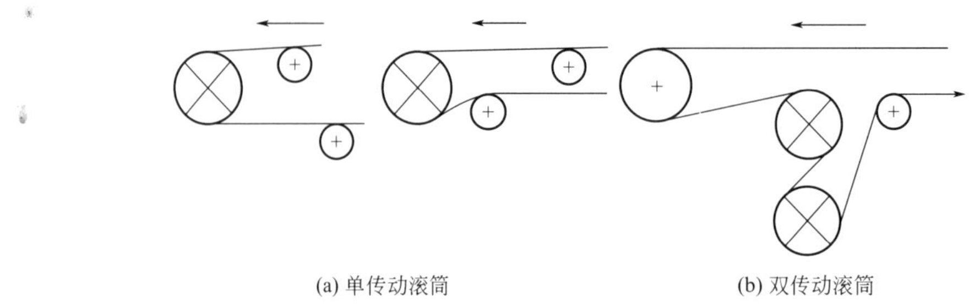

(a) 单传动滚筒　　(b) 双传动滚筒

图 5-12　输送带的传动方式

（2）张紧装置　张紧装置（拉紧装置）的作用是给输送带一定的张力，防止胶带在滚筒上打滑及在两组托辊间因荷重而下垂。常用的张紧装置有 3 种，分别为螺旋式、车式、重锤式。对于较短的皮带运输机，可以选用螺旋式张紧装置（图 5-13）。这种装置结构简单，方便调节。对于较长的皮带运输机，可以选用车式张紧装置（图 5-14）或重锤式张紧装置（图 5-15）。通过增减重锤块的数量，可得到所需的张紧力。

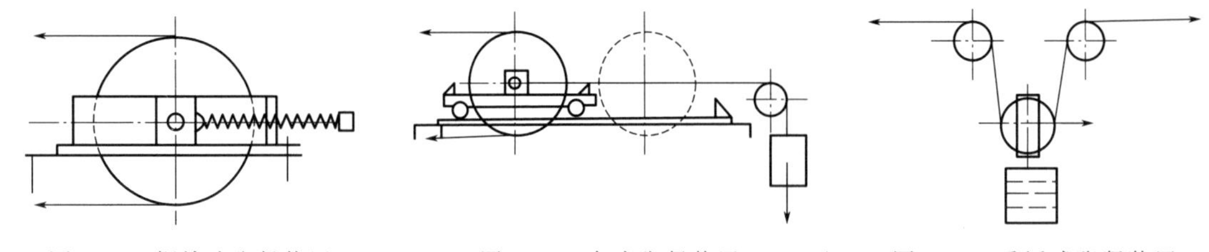

图 5-13　螺旋式张紧装置　　图 5-14　车式张紧装置　　图 5-15　重锤式张紧装置

螺旋式张紧装置用于长度小于 80m、功率较小的输送机上，按机长的 1% 选取拉紧行程。螺旋式张紧装置的适用功率和允许张力（即上下两条带张力之和）见表 5-8。

表 5-8　螺旋式张紧装置的适用功率和允许张力

带宽 B/mm	500	650	800	1000	1200	1400
适用功率/kW	15.6	20.5	25.2	35	42	58
张力/N	1200×9.8	1800×9.8	2400×9.8	3800×9.8	5000×9.8	6600×9.8

车式张紧装置适用于长度较长、功率较大的输送机。与重锤式张紧装置相比，应优先采用车式张紧装置。重锤式张紧装置用于不适用车式张紧结构布置的场合。其优点是可以利用输送机走廊的空间位置，便于布置，缺点是改向滚筒用得多，而且物料容易落入，易造成输送带损坏。

(3) 制动装置 制动装置的作用是防止倾斜的皮带运输机在停车后或发生停电事故时，由于物料重量使输送带逆转，致使物料拥塞堆积。一般在平均倾角大于 4°时，就需要安装制动装置。常用的有 3 种，分别为带式逆止器（图 5-16）、滚柱式逆止器（图 5-17）和电磁闸块式制动器。其中电磁闸块式制动器在玻璃工厂较为少用。

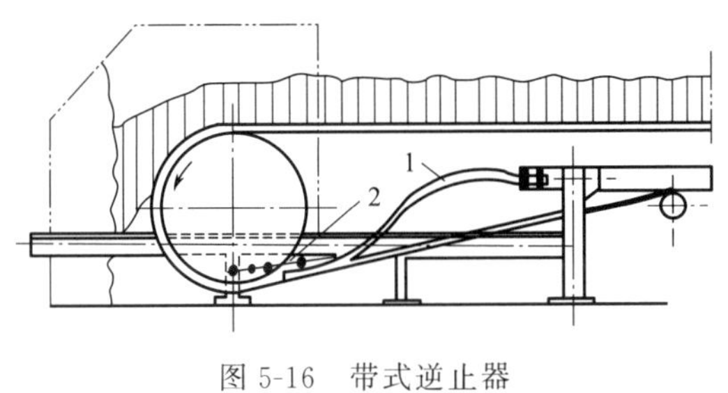

图 5-16 带式逆止器

1—制动带；2—系住制动带的小链条

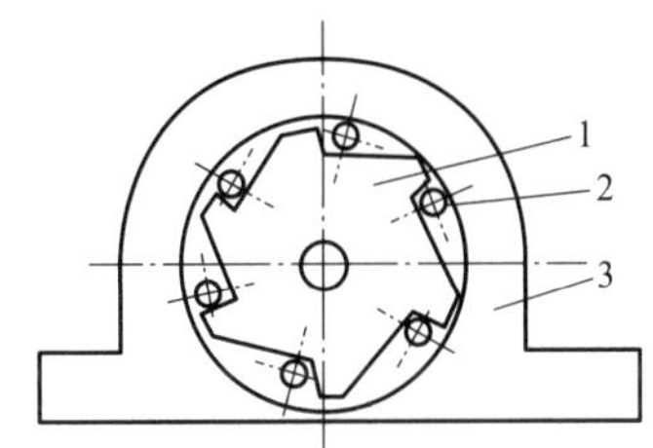

图 5-17 滚柱式逆止器

1—星轮；2—滚柱；3—底座

滚柱式逆止器按减速器型号选配，最大制动力矩达 4850×9.8N·m。制动平稳可靠，在向上输送的输送机中都可以用，一般逆止器装在驱动端的轴头上。带式逆止器用在输送机平均倾角小于或等于 18°的情况下制动较为可靠。缺点是制动时必须先倒转一段，容易造成尾部供料处堵塞。头部滚筒直径越大，倒转距离越长，因此功率较大的胶带输送机不宜采用带式逆止器。

五、转交方式

对于皮带运输机，由于转交条件与要求较为复杂，故没有统一的转交方式，下面举例介绍一些方法，以引起注意。

1. 转交散碎物料

转交散碎物料时应注意防止物料散落、粉尘飞扬和带的磨损问题。采用图 5-18 所示的曲线形滑槽可以改变物料速度的方向，以减少输送带的磨损及动力消耗，而且引导式比溅落式粉尘飞扬少。当落差较大时，需有向下过渡的输送带。当交接混合料（粉料及大块料）时，需用栅板过渡，使粉料垫底，防止大块料砸伤下面的输送带。交接处应装有防尘罩或挡帘，必要时装设吸尘管。当转运方向互成角度时，对于磨损性不强的细粉物料，可用漏斗管导向；对于硬质块料，可采用图 5-19 中的过渡输送带，以减轻主运输带的损伤。短的过渡运输带损坏后比较容易更换，费用也少。有时也用振动加料器来过渡。

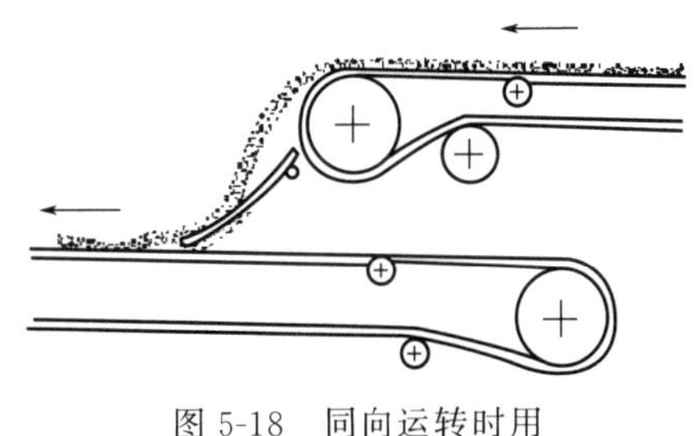

图 5-18 同向运转时用曲线形滑槽过渡

2. 成件物品的转交方法

图 5-20 所示的成件物品的转交的方法适用于转角在 90°以内的情况，图 5-20(a) 所示交叉式适用于转交轻小的物品（重量不超过 50N），以免两输送带互相摩擦损坏。图 5-20(b)、(c) 所示方法用于较重的物品。导板法（导板也常用随动的 V 带，可比固定导板的摩擦力小些，以减少对物品的损伤）也可用于转交给平行相邻的另一输送带。

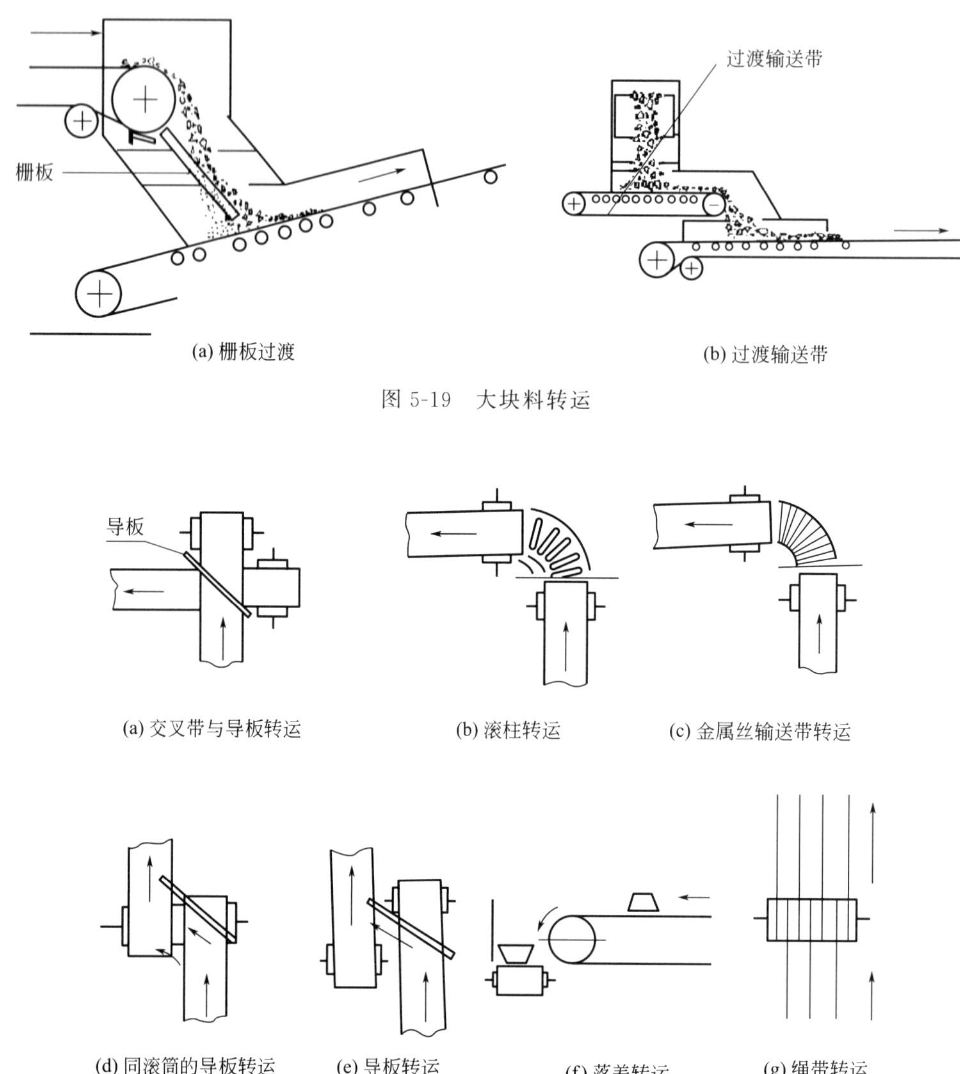

图 5-19　大块料转运

图 5-20　成件物品的转交的方法

当物品在转交时需要翻转 180°，应使两输送带有一适当的高度差，并装有帮助物品翻转的挡杆。当用绳轮、V 带或钢丝绳输送成件物品时，转交的两组钢丝绳或 V 带往往绕过同一个圆筒型槽轮，两组相互错开［图 5-20(g)］。当 90°转交时，需在转角交叉的钢丝下面装置游动的圆盘，因为转角交换处若不用平面接触，物品会从钢丝上掉下来。

六、皮带运输机的选型计算

在实际工作中，皮带运输机的选型计算通常涉及两个问题：一是已知输送任务、条件，需要选择设备，或者自制设备时需要确定采购外协零部件的规格；二是明确现有的设备或零部件的性能如何，能否挖掘潜力，能否改装使用等。这两个问题的基本计算通常都是采用相同的公式，只是将已知条件和未知条件相互调换即可。其中，需要确定的已知任务和工作条件如下。

① 用皮带运输机输送物料：输送量 Q；输送距离 L；输送高度 H；给料和卸料的方式。

② 物质的性质：粒度及粒度分布；重度；物料在输送带上的堆积角；输送成件物品时，

成件物品的重量和外形尺寸，与输送带的摩擦角等；温度、湿度、磨损性等。

③ 操作环境：室内或室外；温度等。

(一) 生产能力的计算

1. 输送散状物料时的输送能力

$$Q=KB^2v\rho C \tag{5-2}$$

式中，Q 为输送散状物料时的输送能力，t/h；K 为断面系数（表 5-9）；B 为输送带宽，m；v 为带速，m/s；ρ 为物料密度，t/m^3；C 为倾斜度修正系数，当倾斜角 $\beta=0°\sim7°$时，$C=1$，当倾斜角 $\beta=8°\sim15°$时，$C=0.95\sim0.9$，当倾斜角 $\beta=16°\sim20°$时，$C=0.9\sim0.8$，当倾角 $\beta=21°\sim25°$时，$C=0.8\sim0.75$。

表 5-9 断面系数 *K* 值

物料在输送带上的动态堆积角 φ		10°	20°	25°	30°	35°
K 值	槽形输送带	316	385	422	458	496
	平形输送带	67	135	172	209	297

已知输送带，可用下式求宽度

$$B=\sqrt{\frac{Q}{K\rho vC}} \tag{5-3}$$

在式(5-3) 中，如对皮带运输机做不均匀给料时，应在 Q 值上乘以供料不平衡系数，取值为 1.5～3.0。

按式(5-3) 求得带宽后，再按物料块度校核带宽值。

对于未筛分物料

$$B\geqslant 2a_{最大}+200\text{mm} \tag{5-4}$$

对于已筛分物料

$$B\geqslant 3.3a_{平均}+200\text{mm} \tag{5-5}$$

式中，B 为带宽，mm；$a_{最大}$ 为物料的最大块度，mm；$a_{平均}$ 为物料的平均块度，mm。

式(5-2) 中的 K 值可由表 5-9 查得，也可按式(5-6) 计算，见图 5-21。

$$K=\frac{3600F}{B^2} \tag{5-6}$$

式中，B 为输送带宽，m；F 为物料在带上的断面积，m^2。

对于槽形带 $F=F_1+F_2$ (5-7)

对于平形带 $F=F_2$ (5-8)

$$F_1=\frac{0.4B+0.8B}{2}\times0.2B\tan30°=0.069B^2 \tag{5-9}$$

$$F_2=\frac{0.08}{\sin2\varphi}\times(0.035\varphi-\sin2\varphi)B^2 \tag{5-10}$$

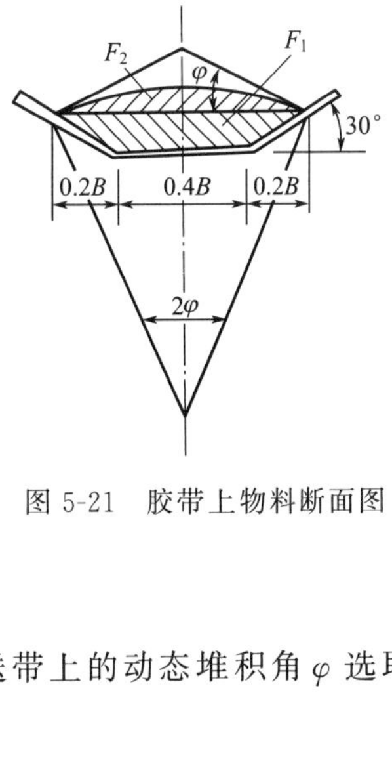

图 5-21 胶带上物料断面图

式中，φ 为物料在输送带上的动态堆积角，(°)，一般为静态堆积角 φ_0 的 70%，即$\varphi=0.7\varphi_0$。

输送不同物料时，槽形带或平形带的 K 值可依据物料在输送带上的动态堆积角 φ 选取，见表 5-9。

2. 输送成件物品时的输送能力

$$Q=\frac{3.6Gv}{t} \tag{5-11}$$

式中，Q 为输送成件物品时的输送能力，t/h；G 为单件物品质量，kg；v 为带速，m/s；t 为单件物品在运输机上的间距，m。

3. 每小时输送的件数

$$n=\frac{3600v}{t} \tag{5-12}$$

式中　n——每小时输送的件数，件/h。

（二）输送速度 v

选择速度时应考虑多方面因素的影响，例如平带输送成件物品时，由于平带通过托辊跨距间时有下垂，因此带速越高，物件振动越严重，甚至滚落下来。

物料刚落到输送带上的加速过程中，由于物料与输送带有相对滑动，故磨损性强和容重大的物料更容易造成带的磨损，因而带速不能过快，这些都反映了物料的性质对带速有严重影响。选用标准的带速容易采购零部件和易损件。常用的 TD 型胶带输送机的速度级有 0.2m/s、0.315m/s、0.4m/s、0.8m/s、1.0m/s、1.25m/s、1.6m/s、2.0m/s、2.5m/s、3.15m/s、4.0m/s。

（三）带宽的确定

输送成件物品时，则以物品按重心稳定地纵向平放为好（例如长方形木箱要平放，长度大的尺寸顺带速方向）。带宽应为每边比物品宽 50～100mm。在输送散粒物料时（图 5-22），堆积宽度 $b=0.8B$。

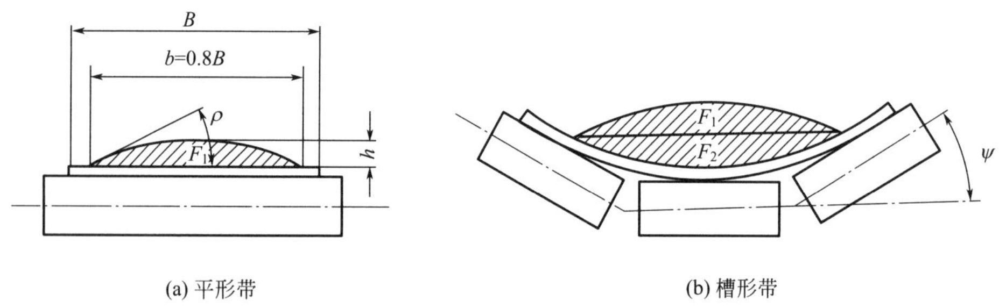

图 5-22　散粒物料的断面

（四）功率、张力计算

玻璃工厂选用的皮带运输机输送量不大，长度较短，因此推荐下述功率、张力的简易计算方法。

1. 传送滚筒轴功率的计算

运输机为头部驱动时

$$N_0=(K_1L_nv+K_2QL_n\pm 0.00273QH)K_3K_4+\sum K_5v+K_8\rho \tag{5-13}$$

运输机为尾部驱动时

$$N_0=(K_1L_nv+K_2QL_n\pm 0.00273QH)K_6K_7+\sum K_5v+K_8\rho \tag{5-14}$$

式中，N_0 为传动滚筒轴功率，kW；K_1L_nv 为输送带及托辊转动部分运转功率，kW；K_2QL_n 为物料水平运输功率，kW；$0.00273QH$ 为物料垂直提升功率，kW，当物料向上输送时取正值，向下输送时取负值；$\sum K_5v+K_8\rho$ 为刮板卸料器、清扫器、导料挡板及物料加速所需功率，kW；L_n 为输送机水平投影长度，m；Q 为每小时输送量，t/h；v 为带速，m/s；ρ 为物料密度，t/m^3；K_1 为输送带及托辊转动部分运行功率系数，与托辊阻力系数有关（表 5-10、表 5-11）；K_2 为物料水平运行功率系数（与托辊阻力系数有关，见表 5-10、表 5-12）；K_3 为尾部改向滚筒阻力系数（表 5-13，K_3 值与运输机水平投影长度 L_n、倾斜角 β、托辊阻力系数 ω' 有关）；K_4 为中部改向滚筒功率系数（表 5-14，当中部有两个或两个以上改向滚筒时，即为各改向滚筒功率系数的乘积）；K_5 为刮板卸料器、清扫器、导料挡板的功率系数（表 5-15）；K_6 为头部改向滚筒功率系数（表 5-16，尾部传动时）；K_7 为增面轮功率系数（表 5-17，尾部传动时）；K_8 为物料加速功率系数（见表 5-18）；H 为输送机垂直提升高度，m，输送机上采用电动卸料车时，应加电动卸料车提升高度 H'（表 5-19）。

表 5-10　托辊阻力系数

工作条件	槽形托辊阻力系数 ω'		平形托辊阻力系数 ω''	
	滚动轴承	含油轴承	滚动轴承	含油轴承
清洁，干燥	0.020	0.040	0.018	0.034
少量尘埃，正常湿度	0.030	0.050	0.025	0.040
大量尘埃，湿度大	0.040	0.060	0.035	0.050

表 5-11　输送带及托辊转动部分运行功率系数

输送带宽 B/mm	托辊阻力系数 ω'				
	0.02	0.03	0.04	0.05	0.06
	K_1				
500	0.0067	0.0100	0.0134	0.0167	0.0200
650	0.0082	0.0124	0.0165	0.0206	0.0247
800	0.0110	0.0165	0.0220	0.0274	0.0329
1000	0.0153	0.0229	0.0306	0.0382	0.0459
1200	0.0212	0.0318	0.0424	0.0530	0.0635
1400	0.0255	0.0383	0.0510	0.0638	0.0765

表 5-12　物料水平运行功率系数

托辊阻力系数	0.02	0.03	0.04	0.05	0.06
K_2	5.45×10^{-5}	8.17×10^{-5}	10.89×10^{-5}	13.62×10^{-5}	16.34×10^{-5}

表 5-13　尾部改向滚筒阻力系数

倾斜角 β	水平投影长度 L_n/m						
	5～10	10～15	15～30	30～45	45～60	60～100	>100
	K_3						
0°	1.8～3.0	1.4～2.0	1.3～1.7	1.2～1.4	1.1～1.2	1.06～1.16	1.04～1.10
3°	1.5～1.6	1.2～1.3	1.15～1.20	1.07～1.10	1.05～1.07	1.03～1.05	1.02～1.03
6°	1.3～1.4	1.14～1.18	1.10～1.12	1.06	1.04	1.03	1.02

续表

倾斜角 β	水平投影长度 L_n/m						
	5～10	10～15	15～30	30～45	45～60	60～100	>100
	K_3						
12°	1.19	1.10	1.06	1.03	1.02	1.02	1.01
16°	1.15	1.08	1.05	1.03	1.02	1.01	1.01
20°	1.12	1.05	1.04	1.02	1.01	1.01	1.01

注：托辊阻力系数 ω'大时，K_3 取较小值。

表 5-14　中部改向滚筒功率系数

改向滚筒名称		增面轮	垂直拉紧装置（包括 3 个改向滚筒）	电动卸料杆	凸弧段	双滚筒传动时头部改向滚筒
K_4	光面传动滚筒	1.014	1.10	1.16	1.03	—
	胶面传动滚筒	1.055	1.13	1.11	1.02	1.05

表 5-15　刮板卸料器、清扫器、导料挡板的功率系数

输送带宽/mm		600	650	800	1000	1200	1400
K_5	刮板卸料器	0.3	0.4	0.5	1.00	1.40	—
	弹簧清扫器	0.75	0.75	0.75	1.50	1.50	1.50
	空段清扫器	0.10	0.13	0.16	0.20	0.23	0.25
	导料挡板	0.37	0.67	1.00	2.25	2.25	3.00

表 5-16　头部改向滚筒功率系数

传动滚筒情况	光面	胶面
K_6	1.08	1.02

表 5-17　增面轮功率系数

传动滚筒情况	光面	胶面
K_7	1.03	1.02

表 5-18　物料加速功率系数

带速/(m/s)	输送带宽/mm					
	500	650	800	1000	1200	1400
	K_8					
1.25	0.03	0.05	0.08	0.13	0.18	0.25
1.6	0.07	0.11	0.16	0.26	0.36	0.52
2.0	0.13	0.22	0.32	0.51	0.74	1.02
2.5	0.25	0.42	0.32	1.00	1.43	1.08
3.15	—	—	1.25	2.00	2.88	3.98
4.0	—	—	—	—	5.90	8.10

表 5-19　电动卸料车提升高度

带宽/mm	500	650	800	1000	1200	1400
H'/m	1.7	1.8	1.96	2.12	2.37	2.62

2.电机功率的计算

$$N=\frac{KN_0}{\eta} \tag{5-15}$$

式中，N 为电机功率，kW；N_0 为传动滚筒轴功率，kW；K 为功率安全系数和满载系数（JO_3 型电动机及采用粉末联轴器或液力联轴器的驱动装置，一般取 $K=1.0$，对 JO_2 型电动机，取 $K=1.4$）；η 为总传动效率（对光面传动滚筒，取 $\eta=0.88$，对胶面传动滚筒，取 $\eta=0.90$）。

3.输送带最大张力的计算

（1）水平运输机

$$S_{最大}=9.81K_9\frac{N_0}{v} \tag{5-16}$$

式中，$S_{最大}$为输送带最大张力，N；K_9 为系数（表 5-20）；N_0 为传动滚筒轴功率，kW；v 为带速，m/s。

（2）倾斜运输机

$$S_{最大}=9.81(K_{10}\rho+q_0H+K_{11}N_0) \tag{5-17}$$

式中，ρ 为物料密度，t/m^3；K_{10}、K_{11} 为系数（表 5-21、表 5-22）；H 为运输机提升高度，m；q_0 为运输带每米质量，kg/m。

q_0 按下式计算

$$q_0=1.2B(1.1i+\delta_1+\delta_2) \tag{5-18}$$

式中，B 为带宽，m；i 为胶带的帆布层数，层；δ_1、δ_2 为上、下胶层厚度，mm。

（3）尾部传动的运输机

各种带宽和各种帆布层数的橡胶带，允许最大工作张力 $S_{最大}$为

$$S_{最大}=9.81(K_{10}\rho+K_{11}N_0) \tag{5-19}$$

表 5-20　系数 K_9 值

传动滚筒情况	光面滚筒		胶面滚筒	
	环境干燥	环境潮湿	环境干燥	环境潮湿
K_9	203	176	144	135

表 5-21　系数 K_{10} 值

输送带宽/mm	500	650	800	1000	1200	1400
K_{10}	200	430	570	850	1200	1600

表 5-22　系数 K_{11} 值

带速/(m/s)	1.25	1.6	2.0	2.5	3.15	4.0
K_{11}	82	64	51	41	33	26

TD72 型皮带运输机的输送量见表 5-23。

表 5-23 TD72 型皮带运输机的输送量 t/h

项目	带速/(m/s)	带宽/mm			
		500	650	800	1000
槽形	0.8	91	155	234	336
	1.0	114	193	293	458
	1.25	143	242	366	572
	1.6	183	310	469	733
	2.0	229	387	586	918
	2.5	285	483	732	1145
平形	0.8	42	71	107	167
	1.0	52	88	134	209
	1.25	65	110	167	261
	1.6	84	142	214	335
	2.0	104	172	268	419
	2.5	130	221	335	522

第五节 斗式提升机

一、斗式提升机的构造

斗式提升机（图 5-23）是一种在皮带运输机的基础上发展起来的用于散状物料垂直提升的连续式运输机。由于皮带运输机不能在垂直或者大坡度方向上运送物料，因此，当生产中需要向高处或垂直方向运送物料时，则使用斗式提升机来完成。在斗式提升机的牵引构件上安装着一连串的小斗，斗子下部加料处盛满物料，然后随牵引件向上移动，达到顶端后翻转，将物料卸下。斗式提升机主要由牵引件、滚筒（或链轮）、张紧装置、加料装置、卸料装置、驱动装置、盛料斗组成。

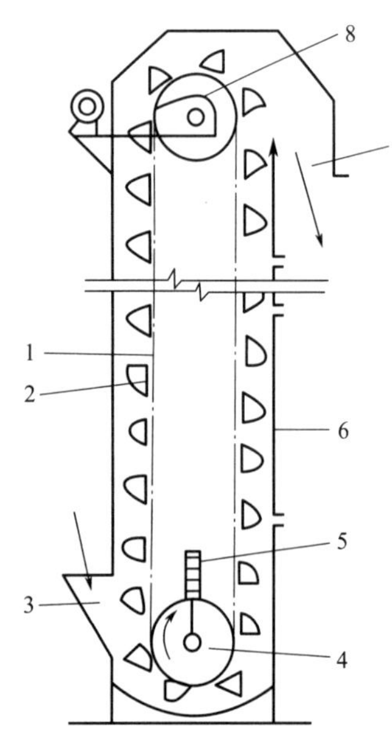

图 5-23 斗式提升机简图

1—链条；2—斗；3—进料口；4,8—链轮；5—张紧装置；6—机壳；7—卸料口

斗式提升机的牵引件有的用链条，有的用皮带，有的用钢索。玻璃工厂常用的是皮带，其次是链条，而钢索则较少采用。

链条在提升速度为 $v=0.4\sim1.25\text{m/s}$，输送沉重、块状、磨琢性较小的物料，运输能力大时（$160\text{m}^3/\text{h}$）采用。

皮带在提升速度为 $v=0.8\sim2.5\text{m/s}$，提升高度小于 40m，输送粉状或小颗粒有磨琢性的物料，中等运输能力（$60\sim80\text{m}^3/\text{h}$）以下时采用。

斗式提升机顶部的滚筒常为主动轮，它与减速器输出轴相连接。下部的滚筒为从动轮，张紧装置装在这个轮端的机架上。

为了防止粉尘飞扬，全部运行部件罩在铁壳内密封，机壳上开有小窗以供观察。

斗式提升机的优点是横断面上的外形尺寸较小，占地面积较少，使运输系统布置紧凑，提升高度大，有良好的密封性等。其缺点是斗和链条容易损坏，过载敏感性大，料斗倒不干净，运转效率不太高等。斗式提升机虽然在使用中存在各种缺点，但由于目前用于散状物料垂直提升的设备品种较少，它仍是一种使用比较广泛的输送机。

（一）斗式提升机的分类

斗式提升机的分类方法较多，主要有以下几种。

① 按运送货物的方向，可分为垂直式和倾斜式。

② 按卸料方式，可分为离心式、离心-重力式和重力式。

③ 按装料方式，可分为掏取（舀取）式和流入（撒入）式。

④ 按料斗的形式，可分为深斗式（S 制法）、浅斗式（Q 制法）和鳞斗（三角）式。

⑤ 按牵引件形式，可分为带式（D 型）、环链式（HL 型）和板链式（PL 型）。

⑥ 按工件特性，可分为重型、中型和轻型。

斗式提升机运送物料的高度通常可达 30～60m，一般为 12～20m。一般情况下采用垂直式提升机，当垂直式提升机不能很好地卸空料斗时，才采用倾斜式提升机。在倾斜的链式提升机中，当行走部分产生过大的垂度时，需要装设支承装置，因为结构复杂，所以很少采用。

（二）装料方式

斗式提升机的装料方式有以下两种形式，见图 5-24。

（1）掏取式　掏取式［图 5-24(a)］是指物料从加料口加入后，大部分的物料先落在提升机的底部，然后再用斗子挖取的方式。掏取式装料方式主要应用于运输粉末状、粒状、小块状的无磨琢性的散状物料。当掏取这些物料时，不会产生很大的阻力。在掏取物料时，料斗可以有比较高的运动速度，一般为 0.8～2m/s。

（2）流入式　流入式［图 5-24(b)］是指当物料均匀地从加料口加入时，大部分物料直接落在斗子里的方式。流入式装料方式主要应用于大块和磨琢性大的物料。其料斗布置较密，以防止物料在料斗之间撒落，料斗运动速度一般不超过 1m/s。

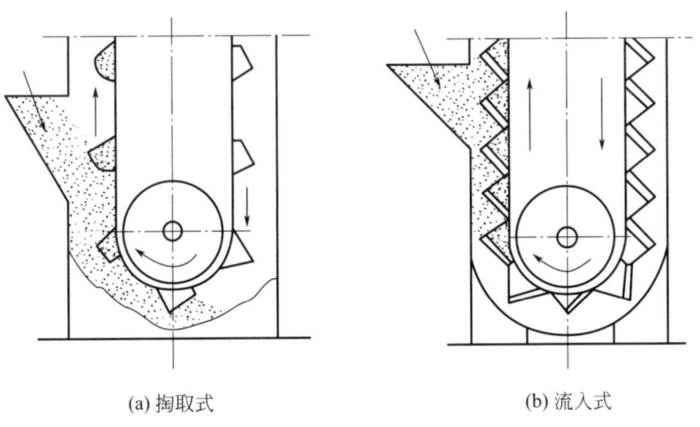

(a) 掏取式　　(b) 流入式

图 5-24　装料方式

（三）卸料方法

斗式提升机的卸料方法主要由料斗运行速度决定。料斗运行速度低，物料受到的离心力就小；料斗运行速度高，卸料端料斗里的物料受到的离心力就大。由于离心力的不同，则有以下 3 种卸料方法。

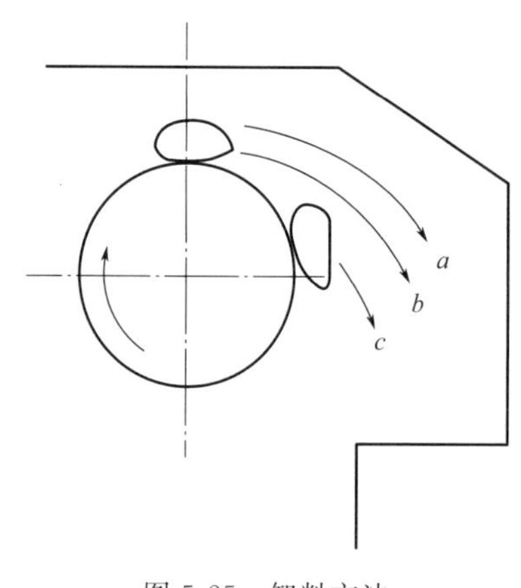

图 5-25　卸料方法

（1）离心式　离心式（图 5-25 中的 a）卸料是当离心力远远大于重力时，料斗里的物料将沿着斗壁被抛出，因此物料做离心式卸载。此类型卸料方式主要用于运输易流动的粉末状、粒状、小块状物料。料斗运行速度较高，一般为 1～2m/s。为保证正确卸载，必须选择合适的滚筒直径和转速，以及卸料口的位置。

（2）离心-重力式　离心-重力式（图 5-25 中的 b）卸料是当离心力大于（而不等于）重力时，部分物料将沿着料斗的外侧内壁运动，另一部分物料则沿着料斗的里侧内壁运动，所以物料获得了离心-重力式卸载。此类型卸料方式主要用于运输流动性不好的粉状物料及含有一定水分的物料。料斗运行速度为 0.6～0.8m/s，常采用链条作为牵引件。

（3）重力式　重力式（图 5-25 中的 c）卸料是当重力大于离心力时，物料将沿料斗的里侧内壁运动。因而物料做重力式卸载。此类型卸载方式主要用于运输块状、半磨琢性或磨琢性大的物料，料斗运行速度为 0.4～0.8m/s。

二、斗式提升机的选型计算

1. 运输能力计算

斗式提升机的提升能力计算公式如下

$$Q=3.6\frac{i_0}{a}v\rho\phi \tag{5-20}$$

式中，Q 为运输能力，t/h；i_0 为料斗容积，L；a 为相邻两料斗距离，m；v 为料斗的提升速度，m/s；ρ 为物料密度，t/m^3；ϕ 为填充系数（表 5-24）。

表 5-24　不同粒度物料料斗的填充系数

物料颗粒度 d/mm	填充系数 ϕ	
	深斗 S	浅斗 Q
小粒度料 $d\leqslant 20$	0.7～0.9	0.8～0.9
较小粒度料 d 为 20～50	0.6～0.8	0.7～0.85
中等粒度料 d 为 50～100	0.5～0.7	0.6～0.8
大块料 $d\geqslant 100$	0.4～0.6	0.5～0.7

为了使提升机的运输能力满足生产上的需要，首先是选择合适料斗。各种规格的料斗间距和容积见表 5-25。

在选择运输块状物料的料斗时，必须根据被输送物料的最大块度 $a'_{最大}$，对料斗的宽度 L（图 5-26）进行计算。

$$L\geqslant ma'_{最大} \tag{5-21}$$

若尺寸 $a'_{最大}$ 的物料占 25%，则系数 $m=2～2.5$；若这样的物料占 50%～100%，则 $m=4.25～4.75$。

如果不满足式(5-21）所规定的条件，则需将料斗的尺寸做相应的增加或者更换型号。

2. 功率计算

表 5-25　各种规格料斗的间距和容积

斗式提升机型号	斗宽/mm	料斗制法	i_0/a/(L/m)	料斗间距 a/mm	料斗容积 i_0/L
D型	160	S	3.67	300	1.10
		Q	2.16	300	0.65
	250	S	8.00	400	3.20
		Q	6.67	400	2.50
	350	S	15.00	500	7.80
		Q	14.00	500	7.00
	450	S	22.65	640	14.50
		Q	23.44	640	15.00
HL型	300	S	10.40	500	5.20
		Q	8.80	500	4.40
	400	S	17.50	600	10.50
		Q	16.67	600	10.00
PL型	250	三角式	16.50	200	3.30
	350	三角式	40.80	250	10.20
	450	三角式	70.00	320	22.40

斗式提升机所需要的驱动功率，主要取决于料斗运动时所克服的一系列阻力，其中包括提升物料的阻力、运行部分的阻力以及料斗挖料时产生的阻力。

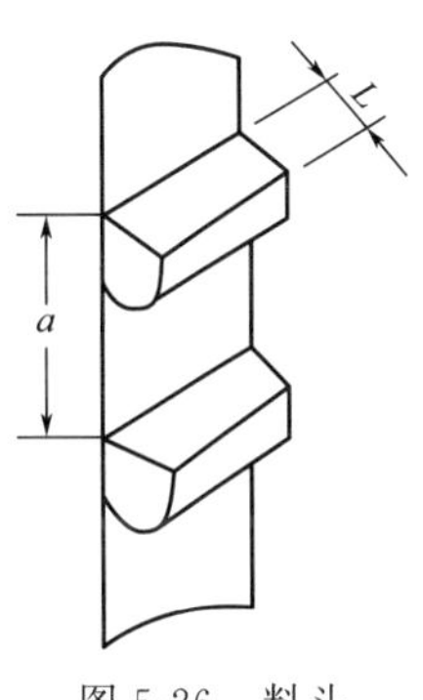

图 5-26　料斗

斗式提升机驱动轴上所需的功率，可采用下式近似计算

$$N_0=\frac{1.15QH}{367}+K_3\frac{Hvq_0}{367}=\frac{QH}{367}(1.15+K_2K_3v) \tag{5-22}$$

式中，N_0 为斗式提升机驱动轴上所需的功率，kW；H 为提升高度，m；Q 为斗式提升机的运输能力，t/h；q_0 为牵引构件和料斗的每米长度质量，kg/m，$q_0\approx K_2Q$；K_2，K_3 为系数，按表 5-26 选取；v 为牵引构件的运动速度，m/s。

表 5-26　K_2、K_3 系数

运输能力 Q/(t/h)	斗式提升机类型					
	带式		单链式		双链式	
	料斗类型					
	深斗和浅斗	三角式	深斗和浅斗	三角式	深斗和浅斗	三角式
	系数 K_2					
<10	0.6	—	1.1	—	—	—
10～25	0.5	—	0.8	1.1	1.2	—
25～50	0.45	0.6	0.6	0.83	1.0	—
60～100	0.4	0.55	0.5	0.7	0.8	1.1
>100	0.35	0.5	—	—	0.6	0.9
系数 K_3	1.6	1.1	1.3	0.8	1.3	0.8

电动机所需功率

$$N=\frac{N_0}{\eta}K' \tag{5-23}$$

式中，N 为电动机所需功率，kW；η 为传动装置总效率，$\eta=0.90$；K'为功率储备系数，当 $H<10$m 时，$K'=1.45$，当 10m$<H<$20m 时，$K'=1.25$，当 $H>20$m 时，$K'=1.15$。

玻璃工厂常用的 D 型、PL 型和 HL 型斗式提升机技术性能如表 5-27 所示。

表 5-27 玻璃工厂常用的 D 型、PL 型和 HL 型斗式提升机技术性能

型号		D160		D250		D350		D450		PL250		PL350		PL450		HL300		HL400	
牵引构件	名称	橡胶输送带								板链						环链			
	规格/mm	B=200，4 层		B=300，5 层		B=400，4 层		B=500，5 层		单链 t=200		双链 t=250		双链 t=320		双链 t=50，d=18		双链 t=50，d=18	
料斗制法（填充系数 ϕ 值）		S 0.6	Q 0.4	S 0.6	Q 0.4	S 0.6	Q 0.4	S 0.6	Q 0.4	0.85	1.0	0.85	1.0	0.85	1.0	S 0.6	Q 0.4	S 0.6	Q 0.4
输送量/(m^3/h)		8.0	3.1	21.6	11.8	42	25	69.5	48	22.5	30	50	59	85	100	28	16	47.2	30
料斗	容量/L	1.1	0.65	3.2	2.6	7.8	7	15	14.5	3.3		10.2		22.4		5.2	4.4	10.5	10
	斗距/mm	300		400		500		640		200		250		320		500		600	
	斗宽/mm	160		250		350		450		250		350		450		300		400	
	运行速度/(m/s)	1.0		1.25		1.25		1.25		0.5		0.4		0.4		1.25		1.25	
运行部分用量/(kg/m)		4.72	3.8	10.2	9.4	13.9	12.1	21.8		36		64		92.5		24.8	24	29.2	28.3
传动轮转速/(r/min)		47.5		47.5		47.5		37.5		18.7		15.5		11.8		37.5		37.5	
输送物料最大块度/mm		25		35		45		55		55		80		110		40		50	
提升机高度范围(上下轮中心距)/m		4.82～30.02		4.48～30.08		4.3～30.3		4.54～29.5		4.7～30.3		4～30		5.12～30.08		4.66～30.16		4.52～30.32	
适用输送物料		粉状、粒状、小块状的无磨琢性的散状物料								块状、容重较大的磨琢性的物料						粉状、粒状及小块状的无磨琢性或有磨琢性的物料			
料斗卸料特征		快速离心卸料								慢速重力卸料						快速离心卸料			

第六节　气力输送装置

散状物料借助气体介质进行输送的方式称为气力输送。气力输送装置是一种运输机械，它不仅用来作为单纯的输送，而且，有时也可以作为生产工艺中的一环，在输送过程中同时进行粉碎、分级、干燥、加热、冷却等操作。

对于粉粒状物料，气力输送通常是最适宜的输送方式。由于生产玻璃所用原料多为粉料，因而气力输送逐渐被玻璃工厂采用，气力输送装置的采用为粉状物料输送实现自动化开辟了新的途径。某玻璃厂使用空气输送斜槽输送纯碱、白云石、石灰石。经一年使用实践证明，工艺简单、输送量大，操作方便、维修量小，工作环境也大大改善，具有其他设备不可比拟的优点。

一、气力输送装置的类型

根据颗粒在输送管道中的密集程度，气力输送分为以下几种。

(1) 稀相输送　固体含量低于 100kg/m 或固气比（固体输送量与相应气体用量的质量流率比）为 0.1～25 的输送过程。操作气速较高（一般为 18～30m/s）。按管道内气体压力，又分为吸引式稀相输送（图 5-27）和压送式稀相输送（图 5-28）。前者管道内压力低于大气压，自吸进料，但需在负压下卸料，能够输送的距离较短；后者管道内压力高于大气压，卸料方便，能够输送距离较长，但需用加料器将粉粒送入有压力的管道中。

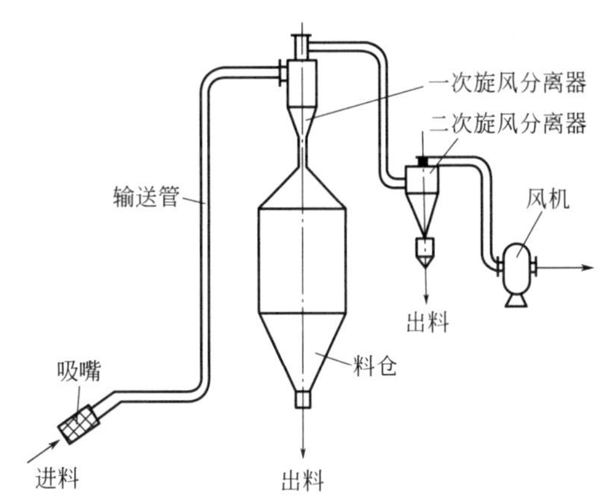

图 5-27　吸引式稀相输送

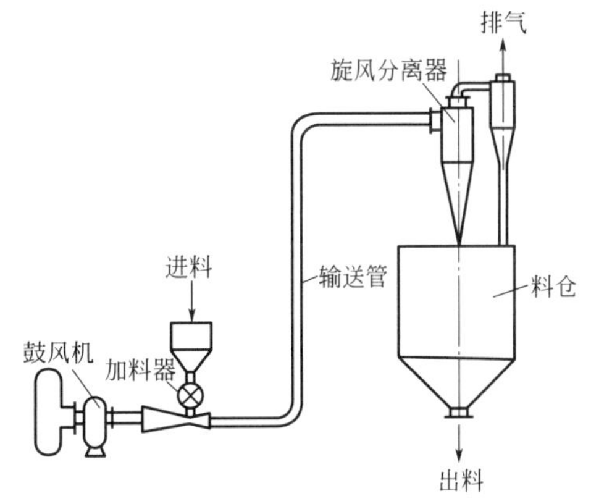

图 5-28　压送式稀相输送

(2) 密相输送　固体含量高于 100kg/m 或固气比大于 25 的输送过程。操作气速较低，用较高的气压压送。包括间歇充气罐式密相输送（图 5-29）和脉冲式密相输送（图 5-30），间歇充气罐式密相输送是将颗粒分批加入压力罐，然后通气吹松，待罐内达一定压力后，打开放料阀，将颗粒物料吹入输送管中输送。脉冲式密相输送是将一股压缩空气通入下罐，将物料吹松；另一股频率为 20～40min^{-1} 脉冲压缩空气流吹入输料管入口，在管道内形成交替排列的小段料柱和小段气柱，借空气压力推动前进。密相输送的输送能力大，可压送较长距离，物料破损和设备磨损较小，能耗也较省。

在水平管道中进行稀相输送时，气速应较高，使颗粒分散悬浮于气流中。气速减小到某一临界值时，颗粒将开始在管壁下部沉积。此临界气速称为沉积速度，这是稀相水平输送时气速的下限。操作气速低于此值时，管内出现沉积层，流道截面减少，在沉积层上方气流仍按沉积速度运行。气力输送装置的主要类型及适用范围如表 5-28 所示。

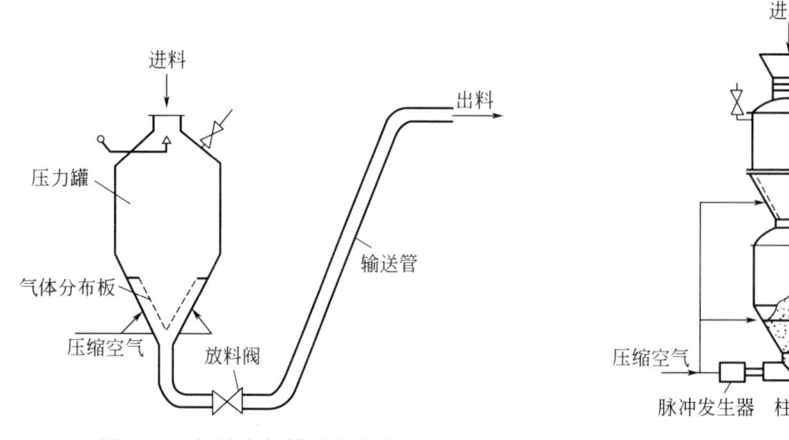

图 5-29 间歇充气罐式密相输送

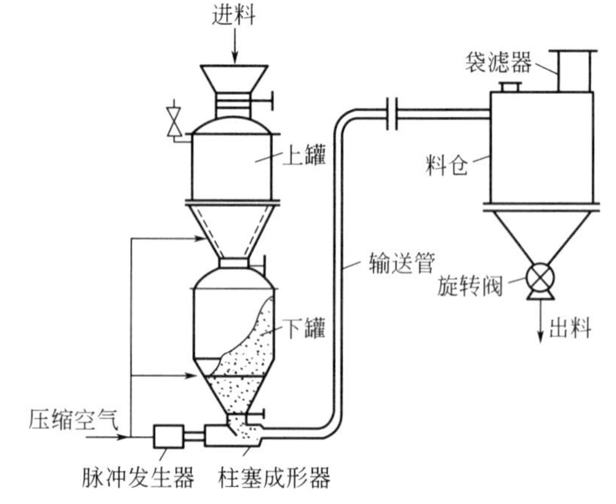

图 5-30 脉冲式密相输送

表 5-28 气力输送装置的主要类型及适用范围

种类		供料器	一般最大性能			主要用途	特点
			输送量/(t/h)	输送距离/m	气源压力/Pa		
吸引式	低真空	管端吸引	—	50	约 9810	集尘,清扫,小容量,近距离	①可由几处向一处集中输送 ②供料器构造简单,无尘埃飞扬 ③能从低处、深处、狭窄处进行输送 ④输送量或输送距离受限制
	高真空	挡板阀,回转供料器,吸嘴	50～200	100～50	约 49000	工厂内,生产部门,灰处理,吸引卸料	
压送式	低压	回转供料器	20	100	49000	工厂内,中小容量	①在一般生产部门用途广泛 ②能从一处向几处分散输送
		液态化	40	60	49000	粉末,近距离	适宜于粉末的高效、近距离输送
	高压	螺旋泵	100	150	196200	粉末,近距离	①安装高度低 ②可以连续输送 ③螺旋磨损大,磨损后需要更换
		回转供料器,螺旋供料器	100	1000	392400～686700	中、长距离	①适宜输送难以输送的物料 ②能定量输送
		充气罐	200	1000	392400～686700	小于 1～2mm 的粒子,中、大容量,长距离	①能发挥大容量、长距离输送的优点 ②寿命长、能承受过载
		流态化充气罐	100	100	392400	粉末,近距离	①能对粉末做高效输送 ②输送距离短的地方能发挥其优点

续表

种类		供料器	一般最大性能			主要用途	特点
			输送量/(t/h)	输送距离/m	气源压力/Pa		
混合式	低压	输送管—鼓风机—输送管	30	50	12000	粉状物料，小混合比	适宜集料、分配
	高压	吸气式—(分离供料器)压气式	100	500	—	远距离，大量输送	适宜集料、分配

在垂直管道中做向上气力输送，气速较高时，颗粒分散悬浮于气流中。在颗粒输送量恒定时，降低气速，管道中固体含量随之增高。当气速降低到某一临界值时，气流已不能使密集的颗粒均匀分散，颗粒汇合成柱塞状，出现腾涌现象，压力降急剧升高。此临界速度称噎塞速度，这是稀相垂直向上输送时气速的下限。对于粒径均匀的颗粒，沉积速度与噎塞速度大致相等。但对粒径有一定分布的物料，沉积速度将是噎塞速度的 2～6 倍。

气力输送装置与机械输送装置相比有明显的优越性，见表 5-29。

表 5-29　气力输送装置与机械输送装置的特点比较

序号	项目	气力输送	螺旋输送	皮带输送	链式输送	斗式提升
1	输送物飞扬	无	有可能	有可能	有可能	有可能
2	混入异物，污损	无	无	有可能	无	无
3	输送物残留	无	有	无	有	有
4	抽送路线	自由	直线的	直线的	直线的	直线的
5	分叉	自由	困难	困难	困难	不能
6	倾斜，垂直输送	自由	可能	斜度受限制	构造复杂	可能
7	输送断面	小	大	大	大	大
8	维修量	容易、主要是弯头	全面的	比较小	全面的	提斗、链条
9	输送物最高温度/℃	600	150	50	150	150
10	输送物最大粒径/mm	30	50	无特殊限制	50	50
11	最大输送距离/m	2000	50	8000	150	30
12	设备费，动力费	以输送 10t/h 矾土 500m 距离为例的估算值				
	功率/kW	150	—	25	45	—
	功率比较/%	100		16.7	30	
	费用比较/%	100	—	270	150	—

二、气力输送装置的基本构件

气力输送装置的基本构件有供料装置、输送管和管件、卸料装置、空气净化装置（除尘器）等。

（一）供料装置

供料器是将粉粒体送入输送管并使其与气流混合的设备。为了提高输送性能，将大量粉粒体送进输送管内，这是必要的条件。特别是对正压输送系统来说，供料器是否良好，是决定整个空气输送装置性能的重要因素。

（1）吸嘴　吸嘴是吸送装置输送粉状物料时用的供料器，结构如图 5-31 所示，工作原理见图 5-32。

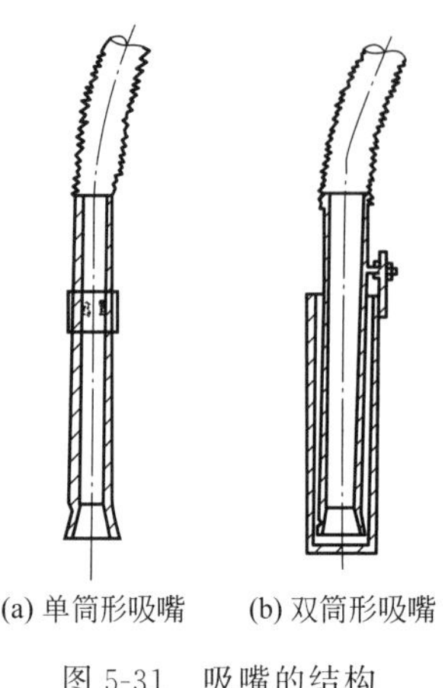

图 5-31　吸嘴的结构

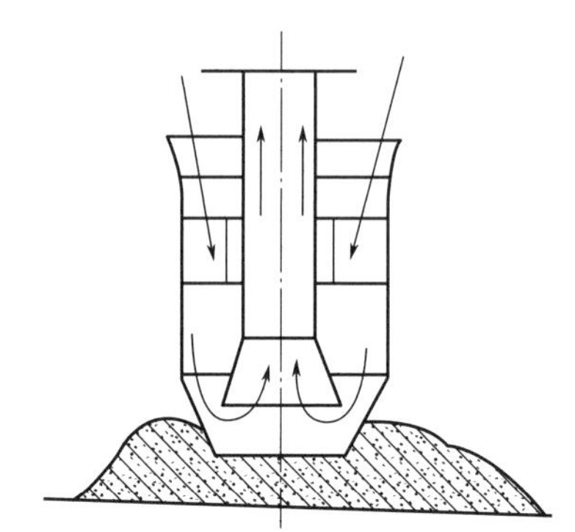

图 5-32　吸嘴的工作原理

将吸入管的法兰连接在主风道上，开动风机后，空气从环形空间处吸入，物料被吸入输送管道内。调节移动吸管环形空间，即可达到调节输送物料量多少的目的。

吸嘴能否正常吸料并获得最佳的输送效果，关键在于能否调节好二次空气的进入量。单筒形吸嘴是靠转动筒体上的一个箍来改变二次空气进入量；双筒形吸嘴是靠调节可调螺母，使外筒升降改变内外筒的间隙来实现改变二次空气进入量的目的。二次空气进入量过大，混合比减小，生产率就会下降。合理的二次空气进入量，随物料的密度、粒度、自然堆角以及水分不同而变化，一般需要通过试验确定。

吸嘴除图 5-31 所示两种形式外，还有其他形式，如单管型、倾斜型、喇叭型、固定型等。

（2）叶轮式供料器　在压送式气力输送装置中，为了避免气体的泄漏，供料器应该是密闭的，否则因为漏气，不但物料不能加入，而且还会造成压缩空气将物料吹出加料口。

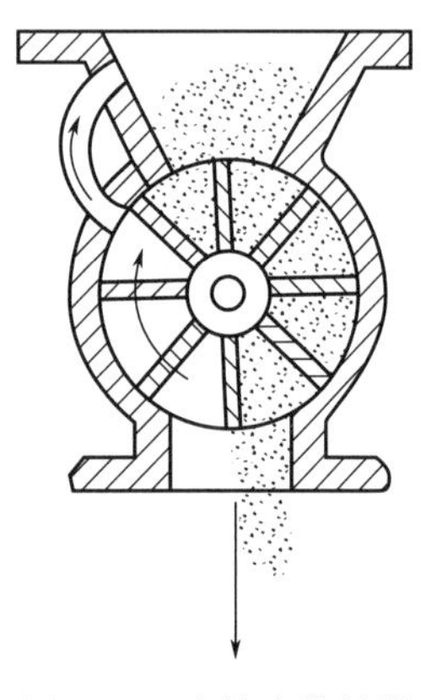

图 5-33　叶轮式供料器

叶轮式供料器（图 5-33）也称为星形供料器。它由带叶片的转动体和机壳等组成，叶片与叶片之间分隔成扇形的小室，物料从加料斗落入扇形小室内，满载的小室转至下方时，物料借助重力落入输送管路中，以免压缩空气漏出。此种供料器结构简单，能定量供料，因而在压送式、吸送式的气力输送装置中被广泛应用。

（3）螺旋泵式供料器　螺旋泵式供料器（图 5-34）的螺杆与电机直接连在一起，螺杆上的螺旋螺距是沿着物料的运动方向而逐渐减小的。当电机带动螺旋旋转，从料斗落下的物料在旋转的螺旋中，一边被压缩，一边逐渐被挤送向前，被压缩的粉料层同时产生密封作用，防止空气从物料入口跑出。当粉状物料被输送至混合室时，它会被混合室下部设置的两列喷管（11～13 个）喷出的压缩空气吹散，然后送入输送管内。为了保证混合室的物料不倒流，可以通过调节平衡锤，使挡板压紧或离开螺旋端部。其加料多少靠手动闸板调节。

此类型供料器所消耗的功率大于其他形式的供料器。同时，为了防止磨损，需采用冷硬铸件的衬套，螺旋端面要焊以硬质合金，同时还需要定期维修。但是，由于螺旋泵的体积小、高度低，故常用于狭窄处的输送。

（4）仓式供料器　仓式供料器（它有单仓式供料器和双仓式供料器两种类型，见图 5-35）

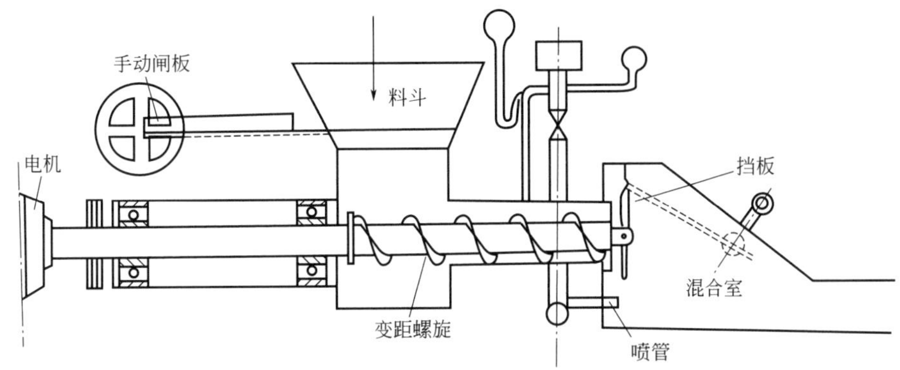

图 5-34 螺旋泵式供料器

又称为仓式输送泵或充气罐式输送装置。先将物料冲到罐内，然后将罐密闭后，再将压缩空气送入，进行压送。

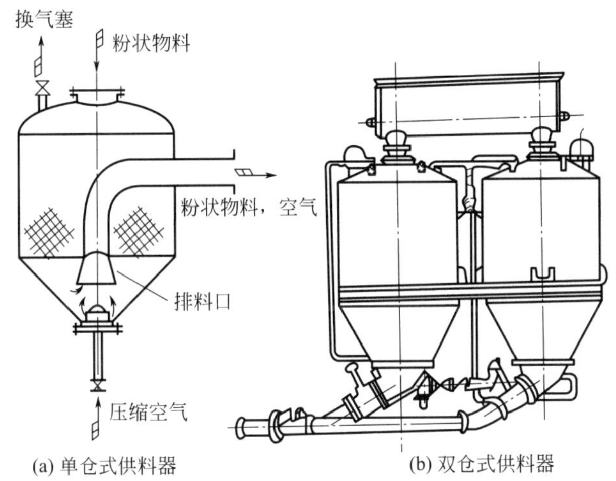

图 5-35 仓式供料器

仓式供料器的装料方法有两种：一种是靠重力使物料流入容器内；另一种是利用真空吸入。它在粉状物料的供料装置中，占有重要的位置。仓式供料器没有快速运动的磨损零件，因此，可以用它输送磨蚀性物料。仓式供料器具有容量大、运输距离长的特点。目前已有混合比高达 113，输送距离 650m，单机能力为 250t/h 的实例。

这种形式的供料器具有以下的特点。

① 结构坚固，密封性好，能在高压下运转。

② 构造简单，除压缩空气外，不需要别的动力。

③ 运转部件少，几乎没有噪声。

④ 能将粉料以非常高的混合比输送至数百米以外的地方。

⑤ 根据罐的压送次数，可计算总的输送量。

（二）输送管和管件

气力输送装置的基本特征之一，就是利用管道输送物料。输送管是气力输送装置中最简单的部分，但在设计气力输送装置时，却是最重要的部分。管径的选择和管路的配置对整个气力输送装置的效率影响甚大。由于气力输送的管道要输送气、料的混合体，因此必须注意以下事项。

① 管内要光滑。

② 管道接口处要平滑，不应偏斜。

③考虑到颗粒对管壁的磨琢性，需用厚壁的管道。

④ 在特别容易磨损之处，应装上能拆换或能调节的管件。

⑤ 在输送物料时，应在管道上设置清扫孔。

⑥ 对于地下布置的管道，应尽量将管道铺设在砌筑的地沟内。

⑦ 配管设计不只是根据输送的难易程度确定，为了提高企业的经济指标，应考虑到工厂整个设备配置的合理性。

⑧ 选定配管线路时，必须尽可能减少穿过厂房的次数，不能妨碍其他设备的维修和交通，尽可能无损于美观。

⑨ 设计要考虑到管道施工及维修检查的方便。在不妨碍交通的情况下，尽量在较低的位置配管。

输送管主要由直管和弯管组成。

a. 直管。输送管的直管部分一般用煤气管，直径为 5～250mm。在输送磨蚀特别大的粉状物料时，输送管用的是铸铁管和特殊铸钢管。在输送磨蚀性较小的物料时，也有采用铁皮卷焊成的输送管。

b. 弯管。在气力输送装置中采用弯管时，应特别注意的是，自物料的起点至终点取最短的路线，尽量减少弯管的数量。当必须采用弯管时，也应采用曲率半径比较大的弯管。通常用的弯管曲率半径为直径的 5～15 倍。曲率半径大的弯管可以用煤气管或厚壁管弯制。在易磨损的地方，可以用铸铁管和嵌有衬板的弯管。弯管有许多类型，图 5-36 为具有代表性的几种。

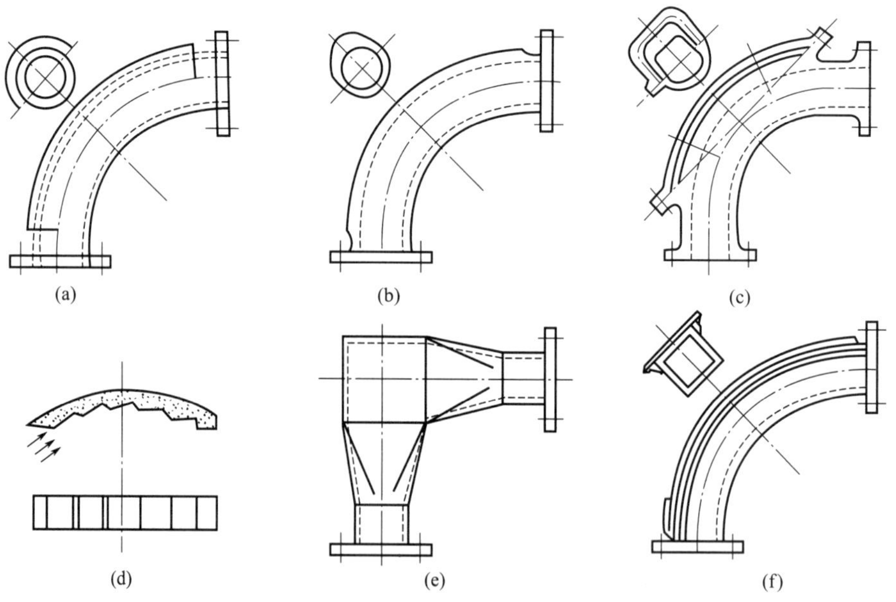

图 5-36　输送管弯管的结构

图 5-36(a) 是在煤气管或厚壁钢管弯成的弯管外侧，可以预先焊上一块护板。它与其他形式的弯管相比，价格便宜，而且当护板磨损时，可以再焊接修补。

图 5-36(b) 是将管壁外侧加厚，用特殊铸铁或铸钢铸成的弯管。它寿命长，缺点是一旦磨穿，则难以修理。

图 5-36(c) 是管壁外侧镶有可以更换的有衬板的弯管，衬板磨损时更换方便。

图 5-36(d) 是将衬板做成阶梯形，使气流垂直撞到衬板表面的结构，可以延长管道寿命。

图 5-36(e) 是将整个弯管做成直角箱体形。气流垂直撞到箱面上，并在箱角处积存物料，造成物料磨物料的现象，减少了管壁磨损。但由于脉动，会使堆积的物料在流动的瞬间，混合比增高，可能发生堵塞，所以选用的气流速度应该大一些。

图 5-36(f) 是将弯管做成方形断面，在管壁外侧衬有耐磨衬板的可换结构。

（三）卸料装置

物料经管道输送到达指定地点卸料。采用分离器使气料流的流速下降，将物料颗粒从气流中分离出来。

按照分离方式的特点，可以分为旋风式分离器和容积式分离器两种。

① 旋风式分离器　旋风式分离器的构造简单，压力损失小，没有运动部件，适于分离细粒的粉状物料，分离效率可达 80%～90%，因此，气力输送系统都用其作为第一级的分离装置。

② 容积式分离器　图 5-37 为容积式分离器工作原理。气料流从分离器的侧孔进入，由于分离器的截面积远大于输送管的截面积，故进入分离器的气料流的速度大大降低，一部分物料颗粒在重力的作用下，分离出来落到锥体部分。这种分离器的分离效率低，只能用于分离颗粒较大的物料。

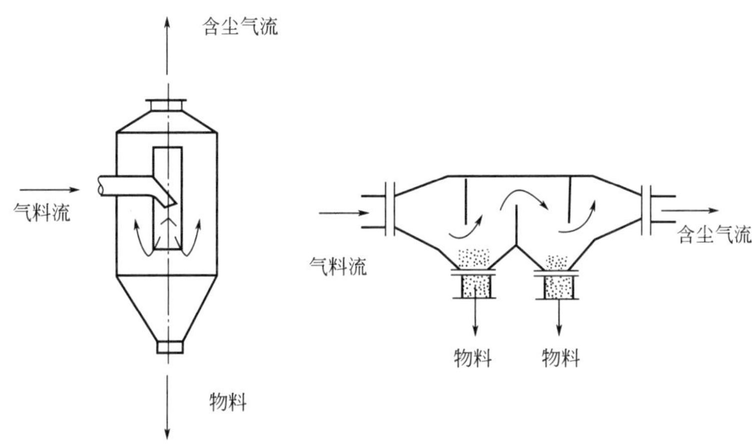

图 5-37　容积式分离器工作原理

（四）空气净化装置（除尘器）

从分离器排出的空气中含有较多的粉尘，为了防止粉尘污染大气或者磨损风机，必须在引入风机之前进行再次净化处理。

气力输送装置中，常用的除尘器有旋风除尘器、布袋除尘器、泡沫除尘器、水动力式除尘器。

思　考　题

1. 简述起重及运输机械在现代化玻璃工厂中的重要意义。
2. 写出 3 种玻璃工厂常用起重和运输机械的名称。
3. 分别写出皮带运输机和斗式提升机主要构件名称。
4. 简述皮带运输机的优缺点。
5. 斗式提升机的装载、卸载各有哪些方式？对玻璃工厂中的干燥流动性好的物料、潮湿流动性较差的料、碎玻璃 3 种物料应选取何种斗、牵引构件、装载及卸载方式？
6. 气力输送装置的基本构件有哪些？

第六章　贮料与加料机械设备

玻璃厂使用的原料种类、来源以及配合料制备过程中的粉碎、筛分、称量、混合及粒化等部门，为了使生产连续进行，在生产过程中往往需要把这些原料分门别类地暂时贮存起来，然后再按要求均匀地供给下一道工序，这就需要用到贮料设备。料仓及与其关联的加料、卸料和控制设备，可以消除生产中各环节之间的不平衡；还可以排除因设备检修而造成的生产间断和因生产管理、工作班制的差异所构成的干涉，保证生产的连续性。

因此，随着玻璃工业的发展，料仓已成为玻璃工厂工艺过程中的一个相当重要的环节，它的功能和作用将日益突显。

第一节　粉料的基本性能

1. 流动性

松散物料利用自身重力克服料层内力所具有的流动性质称为重力流动性。物料从料仓中顺利地卸出靠的就是其自身的重力流动性。有时料仓中物料不能自由流出，这主要是由于料层内力大于重力的缘故。所谓内力，就是由物料颗粒之间摩擦力、黏结性和静电力等构成的。这种内力导致松散物料在从料仓中卸出时容易出现结拱和结管的现象，影响物料卸出。

物料的结拱和它的流动性有很大关系，一般情况下，凡流动性好的物料都无结拱现象，相反，流动性越差，结拱现象越严重。

料仓中松散物料重力流动的试验是将不同颜色的物料分层填满料仓（图 6-1），然后打开卸料口，让粉料自行流出。

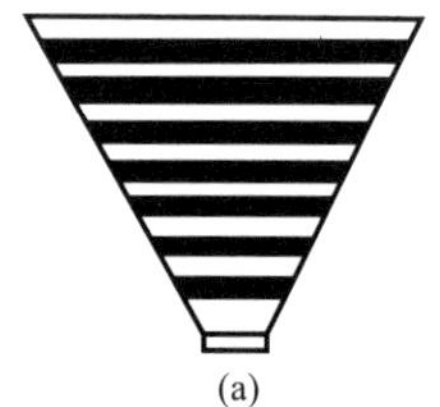
(a)

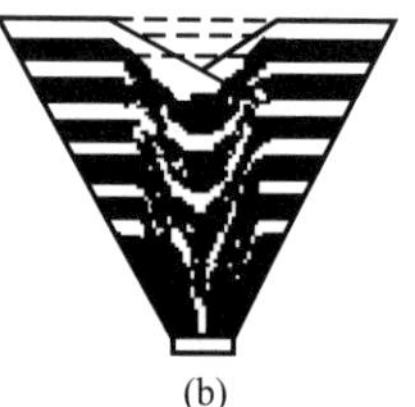
(b)

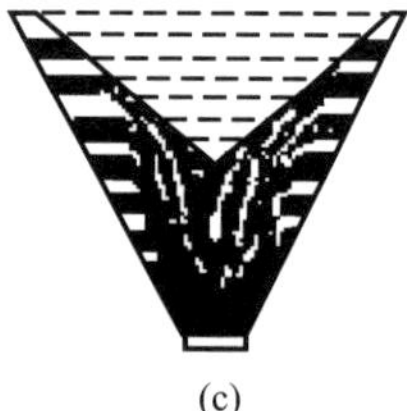
(c)

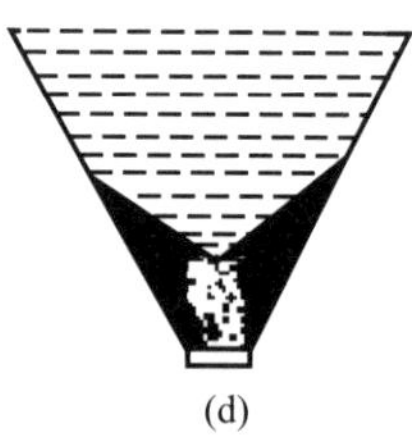
(d)

图 6-1　粉料的重力流动性试验示意图

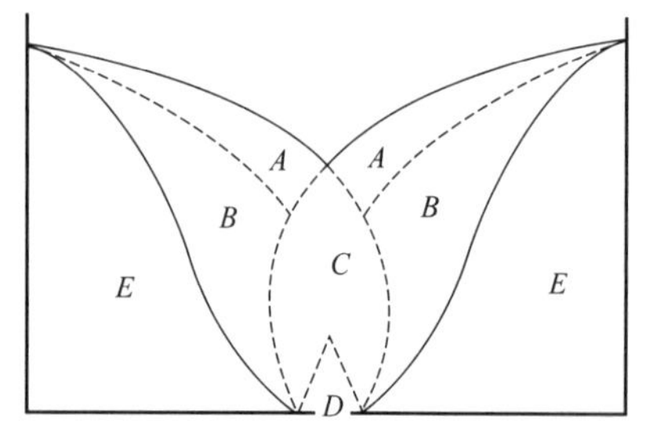

图 6-2　粉料流动状态区域

在对粉料流动状态的研究中，布朗（Brown）和霍克斯雷（Hawksley）的理论比较接近现实。将料仓卸料口附近物料分成为 A、B、C、D、E5 个区域带（图 6-2）。A 为擦过 B 带向料仓中心方向迅速滑动带，B 为擦过 E 带向料仓中心方向缓慢滑动带，C 为颗粒垂直运动带，D 为自由降落带，E 为没有运动的部分。这个分析和研究对料仓的设计有一定的指导意义。在解决实际工程问题时，还要根据物料的性质、参考文献上的资料和实际经验数据，通过比较和估量来进行设计和校核。

粉料的流动性的估量可以根据测定物料的压缩率、休止角、刮铲角（平板角）和黏结率或均匀性系数的结果进行。5 项指标均以 25 点为满点，并相加，以得出的总点数多少来评价其流动性。总点数在 60 以上者，流动性好，便于操作；总点数为 40～60，则易发生结拱；总点数在 40 以下者，流动性不好，不便操作。采用标准的自由流动物料石英砂与一种流动性非常差的试样碳酸钙粉料进行测定和分析比较，结果如表 6-1 所示。

表 6-1 石英砂和碳酸钙粉料流动性比较

流动性	石英砂		碳酸钙	
	数值	点数	数值	点数
休止角	20°	25	50°	12
压缩率	8%	23	32%	9.5
刮铲角(平板角)	25°	25	93°	2
黏结率	0	25	60%	2
均匀性系数	2	23		

2. 休止角

松散物料的休止角，包括静休止角和动休止角。静休止角是指物料自由撒落所形成的料面与水平面之间的夹角。而动休止角是松散物料在振动条件下的休止角。

动休止角的测定方法是在器皿 1（图 6-3）上放置一块平板 2，板的一侧装有活动指针 3，板的另一侧装有圆弧形标尺 4，平板上方装有漏斗 5，漏斗口距离平板 250mm。将漏斗打开后，物料自然流出，并逐渐在平板上堆起（多余的物料落入器皿中）。料放完后，将质量为 110g 的钢锤 6 自 175mm 高处落下振动平板。然后将指针贴在料堆斜面上，读出动休止角的度数。

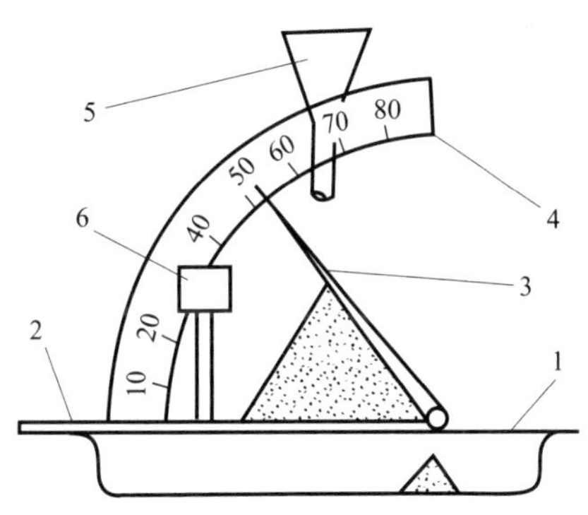

图 6-3 动休止角的测定

3. 压缩率

粉状物料的压缩率采用下式表示

$$压缩率=\frac{压实密度-松散密度}{压实密度}\times 100\% \tag{6-1}$$

压缩率的测定采用特制的 A、B 两箱，将 A 箱置于实底的 B 箱上（两箱横截面相同）固定，A 箱底为 1.6mm（10 目）的筛板。向 A 箱加入粉料直至充满后，取下 A 箱用平板刮平 B 箱料面，进行称重并计算出其松散密度。继续加料，同时以 100 次/min 的频率、小于 10mm 的振幅振动 5min，取下 A 箱后，刮平 B 箱料面，称重并计算出压实后的压实密度。再根据式（6-1）计算出试样的压缩率。

4. 刮铲角（平板角）

刮铲角（平板角）是指将水平埋入粉料中的刮铲（平板）垂直向上提起，当刮铲离开料面后，平板上的粉料料面与平板之间的夹角。

5. 黏结率

将通过 0.075mm 筛孔（200 目）的试样 2g 放在 3 层分析筛上（表 6-2），按一定时间（表 6-3）在振动器上进行振动。通过称量每层筛面上残留的物质量，并计算其百分比，3 个百分比之和即黏结率。

表 6-2　黏结率测定筛

被测粉料的体积密度/(t/m³)	筛孔/mm		
	1	2	3
≥0.4	0.25(60 目)	0.15(100 目)	0.075(200 目)
<0.4	0.368(40 目)	0.25(60 目)	0.15(100 目)

表 6-3　黏结率测定时间

被测粉料的体积密度/(t/m³)	振动时间/s	被测粉料的体积密度/(t/m³)	振动时间/s
>2	20	0.6	90
1.5	45	0.5	100
1.0	75	0.4	110～120
0.8	80		

6.均匀性系数

均匀性系数是指使试样能通过 60%的筛孔径（mm）与使试样能通过 10%的筛孔径的比值。这个比值越接近 1 时，表示粉料的粒度越均匀。比值越大，意味着粉料粒度越不均匀。

$$均匀性系数=\frac{d_{60}}{d_{10}} \tag{6-2}$$

式中，d_{60} 为试样能通过 60%的筛孔径，mm；d_{10} 为试样能通过 10%的筛孔径，mm。

第二节　贮料设备的类型与结构

一、贮料设备的类型

为适应玻璃工厂厂房环境、技术条件、工艺要求等，可将贮料设备按以下分类。

按贮料设备在厂房零点标高的位置，可分为地上和地下两种。其中地下贮料仓多用于北方寒冷地区，以地下石英砂库较多。

按建造材质不同，可将贮料设备分为金属的、钢筋混凝土的和木质的。磨损性和湿式料需采用耐磨衬层，防锈和排料装置，避免配合料组分被污染。

按贮料贮藏时间及贮料设备容量大小，可将贮料设备分为料库、料仓和料斗 3 类。料库贮料时间以月计，容量最大，物料的进出多为间歇进行，如玻璃工厂的砂库等。料仓的贮料时间以天计，容量居中等，主要用来调节前后工序物料平衡，其结构多为组合式的，见图 6-4。料斗贮料时间以小时计，容量较小，是一种改变料流方向的吞吐贮料设备，见图 6-5。其中，料仓和料斗在形状和结构上并没有严格的界限。

二、料仓结构

在工厂中一般用的组合式料仓的垂直壁部分是其主要贮料部位，它的尺寸通过储量来确定。此外，料仓结构还包括料仓底部角、卸料口及料仓的活化措施和装置等。

1.料仓底部角

料仓下部的截头角锥（或截头圆锥）体外侧角与物料的休止角及物料与仓壁的摩擦角有关。要保证物料能全部从料仓中卸出，外侧角至少要等于物料的休止角并且必须大于物料和仓壁的摩擦角。但这对于从料仓中全部卸出物料，条件还是不够。更重要的是两相邻倾斜壁之间的夹角大小，其原因为两个相邻倾斜壁之间的沟谷中最易滞留物料。

一般料仓的底部角（图 6-6）要比摩擦角大 5°～10°。

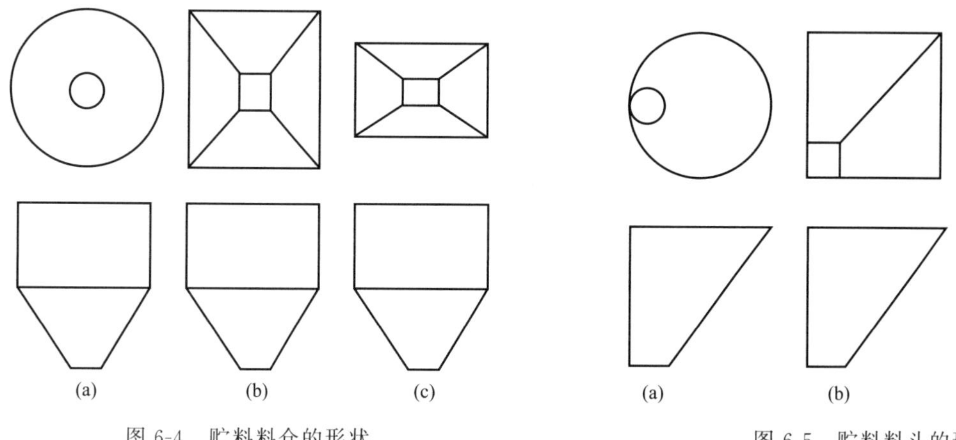

图 6-4　贮料料仓的形状

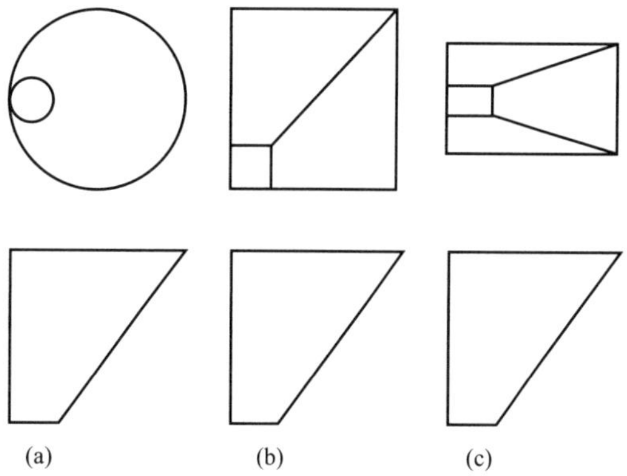

图 6-5　贮料料斗的形状

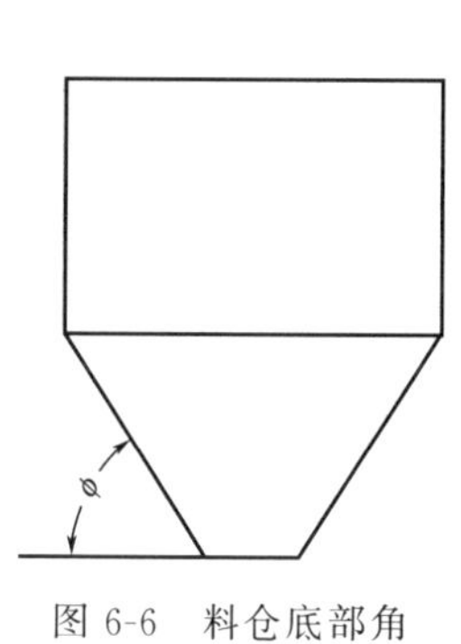

图 6-6　料仓底部角

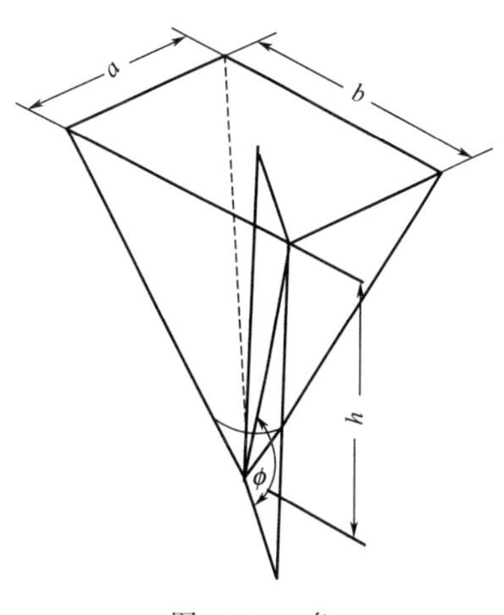

图 6-7　ϕ 角

料仓底部倾斜壁之间的夹角（图 6-7）对矩形或正方形横截面的料仓的计算公式如下

$$\phi=\arctan\frac{2h}{\sqrt{a^2+b^2}} \tag{6-3}$$

式中，ϕ 为料仓两壁交线与水平面夹角，(°)；h 为角锥垂直高度（包括切去部分），mm；a 为短边长度，mm；b 为长边长度，mm。

因正方形料仓中 $a=b$，则有

$$\phi=\arctan\frac{\sqrt{2}\,h}{a} \tag{6-4}$$

2.卸料口

料仓卸料口的形状、大小及所在位置，直接影响料仓的操作。对矩形料仓来说，卸料口有圆截面及长方形截面，其所在位置如图 6-8 所示，它有如下 3 种情况。

第一种是卸料口在料仓的中央，料仓下部的 4 个壁均为倾斜的。

第二种有三个壁是倾斜的，一个壁是垂直的。

第三种由于有两个壁是垂直的，而垂直壁是不产生滞留现象的，所以不易结拱。

虽然如此，但还是采用第一、第二种位置的居多。因为对同等容量的料仓来说，第三种料

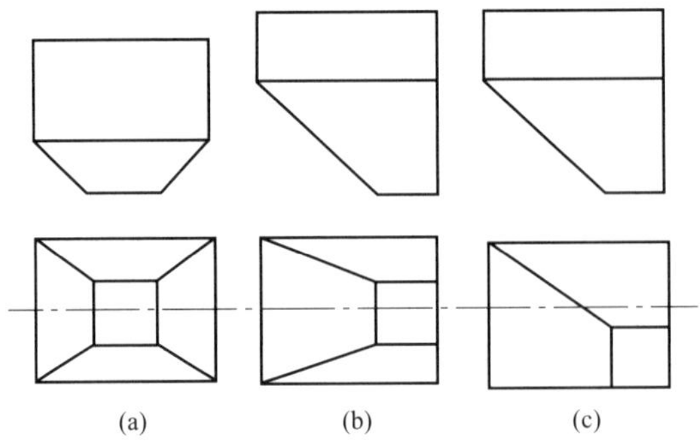

图 6-8　料仓卸料口位置

仓高度要大。

卸料口最佳尺寸是用试验方法确定的。影响卸料口尺寸的主要因素有：第一，物料的流动性质；第二，物料的粒度及均匀性系数；第三，要求的卸料速度。

卸料口尺寸太小，易形成拱料，使物料无法在重力作用下自动卸出。

对于正方形或圆形卸料口的最小尺寸（物料的休止角为 30°～50°时），阿尔费罗夫提出了下列计算公式

$$a = k(D + 80)\tan\varphi \tag{6-5}$$

式中，a 为正方形边长或圆的直径，mm；D 为物料的最大粒度，mm；φ 为物料的休止角，(°)；k 为试验系数，对于筛分过的物料，$k=2.4$，对于未筛分的物料，$k=2.6$。

物料从料仓卸出的速度，一般采用试验式计算

$$Q = 0.64\rho_p \frac{C_w C_0}{\tan\varphi} d_p^{-0.2} D_0^{2.7} \times 10^{-4} \tag{6-6}$$

式中，Q 为物料卸出流量，t/h；ρ_p 为物料的松散密度，t/m^3；C_0 为料仓底部倾斜角校正系数（图 6-9）；C_w 为松散密度的壁效应校正系数（图 6-10）；φ 为物料的休止角，(°)；d_p 为物料的平均粒度，mm；D_0 为卸料口直径，mm。

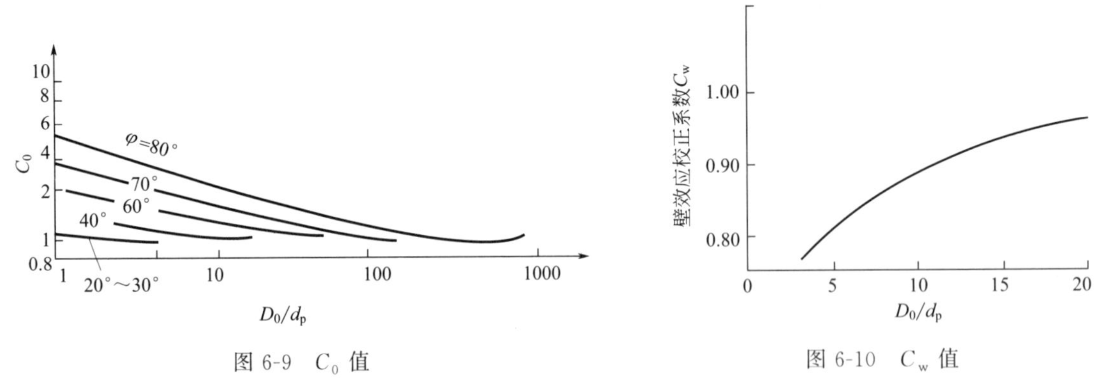

图 6-9　C_0 值

图 6-10　C_w 值

3. 料仓的活化措施和装置

料仓在操作时往往会出现窜流和料流中断的现象，这是由于料仓内结拱和结管的结果。料仓结拱是指在料仓工作时常常出现的料流中断现象。在卸料口附近，由于粒子互相支撑，形成“拱架”，使物料无法卸出。此外，料仓内也很容易出现堆积分料，堆积分料的危害很大，必须采取措施加以防止和消除。所谓堆积分料，是指向料仓加料时，物料中较大颗粒集聚在仓壁附

近，细颗粒则集中于料仓中心的现象。

堆积分料会导致物料出现偏析，粉体偏析分料机理有以下几种。

① 附着偏析　细料易附着于仓壁，在外力作用下，料层剥落，使卸料粒度分布发生变化。多见于几微米以下及对静电感应较强的颗粒。

② 填充偏析　粉体流动过程中，表面粗粒滚动速度大于细粒，造成偏析。

③ 滚落偏析　粗颗粒滚动摩擦系数小于细颗粒，因此，粗颗粒沿静止分体表层滚落的速度大于细粒，形成偏析。

防止偏析粉料的方法有以下几种。

① 均匀投料法　设多个投料口，避免单一投料口，并保持一定的料位，尽可能缩短投料流径。

② 料仓的构造　整体流料仓有利于消除偏析，料仓可采用细高型、将大尺寸料仓隔断为若干个细高料仓组合、在料仓中设置中央孔管或侧孔卸料等措施。

③ 物料改性　将物料粉碎到尽可能细，可消除偏析。

导致料仓结拱的因素很多，如料仓壁与料粒的滑动摩擦情况、物料粒度及分布情况、物料的水分含量、卸料口尺寸及料仓底部形状等。粉体在仓内结成静态拱，会导致粉体不能正常卸出。

静态拱主要有以下类型。

① 压缩拱　粉体受压致使固结强度增加。

② 楔形拱　块状物料由于形状不规则在孔口处形成架桥。

③ 黏结黏附拱　黏性物料与仓壁的强附着力。

④ 气压平衡拱　料层上下气压平衡，形成料拱。

借助图 6-11 分析结拱的力学原理可知，料仓壁上受物料的垂直压力为 N，此力在料仓壁面与物料之间产生摩擦力 F。上述两力 N、F 构成了结拱所需的支承力 P，P 垂直于拱的曲率半径 R。

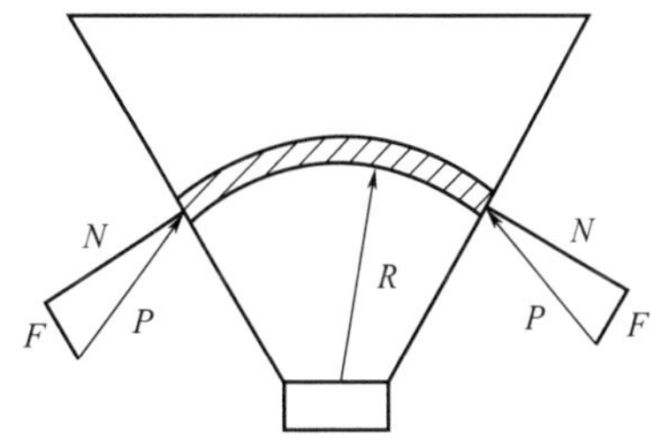

图 6-11　结拱的作用力

为了防止结拱，可采取如下措施。

① 加装改流体　在料仓中装设一个改流体，可防止料仓结拱和促使料仓卸料时形成整体流动。如图 6-12 所示，改流体有圆锥形、角锥形、圆板形和圆柱形等，可以根据实际料仓的结构进行选用。加装改流体后，由于改流体的作用，料仓中的物料会沿壁面流动，但改流体的作用是有一定范围的，见图 6-13。

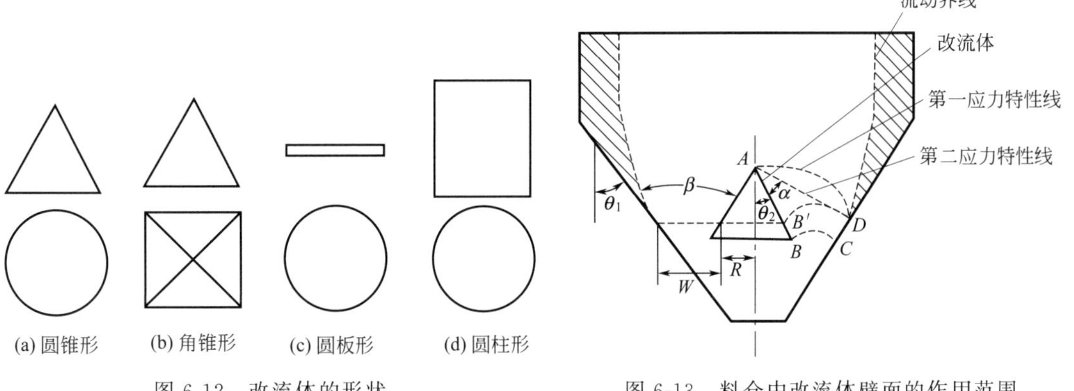

图 6-12　改流体的形状

图 6-13　料仓中改流体壁面的作用范围

改流体壁面的作用范围是 $ABCD$ 区域。料仓壁的面上只要有一点是处在 AB 线作用范围内，就能使物料沿壁面流动。当 D 点与 C 点重合时为作用的极限位置。D 点的位置由 AB 线与 AD 线之间的夹角 α 确定，而 α 与物料的内摩擦角 δ 和总夹角 β 有关，它们之间成线性函数关系。

$$\beta = \theta_1 + \theta_2 \tag{6-7}$$

式中，β 为料仓锥形部分与改流体的夹角，(°)；θ_1 为料仓锥形部分收缩角，(°)；θ_2 为改流体半角，(°)。

② 加衬板　如果仓壁材料和物料之间不能产生最佳的摩擦条件，可采用内加衬板或涂层来改善物料的流动性。要求所用衬板和涂层表面光滑，并且耐磨性好。同时还可采用不同的环氧树脂涂层在各个仓壁上以取得不同的摩擦条件。

③ 偏心卸料口　如图 6-8 中（b）、（c）料仓具有垂直壁的非对称结构，在其垂直壁上不断地拆除拱脚，减少结拱的可能性。

④ 弹性卸料口和仓壁垂直插板　在料仓内发生结拱的地方，物料被看成是非弹性的。采用弹性卸料口的仓壁（图 6-14）可以消除结拱。在此情况下，弹性卸料口的仓壁将对增高的载荷做出反应，即向外扩张料拱塌落，图 6-14 中 h 为弹性部分斜长，ξ 为弹性变形时的方向角。

图 6-15 所示仓壁垂直插板是一种消除料仓下部结拱的简单方法。在垂直仓壁上设有一个可以升降的闸板，结拱时闸板向上拉起，直到料拱塌落物料再次自由流动为止，然后关闭闸板。

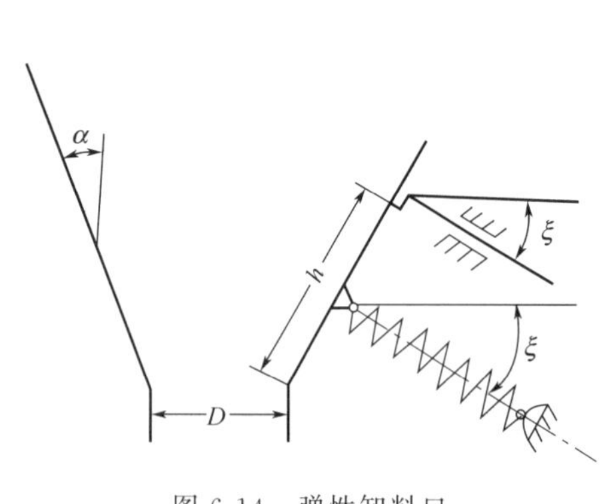

图 6-14　弹性卸料口

图 6-15　仓壁垂直插板

⑤ 气动助流装置　气动助流方法有 3 种：第一种，以压缩空气为动能，用突然射出的射流使物料塌落；第二种，以缓和而均匀的气流将物料吹浮；第三种，使用料仓助卸气垫装置充气产生鼓胀。

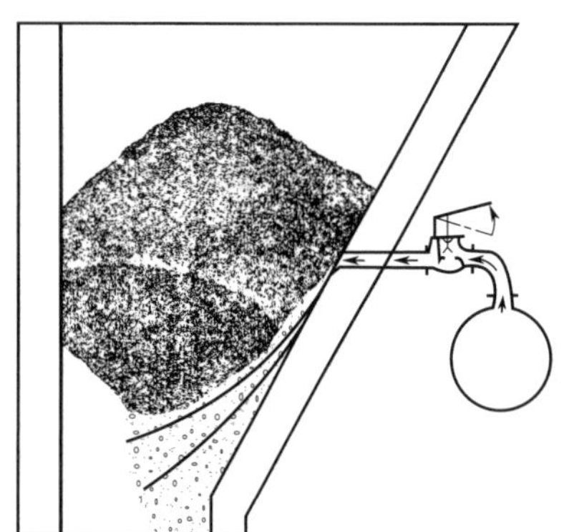
图 6-16　气枪助流装置

其中，第一种形式是以平均为 6.08×10^5Pa（6 个大气压）的压缩空气喷入料仓。气枪穿过料仓壁，一般安装在经常结拱和结管的区间。如组合式料仓将射流装置安装在筒体和锥体之衔接区域最为有效。

图 6-16 为气枪助流装置。伸入料仓的气枪枪口应向下弯曲，气枪用阀门控制调节，可以遥控。

⑥ 振动器　料仓消除结拱的振动器是用电力或压缩空气驱动的。一般其圆周或直线振动频率为 1000～80000 次/min，振幅为 0～6cm。振动器的安装有 4 种形式：料

仓内壁的振动器、料仓外壁的振动器、悬吊式振动器及悬吊在料仓下的振动斗仓。

外装振动器分为两类：电磁振动器和电动回转偏心振动器。后者可以是电力驱动的，也可以是压缩空气驱动的。不同容量的料仓所用振动器的规格不同，但目前尚无明确的规定，表 6-4 给出的是国外数据，可供参考。

表 6-4　振动器与料仓的关系

金属料仓的壁厚/mm	大约容量/t	电磁振动器		电动回转偏转振动器	
		振动频率/(次/min)	衔铁质量/kg	振动频率/(次/min)	衔铁质量/kg
8.0	5	3600	16	3600	17
9.5	20	3600	30	1800	25
12.7	50	3600	95	1200	71
50.8	150	3600	426	900	260

三、测定料位装置

测定料仓中料面高度，可以采用各种指示器。指示器的选择主要依据是物料的化学、物理性质以及现场的具体条件。散状物料料仓的料位测量装置（图 6-17）分为连续测量和非连续测量两大类，其中重锤探测式和超声波式料位计属于连续式检测计；而非连续式料位计只能检测料仓中的某一个料位，或进行极限高料位报警。通常，一些自动化水平较高的大型原料运输系统多采用连续检测式料位计，而中小型原料运输系统多采用非连续检测式料位计。但不管选择哪类料位计，一般都要单独设置一个极限高料位报警装置，以防意外原因使原料溢出仓外，引起设备事故。以下简要介绍几种玻璃工厂生产中常用的料仓正常料位和极限高料位测量装置，如图 6-17 所示。

（1）重锤式料位计　料位指示计由传感器和仪表组成，传感器采用重锤探测式，传感器放置于料仓顶，重锤由电机通过不锈钢带或钢丝绳牵引吊入仓内，每次测量时，重锤从仓顶起始位置开始下降，待重锤接触料面时，钢丝立即松弛而发出一个信号，仪表通过对信号的处理，即可得到仓顶到料面的距离，并在显示器上显示出料位高度，如图 6-17(a) 所示。

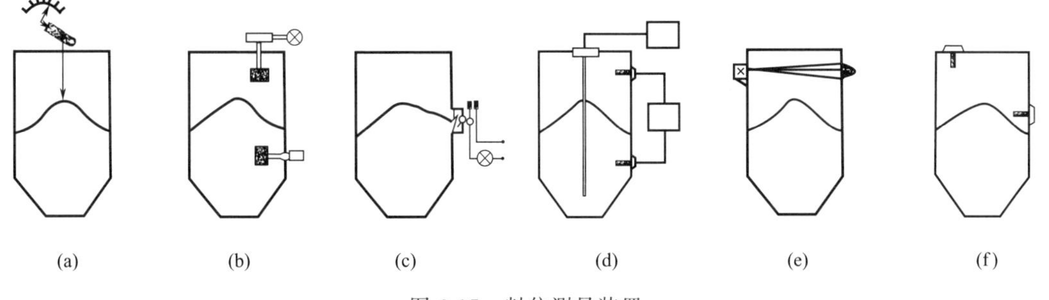

图 6-17　料位测量装置

（2）阻旋式料位计　通过电机驱动传动杆末端的桨叶旋转，物料到达仪表安装位置时阻止桨叶旋转，仪表产生一个信号，表明物料面已经达到叶片高度，用电动机驱动的翼轮在没被物料卡住以前不停地回转，如图 6-17(b) 所示。这种装置主要用于流动性良好的物料。

（3）隔膜料位控制器　将不锈钢、氯丁二烯橡胶或聚四氟乙烯塑料制成的隔膜，安装在料仓内壁上，当料面接触隔膜时，隔膜挠曲并产生一个行程，这样就可以接通电路发出灯光或音响，也能控制料仓的装料和卸料。如图 6-17(c) 所示，它属于压力式控制器。

（4）电容料位指示器　静电容料位测量，是利用电极与金属桶壁两者间的介质构成一个电容器，并且在电极与桶壁间施以高频电波，两电极间介质的变化会改变高频电波的大小，当桶内电容量大时，阻抗小，电流大；反之，桶内电容量小，则阻抗大，电流小。使用时只需将棒状或绳索式探钎电极装在料仓的内部，使之与料仓壁及粉状物料构成一个电容器，即可根据测得的电容量的变化确定料面的高度。它既可用于连续料位测定，又能用于极限料位测定［图 6-17(d)］。

(5) 同位素料位控制器　同位素料位控制器的原理是以贮存物料吸收放射线为基础，当 γ 射线穿过介质时，与物质发生相互作用，射线被吸收而减弱。其中探测器接收到的 γ 射线的计数率变化与介质密度、射线穿过介质的厚度成指数关系。通过比较计算穿过介质前后的计数率的值，就可得出被测料位的厚度（高度）。放射源的 γ 射线横穿料仓［图 6-17(e)］，被接收器接收，并将它变成脉冲电流。如果放射源和接收器可在料仓壁上垂直移动，还能进行连续料位测定。

同位素料位控制器，当测定器不能安装在料仓内部时（如高腐蚀性、高磨蚀性、高温或过大粒度等情况）最为有利。

(6) 超声波料位测定器　因大部分物料能够很好地吸收声波，则可以用超声波进行料位的测定和控制。超声波料位计是依靠超声波发射并接收反射波，通过测定声波飞行时间，用计算机软件来计算物料（高度）距离，其精确程度可达±(1～2)cm，如图 6-17(f) 所示。

料位的测定方法还有很多，在选择时主要考虑下述 4 个因素。

① 料位记录方法，包括现场记录或遥控。

② 料仓尺寸、结构、材质及安装位置、给料机和卸料机的类型。

③ 物料的粒度、流动性等物理及化学性质。

④ 料仓内部压力条件。

第三节　料仓设计与布置

料仓内物料的排料情况可分为整体流和漏斗流两种，见图 6-18。

整体流是指在卸料过程中，仓内物料全部处于均匀下降的运动状态［图 6-18(a)］。整体流导致“先进先出”，它还能把在装料时发生过粒度分离的物料重新混合。在整体流的情况下，不会发生管状穿孔。而且整体流的流动均匀而平稳，仓内没有死角，但是需要陡峭的仓壁，从而增加了料仓的高度。对于具有磨损性的物料而言，由于沿着仓壁滑动，从而增加了对仓壁的磨损。

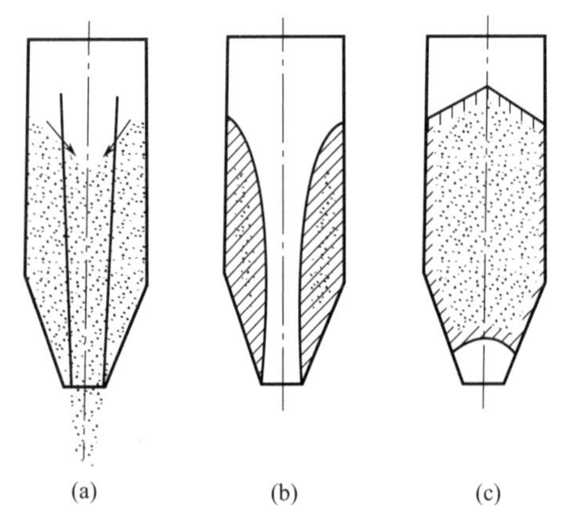

图 6-18　物料排料情况

漏斗流表示只有料仓的中心部分产生流动，而其他区域的物料停滞不动，流动区域呈漏斗状［图 6-18(b)］。如果料仓顶部的物料不能落入中心孔而做漏斗流卸出，则整个流动就会终止，这种情况被称为管状穿孔。漏斗流对仓壁的磨损较小，但造成先加进的物料后流出（即先进后出）的后果，引起物料分离；大量死角的存在，可减少料仓的有效容积，有些物料在仓内一停就是好几年，这对贮存期间会发生变质的物料是极为不利的，而且卸料速度极为不稳定，易产生冲击流动。

料仓结拱，即指在料仓工作时常常出现的料流中断现象［图 6-18(c)］。导致料仓结拱的因素及防止结拱采取的措施前面已经讲述过。

漏斗流是一种有碍生产的仓内流动形态，而整体流才是料仓中理想的流动形式。因此玻璃工厂设计料仓时应使粉料呈整体流动。

一、容积计算

矩形组合料仓的容积可以看成是一个平行六面体和一个截头角锥体容积之和，见图 6-4。如果它的卸料口为正方形，则料仓的总容积为

$$V_{矩}=hl_1l_2+\frac{S}{6}[l_1l_2+(l_1+a)(l_2+a)+a^2] \tag{6-8}$$

式中，$V_{矩}$为料仓的容积，m^3；h 为料仓平行六面体的高度，m；l_1 为料仓的长度，m；l_2 为料仓的宽度，m；S 为料仓锥形部分的高度，m；a 为卸料口的边长度，m。

圆形组合料仓容积的计算公式为

$$V_{圆}=\frac{\pi}{4}D^2H+\frac{\pi}{12}D^2S=\frac{\pi}{4}D^2\left(H+\frac{D}{6}\tan\alpha\right) \tag{6-9}$$

式中，$V_{圆}$为料仓的容积，m^3；D 为料仓圆筒的内径，m；H 为料仓圆筒的高度，m；S 为圆锥部分的垂直高度，m；α 为圆锥部分外侧角，(°)。

组合式料仓的直径与高度之比（或宽与高之比）关系着基建费用的多少，下面分析一下它们最经济的比值。

设料仓单位表面积的基建费用为 E，其中侧壁为 1，顶部为 i，圆锥部为 j，则

$$E=\pi DH+\frac{\pi}{4}D^2i+\frac{\pi}{4}Dj\sqrt{D^2+4S^2} \tag{6-10}$$

将式(6-9) 代入式(6-10)，消去 H，令 $S=KD$，则

$$E=\frac{4V_{圆}}{D}-\frac{\pi}{3}KD^2+\frac{\pi}{4}D^2i+\frac{\pi}{4}D^2j\sqrt{1+4k^2} \tag{6-11}$$

将式(6-11) 对 D 偏微分，并令它等于 0，再用式(6-9) 消去 $V_{圆}$，则得

$$H=D\frac{i+j\sqrt{1+4k^2}-2k}{2} \tag{6-12}$$

式中，K 为与料仓外侧角有关的系数，$S=KD$；i 为料仓单位表面基建费用在顶部的费用；j 为料仓单位表面基建费用在圆锥部的费用；H 为料仓圆筒部分的高度，m；D 为料仓圆筒的内径，m；S 为料仓圆锥部分垂直高度，m。

若料仓单位设 $i=1$，$j=1$，$k=1$，则得

$$H=0.62D$$
$$H+S=1.62D$$

可以得出，最经济的比例是高度为直径的 3.62 倍。

料仓的容积是由生产上要求的贮料量、料仓的卸料能力、物料的密度及现场条件决定。如果某种物料所需料仓的容积过大，可将其均匀地分为两个或多个料仓，以便于众多料仓整齐排列。

料仓的有效容积与物料的休止角和加料点多少有关，考虑到安装料位测定装置，设置安全阀、排气口和人孔等，计算所得到的料仓容积比实际需要的小，因此，一般将计算所得数据加大 1.05～1.18 倍。

二、卸料能力计算

如果料仓设计得合理、卸料口大小适宜，贮存的物料流动性好，则料仓的卸料能力可通过下式求出。

$$V=3600Fv \tag{6-13}$$

式中，V 为料仓的卸料能力，m^3/h；F 为卸料口面积，m^2；v 为物料的卸出速度，m/s。

物料卸出速度与物料的粒度、均一性系数、水分、颗粒强度及料仓的装料高度有关。在粗略计算时，可取 $v=0.5\sim2.0$m/s。

三、仓位布置

配料料仓的布置根据配料装置的不同而有所不同，归纳起来配料料仓的布置可分为排仓（排式料仓）和塔仓（塔式料仓、群仓）两种形式，如图 6-19 所示。

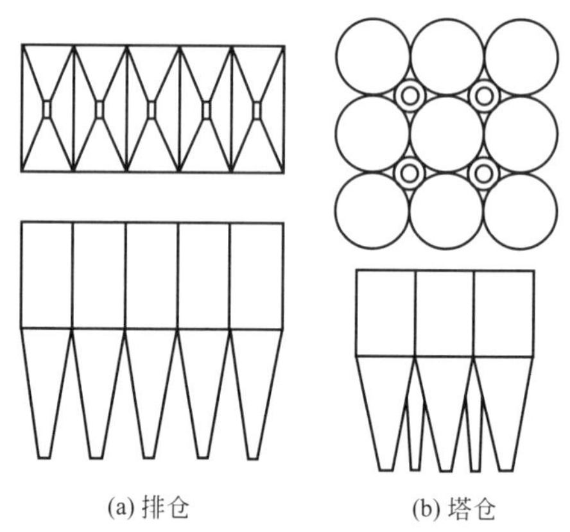

(a) 排仓 (b) 塔仓

图 6-19 料仓的布置

排仓是将各种料仓及下部称量系统的轴线设置在一个平面上，见图 6-20。排仓布置中，各种粉料可以分别采用皮带机、提升机、正（负）压空气输送机、脉冲输送机等输送到料仓，料仓口设置振动给料机，也可采用可调式电机振动给料机、螺旋输送机卸料。

排仓一般采用分别称量法进行称量。分别称量是在每个粉料仓下面各设一秤，原料经称量后，分别卸到皮带输送机上送入混合机内进行混合。碎玻璃可按容积或称量后均匀地撒到输送配合料的皮带表面上。

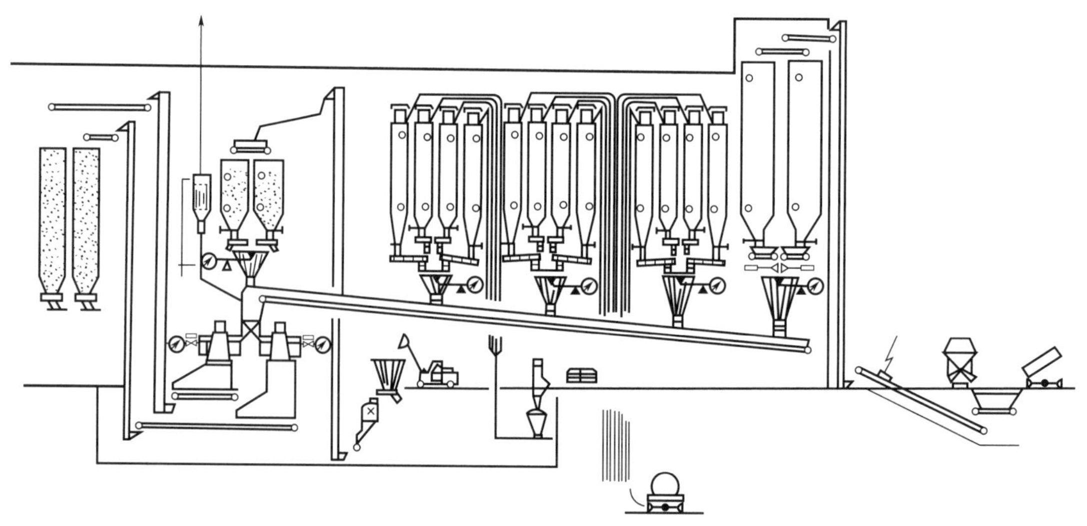

图 6-20 排仓布置

排仓基本上是每个料仓都设置一套独立的称量系统和输送系统，生产能力较大，维修方便，即使个别系统发生故障一时无法修复正常，还可以利用旁路系统来保证整个配料工序的继续运转。缺点是占地面积大，投资高，设备利用率不足，集中治理粉尘有困难。

塔仓是将料仓和配料设备分层排列，全部原料经一次提升送入料仓后，不需再次提升（图 6-21)。碎玻璃可按容积或称量后加入配合料中。

塔仓多采用累计称量法进行称量。累计称量是用一个秤依次称量各种原料，每次累计计算重量。秤可以固定在一处，也可以在轨道上来回移动（称量车)，称量后直接送入混料机。

图 6-21 所示为塔仓布置。塔仓的优点是占地面积小，可以将几个料仓紧凑地布置在一起，合用一套称量系统、除尘系统和输送系统，可以减少设备、节约投资。由于塔仓的每台设备都

得到充分的利用，效率甚高，故塔仓的布置特别适合于中小型企业的配料车间。不足之处是对设备维护保养要求高，任何一台设备发生故障，整个配料系统的运转就要停顿，因此要求管理严格，设备的可靠性要高。此外，因塔仓的布局紧凑，也给维修带来一定的困难。

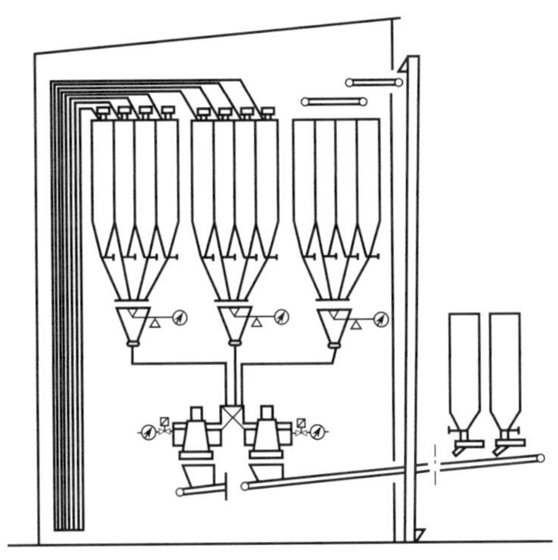

图 6-21　塔仓布置

第四节　圆盘给料机

加料机械是料仓系统中不可分割的组成部分。它是在短距离内输送物物料的机械，其不仅可以代替人们的繁重体力劳动，而且是实现生产过程综合机械化、自动化所不可或缺的重要设备。

根据使用的目的不同，加料机又称为给料机、喂料机或卸料机。

加料机的种类繁多，按加料机对物料的衡量方法，可分为质量加料式和容量加料式两种。按加料机的结构和操作原理差别，可分为回转式（圆盘给料机、叶轮给料机）、带式（皮带给料机、钢板加料机）、强制式（螺旋给料机）、往复式（薄层加料机、柱塞式加料机）和振动式（电磁振动给料机）等。

加料机依据物料的物理和化学性质、颗粒形状以及加料的工艺要求进行选择。对加料机的基本要求有以下几点。

① 加料量要准确，且符合工艺操作要求。

② 加料量要在一定范围内可调节，操作方便。

③ 结构合理，适应工艺要求（如运输距离、加料方向、落差高低和密封状况等）。

④ 结构简单、牢固，机件磨损小，不粘料。

一、圆盘给料机的结构

圆盘给料机是玻璃工厂应用最广泛的加料机械之一。圆盘给料机是一种容积计量的给料设备，适用于 20mm 以下物料（图 6-22）。它主要用来将干燥的或含少量水分的粉状物料、粒状物料及块状物料均匀连续地加入受料装置，具有结构简单、坚固和操作方便的特点。

圆盘给料机由驱动装置、给料机本体、计量用带式输送机和计量装置组成。给料机本体和带式输送机由一套驱动装置驱动，该驱动装置的电磁离合器具有实现给料机的开、停和兼有功能转换的作用。计量带式输送机的带速小于 1m/s，为了测定带速，还设有速度检测装置；为了防止称量辊偏斜，设有检测杆进行调整。

圆盘给料机的结构形式分为敞开吊式（DK）、封闭吊式（DB）、敞开座式（KR）、封闭座

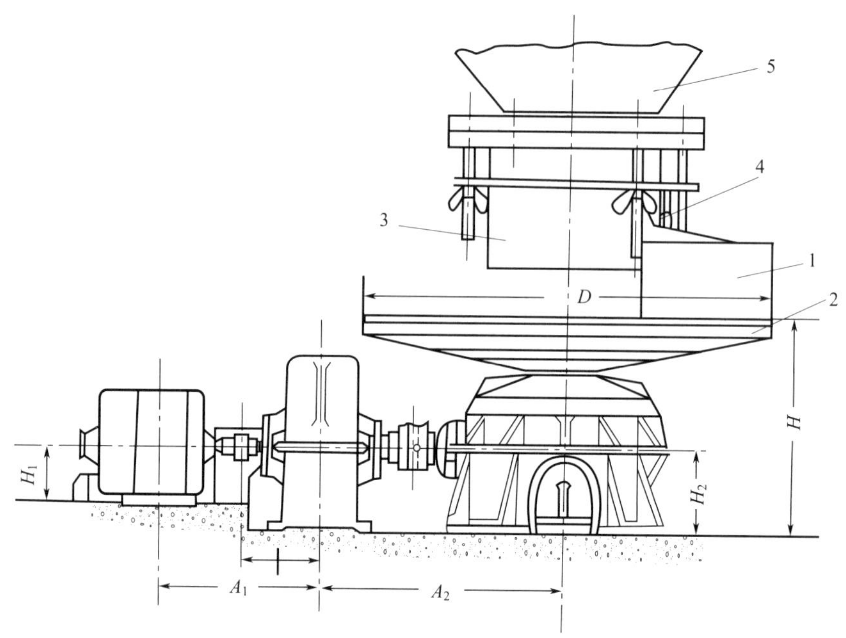

图 6-22　圆盘给料机

1—固定刮板；2—转盘；3—套筒；4—螺杆；5—料仓

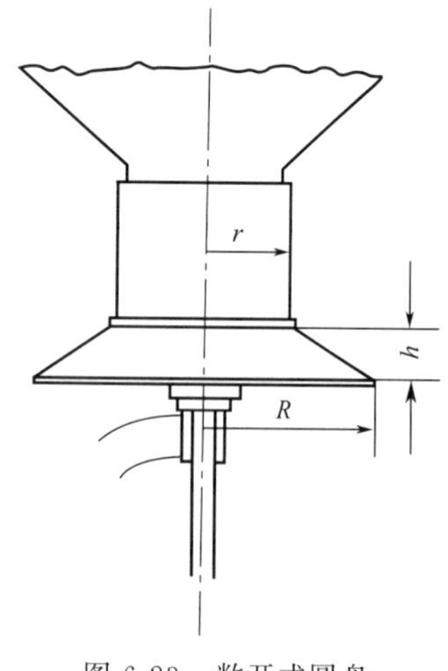

图 6-23　敞开式圆盘给料机加料盘

式（BR）。

图 6-23 为敞开式圆盘给料机加料盘。它的操作原理是：利用固定的刮板将物料从回转的圆盘上推卸下来。料仓卸料口处套有可活动的金属套筒，借螺杆可以调节套筒的高度，以达到调节给料量的目的。

二、主要技术指标计算

1. 加料能力计算

圆盘给料机加料能力主要取决于所用盘的转速和盘每一转被刮板刮下的物料量，参考图 6-23 按下式计算

$$Q=60n\gamma\left[\frac{\pi h}{3}(R^2+r^2+Rr)+\pi r^2 h\right] \tag{6-14}$$

式中，Q 为圆盘给料机加料能力，t/h；n 为圆盘转速，r/min；γ 为物料松散密度，t/m^3；h 为被刮去物料的高度，m；R 为圆盘物料堆底部半径，m；r 为被刮去物料环上部半径，m。

2. 圆盘转速计算

圆盘给料机的圆盘转速不能太快，否则盘上物料将被离心力抛出。当圆盘转动时有两个力作用于物料上：一是离心力（mv^2/R）；二是摩擦力（fmg）。前者使物料被抛出，后者将物料保留在盘上。要使物料保持在圆盘上，则需满足

$$\frac{mv^2}{R}\leqslant fmg \tag{6-15}$$

式中，m 为物料的质量，kg；f 为物料与盘之间的摩擦系数；R 为圆盘物料堆底部半径，m；v 为圆盘的圆周线速度，m/s；g 为重力加速度。

用转速来取代 v 则

$$\frac{\pi Rn}{30} \leqslant \sqrt{fgR} \tag{6-16}$$

若 $f=0.3$，将其整理，计算圆盘临界转速

$$n \leqslant \frac{16.5}{\sqrt{R}} \tag{6-17}$$

表 6-5 为常用圆盘给料机的技术规格。

表 6-5　常用圆盘给料机的技术规格

型号	类型	圆盘直径/mm	给料能力/(m^3/t)	圆盘转速/(r/min)	物料粒度/mm	电动机功率/kW	外形尺寸(长×宽×高)/mm
DB6	封闭吊式	600	0.6～3.9	8	25	1.1	855×980×1052
DK6	敞开吊式	600	0.6～3.9	8	25	1.1	855×980×1052
GM60/5	座式给煤	600	5	7.5	50	1.5	1346×1090×1120
DB8	封闭吊式	800	0.8～7.65	8	30	1.1	1085×1085×1152
DK8	敞开吊式	800	0.8～7.65	8	30	1.1	1085×1085×1152
DK10	敞开吊式	1000	1.7～16.7	7.5	40	1.5	1350×1350×1427
CK100	敞开座式	1000	14	7.5	<50	1.7	1350×1350×1427
FZ10	封闭座式	1000	12	6.1	<50	3	2161×1120×880

第五节　叶轮给料机

叶轮给料机也称星形给料机，它用于将上部料仓中的干燥粉状物料或小颗粒物料连续地、均匀地喂送到下一设备中，是一种定量给料设备。它适用于气力输送系统的给料和卸料，在旋风收尘器和袋式收尘器等设备上也常常被采用。

叶轮给料机结构及其外形如图 6-24 所示，它由自清式磁选机构、进出料口、叶轮传动装置、叶轮、壳体和调风板等组成。叶轮由电动机、传动装置带动，通过负荷自动控制仪和变频器控制其转速，实现自动调节供料量。工作时，物料通过进料口到叶轮处，然后经自清式磁选机构去除铁杂后进入下一设备。当叶轮给料机的叶轮 2 不动时，物料不能流出；在叶轮 2 转动时，物料可被准确地卸出。

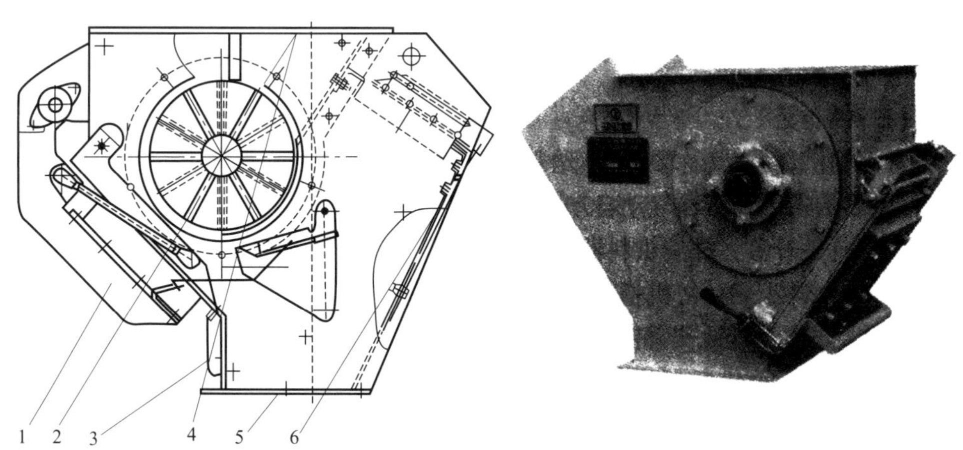

图 6-24　叶轮给料机结构及其外形

1—自清式磁选机构；2—叶轮；3—接杂袋；4—进料口；5—出料口；6—调风板

叶轮给料机具有叶片耐磨性好、锁气性能高、卸料彻底、连接平稳、结构紧凑、结构简单、造价低、容易维修、封闭性好等特点。表 6-6 为常用叶轮给料机的技术规格。

表 6-6　常用叶轮给料机的技术规格

型号规格	生产能力/(m^3/h)	叶轮转速/(r/min)	进出口尺寸(长×宽)/mm	电动机		外形尺寸(长×宽×高)/mm	质量/kg
				型号	功率/kW		
GY-ϕ200×200	7	34	200×200	BLY18-43	1.1	510×300×300	67
GY-ϕ200×300	10	34	200×300	BLY18-43	1.1	610×300×300	77
GY-ϕ300×300	23	34	300×300	BLY18-43	1.1	690×400×450	155
GY-ϕ300×400	31	34	300×400	BLY18-43	1.5	790×400×450	174
GY-ϕ400×400	53	34	400×400	BLY22-43	3	830×520×600	231
GY-ϕ400×500	67	34	400×500	BLY22-43	3	960×520×600	268
GY-ϕ500×500	106	34	500×500	BLY22-43	4	960×540×760	550

第六节　螺旋给料机

螺旋给料机是集粉体物料稳流输送、称重计量和定量控制于一体的新一代产品，它适用于各种工业生产环境的粉体物料连续计量和配料。它的特点是本身容易封闭，不产生灰尘，适用于细粉状物料的输送。螺旋给料机用于给料量不大但需强制给料的场合。

一、螺旋给料机的构造

图 6-25 为螺旋给料机构造示意图。螺旋给料机把经过的物料通过称重桥架进行检测重量，装在尾部的数字式测速传感器，连续测量给料机的运行速度，传感器的脉冲输出与给料机的速度成正比关系，速度信号和重量信号一起送入给料机控制器，控制器中的微处理器进行处理，产生并显示累计量或瞬时流量。该流量与设定流量进行比较，由控制仪表输出信号控制变频器改变给料机的驱动速度，使给料机上的物料流量发生变化，接近并保持在所设定的给料流量，从而实现定量给料的要求。

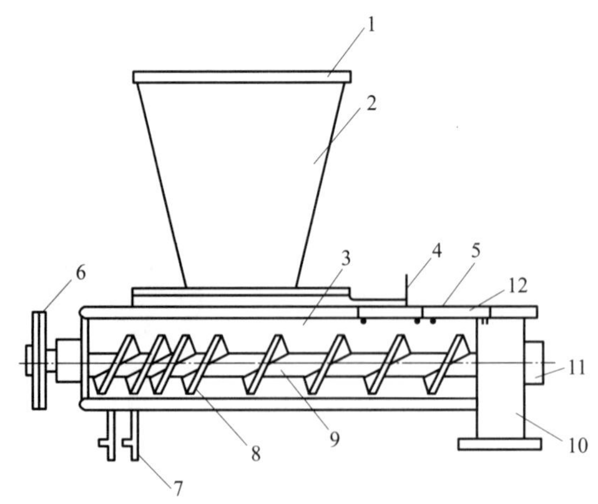

图 6-25　螺旋给料机构造示意图

1—进料口；2—料斗；3—输送槽；4—闸门；5—检查门；6—链轮；7—电机座；8—螺旋体；9—管轴；10—出料口；11—轴承；12—盖板

螺旋给料机从料仓的卸料口到卸料点构成了一个物料的溜子装置。输送槽 3 内部装有管轴 9，在轴的全长上固定螺旋面（铰刀）。当轴旋转时，物料从进料口进入槽体，并被轴上的螺旋面沿着槽体推送到另一端，经出料口 10 排出。物料移动的原理与螺母在没有轴向移动的螺杆上旋转移动相似。

螺旋给料机的螺面有多种形式（图 6-26）。

（1）标准螺距　螺面焊接在管轴上，构成一个整体，操作较稳当，如图 6-26(a) 所示。

（2）双螺面　双螺面具有比标准螺距更为均匀的料流，为精确控制给料的场合提供平稳卸料［图 6-26(b)］。

（3）带状螺面　带状螺面适用于黏性或胶结物料的给料。这种物料通常容易粘在标准螺旋面和轴的衔接处，而带状螺面与螺杆轴之间的空隙可以消除此缺点［图 6-26(c)］。

（4）双带状螺面　双带状螺面的性能与带状螺面相同，并能提供更为稳定的卸料［图 6-26(d)］。

（5）直径渐大的螺面　直径渐大的螺面用于料仓卸料，其输送能力沿物料前进方向逐渐增大，使物料得以在螺面全长上卸出，消除料仓内的死角［图 6-26(e)］。

（6）螺距渐大的螺面　螺距渐大的螺面具有防止给料机产生过载和粉料被压缩的气体抛扬等特点［图 6-26(f)］。

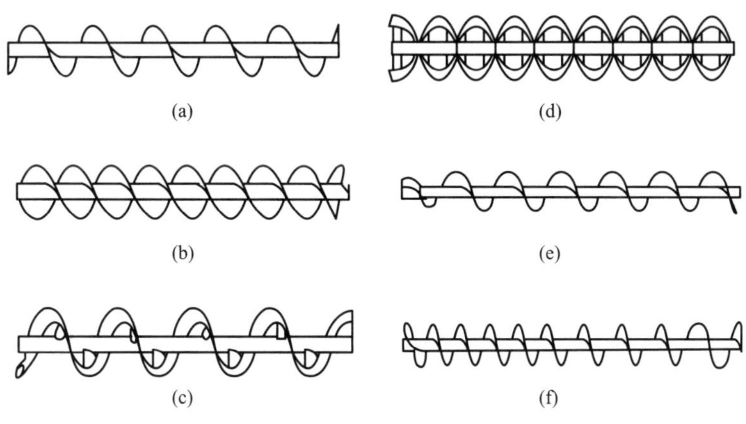

图 6-26　各种形式的螺面

二、主要技术指标计算

1. 给料能力计算

$$Q=60\frac{\pi D^2}{4}Sn\gamma\phi \tag{6-18}$$

式中，Q 为给料能力，t/h；D 为螺旋的直径，m；S 为螺距，m；n 为转速，r/min；γ 为物料的容积质量，t/m^3；ϕ 为填充系数，一般取 0.25～0.30。

2. 所需功率计算

$$N=\frac{QlW}{367\eta} \tag{6-19}$$

式中，N 为功率，kW；Q 为给料机的给料能力，t/m^3；l 为给料机长度，m；W 为阻力系数，W=1.5～4.0；η 为传动装置的效率，η=0.35～0.57。

表 6-7 为常用螺旋给料机的技术参数。

表 6-7 常用螺旋给料机的技术参数

类型	型号	转速/(r/min)	给料能力/(t/h)	电机功率/kW	质量/kg
双管螺旋给料机	ϕ300×1805	19.5～49	17～43.6	5.6	2172
双管螺旋给料机	ϕ300×3000	14.9～44.7	11～33	5.67	2753
单管螺旋给料机	ϕ300×1550	29.5	18	1.7	820

第七节　柱塞式加料机

柱塞式加料机是玻璃工厂向熔化池加入配合料的专用设备，它是封闭式往复运动的加料机，它可以与窑炉玻璃液面控制系统进行联锁，实现加料和液面控制自动化。

图 6-27 为柱塞式加料机。电机 1 经减速箱 2 带动主轴 3 转动。然后主轴上的可调偏心轮 4 带动连杆 5 将回转运动改变为往复运动，推动柱塞实现加料动作。配合料由料仓卸料口落下后由柱塞推动至加料嘴 6 处，再由自身的重力落入窑炉加料口中。偏心轮的偏心距可以根据需要调节，因此，改变柱塞的行程，便可实现调节加料量的目的。整个加料机由 4 个车轮 7 支承。车轮可在角钢导轨上行走，便于在调试或检修时进入和推离加料口。

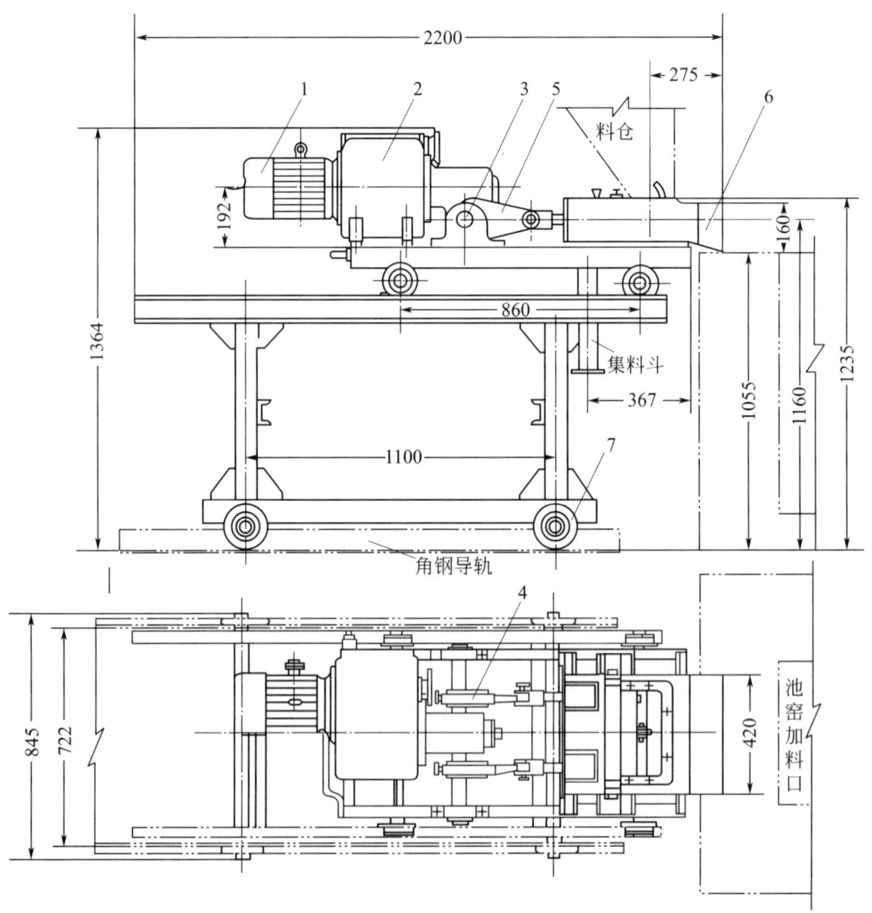

图 6-27　柱塞式加料机

柱塞式加料机的特点是加料量小、加料口可封闭、摩擦严重，适用于小型池窑加料。表 6-8 为常用柱塞式加料机的技术参数。

表 6-8　常用柱塞式加料机的技术参数

型号	主轴转速/(r/min)	加料能力/(t/h)	电机功率/kW	外形尺寸(长×宽×高)/mm	质量/kg
350×80	0～12	0～0.8	8	220×845×1363.5	520

第八节　薄层加料机

一、薄层加料机结构

薄层加料机也叫毯式加料机，是玻璃工厂向池窑加料使用最广泛的专用设备。它是敞开式往复运动的加料机。优点是加料量大，缺点是加料口不易封闭，加料机要伸进熔炉内易烧损。

图 6-28 为薄层加料机结构。电机 1 经减速箱 2 通过轴带动偏心盘 3 转动。偏心盘 3 通过连杆 4 使工作台 5 做往复运动。工作台（加料槽）在托辊 6 上滑动，托辊固定在机架上。

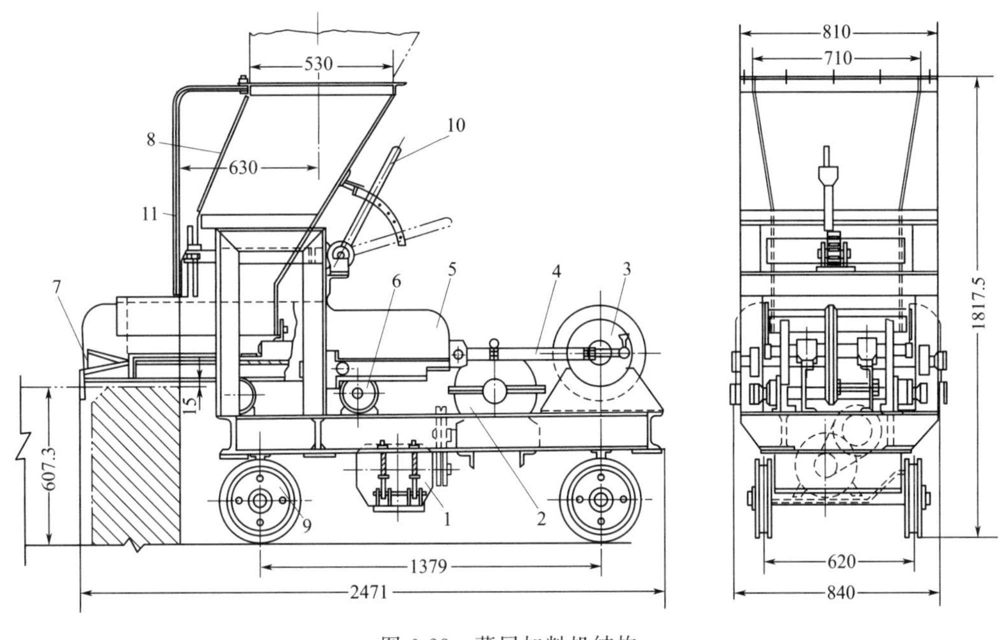

图 6-28　薄层加料机结构

当加料槽向池窑加料口方向运动时，借助配合料与槽体的摩擦力和槽体后壁的推动，使配合料与槽体一同向前移动。与此同时，料仓卸料斗 8 中的配合料通过料仓闸门 10 在重力作用下落入加料槽内。当加料槽返回时，配合料因被料仓中物料阻挡，不能随槽体一同返回，而通过加料嘴落入池窑的加料口中。

加料嘴 7 在窑的加料口上工作，设有水套，通水冷却加以保护。其冷却用水耗量为 2t/h。加料机加料的料层厚薄由料仓闸门 10 的开度大小控制。加料机通过机架由 4 个车轮 9 支承。车轮下铺设轨道，以便于加料机检修时离开加料口。为了防止窑炉的辐射热，料仓卸料斗用隔热板 11 保护。偏心盘上有 4 个孔，其偏心距分别为 70mm、80mm、90mm 和 100mm。连杆与偏心盘的不同孔相连接，能改变加料槽的行程，调节加料量。表 6-9 为浮法玻璃生产常用的薄层加料机的技术参数。

表 6-9　浮法玻璃生产常用的薄层加料机的技术参数

型号	加料机行程/mm	加料槽往复次数/(r/min)	加料能力/(t/h)	电机功率/kW	外形尺寸（长×宽×高）/mm	质量/kg
B-600	140,160,180,200	3.92	1.7～2.4	1	2471×840×1817.5	1000

二、使用及维护

薄层加料机在使用和维护时需注意以下几点。

① 检查密封装置，如卸料溜子顶端与料仓接口应封闭，无漏料现象；橡胶挡板磨损较大时，应进行调整或更换，以防物料后溢。

② 检查托辊、导轮等转动零部件的磨损情况，如有卡阻、轮面磨偏，应及时修复或更换。

③ 投料台前端的铸铁阻板，如出现表面严重侵蚀或裂纹剥落需更换。

④ 加料机离熔炉很近，润滑剂极易干燥，因此要求托辊导轮和阀门升降丝杆必须保持充足的 1～2 号钠基润滑脂。减速箱应加注黏度较大的齿轮油，每 6 个月清洗、换油一次。

⑤ 如发现闸门升降用的丝杆锈蚀或螺纹严重磨损、连杆两端的柱销磨损、弹性联轴器的弹性橡胶圈变形或开裂、柱销变形、螺纹滑牙等，应及时更换。

⑥ 当电动机温度过高，减速器漏油或有异常声响，蜗轮、蜗杆的啮合间隙和接触面积超出允许范围时，应及时修理。

第九节　电磁振动给料机

一、工作原理

玻璃工业从原料加工到配合料的制备甚至向池窑投料都广泛采用电磁振动给料机代替传统的加料设备。

电磁振动给料机结构简单，操作方便，不需润滑，耗电量小，可在湿、热环境下工作等；可以均匀地调节给料量，尤其是这种给料机便于自动控制，可实现生产过程的自动化，因此已得到广泛应用，分为敞开型和封闭型两种。根据安装方式，可分为悬挂式和台式等几种。

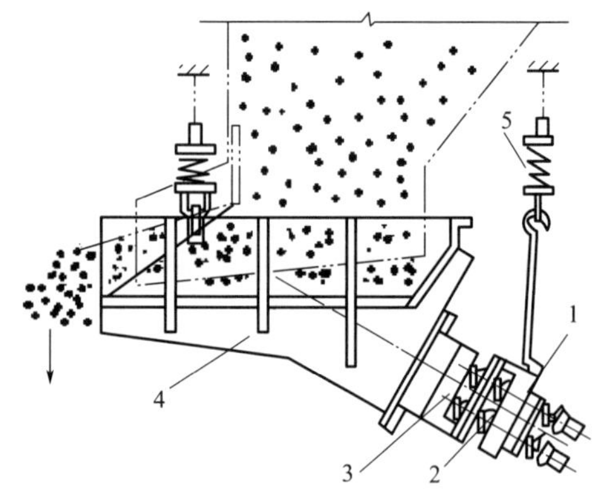

图 6-29　电磁振动给料机结构

1—电磁振动器；2—弹簧；3—衔铁；4—给料槽；5—减振器

电磁振动给料机（图 6-29）的电磁振动器是一种机电系统设备。同电动机相似，它是一种能量转换器，即将电能转换为机械能。所不同的是，电动机输出的是旋转运动，而电磁振动器输出的是高频振动。

电磁振动器（图 6-30）是应用电磁驱动和机械共振原理设计的。它是一个较为完整的双质点定向强迫振动的弹性系统。电磁振动给料机工作时，整个系统工作在低临界共振状态，主要利用电磁振动器驱动槽体以一定的倾角做往复振动，使物料沿槽移动。

图 6-30(a) 为电磁振动器的工作原理。物料 2 置于由主振弹簧 3 支撑的给料槽 1 上，衔铁 4 与槽体的主振弹簧连成一体，线圈 6 缠绕在铁芯 5 上。

由于线圈中流过的是经过半波整流后的单向脉动电流，因此，电磁铁就产生了相应的脉冲电磁力［图 6-30(b)］。在交流电的正半周，脉动电流流过线圈，在铁芯和衔铁之间产生一脉动电磁吸力，使槽体向后运动，电磁振动器的主振弹簧发生变形，储存势能；在负半周期内，线圈中无电流通过，电磁力消失，衔铁在弹簧力的作用下与电磁铁分开，使给料槽向前运动，这样给料槽就以交流电源 50Hz（即 3000 次/min）的频率运动，所以看起来是连续的运动。

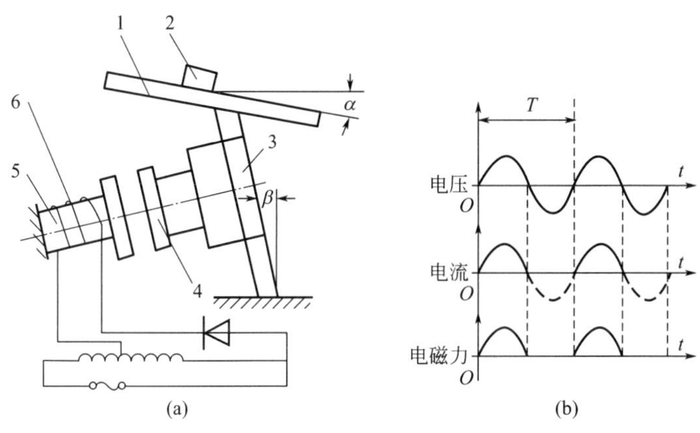

图 6-30 电磁振动器原理

二、作业参数的确定

（1）机械指数 K 机械指数 K 是给料槽最大加速度与重力加速度的比值

$$K=\frac{4\pi^2 f^2 a}{g} \tag{6-20}$$

式中，K 为机械指数；f 为电源频率，Hz；a 为给料槽振幅，mm；g 为重力加速度，m/s^2。

电源频率、振幅和机械指数的关系如图 6-31 所示。一般 K 值取 7～10。

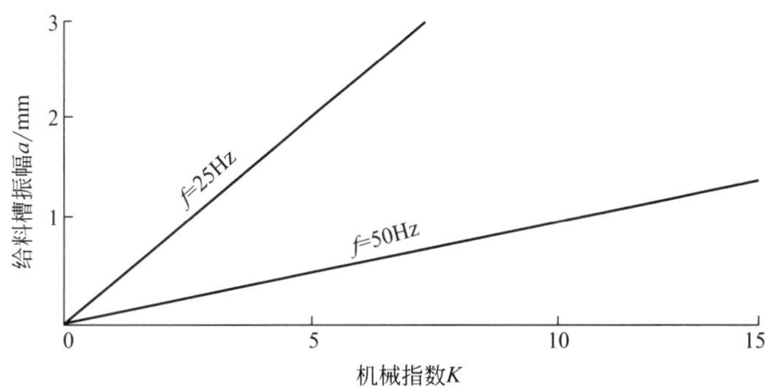

图 6-31 电源频率、给料槽振幅与机械指数的关系

（2）电源频率 f 在驱动角一定时，给料能力取决于频率与振幅的乘积，因此，其中一项降低后，另一项则相应增高。电磁振动给料机振动频率有 3600 次/min（电源频率为 60Hz）和 3000 次/min（电源频率为 50Hz）两种。

（3）给料槽振幅 a 电磁振动给料机的给料能力与给料槽振幅成正比。因此，提高给料槽振幅可以提高给料能力，但给料槽振幅过大，会增加物料颗粒破坏的可能性，一般给料槽振幅为 0.5～1.5mm。

（4）驱动角 α 对于每一个电磁振动给料机的机械指数 K，都有一个对应的最佳驱动角 α，见图 6-30(a)。驱动角一般为 20°～45°。目前多使用 20°～25°。

(5) 倾斜角 β　电磁振动给料机可以水平安装（指槽体），也可以倾斜安装。对于流动性好的物料，推荐向下倾斜 10°。对流动性不好的物料，可向下倾斜 12°，以利输送。给料率与倾斜角成正比（图 6-33）。倾斜角为 −12°～+12°，每变化 1°，将使给料率变化 3%。但倾斜角过大时，会加大槽体磨损。

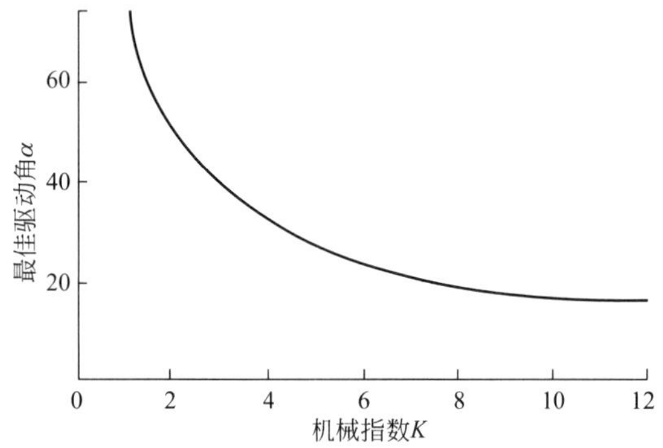

图 6-32　最佳驱动角与机械指数的关系

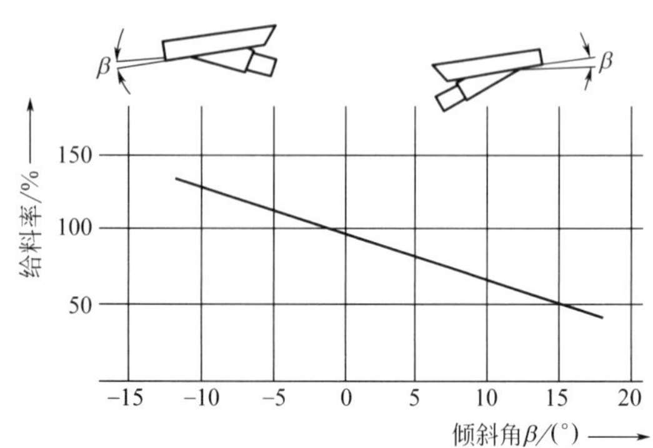

图 6-33　倾斜角与给料率的关系

三、调试、使用及维护

就目前一些工厂的使用来看，电磁振动给料机出现维护不当、工作状态不稳定、使用一段时期后物料的输送能力明显下降等问题较为普遍。再加上维护后不做正确的调试，造成设备的工作稳定性较差，严重影响正常生产。由于给料机的原理相对简单，所以只要掌握其工作和结构原理，在理论指导下，结合实际维护经验，就能做好电磁振动给料机的维护和调试工作。

1. 电磁铁芯与衔铁间气隙的整定

电磁振动给料机中铁芯与衔铁间气隙的大小直接影响给料机的正常运行，如调整不当，轻者使电流加大、振幅减小和不能正常运转，严重者将产生铁芯碰撞，从而导致铁芯和线圈的损坏。所以经常性地对气隙进行检查和调整是保证运转的重要条件。

气隙的调整方法：当使用检修螺杆调整好连接位置后，就可开始调整气隙大小，一般气隙调整到 1.9～2.2mm，在使用时可以根据给料量大小适当缩小或扩大，为了调整方便，可在调整前自制几块标准塞块，这样就可直接利用塞块进行调整。最后必须紧固并加上防松螺母。

确定合适的气隙后，还要使铁芯与衔铁的工作面互相平行。保证激振力的作用线通过给料机槽体的重心。如果激振力的作用线与槽体重心有偏移，则给料机除产生定向振动外，还要出现扭转振动，损坏机体。同时还要注意使电磁振动器的中心线与槽体的中心线在一垂直平面内，否则，给料机工作时要发生偏料。

2. 双质点连接弹簧板组的调整

电磁振动给料机的激振频率与固有的频率之比称为调谐值 Z。Z 值可在表 6-10 中选定。

表 6-10　调谐值（Z 值）

使用条件		Z	使用条件		Z
料仓卸料	料仓中物料多时	0.91～0.94	加料及输送	轻质不易碎的粉料	0.91～0.96
	料仓中物料少时	0.85～0.89		重质不易碎的粉料	0.85～0.94
使用在振动筛上		0.81～0.86			

给料槽的振幅大小包括：一是给料机电磁激振力的大小、频率；二是给料机自身的自振频

率。根据机械振动的谐振原理可知，只有当给料机的自振频率与电磁铁的激振频率临近发生共振时，给料槽的振幅最大。一般都将调谐值选择为0.85～0.9的范围。工作实践证明：当调谐值低于此范围值时，给料机的输送能力下降，振幅较小。高于此范围值时，给料机工作在不稳定范围。调谐值是通过调整双质点连接弹簧板组的刚度来进行调整的。

双质点弹簧板组的调整方法：在整机调整工作到气隙调整结束后，就可开始弹簧板组刚度的调整。松开检修螺杆，接通控制电源，在逐步增加工作电流的同时，观察设在电磁振动给料机上的振幅指示牌的指示值。当电流达到最大值，而振幅达不到最大值时，可把弹簧板组的顶紧螺钉稍作松动，这时如振幅增大、工作电流下降，则说明弹簧刚度偏大，应减少簧片的块数以减少刚度。相反，就应增加板簧数，以加强整体刚度。若给料机的弹性元件不是板弹簧而是螺旋弹簧，由于它的刚度值是不可调的，只能采取增减电磁振动器配重（即改变振动质量）的方法来改变固有频率，达到给定的调谐值。

在使用电磁振动给料机时，可在有负载的情况下停车和开车。在安装后开始使用时，要注意给料机的螺栓是否松动，板弹簧是否断裂和给料机是否与周围设施有碰撞。表6-11为常用电磁振动给料机技术参数。

表 6-11 常用电磁振动给料机技术参数

型号	给料厚度/mm	生产能力/(t/h)		电压/V		电流/A	功率/kW	激振频率/(次/min)	槽体双振幅/mm	外形尺寸(长×宽×高)/mm	质量/kg
		水平	−10°	直流	交流						
DZ_1	0～50	5	7.5		220	0.95	60	3000	1.76	1155×534×442	74
DZ_2	0～50	10	14.5		220	2.14	150	3000	1.9	1370×634×580	155
DZ_3	0～50	25	36.5		220	3.4	200	3000	1.8	1607×762×650	225
DZ_4	0～50	50	72.5		220	6.5	450	3000	1.9	1770×765×760	460
DZ_5	0～100	100	145		220	10	650	3000	1.8		630
DZ_6	0～300	150	218		380	12	1500	3000	1.5		1141
DZ_7	0～400	250	363	22	380	23	3000	3000	1.5		2017
DZ_8	0～400	400	580	26.4	380	35	4000	3000	1.5		2992
DZ_9	0～400	600	870	24.5	380	41	5500	3000	1.5		3614
DZ_{10}	0～500	750	1090	24.5	380	51	7000	3000	1.5		5010
DZ_{11}	0～500	1000	1420	24.5	380	82	5500×2	3000	1.5		6917
DZ_{12}	0～100	200	285		380	12×2	1500×2	3000	1.5		2438
DZ_{13}	0～100	250	360		380	12×2	1500×2	3000	1.5		2477
DZ_{14}	0～100	300	430	22×2	380	23×2	3000×2	3000	1.5		4104
45DA	0～400	450				38～40	2800	3000	1	3870×1770×1770	3770
35DA	0～300	350				40～45	1700	3000	1.5	3906×1620×1400	3040
$15D_1$	0～300	150				15	1200	3000	1.5	2460×1340×1040	1070
$10D_1$	0～100	100				15	1200	3000	1.5	2350×1700×670	1080
$10D_5$	0～250	100				15	1200	3000	1.5	2410×1050×950	1075

第十节 电熔窑常用加料机

玻璃工厂中所用的电熔窑有一部分采用人工加料，人工加料能使配合料更好地覆盖在熔融的玻璃液表面，而且成本较低，利于日常的维护修理。虽然设备的先进性不够，但是能更好地控制成本。还有一部分电熔窑采用机械加料，玻璃电熔炉的加料系统与蓄热式池窑基本相似，只是窑内的配合料位置与火焰池窑稍有不同，因此就需要应用与各种类型电熔窑相匹配的加料机。

电熔窑加料机应符合下列要求。

① 上部结构紧凑，必须适应当电熔窑表面未被配合料覆盖时的温度。

② 操作要方便，防尘要做到简易可靠，尽可能减少粉尘，至少能良好地密闭。

③ 配合料加入量要与温度和电流的分配相适应。

④ 在遇到故障时，整个电熔窑表面能迅速地被配合料覆盖住。

针对电熔窑用加料机的设计，各国略有不同，在英国的设计中，配合料的加入由一台移动式输送机完成，加料机把配合料撒播到整个熔化池的玻璃液表面上，提供了一种真正的垂直熔化。美国的设计则是用一台推进式加料机完成加料操作的，配合料从端墙一侧进入炉内，获得一个近乎完整的配合料覆盖层，提供的是一种水平与垂直相结合的熔化方式。

目前国内真正使用的加料机主要有皮带振动式加料机、做扇形回转运动的皮带式加料机、带振动槽的加料机、旋转播料式加料机和带旋转料仓的加料机。下面就对前 3 种做简单的介绍说明。

1. 皮带振动式加料机

根据 20 世纪 50 年代 Wegen 的实验，电熔窑上的配合料应达到能全部覆盖玻璃液面的程度。如图 6-34 所示，加料设备的主要机构由配合料输送带以及沿轨道移动的小车组成，输送带上方有一只料仓，往其内装料，仓内每次的存料量至少应能覆盖电熔窑的玻璃液面，输送带伸入窑内，并做向前或向后的运动，同时小车做向左或向右的运动，这样便能覆盖住整个液面。这种加料设备结构相当简单，并且池窑液面上的配合料堆积始终是很致密的。

图 6-34　皮带振动式加料机

但这种加料机的占地面积较大，电熔窑侧壁还需要开一相当大的口，这样就不可避免地增大了热损耗。当配合料温度不超过 200℃时，造成的热损耗占总热量的百分比很低。当配合料的输送装置出现故障，配合料覆盖层全部熔化时，必须由人工将配合料送至窑内，否则输送带在高温中运行将被烧毁。另外，配合料在皮带上容易引起分层。

在捷克，这种类型的加料机得到了进一步的发展。电熔窑是长方形的，底插电极，炉子正面开口，并有两根轨道敷设于池窑上方，小车在轨道上运行，车底安装着带有可翻叶片的百叶窗。小车在炉外时，其底关拢，通过一只或多只振动式加料槽往车内装入配合料，然后小车进入窑内，叶片打开，配合料便漏下覆盖于液面，此种方法仅适用于小型窑炉，因为结构上的原因，叶片的宽度不能做得太大。该设备中，炉子的一面完全打开，导致较大的能量损耗。

2. 做扇形回转运动的皮带式加料机

为了把配合料送到熔化池玻璃液的每一部位，设计了专用的输送带式加料机，见图 6-35。加料机伸入窑内，可做前进、后退及扇形回转运动，把配合料均匀铺撒在整个玻璃液表面。

3. 带振动槽的加料机

为了降低皮带输送过程中的飞料现象，皮带输送装置已由振动槽代替（图 6-36）。加料时既做振动又做往复式运动，其原理同皮带振动式加料机。

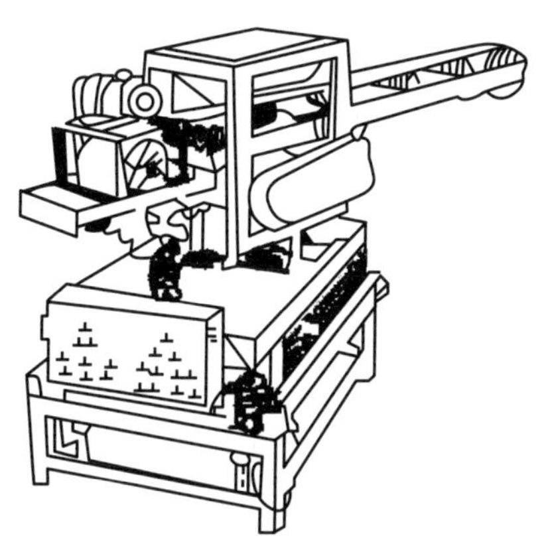

图 6-35　输送带式加料机

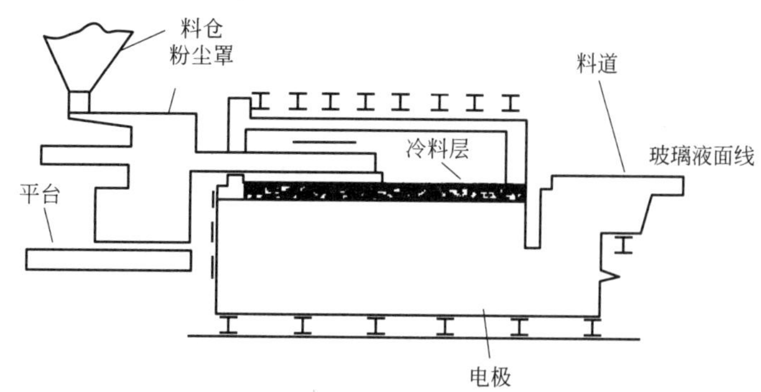

图 6-36　带振动槽的加料机

思考题

1. 名词解释：重力流动性（松散物料）；静休止角（松散物料）；压缩率（松散物料）；均匀性系数。
2. 在选择加料机时，对加料机的基本要求是什么？玻璃厂常用的加料设备有哪几种类型？（请列举 5 种以上）
3. 料仓中易出现的故障有哪些？请画出图示，并说明为防止这些故障可以采取哪些措施。
4. 堆积分料会导致物料出现偏析，简述粉体偏析分料机理。
5. 玻璃工厂生产中常用的料位测量装置都有哪些？
6. 简述排仓和塔仓的优缺点。
7. 简述螺旋给料机的螺面有哪几种形式。
8. 简述电磁振动给料机的工作原理。
9. 电熔炉常用的加料机有哪些？

第七章　防尘及收尘设备

第一节　概　　述

玻璃生产使用的原料、配合料和一些燃料以粉体形式存在，在原料的粉碎、筛分、输送等配合料制备的场合，由于设备的振动会产生粉尘。若不采取有效防尘措施，粉尘对作业场所和室外大气造成污染，会危害玻璃车间操作人员及厂区附近居民健康。0.5mm 以下的粉尘可以进入人体的肺部，导致操作人员患职业病。粉尘还会加速设备磨损，造成机械设备损害。因此必须开展防尘工作，改善玻璃工厂生产环境，使作业点全面达到国家防尘标准（表 7-1），防止粉尘危害环境。

表 7-1　国家防尘标准

物料名称	砂石	萤石、石灰石、蜡石、芒硝、白云石、煤粉	纯碱
标准值/(mg/m^2)	<2	<10	<5

一、粉尘防治的方法

粉尘的防治可以从以下几个方面入手。

1.原料加工作业方面

① 原料在装运、粉碎、称量、混合等加工过程中应尽量采用机械化、自动化、连续化、密闭性生产线，以减少粉尘的逸散，避免工人直接与粉尘接触。

② 根据原料的硬度，合理选择粉碎设备，严格控制过粉碎的生成量。

③ 设备要尽量密闭。对难以密闭的部位，要根据设备和操作情况设置密封罩、吸尘罩。

④ 在粉尘浓度超过国家规定指标，一时还难以降下来的地方，采用分隔的操作室，使工人脱离粉尘源，进行遥控操作。

⑤ 在条件许可的情况下，原料的粉碎应尽量采用湿法作业。

⑥ 提高车间空气的湿度，使相对湿度为 40%～60%，可减少车间中粉尘的飞扬。采用室内地面经常洒水，扬尘地点设置喷雾喷水，定期用水冲洗地面和墙壁等方法。

2.原料工艺方面

① 尽量采用合格的粉料进厂，而不自行加工粉碎。粉料要有完善的、集装化的包装、运输、装卸方式。

② 采用硅砂（海砂）作原料，而不用砂岩或需加工粉碎的硅质原料。

③ 严格控制各种原料的粒度，不仅要控制粒度的上限，还要控制超细粉和各粒级的配比。

④ 使用粒化、压块的配合料。

⑤ 创造条件尽量使用重质颗粒碱。

3.选用高效率除尘器

要根据粉尘的特性、粒度、状态（温度、湿度）、处理量、回收利用情况等，选择不同形式的除尘器。

极细的粉尘采用静电除尘器；粒径较大的粉尘采用机械力除尘器，如旋风除尘器、脉冲除尘器；粒度大、比较重的粉尘宜采用重力沉降室除尘。

4. 加强粉尘的管理

① 建立粉尘监测制度，定期测定粉尘排放点的粉尘浓度，达到国家规定的标准。

② 加强对除尘设备的管理与维修，保证安全运转，发挥最大效益。

③ 坚持执行个人的防尘措施，佩戴好劳动保护用品。

④ 定期检查接触粉尘人员的身体健康状况。

⑤ 加强对全体职工安全意识教育，充分认识粉尘的危害性和防尘、治尘的重要性、自觉性。

防尘措施需要综合进行，定期检查各项指标，如含尘浓度的测定值、操作人员体质检查、对设备进行维修、检查措施的执行情况等。此外，还应该重视对操作工人的个人劳动防护。

防尘是一项具有科学性和技术性的工作，通过充分掌握粉尘的性质及其产生和扩散的原因，找出产生粉尘的一系列内在联系，就可以“对症下药”，采取有效的防尘措施。

二、常用除尘设备的种类

我们把能够除去空气、烟气中的固体颗粒，使固气两相发生分离并回收粉尘的一类设备称为除尘设备。

在玻璃生产中，可以根据除尘设备是否以水为媒介分为干法除尘与湿法除尘两种。常用的干法除尘设备有重力沉降器、惯性除尘器、旋风除尘器、袋式收尘器、干式电除尘器。

湿法除尘设备有喷淋式洗涤器、填料式洗涤器、离心水膜除尘器、惯性水膜除尘器、鼓泡式除尘器、文氏管除尘器。

干法回收的粉尘较易处理，但是绝大多数干法除尘器只能收集大于 1.0μm 的粉尘；湿法除尘器可以回收大于 0.01μm 的粉尘，但是湿法除尘形成的泥浆难以处理。

根据除尘的原理不同，将除尘器分为以下几类。

① 机械力除尘设备，包括重力除尘设备、惯性除尘设备、离心除尘设备等。

② 洗涤式除尘设备，包括水浴式除尘设备、泡沫式除尘设备、文氏管除尘设备、水膜式除尘设备等。

③ 过滤式除尘设备，包括布袋除尘设备和颗粒层除尘设备等滤筒式除尘机。

④ 静电除尘设备。

电除尘器除尘效率很高，压力损失少，但是需要有专门的变电所和整流装置，投资较高，所以仅用于特种玻璃工业，较常用的除尘器是旋风除尘器、袋式除尘器和湿法除尘器。

三、粉尘特性与收尘操作的关系

（1）粉尘的颗粒组成　又称分散度，它通常用颗粒级配来表示，即各种粒级（颗粒尺寸范围）所占总体百分数。若粉尘中相对小的粉尘百分含量高，也就是分散性高，其危害性增加，收尘处理也较为困难。颗粒组成是决定收尘器和操作的重要判据。

（2）凝聚性　悬浮物及其微小的颗粒在空气中发生布朗运动不断扩散，使得粉尘难以聚集沉降，而不利于收尘工作。当许多小的颗粒凝聚成大的颗粒，收尘就较易进行。粉尘的凝聚性，不仅由本身的黏度、大小、形状、极性等物理和化学性质决定，湿度、温度、压力、超声波振动、电场等环境也可使粉尘易于凝聚，例如超声波收尘器就是利用超声波的作用来凝聚收尘的。

（3）湿润性和吸附性　粉尘能够被水等液体所覆盖在其表面的趋向大小，就是被水湿润的能力。对于不同的粉尘而言，其表面可能是亲水基或疏水基。在颗粒尺寸相当小（小于 5mm），润湿驱动力小，只有水滴和颗粒高速下相撞时，润湿才会发生。各类湿法收尘器用于收集湿润性好的粉尘；对干法收尘器，则应避免湿润性大的粉尘，其容易黏附器壁造成结块和堵塞。

（4）电荷性　粉尘在其生产和运动过程中，由于摩擦、相互碰撞、放射线照射、电晕放电以及接触带电物体而带有一定电荷的性质称为粉尘的电荷性。粉尘颗粒所带荷电量受它的大小、质量、温度、湿度等因素的影响，高温时荷电量增多，湿度大时带电量减少。静电收尘器就是利用粉尘的电荷特性，通过设置高压电场，利用电晕放电来收集粉尘。

（5）爆炸性　可燃性固体微粒的粉尘扩散在空气中只要达到一定浓度，在有火星或一定温度压力条件下就会引起爆炸。在较低浓度和较低温度下就能爆炸的粉尘，危险系数就增加。所以，在收集可燃性粉尘（如煤粉等）时应采取防爆措施，例如尽量使粉尘于无爆炸区的氧气浓度范围内可采取低氧环境，同时保证所用设备的机械及电气部分不产生电火花，且其制造材料为不可燃的。粉尘颗粒越小，其表面积越大，爆炸危险性越高。不同粉尘混合收尘时，如因混合物的化学物理性质，会产生爆炸、腐蚀等，必须分别进行收尘。

四、收尘效率与通过系数

在收尘系统中，收尘效率用来衡量除尘设备回收粉尘颗粒的能力，用百分数表示，其定义为

$$\eta=\frac{G_2}{G_1}\times100\%=\frac{C_1Q_1-C_2Q_2}{C_1Q_1}\times100\% \tag{7-1}$$

式中，η 为收尘效率，%，G_1 为进入除尘设备的粉尘总量，g/h；G_2 为除尘设备所捕集的粉尘量，g/h；C_1 为进入气体中的含尘浓度，g/m^3；C_2 为排出气体中的含尘浓度，g/m^3；Q_1 为进入的空气量，m^3/h；Q_2 为排出的空气量，m^3/h。

如果除尘设备本身没有漏风，根据质量守恒定律（即 $Q_1=Q_2$），式(7-1) 可简化为

$$\eta=\left(1-\frac{C_2}{C_1}\right)\times100\% \tag{7-2}$$

当两台除尘设备串联使用时，总收尘效率按下式计算

$$\eta_{总}=\eta_1+\eta_2-\eta_1\eta_2 \tag{7-3}$$

式中，η_1、η_2 为第一级和第二级除尘器的收尘效率，%。

为了评价除尘器排放气体中的剩余粉尘含量，可计算通过系数，由下式定义

$$\varepsilon=\frac{G_3}{G_1}\times100\% \tag{7-4}$$

或

$$\varepsilon=1-\eta \tag{7-5}$$

式中，ε 为通过系数，%；G_3 为经除尘设备净化后排放气中的剩余粉尘含量，g/h。

第二节　重力沉降室与惯性除尘器

（一）重力沉降室

重力沉降室是利用重力作用使尘粒从气流中自然沉降的除尘装置。其机理为含尘气流进入沉降室后，由于扩大了流动截面积而使得气流速度大大降低，使较重颗粒在重力作用下缓慢向灰斗沉降。但是，它仅能捕集大于 50μm 的尘粒，其干式沉降室的除尘效率只有 50%～60%。烟道气第一级除尘用的沉降室如图 7-1 所示，管道通入沉降室以后通道断面扩大，根据流体力学原理，流速大大减小，有足够的时间沉降，使除尘能够完全。

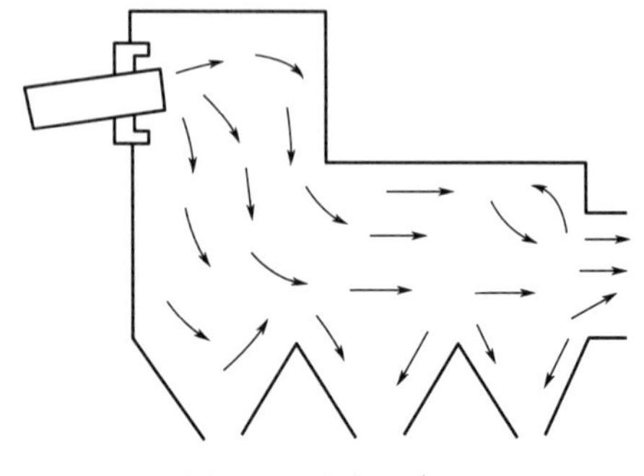

图 7-1　重力沉降室

在硅酸盐工业中，多数沉降室是用砖石砌成，设置在管道位置，要求便于清扫灰尘。对于略低于大气压力的沉降室，清灰门无需严封，可简化结构。例如通常在烟道的下部设置有一个烟道沉降室。

（二）惯性除尘器

惯性除尘器亦称惰性除尘器，是指使含尘气体与挡板撞击或者急剧改变气流方向，利用惯性力分离并捕集粉尘的除尘设备（图 7-2）。由于运动气流中尘粒与气体具有不同的惯性力，含尘气体急转弯或者与某种障碍物碰撞时，尘粒的运动轨迹将分离出来使气体得以净化。这类除尘器往往用于粒径大于 20μm 的非纤维性干粉尘，而不适宜于清除黏结性粉尘和纤维性粉尘，净化效率不高，一般为 50%～70%，通常只作粗净化。

惯性除尘器根据除尘原理分为碰撞式［图 7-2(a) 和 (b)］和回转式［图 7-2(c) 和 (d)］两种。前者是沿气流方向装设一道或多道挡板，含尘气体碰撞到挡板上使尘粒从气体中分离出来。悬浮颗粒在撞到挡板之前速度越高，碰撞后越低，除尘效率就越高。后者是使悬浮的粉尘多次改变方向，在转向过程中把粉尘分离出来。显然，气体转向的曲率半径越小，转向速度越多，则除尘效率越高。

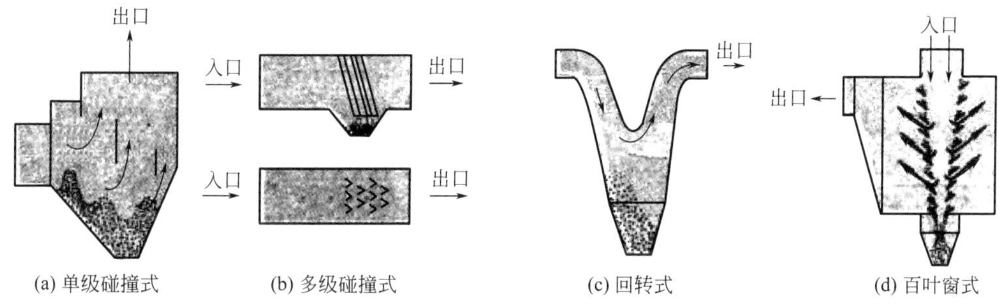

图 7-2　惯性除尘器的形式

在玻璃工业中所涉及的几种常用惯性除尘器如图 7-2 所示，图 7-2(c)、(d) 是两种压降较小的用于清除粗粉尘的惯性除尘器，图 7-2(d) 是百叶窗式惯性除尘器，粉尘靠惯性冲入下部灰斗，而气体和惯性小的微尘将急剧转弯穿过百叶窗缝隙排出。

与其他粗净化设备不同，含尘气体通过百叶窗式除尘器后，浓度反而增高。因此利用它就减少了第二级除尘设备的处理量（m^3/h）。其浓缩流占总气体的 10%～20%，这样第二级设备规格就缩小很多。如果第二级除尘器堵塞或其他原因使浓缩流所占的百分比改变了，那么它的净化效率也受到影响。如果浓缩流为零，那么粉尘不发生沉降，便从百叶板缝隙中大量排出。

百叶窗式除尘器中产生的压降计算式为

$$\Delta p=\frac{\rho}{2}\left(\frac{Q}{CA}\right)^2 \tag{7-6}$$

式中，Δp 为百叶窗式除尘器的压力降，Pa；ρ 为气体密度，kg/m^3；Q 为进入的处理量，m^3/s；C 为百叶板缝隙的收缩系数，取 0.6～0.8；A 为百叶板缝隙的总面积，m^2；$\frac{Q}{CA}$ 为从百叶板缝隙中冲出的气流速度（v），m/s。

式(7-6) 的意义为 $\frac{\Delta p}{g\rho}=\frac{v^2}{2g}$，即此除尘器的压降（静压头）等于动压头，也就是消耗的势能都变成百叶板出风的动能。只要限制风速 v，就不至于吹走大颗粒，利用式 (7-6) 的结果，就有可能计算出各主要结构的尺寸大小，从而设计百叶窗式除尘器。

它是用来浓缩含有大颗粒（$d_p > 10\mu m$）的气流，会使污染的粉尘从百叶板缝隙中逸出，图 7-2(c) 中装置可把逸出气流再次收集，便于进行第二级的除尘处理。

图 7-2(b) 为多级碰撞式惯性除尘器示意图，当含尘气体冲击到槽形挡板上时，大颗粒丧失速度，由于重力作用沿着挡板下滑。含少量微尘的气流则会绕过挡板继续流动，由于多层挡板的共同作用，大颗粒几乎全被收集下来。这种除尘器只能用于收集大于几十微米的颗粒，而且在堵塞时难以清理，所以不适宜收集黏附性粉尘。

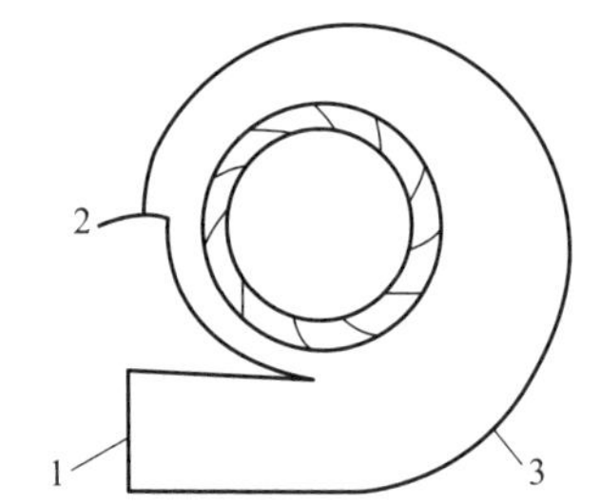

图 7-3　蜗壳型百叶窗式除尘器
1—进气口；2—分流口；3—蜗壳

直通型百叶窗式除尘器的缺点是磨损能力强的大颗粒会与百叶板接触，产生较大磨损。而图 7-3 中是蜗壳型百叶窗式除尘器，它在工作时，大颗粒只与蜗壳接触，所以百叶板的磨损较少，用于配套 0.5～10t/h 的锅炉设备，浓缩流从分流口处涌出。为了避免蜗壳内积尘，气体入口速度较大，一般为 18～25m/s，但速度太高，就会由于局部阻力损失而产生相应的磨损。

第三节　旋风除尘器

在玻璃工业和其他化工领域中，旋风除尘器是各种收尘设备中应用较为广泛的一种设备，它是利用气流在旋涡运动中产生的离心力以清除气流中尘粒的设备。这种除尘器能适应粒径大于 5μm 的粉尘，收尘效率高达 90%以上。设备本身结构简单，无运动部件，能够连续作业，而且占用空间小，对含尘气的处理量大，投资较少。旋风除尘器的检查维修较为方便，以镶嵌耐磨材料嵌于内壁时会经久耐用。其结构可用各种适当材料制造，以适应防腐、耐磨、高温等作业条件。

一、旋风除尘器的工作原理

旋风除尘器是由进气管、筒体及排气管 3 部分组成。排气管插入壳体内，形成内圆筒，见图 7-4，壳体上部多为圆柱体，下部多为锥体。进气管与壳体上部的圆柱部分相切。含尘气体从进气管以 12～25m/s 的速度沿外圆筒的切向进入壳体，并在内外圆筒之间形成回旋向下的外旋流，悬浮于外旋流的粉尘在离心力的作用下移向器壁，并随外旋流转到除尘器下部，由排尘孔排出。净化后的气体到达壳体下端以后，形成上升的内旋流，并经排气管排出。旋风除尘器的工作原理如图 7-4 所示。

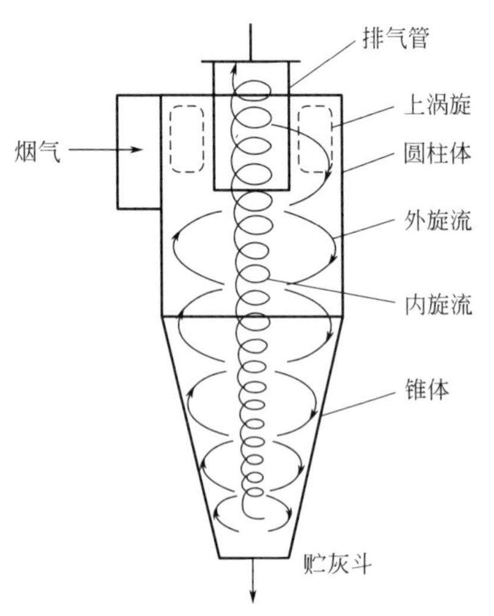

图 7-4　旋风除尘器的工作原理

外旋流的切线速度随半径的减小而增加，而内旋流的切线速度随半径的减小而减小，且内旋流的切线速度较小，所以外旋流的速度决定了除尘的效率。先由外旋流把粉尘抛向筒壁，顺锥体向下，粉尘由下排入贮灰斗；气流由中心回旋上升，从排气管排出。当上升气流卷起下部的粉尘时，由于内旋流的转速较低，上升较快，不足以把粉尘再抛向外壁，就会把粉尘带出排气管，分离效率明显下降。尤其是当排尘口敞开或漏气时，由于中心部分压力低于外界大气压力，空气被吸入，把粉尘卷入内旋流中，已经分离的粉尘又污染了净化过的空气。在实际生产中应尽量避免上述情况的发生，具体做法是在下面安装集尘箱和阀门，使排尘口与大气隔绝。

由图 7-4 看出，进入的气体在碰到壳体时分成上下两股，而向上的一股受到上壁的阻拦形成上部的涡流区，涡流区中的粉尘没有出路，粉尘浓度增大以后，容易短路进入排气管。为了防止这种气流的短路，排气管应插在低于或平于进气管的下边。

二、结构尺寸对旋风除尘器性能的影响

旋风除尘器能分离出的最小粉尘决定因素有旋风除尘器的尺寸形状、进气的速度、粉粒和气体的性质（如密度、沉降速度、表面光滑度等）。下面主要介绍其结构尺寸对除尘器性能的影响。

（1）筒体直径　一般来说，外形细而长的筒体效率高。直径越小，就可捕集越细小的粉尘，但其阻力也将较大。反之，外形较短而粗大的筒体，分离效率较低，但阻力小，处理量大。

（2）筒体长度与锥体长度　对于用于粗分离的除尘器这两个尺寸不是很重要，但当用于分离微小的尘粒时，为了加强外旋流的分离能力，在气流的动能还没有减弱以前，就希望其进入小直径区域，以增加气速，从而增强分离能力。因此在小直径的旋风除尘器中，采用较长的锥体长度（设总长不变），以提高净化效率。

如果进风速度小，筒体直径又大，进风转不了几圈已经过了很长的距离（因直径大），动能消耗较快，在压差作用下气体向出口逸去，这种情况下的旋转气流所经过的轴向长度在一定范围内，即使再加长筒体，也无济于事。但与此相反的情况是小直径的筒体，对于同样的进风速度，进入的气体旋转了很多圈，轴向行程已很大，但总行程还不太大，有足够的动能继续旋转向下，这种情况下增加筒体长度就能提高净化效率，如果采用过短的筒体长度，强有力的下端气流就会使得已经分离的粉尘翻动起来，容易被上旋流带出。

（3）排灰口直径　排灰口直径通常略小于出气口，有利于使下旋流早些与沿筒壁滑下的粉尘分离而转入上旋流，而后在下滑粉尘的推挤下挡住排灰口，比较理想的是能够接近满口出灰。

（4）排气管的插入深度与尺寸　一般情况下，采用插入深度约等于进气管高度，因为上下涡旋的分界面在此处，分界面处的径向流速向外，这样就防止了外旋流进入排气口。但对于螺旋型进气的旋风除尘器，排气管插入筒体深度较大，那是因为它的进气压力较大，可防止进气与排气短路。

（5）阻气排尘装置和贮灰箱　由于旋风的作用，筒体中心部分通常是负压，为了避免空气由排灰口吸入，采用在其上方安装阻气排尘装置。通常的阻气排尘装置有 3 种，如图 7-5 所示，它们分别用于圆锥形、倒锥形和圆筒形旋风除尘器上。

图 7-5(a) 为阻气锥，锥顶使旋转的粉尘远离锥顶，上部的旋流比较清洁。锥底直径略小于排灰口，必须在内外旋流的临界点上安装，使环缝中的压力为零。

图 7-5(b) 的锥顶有一小孔，它可以把外旋流带进去的少量气体再吸入内旋流中，以控制下面贮灰箱内的压力，使倒锥体的外旋流容易经环缝排灰。

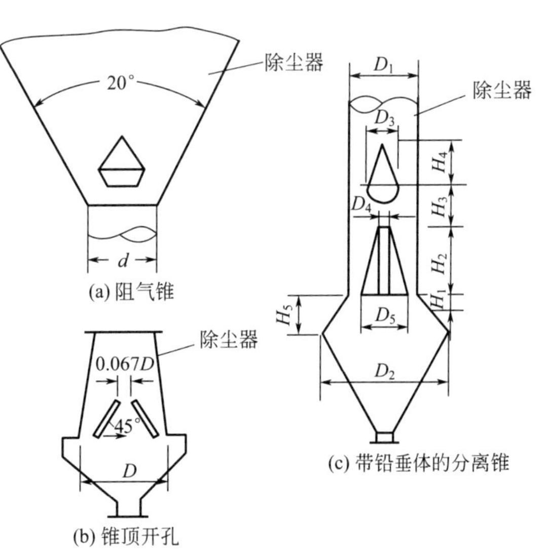

图 7-5　阻气排尘装置

图 7-5(c) 所示的分离锥作用与图 7-5(b)

相似，在它的小孔上方有一个倒立的“铅垂体”，它迫使从贮灰箱上来的气压向外旋流，进一步把可能卷起的粉尘抛入外旋流，然后再汇合内旋流向上排出。

三、旋风除尘器的结构形式

在当前的玻璃工业生产中所用到的旋风除尘器的结构形式很多，按结构原理分，主要有基本型旋风除尘器、蜗旋型旋风除尘器、螺旋型除尘器、圆筒型旋风除尘器、扩散型旋风除尘器、旁路式旋风除尘器、二次旋流除尘器和平面旋风除尘器等，见图 7-6。

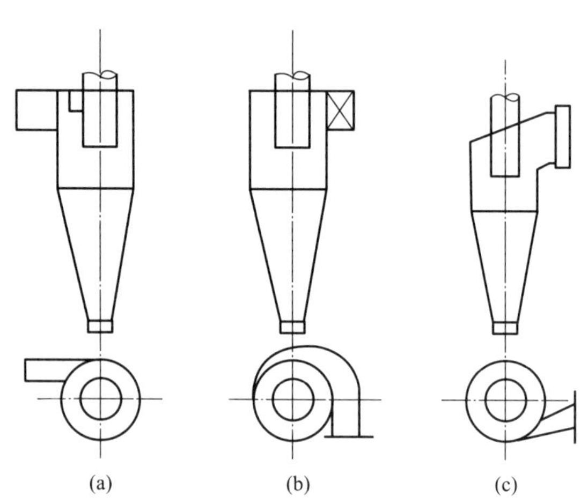

图 7-6　几种旋风除尘器

按照有无出口蜗壳及气流的旋向，分为出气类型和左、右旋向类型。符号的规定为：带出口蜗壳的——X 型；无出口蜗壳的——Y 型；从器顶上看，逆时针旋转的为左旋——N 型；顺时针旋转的为右旋——S 型。

所有各式各样的旋风除尘器，还可细划分为 XN 型、XS 型、YN 型和 YS 型。

1. 基本型旋风除尘器

CLT 型是最原始的旋风除尘器，其他各型都是在此基础上演变出来的，故称基本型。其外形特点是短而粗，筒部较长，锥部较短。普遍采用切向进气，结构简单。优点是通用性广，处理量大，压降较小。缺点是净化效率低，金属耗量大［图 7-6(a)］。

2. 蜗旋型除尘器

蜗旋型除尘器见图 7-6(b)。此型的外形特征是进气由渐开线或对数螺旋线的蜗壳引入筒体，蜗壳的包角有 180°及 360°两种。据试验发现，180°包角的性能较好，特点是压降少，净化效率高。

3. 螺旋型旋风除尘器

螺旋型旋风除尘器见图 7-6(c)。此类除尘器的结构特点是：气体由切向引入，顶盖为螺旋型导向板，导向板角度一般为 8°～20°，随着角度增大，压降能减小，净化效率降低。CTL/A 型的导向板角度为 15°。其外形特征是细而长，锥角小。与基本型相比，它的压降大一些，但净化效率高，目前在化工企业中应用广泛。

4. 圆筒型旋风除尘器

圆筒型旋风除尘器筒体的外形为圆柱形，筒体的下面接有贮灰箱。没有下部的锥形收缩旋流，粉尘不易被内旋流带走，同时采用了较长的筒身和阻气隔离锥，所以净化效率高，而且压降较低。

此型的特点是：流量越大，需要设计的筒径及筒长也越大。与有锥筒的相比，圆筒型的金属用量多，除因为它必须有贮灰箱以外，还因为它用加长筒体的方法来增加分离时间，失去了锥筒对分离能力的强化作用。

5.扩散型旋风除尘器

扩散型旋风除尘器的外形特征是在短圆筒的下部，接着安装了一个上小下大的锥筒。在锥筒的下面有阻气排尘装置将内外旋流隔开，这样就减少了上旋流夹带粉尘，使得净化效率得以提高。虽然扩散锥没有收缩锥那种强化分离的效果，但它有利于防止内旋流夹带粉尘。它有条件在总压降不高的情况下使用，因为它引起的压降比收缩锥小，采用宽度窄、长度长的进气口，这样就改善了筒体上部的分离性能。另外，此除尘器下部的扩散锥不易被磨损，对细小粉尘的收尘效率较高，对于入口风速来说，它产生的局部阻力系数相对较低。

6.旁路式旋风除尘器

旁路式旋风除尘器见图 7-7。该除尘器的外形特征是在筒体的外部设有旁路管道，管道大多为直线型或螺旋型。其目的是把已经分离而无法引出的死角粉尘经过外面的旁路引出，最后回收到下面的筒体中。

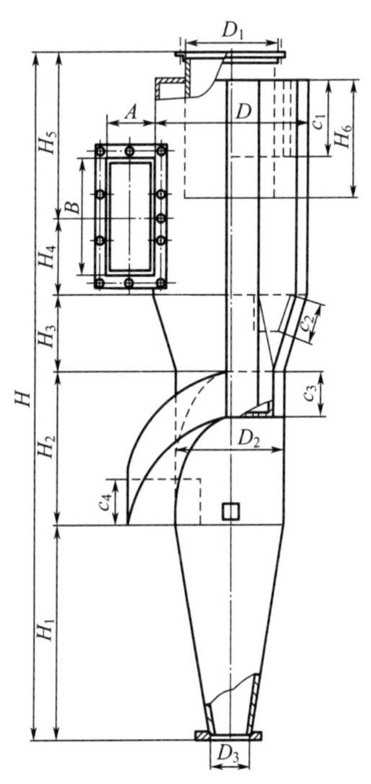

图 7-7　旁路式旋风除尘器

旁路式旋风除尘器采用切向进气，进气后分上下两路，上面一路在碰到顶盖返回时，就形成了上部涡旋流，这个死角处的气体在死角内自行循环，同时绕轴心做旋转运动，这样在离心力作用下分离出的粉尘呆在死角不能出来，一般情况下，只有当浓度变得很大以后，才会压下来又混入进口或出口气流中去，这样严重影响了收尘效率。为了改善这种缺点，XLP/A 型旁路式旋风除尘器使进气口位置下移一些，使进气向上那一股气流盘旋而上，并分离出粉尘。同时在侧壁上开了一个孔口，与筒外的旁路相通，当气流到达顶盖时，集中到该处的粉尘由旁路被引到下部的锥筒中。由图可见，此种筒体有两种直径的圆筒身与中部锥筒相连。在中部锥筒的下边开了孔口，使上部圆筒部分已经分离出的粉尘由此处进入旁路，导入下锥筒中。由中部锥筒收缩的旋转气流，将以更高的速度在下圆筒中旋转，从而进一步分出粒径更小的粉尘。

旁路式旋风除尘器的主要缺点是结构复杂，检查维修不方便。在有湿气的情况下，旁路管道易堵塞，难以清理。

7.二次旋风除尘器

二次旋风除尘器见图 7-8。常用的二次旋风除尘器有好几种结构形式，其原理都是利用外加的二次风来增加旋流的离心力。为了大幅度提高分离能力，只能从加强旋流的动能方面入手。又因为在吸气系统中，不允许采用压降大的除尘器，所以，一般情况下，用外加的二次风来增加旋流的动能，虽然对主系统的流量有一定的影响，但可以摆脱主系统压力的限制。

根据二次风导入的方式，这类除尘器可以分为吸入式［图 7-8(a)］和压入式［图 7-8(b)］。图 7-8(a) 是在排气管的外面有一套管，在大气压下净空气进入外面的套管，由叶片缝隙沿切向进入除尘器。因此增加了外旋流的动能，特别是增加了在排气管口附近气流的旋转，可防止进气与排气的短路。此种形式虽然吸入了额外的气体（约占总风量的 15%），但效率可提高 15%，压降减少 30%。

图 7-8(b) 是压入式二次风，主气流（一次风）为含尘气，它以 10～15m/s 的速度由导向叶片带动旋转上升，二次风则以 50～100m/s 的速度经导向叶片从侧壁的斜切向喷入，二次风

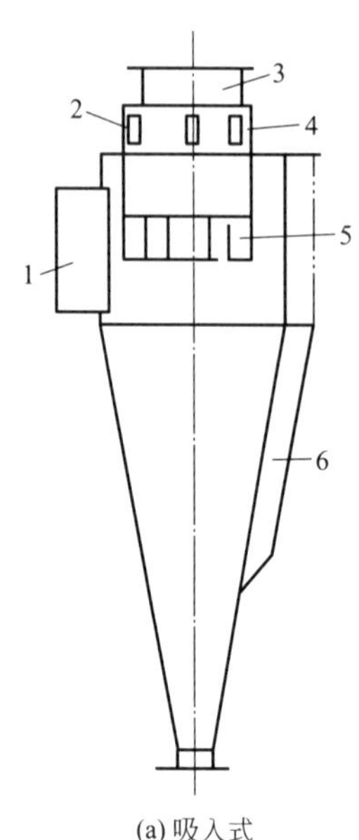

(a) 吸入式

1—含尘气入口；2—15%干净空气进气孔；
3—排气管；4—套管；5—导流板；6—旁路

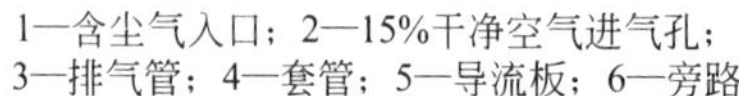

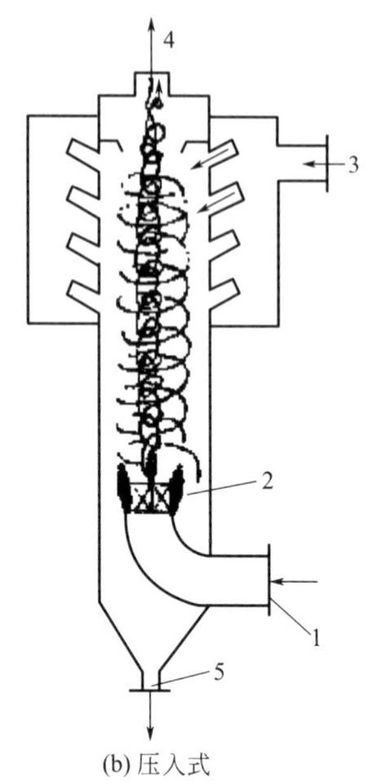

(b) 压入式

1—含尘气进口；2—导向片；3—二次
风入口；4—净化气出口；5—出灰口

图 7-8　二次旋风除尘器

与一次风以很大的风速差按同一方向发生旋转，在轴向上就产生了强烈的对流。因此在二次风的影响下，一次风越往上，转速越高。一次风的内旋流在下部把大颗粒抛出后，到上部时，由于转速增加很大，所以也能把微小尘粒分离出来。二次风形成的外旋流把粉尘抛向外壁，然后顺壁向下落入贮灰箱中。此型的最大缺点是耗能较大，二次风导入压力大。

四、旋风除尘器的组合

我们可根据需要对以上介绍的各类型除尘器进行组合。当需要获得较高的净化效率时，可以把除尘器串联使用；当要处理较大流量的气流时，可以把除尘器并联使用。

当要净化含微小粉尘的含尘气时，需用小直径的旋风分离器，但小直径的旋风分离器的允许流量很小，这时必须把多个小直径旋风除尘器并联，其有统一的进气总管和出气总管，构成所谓组合式除尘器。

采用串联组合时，主要是为了提高净化效果，除尘器越是靠后，除尘器中的粉尘浓度就越低，粉尘的颗粒也越细，气体净化变得更加困难，这就要求串联在后段的除尘器有在低浓度下净化细颗粒的性能条件。此外，应注意在串联时通过每一段的流量都是相同的，所以就要找相同流量的、净化程度有差别的 3 个除尘器串联使用（图 7-9）。若把 3 个完全相同的旋风除尘器串联使用，并不能使净化效率成倍提高，因而这样的组合是不合理的。

由于串联过程中连接的管件使阻力增加，所以在总阻力乘以系数（1.1～1.2）以后，以此来作为选择风机的类型和规格。

当采用并联式的组合方式，主要目的是增加单位时间内对气体的处理量。采用多个更小直径的旋风除尘器并联，以代替大直径的除尘器。并联的原则是要每个组件都有完全一致的性能，否则其作业平均结果会变差。在并联组合的多管除尘器（图 7-10）中，当其中一单元的阻力比其他的大时，空气就不按照正常的情况从该单元中通过，而是由总灰斗中通过单元的排灰口进入单元的出气管，同时还从集灰斗中带走一部分已经分离的灰尘。产生这种现象的原因可能是各单元旋风筒制造的不一致，也可能是积灰黏附的结果。

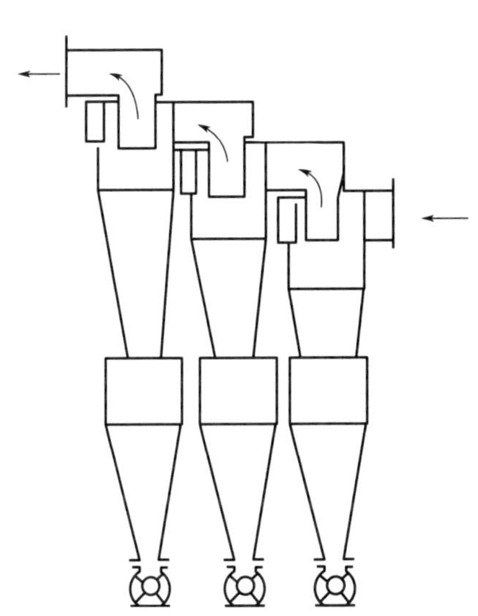

图 7-9　三段串联式旋风除尘器

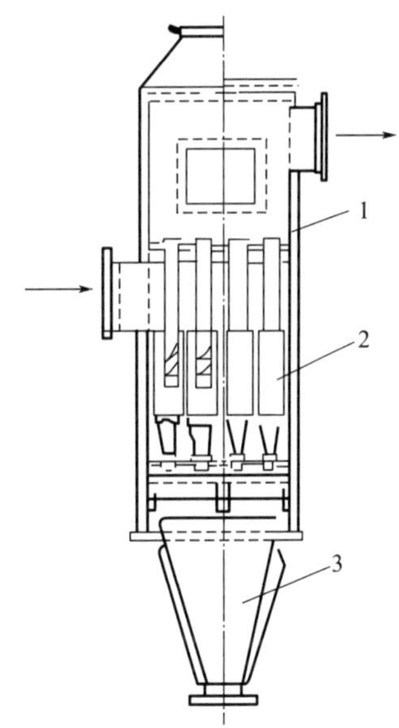

图 7-10　多管除尘器（并联组合）
1—壳体；2—单元体；3—集灰头

五、主要工作参数及选型计算

在选用或设计旋风除尘器时，要得到一定性能的旋风除尘器，必须考虑捕集的尘粒的临界粒径、收尘效率、流体阻力以及处理量。

1. 捕集的尘粒的临界粒径

所谓临界粒径，就是能够分离出的最小粒径，但在实际生产中，旋风除尘器所捕集的尘粒和排放气流中的残余尘粒两者的粒径范围是有重叠部分的，显然较大的尘粒有被排放气流带出的，但是较小的尘粒也有被收集的可能。这是因为在除尘器内，由于气流涡流、短路、再次从底部扬起粉尘等原因会造成大粒子卷出。另外，出于极小的粒子可能集聚成为大的粒团或者一进入就碰到筒壁等原因，也有少量尘粒会被捕集到。因此，规定以部分收尘效率达 50% 的最小粒径为该除尘器的临界粒径。

根据试验，普通的旋风收尘器所能分离的临界（即最小）粒径为 5～10μm，小型的（如多管收尘器）则为 5μm 以下。另外，当含尘浓度很高时，或者由于旋转时降温而改变了气流相对湿度的情况下，微细尘粒易于相互凝集，则单一粒子的临界粒径可达 2μm 左右。

此外，根据气流分布研究，临界粒径 $d_{最小}$ 可按下式计算。

$$d_{最小}=\sqrt{\frac{0.58\mu B}{v_{进}(\rho_{尘}-\rho_{气})}} \tag{7-7}$$

式中，$d_{最小}$ 为临界粒径，m；μ 为气体黏度，N·s/m^2；B 为进口宽度，m；$v_{进}$ 为进口流速，m/s；$\rho_{尘}$ 为尘粒密度，kg/m^3；$\rho_{气}$ 为气体密度，kg/m^3。

在常温下，当选用适宜的进口空气流速时，根据旋风收尘器的直径和粒子的密度，由图 7-11 可查到分离的临界粒径大致数值。

2. 收尘效率

影响收尘效率的因素很多，如粉尘粒度分布、含尘浓度、收尘器形式、收尘进口气流速度等。

据试验测定数据分析，对于一定形式的收尘器，当已知含尘气体中粉尘粒度时，部分收尘

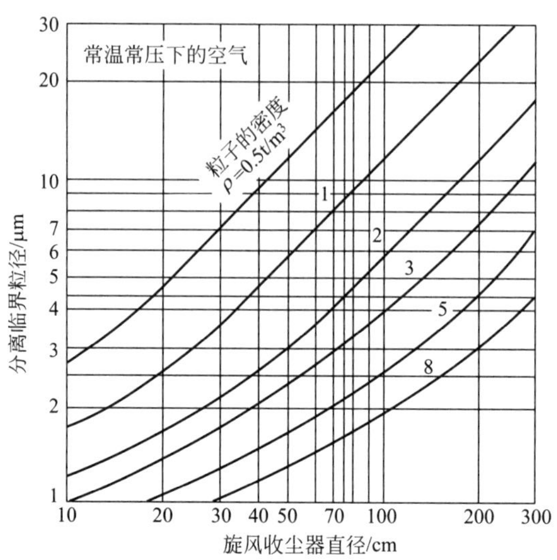

图 7-11　标准旋风分离器的分离临界粒径

效率 η_x 和粒径 d_p 之间的关系可表示如下

$$\eta_x = 1 - e^{-ad_p^m} \tag{7-8}$$

式中，a 为收尘器的结构影响系数（表 7-2），m^{-1}；m 为粒径对收尘效率的影响指数，$m=0.33 \sim 1.2$，小粒径取小值；e 为自然对数的底，e=2.718。

表 7-2　各类收尘器的结构影响系数 a

收尘器的类型	a	收尘器的类型	a
超高效旋风收尘器	>0.57	中低效旋风收尘器	约 0.056
高效旋风收尘器	约 0.19	电收尘器	约 0.46
低压降多管旋风收尘器	约 0.092		

3. 流体阻力

旋风收尘器的流体阻力是计算管网压降和选择风机的依据，不同形式及尺寸比例的旋风收尘器产生的压降不同，对具体型号的收尘器而言，可根据手册查出其阻力系数，再用下式估算其压降

$$\Delta p = \zeta \frac{v^2 \rho_{g+s}}{2} \tag{7-9}$$

式中，ζ 为阻力系数；v 为进口气流速度，m/s；ρ_{g+s} 为气固混合物的密度，kg/m^3。

当实际给出的阻力系数是出口阻力系数，则应以出口气流速度代入计算。当无法获得实际测定的阻力系数时，则由试验所得的关系式来估算，具体计算式如下

$$\zeta = \frac{(20 \sim 40)\, b h_1 \sqrt{D_1}}{D_2{}^2 \sqrt{H_1 + H_0}} \tag{7-10}$$

式中，b 为进口断面的宽度，m；h_1 为进口断面的高度，m；H_1 为除尘器圆筒部分长度，m；D_1 为除尘器圆筒部分直径，m；D_2 为除尘器锥筒部分直径，m；H_0 为除尘器锥筒部分长度，m。

输送黏度大的含尘流体时，系数范围应取较大值，一般可取中间值。

4. 选型计算

① 需知条件　粉尘的性质（干湿程度、硬度、易燃性等），含尘浓度（g/m^3），总处理量（m^3/h），收尘前的粒度分布，即各种粒级的含量百分数，对压降和结构尺寸是否限制，对不同粒度有何特殊收尘要求等。

②选型　在选取不同类型时，应根据实际生产的需要综合考虑确定。如果含尘浓度较小，粉尘粒径较小而净化要求高时，应采用小直径旋风除尘器。相反，当含尘浓度较大、处理量大、净化要求不高时，可选用大直径的旋风收尘器。当处理量大，净化要求也高时，则采用小直径旋风除尘器并联使用。如果对各种粒度颗粒有分别收集的要求，可考虑采用几种不同规格直径的旋风除尘器串联。选型时应查阅手册及有关资料中关于旋风除尘器性能及安装尺寸的数据。

③ 计算所需各型旋风除尘器的数量，例如同类型除尘器并联的个数 n 可由下式计算

$$n=\frac{Q}{Q_1} \tag{7-11}$$

式中，Q 为总处理量，m^3/h；Q_1 为每个旋风除尘器的处理量，m^3/h。

当计算结果为非整数时，一般应取上限整数，但应考虑通过旋风除尘器的流速变化需在该型的性能范围以内，并计算单个除尘器的进口风速。

④ 估算单个收尘器的收尘效率。其他参数可参见本节主要工作参数进行计算和核算。

第四节　袋式除尘器

袋式除尘器也称为过滤式除尘器，是一种高效的干式滤尘装置。袋式除尘器是利用纤维纺织布袋捕集非黏结性、非纤维性的工业粉尘。利用纤维织物的过滤作用对含尘气体进行过滤，当含尘气体进入袋式除尘器内，颗粒大、相对密度大的粉尘，由于重力的作用沉降下来，落入灰斗，含有较细小粉尘的气体在通过滤料时，粉尘被阻留，使气体得到净化。

其特点是结构简单，价格便宜，收尘效率高达 96%～99%，远超过旋风除尘器。它适用于要求通过系数小、气体处理量不大的场合，可与电收尘器和湿法收尘器相媲美。因此，玻璃工业广泛采用它作为第二级收尘设备（放在旋风收尘器之后）。

一、除尘原理及分类

布袋除尘器采用多孔滤布制成的滤袋将尘粒从烟气流中分离出来。工作时，烟气从外向内流过滤袋，尘粒被挡在滤袋外面。布袋除尘包含收尘（把尘粒从气流里分离出来）和定期清灰（把已收集的尘粒从滤布上清除下来）两个过程。

1. 滤布的滤尘过程

收尘的基本条件：尘粒必须与纤维表面（或与挡在纤维上的尘粒）相碰撞。尘粒必须被挡在纤维表面（或与挡在纤维上的尘粒在一起）。

布袋除尘器的除尘首先是靠尘粒对滤布纤维表面的碰撞和附着而发生的。开始滤尘时，粉尘遇到纤维组织产生接触、碰撞、扩散及静电等作用，使粉尘沉积于滤布表面的纤维上，或毛绒之间，形成所谓初层（初次黏附层，包括粉尘膜）。在这个阶段效率不高，随后，在数秒或数分钟之内，在绒毛层上形成一层强度较高且较厚的多孔粉尘层。

袋式除尘器的滤尘效率高，主要是靠滤料上形成的粉尘层的作用，滤布则主要起着形成粉尘层和支撑它的骨架的作用。正是由于袋式除尘器是把沉积在滤料表面上的粉尘层作为过滤层的一种过滤式除尘装置，在为控制一定的压力损失而进行清灰时，应保留住粉尘初层，而不应清灰过度，乃至引起效率显著下降，加快滤料损伤。

2.布袋除尘器的清灰过程

含尘气体在引风机吸引力的作用下进入灰斗，经导流板后被均匀分配到各个滤袋上。粉尘被拦截在滤袋外表面，气体则穿过滤袋，经过净气室后外排。捕集在滤袋外表面上的粉尘会导致滤袋透气性的减少，使除尘器的运行阻力不断增加，当增加至一定值后，这就需要对滤袋进行清灰，即通过外力将滤袋内表面上附着的粉尘清除掉，使除尘器的运行阻力下降，阻力下降到一定值后，该滤袋又投入正常运行。

布袋除尘器目前常用的清灰方法有以下几种。

① 气体清灰　气体清灰是借助于高压气体或外部大气反吹滤袋，以清除滤袋上的积灰。气体清灰包括脉冲喷吹清灰、反吹风清灰和反吸风清灰。

② 机械振打清灰　分顶部振打清灰和中部振打清灰（均对滤袋而言），是借助于机械振打装置周期性地轮流振打各排滤袋，以清除滤袋上的积灰，它有连续型和间歇型两种类型。其区别是，连续使用的除尘器把除尘器分隔成几个分室，其中一个分室在清灰时，其余分室则继续除尘；间歇使用的除尘器则只有一个室，清灰时就要暂停除尘，因此，除尘过程是间歇性的。

布袋除尘器按其清灰方式分为脉冲式、机械振打式、反吹风式、回转反吹式和人工清灰式等，按滤袋形状的不同可以分为偏袋和圆袋两种，按入袋气流的不同可以分为正压和负压两种。

二、几种袋式除尘器简介

1.中部振打袋式除尘器

中部振打袋式除尘器是利用机械装置使滤袋产生振动，从而致使粉层剥落以达到清灰目的。其特点是：结构简单，清灰能力有限，对于黏性较强、颗粒微细的粉尘，则达不到应有的清灰效果。

中部振打袋式除尘器的结构如图 7-12 所示。过滤室根据除尘器的规格不同，分成 2～9 个分室，每个分室内挂有 14 个滤袋 4，含尘气体由进气管 11 进入，经过导流板 12，分别进入各室的滤袋中。气体经过滤袋以后，通过排气管 8 排出。排气时，排气阀 6 打开，回风管闸板关闭。气体的流动是靠排风机抽吸作用。

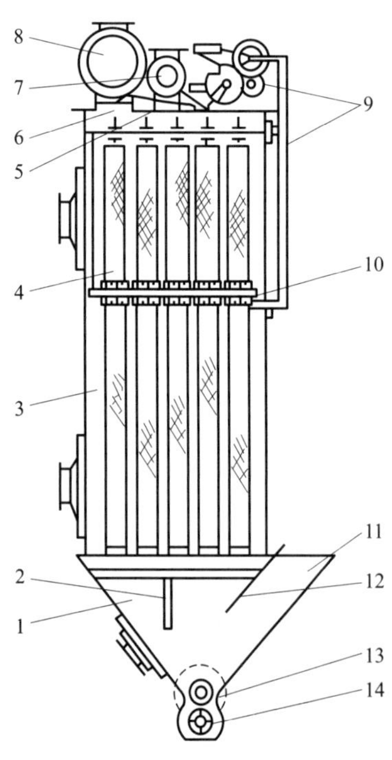

图 7-12　中部振打袋式除尘器的结构

1—灰斗；2—电热器；3—中箱体；4—滤袋；5—回气阀；6—排气阀；7—回气管；8—排气管；9—振打机构；10—框架；11—进气管；12—导流板；13—螺旋输灰机；14—卸灰阀

经过滤的含尘气体，粉尘大部分吸附在滤袋的内壁上，有一小部分粉尘滞留在滤袋纤维缝中。清灰时，振打机构 9 按一定的周期振打，振打前将排气阀 6 关闭，回气阀开启，并驱使位于滤袋中部的框架 10 振动而前后摇动，滤袋随着框架的摇动而摇动，由于振动，附着在滤袋上的粉尘随惯性脱落。同时回气阀 5 打开后，回气管 7 产生一部分回风将滤袋纤维缝内滞留的粉尘吹出，一起落入下部的集尘斗中，由螺旋输灰机 13 和分格轮送走。净化后的气体经由排气阀和排气管排出。

除尘器分隔成若干个仓室，清灰是分室进行的。除尘器内装有电热器，以便在低温或含湿量较大的条件下使用。在收尘器内，各室的滤袋轮流发生振动，也就是说，其中一室在振打清灰时，含尘气体通过其他各室。虽然每室的滤袋间歇清理，但整个收尘器却在一直工作。

国产中部振打袋式除尘器又叫 ZX 型袋式除尘器，共分 8 种型号，其技术性能如表 7-3 所示。

表 7-3　ZX 型袋式除尘器技术性能

型号	滤袋有效面积/m^2	袋数/个	室数/个	最大含尘浓度/(g/m^3)	过滤风速/(m/min)	风量/(m^3/h)
ZX50-28	50	28	2	70/50	1.0/1.5	3000/4500
ZX75-42	75	42	3	70/50	1.0/1.5	4500/6750
ZX100-58	100	56	4	70/50	1.0/1.5	6000/9000
ZX125-70	125	70	5	70/50	1.0/1.5	7500/11200
ZX150-84	150	84	6	70/50	1.0/1.5	9000/13500
ZX175-98	175	98	7	70/50	1.0/1.5	10500/15700
ZX200-112	200	112	8	70/50	1.0/1.5	12000/18000
ZX225-126	225	126	9	70/50	1.0/1.5	13500/20250

2. 气环反吹袋式除尘器

气环反吹袋式除尘器见图 7-13，它是采用反吹风式进行清灰的。该种方法是利用除尘器系统的压力或反吹动力风机产生的逆向气流，使滤袋发生瘪塌（内滤时）或鼓胀（外滤时）变形，从而使粉层剥落达到清灰目的。

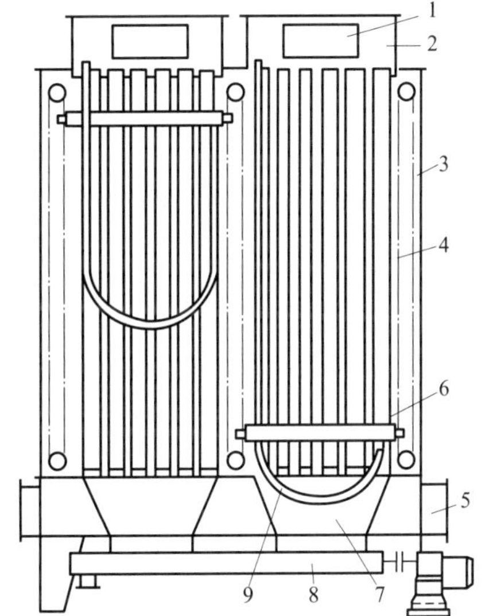

图 7-13　气环反吹袋式除尘器

1—进风口；2—气体分布室；3—过滤室；4—滤袋；5—排气口；6—气环箱；7—集尘斗；8—螺旋输送机；9—胶管

这种除尘器由箱体、反吹装置、滤袋以及排灰装置构成，气环箱紧套在滤袋的外部做上下往复运动，气环箱内侧紧贴滤布处开有环形细缝。

含尘气体由上部进风口 1 进入其顶部的气体分布室 2，然后被分布到过滤室 3 的滤袋中，经净化后的气体通过排气口 5 排入大气中。

在滤袋内表面黏附的粉尘被气环管喷射出的高压气流吹落到灰斗中，经排灰阀排出。气环箱由反吹气管与气源相通，它能以一定的速度，沿着滤袋上下往复运动。当气环箱从上向下移动时，气环管上的 0.5～0.6mm 环状狭缝向滤袋内喷吹，滤袋受到空气喷吹，使附着在滤袋内表面的粉尘顺着自上而下的气流落下，滤袋得到净化。

由于气环箱靠机械传动装置做周期性的往复运动，清灰效果好，气环反吹袋式除尘器能够保持于稳定的空气阻力，过滤风速一般比振打式大两倍，所以除尘器体积小。另外，工作时气流比较稳定，过滤阻力波动较小，它主要的缺点是滤袋容易磨损。

3. 脉冲袋式除尘器

脉冲袋式除尘器见图 7-14，它采用脉冲喷吹进行清灰，该法是将压缩空气通过气包、脉冲阀、喷吹管、喷吹口对滤袋瞬间喷吹、引流，使滤袋迅速鼓胀、反吹，使粉层快速剥落达到清灰目的。它具有占地面积小、结构灵活、布置紧凑、滤袋拆装方便等优点，是目前使用最广泛、清灰最高效的滤袋除尘器。

当含尘气体由除尘器配件的下部箱体底部进入中部箱体，在含尘气体通过滤袋进入上部箱

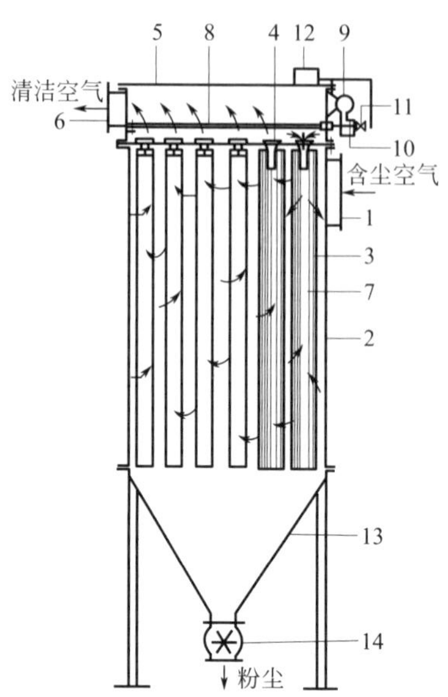

图 7-14　脉冲袋式除尘器

1—进风口；2—中部箱体；3—滤袋；4—文氏管；5—上部箱体；6—排气口；7—框架；8—出风管；9—气包；10—脉冲阀支腿；11—控制阀；12—控制器；13—集灰斗；14—排灰阀

体过程中，由于滤袋和各种效应作用将尘气分离，粉尘被吸附在滤袋上，净化后的气体穿过滤袋经文氏管进入上部箱体，从出风口排出。含尘气体通过滤袋的气体量逐渐减少，脉冲控制仪定时发出指令，按顺序触发各脉冲电磁阀，气包内的压缩空气瞬时经脉冲电磁阀至喷吹管的各孔喷出，再经文氏管喷射到相应的滤袋内，滤袋在气流瞬间反向作用下急剧膨胀，使积附在滤袋外表面的粉尘脱落，滤袋得到再生，被清掉的粉尘下落至灰斗，并经排灰阀排出。滤袋喷吹清灰的原理见图 7-15。

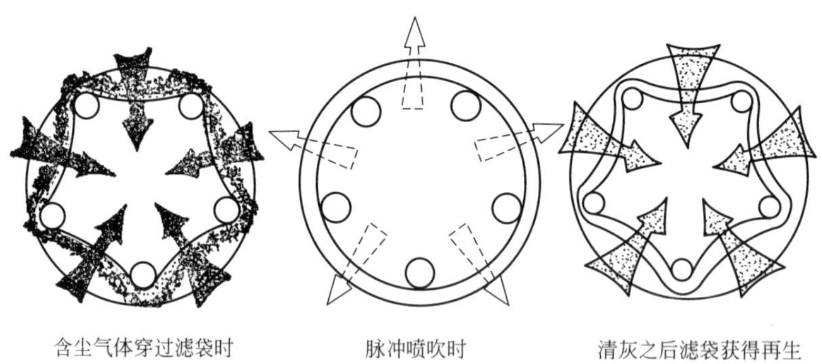

图 7-15　滤袋喷吹清灰的原理

控制器以一定的周期发出信号。在一个周期内，每一排滤袋都得到喷吹，积附在滤袋上的粉尘被周期性的脉冲喷吹清除，因而使滤袋保持良好的透气性能和除尘效果。

三、袋式除尘器过滤性能的计算

1. 确定过滤面积

过滤面积是指全部滤袋的有效总过滤面积，可用下式计算

$$F=F_1+F_2=\frac{V_1+V_2}{v}+F_2 \tag{7-12}$$

式中，F 为总过滤面积，m^2；F_1 为滤袋工作部分的过滤面积，m^2；F_2 为滤袋清灰部分的过滤面积，m^2；V_1 为设备通风量，m^3/min；V_2 为系统漏风量，m^3/min，一般为设备通风量的 30%～40%；v 为过滤风速，m/min。

当给产生粉尘的设备安装吸风罩以后，由于抽风集尘，必定有一部分含尘气流是经过该设备的各部空隙而来，这股风量称为设备通风量 V_1。由于吸风罩不可能全密封，必有一部分漏风量进入系统，或各管接头、风门等处的漏风，统称为系统漏风量 V_2。

设备通风量多为一些经验数据，例如颚式破碎机的 $V_1=8000\sim15000m^3/h$，含尘浓度为 $30\sim40g/m^3$，这两个数据反映了含尘气的数量与性质，有时还需记下粒度分布。过滤风速 v 与清灰方式和含尘浓度有关，表 7-4 为经验数据。

表 7-4 过滤风速 v 与清灰方式和含尘浓度数据

清灰方式	含尘浓度 /(g/m^3)	过滤风速 v /(m/min)	清灰方式	含尘浓度 /(g/m^3)	过滤风速 v /(m/min)
中部振打袋式除尘器	70～50	1～1.5	脉冲袋式除尘器	3～5	3～4
气环反吹袋式除尘器	15～30	2～4	玻璃纤维袋式除尘器	<100	0.3～0.9

2. 确定滤袋数量 n

$$n=\frac{F}{f} \tag{7-13}$$

式中，F 为总的过滤面积，m^2；f 为每个滤袋的过滤面积，中部振打式滤袋，$f=1.8m^2$，脉冲式滤袋，$f=0.75m^2$，气环反吹式滤袋，$f=1.15m^2$。

3. 除尘器的总压降 Δp

除尘器的总压降包括过滤引起的压降 Δp_1 和机体（管、室等）的压降 Δp_2，计算式如下

$$\Delta p=\Delta p_1+\Delta p_2 \tag{7-14}$$

滤布性质、滤袋吸尘量、气体含尘浓度、过滤风速、清灰周期等多种因素都会影响过滤压降。准确数据应通过实际测定，一般用查表法估计，在查表前需先计算出滤袋的滤尘量 G。

$$G=ZvT \tag{7-15}$$

式中，Z 为气体含尘浓度，g/m^3；v 为过滤风速，m/min；T 为滤袋清灰周期，min。

根据滤尘量 G 及过滤风速，通过表 7-5 查出过滤引起的压降。

表 7-5 过滤引起的压降 Δp mmH_2O

过滤风速 /(m/min)	滤袋滤尘量 G/(g/m^3)					
	100	200	300	400	500	600
0.5	30	36	41	46	50	54
1.0	37	46	52	58	63	69
1.5	45	53	61	68	75	82
2.0	52	62	71	79	88	97
2.5	59	70	81	90	100	—
3.0	65	77	90	100	—	—

注：$1mmH_2O=9.8Pa$。

4.选择风机

由所计算的 V_1 及 V_2 就可知道所需风机的总风量，漏风量一般占总风量的 30%。当已知除尘器及管道的压降，就可以确定风机的风压，根据风量、风压等参数来选择合适规格的风机。

四、滤袋材料

袋式除尘器的主要元件是纤维布袋。滤布和其他纺织品一样，用纺织法织出。对有些滤布和化学纤维滤布，需进行起绒和缩绒处理。在滤布表面上有无数相互交错的纤维覆盖层，气体中大于滤布孔眼的尘粒受惯性力作用，被滤布阻挡而沉落，气体则从滤布纤维孔流过。尘粒滞留在滤布表面或缝隙间，形成尘粒过滤层，这层尘粒层形成的孔隙比滤布孔眼小，所以起到收集更小尘粒的作用。

滤袋一般要求有一定的透气性，滤布材料要有 20～50μm 的孔径，表面绒毛要有 5～10μm 的孔径，具有一定的机械强度（拉伸、抗折、耐磨等），质地均匀，过滤效率高，流体阻力小。有时还要求滤袋材料有一定的耐温或耐腐蚀性能。

滤布材料的选择需要考虑含尘气体性质、含尘浓度、粉尘颗粒大小及其化学性质、湿含量和气体温度等因素。总的要求是滤布均匀致密，透气性好，耐热、耐磨、耐腐蚀和憎水，具有较高的除尘效率。常用的滤布材料有以下几种。

① 棉织滤布　造价较低，耐高温性能差，只能在 80℃以下工作，现已很少采用。

② 毛织滤布　造价较高，耐热性能较好，可在 95℃以下工作，通常是用羊毛织成，透气性好，阻力小，且耐酸、碱。

③ 合成纤维　合成纤维中聚酰胺纤维（尼龙、锦纶等），耐磨性好，耐碱但不耐酸，可在 80℃气温下工作；聚丙烯腈纤维（腈纶、奥纶等），可在 110～130℃气温下工作，强度高，耐酸但不耐碱；聚酯纤维，耐热、耐酸碱性能均较好，可在 140～160℃气温下工作。

玻璃纤维，过滤性能好，阻力小，化学稳定性好，造价低。常用滤布材料的性能及适宜过滤风速见表 7-6。

表 7-6　常用滤布材料的性能及适宜过滤风速

滤布	材料	密度/(kg/dm³)	拉伸强度/MPa	耐腐蚀性		耐热性		耐磨性	吸湿率/%	过滤风速
				耐酸	耐碱	经常	最高			
天然纤维	棉	1.5～1.6	345	差	好	70～80	80	好	8～9	0.6～1.5
	毛	1.28～1.33	110	好	差	80～90	95	好	10～15	
合成纤维	尼龙	1.14	300～600	中	好	75～85	95	好	4～4.5	0.5～1.3
	奥纶			好	中	125～135	140	好	1.3～20	
	涤纶			好	好	140～160	170	好	0.4	0.3～0.9
无机纤维	玻璃纤维	2.4～2.7	1000～3000	好	好	200～260	280	差	0	

五、影响袋式除尘器除尘效率的因素

影响袋式除尘器除尘效率的因素主要有以下几种。

1.气体的含尘量及过滤风速

气体的过滤风速一般为 0.5～3m/min，它会随着粉尘浓度的高低而不同。当过滤风速一定时，粉尘浓度增大，使单位时间沉降在滤袋上的粉尘增多，过滤阻力就会增大。如果粉尘浓度一定，过滤风速大，单位时间内沉降在滤布上的粉尘量也会增大，造成阻力增大。袋式除尘器的过滤风速及允许含尘浓度可参考表 7-7 选取。

表 7-7　袋式除尘器的过滤风速及允许含尘浓度

袋式除尘器形式	含尘浓度/(g/m^3)	过滤风速/(m/s)
中部振打	50～70	1～1.5
气环反吹	15～30	2～4
脉冲	3～5	3～4
玻纤	＜100	0.3～0.9

2.清灰周期

滤袋上的粉尘如果不及时清除，会造成系统的阻力增大，风机的排风量减小。清灰时清除的效果也会影响除尘效率。

图 7-16 为清灰周期与清灰时间的关系，清灰时间过长，除尘时间缩短，且使首次附着粉尘层被清落掉，可能造成滤袋泄漏或破损。所以，要选择恰当的清灰周期脉冲式袋式除尘器，一般 30～60s 喷吹一次进行清灰。

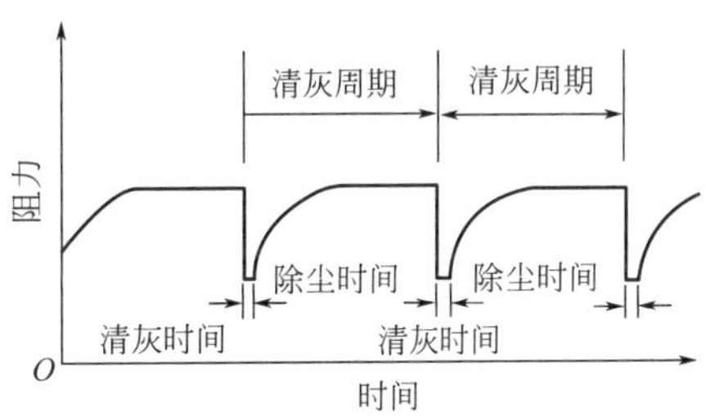

图 7-16　清灰周期与清灰时间的关系

3.气体温度、湿度

如果气体中含大量的水分，或者是气体温度降至露点或接近露点，水分就很容易在滤袋上凝结，使粉尘黏结在滤袋上不易脱落，网眼被堵塞，使除尘无法继续进行。因此，必要时要对气体管道及除尘壳体进行保温，尽量减少漏风，在袋式除尘器内安装电加热装置，要求控制气体温度高于露点 15℃以上。

六、袋式除尘器的操作与维护

（一）袋式除尘器的操作

1.开机前的检查

袋式除尘器开机前要做全面的检查，检查的主要内容和要求如下。

① 检查清除除尘器内外杂物、积灰，灰斗应无堵塞现象。

② 检查滤袋悬挂的松紧程度，不得过松或过紧。滤袋绑扎、固定应牢固，无破裂现象。

③ 检查容易漏风的部位，如检查门、管道、吸风罩、分格轮等处，应按要求分别封闭严密（可在安装完设备后，封死进出口，用高压风机或空压机送气进行检测）。

④ 检查各种阀门、仪表及装置等运行是否正常，是否在各自相应的正确位置上，清灰装置运转正常。

⑤ 检查各润滑部位油质、油量是否满足要求。检查所有温度检测点、料位计测点、压力测点连接是否正常。

⑥ 检查各连接部位的固定螺栓全部拧紧，以避免运转时产生振动松脱。

⑦ 检查安全防护措施是否齐全、完整。

⑧ 检查排灰用的输送设备运转正常，密闭阀门运行正常，封闭严密。

⑨ 在冬季或含尘气体湿度大的情况下，检查电热装置或加温设备，在通电、通风时工作是否正常。

⑩ 检查振打机构是否完好，按操作规程要求对袋式除尘器进行试运行。

2.袋式除尘器的运行

① 开车顺序　经上述开机前的检查，各项均符合要求，便可通知开机。开机顺序为：

a. 开动粉尘输送设备和排灰装置电动机。b. 启动清灰装置（振打清灰装置的电动机、脉冲清灰的空气压缩机、气环反吹清灰的离心鼓风机）。c. 开动排风机或鼓风机的电动机。

② 运行中的检查　检查项目包括：a. 检查袋式除尘器开启是否正常，卸灰阀是否正常运行，集灰斗有无堵塞现象。b. 检查振打机构是否完好，风门开、关是否正确。c. 检查管路系统有无堵塞、漏风（管道破裂、法兰密封不严等）现象。d. 检查相关设备（风机、减速机、电机）的温度、声音、振动、油量是否正常。e. 观察袋式除尘器出口粉尘浓度是否严重超标，除尘点、粉尘浓度有无异常情况。

③停车顺序　当袋式除尘器需要停机时，停车顺序与开车顺序相反。除尘器若在主机的联锁联动系统内，则随主机自动按反顺序停车。如系岗位停车，则应按下列顺序进行操作：a. 停止排风机或鼓风机的电动机运行。b. 待全部滤袋清灰后，停止清灰装置运行。c. 停止粉尘输送设备和排灰装置电动机运行（一般在排风机或鼓风机停转 5～10min 后进行）。

④紧急停车　在下述情况下，可以进行紧急停车，停车后应立即报告班长或值班长。a. 卸灰装置停止转动，经再次启动仍然不能转动，必须进行检查时。b. 清灰装置或控制仪表发生故障，经修理仍未能排除时。c. 由于温度高或进入火种而引起火灾，必须迅速切断电源，停止排风时。d. 滤袋损坏、脱落时。e. 排风机发生振动，叶轮碰机壳，经调整无效时。f. 排风机轴承、电动机发生振动或温升超过规定温度时。

（二）袋式除尘器的维护

除尘器能否保持长期高效地运行，日常的维护保养是至关重要的。袋式除尘器各部位的维护项目列于表 7-8 中。

表 7-8　袋式除尘器各部位的维护项目

维护部位(部件)	运转中的维护项目	停车时的维护项目
滤袋	测定阻力并做好记录；观察排气口烟尘情况，用手动操作逐室地转换清灰作业，一个分室一个分室地关闭阀门，再观察排气口判断	观察判断滤袋的使用状况及磨损程度；观察、了解清灰状况；对滤袋的张力进行调整；检查滤布有无变质、破损、老化的情况；检查滤袋或粉尘是否潮湿或者被淋湿
清灰机构	①振动清灰、反吹-振动联合清灰：根据压差计读数了解清灰情况；振动中如有异常声音，检查其原因并调整；检查压缩空气的压力是否符合要求，电磁阀和振动电机的工作状况，换向阀门的工作和密封状况 ②反吹清灰：根据压差计读数，了解清灰状况；检查压缩空气的压力，电磁阀工作状况，换向阀门的动作状况及密封情况，反吹用风机的工作状况及反吹风量	①振动清灰：检查并确认工作程序，清灰室阀门的关闭状态，振动机构的工作状况，滤袋的上、下部安装情况和滤袋的松紧程度及调整 ②反吹风清灰：检查阀门的工作及密封状况；检查反吹管道的粉尘堆积情况；检查滤袋的张力 ③气环反吹清灰：检查、调整驱动与平衡用的链条并注油；检查气环喷口是否堵塞；检查喷射气流主管与气环间的连接软管有无破裂和漏气现象；检查、调整滤袋张力 ④脉冲喷吹清灰：检查、调整控制阀、脉冲阀及定时器的工作状况；检查固定滤袋的零件是否松动；检查滤袋张力；检查滤袋内支撑框架完好程度；在寒冷地区还应注意防止喷吹系统发生结露或冻结现象 ⑤反吹-振动联合清灰：检查排气阀门做关闭动作的同时，反吹阀门是否做开启动作；检查排气阀门做关闭时的气密性；检查动力传递和振动动作是否正常；检查和调整滤袋的张力 ⑥脉动反吹清灰：检查、调整 V 带的张力及工作情况；检查轴承、减速机的润滑和运行情况；检查固定滤袋零件的紧固情况；检查结露和腐蚀情况；检查滤袋的破损情况，如发现泄漏，应及时更换

续表

维护部位(部件)	运转中的维护项目	停车时的维护项目
监测仪表	监听电机的声音有无异常；检查轴承的润滑油量、轴承的温度；检查轴承的振动、紧固螺栓的松弛和振动情况；检查电流、电压变化波动范围	检查并调整安全装置；检查并清扫仪表的检测传感部分；调整仪表的零点
吸尘罩(吸入口)	检查移动式罩的位置，漏水、冷却排水量及排水温度，变形或破碎，与管道连接部分是否完好，粉尘堆积状况并清扫	检查漏水、变形、腐蚀及破损情况
管道	检查漏水、冷却排水量及排水温度；检查法兰盘是否漏气	检查变形、破损及腐蚀；检查弯管部分的磨损；检查粉尘的附着和堆积，检查并清扫；检查波纹管是否漏水
阀门	检查阀门动作状况，开闭阀门是否灵活准确；检查漏水、冷却排水量及排水温度；检查驱动装置的工作状况，阀门的密闭性	检查变形及破损；检查阀门的密闭性及动作状况，对安全阀门(防爆门)的维护；定期用手动开、闭，反复检查动作状况；核定安全压力；压力降低后，应能自动恢复原位而关闭
灰斗	检查粉尘的堆积量(用锤子锤打灰斗，听其声音检查、判断)、排尘口的密封状况	检查粉尘的堆积量；清除附着的粉尘，用振动电机或锤子敲打
叶轮回转阀	检查密封性是否良好；驱动装置的链条拉紧状况；检查轴承磨损情况和润滑是否充足；检查粉尘排除是否正常、有无堵塞	检查叶片附着粉尘的情况并清扫；检查叶片的磨损状况并修补；检查罩内侧粉尘附着状况并清扫；调整驱动链条的松紧；检查润滑情况等
螺旋输送机	检查螺旋输送机驱动装置的驱动链条的拉紧状况，工作是否平稳，有无异常声音，润滑油是否充足，排除部分有无堵塞	检查螺旋叶片的磨损情况；检查罩内侧附着的粉尘并清扫；清扫和检查螺旋轴与叶片
风机	检查轴承的温度(记录)和振动(记录)；检查轴承的冷却水量和润滑油量；检查风机罩连接缝处漏气；检查固定螺栓和衬垫的松弛状况；检查异常声音、风机转速及流量	检查轴承的润滑油量、冷却水量；检查叶轮的粉尘附着情况并清扫；检查叶轮的磨损及破坏情况；检查联轴器的轴瓦和螺栓的松弛情况并调整；皮带转动时，检查皮带磨损情况及调节张力
电机	监听电机的声音有无异常；检查轴承的润滑油量、轴承的温度；检查轴承的振动、紧固螺栓的松弛和振动的情况；检查电流、电压变化波动范围	检查停车时的维护项目；检查紧固螺栓的松弛情况并紧固；检查轴承的润滑油量，并及时补充

第五节 湿式收尘器

湿式收尘器就是利用水或某种液体与含尘气流生成液滴、液膜、气泡或雾沫，使含尘气体得以分离捕集的一类收尘设备。这种收尘器主要是借助粉尘颗粒的亲水性、遇水或水滴凝聚。

在收尘器中，气体与液体的接触方式有两种：①含粉尘的气体与预先分散（雾化或水膜）的水接触；②气体冲击水层时鼓泡，以形成细小水滴或水膜。水滴越是细小，数目越多，速度越大，与尘粒接触的面积就越大，收尘效率也越高。

湿式收尘器的优点是构造简单，收尘效率高（可达90%以上），因此在工业上应用很广。其缺点是阻力大，回收粉尘困难。不宜用于收集憎水性及水硬性粉尘。在北方的冬季使用时，还需考虑防冻的问题。

湿式收尘器种类较多，玻璃工业常用的主要是水浴收尘器和泡沫收尘器。

一、水浴收尘器

水浴收尘器是利用含尘气流通过水层时形成泡沫水花，从而起到黏附粉尘的作用，又称水池收尘器。其收尘特点是：效率较高、阻力较小和结构简单、投资较低。在国外玻璃工业中，此类收尘器已获得较为广泛的使用，国内企业开始逐渐使用。

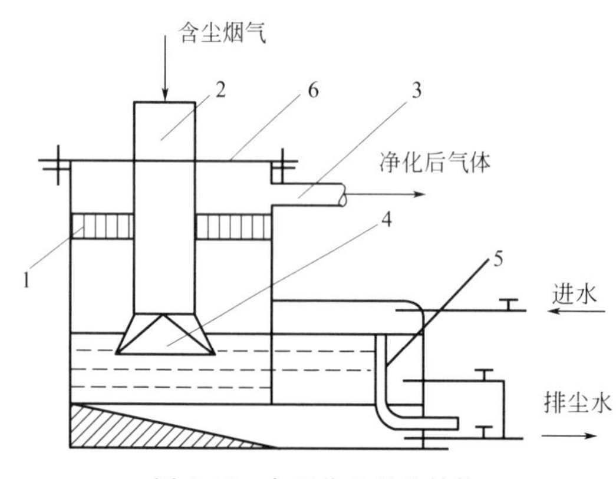

图 7-17　水浴收尘器的结构

1—挡水板；2—进气管；3—出气管；4—喷头；5—溢水管；6—盖板

图 7-17 所示为水浴收尘器的结构。它的结构主要是水箱（水池）、进气管以及喷头。它可以用砖石或钢筋混凝土砌筑，也可用钢板制作。净化过程可看作冲击水浴阶段、泡沫水浴阶段及淋水水浴阶段 3 个水浴阶段。

含尘气流经喷头高速喷入水中，然后急剧地改变方向，具有一定惯性力的粉尘与水发生碰撞，被水黏结而留下来；与此同时，气流以细流方式穿过水层、击起水花和泡沫。当气流穿过泡沫层时，受到泡沫净化，当气流穿过泡沫层进入筒体内，受到水雾的淋浴，气体又进而净化。最后，被净化的气体通过挡水板排出。

水浴收尘器的供水可分为定期供水和连续供水，一般根据实际需要而定。

水浴收尘器的净化效率主要与以下几个因素有关。

(1) 气体出喷嘴的喷射速度　在实际生产中，一般为 8～24m/s，速度越大，效率越高。

(2) 喷嘴被水面淹没的深度　淹没的深度越大，效率越高，但阻力也随着增大。对于不同性质的粉尘，一般按表 7-9 选择插入深度和冲击速度。

表 7-9　对不同粉尘采用的插入深度和冲击速度

粉尘性质	插入深度/mm	冲击速度/(m/s)
相对密度大,颗粒粗	0～+50	14～40
	−30～0	10～14
相对密度小,颗粒细	−30～−50	8～10
	−50～−100	5～8

注：“+”表示水面以上的高度；“−”表示插入水层深度。

(3) 喷嘴与水面接触的周长 S 与空气量 L 之比　S/L 越大，效率越高。改进喷嘴的结构形式是提高水浴收尘器净化效率最经济有效的途径，除此之外，喷射气流的均匀程度也影响净化效率。

试验测定，该设备收尘效率可达 93%～97%，近年来工厂的实际应用一般均能达到 85%～95%。水浴收尘器的技术参数如表 7-10 所示。

表 7-10　水浴收尘器的技术参数

喷口速度/(m/s)	型号									
	Ⅰ	Ⅱ	Ⅲ	Ⅳ	Ⅴ	Ⅵ	Ⅶ	Ⅷ	Ⅸ	Ⅹ
	净化空气量/(m^3/h)									
8	1000	2000	3000	4000	5000	6400	8000	1000	12800	16000
10	1200	2500	3700	5000	6200	8000	10000	12500	16000	20000
12	1500	3000	4500	6000	7500	9600	12000	15000	19200	24000

二、泡沫收尘器

泡沫收尘器是一种用水或其他吸附剂作为媒介的新型穿孔板式除尘器，它是工业废气净化处理的高效强化型设备，它的基本原理是借助于泡沫板形成激烈翻腾的泡沫和水花，使气液两相充分接触和凝聚而除去粉尘。与其他收尘设备相比，它的收尘效率较高，可达 99%，结构简单，投资少，操作方便，占地面积小。而且适用于处理有害的物质气体和高温气体，例如泡沫除尘器的脱硫率可达 99%。其缺点是处理风量的波动范围较小，要求严格控制风量和水量及其分布情况，而且处理黏性粉尘时易挂灰和堵塞筛板孔，耗水量大。

泡沫收尘器可按结构不同分为有溢流和无溢流，见图 7-18。

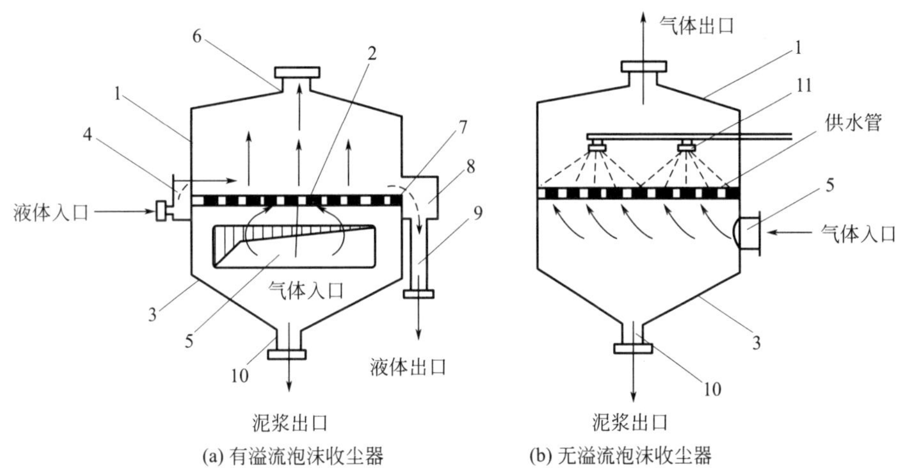

(a) 有溢流泡沫收尘器　(b) 无溢流泡沫收尘器

图 7-18　泡沫收尘器的结构

有溢流泡沫收尘器的结构如图 7-18(a) 所示。它主要由外壳 1 和筛板（多孔板、管状或条状栅板）2 及供排水装置组成。它的工作过程是：水从进水口（室或堰）4 进入后均匀地分布到整个筛板面上；含尘空气先进入筛板下部的筒体内，然后从下往上流过筛板 2 上的小孔（或条缝）。含尘空气穿过筛孔时与水接触形成扰动的泡沫层，空气在这里被净化后经出风口 6 排出。从进水口 4 流入的水，在形成泡沫的过程中，一部分从筛孔漏下，经锥体 3 由泥浆排出口 10 排走，另一部分则经溢流挡板 7 和溢流室 8 由出水口 9 排出。

无溢流泡沫收尘器的结构如图 7-18(b) 所示。与有溢流的相比，无溢流的仅以供水管或喷头 11 代替进水口 4，取消了溢流装置，并无其他改变。

当含尘空气从进风口 5 进入筛板下部的空间时，气流方向的改变以及与自筛孔泄漏下来的水的喷淋作用使得粗大的尘粒被泄漏水捕集后带走。含尘气体在这里得到初步净化，其效率可达 60%～80%。当气体穿过筛板孔并与筛板上的水相遇时，将形成激烈扰动的泡沫层，空气中的剩余粉尘就在泡沫层中被捕集。

当气体通过筛孔穿过流动液体层时，筛板上形成了由气液两相构成的泡沫系统，如图 7-19 所示。系统的底层是鼓泡区，里面是连续的液体，生成的气泡穿过液层，浮向上方。气泡集聚在中间形成泡沫区。由于气泡破灭且向上流动，使泡沫薄膜上的液体飞溅，故此区称为飞溅区，它由悬浮在气流中的液滴构成。

泡沫收尘器的净化效率主要由泡沫层的厚度和泡沫状况决定。图 7-20 表示泡沫层厚度与净化效率的关系。由图 7-20 可以看出，当泡沫层厚度为 30mm 时，净化效率为 98.75%；当泡沫层厚度为 120mm 时，净化效率高达 99.9%。

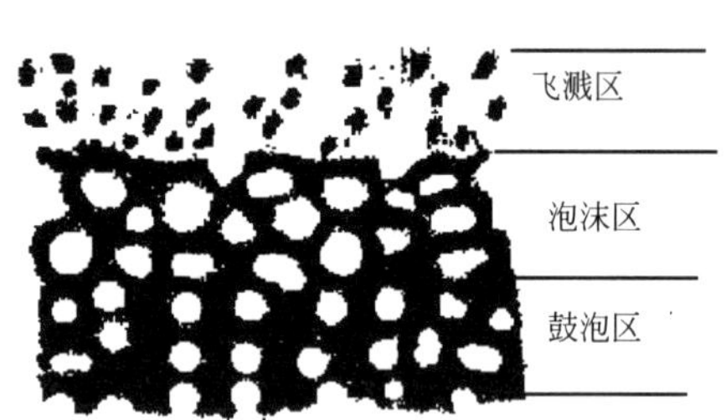

图 7-19　筛板上的液气分散泡沫系统

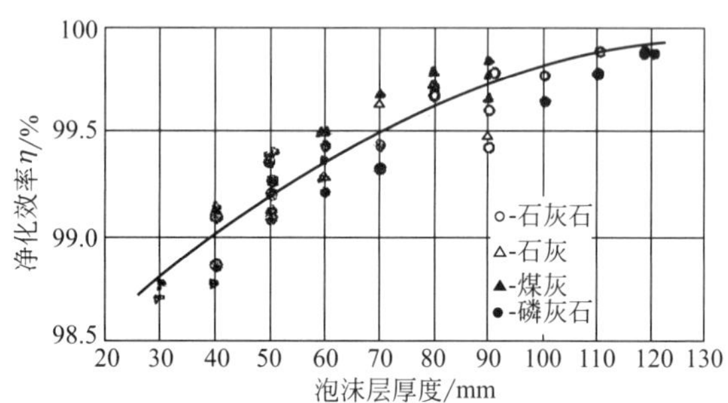

图 7-20　泡沫层厚度与净化效率的关系

设备断面的气流速度 v 和筛板上原始水层厚度决定了泡沫层厚度和泡沫层状况。研究表明：当 v 处于 0.5～1.0m/s 时，泡沫层刚刚生成，此时为静态泡沫。当 v 提高到 1.3m/s 时，生成的气泡才具有较大的动能。由于泡沫之间发生互相碰击以及液流产生的扰动，泡沫存留时间较短，生成和更新的速度较大，所以这时生成的泡沫为动态泡沫，液相与气相之间扰动较为剧烈，它们之间的接触面积也更大，扩散阻力较小，因而能够克服尘粒环绕气膜的不利影响而捕集微小尘粒，净化效率也随之提高（对单层的筛板设备而言，效率能达 97%以上）。如果 v 再提高到 3.0～3.5m/s，泡沫层厚度减薄，出现明显的溅沫层，收尘器不能出现良好的泡沫层，液体呈浪花状波动。因此，v 在 1.0～3.0m/s 的情况下均能形成比较稳定的泡沫层，当 v 在 1.5～2.5m/s 时，泡沫层的效果最佳。因而，通过筛孔的气流速度一般为 1.2m/s 左右。

筛板上的原始水层厚度取决于设备中相应的溢流强度、溢流挡板高度、溢流孔的断面积（对有溢流的泡沫收尘器）或喷淋密度（对无溢流泡沫收尘器）。溢流强度一般为 5～6m^3/(m·h)；原始水层厚度通常为 10mm 左右。

净化效率还受泡沫状况、粉尘性质、分散性、亲水性以及气体与水的性质等因素的影响。粉尘性质、尘粒大小、亲水性与净化效率的关系如表 7-11 所示。

表 7-11　粉尘性质、尘粒大小、亲水性与净化效率的关系

粉尘颗粒直径/μm	在筛底下部依靠尘粒惯性效应的净化效率/%						
	亲水性粉尘				疏水性粉尘		
	SiO_2	$CaCO_3$	Al_2O_3	Fe_2O_3	ZnS	FeS_2	PbS
约 2.5	82	42	44	46	27	27	28
2.5～5	54	56	58	52	39	43	51
5～10	59	63	64	67	54	65	61
10～15	69	70	72	65	59	69	72
15～20	72	73	75	76	63	72	78

续表

粉尘颗粒直径/μm	在筛底下部依靠尘粒惯性效应的净化效率/%						
	亲水性粉尘				疏水性粉尘		
	SiO_2	$CaCO_3$	Al_2O_3	Fe_2O_3	ZnS	FeS_2	PbS
20～30	74	76	73	77	68	80	83
30～60	79	80	80	82	72	91	87
粉尘颗粒直径/μm	依靠泡沫层的净化效率/%						
	亲水性粉尘				疏水性粉尘		
	SiO_2	$CaCO_3$	Al_2O_3	Fe_2O_3	ZnS	FeS_2	PbS
约 2.5	62	59	69	75	34	43	59
2.5～5	67	67	77	79	76	81	82
5～10	79	80	84	87	85	88	91
10～15	91	94	93	97	90	94	95
15～20	95	97	98	99	93	97	97
20～30	98	98	99	99.5	97	98	98
30～60	99	99	100	100	99	99	99

无溢流泡沫收尘器的工作原理与有溢流的基本相同。但它的结构较简单，可以节省总耗水量一半以上的溢流水，在操作稳定的前提下也能得到95%以上的净化效率。当空气量变化不大，净化效率允许暂时性降低时，应采用无溢流泡沫收尘器。

泡沫收尘器的各项技术性能如表 7-12 所示。

表 7-12　泡沫收尘器的各项技术性能

型号	风量范围/(m^3/h)	设备阻力/Pa	耗水量/(t/h)
D500	1750～2100	588～784	0.7～0.85
D600	2560～3100	588～784	1.0～1.5
D700	3400～4200	588～784	1.4～1.7
D800	4500～5400	588～784	1.8～2.2
D900	5700～6900	588～784	2.3～2.8
D1000	7000～8500	588～784	2.8～3.4
D1100	8600～10000	588～784	3.4～4.0
D1200	10000～12000	588～784	4.0～4.8
D1300	12000～14500	588～784	4.8～5.8

第六节　除尘系统

一、除尘系统的组成

除尘系统主要由密闭罩、抽风罩、各种管道（风管）、管接头、除尘器和风机等组成，如图 7-21 所示。将风机放在除尘器后面，可以减轻风机的磨损，防止风管接头等处漏出粉尘，故应用较多。

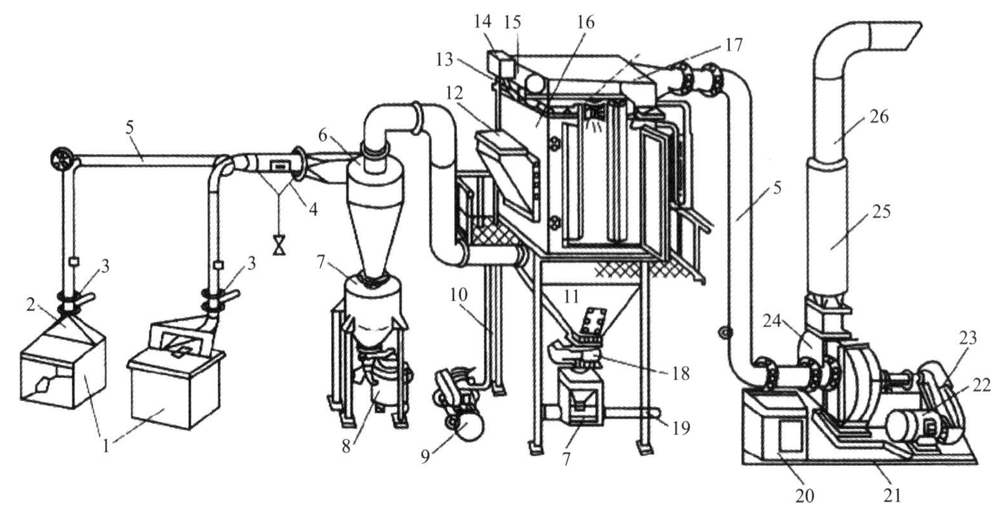

图 7-21　除尘系统设备组成

1—尘源设备；2—集尘罩；3—调节阀；4—冷却器；5—风管；6—旋风除尘器；7—集尘箱；8—集尘车；9—空压机；10—压气管；11—灰斗；12—防爆板；13—脉冲阀；14—脉冲控制仪；15—气包；16—除尘器箱体；17—检修门；18—卸灰阀；19—输灰机；20—控制柜；21—减振器；22—电机；23—传动装置；24—通风机；25—消声器；26—排气筒

密闭罩的作用是将散尘处密闭起来，在目前国内玻璃工业中使用的密闭方式有以下 3 种。

① 局部密闭　即在尘源设备处安装密封罩，可就地排除粉尘，如颚式破碎机外围。

② 整体密闭　即将除传动装置外的尘源设备全部封闭在罩内，通常在罩上留有观察孔和操作门。

③ 密闭室　将尘源设备全部封闭在小室内，操作人员可以随时进入室内检修，大修时必须拆去密闭室，如设置振动筛的密闭室。

前两种形式的密闭罩的结构主要根据尘源设备的结构来决定。

抽风罩是将风管与密闭罩联系起来的接头，它的形状与位置皆对除尘性能有影响。如果能正确地确定抽风罩的位置和形式，既能减少抽出空气中的含尘量，又能保持密闭罩内均匀的负压，并可使抽风量最小。其位置一般在密闭罩的上部，并适当远离粉尘散落处。抽风罩的位置如图 7-22 所示。

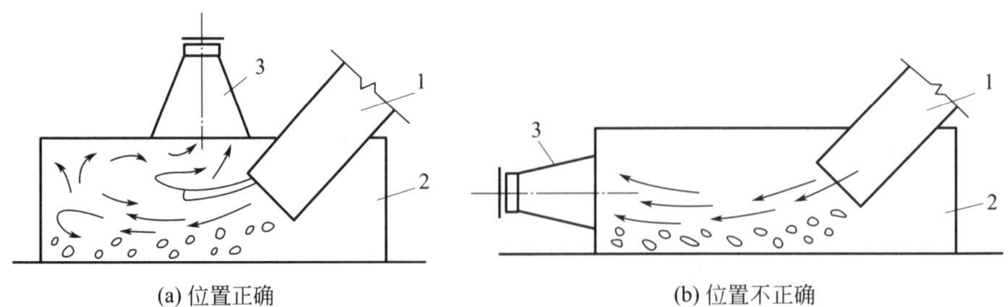

图 7-22　抽风罩的位置

1—溜槽；2—密闭罩；3—抽风罩

二、除尘器的选择

① 在满足排放要求的前提下，首先选择低阻除尘器，降低除尘能耗。例如，以袋式除尘

器为例，在同样条件下，脉冲袋式除尘器比反吹风袋式除尘器节能 25%左右，新型结构设计比传统设计节能 20%左右。除尘器应严密，减少设备漏风率，漏风率每增加 1%，意味着能耗浪费 1%。

② 用于处理相对湿度高、容易结露的含尘气体的干式除尘器应设保温层，必要时还应在除尘器入口前采取加热措施。

③ 用于净化有爆炸危险粉尘的干式除尘器，应布置在系统的负压段上。用于净化及输送爆炸下限小于或等于 $65g/m^3$ 的有爆炸危险的粉尘、纤维和碎屑的干式除尘器和风管，应设泄压装置。必要时，干式除尘器应采用不产生火花的材料制作。用于净化爆炸下限大于 $65g/m^3$ 的可燃粉尘、纤维和碎屑的干式除尘器，当布置在生产厂房内时，应连同排风机布置在单独的房间内。

④ 用于净化有爆炸危险粉尘的干式除尘器，应布置在生产厂房之外，且距有门窗孔洞的外墙不应小于 10m。

⑤ 排除有爆炸危险粉尘的除尘系统，其干式除尘器不得布置在经常有人或短时间有大量人员逗留的房间的下面，如与上述房间毗邻布置时，应用耐火的实体墙隔开。

⑥ 选用湿式除尘器时，北方地区应考虑采暖或保温措施，防止除尘器和供、排水管路冻结。同时把除尘水系统耗能计入除尘系统耗能之中。

⑦ 在高负压条件下使用的除尘器，其结构应加强，外壳应具有更高的严密性。

⑧ 含尘气体经除尘器净化后，直接排入室内时，必须选用高效率除尘器，使其排放浓度符合室内空气质量标准。

三、抽风量

粉尘飞扬是源于空气的流动，例如斗式提升机的进出口、带式输送机交接处以及物料充入密封仓时仓口处等部位排出的空气。如果用密闭罩封闭这些部位，并对它抽风，使罩内产生负压，则罩内的含尘气流就不会逸出罩外，以实现防尘的作用。各种散尘设备及不同的密闭罩对抽风量的要求是不同的，否则就不能达到密闭罩所要求的最小负压值。常用设备密闭罩中所需的最小负压值在表 7-13 中列出。常用设备密闭罩的抽风量可采用经验数据，见表 7-14～表 7-17。

表 7-13 常用设备密闭罩中所需的最小负压值

设备名称	密闭方式	最小负压值 Δp /mmH_2O
皮带输送机	局部密闭上部罩(仅对热料)	0.5
	下部罩	0.8
	整体密闭	0.5
振动筛	局部密闭	0.15
	整体密闭与密闭室	0.10
颚式破碎机	上部罩	0.20
	下部罩(胶带机)	0.80
圆盘给料机	上部局部密闭(仅对热料)	0.6
	下部局部密闭	0.8
	给矿机与受矿机整体密闭	0.25
电振给矿机	与受料皮带机整体密闭	0.25

表 7-14 颚式破碎机上部的抽风量

序号	破碎机规格	给矿设施	落料高差/m	抽风量/(m^3/h)
1	150×250 颚式破碎机	条筛，溜槽	1.0～1.5	500 700
2	250×350 颚式破碎机	条筛，溜槽	1.0～1.5	500 800
3	250×400 颚式破碎机	条筛，溜槽	1.0～1.5	600 900
4	400×600 颚式破碎机	条筛，溜槽	＜2.5 1.0～1.5 1.5～1.8 1.8～2.5	1000～1400 1200 1400 1700
5	600×900 颚式破碎机	条筛，溜槽	＜3.0 1.0～1.5 1.5～2.0 2.0～3.0	1500～1800 1000 2000 2500
6	900×1200 颚式破碎机	条筛，溜槽	＜3.0 1.0～1.5 1.5～2.0 2.0～3.0	1800～2200 2500 3000 3500

表 7-15 轮碾机的抽风量

序号	轮碾机规格	抽风量/(m^3/h)	序号	轮碾机规格	抽风量/(m^3/h)
1	ϕ1200	1200～1500	3	ϕ2400	2500～3500
2	ϕ1500	1800～2500	4	ϕ3000	3000～4500

表 7-16 斗式提升机的抽风量 m^3/h

规格(斗宽)/mm	物料温度/℃	提升高度 H＜10m		提升高度 H＞10m	
		上部	下部	上部	下部
160	＜50 50～150 ＞150	— 500 1200	600 500 —	6(H－10) 500＋40(H－10) 1200＋120(H－10)	300＋30H 500＋10(H－10) —
250	＜50 50～150 ＞150	— 700 1800	900 700 —	90(H－10) 700＋60(H－10) 1800＋120(H－10)	500＋40(H－10) 700＋20(H－10) —
300	＜50 50～150 ＞150	— 800 2200	1100 800 —	110(H－10) 800＋100(H－10) 2200＋220(H－10)	600＋50H 800＋30(H－10) —
350	＜50 50～150 ＞150	— 900 2600	1300 900 —	130(H－10) 900＋140(H－10) 2600＋260(H－10)	700＋60H 900＋40(H－10) —

表 7-17 料仓的抽风量

运输机胶带宽度/mm	固定式漏斗		移动式漏矿车		可逆式胶带运输机	
	抽风量/(m^3/h)					
	诱导空气量	每 $1m^2$ 缝隙面积吸入风量	诱导空气量	每 1m 长装料口吸入风量	诱导空气量	每 1m 长装料口吸入风量
500	250	2800	700	160	250	200
650	400	2800	1100	180	400	250
800	600	2800	1600	200	700	300
1000	1000	2800	2400	220	1100	350
1200	1800	2800	3200	240	1500	400
1400	1800	2800	4000	260	2000	450

抽风系统的风管管路计算和结构可参阅玻璃窑炉工业、化工管路手册等相关资料。

四、排风烟囱

① 分散除尘系统穿出屋面或沿墙敷设的排风管应高出屋面 1.5m，当排风管影响邻近建筑物时，还应视具体情况适当加高。

② 集中除尘系统的烟囱高度应进行排尘量计算，并利用烟囱抽力减小风机负荷。

③ 所处理的含尘气体中 CO 含量高的除尘系统，其排风管应高出周围物体 4m。

④ 穿出屋面的排风管应与屋面孔上部固定，屋面孔直径比风管直径大 40～100mm，并采取防雨措施。

⑤ 排风烟囱应设防雷措施。

五、消声器

消声器是治理通风机噪声的主要装置，它既可以阻止通风机噪声向外传播，又允许气流通过，把它装在通风机的气流管道上，可降低通风机本身发出的噪声和管道中的空气动力噪声。消声器耗能不大，其阻力为 200～300Pa。

消声器的种类很多，通风机消声器主要有阻性消声器和阻抗复合消声器。所谓阻性消声器，就是利用吸声材料的吸声作用使沿通道传播的噪声不断被吸收而逐渐衰减。吸声材料的消声性能类似于电路中消耗电功率，故得名为阻性。阻性消声器可分为直管式、片式、折板式、声流式、蜂窝式和迷宫式等。阻抗复合消声器有扩张室-阻抗复合消声器、共振腔-阻抗复合消声器等。一个性能好的消声器应满足以下基本要求。

① 消声性能　要求消声器在所需要的消声频率范围内有足够大的消声量。

② 空气动力性能　消声器对气流的阻力损失或功能损失要小。

③ 结构性能　消声器要坚固耐用，体积要小，质量要轻，外形应美观大方，结构简单，加工容易，安装维修方便。

④ 经济性　在消声量达到要求的情况下，其价格便宜，使用寿命长，具有较好的性价比。

上述几方面是互相联系、互相制约、缺一不可的。根据具体情况可有所侧重。设计消声器时，首先要测定噪声源的频谱，分析某些频率范围内所需要的消声量，对于不同频谱，分别计算消声器所应达到的消声量，综合考虑消声器四方面的性能要求，确定消声器的结构形式，有效降低噪声。

思 考 题

1. 归类说明玻璃工厂粉尘防治的方法。
2. 简述离心式除尘器的原理，并说明其可分离尘粒的临界粒径为多少。
3. 简述带式除尘器的滤布织物有哪些（写出 3 种滤布材料名称）。
4. 两级串联除尘系统中，第一级除尘器的除尘效率为 85%。若已知含尘气流粉尘浓度为 $25g/m^3$，要求除尘后的排气浓度达到 $25mg/m^3$，试求第二级除尘器的除尘效率。

第八章　供料机械与设备

第一节　概　　述

一、供料机分类

供料机是将熔制好的玻璃液按一定要求自动输送至成形机的玻璃熔体供料设备。从 1905 年欧文斯（Owens）制瓶机的出现，经过多年改进，1923 年滴料式供料机问世后，供料机得到了快速的发展，相继出现了各种新颖的滴料供料式自动成形机，如行列式（即 I. S. 机）制瓶机等。经过几十年不断地改革和发展，供料机的性能与结构已有了很大的改进，但其基本工作原理却无原则性变化。

根据人们的使用习惯，将供料机分成两类，分别为吸料式供料机和滴料式供料机。此外，在带式吹泡机上，还可采用一种连续料流式供料方法，但这种供料方法在自动成形机上应用并不普遍。

二、吸料式供料机原理

吸料式供料机的吸料实施方案通常有两种：一种是将每个模腔内抽成真空的初形模轮流浸入玻璃液中，利用压差吸取玻璃料液，如欧文斯制瓶机用吸料式供料机；另一种则是利用成形机上自带的单独真空吸料装置，首先将吸头伸入玻璃熔窑工作池中吸取玻璃液，并在退回时将料滴送交给成形机的吹制管，如最早的 UM8S 型成形机中所用供料机。事实上，不管采用哪种实施方案，都是通过将吸料腔内抽成真空来实现玻璃液的吸取过程的。通常它们很少作为独立机器，而是被设计成自动成形机械的一部分。

吸料机头剖面图如图 8-1 所示。它主要由初形模、口模和切刀等组成。其中初形模腔的上部和支持环上，设有与吸料机头的真空通道相连的抽成真空的孔道和狭缝。同时为避免在玻璃料上造成印痕，孔道和狭缝往往小于 0.1mm。口模是制得料滴的颈部和支持环，其中，颈部的作用是使玻璃料顺利落在成形吹制管的中心上，并使玻璃与吹制管之间形成气密连接，以及为吹制过程补充原料。支持环的作用是使玻璃能被吹制管夹持，以便进行成形加工。当吸料操作完成之后，切刀则沿着吸料口表面快速切断颈部下方玻璃，使料滴与玻璃液分离。

图 8-1 中还有较为复杂的冷却系统。其中被冷却部分包括吸料机头外壳和其中的初形模，机头盖和盖上的插销，口模，吸料口及切刀等。由于冷却水（特别是吸料机的一些转动部分）不能泄漏，所以为制造吸料机头带来一定的难度。另外，由于切口和吸料口磨损较快，所以必须选用十分坚硬且耐磨的材质。

吸料式供料机的操作过程如图 8-2 所示，分别表示吸料时、切断时和移交玻璃料滴时 3 种工况。吸料过程中，每次取一滴玻璃料滴，吸料机头就需伸入玻璃液中一次，于是与吸料口和切刀接触的这部分玻璃液在受到冷却后，当机头伸入取料池时，切下的玻璃丝又回到池中。若是它们未完全分散均匀而又被卷入吸料液流中，就会导致后一滴料中出现条纹。所以，实际操作中，往往是通过人工改变池中液流的方法来避免这种现象。图 8-2(a) 所示的石英砖台就是为改变液流设置的。当吸料机头离开玻璃液面并退至石英砖台的右侧时，迅速将料尾切断[图 8-2(b)]，此时被切下的玻璃料滴将落在石英砖台的右侧，而不是被吸入下一次的料滴之中。被冷却的玻璃需做流程较长的环流，才能到达吸料点，这样保证了吸料点玻璃的均匀一致

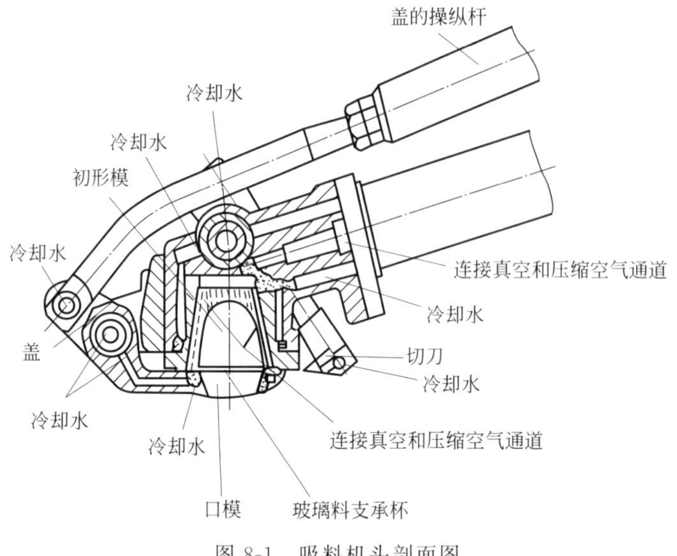

图 8-1　吸料机头剖面图

性。由此可见，这种利用人工改变料流的方法是保证吸料点始终供应新鲜玻璃液的一种简捷而有效的方法。

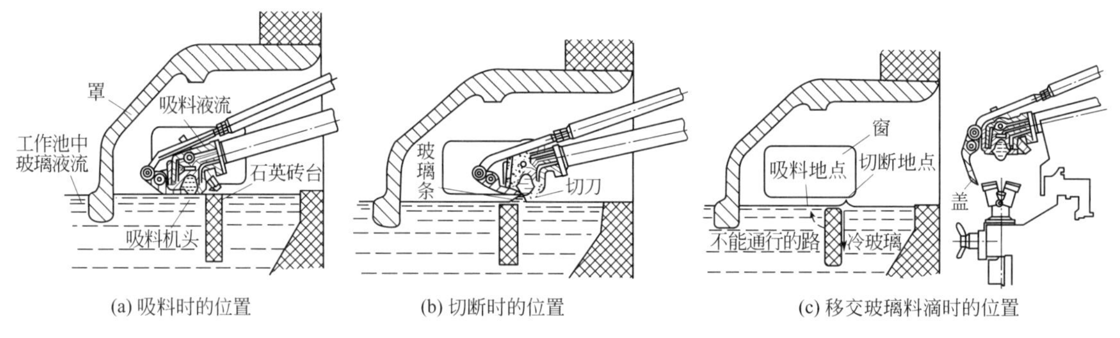

(a) 吸料时的位置　(b) 切断时的位置　(c) 移交玻璃料滴时的位置

图 8-2　吸料式供料机的操作过程

在图 8-2 中浸入玻璃液内的罩子起到了隔离玻璃表面层与吸料点的作用。因为表面层玻璃和内部玻璃的化学组成和黏度可能不完全一致，若表面层玻璃被吸入料滴内，会使玻璃液产生条纹或引起制品壁厚偏差。而中层的玻璃比较均匀，温度也较低一些，所以设置罩子后，在给定的吸料温度条件下，可以提高工作池的玻璃温度。对于温度较高的表层，也意味着匀化程度较好，会使切下来的玻璃在回流中更容易被加热。

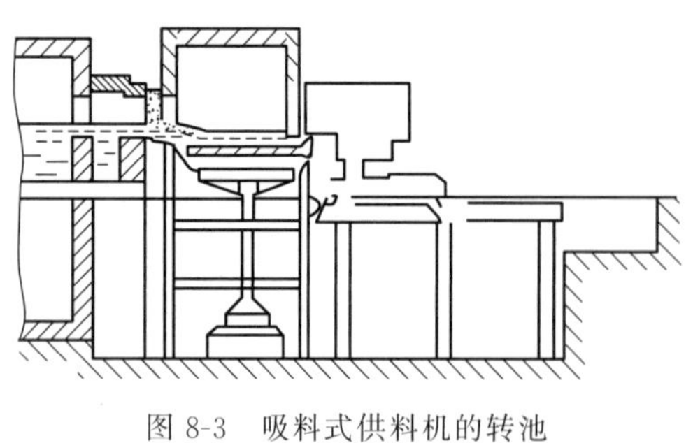

图 8-3　吸料式供料机的转池

在欧文斯制瓶机中，其吸料操作过程与其他并无差异。不同的是，为保证吸料过程料滴质量，在熔窑后部设置了一个特殊装置——转池，如图 8-3 所示。转池是一个浅平的圆形转盘，内径为 2～2.8m，深 165～250mm。

该转池通过两个单独的小炉加热，以控制玻璃液温度为 1150～1250℃。在转池的不停回转过程中，玻璃液吸料点不断被改变，使得冷却的玻璃液可以得到较长时间的加热，所以保证了每次吸入的玻璃液均匀一致。并且转炉通过流槽不断从熔窑中取得玻璃液而保持生产的连续进行。

吸料式供料装置的优点如下。

① 吸料装置中，玻璃料滴的重量和形状只由初形模腔的大小和形状决定，并且每次吸料都将初形模腔完全充满，使玻璃的重量误差控制在较小的范围内，而且形状完全相同。特别是在每次换模后，第一个料滴的尺寸就已经是准确的，所以不受池中玻璃温度、黏度及均匀度波动的影响。

② 通过吸料过程制备的玻璃制品比其他方法质量更好。吸料式成形机中，料滴上的切痕位于顶盖上，即留在玻璃废料中而不进入制品。同时在制品壁厚均匀分布方面，因为玻璃料滴的形状比较准确，且能更好地适应制造上的要求，所以吸料式同样具有优越性。并且，由于玻璃几乎是在相同的时间周期上与初形模壁接触，因此温度分布较合理。另外，玻璃料温度比较高，在加工过程中（尤其在压制时）出现的压应力较小，所以玻璃瓶上形成的花纹比较清晰。

③ 吸料装置设备费用低，它不需要较大的供料机和一套复杂的自动协调装置。吸料装置就是成形机本身的一部分，使得机器的工作周期与吸料之间很容易形成同步，即使在无级调速时，也不会有困难。

④ 采用吸料法生产时，把成形机与熔窑设在同一楼层内，对于手工操作的池窑及其他制造设备不需进行大的改造，即可适应这种吸料式供料成形机械，设计新厂时可以降低厂房高度，以节省基建费用。

同时，吸料法也存在以下不足之处。

① 吹制顶盆太大、太重，因而产生的碎玻璃回头料较多，增加了燃料消耗及生产成本。

② 采用中间转池的系统中，转池设备占地面积较大，使得一个熔化池不能设置两个以上的转池，所以机器配置受到限制，而且转池耗能大。

③ 吸料式机器比滴料式机器生产效率低，吸料装置周期长，生产效率比较低。

总体来看，吸料供料法适合高质量玻璃制品的制造，如用于普通包装瓶罐的生产中，则不太经济。目前仅有极少部分的空心玻璃制品使用吸料式成形机生产。

三、滴料式供料机原理

熔融的玻璃液具有一定的表面张力和黏度，这为滴料式供料提供了条件，因而在机械作用下，即可获得所需形状及重量的料滴。

图 8-4 为滴料式供料机上料滴的形成过程。图 8-4 中的冲头 1、剪刀 2、料筒 3、料碗（或称落料口环）4 等部件都是直接参与料滴形成过程。

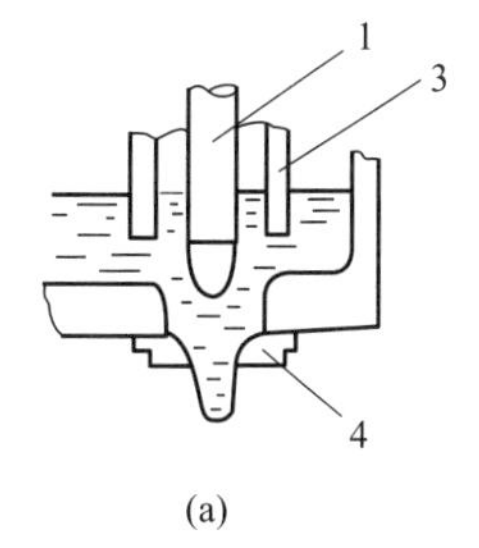

(a)

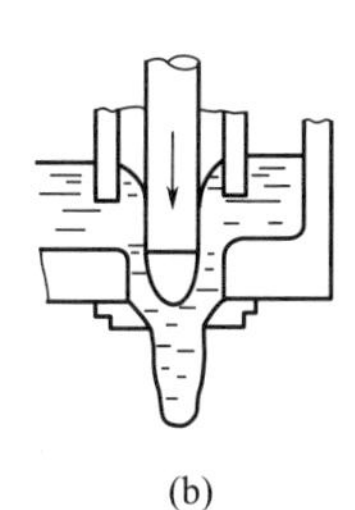
(b)

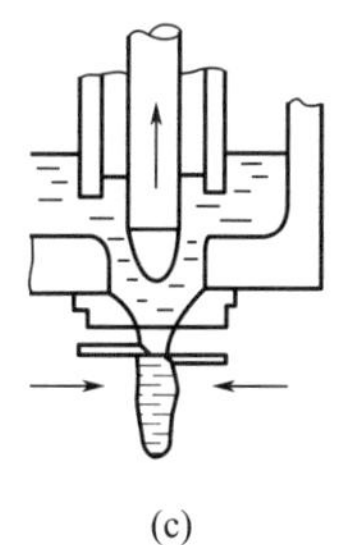
(c)

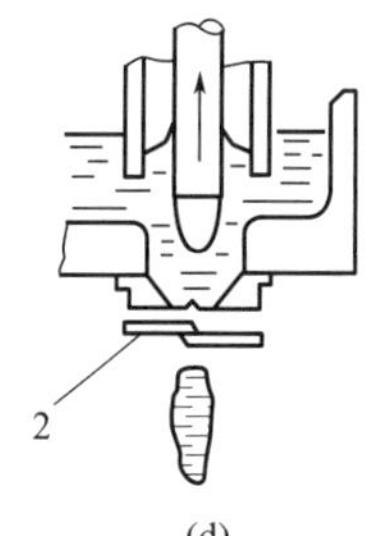

(d)

图 8-4　滴料式供料机上料滴的形成过程

如图 8-4(a) 所示，耐火材料冲头处于行程的最高点，在自身重力作用下，料盆内的玻璃液从料碗口中缓慢流出，形成料滴的头部。

接着如图 8-4(b) 所示，冲头开始下降。开始先做等速下冲，随后加速，迫使玻璃液从料碗口加速挤出。根据玻璃液的黏度、冲头的运动规律及冲头端部的形状，使料滴具有不同的形状。一般情况下，冲头直径越细，运动速度越慢，同时料滴的直径越细、越长。

当冲头到达行程的下终点并开始加速上升时［图 8-4(c)］，因为冲头对玻璃液流出的阻碍作用，使得料滴在自身重力下颈部被拉长、拉细。随后在冲头继续加速上升中被进一步拉长，并变得更细。此刻，剪刀剪切料滴，可获得较为平滑的剪刀切痕。剪下的料滴被导入成形机中。

料滴离开供料机后，冲头仍继续加速上升［或等速上升，如图 8-4(d) 所示］，这时留在落料孔下面的玻璃料由于冲头的上升运动而被吸回料碗，使得这部分玻璃料被重新加热，进而使下一个料滴的温度趋于均匀。但同时抽吸动作不能过于猛烈，以免吸入空气使下一个料滴中夹带气泡。冲头在上升运动过程中，还将抽吸料筒四周的玻璃液进入料筒，以补充筒内玻璃液面的下降。冲头上升至最高位置后，又将重复下一个工作循环。

滴料式供料方法的应用较普遍，但是对料滴形成过程的系统的数学描述还比较缺乏，仅仅是在通过管状落料孔的玻璃流的质量流量变化方面有一些结论。对于直径小于 25.4mm 的落料孔上的料流量，有如下关系

$$Q=\frac{D^{2.5}h^{0.5}}{fl^{0.5}} \tag{8-1}$$

式中，Q 为玻璃液流出量，mm^3；D 为落料孔直径，mm；h 为玻璃液深度，mm；l 为料碗落料孔长度，mm；f 为摩擦系数，f 是 $\frac{Q}{D\mu}$ 的函数，其中，μ 为玻璃液的黏度，Pa·s。

通过对供料机料滴重量随温度变化关系的研究可知，玻璃液温度每降低 6～8℃，料滴重量减少 6%，若玻璃温度做相应地增加，料滴重量即可增加 6%。

而由玻璃液温度对供料机速的限制问题的研究可知，料温较高时，供料速率也是较大的。例如与料温相对应的黏度为 42×10^3Pa·s 的玻璃液，允许的供料速率一般较低，但当玻璃液温度使黏度提高到 21×10^3Pa·s 时，则机速可提高 3 倍。

第二节　滴料式供料机的结构

滴料式供料机主要由机械部分、供料槽部分以及附属系统 3 个部分组成。其中机械部分包括形成料滴的各运动机构，而供料槽部分是指引流和贮存玻璃液用的耐火材料结构。

一、供料槽的作用和类型

供料槽又称为供料机前炉，供料槽的一端与熔窑工作池的出料口相接，另一端设置一个供料盆，供料盆中央装有带落料孔的料碗，如图 8-5 所示。标准型供料槽由闸砖Ⅰ、冷却段、闸砖Ⅱ、调节段和供料盆区组成。由于供料机是在高温下工作，又直接与玻璃液接触，因此全部由耐火材料制件砌筑而成，并在耐火制件的两侧和底部用绝热材料轻质黏土砖和硅藻土或石棉粉的填充层进行保温。其最外层为薄铁板制成的外壳，整个供料槽安放在型钢结构上，下面由钢柱支撑。

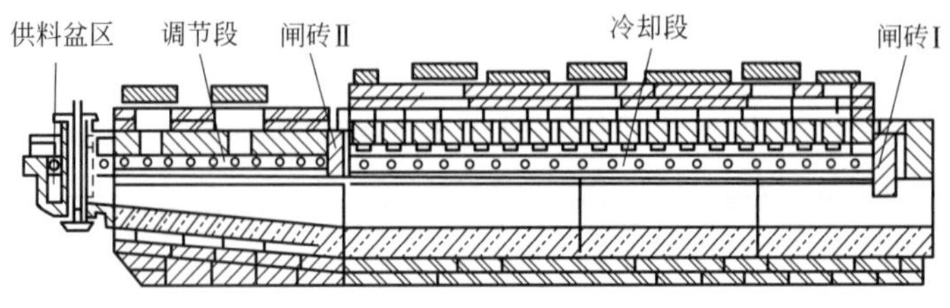

图 8-5　供料槽结构

供料槽的作用是为供料机提供温度适宜且均一的玻璃液，具体有以下 3 点。

① 供料槽起通道作用，把玻璃液从熔炉输送给供料机的供料盆，以备制成料滴。

② 供料槽起热交换器作用，使得温度很高的玻璃液在通过供料槽时有大量的热量通过辐射、对流和传导散失。当玻璃液到达供料槽出口时，其平均温度应接近成形机所需的温度。

③ 供料槽起匀化器的作用，用来提高玻璃液在温度和成分上的均匀性。在供料槽中，匀化作用主要通过供料槽中的热作用和机械作用来实现。

依照供料槽各部位的功用，又可分为：①与熔窑相接起冷却作用的“冷却段”，主要改变从熔窑来的玻璃液的温度，一般用大块耐火砖材砌成。②与供料盆相连的“调节段”，起均化玻璃液温度的作用。它是一个整块的耐火黏土制成的槽形制件，前端缺口正好与供料盆衔接，另一端缺口与冷却段砌体相连。

冷却段和调节段分别如图 8-6 和图 8-7 所示。冷却段的上侧面开有冷却空气入口，可以采用自然通风，也可由鼓风机送风，流经玻璃液面带走热量而达到冷却效果。冷却段的侧面还留有安装加热用的喷嘴孔，用于加热冷却段玻璃液。调节段则不设空气入口，只在侧壁留有安装加热用的喷嘴孔，可以燃烧煤气、天然气或轻柴油来加热玻璃液（也可以采用电加热），均化玻璃温度，加热所产生废气由顶部排气口排出。

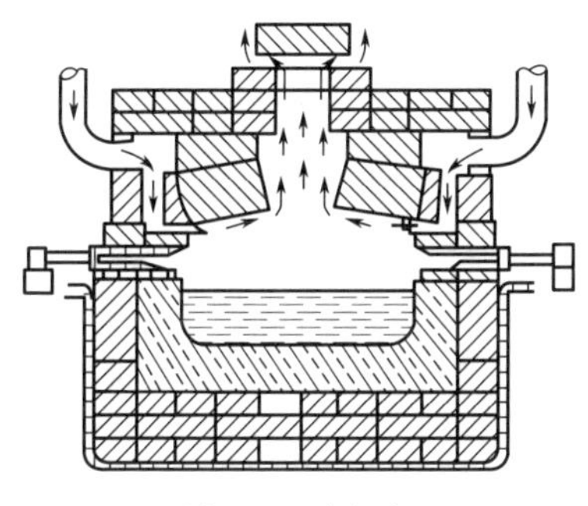

图 8-6　冷却段

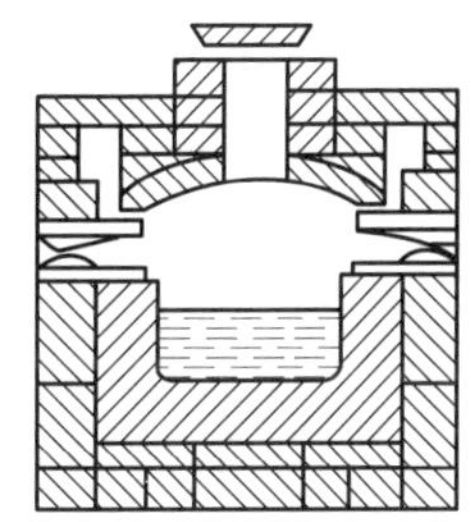

图 8-7　调节段

玻璃液温度调节主要通过加热和冷却供料槽中的玻璃液面进行实现。通常采用如下的温度调节顺序：当加热槽内的玻璃液时，在冷却段先过热它，然后再冷却其表面层的玻璃液，从而使供料时玻璃液上下各部分温度达到均匀，这是因为升高底部玻璃液温度要比升高上部玻璃液温度慢的缘故。若需冷却槽内的玻璃液，则应在冷却部先过冷它，然后再加热其上部玻璃液。在冷却过程中，通常保持小火焰加热，而采用较大的冷却风量。

经过温度调节的玻璃液才能进入供料盆区。供料盆是一个耐火黏土制件，一般制成圆形轮廓，以便于得到均匀料流而不产生死角。在供料盆中的玻璃液将从四周流入料筒空间，以便通过落料孔形成料滴。供料盆是整个料槽中保温最薄弱的部位，热量从各处向四周扩散，整个供料槽的热损失的 17% 在供料盆区，所以玻璃液会产生一定的温度梯度。因此，需要在这个部位设置机械搅拌装置来消除温度梯度造成的不均匀性。通常在供料盆内采用旋转料筒的办法进行匀料，故料筒又称为匀料筒。

供料槽与熔窑工作池相连的部位还设有闸砖，闸砖插入玻璃液面下，一方面隔离火焰空间，避免熔窑内的火焰蹿到供料槽内，引起供料槽温度波动；另一方面还可以挡住玻璃液面上的浮渣，提高玻璃液的质量。

供料槽的类型较多，图 8-8 为 A3240-Y 型供料机的槽体结构，它与 A 型供料机配套，从池窑到料碗中心的全长为 3240mm，冷却段长为 1830mm、宽为 660mm，调节段长为 1220mm、宽为 406mm。供料槽的深度：冷却段为 254mm，供料盆处 152mm，供料槽采用轻柴油喷嘴加热。另一种 A2630 型供料机，它的各部尺寸均与 A3240 型相同，只是冷却段较短，一般为 1220mm，这两种供料槽均可供 4 组或 6 组行列机使用。

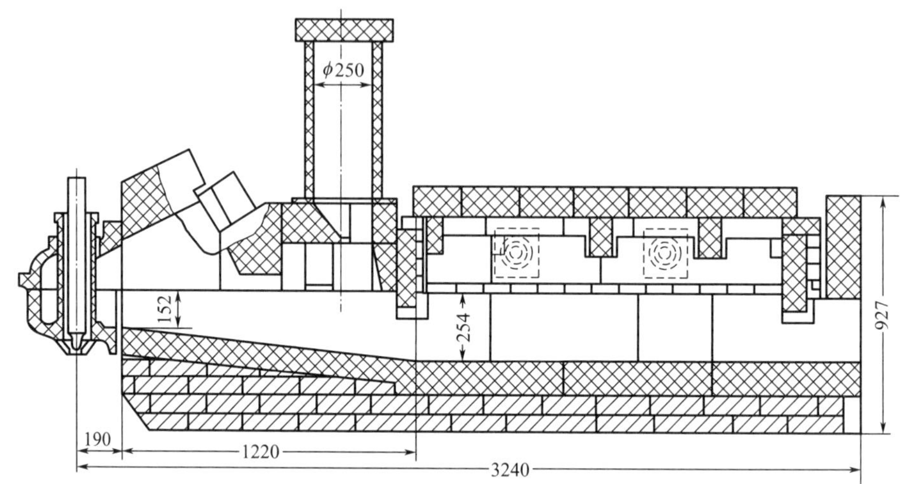

图 8-8　A3240-Y 型供料机的槽体结构

随着玻璃制造工艺的发展，对玻璃液的质量要求不断提高。生产轻质玻璃瓶时，玻璃液进入成形机时的成分和温度要求更为均匀，以满足重量小、壁薄、成形速度高等工艺要求。多滴成形工艺的推广使用，要求供料槽提供比通常更多的温度均匀一致的玻璃液，因此，对于窄而短的供料槽，因玻璃液流经时间较短，冷却和调节时间不充裕，就很难获得温度均一的玻璃液。所以现在许多玻璃瓶罐厂都采用加宽、加长的供料槽，而冷却段的宽度普遍采用 660mm，长度也在不断增加，这样使玻璃液与加热火焰的接触表面加大了，对冷却和再加热可以做到更有效的控制。同时还因玻璃液量增加和滞留时间加长，可进一步提高调节精度。

目前供料槽的宽度一般有 406mm 和 660mm 两种规格。供料槽的总长为 2440～6710mm，一般以 610mm 为单位增减。供料槽的调节段长度一般为 1220mm，而冷却段则根据需要而变动。供料槽的深度在冷却段采用 178mm 和 254mm 两种，调节段有 152mm、203mm、254mm、279mm 等规格。

下面列举两种常用供料槽的规格：KU 标准型供料槽，冷却段长 3048mm(10ft)、深 254mm(10in)、宽 406mm(16in)，调节段长 1220mm(4ft)、深 254mm(10in)、宽 406mm 或 355mm(即 16in 或 14in)，同时配有 184mm 或 254mm 深的供料盆。在供料槽槽体两侧（不计供料盆四周）设有 76 只燃烧喷嘴，每小时消耗相当 4.22×10^5～8.76×10^5kJ 的天然气。

KW 型供料槽，冷却段宽为 660mm(26in)、深为 17mm(7in)；调节段逐渐缩小到 355mm 或 406mm(14in 或 16in) 宽，供料盆深为 254mm 或 184mm。在 KW144 型供料机上每小时消耗 5.1×10^5～10.2×10^5kJ 的天然气，玻璃液每 24h 的最大流量为 54t。当使用 127mm 直径的料碗时，可以进行单滴或双滴生产。

图 8-9 列举了几种供料槽的规格，它们可适用于燃油、燃气以及电加热等场合。图中右侧是用于产量较大的双滴料生产的型号，左侧为产量较小的型号。

二、供料机的机械部分

机械部分是供料机的另一主要组成部分，通过它与供料槽的配合使用，方可完成供料作业。下面主要介绍常用的 A 型供料机的结构及工作原理。

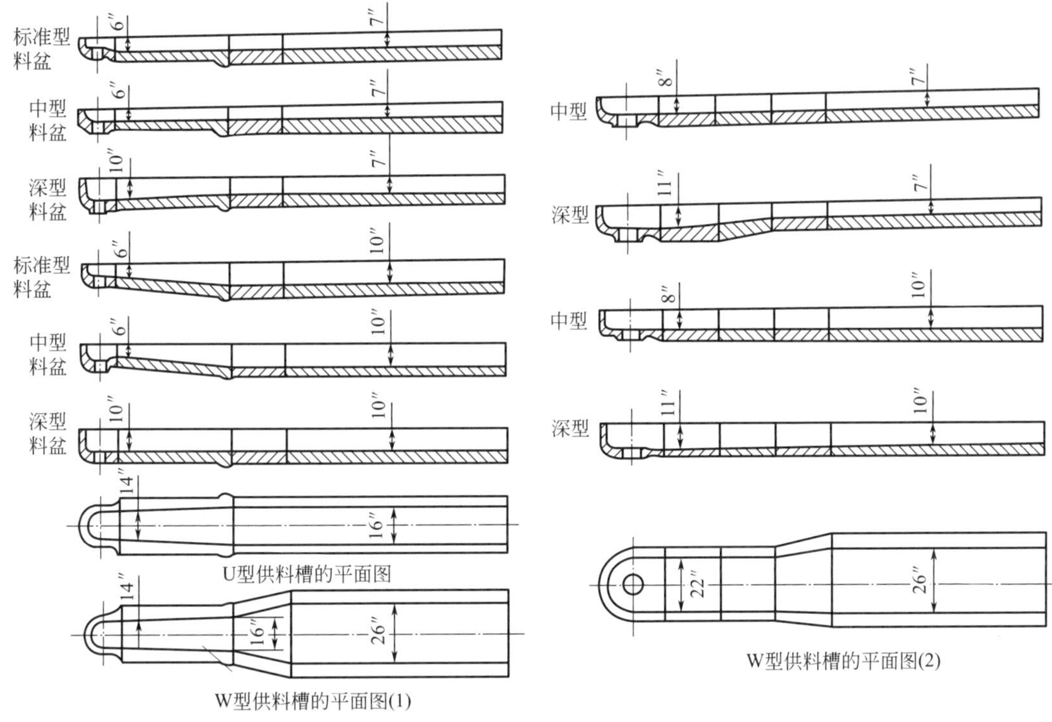

图 8-9　几种供料槽的规格

1. 传动机构

图 8-10 所示为 A 型供料机的传动系统，三相异步电机通过一级无声链驱动行链式无级变速器。变速器有两个输出轴：一头通过联轴器与可以改变传动方向的螺旋齿轮传动器相连，而万向联轴器与行列式制瓶机上的差动机构连接，从而驱动制瓶机的协调转鼓和输瓶机运转。另一头出轴通过一级无声链减速而驱动蜗轮蜗杆减速器，经速比为 20 ∶ 1 的减速使蜗轮轴达到所需要的速度，剪刀凸轮和冲头凸轮固定在此轴上，由此凸轮机构实现各自运动。调节无级变速器的变速手把，可改变它的机速，另一台电机通过 V 带驱动位于给料盆另一侧的蜗轮减速器，蜗轮轴端装有一个方框链，利用方框链带动匀料筒机构转动。通过更换 V 带轮可以使匀料筒得到 4 种不同转速。

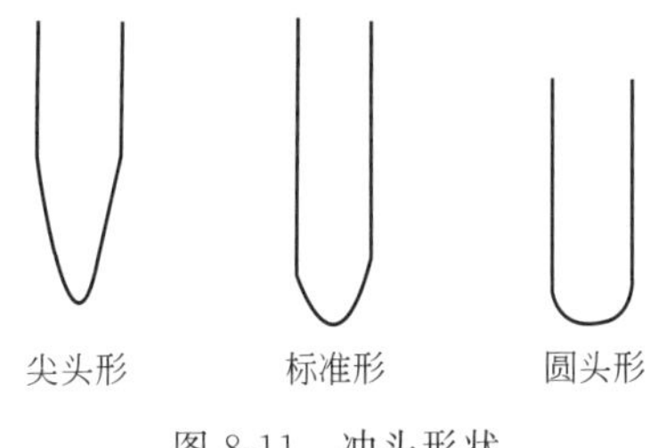

图 8-11　冲头形状

2. 冲头机构

冲头是由耐火黏土制成的棒状件，它通过在供料盆内的上下往复运动，将玻璃液按一定重量、一定周期从落料孔中冲挤出来，以备剪成料滴。冲头机构可实现冲头这种有规律的运动。

冲头的直径应和落料孔径相配合，同时也与玻璃液的温度有关。当落料孔较大时应采用直径较大的冲头，反之则应选择直径较小的冲头。冲头的直径有 ϕ63mm、ϕ76mm、ϕ82mm 以及 ϕ102mm 等多种规格。我国普遍使用 ϕ76mm 直径的冲头，它的长度为 686mm。

冲头端部形状常有三种形式。如图 8-11 所示，尖头形冲头一般用于制造小口瓶，因为这种冲头可使料滴的头部尖细，也有利于形成细长的料滴。圆头形冲头大多用于制作大口瓶、压制品和重量大的玻璃制品，以便于制得短粗的料形。标准形冲头的性能介于两者之间，能满足

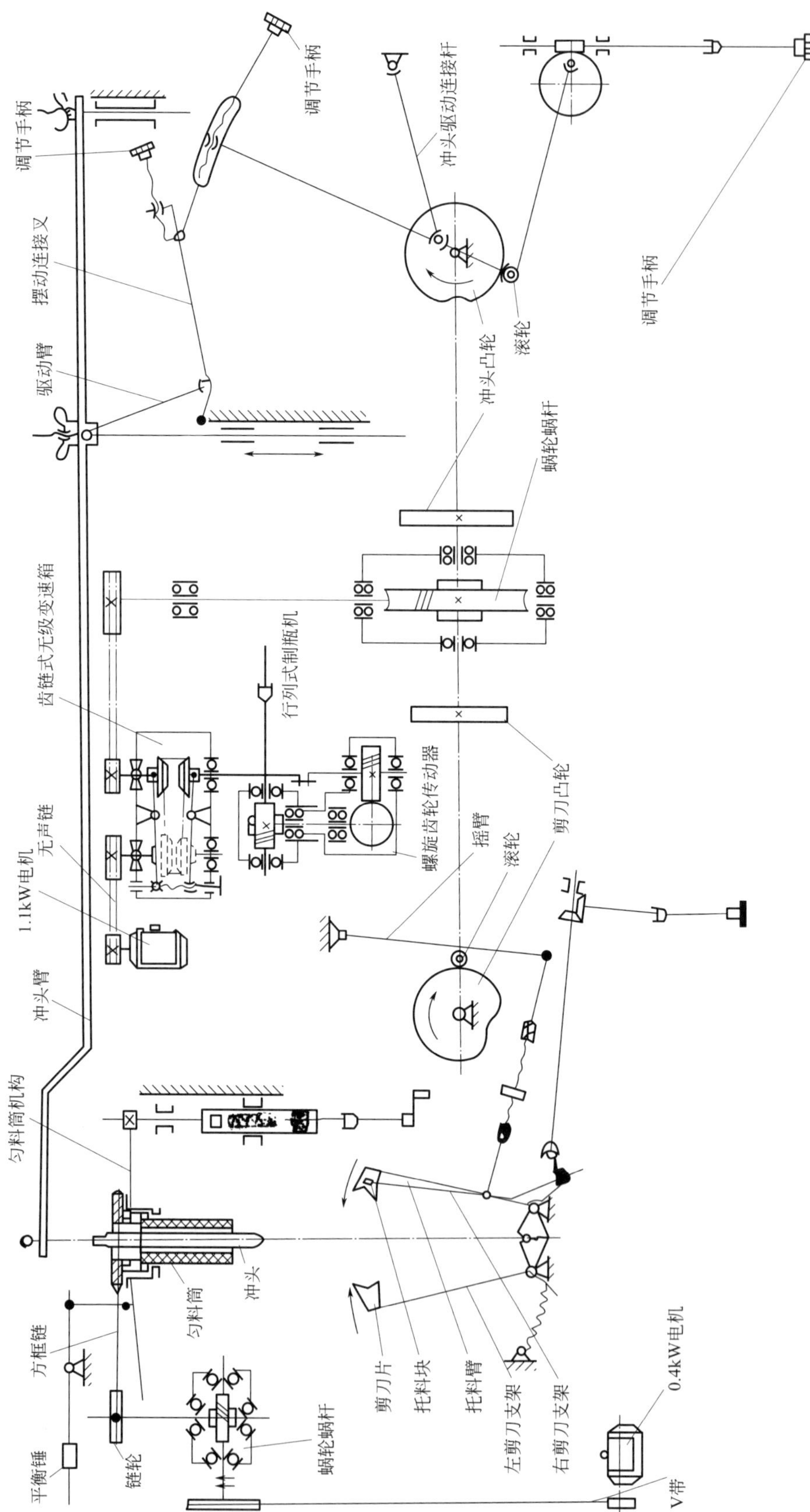

图 8-10 A 型供料机的传动系统

多种料形要求，因此应用广泛，在制瓶、器皿及灯泡玻璃上普遍采用。

图 8-12 为冲头及支架结构。图中冲头由铸铁的夹子（冲头夹座）夹持，夹座用压板紧固在铸铁的冲头臂一端。冲头臂则由一个套在空心轴上利用连杆机构驱动的托架支持，空心轴与蜗轮箱体上的轴孔采用动配合连接。冲头臂和托架通过羊角螺母固定，托架的另一端安装着定位支轴，通过调节两个相互垂直的螺钉可以校正冲头位置，使冲头与落料孔保持在同一中心线上。

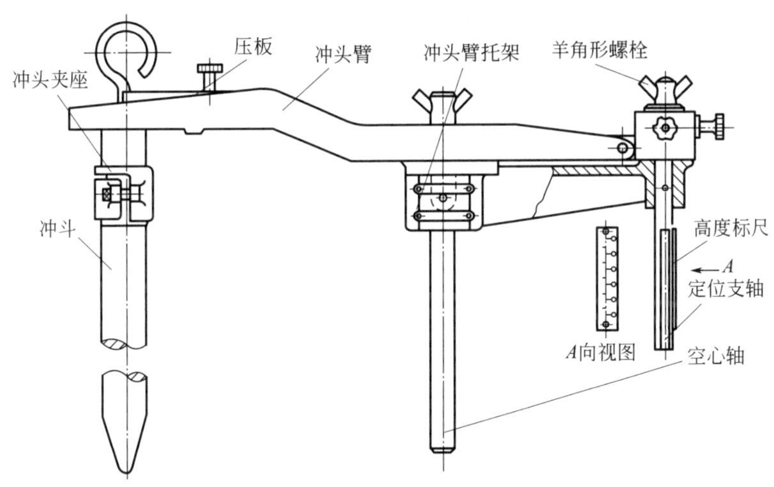

图 8-12　冲头及支架结构

定位支轴的外侧设有一个冲头高度标尺。当冲头在行程的下终点时，它的端点与料碗之间的距离即为冲头高度。冲头尖端与料碗的底面在同一水平线上时，标尺应指示在零刻度线上。一般需将冲头控制在零线以上，使冲头与料碗保持一定间距。

冲头上下运动是通过冲头机构凸轮及连杆机构实现的，如图 8-13 所示。其中冲头的上升运动由凸轮来推动，下降运动则靠冲头及冲头臂的重力作用，但下降的速度仍是通过凸轮廓控制。冲头做上升运动时，首先由凸轮作用于滚轮，使滚轮调节臂向下摆动，依次通过下连杆、上连杆后使摆动连接杆沿顺时针方向转动，进而推动摆动连接杆的另一端上的驱动臂向上运动，然后冲头支架开始上升。

冲头凸轮有多种形状的曲线轮廓，可以根据冲头的运动要求进行调换，它用螺栓固定在凸轮连接盘上，连接盘则装在轴上。凸轮与连接盘之间在安装时可做最大转角为 30°的相对运动。利用这种连接使冲头凸轮相对于轴能做 30°的相位改变，也就是剪刀凸轮与冲头凸轮之间的相位变化，这样即可实现冲头与剪刀动作的时间间隔的调节。此外，滚轮调节臂安装在偏心轴上，如图 8-13 所示，右下方的调节杆上固定着蜗杆，旋转蜗杆带动偏心轴转动，这样使滚轮调节臂的支点产生移动，于是滚轮与凸轮的接触位置也发生改变，从而调节了冲头和剪刀动作的时间相位，后一种调节可以在运转中进行，但最大调节限度为 13°。

在摆动连接杆上又设有 A 和 B 两个连接孔。当冲头驱动臂连接在 A 点时，冲头的行程较小（32～64mm），当连接 B 点上时，冲头则可得到较大的行程（55～112mm）。行程调节的另一种方法是通过转动行程调节手把，改变连接杆在摆动连接杆上的连接位置，进而改变摆动连接杆的摆幅，实现冲头行程的调节。

上述调节只改变行程的大小，而行程的下端位置并没有发生变动。若要保持冲头的行程，就需调整冲头的高度，即需要通过高度调节手把来改变下终点的位置。旋转手把将使螺旋移

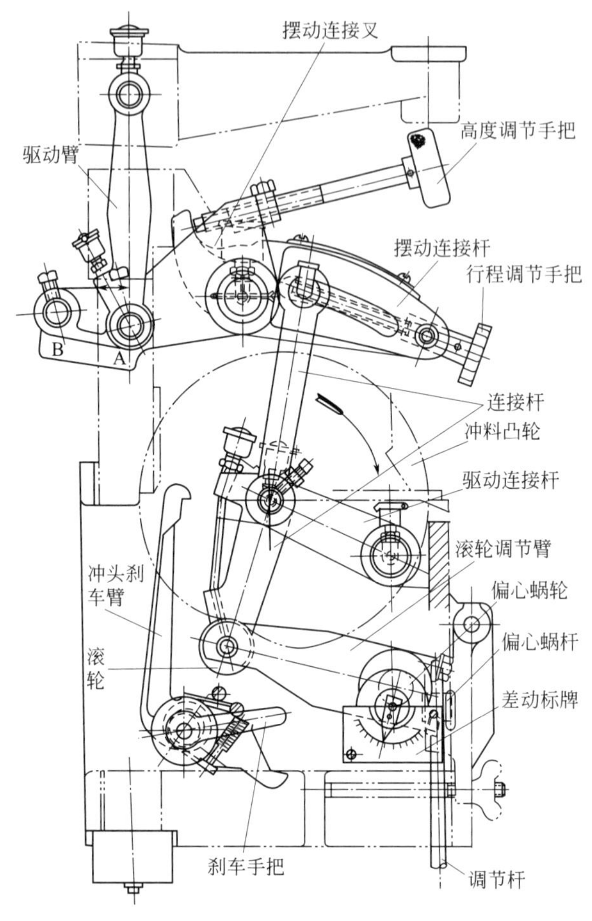

图 8-13　冲头机构

动，使得摆动连接叉与摆动连接杆之间的夹角发生变化，于是驱动臂便有所升降，完成高度调节。

另外，冲头机构还附有刹车装置。当操作中需停止冲头运动时，便可顺时针扳动刹车手把，使冲头刹车臂接近下连杆，并以头部挂钩钩住驱动连接杆杆端的台阶，冲头即停在行程的最高位置上，凸轮继续转动，但不能驱动冲头运动。但是，若凸轮已磨损较严重，使驱动连接杆不能下降到足以被刹车臂钩住的位置，就应该更换新的凸轮，以维持刹车装置的正常工作。

冲头机构中各调节和控制装置有其各自的功能，若少了各种调节，便不能满足各种制品生产要求，在玻璃生产中操作工应熟练掌握。

3.剪刀机构

剪刀机构的作用是把冲头从落料孔挤出的玻璃料剪断，并使其成为一个料滴。剪刀机构由剪刀片、剪刀柄、剪刀支架、剪刀支架轴、连杆、摇杆及剪刀凸轮等组成，分别见图 8-14～图 8-16。

如图 8-14 所示，剪刀片装在剪刀柄上，剪刀柄用螺栓固定在剪刀支架上。如图 8-15 所示，剪刀支架由一对支架轴支承，同时在支架轴上还装有一对相互啮合的扇形齿轮。右剪刀支架通过连杆与摇臂连接，摇臂的支点轴固定在蜗轮箱体上，中部的滚轮与剪刀凸轮接触。左剪刀支架尾部通过一根弹簧拉紧，由此产生凸轮与滚子间的封闭力。

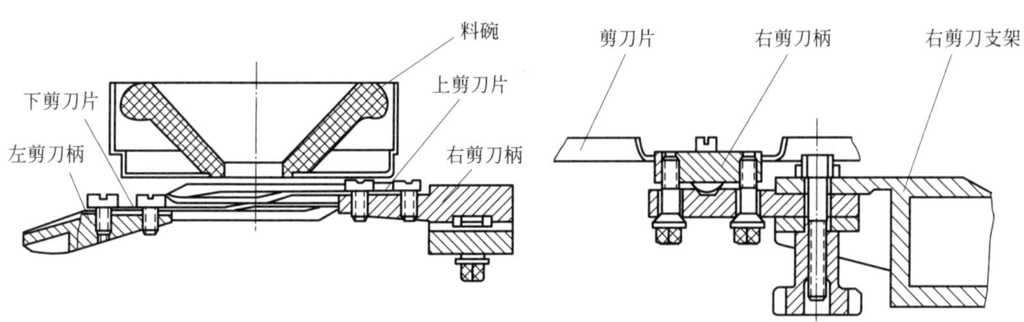

图 8-14　剪刀及固定

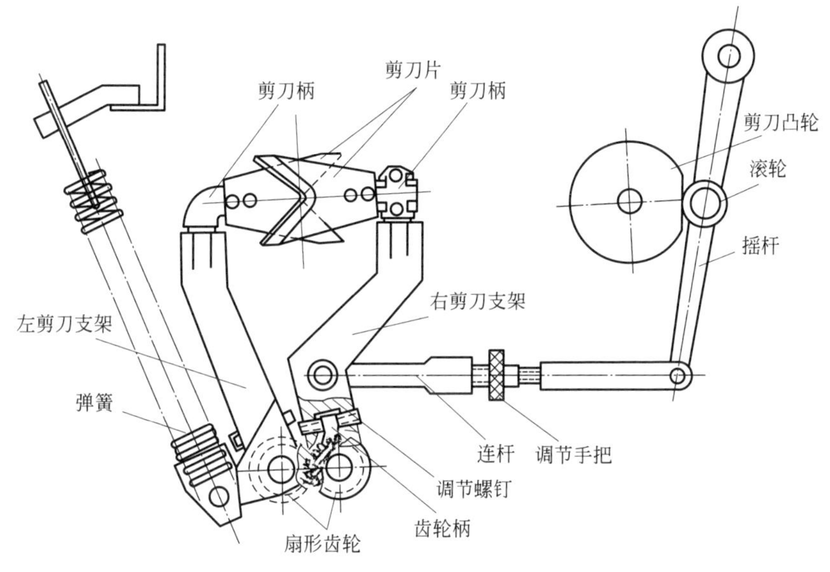

图 8-15　剪刀机构的简图

当滚轮处于剪刀凸轮的升程曲线时，凸轮将推动摇杆沿逆时针方向摆动，使右剪刀支架向外张开。与此同时，右边的扇形齿轮带动左扇形齿轮，而使左剪刀支架也做张开运动。当滚轮进入凸轮的回程曲线时，在弹簧力的作用下，剪刀做闭合剪切运动，且剪切速度受凸轮回程曲线控制。可以看出剪刀剪切的动作是由弹簧力驱动，这样避免了当玻璃料内夹杂耐火砖块等坚硬物体时毁坏剪刀机构。

剪刀凸轮通过连接盘与轴固定，凸轮与连接盘由销钉定位，不可调节相位。剪刀凸轮也有多种，它们分别具有不同的轮廓曲线，以满足不同机速下的剪切速度。

剪刀机构中的连杆通常设计成两段，两段连接处各带左、右旋螺纹。通过若干个带左、右螺纹的手把（螺母）将其连接（图 8-15）。旋转手把可以调节连杆的长度，从而调节剪刀剪切中心的掩闭程度（即剪刀中心的交叉距离）。

剪刀支架支承座如图 8-16 所示，它被压板固定在炉头铁壳前部。炉头铁壳下面的调节螺栓可使整个支承座做垂直方向移动，以便改变剪刀的高低位置，使剪刀片与料碗底之间的距离可在 12～38mm 之间进行调节。此外，右剪刀支架轴上还设有一调节手把，可使右支架轴做少许升降，用于调节左右剪刀片刃口间的接触松紧程度。

如图 8-16 所示，在左右剪刀支架上各有一对内六角螺钉顶着扇形齿轮的短柄，用来校正

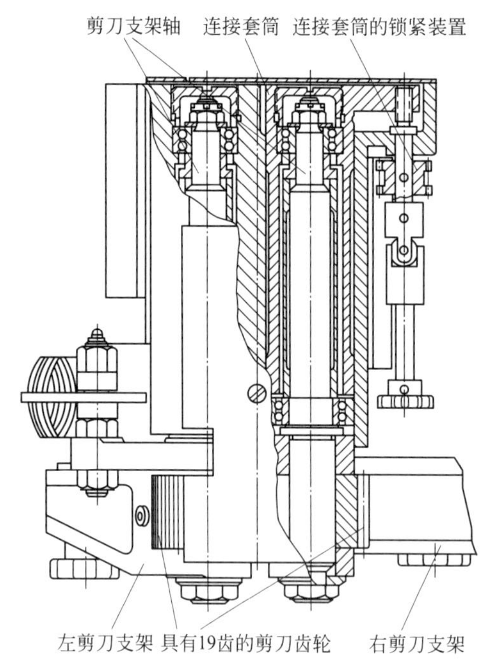

图 8-16　剪刀支架支承座

剪切中心的位置（通过调节左剪刀支架上的螺钉来实现）。剪刀片安装时应使左剪刀片刀刃向上，右剪刀片刀刃向下，即右剪刀片在上，左剪刀片在下。此外，通常被剪料块在剪刀惯性力作用下，会使下落轨迹向右偏移，为了保持料滴的垂直下落，在右剪刀上装有固定于托料臂上的托料块（图 8-10）。托料块有各种规格的圆弧半径，以适应不同的料滴直径。与冲头机构相似的是，剪刀机构也有刹车装置，安装在蜗轮箱体的下方。当放料或不需要形成料滴时，可以用来使剪刀机构停止工作。

4. 匀料筒机构

匀料筒由耐火黏土制成，它是空心圆柱形筒。将它悬挂于供料盆中料碗上方连续地绕冲头旋转，并与落料孔同心，可起到搅拌玻璃液的作用，同时调节其悬挂高度以控制料滴大小。

图 8-17 为匀料筒机构。可以看出 V 带轮轴与蜗杆轴之间通过一个安全联轴器相连，当匀料筒遇到过大的阻力时便自动脱开，以防止扭力过大而损坏。

用压圈紧固的匀料筒悬挂在上弹子碗中央，上弹子碗的上面连接着方框链轮，方框链轮带动匀料筒旋转，转速一般为 5～7r/min。为减小匀料筒旋转阻力，上弹子碗与支承托臂架上的座盘之间装有 ϕ22mm（$\phi\frac{7}{8}$in）的钢球。上述机件都安装在匀料筒支承托臂架上，由于其重量较大，因而作为调节重心用的托臂架伸出部分需足够长，才能保证杠杆吊架的钩子作用在重心上，同时，可通过吊架上的平衡重锤来平衡托臂的重量。有些供料机上则利用平衡气缸来实现上述作用。

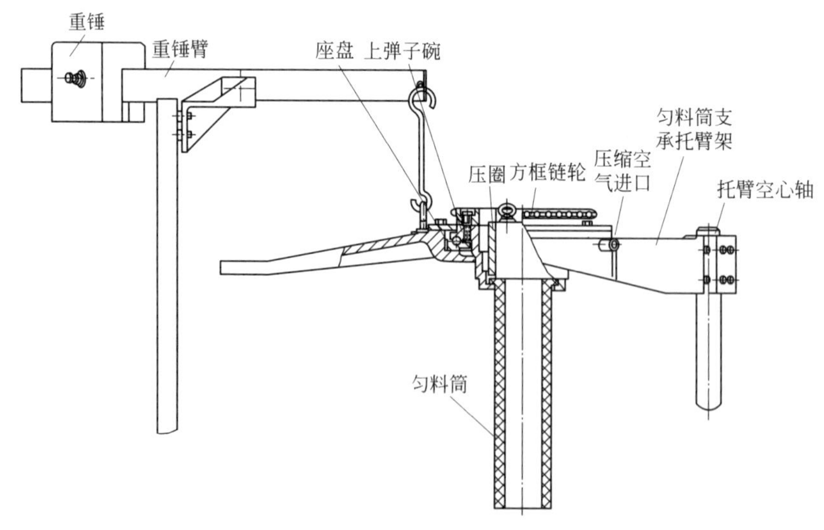

图 8-17　匀料筒机构

图 8-17 所示的匀料筒支承托臂架的一端还固定有托臂空心轴，空心轴可与托臂架一起做上下升降，并由装在空心轴下部的筒子高度调节手把进行调节。而托臂架高度的调节实际上就

是对匀料筒至供料盆底的距离进行调节。空心轴座外侧的匀料筒高度标尺上的零线位置应当是使匀料筒的下端面恰好接触供料盆底的位置。空心轴的结构见图 8-18。调节螺杆的下部空套在闷头上，故只能转动而不能上下移动。上部螺纹旋入一个装在套管下端带螺纹孔的堵头内，而套管与空心轴之间插有横销，因此套管不能转动，旋转螺杆就能使套管做上下移动。套管通过弹簧将运动传递给空心轴，使得匀料筒提升时不直接刚性地与螺杆的运动连接起来。当旋转手把使套管上升时，弹簧先受到压缩，接着伸张并推动空心轴上升。此时筒子的提升是柔性动作，避免匀料筒受到冲击荷载。特别是当供料盆内的玻璃液温度较低、黏度较大时，料筒若做骤然提升，则会导致破碎或断裂。因此，不允许操作中有过猛的调节。

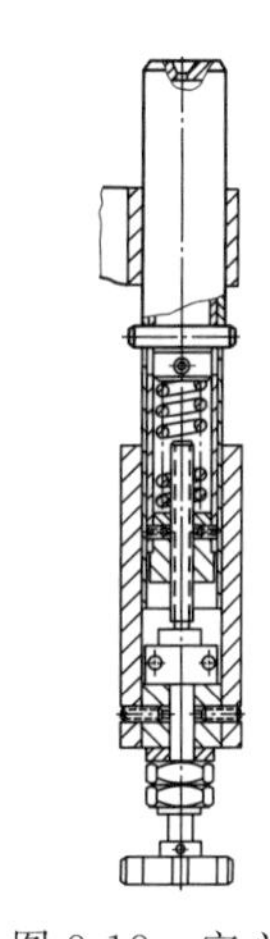

图 8-18　空心轴的结构

匀料筒的高度调节范围为 0～63mm，正常运转时，不能把料筒调到极限位置上。若需降下料筒以闸住玻璃液，则必须先停止其旋转。反之，运转启动前应先提升料筒，并检查玻璃液的温度是否达到作业温度。

在匀料筒托臂的座圈前后各有一个接孔，用来通入冷却用的压缩空气。冷却空气的压力通常控制在 $2\times10^4\sim2.5\times10^4$Pa，以便冷却托臂座圈内的钢珠，避免长期在高温下产生塑性变形。需要注意，此部位不能添加润滑油或润滑脂，因为这类润滑剂在高温下会被烧成炭而结在四周，使效果适得其反。

5. 剪刀喷水器与配气阀

剪刀喷水器安装在剪刀片的下方，起到冷却剪刀片，避免剪刀片长期在高温下变形或退火，并使刀刃部保持锋利的作用。

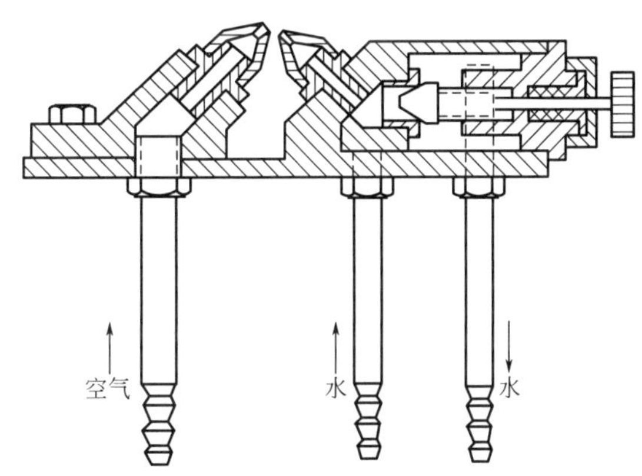

图 8-19　剪刀喷水器的结构

剪刀喷水器的结构如图 8-19 所示，它由喷水器壳体、喷嘴、调节阀等组成。冷却水从进水口进入水腔，并不断地从出水口溢出，使供水喷嘴始终保持着水头。压缩空气管路接通后，压缩空气经管路内腔从空气喷嘴高速喷出，气流束流经供水喷嘴造成局部真空，使气流吸引冷却水，并将其分散成细雾吹向剪刀片，剪完料滴后的剪刀片刚好到达喷嘴上方接受喷水冷却。其中，喷水量及水滴大小利用调节阀进行控制。

剪刀喷水器采用连续流动供水方式。不仅可以保持供水稳定，还可以避免喷水器内的贮水受到过度的局部加热而产生结垢或沉淀，造成通路堵塞。当供水中断，需立即停止剪料。

剪刀喷水器安装在剪刀片停留位置下部约 100mm 的位置，利用配气阀控制间歇喷水。配气阀安装在蜗轮箱体的外侧，是一个二位二通三口的单向滑阀。剪刀摇臂上设有撞块，当摇臂处于右侧（即静止位置），撞块推动配气阀的阀杆，使气阀呈接通状态，压缩空气进入喷水器开始喷水。摇臂开始运动后，撞块离开阀杆，阀杆通过内部弹簧的作用将气阀关闭，供气便中断，从而使喷水器停止喷水。

6. 搅拌器

搅拌器的作用是强化供料槽内玻璃液的热量与质量交换过程，以加速玻璃的均化。

搅拌器可以设在供料槽的通道中，也可安装在供料盆内或供料盆附近。一般通道中常用的搅拌器的形状如图 8-20 所示，其中后两种较为常见。图 8-20(c) 为成对使用并做反向转动的搅拌器，图 8-20(d) 由 2 个或 3 个组成一个单元使用，在宽为 406mm 的供料槽中以 2 个为一单元，在宽为 660mm 的供料槽中以 3 个为一个单元。供料盆中最常见的搅拌器即为旋转料筒，在出料量大的供料机中，可采用带三瓣桨的旋转筒，如图 8-20(b) 所示，它的内筒不再旋转，仅用来调节料滴重量，带桨的外转子做慢速旋转，起着搅拌的作用。

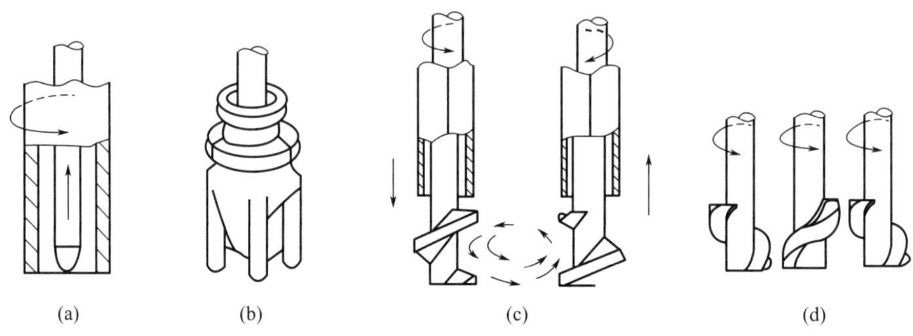

图 8-20　常用的搅拌器的形状

一般在生产透明无色玻璃时，供料槽内可不采用搅拌装置，在生产绿色或茶色玻璃，以及采用料道着色的工艺时，供料槽需安装搅拌器。此外，在目前采用的料道着色技术中，通常安装多对旋转式搅拌器。

三、附属系统

1. 排料机构

排料机构的作用是将不适宜制作制品的玻璃液或成形机停机后不需要的料滴，导入废玻璃池中。A 型供料机上采用固定的排料槽，它是由一根局部剖去的圆管作斜槽和一根同径圆管作直槽焊接而成的，如图 8-21 所示。一般根据生产现场环境安装在供料机前端的型钢立柱间，以便排料时不断供应冷却水，冷却引入的玻璃液，避免玻璃黏结在槽内堵塞通路。为使排料畅通，排料斜槽的倾斜角一般需在 45°以上。

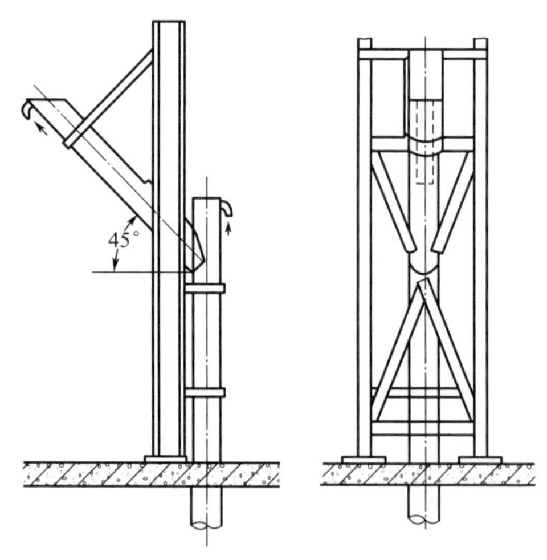

图 8-21　固定排料槽结构

但是，固定排料槽只适用于导料勺接取料滴的场合，如行列机组中。对于采用直接落料的供料机，还需在固定斜槽上增设一个活动接料槽，通过将活动接料槽与牵引杆连接，当转动牵引杆上的手柄时，活动接料槽就能上升前移并接取玻璃液，然后顺着排料槽进入废玻璃池中。

2. 机台下的控制手把

供料机的机台位于成形机的顶上，为了免除操作人员频繁地往返于上下两层，将一部分调节手把用万向轴接长，引至成形机附近。通常在机台下可供调节的手把有匀料筒高度调节，冲头和剪刀时间间隔调节，托料块位置调节，以及剪刀刹车、冲头刹车、冲头高度调节和活动排料槽升降等。此外，在新型的供料机中还安装有分料器，其作用是将供料机剪下的料滴分配给 3 台或 4 台成形机，因篇幅所限，不再赘述。

表 8-1 列出 A 型供料机的主要技术参数。

表 8-1 A 型供料机的主要技术参数

型号	A2630、A3240	型号	A2630、A3240
料滴质量/g	30～2000	供料槽中玻璃液深度/mm 冷却段 调节段	 230 137
每分钟滴料次数/(次/min)	10～260	加热用的燃料种类	轻柴油(Y);气体燃料(Q)
冲头最大行程/mm	−25～100	电机型号 冲头及剪刀驱动 电机型号 匀料筒驱动	JO_2-21-4 1.1kW,1410r/min JW-092-4 0.4kW,1400r/min
匀料筒转速/(r/min)	5.3、7.1、10.9、14.6	外形尺寸(长×宽×高)/mm A2636 型 A3240 型	 3110×2300×5561 3720×2300×5561
匀料筒升距/mm	0～63	机器质量/kg A2636 型 A3240 型	 2600 2320
池窑出口到滴料中心距离/mm	2630、3240		
供料机玻璃液面到地面高度/mm	约 3800		
供料槽宽度/mm 冷却段 调节段	 660 406		

第三节 滴料式供料机的操作方法与规范

供料机各部件的操作及调整已在上节中详细讨论，下面将重点介绍滴料式供料机的料滴调整及工作中耐火材料的更换操作与规范。

一、料滴的调整

料滴的调整工作是操作供料机的主要任务。提供符合工艺要求的料滴是保证成形机正常生产的前提。

在调整料滴的重量和形状之前，首先要将料温和机速稳定在适于制品的要求范围内。温度和机速的变动对料形和料重有显著影响，温度较高的玻璃液黏度较小，料滴会变长、变重。当减慢机速时，也会使料滴变长、变重。因此在校正料形和料重时，首先要将温度和机速稳定在适合生产制品要求的范围内，然后再着手对料滴进行调整。

料滴的调整一般应先调节料重，使之大体符合要求，然后调整料形，必要时再校正料重。

（一）料滴重量的调整

（1）增加料重　增加料滴重量可以采取下列各种方法，并按所列次序进行，待前种方法的结果明确之后，再进行后一种方法。

① 提高匀料筒位置　利用这种方法一直到匀料筒的升高不能再使重量增加为止。但不可将料筒固定在增加料重的极限位置上，应当适当降低一些，以便使调节作用持续进行。降低的尺度，以匀料筒做少量升高或降低都能肯定地增加或减轻料滴的重量为准。

② 加大冲头的行程　改变冲头的行程能改变料重，将行程从最短调至最长可以增加料重达 50%，以致更多。

③ 升高冲头位置　增加冲头高度能增加料重，但也会使料形变长。

④ 调节匀料筒和冲头　若该调节已达极限仍不能获得所要求的料重，应调用孔径较大的料碗。

上述方法都达不到要求时，就要检查玻璃液面高度。若液面高度低于正常，则应校正液面高度。

（2）减少料重　减少料滴重量也可采取上面同样的步骤，但调整方向正好相反。具体方法为：①降低匀料筒高度；②减小冲头行程；③降低冲头高度；④改用孔径较小的料碗。

（二）料滴形状的调整

一般来讲，料滴的形状取决于以下各项因素：①机器的运转速度（机速）；②料滴温度；③料碗的孔径；④冲头的行程；⑤冲头的高度；⑥冲头运动规律；⑦冲头直径和端部形状；⑧冲头与剪刀动作的时间间隔；⑨剪刀的运动规律；⑩剪刀的高度。

改变其中任一因素，料形都会发生变化。在正常操作范围内时，冲头凸轮、剪刀凸轮、冲头规格及料碗规格都有一些推荐使用的图表和生产经验可供参考。但是在实际生产中，还必须根据具体情况来调整料形，常见的调整方法如下。

（1）料形太长

① 提前剪料时间。调节偏心蜗轮使冲头机构的旋轮滞后进入凸轮下降曲线段，即延迟冲头动作。

② 降低冲头高度。降低冲头高度，使之具有较大的冲挤作用和回吸作用，进而缩短玻璃液自然流出时间，便可缩短料滴长度。

③ 加长冲头行程。加长冲头行程同时降低匀料筒的高度来修正重量。

④ 升高剪刀位置。

⑤ 使用升降速度较快的冲头凸轮。

⑥ 改用直径较粗的冲头，同时减小行程来校正料重。

⑦ 改用孔径较大的料碗。

通常采用更换料碗的办法是最后的选择，只有当上述各种方法均不奏效时才采用。因为调换料碗的工作较为烦琐，中断生产的时间也长，而且必须要做相应的多项调整，才能取得理想的料形。

当料形太短时，它的调整方法与上述相同，只是调节方向相反。

（2）料头太尖　加粗料滴头部，可按下列方法进行：①提早剪料时间。提前剪料可使料滴直径变大，并加粗它的颈部，所以能使头部加粗。②降低冲头高度。③升高剪刀位置。④改用剪切较快的剪刀凸轮。⑤改用升降都较慢的冲头凸轮。当料头太粗时，也可采用这些方法，但操作方向相反。

（3）料滴中部太细　出现料滴中部太细现象的原因，不但有料温过高，也有操作中的不当，例如料滴延伸过度。这既可能是冲头运动太慢，不能形成等粗的料滴，也可能是已成料滴的延伸导致。

改善办法有：①降低冲头高度，同时加大冲头行程；②改用较粗的冲头；③改用上升和下降都较快的冲头凸轮；④提升剪刀的位置。

二、耐火材料更换

供料机上的耐火材料附件经过一段时间的使用后，由于玻璃液对它的侵蚀、磨损和意外损坏而逐渐达不到生产要求，因此必须更换新的耐火材料附件。由于被换下来的耐火材料附件温度较高，操作人员必须配戴隔热手套和使用夹钳、铁钩和抱钳等专用工具。

（1）料碗的更换　料碗应根据玻璃制品品种的要求或料碗流料孔的磨损情况，结合成形机维修进行更换。

① 将事先预热好的新料碗放入料碗壳中，使其流料孔外圆正好置于料碗壳孔内。

② 用干净的保温材料细粉将料碗与料碗壳之间的所有空隙塞满。注意操作时不能使料碗沾上油污，以免料碗装在供料机上之后的相当一段时间内在料滴上产生气泡，影响制品质量。

③ 准备好少量的调至足够湿的耐火泥，放在料碗的顶面上，以保证接触缝严密，并在耐火泥上轻轻撒上防枯干粉，以便下次更换料碗时容易卸下。

④ 更换料碗前，将供料机停转，升高冲头，降低匀料筒到料盆底部，放出料筒内的玻璃液，卸下旧料碗，清除料盆底面上的玻璃残渣，并涂上用水调成的防黏干粉稠状物，装上新料碗（如匀料筒和料碗都需更换时，先换匀料筒，后换料碗）。

（2）冲头的更换　冲头应根据玻璃制品品种的要求或熔蚀情况，结合成形机维修进行更换。

① 将供料机停车，使冲头处在脱开位置，并将开关柄关死。

② 降低匀料筒至料盆底部，控制玻璃液流。

③ 卸下旧冲头。注意要垂直提出，不要使冲头上的玻璃液沾到匀料筒内壁上。

④ 装上经过预热的新冲头。冲头的预热一般是用冲头夹具将其吊在烘炉中缓慢地烘烤升温，加热至樱红色（约 760℃以上）。冲头预热前，应在冲头夹具紧固螺栓的螺纹处涂以石墨油（或模具涂料）以防烧损，致使拆卸时难以松动。

⑤ 新冲头装上后，应过一段时间再开车工作，使其尽可能消除与玻璃液的温差，以防断裂。当冲头温度与玻璃液的相同时，拧紧压板上的手柄，以抵消冲头夹具的热膨胀。

⑥ 利用冲头托臂架后端的调节螺钉，调节新冲头与料碗流料孔的对中。

⑦ 卸下的旧冲头，如还能使用，应放入预热炉中进行保温或放在热的地方，以减少损坏，尽量不使用在没有保温的条件下放置时间过长的旧冲头。

（3）匀料筒的更换　匀料筒一般是当其底边磨损或熔蚀到不能关住玻璃液时，结合成形机检修进行更换。

① 停供料机。

② 先将匀料筒降至料盆底部，排掉里面的玻璃液后，再把匀料筒机构升到最高位置。

③ 卸下冲头，暂时把它放在料道前热的位置（或放入预热炉内）。

④ 松开冲头臂压紧螺母，将冲头臂提起并向外转过垂直位置。

⑤ 卸下旧料筒。卸下时要小心地垂直上提，注意不使匀料筒上的玻璃液沾在打开的料盆盖上。

⑥ 换上经过预热的新料筒。预热要求和冲头一样。

⑦ 将新料筒降下至适当位置，停放一定时间，消除与玻璃液的温差，以防破裂。然后逐步加热升温，使匀料筒和玻璃液达到工作温度，随即把冲头臂放至工作位置，装好冲头，再缓慢地降低匀料筒，直到料盆底面。

⑧ 将匀料筒高度标尺指针校正到零位，然后适当升高匀料筒，即可开始运转。

注意料筒底部在工作中会逐渐蚀损减短，因此，每隔一段时间需重新调定料筒高度标尺指针，以补偿蚀损量。调定的方法是降低料筒直至料盆的底平面，将高度标尺指针调到零位。

（4）料盆的更换　料盆的正常使用寿命是 6～8 个月，一般利用成形机每次中修时进行更换。

① 停供料机，打开调节段处盖板砖，放下闸砖和倾倒部分石英砂，以阻止玻璃液向料盆流动。

② 将料盆以上耐火材料移开，待料盆内玻璃液全部流尽后，取走料碗，卸下冲头、匀料筒，移开匀料筒支承托臂架、冲头臂，关闭加热喷嘴（冷却段可维持小火）。

③ 卸下旧料盆，清除料道砖前和料盆铁锅底上的玻璃及封合黏土。

④ 换上经过预热的新料盆，并用水平尺找平，然后用保温材料填实料盆与铁锅之间的间隙，再用耐火黏土抹平上平面。

⑤ 装好料碗、冲头臂、料筒支承托臂架、冲头、匀料筒等耐火材料附件，取出闸砖，钩出所有的石英砂。

⑥ 新料盆装好后，先用小火缓慢加热，然后逐渐加大火焰，使料盆升温到红热程度，使料道内的玻璃熔化，达到正常工作温度。然后卸下料碗罩，升高匀料筒，放掉脏玻璃。

思 考 题

1. 吸料式供料装置有哪些优点和缺点？
2. 简述滴料式供料机料滴的形成过程。
3. 供料槽的功用是什么？标准供料槽分为哪些区域？
4. 供料机冲头机构中有哪些调节手柄（包括粗调节）？各调整冲头运动的哪些因素？它们对料滴料重及料形有什么影响？
5. 供料机剪刀机构中有哪些调节？
6. 为什么调整料滴料重、料形之前应稳定料温与机速？料温机速稳定条件下，供料机调节料重的顺序是什么？

第九章　行列式制瓶机

第一节　玻璃成形概述

玻璃的成形是指熔融的玻璃液转变为具有固定几何形状的玻璃制品的过程。玻璃液必须在一定的温度范围内才能成形，成形时，玻璃液不仅做机械运动，而且还与周围介质发生热传递。玻璃制品的成形过程分为成形和定形两个阶段。成形阶段使制品具有一定的几何形状；定形阶段则是把制品的形状固定下来。玻璃的成形和定形是一个连续的过程，定形是成形的延续，但定形所需的时间比成形长。

玻璃的成形方法有吹制法（玻璃包装容器或空心玻璃制品等）、压制法（烟缸等）、压延法（压花玻璃等）、浇铸法（光学玻璃等）、拉制法（窗用玻璃等）、离心法（玻璃棉等）、烧结法（泡沫玻璃等）、喷吹法（玻璃珠等）、焊接法（仪器玻璃等）、浮法（平板玻璃等）以及上述几种方法的组合，如压-吹法等。

决定成形阶段的因素是玻璃的流变性，即黏度、表面张力、可塑性、弹性以及这些性质随温度变化的特性。而决定定形阶段的因素是玻璃的热性质和玻璃的硬化速度。

一、玻璃性能对成形的作用

1.黏度对成形的作用

玻璃制品的成形过程中，黏度起着非常重要的作用。这是因为黏度随温度下降而增大的特性是玻璃制品成形和定形的基础。在高温范围内，钠-钙硅酸盐玻璃的黏度-温度梯度较小；而温度为1000～900℃时，黏度增加很快，即黏度-温度梯度（$\Delta\eta/\Delta T$）突然增大，曲线变弯。在相同的温度区间内两种玻璃相比较，黏度-温度梯度较大的称为短性玻璃；反之，称为长性玻璃，如图9-1所示。玻璃的成形温度范围选择在接近黏度-温度曲线的弯曲处，以保证玻璃具有自动定形的速度。

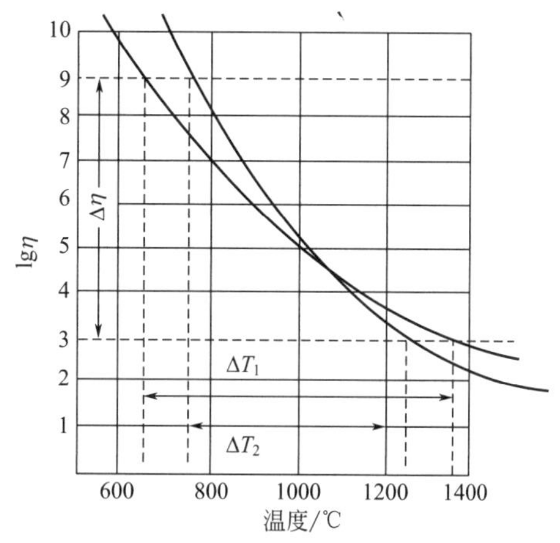

图9-1　玻璃液的黏度与温度的关系

玻璃制品成形开始和终了时的黏度变化随玻璃的组成、成形方法、制品尺寸大小和重量等是不相同的。成形开始时的黏度为$10^{1.5}$～10^4Pa·s，如玻璃纤维开始成形的黏度为$10^{1.5}$～10^2Pa·s，平板玻璃为$10^{1.5}$～10^3Pa·s，玻璃瓶罐为$10^{1.75}$～10^4Pa·s（小型轻量瓶为$10^{1.75}$Pa·s，大型重瓶为$10^{2.25}$Pa·s），拉管及人工成形为10^3～10^5Pa·s。成形终了时的黏度为10^5～10^7Pa·s。但是，概括来说，可以认为一般玻璃的成形范围为10^2～10^6Pa·s。

玻璃的黏度越小，流变性就越大。因此，可以通过控制温度使玻璃的黏度发生改变，从而改变玻璃的流变性，以达到成形和定形的目的。

玻璃的黏度-温度曲线，只能定性地说明玻璃硬化速度的快慢，也就是只能说明成形制度的快慢，而没有把时间因素考虑在内。为了把玻璃的黏度与成形机器的动作联系起来，玻璃的

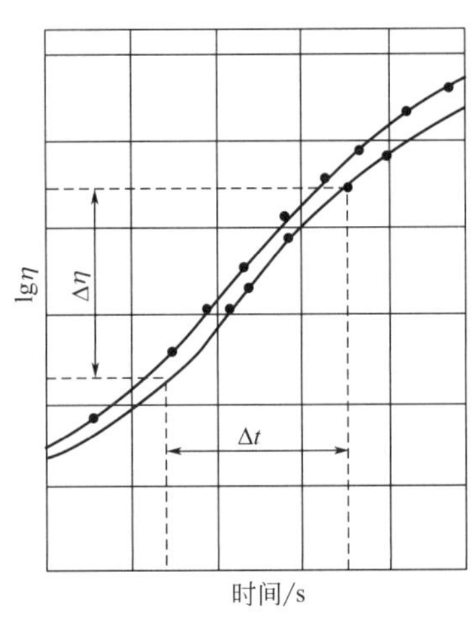

图 9-2　玻璃液的黏度与冷却时间的关系

硬化采用黏度-时间曲线，即黏度的时间梯度（$\Delta\eta/\Delta t$）来定量地表示，如图 9-2 所示。

利用玻璃黏度的可逆性，可以在成形过程中多次加热玻璃，使之反复达到所需的成形黏度，以制造复杂的制品。

玻璃的黏度是玻璃组成的函数，改变组成就可以改变玻璃的黏度及黏度-温度梯度，使之适应成形的温度制度的要求。但是玻璃组成的改变影响到玻璃的其他性质发生变化，应当十分注意。

2. 表面张力对成形的作用

表面张力是由于熔融玻璃表面层的质点受到内部质点的作用而趋向于熔体内部，使表面有收缩的趋势，它是温度和组成的函数。表面张力使自由的玻璃液滴成为球形，对于人工挑料或吹小泡以及滴料供料机料滴形状的控制，也是基于表面张力的作用。

3. 弹性对成形的作用

玻璃在高温下为黏滞性液体，而在室温下则为弹性固体。玻璃从高温冷却至室温时，黏度先是成倍地增长，然后开始成为弹性材料，但此时依然存在黏性流动。随着冷却的继续，黏度逐渐增大到不能测量，就流动的观点来说，黏度已经没有意义。玻璃由液体变为弹性材料的范围称为黏-弹性范围。

对于瓶罐玻璃来说，黏度在 10^6 Pa·s 及以下时为黏滞性液体；黏度在 $10^6 \sim 10^{14}$ Pa·s 时为黏弹性材料；黏度在 10^{15} Pa·s 以上时为弹性固体。所以黏度为 $10^5 \sim 10^6$ Pa·s 时，已经存在弹性作用了。在成形过程中，处于黏滞性状态的玻璃液，无论采用何种调节方法使玻璃液流动，都不会使玻璃产生缺陷（如微裂纹等）。

在成形操作中，弹性及消除弹性影响所需的时间是很重要的。此外，在成形的低温阶段，缺陷的产生与弹性有直接关系。

4. 其他性能对成形的作用

其他性能主要包括比热容、热导率、热膨胀、表面辐射强度和透热性，下面介绍它们对成形的作用。

玻璃的比热容决定着玻璃成形过程中需要放出的热量。高温时，瓶罐玻璃的比热容不论是长性玻璃或短性玻璃，不随其组成发生明显的变化。玻璃的热导率表示单位时间内的传热量。表面辐射强度用辐射系数来表示。透热性即为红外线和可见光的透过能力。玻璃的热导率、表面辐射强度和透热性越大，冷却速度就越快，成形速度也就越快。

玻璃的热膨胀或热收缩，用热膨胀系数表示。玻璃中应力的产生和制品尺寸公差的产生都与它有关系。液体玻璃的热膨胀比其在弹性范围内要大 2～4 倍。瓶罐玻璃在室温下线胀系数为 9×10^{-7}℃$^{-1}$ 左右，在液态范围内则为 $(200\sim300)\times10^{-7}$℃$^{-1}$。成形时，玻璃与模壁表面接触因冷却而发生收缩。若玻璃仍处于黏滞性状态，则通过质点流动，应力将会立即消除。但当玻璃部分地处于弹性固体状态，就在成形的制品上产生残余应力，导致表面裂纹。同时，玻璃制品的收缩和铸铁模型受热的膨胀有 1%～2%的差值，也造成上述缺陷。因此在成形中应考虑应力的消除。

此外，玻璃成形时产生的收缩，应当注意制品所允许公差及模型尺寸。对于生产电真空玻璃或成形套料制品，以及玻璃封接过程中，都要求玻璃与玻璃的热膨胀系数也要匹配，否则会出现应力而破裂。

二、玻璃制品成形制度

玻璃的成形制度是指在成形各阶段的黏度-时间或温度-时间制度。由于制品的种类、成形方法与玻璃液的性质各不相同，其成形制度也不相同。

玻璃制品在成形过程中，应使各主要阶段的工序和持续时间与玻璃液的流变性质及表面热性质协调一致。这样的工艺要求是由成形制度所决定的。在成形过程中，玻璃液的热传递过程影响着黏度。为使制品成形的时间尽可能地短，出模时又不致变形，表面也不产生裂纹等缺陷，就必须掌握和控制热传递过程。因此，在确定成形制度之前，应首先讨论玻璃在成形过程中的热传递。

1.玻璃成形过程中的热传递

玻璃的成形过程中，热量必然会通过介质转移到外界。对于无模成形的玻璃制品，如平板玻璃、玻璃管、玻璃纤维等，其冷却介质只有空气。利用模型成形的玻璃制品，如瓶罐、器皿等空心制品，其冷却介质为模型，而模型的冷却介质又是空气，情况较为复杂。这里只做一般定性的讨论。

在模型中成形时，玻璃液中的热量主要通过模型传递出去，以达到各阶段所需的黏度。由于一般玻璃的比定容热容小于金属模型（如铸铁）的比定容热容，所以在模型中，玻璃的接触表面的温度降低很大；而模型内表面，温度的升高较小。又由于玻璃的导热性能差，所以当玻璃与模型接触后，玻璃表面层的温度低于内部的温度，如图 9-3 所示。当玻璃与模型脱离后，玻璃内外层温差大，内部的热量向表面层迅速传递，同时表面层向空气中散热比较慢，这样就使得玻璃表面又重新加热。重热是瓶罐等空心玻璃制品成形操作的基础。

玻璃成形过程中的热传递，还应考虑玻璃与模型、模型与空气这两个临界层。图 9-4 所示为初形的物理量与热阻的关系。玻璃的传热能力较差，因此玻璃内部的热量必须克服很大的热阻才能到达初形的表面。当热流到达玻璃与模型的临界层，也就会受到相当大的阻抗。在模型中，热流比较容易向模型外壁流动，但当到达模型与空气的临界层时，又会遇到阻抗。由于变化复杂，这两个临界层的热阻很难列出公式。由图可知，玻璃的热阻大，模型的热阻小，玻璃与金属的临界层热阻相当大。

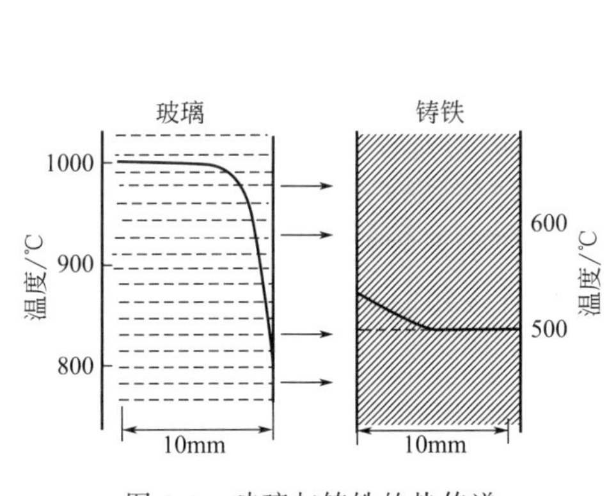

图 9-3 玻璃与铸铁的热传递

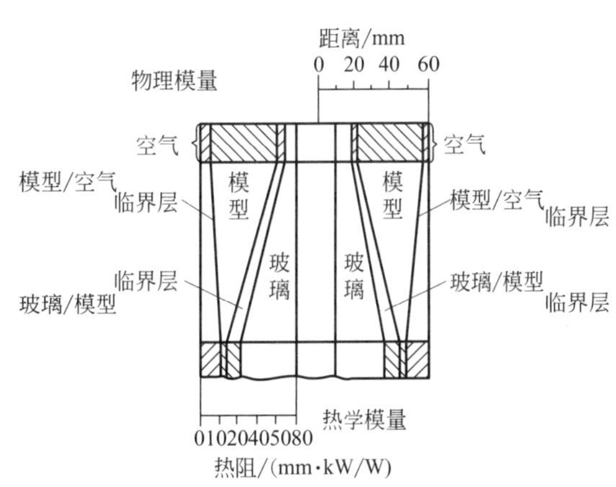

图 9-4 初形的物理量与热阻的关系

实际上，玻璃液与模型内表面接触时，由于骤冷产生的体积收缩，使得玻璃制品具有脱离模型的倾向。同时由于重热的作用，玻璃制品表面软化膨胀，又与模型接触，再次出现热传递。因此从玻璃制品表面经模型的热传递，可能是冷却与重热反复地进行，这种热传递随时间而衰减。

在压制成形时，玻璃液和模型的接触较好，其临界层热阻的增量比吹制成形时热阻的增量小。由于玻璃液和模型的温差大，不论是压制或吹制，在制品成形开始时模型的热阻都很小，亦即热流的传递在成形开始时是很大的，因此，大量的热量是从玻璃表面层移去。同时，由于玻璃的热传导能力差，玻璃内部的热量不能很快地传递至表面，使得制品表面迅速冷却。当冷却进行得过快时，就会在玻璃表面层中产生张应力，这就是制品出现裂纹和破裂的原因。

热流从玻璃传递到模型的过程受到几个因素的影响。最重要的是玻璃的表面温度、模型内表面的温度以及玻璃与模型间的热阻。对于玻璃而言，这种热阻是玻璃的表面黏度和成形过程中将玻璃压向模型的有效压力的函数。对模型而言，这种热阻可看作是模型表面粗糙度和淀积物的函数。当玻璃和模型紧密接触时，热阻可以视为零。这时所传递的总热量 Q 与接触面积和接触时间的平方根之积成正比。

$$Q=KA\sqrt{t} \tag{9-1}$$

式中，Q 为传递的热量，Q 是 $t^{1/2}$ 的函数；K 为比例常数，J；A 为接触面积，mm^2；t 为接触时间，s。

在实际生产中，玻璃与模型几乎难以达到一种完善的接触。由于成形模接触面积大，而且在成形模中已过渡到定形阶段，因此，为了求得最大的生产速度，必须牺牲初形模时间，而延长成形模时间。

在玻璃制品成形时，边角的热传递也很重要。因为任何一个热物体以小角度暴露在一冷物体的大角度下时，都会受到过强的冷却。

吹-吹法成形时，在初形吹制之前，紧靠装料线下方有一圈冷玻璃，这部分玻璃在吹制初形时不再消失，从而形成扑气箍。模型的接缝点在没有其他因素影响时有变冷的倾向，从而引起玻璃的不均匀降温。因此，在采用吹-吹法时，倒吹气开始得越早越好。采用压-吹法时，使用整体的初形模，可使温度分布均匀。

2.玻璃的成形制度

如前所述，对于不同的玻璃制品、不同的成形方法和不同的玻璃液性质，其成形制度是不相同的。需要确定的工艺参数有成形温度范围、各个操作工序的持续时间、冷却介质或模型温度。

玻璃液的黏度-时间曲线是确定成形制度的主要依据。而玻璃液的黏度-时间曲线，是在成形过程具体的热传递情况下，由玻璃的黏度-温度梯度（$\Delta\eta/\Delta T$）和玻璃液的冷却速度（$\Delta T/\Delta t$）来决定的。

玻璃液的黏度-温度梯度与玻璃液的组成有关。玻璃液在成形过程中的冷却速度却受下列因素影响：成形的玻璃制品的质量 m 和表面积 S，玻璃的比定压热容 C_p，玻璃制品成形开始的温度 T_1 和成形终了的温度 T_2，玻璃的表面辐射强度（用辐射系数 C 来表征），玻璃的透热性（用可见光谱红外区光能吸收系数 K' 来表征）以及玻璃所接触的冷却介质（空气或模型）的温度 θ。

对于微量玻璃来说，其冷却速度为

$$\frac{\Delta T}{\Delta t}=-\frac{CS}{C_p}(T-\theta) \tag{9-2}$$

于是，质量为 m 的玻璃的冷却时间 t 为

$$t=\frac{mC_p}{CS}\ln\frac{T_1-\theta}{T_2-\theta}=\frac{1}{K}\ln\frac{T_1-\theta}{T_2-\theta} \tag{9-3}$$

式中，K 为计算系数。

玻璃的比定压热容越小，表面积和辐射系数越大，计算系数 K 也越大。当计算系数 K 增大时，玻璃的冷却速度也就更快。计算系数 K 主要是根据所形成的玻璃制品的形状，特别是 m/S 值、外部介质的温度 θ 和玻璃着色的特性而变化的。在无色玻璃的冷却过程中，玻璃的化学组成对 K 的影响不大。图 9-5 所示为计算系数 K 与冷却介质温度 θ 的关系。这是指普通无色玻璃（含 0.1% Fe_2O_3）在空气中冷却以及 $m/S=3$ 的条件下的情况。

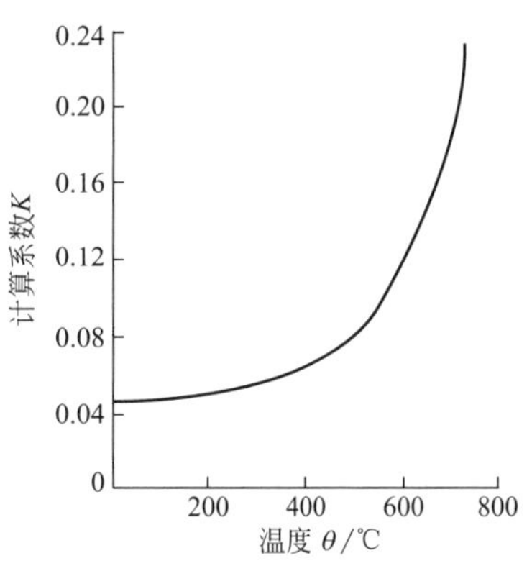

图 9-5　计算系数 K 与冷却介质温度 θ 的关系

由图 9-5 可知，在 T_g 或高于 T_g 时，计算系数 K 值急剧增大。当 m/S 值改变时，要相应修改计算系数 K 值。例如当 $m/S=3$，在给定的温度下，$K=0.05$；而当 $m/S=0.5$ 时，$K=0.3$。

如玻璃在金属模型中成形，由于冷却介质由空气换成金属，从而改变了热传递的条件和辐射系数，在相应的温度下，计算系数 K 值将增大数倍。在金属模型中成形时，玻璃液快速地冷却不仅是由于 K 值的增大，而且也是由于模型自身的蓄热能力较大所致。这样就缩短了成形阶段所需要的时间，使产量有所提高。玻璃瓶罐成形过程中热传递速度对玻璃液冷却时间的影响见表 9-1。

表 9-1　玻璃瓶罐成形过程中热传递速度对玻璃液冷却时间的影响

热传递速度/(mm/s)		与玻璃冷却时间相适应的1个瓶子的成形时间/s	模型的生产能力（即 1h 内生产的数量）
在铸铁模型中	在玻璃中		
2.3	0.21	24	150
2.7	0.25	18	200
3	0.28	14.4	250
3.2	0.30	12	300
3.5	0.33	10.3	350

一般来说，各种有色玻璃的计算系数 K 值比无色玻璃的小。而且当玻璃中各种着色剂的含量达到 1%时，K 值会剧烈地减小 25%～50%。但是，当着色剂的浓度增大至一定程度时，K 值的变化又不显著。主要着色剂对 K 值的影响顺序为 $CoO>CuO>Cr_2O_3>Fe_2O_3>Mn_2O_3$。

对于不同的成形方法、制品的大小和质量，玻璃成形的工作黏度范围都是不相同的。一般为 10^2～10^6 Pa·s。对于工业玻璃，其上限为 5×10^2 Pa·s，下限通常为 4×10^7 Pa·s。小型玻璃制品，其成形的工作黏度范围小；大型制品的工作黏度范围大。

长性玻璃的黏度-温度梯度比短性玻璃的小，硬化速度较慢，因此其成形的工作黏度范围大，成形过程的持续时间长。在成形过程中，如果成形机的结构不可改变，而玻璃制品成形各阶段的持续时间也不能调整，为了适应成形操作的特点与机速的要求，则可通过调整玻璃的组成，从而改变玻璃的料性，使之相互适合。

初形模周期和成形模周期之间，即在初形模打开，初形传送入成形模，直至在成形模中吹制制品之前，玻璃表面有一定的重热时间。重热对制品中玻璃的均匀分布和制品的表面质量起着十分重要的作用。重热的时间随初形玻璃表面温度的大小而变化。

成形模周期控制着制品最后的形状和使玻璃硬化至制品从模中取出时不致变形。成形模周期应当与玻璃的硬化速度相适应，太慢将影响产量，太快会使制品产生表面缺陷。

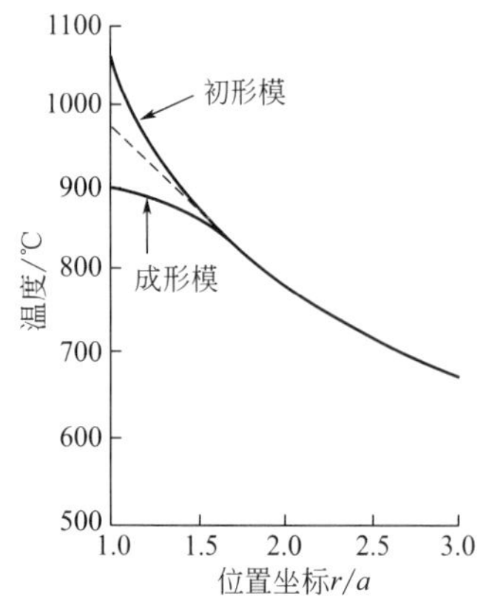

图 9-6 铸铁的初形模和成形模的温度分布

r—模型的半径坐标；a—瓶子的半径坐标

模型的温度制度也是成形制度的一个重要方面。除冷的衬碳模外，在成形之前，模型应加热到适当的操作温度。在成形过程中，模型从玻璃中吸取并积蓄热量，同时借助辐射和对流的方式，将热量传递给模外的冷却介质，这时玻璃表面被冷却硬化。模型内表面随着与玻璃的接触和脱离，温度呈周期性变化。为了维持稳定的操作温度，模型从玻璃中吸收的热量和散失到冷却介质中的热量必须相等。这样，模型的外表面和距外表面一定距离的模壁处，温度就会稳定。试验数据表明，在距离模型内表面 1cm 处，其温度波动已不显著。也就是说，模型的内表面及其邻近处为不稳定的传热带。它积蓄热量，又称蓄热带，而其内部和外表面则为稳定的传热带，不积蓄热量。铸铁的初形模和成形模的温度分布如图 9-6 所示。

模型的厚度对模型的温度制度影响较大。厚度不足时，稳定的传热带缩小，甚至不存在，温度的波动将扩展到模型的外表面。在这种情况下，模型的温度制度变得不稳定，甚至模型外面的冷却条件发生变化时，模型的温度制度也随之变化。所以实际上模型的厚度应比模型的蓄热带的厚度大 0.5～1 倍。模型的内表面温度波动范围的大小，直接影响着成形玻璃制品的质量。波动的范围越大，制品的表面质量越差，特别是模型内表面温度较低时，不可避免地会使玻璃表面形成裂纹。一般情况下，采用吹-吹法制造瓶子时，初形模的表面温度变化范围为 50～80℃。模型温度较高时，玻璃制品的表面质量较好，制品中玻璃的分布也较为均匀。模型允许的上限温度取决于玻璃的性质、玻璃液的温度和模型的材料，以不使玻璃黏附在模型上为原则。

初形模和成形模的温度制度指标如表 9-2 所示。

表 9-2 模型的温度制度指标

模型	向周围大气中的热辐射强度/(W/m^2)	模型温度/℃		在模壁截面上的温度差/℃	玻璃料与模型接触时的冷却程度/℃
		内表面	外表面		
初形模	1214.17～25586	300～500	140～220	160～280	30～70
成形模	34890～85585	450～580	200～300	250～280	150～250

第二节 玻璃包装容器成形原理及工艺过程

一、概述

行列式制瓶机被称为 I. S. 制瓶机（简称行列机），于 1925 年问世。它是生产玻璃瓶罐的自动制瓶机。据统计，目前世界上生产玻璃瓶罐的成形机中，行列机约占 60%，而它所生产的产品数量却占全部玻璃瓶罐的 80%以上。它已经得到了世界各国的广泛应用，成为制瓶机的主流。我国于 1967 年自行设计和制造出第一台 QD_4 型行列式制瓶机，并已输出国外。行列式制瓶机是由数个完全相同的机组（分部）组成的，每一机组都是一个独立完整的制瓶机。它的机组数目有 2、4、5、6、8、10 不等。近年来制造的行列式制瓶机多为 6、8、10 组。

行列式制瓶机的特点：

① 行列式制瓶机设置有导料系统，不用另设分料器。

② 行列式制瓶机的每一机组是完全独立的定时控制，可以单独启动和停车，不会影响其他机组，便于模具更换和机器维修。

③ 行列式制瓶机的生产范围广，它既可用吹-吹法，又可用压-吹法成形瓶罐。在制品质量和机速完全一致、料形相近时，各机组可以分别成形不同形状和尺寸的产品。对不同尺寸和形状的大口或小口瓶，具有非常好的适应性和灵活性。

④ 行列式制瓶机能够使成形的瓶罐获得较好的玻璃分布，与其他成形机比较，有较高的单模生产效率。当以压-吹法生产的各种瓶罐时，壁厚均匀，可以实现玻璃瓶罐的轻量化。

⑤ 当因玻璃熔窑出料量减少时，行列式制瓶机可以减少运转的组数进行生产。

⑥ 行列式制瓶机的主要操作机构不转动，机器动作平稳，生产操作条件良好。

二、行列式制瓶机吹-吹法操作

行列机是两步成形机。对于制造小口瓶，多采用吹-吹法操作，其工艺过程如下。

1. 装料

向行列机的初形模中装料是由供料机和导料机构通过漏斗 2 完成的，如图 9-7 所示。为了装料方便，将初形模 1 倒置，这样上部开口较大，玻璃料块易于装入。所供玻璃料的料形要与初形模内腔轮廓相适应，以便料块能进入口模。

2. 扑气

扑气是利用压缩空气将进入初形模的料滴在瞬间吹入口模并成形瓶口外形的过程。如图 9-7 所示，当料块落入初形模内后，扑气头 5 迅速移至漏斗上进行扑气，压缩空气迫使玻璃料块进入口模 4，并充分镶嵌，形成瓶头。再依靠顶芯子 3 形成瓶口和气穴，依靠套筒 6 形成瓶口端面。

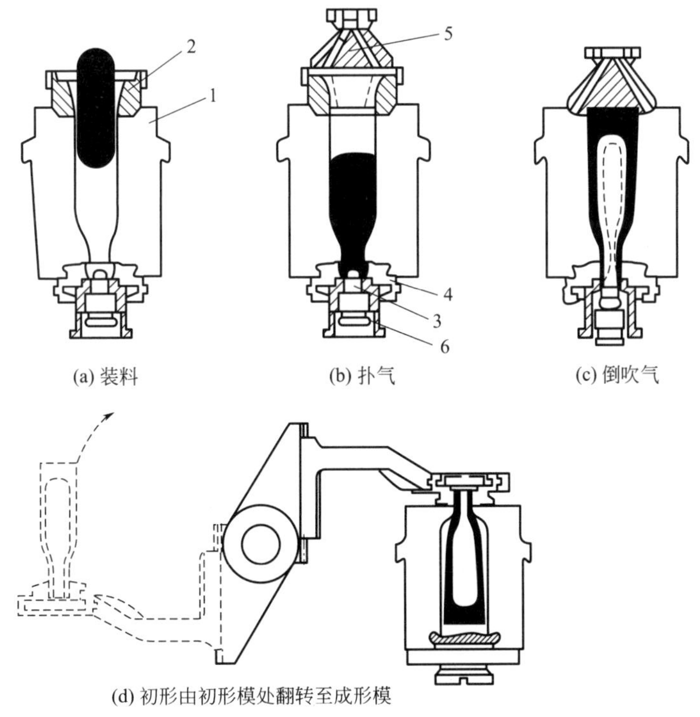

图 9-7

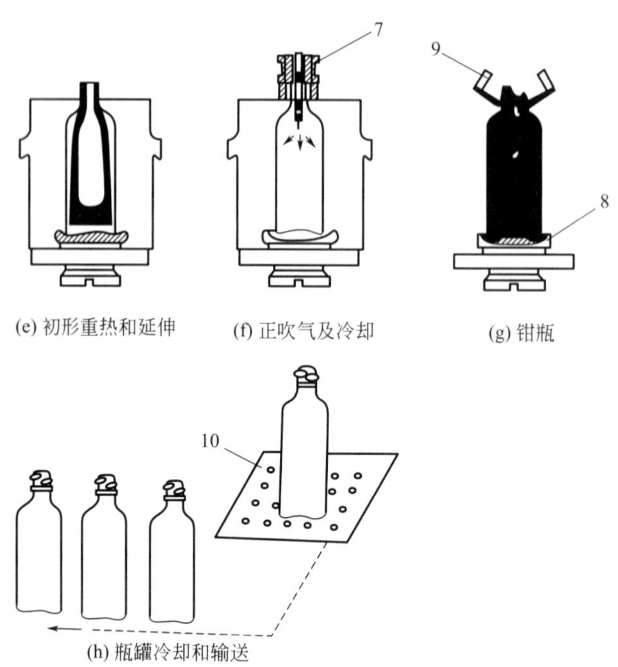

图 9-7 吹-吹法操作流程

1—初形模；2—漏斗；3—顶芯子；4—口模；5—扑气头；6—套筒；7—吹气头；8—模底；9—钳瓶器；10—固定风板

气穴是制初形倒吹气的气路入口，因此要求它必须位于瓶口正中央，且要特别匀称，它直接影响制品壁厚的均匀程度。

玻璃料块的头部必须充分镶嵌在口模内，并得到及时的冷却，固定形状，保证能抵住倒吹气的拉力。扑气必须在装料完成后立即进行，否则玻璃冷却硬化后不能在口模内很好充填，瓶头就会有缺陷。如果扑气持续的时间过长，则会使玻璃料接触面过冷，造成初形表面皱纹或者瓶身中部壁薄，因此该过程的时间要短促。

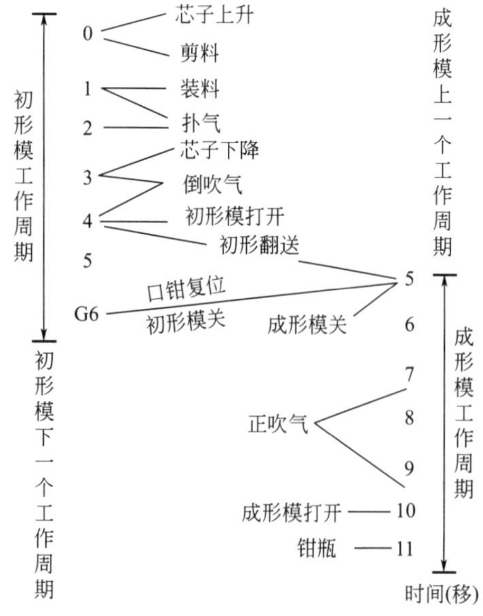

图 9-8 行列机吹-吹法工作周期图解

3. 倒吹气

倒吹气通过倒吹气吹制出初形料泡，作为初形的要求是初形温度均一下降。由于充分的降温使初形具有一定的“刚性”(并未固化)。

扑气一旦结束，芯子立即退出口模，以使气穴表面重热。另外芯子退出又让出了倒吹气的通路，为制作初形做了准备，与此同时还发生下列动作[图 9-7(c)]：扑气头离开漏斗，漏斗离开初形模摆回原位，扑气头又返回并压到初形模上，作为模底，压缩空气立即由芯子和套筒的间隙进入气穴，并吹入玻璃正中制成匀称的初形。

提前倒吹气有利于减少瓶身上的皱纹，适当地延长倒吹气时间，可以缩小玻璃料在初形模和成形模散热量的过大差距，以达到最高机速（图 9-8)。

在制造轮廓不圆滑的瓶子（如扁平状瓶）时，初形在初形模开启后到翻转前的时间内，要重新吹胀。所谓吹胀，是将一股压缩空气喷入初形内，使之轻微的扩张，这样有利于瓶壁厚度均匀。

对于表面积较大的芯子在成形过程中，由于易热而黏附在玻璃上，因此应在初形翻转后立刻用倒吹气气路吹气冷却，冷却芯子的空气必须在初形模装料前切断，以免气体托住料块，影响装料。

4. 初形由初形模处翻转成形模

如图 9-7 所示，初形模全开后，瓶头被口模钳住的初形被翻转机构在垂直平面内转 180°，一方面将初形由初形模送入正在进行闭合的成形模中；另一方面使初形由倒置转为正立。当初形放入成形模后，成形模刚好完全闭合。翻转机构再反转 180°回到初形模下方的原来位置，随后初形模迅速关闭，又重新开始下一工作周期。

从图 9-8 中可以查得初形模在一个工作周期中各步骤的准确时间。初形翻送的速度不能太快或太慢。太慢初形受自身的重力作用而倒塌或下沉；太快则受离心力作用使玻璃向初形的底部集中，形成厚底薄肩。上述两种偏向均能改变甚至破坏初形的合理状态，而且造成的弊病在正吹气时也无法挽救，致使制品壁厚不均。因此，翻送速度要根据初形重量、黏度和形状来决定。

5. 初形重热和延伸

初形与初形模接触表层部分与其内部的温度有相当大的差别，这一温差导致成形中的各种缺陷，为消除这一温差，必须保证有足够的重热。重热是指利用玻璃内部的热量使表层玻璃的温度提高的过程。玻璃重热导致表层重新变软，这不仅有助于玻璃料的良好分布，获得壁厚均匀的制品，而且能够消除表面皱纹，使制品表面光滑。如果成形之前的重热不充分，初形的温差未能消除，则初形各处的软硬不一，成形吹制后，内壁面凹凸不平，或瓶颈、瓶肩处有吹不饱满之处。充分的重热要在翻送后在闭合的成形模内进行。

当初形被翻送至成形模后，模具闭合，初形借其环而悬挂在成形模内［图 9-7(d) 右边］，保持一段时间后再进行正吹气。此时，初形与外界隔绝，重热条件很好。与此同时，悬挂的初形由于自身重力作用而向下延伸拉长。这种延伸的长度称为延伸量。就重热而言，提前退出芯子以及延缓正吹气都有益于制品质量。

6. 正吹气及冷却

瓶罐吹成后，玻璃与成形模全面接触而得到冷却。此外，还可采取如下两种措施对瓶罐进行强制冷却：一种是用冷风吹成形模外壁；另一种是吹气头继续吹气（设排气装置）接冷却瓶罐内部，加快冷却速度。

正吹气的压力应与瓶罐的重量和形状相适应。在成形大的瓶罐时，正吹气的压力应小一些，吹气时间稍长一些，以便使瓶罐与成形模有较长的接触时间，获得足够的冷却。应注意的是过分冷却会造成裂痕，压力过大，会造成瓶罐的缺陷。通常，正吹气时间是制瓶周期各步骤中最长的一个，这是为了使瓶罐在离开成形模前，得到足够冷却而变硬，便于固定形状。

7. 钳瓶

钳瓶是将成形好的制品钳出成形模位置，放置至冷却风板的过程。如图 9-7 所示，瓶罐在成形模内得到一定冷却后，成形模打开，直立在模底 8 上的瓶罐被钳瓶器 9 钳住，送至固定风板 10 上。至此，成形模的一个工作周期就结束了，待模具冷却后，开始下一个周期。

8. 瓶罐冷却和输送

输瓶是将由设备取出的制品送往退火炉的过程，这一过程中制品尚未完全固化，容易出现相互间的黏附、裂纹等。因而应尽可能避免瓶子间的接触以及瓶子与其他部件的接触。

具体过程为：钳瓶器将瓶罐放在有筛孔的固定风板 10 上，冷却风通过孔眼对瓶底进行快速冷却。瓶底较厚且温度较高，首先得到强制冷却而硬化。瓶罐在固定风板上获得足够冷却后，被拨瓶器推到输瓶机的运输带上，进入退火窑退火。至此，行列机制造一个制品的周期结束。表 9-3 中为行列机吹-吹法制造小口玻璃瓶的工作周期。

表 9-3　行列机吹-吹法制造小口玻璃瓶的工作周期

顺序	名称	动作时间/s	顺序	名称	动作时间/s
1	周期开始	0	8	口钳打开	5.1
2	剪料	0	9	翻转机构复位	5.6～6.0
3	料块进入初形模	0.8	10	正吹气开始	7.5
4	扑气	1.0～1.4	11	正吹气结束	7.9
5	倒吹气	2.6～4.0	12	成形模打开	10.0
6	初形模打开	4.0	13	钳瓶	11.0
7	初形翻送	4.0～5.1			

三、行列式制瓶机压-吹法操作

压-吹法成形多在成形大口玻璃瓶时采用，其成形过程如图 9-9 所示，料块装入后，初形模封底后，冲头上升进行冲压。冲头插入玻璃后，玻璃料受压而挤散，进入口模并充分镶嵌。当冲头处于最高位置时，瓶头形成。然后冲头下降，并吹胀一次（初形喷气），以防雏形变形。压-吹与吹-吹生产不同之处即是初形制备的过程，同时各机构的动作也不同。

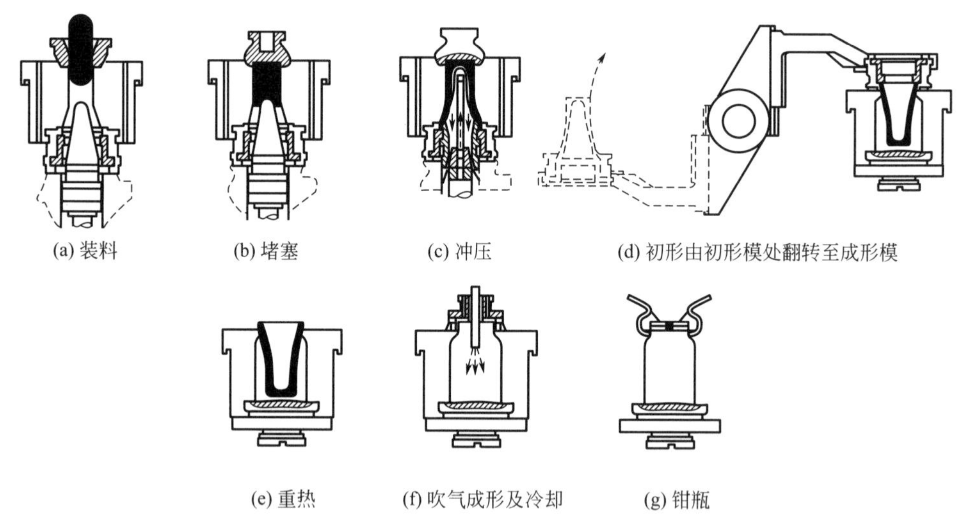
(a) 装料　(b) 堵塞　(c) 冲压　(d) 初形由初形模处翻转至成形模

(e) 重热　(f) 吹气成形及冷却　(g) 钳瓶

图 9-9　压-吹法成形过程

（1）接料状态冲头的定时　压-吹生产中进入初形模内的料滴，由冲头承受。此时冲头位于装料前的“中间”位置。如果此位置的定时过晚，冲头尚未到达所要求的位置，玻璃料滴的一部分会落入模具的下方，这样造成瓶口的立飞翅、瓶口内擦痕等缺陷。这一装料“中间”位置，通过气缸中的垫衬管尺寸确定。总之，冲头此时的接料位置应使料滴玻璃在下方不被挤出造成立飞翅，而在上方应使闷头落下时不咬住玻璃。在满足这两个条件下，冲头的“中间”位置尽可能高一些。如果过低，料滴落入初形模下方，有可能造成瓶肩、瓶身部分偏厚，瓶口内擦伤及瓶口立飞翅，因此要求对不同瓶体尺寸选择正确的衬垫管长度。

（2）冲头压制及其定时　冲头压制要求在闷头落下后尽可能早实现冲压。若过晚，则出现模具及初形的温度分布不均，产生偏厚、瓶口内擦伤等缺陷，应注意冲压的定时必须在闷头完全落下后再进行，否则闷头与初形模咬住玻璃，出现瓶底部的飞翅。

（3）冲压时间　为了保证玻璃在初形模一侧充分散热，必须对冲头冲压的时间进行调整。对于厚壁制品而言，这一时间长些，薄壁制品短些。若时间过短，初形的“硬化”不充分，在成形模处要求散失更多的热量，造成变形、粘连、裂纹等缺陷；而时间过长时，初形温度低，出现瓶肩不饱满、裂纹、瓶口炸裂等缺陷。

（4）冲头与玻璃接触时间　与冲压时间相同，由于冲头体积大，当接触时间长时，必须注意冲头的过热、温度不均现象，对此应加强冲头的冷却。

（5）冲头的冷却　由于冲头体积大，表面积大，与玻璃接触时间长时，应注意对冲头进行冷却。冷却不足时，过热的冲头与玻璃粘连，造成口部变形，瓶底内部形成尖的凸起等缺陷。过度冷却时，与冲头接触的玻璃受到急冷，容易出现瓶口炸裂、初形内部的线道条纹等。由于冷却不均造成的冲头各处温度不一致，会使得初形的温度偏差大，成形制品壁厚不一。

（6）冲压压力　压-吹法与吹-吹法不同之处在于，吹-吹法中顶芯子（压力）只为形成瓶口及瓶口内径，而压吹法则由冲头一次将瓶口及初形制成，由于冲头体积远大于顶芯子，因而要求较大的压力。但在保证初形的瓶口上表面得以正确形成的条件下，这个压力应尽可能低些。压力过高时，对初形及相关的零部件要施加较大的力，使瓶口裂纹出现，此外初形模被挤开，造成合缝线明显、闷头印及闷头与初形模合缝线过粗；而压力过低时，初形成形，特别是口部形成不饱满，此外应注意料重超差时，会造成合缝线处玻璃飞边或不饱满。

（7）玻璃与初形模接触时间　压-吹法生产时间由压制时间确定，这对初形的“硬化”程度有很大的影响。一般制品厚壁时间长些，薄壁则短些。

（8）玻璃与口模接触时间　对于压-吹生产，瓶口大时易出现口部变形，因而玻璃与口模接触时间稍长为好。

第三节　行列式制瓶机的机构及原理

目前在我国使用最早的一种国产机型是 QD_4 型行列机，它隶属于国外的 E 型 I. S. 制瓶机，是气动、4 组（段）、单滴。它可以用于瓶罐玻璃工业中自动成形小口瓶、大口瓶和轻量瓶，QD_4 型行列式制瓶机生产制品的极限尺寸见表 9-4。

表 9-4　QD_4 型行列式制瓶机生产制品的极限尺寸　mm

生产方法	吹-吹法	压-吹法
最大瓶身直径	150	150
瓶口以下最大瓶身高度	315	240
最大瓶口直径	50	90

近年来生产的多组多滴料（2 或 3 滴）成形机也是在 QD_4 型和 QD_6 型基础上改进的。QD_4 型和 QD_6 型行列机生产的瓶身外径以 50～120mm 比较适宜。在使用压-吹法生产时，对细长比较对称的普通形状大口瓶，以及瓶口以下最大瓶身高度在 200mm 以下的瓶子比较适宜。QD_4 型和 QD_6 型行列机构都需采用一台相应的 A 型滴料式供料机配套使用。

QD_4 型行列机由导料机构、漏斗机构、扑气机构、顶芯子和冲头机构、初形模和成形模夹具、口钳和口钳翻转机构、正吹气机构、钳瓶机构、模底翻倒机构、定时控制机构、输瓶机构，以及压缩空气及冷却风系统和供油润滑系统等组成。在这里我们将着重介绍 QD_4 型行列机的主要制瓶机构。

一、导料机构

1. 导料机构的作用

行列机成形玻璃瓶罐过程的第一个步骤是装料。装料前半部由专门的滴料式供料机来完成，它负责提供质量和料形都适合要求的料块。导料机构的作用是将这些料块按一定顺序准确地分配到行列机各机组的初形模中。

2. 导料机构的结构

QD_4 型行列机的导料机构主要由导料圈 1、导料槽、转向槽、气缸和三路配气阀以及单向阀 8、10，针形节流阀 5、6 组成，如图 9-10 所示。

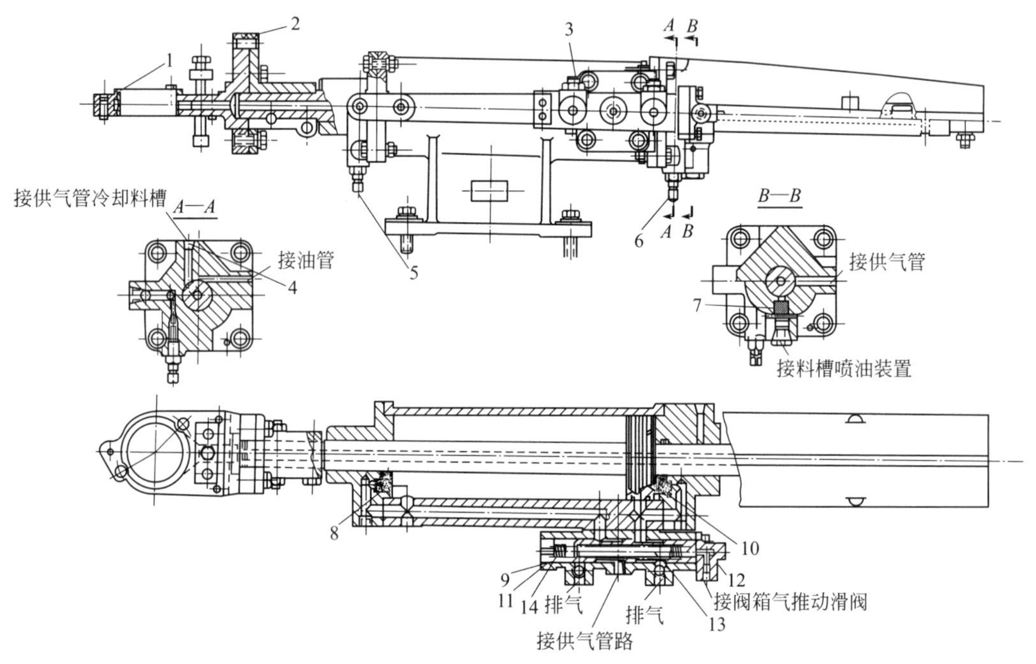

图 9-10　QD_4 型行列机的导料机构

导料圈 1 通过导料槽支架 2 及夹头座与活塞杆相连。活塞杆的运动带动导料圈完成导料工作。三路配气阀 9 的作用是将压缩空气按要求依次分配给气缸活塞，并负担排出废气的工作。它由阀体 11、阀盖 12、阀芯 13 以及弹簧 14 组成。

3. 导料过程

导料圈的伸出和退回，靠低压空气经三路配气阀，通过气缸体的孔道进入气缸推动活塞运动。三路配气阀由阀箱 1 号气路控制。当阀箱 1 号气路供气时，三路配气阀 9 中的阀芯 13 压缩弹簧 14 向左移动。低压空气进入气缸内活塞右方，驱动活塞向左运动，导料圈连同料勺伸出接料。当阀箱 1 号气路被切断时，低压气进入活塞左方，使导料圈复位。在阀箱 1 号气路的外部管路上安装有接料开关，单独控制一个机组的导料动作，以方便因故停止供料。

导料机构往复运动的速度由配气阀上相应的排气口处的调节螺钉 3 控制，用改变排气口的通气截面大小来改变其排气速率，从而调节活塞往复速度。当活塞由左至右靠近终点时，活塞的柱面将缸壁上进出气口堵住，而被截住的部分废气，既不能从缸壁孔道排出，也不能从单向阀 10 排出，因而只能通过针形节流阀 6 的小孔缓慢排出（图 9-10 中 A—A 剖面），缸内的废气就成了气垫，达到活塞终点的缓冲作用。通过调节针形节流阀的开度，便可以改变缓冲的程度。

在气缸后盖上设有一低压气路接口 4，当导料圈位于供料机落料嘴正下方时，活塞杆上的径向孔恰好与此孔对准，来气经活塞杆内的孔道进入导料槽支架 2 与导料圈 1 之间的半圆间隙中，以冷却导料圈。冷却气的压力通过专用的调节阀调节。

在接料位置，活塞杆上另一切口也同时与气缸后盖上另一供气口接通（图 9-10 中 $B—B$ 剖面），气体经此去导料槽喷油装置润滑导料槽。单向阀 7 是为防止其他机组接料机构喷油时，气雾窜入该气路而设置的。

图 9-11 为 QD_4 型行列机的导料系统，导料机构由导料槽、转向槽和料勺组成。由气缸活塞杆带动伸出至供料机的落料嘴正下方时，料块通过导料圈和料勺 1 进入固定的导料槽 2 和转向槽 3，最后落入初形模内。

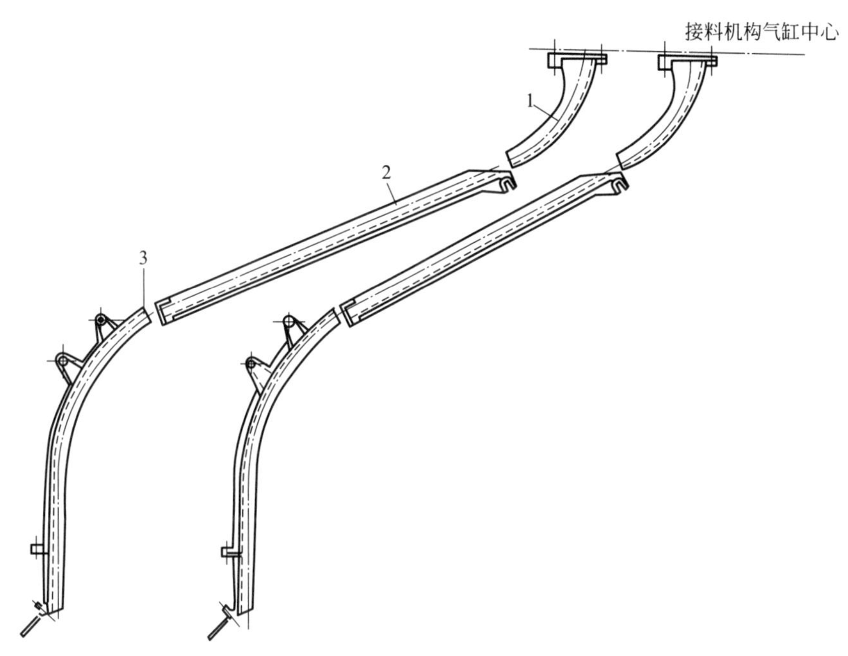

图 9-11　QD_4 型行列机的导料系统

4. 导料顺序

在 QD_4 型行列机导料机构中，每组导料机构的工作时间由制瓶机的机速决定：机速越高，导料机构动作也越快，各导料圈之间的交迭动作越紧凑。但过高的机速会引起导料圈之间的相互干扰，致使导料机构无法正常工作。

导料结构相互干扰的原因：第一，两个相邻的导料圈之间的动作时间过于紧凑；第二，在同一供料机下运动空间有限。由图 9-12 可以看出：相邻的导料圈之间的交迭动作（1 退回，2 进入）要比相间的交迭动作（1 退回，3 进入）在空间上不利。如图 9-12 上图所示，导料圈 1 退回原位后，导料圈 2 才能开始工作。如导料圈 2 提早进入，则 1 与 2 必相撞。但如图 9-12 下图所示，采用相间的导料顺序，当 1 退出时，3 马上可以动作，在时间上比较紧凑。

可以看出，5 组或 5 组以上的行列机较容易实现相间导料操作，保证高机速，这是行列机由 4 组发展为 6 组和 8 组的重要原因之一。

二、漏斗机构

（1）漏斗机构的作用　漏斗机构的作用：在初形模装料前，漏斗先置于初形模上，以保证料块顺利落入初形模中心；在扑气时，漏斗支承扑气头，使扑气均匀；漏斗配合扑气工作，通过装在漏斗上的配气阀控制扑气。

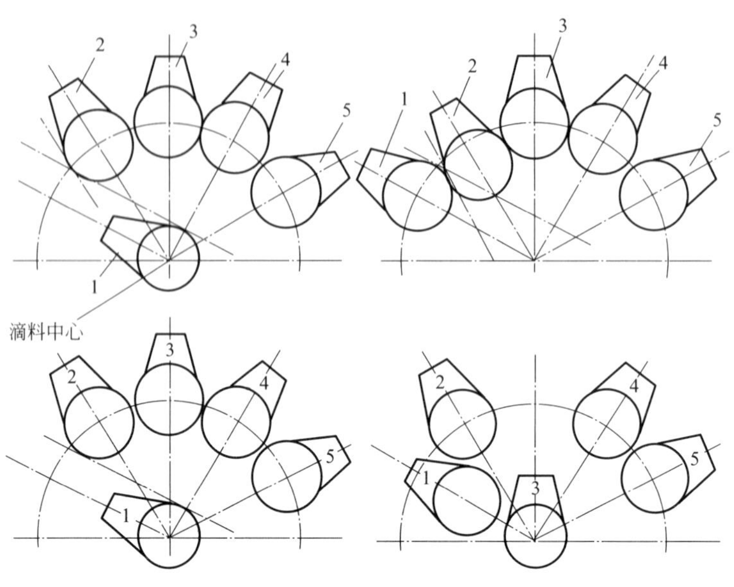

图 9-12　导料顺序

上—相邻；下—相间；1～5—导料圈

（2）漏斗机构的构造　图 9-13 为 QD_4 型行列机的漏斗机构。漏斗装在支架 1 上，支架用夹子固定在活塞杆上，固定位置的高度可以根据产品种类进行调节。活塞杆的下端装有滚轮，当活塞杆上下运动时，滚轮沿着长槽凸轮 8 转动一定的角度。扑气配气阀 3 与扑气头机构配合，以控制扑气。三路配气阀 5 的构造和作用与导料机构的三路配气阀相同。

（3）漏斗机构的工作过程　装料前，首先打开阀箱 5 号气路，压缩空气进入三路配气阀的下方，推动三路配气阀 5 的阀芯上升，驱动气缸活塞的低压气通过三路配气阀进入气缸上方，推动活塞向下运动。活塞下降一定距离后，由于长槽凸轮的导向，一边下降一边旋转，使漏斗从侧上方恰好落到初形模上。活塞的行程为 80mm，漏斗摆角为 55°。此时，经导料机构，料块通过漏斗落入初形模中央。与此同时，活塞杆上的压块 2 压住扑气配气阀杆 3，阀杆下降使扑气气路接通。扑气完成后，漏斗便离开初形模，压块也随之离开阀杆 3，扑气气路被切断，从而实现漏斗与扑气机构的联锁。

图 9-13 中 $E—E$ 旋转剖面表示，活塞的运动速度分别由各自的调节螺钉 7 节制排气速率来控制。$C—C$ 旋转剖面和 $F—F$ 旋转剖面，说明活塞上或下终点时，单向阀 6 或 9 和活塞杆上的凸台共同截住乏气，使乏气只能从凸台上的斜槽中缓慢排出，活塞的前方形成“气垫”，达到终点缓冲。

当阀箱 5 号气路被切断，三路配气阀的阀芯由弹簧的作用推向下方，低压气改换方向，驱动活塞向上使漏斗离开初形模复位，从而实现活塞的反向行程。

采用压-吹法成形时，不需要扑气。压块 2 最好调转一个方位，不使它触及扑气配气阀杆 3。

初形模喷油器装在活塞杆的 3 个径向孔中的任一个位置（通过产品的高度确定），阀箱 10 号气路经成形模夹具支架接到漏斗机构气缸盖 4 上，低压油箱的油经滴油杯节制进入阀箱 10 号气路，当漏斗落在初形模上时，阀箱 10 号气路来的带油气体进入活塞杆孔去喷油器喷油，同时也给活塞杆和衬套进行润滑。

三、扑气机构

（1）扑气机构的作用　扑气机构的作用是将压缩空气通入初形模内迫使玻璃料向下进入口

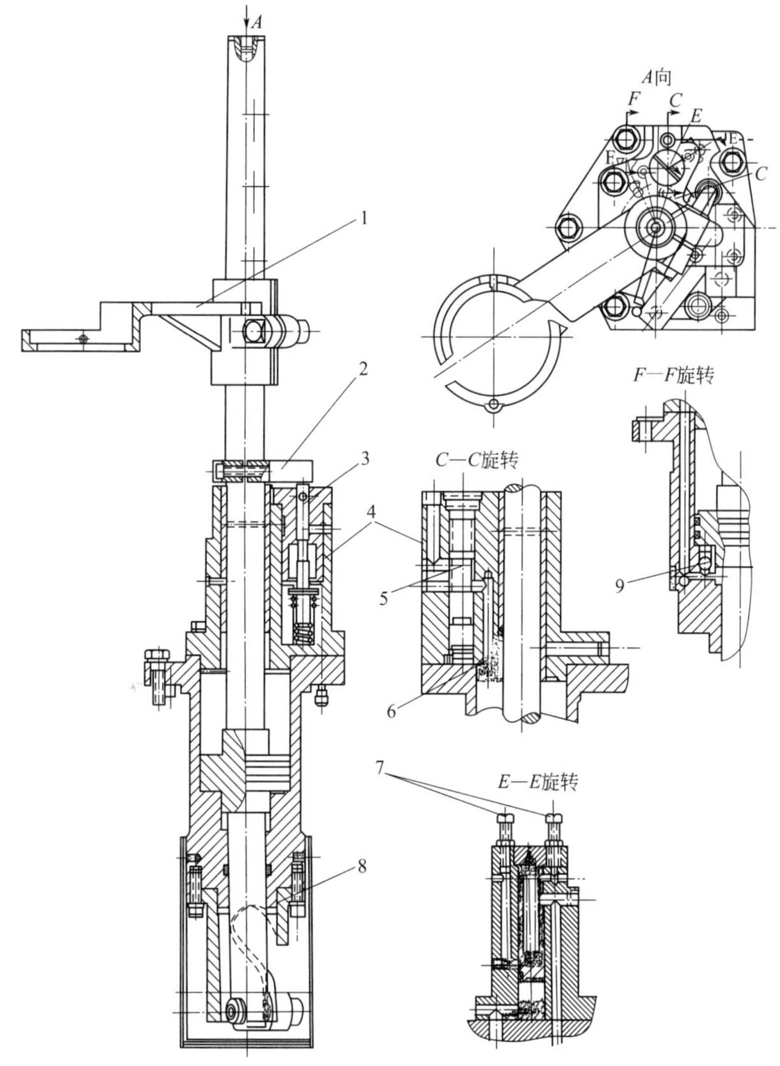

图 9-13　QD_4 型行列机的漏斗机构

1—支架；2—压块；3—扑气配气阀杆；4—气缸盖；5—三路配气阀；6，9—单向阀；7—调节螺钉；8—长槽凸轮

模并充分镶嵌，以便制成瓶头。扑气完了，扑气头又做初形模的底，参加倒吹气的工作。

(2) 扑气机构的结构　图 9-14 所示为 QD_4 型行列机的扑气机构。它是由扑气头、三路配气阀 5、扑气头支架 6、长槽凸轮 7、驱动气缸及扑气阀 9 等组成。

扑气头支架 6 的头部锁环用于装扑气头，该支架在活塞杆上的位置可随产品高度调整。

三路配气阀、扑气阀及长槽凸轮的结构与漏斗机构相同。

驱动气缸活塞的行程为 106mm，扑气头摆角为 47°。活塞下缘无凸台，上缘有凸台，为上行程终点缓冲而设。

(3) 扑气操作的工作过程

① 吹-吹法操作　在漏斗落到初形模上完成装料以后，阀箱气路立即打开，压缩空气推动三路配气阀 5 阀芯升起，另一路低压气经三路配气阀进入气缸上方，驱动气缸活塞向下运动，扑气头随之而下直落一段距离，后因长槽凸轮的作用，一边下落，一边摆动，快速地落向漏斗。与此同时，压块 8 将扑气阀 9 的阀杆压下，作为扑气用高压气因漏斗机构的扑气配气阀和

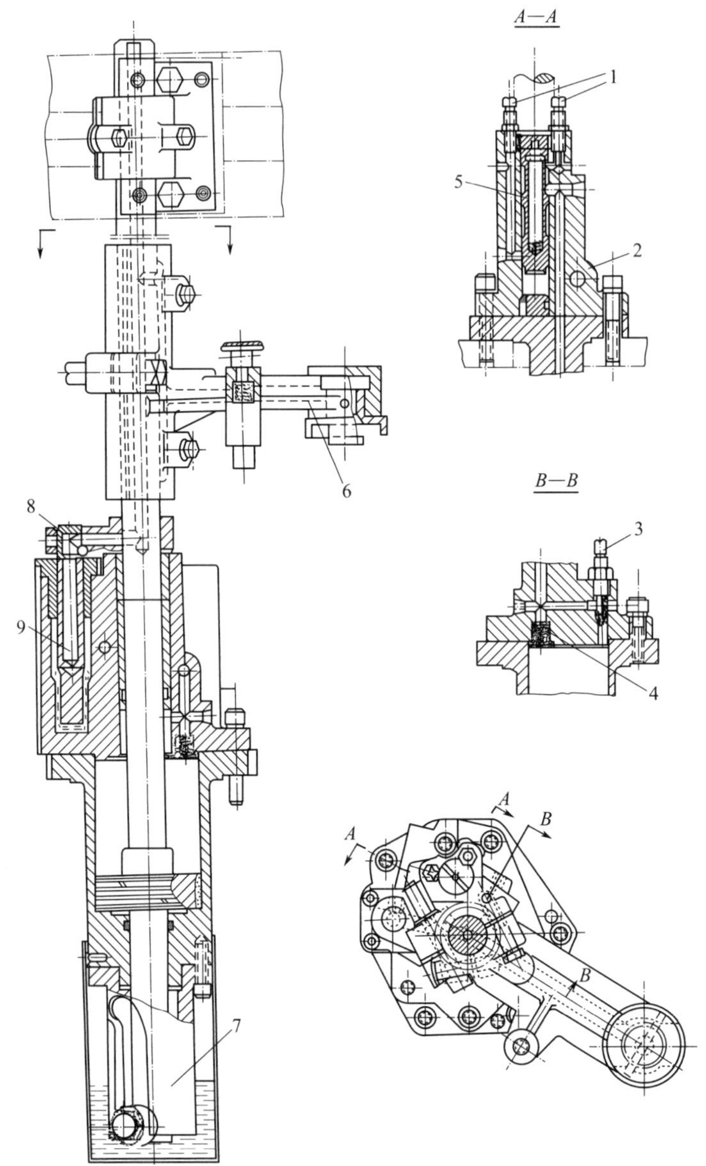

图 9-14　QD_4 型行列机的扑气机构

1—调节螺钉；2—气缸盖；3—针形节流阀；4—单向阀；5—三路配气阀；6—扑气头支架；7—长槽凸轮；8—压块；9—扑气阀

扑气机构的扑气阀相继打开，迫使刚装入的玻璃料进入口模，形成瓶头。扑气在较短时间完成后，随即关闭阀箱 7 号气路，三路配气阀 5 的阀芯因弹簧作用而复位，气缸驱动用的低压气换向，推动活塞上升，使扑气头迅速离开漏斗。接着阀箱 5 号气路切断，漏斗迅速离开初形模。此时阀箱 7 号气路又被打开，扑气头重新返回落至初形模上。但因扑气气路已切断，扑气头只做初形模的模底。倒吹气完成后，阀箱 7 号气路又被切断，扑气头上升复位。

② 压-吹法操作　压-吹法生产时，由于初形模底部直径较大，装料方便，不需漏斗机构参与工作，也不需要扑气，扑气头只能作为初形模的底。

当初形模装完料后，阀箱 7 号气路立即被接通，扑气头落到初形模上封底。待冲头上升，压成初形后，阀箱 7 号气路被切断，接着扑气头复位。

四、顶芯子机构和冲头机构

（一）顶芯子机构

（1）顶芯子机构的作用　顶芯子机构用于成形瓶口和瓶头端面，以及制作气穴的设备。在倒吹气时，压缩空气通过气穴进入玻璃料内，将料滴吹成初形。

（2）顶芯子机构的结构　在压-吹法生产大口瓶时，将冲头机构装在主体部分上。而在吹-吹法生产小口瓶时，则换下冲头机构，换上顶芯子机构。

① 主体部分　图 9-15 所示为 QD_4 型行列机的主体部分，它是由下部支承及升降机构、中部驱动气缸、上部结合缸 3 部分组成。

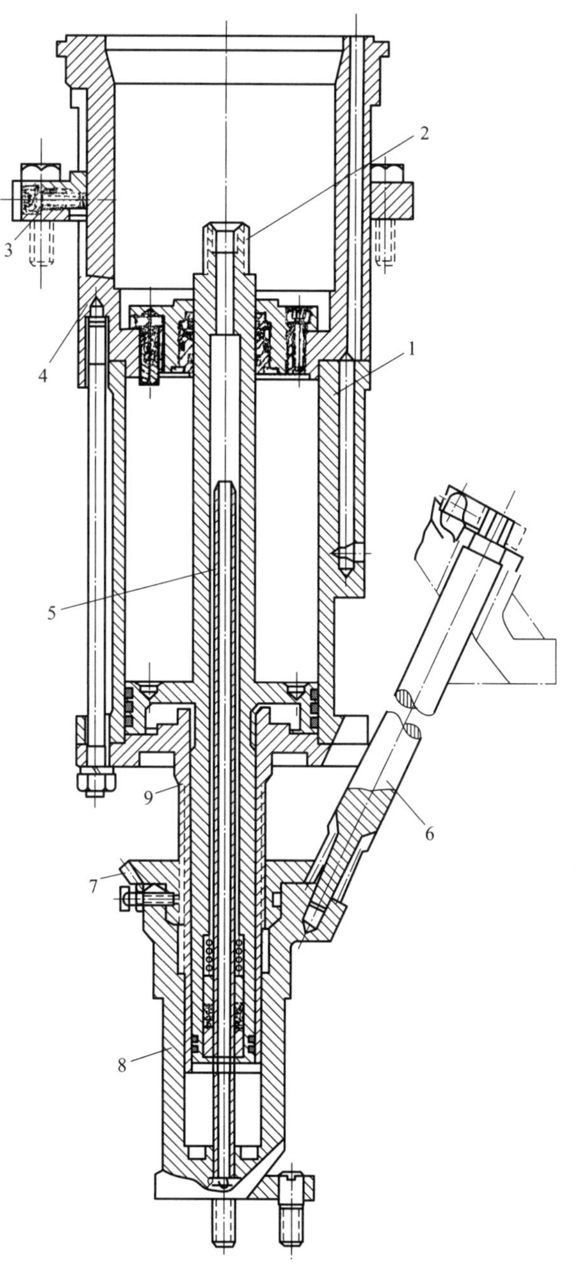

图 9-15　QD_4 型行列机的主体部分

下部支承和升降机构由支座 8、锥齿轮 7、调节杆 6 及气缸底座 9 组成。锥齿轮 7 在支座 8 上可以转动，但不能进行轴向移动。而气缸底座 9 上带有螺纹，借此用锥齿轮 7 将中、上部装置承托在支座 8 上。锥齿轮 7 又与调节杆 6 端部的齿啮合。当转动调节杆 6 时，锥齿轮 7 旋转，则中部驱动气缸及上部结合缸在垂直方向进行移动，以便调节到要求的高度。

中部驱动气缸由气缸 1 和活塞组成，活塞杆 2 上端与芯子或冲头相连接。阀箱 4 号气路驱动活塞往下，阀箱 6 号气路驱动活塞向上，用来完成顶芯子和冲压工作。吹-吹法生产时，芯子的行程被套筒限定为 30mm，压-吹法时，最大有效行程可达 105mm。活塞杆内的管 5，在吹-吹法时接通阀箱 17 号高压气路向初形模内倒吹气，在压-吹法时接通高压气进行冲头冷却。

上部结合缸由结合缸体 4、导板 3 以及导键组成。缸体外面的导板 3 用于升降时定位，导键用作定向。缸体内随成形方法不同，装置不同的顶芯子机构或冲头机构。

② 顶芯子机构　主要由芯子和套筒组成。芯子用来成形瓶口和制作气穴，套筒用于避免瓶头端面上产生合缝线，还可使瓶头端面圆滑。

图 9-16 所示为 QD_4 型行列机的顶芯子机构，芯子 7 用扣环与小活塞 8 相连，同时套筒 9 用扣环与大活塞 1 连接。套筒由弹簧 3 推动插入口模。套筒的动作不受芯子制约。

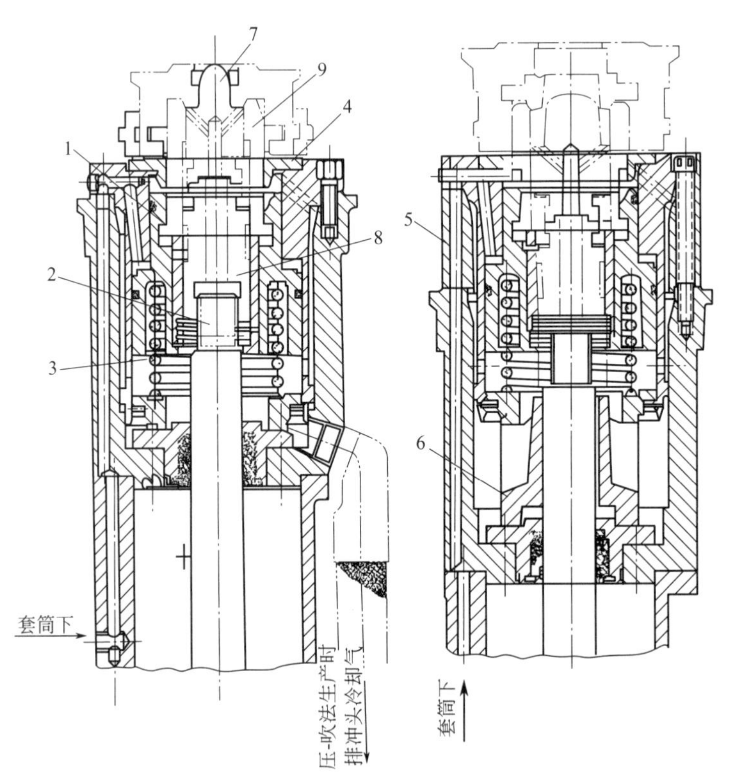

图 9-16　QD_4 型行列机的顶芯子机构

1—大活塞；2—活塞杆；3—弹簧；4—封套；5—间隔块；6—间隔筒；7—芯子；8—小活塞；9—套筒

在生产较矮瓶子时，为升高顶芯子装置，装上间隔块 5 和间隔筒 6。

(3) 顶芯子机构的工作过程　当口模和初形模就位后，打开阀箱 6 号气路，中部气缸活塞向上升起带动芯子插入口模内。与此同时，阀箱 3 号气路被切断，由于弹簧 3 的作用，使大活塞 1 连同与其相连的套筒 9 向上运动，插入口模，置于装料位置。

玻璃料滴装入初形模后，立即进行扑气，扑气结束后，切断阀箱 6 号气路，接通阀箱 4 号气路，中部驱动气缸活塞向下运动，同时带动芯子退出口模。此时接通阀箱 17 号气路，压缩空气从芯子的凸肩处进入瓶头空穴，将玻璃倒吹成初形。随后阀箱 3 号气路打开，压缩空气驱动大活塞 1 向下，带动套筒退出口模。最后初形模打开，初形被口钳及翻转机构送入成形模。

（二）冲头机构

（1）冲头机构的作用　在压-吹法操作中，冲头机构借助口模和初形模压制成瓶头和初形。

（2）QD_4 型行列机的冲头机构的构造　见图 9-17。冲头机构由冲头垫管 2、外套、托杯 3、调节螺钉 4、弹簧以及模具夹环、口模套筒、冲头、冷却器组成。

冲头接头带有螺纹，可与活塞杆 1 端部螺纹相连接，用两个半圆的夹环将冲头和冲头接头连接起来，活塞运动过程中即可带动冲头上下运动。

（3）冲头机构的工作过程　在压-吹法压制的全过程中，冲头有 3 个工作位置。

① 翻身位置　冲头在完成压制以后，下降到口模翻转位置。阀箱 4 号气路驱动中部气缸活塞向下运动，当冲头压在冲头垫管 2 上并将托杯 3 拉到最低点时，阻止活塞运动，此时冲头所处位置为翻身位置。此位置的高度可以通过更换不同高度的冲头垫管来实现。

② 装料位置　阀箱 4 号气路被切断，阀箱 6 号气路尚未打开，由于弹簧的作用将托杯 3 升起，冲头处于中间位置。为了使玻璃料装入初形模后保持在上部，冲头应稍高一些，以扑气头不接触玻璃料为限。冲头的装料位置由调节螺钉的长度决定，其最佳长度，对某产品来说，需经热试车后确定。

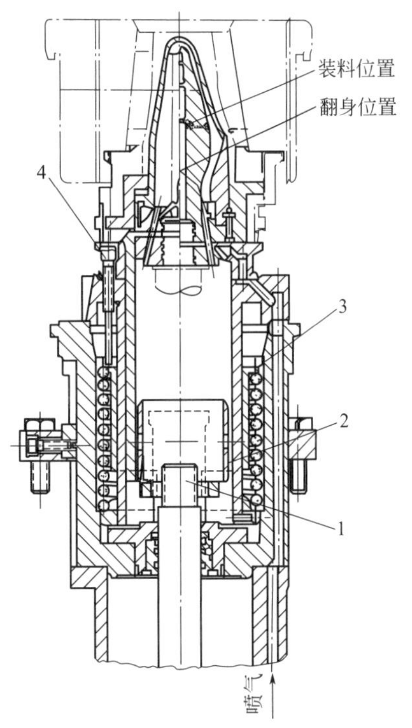

图 9-17　QD_4 型行列机的冲头机构

③ 压制位置　是指冲头在完成压制时的最高位置。当阀箱 6 号气路来气驱动中部气缸活塞上升时，冲头向上冲压。由于冲头的挤压，玻璃料展开并进入口模。冲头的压制位置取决于模具的容积和玻璃的重量。正常情况下，冲头压制位置由玻璃料量进行定位。如果模具容积或玻璃料重量误差过大，压制的初形会出现缺口或毛口。

冲头的压力使用阀箱 6 号气路的单向减压阀调节，冲压速度可使用阀箱 4 号气路的针形节流阀调节。当压制完成冲头退出后，阀箱 3 号气路来气吹胀一次，以防初形变形，即“初形喷气”。

采用高压空气冷却冲头，废气从结合缸下经胶管排至机械外部。当初形吹胀之后，初形模打开，口模连同初形翻转至成形模进行下一步操作。这时，冲头又处于翻身位置，以便进行下一个工作周期。

五、模具夹具和模具开关机构

（1）模具夹具和模具开关机构的作用　模具夹具和模具开关机构的作用是夹持两片初形模（或成形模）并按工艺要求进行开启和关闭的设备。

（2）QD_4 型行列机的模具夹具和模具开关机构的构造

① QD_4 型行列机的模具夹具的构造　如图 9-18 所示。模具夹具由夹钳 1、支架 2、花键轴 3、连杆 4、钳轴 5 及摇臂 6 组成。一般模具为对开形式，两片模瓣分别装在左右夹钳上，夹钳的旋转中心是空套在钳轴 5 上。钳上突出部分通过连杆 4、摇臂 6 与花键轴 3 上端相连，旋转花键轴可使模具打开后成 65°角。初形模和成形模所用夹钳是通用的，共有 9 个规格。

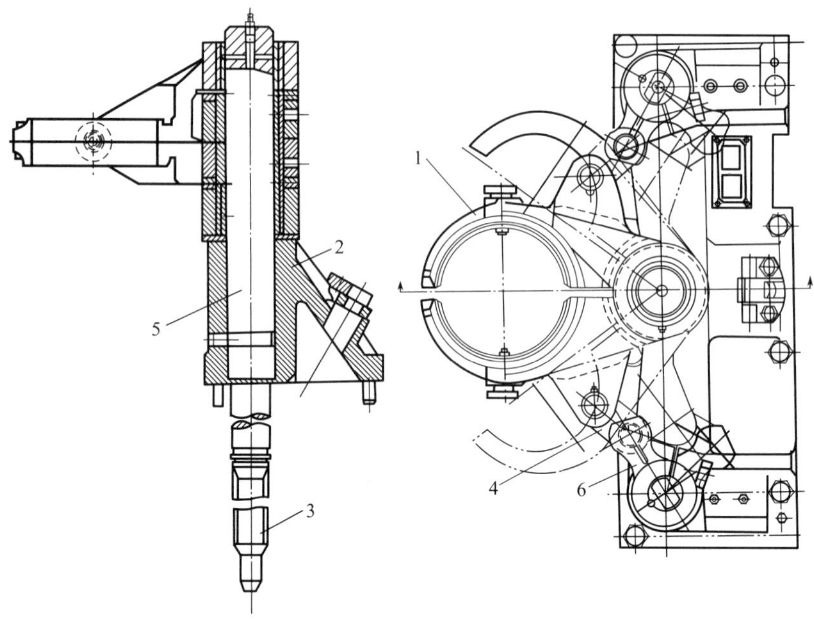

图 9-18　QD_4 型行列机的模具夹具

② 模具开关机构的结构　如图 9-19 所示。模具开关机构由气缸 4、连杆 3、三臂连杆 5、花键套 6 等组成。三臂连杆的长臂用短连杆 7 与活塞杆铰接起来，两个短臂与连杆 3 铰接，连杆 3 又带动花键轴套，花键轴套的转动带动花键轴旋转，从而控制模具开闭。

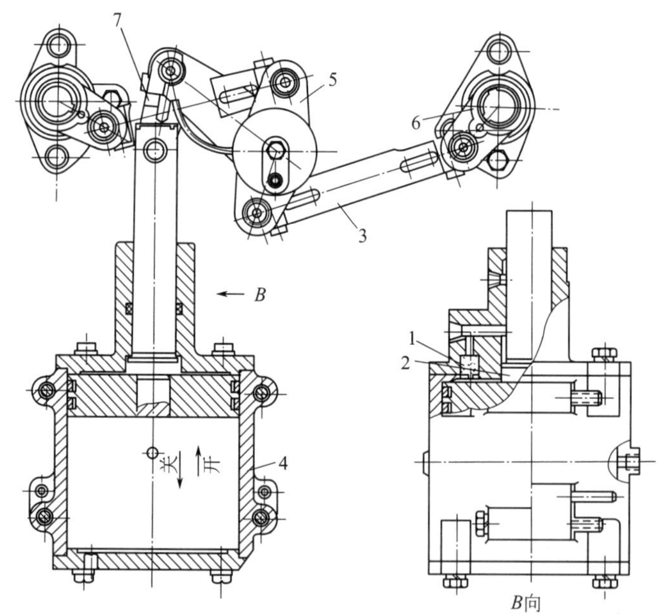

图 9-19　QD_4 型行列机的模具开关机构

1—单向阀；2—活塞；3—连杆；4—气缸；5—三臂连杆；6—花键套；7—短连杆

(3) 模具夹具和模具开关机构的工作过程

① 初形模的工作过程　阀箱 8 号气路接通，压缩空气推动活塞杆伸出，通过连杆机构打开初形模；切断阀箱 8 号气路，打开阀箱 2 号气路，活塞返回初形模关闭。

活塞向“开”的方向（图 9-19）移动至终点时，由于气缸前盖上设有单向阀 1 和活塞上凸台的联动作用，形成终点缓冲的气垫。当活塞向“关”的方向移动时，因它不能达到缸底而不需要终点的缓冲。

② 成形模的工作过程　由阀箱 14 号气路驱动关闭成形模，阀箱 15 号气路驱动打开成形模。其他工作过程与初形模相同。

六、口钳机构

(1) 口钳开关机构

① 口钳机构的作用　口钳机构为夹持口模，并按工艺要求开关口模的设备。

② QD_4 型行列机的口钳结构　图 9-20 所示为 QD_4 型行列机的口钳结构。它由阶梯轴 2，

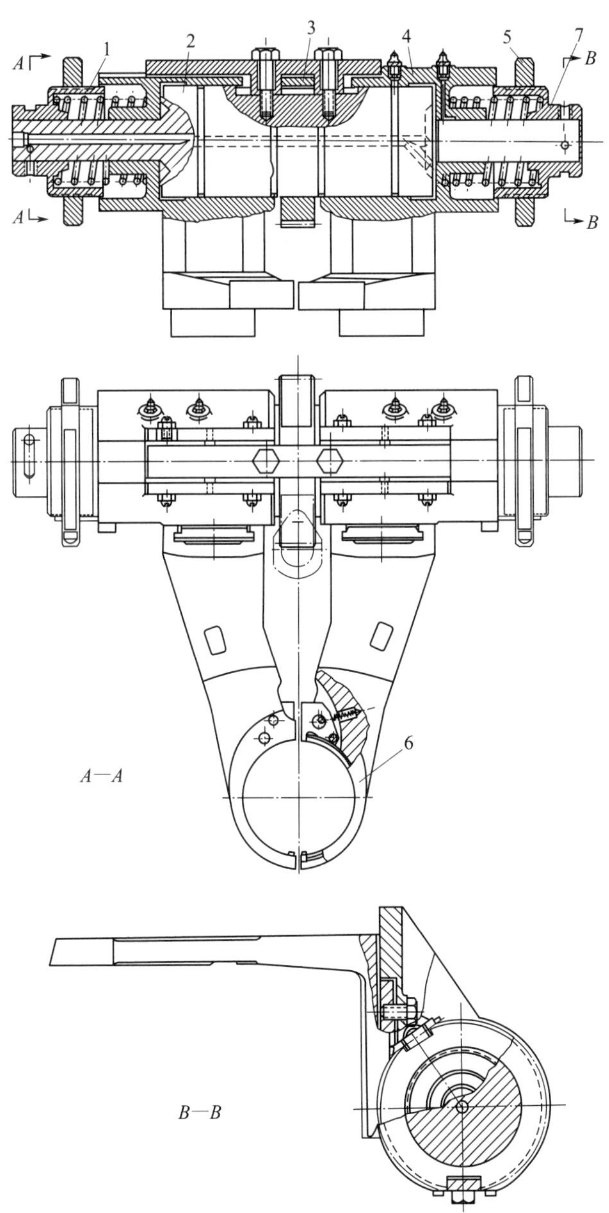

图 9-20　QD_4 型行列机的口钳结构

左右气缸 4，左、右轴套 1、7，翻转齿轮 3，限位螺母 5，口模夹钳 6，弹簧和导板组成。阶梯轴 2 中间粗、两端细，轴心有一构成活塞运动的气路孔道。用导板将齿轮固定在轴的中部，齿轮两侧安装左右气缸。由于导板的导向作用，左右气缸仅能在轴上做轴向移动。左右气缸的外侧装有压簧，压簧的另一端由左、右轴套顶住。轴套用销固定在阶梯轴的端部。

口模夹钳 6 分别用压板夹紧在左右气缸上，当气缸向两侧移动时，便带动夹钳分离使口模张开。

轴套的表面开有弧形凹槽与轴承内的孔道对应，在阶梯轴转动时，起到配气阀的作用。轴套的内端装有限位螺母 5，限制和调节气缸的行程，从而控制口模的开度。口钳共有 4 种规格，生产中可根据产品的口径和高度选用。

③ 口钳的工作过程　当口钳翻转至成形模时，左轴套 1 的凹槽将阶梯轴 2 的孔道与左轴承内的孔道接通，如图 9-21 中 $A—A$ 剖面位置。此时阀箱 10 B 号气路气驱动左右气缸，这时口钳打开，释放初形。然后，口模夹钳返回。当回转约 20°时，轴套 1 的凹槽与左轴承盖的缺口接通，左右气缸内的气体排出，左、右口钳在弹簧的作用下合拢，废气从轴承盖的排气口排出，口模关闭，口钳翻转至初形模下参与成形初形工作。此时左轴套 1 的气路不通，而右轴套 7 的凹槽与右轴承内的一个气孔相通，见图 9-21 中 $B—B$ 剖面，即作为接阀箱 10 H 号转向槽和初形模喷油器气路。初形制备完成后，口钳又翻转至成形模上方，进行下一个循环的操作。

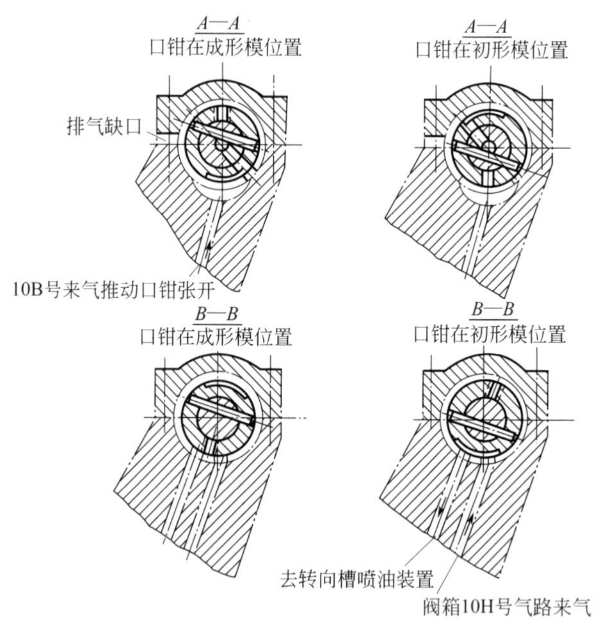

图 9-21　口钳剖面

口钳打开的速度借阀箱 10 号气路上的针阀调节，开度根据产品口部尺寸及翻身高度而定，其中，转动限位螺母 5 即可调节开度大小。

（2）口钳翻转机构

① 口钳翻转机构的作用　口钳翻转机构用来将口钳连同制品的初形通过初形模送入成形模，并使初形由倒置翻转为正立。

② QD_4 型行列机的口钳翻转机构的构造　图 9-22 所示为 QD_4 型行列机的口钳翻转机构。它由气缸 5，带齿条的活塞杆 1，缸盖 6，气缸底 7 以及上、下行程调节装置组成。

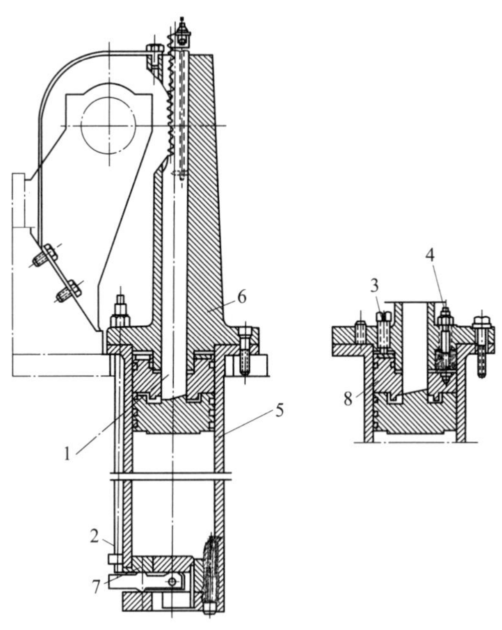

图 9-22　QD_4 型行列机的口钳翻转机构

口钳的翻转是靠齿条驱动口钳的旋转齿轮实现。齿条、活塞和活塞杆制成一体，上部是与夹具齿轮啮合的齿条，下部是活塞。缸盖 6 对齿条有导向作用，并保证翻转齿条与齿轮良好地啮合。

气缸活塞杆 1 的上、下行程的调节，靠上、下行程的调节块来完成。气缸上盖装有上行程调节块 8，拧动螺栓 4，上行程调节块 8 即可升降，而螺钉 3 压紧调节块，并承受活塞力。气缸底 7 装有垫块和底块。在垫块的中心孔内放置下行程调节块，并通过调节杠杆定位。拧动下行程调节块 2 即可改变杠杆的位置，达到下行程调节块升降而改变活塞终点位置的目的。由于活塞上、下行程终点得到调节，就保证了口钳能在初形模和成形模处保持水平。

活塞的终点缓冲是由上行程调节块上的盘形单向阀和缸底垫块上的球形单向阀以及初形模右后方的两个针形节流阀来联合控制实现。

七、正吹气机构

（1）正吹气机构的作用　正吹气机构的作用是将初形最终吹成玻璃瓶罐，并使它得到初步冷却。

（2）QD_4 型行列机的正吹气机构的结构　QD_4 型行列机的正吹气机构如图 9-23 所示。它由吹气头、吹气头支架 2、三路配气阀 4、吹气阀 3、驱动气缸及长槽凸轮 8 组成。

吹气头用锁环装在吹气头支架上，支架使用夹环固定在活塞杆上，支架在活塞杆上的位置可随产品高度进行调整，调整幅度为 174mm。

正吹气机构的配气阀在气缸外侧，用于控制活塞运动的换向。吹气阀位于气缸盖上，由活塞、阀芯、弹簧组成。当压缩空气推动活塞升起时，活塞杆便顶开上部的阀芯，接通正吹气用的高压气路。

正吹气机构的驱动气缸、长槽凸轮的结构与顶芯子机构和冲头机构类同。气缸活塞行程为 168mm，吹气头摆角为 65°。

为了提高吹制效率，QD_4 型行列机的正吹气机构设置了内部冷却管。冷却管 1 装在吹气头上，冷却空气从管内进入瓶中，废气从管外经孔板 10 排出。改变孔板位置，排气速度即可

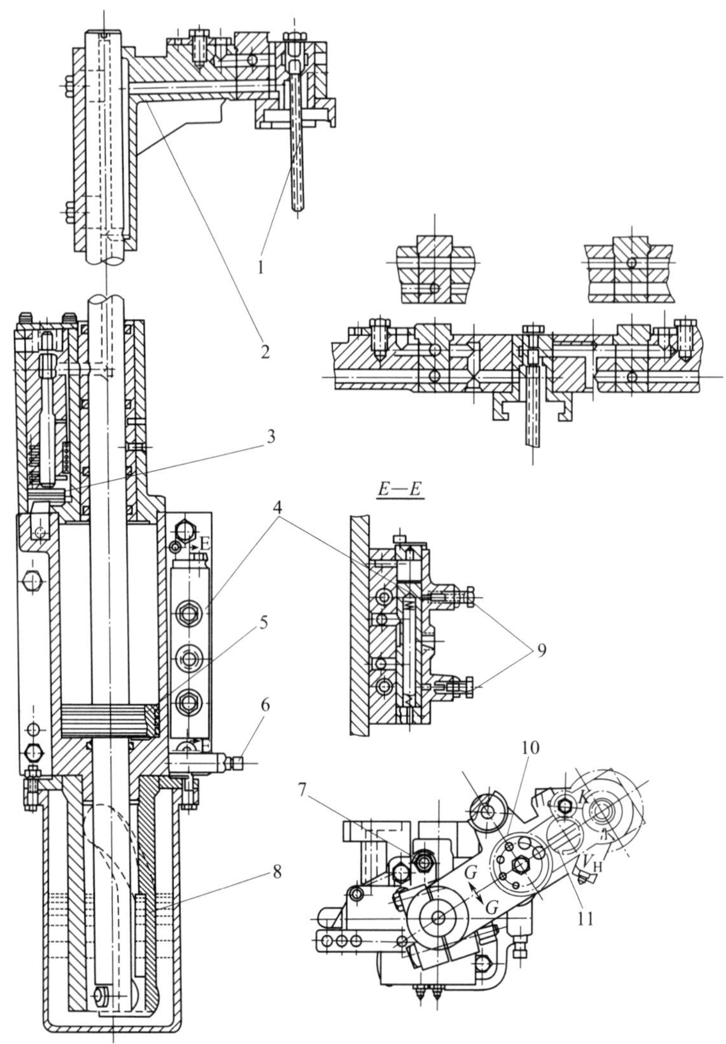

图 9-23　QD_4 型行列机的正吹气机构

1—冷却管；2—吹气头支架；3—吹气阀；4—三路配气阀；5—活塞；6，7—针形节流阀；8—长槽凸轮；9—调节螺钉；10—孔板；11—换向阀

调节。此外，支架上还设有换向阀 11，转动换向阀即可改变进气方向，使管外进气，管内排气。

（3）正吹气的工作过程　QD_4 型行列机的正吹气机构的气路有两个：一个是驱动气缸的气路；另一个是正吹气的气路。

当口钳翻转至成形模上方时，阀箱 12 号气路接通，压缩空气进入三路配气阀 4 上方，推动阀芯向下，此时低压气通过三路配气阀进入驱动气缸上方，同时推动活塞往下运动，使吹气头边下落边旋转降至成形模上，并盖住初形的瓶口，做好吹气准备。接着接通阀箱 13 号气路，气体进入气缸盖上的吹气阀下方，并推动气阀的小活塞向上，小活塞杆则顶起上面的阀芯。此时正吹气用的高压气经过吹气阀、气缸活塞杆内的孔道、吹气头支架至吹气头，进行正吹气，将初形吹成成品。随后切断阀箱 13 号气路，在吹气阀弹簧作用下，小活塞下降，阀芯切断正吹气气路，停止正吹气。接着阀箱 12 号气路也被切断，三路配气阀阀芯上升复位，低压气则进入气缸的下方，驱动活塞上升，吹气头复位，即完成该工序操作。

活塞5的两向运动速度分别由调节螺钉9对气孔的掩闭程度控制。活塞上、下行程终点缓冲，分别由针形节流阀6、7控制。

八、钳瓶机构

钳瓶机构由钳移器和钳瓶夹具两部分组成。

（1）钳移器

① 钳移器的作用　钳移器的作用是通过钳移器驱动钳瓶夹具，将成形好的瓶罐自成形模送往输瓶机的冷却风板。

② QD_4型行列机的钳移器的结构　图9-24所示为QD_4型行列机的钳移器。它由驱动气缸、升降机构、行星机构和顶部小气缸等部分组成。钳移器一般固定于机架侧面，位于成形模和输瓶机之间。

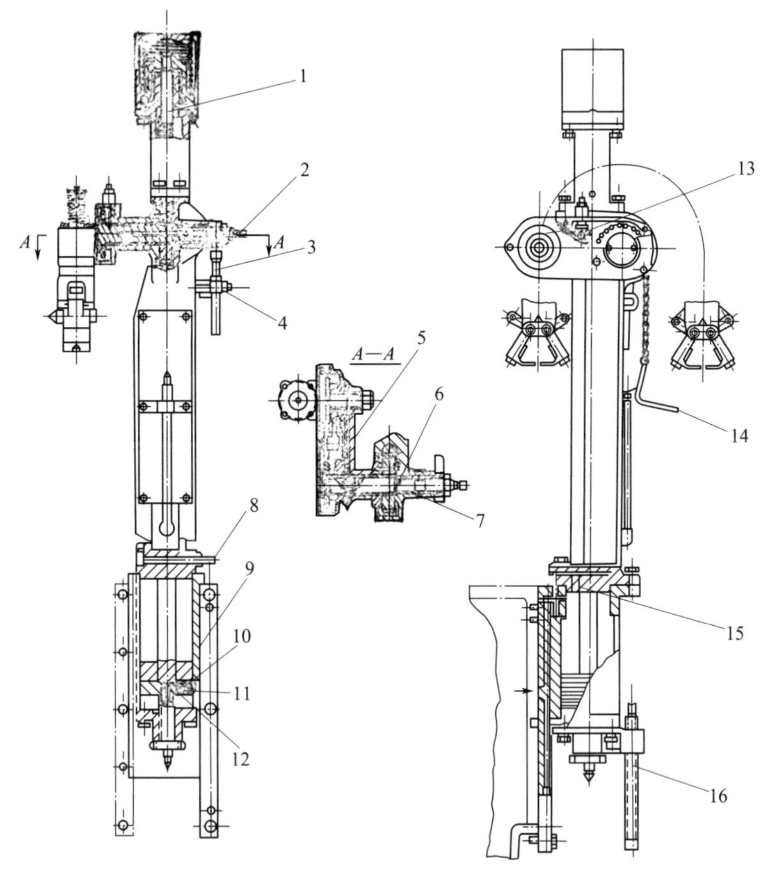

图9-24　QD_4型行列机的钳移器

1—小活塞杆；2，8—针形节流阀；3—扳手；4—螺母；5—夹具臂；6—轴；7—偏心套；9—驱动活塞；10，15—单向阀；11—限位活塞；12—缓冲气塞；13—压块；14—安全销；16—螺杆

升降机构安装在驱动气缸的下端，当螺杆16转动时，整个机构就沿板上、下滑动，以方便钳取不同高度的制品，其调节幅度为160mm。

升降机构的上方是驱动气缸，它由气缸下盖、限位活塞11、驱动活塞9、缸体和支架（即气缸上盖）组成。气缸下盖用螺栓与缸体相连，在下盖的中心有一螺纹通孔，其上安装有限位活塞11，并用螺杆与下盖固定，将螺杆伸出盖外，以便进行调节，改变限位活塞的高度，同时气缸活塞的下行程终点也随之改变。当活塞处于下死点时，钳瓶夹具正好处于成形模上方。

为了确保钳取瓶罐的动作准确，要求钳瓶钳与成形模必须同心，必须使钳瓶臂处于一个水平上。因此，当升降机构调整后，必须利用限位活塞调整钳瓶臂水平。如有差异，再通过升降机构进行校正。限位活塞调好后，要用附设的螺母锁紧。驱动活塞和活塞杆成为一体，活塞杆上部为模数 2.5 的齿条，它与行星机构的齿轮啮合，带动钳瓶夹具动作。

支架是气缸上盖，同时兼作活塞杆的导槽和行星机构的支架，以连接上部机构。

行星机构由夹具臂 5、轴 6、齿轮、支持链轮、行星链轮、压块 13 和偏心套组成。整个行星机构通过轴 6 固定在支架上，轴 6 与支架间镶有偏心套 7（图 9-24 中 $A—A$ 剖面），转动偏心套可以调整齿轮与齿条之间的啮合间隙。齿轮和夹具臂均采用静配合固定在一个轴套上，轴套以动配合套在固定轴上。因此，当齿条往复运动时，悬臂和齿轮都随着在垂直平面内做 180°的旋转动作。但这只能完成类似口钳翻转的动作，瓶罐会由正立变为倒置，还无法放置于输瓶机上。因此必须设置一个机构，使其在转过 180°之后仍处于正立位置，这个机构就是行星机构。它通过轴 6 连接一个支持链轮，使套筒滚子链与装在钳瓶夹具气缸上的行星链轮连接。行星链轮空套在轴上，由于行星链轮与支持链轮大小相同，当夹具臂转过 180°时，行星链轮绕轮做 180°公转，同时，又绕自身轴做 180°的反向自转，可以保证瓶罐始终正立。此外，为了保持链的张紧，设置了压块 13。

钳瓶夹具垂直度的补偿调整是借助行星机构支持轴伸出一端的方头上安装的扳手进行的，调整后需将压紧螺母拧紧。机架上还设有安全销 14，当机器第一次调整阀钮或长久停机后开车时，可将它插入活塞杆的孔中，将钳瓶夹具锁在风板上方或中间位置，这样可以避免钳瓶夹具和其他部件碰撞而损伤。

钳移器机构的最上方为顶部小气缸。它由气缸、压簧、活塞和活塞杆组成，为单向驱动气缸。当小气缸下部的压缩空气被切断，活塞靠弹簧作用向下运动，活塞杆便将齿条下压一段距离，使处在风板上方的钳瓶夹具在放下瓶子后，能抬到一定高度，这样就不会妨碍拨瓶杆将瓶罐拨往输瓶机。

③ 钳移器的工作过程　当玻璃瓶罐吹成并得到初冷后，成形模打开，阀箱 18 号气路接通，压缩空气经气缸缸体的通道，由气缸上盖的单向阀进入气缸上方，驱动活塞向下运动。在活塞越过缸体的进气孔后，压缩空气直接由进气孔进入气缸内，加快了活塞运动速度。活塞下行程的作用是使钳瓶夹具从风板上方转至成形模。由于行星机构的作用，钳瓶夹具垂直地到达成形模上方。随后切断阀箱 18 号气路，阀箱 19 号气路接通，压缩空气由阀箱出来分为阀箱 19 H 号和阀箱 19 B 号气路两路。阀箱 19 H 号气路经驱动气缸缸体至支架的行星机构处又分为两路：一路经行星机构支持轴的轴心孔、夹具臂至钳瓶夹具气缸，驱动钳瓶夹钳抓住瓶头；另一路进入顶部小气缸推动活塞往上。与此同时，阀箱 19 B 号气路的压缩空气经气缸缸体，从球形单向阀和限位活塞中心孔进入气缸下方，驱动活塞向上，使钳瓶夹具带着瓶罐自成形模上方移至输瓶机风板上，同时小气缸活塞向下，压下齿条，抬起钳瓶钳，并在此停留至下一个工作循环开始。

调节阀箱上相应的针形节流阀可以控制活塞运动速度。阀箱 18 号气路上的节流阀可调节上行程速度，阀箱 19 号气路上的节流阀可调节下行程的速度。气缸上盖的针形节流阀用来调节上行程终点缓冲，活塞头上的缓冲气塞 12 用作下行程终点缓冲。

（2）钳瓶夹具

① 钳瓶夹具的作用　钳瓶夹具的任务是在钳移器的带动下，将成形的瓶罐自成形模钳住，在固定风板上方放下。

② QD_4 型行列机的钳瓶夹具的结构　图 9-25 所示为 QD_4 型行列机的钳瓶夹具。它由压套、气缸、活塞 2、弹簧 1、活塞杆、支架、滑块和爪臂 3 组成。

气缸缸体带有一个连身轴，连身轴与行星机构的夹具臂通过动配合连接，行星链轮也装在连身轴上，因而气缸缸体可与悬臂做相对转动。

气缸下盖兼作支架，直角爪臂的支点设在气缸上面，又作为活塞杆头部滑块的导槽，滑块通过连杆与爪臂连接。当活塞向下运动时，滑块推动连杆，使装在爪臂上的钳瓶闭合。

③ 钳瓶夹具的工作过程 当阀箱 19 号气路来气进入气缸上方后，驱动活塞向下，使爪臂 3 闭合，钳取瓶罐。爪臂的钳瓶速度通过钳移器上的针形节流阀（图 9-25）调节。

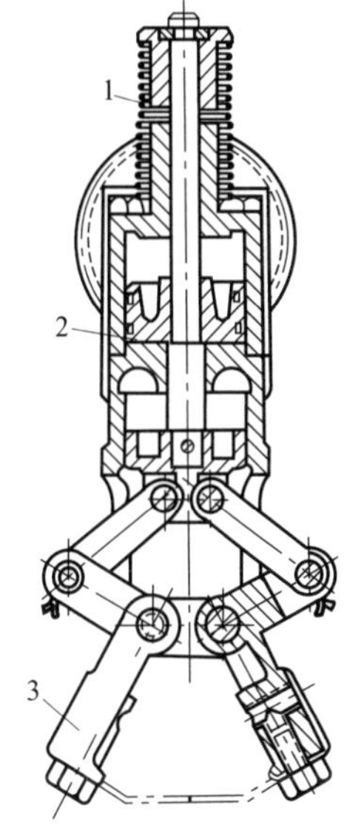

图 9-25 QD_4 型行列机的钳瓶夹具

九、模底翻倒机构

（1）模底翻倒机构的作用 模底翻倒机构使成形模底在成形完制品后翻转一定角度，使没有被钳走的瓶罐或碎玻璃脱离模底，以保证制瓶机正常连续生产。

（2）QD_4 型行列机的模底翻倒机构的结构 图 9-26 所示为 QD_4 型行列机的模底翻倒机构。它由升降机构、驱动气缸和翻转机构组成。升降机构在最下方，它由调节螺杆 6、调节杆架、一对螺旋齿轮 5 及升降螺杆 4 组成。调节螺杆 6 是水平安装的，它的一端加工成方头，以便安放调节扳手。另一端固定一个 45°螺旋角的螺旋齿轮，它与升降螺杆上的螺旋齿轮啮合，转动调节螺杆 6，带动升降螺杆 4 旋转，升降螺杆 4 轴头的圆环限制它本身的轴向移动，因而在升降螺杆 4 转动时，与升降螺杆 4 用螺纹连接的气缸体便上下移动，从而达到机构的升降调节。升降尺度通过产品的高度确定。

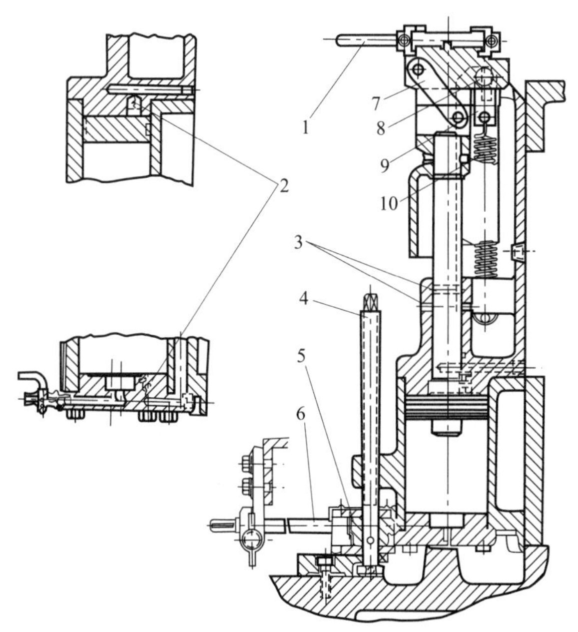

图 9-26 QD_4 型行列机的模底翻倒机构

1—扣环；2—单向阀；3—销孔；4—升降螺杆；5—螺旋齿轮；6—调节螺杆；7—连杆；8—滑轴；9—钩环；10—拉簧

翻转机构位于驱动气缸的上方。扣环 1 的作用是连接模底，它固定在模底座上，模底座一方面被固定在滑板的垫板上（滑板与活塞杆用销钉连接），另一方面又被前侧的连杆 7 和后侧的拉簧 10 牵引住（拉簧是通过钩环 9 拉住，穿在模底座上的滑轴 8 传递拉力），拉簧的另一端钩在气缸盖上。图 9-26 的位置就是活塞上行程终点，模底处于水平位置。当活塞下降时，模底先直落一段距离，随后滑轴 8 被气缸盖上部的方槽挡住，随着活塞继续下降，滑轴便作为模底座翻转的中心，滑板通过连杆 7 将模底翻倒。

（3）模底翻倒的操作过程　成形好的瓶罐被钳瓶器钳走后，接通阀箱 13 号气路，压缩空气进入气缸上方，便驱动活塞向下，模底随之垂直下降 18mm，为防止与模具发生干扰，翻转 45°。随后阀箱 13 号气路被切断，接通阀箱 16 号气路，压缩空气进入气缸下方，推动活塞向上，滑板被推向上运动使模底向下转动，当垫板与模底座贴合后，模底因受垫板限制，不能继续转动，就带着滑轴水平地向上运动，此时拉簧张紧，模底进入工作位置。

活塞的上、下运动速度通过阀箱 13 号气路和阀箱 16 号气路上的针形节流阀来控制。活塞终点缓冲靠活塞凸台来实现。

图 9-26 中销孔 3 可通过销子锁住，这时模底不能进行翻倒，但其位置比正常情况低 18mm，以适应特别高的制品成形。

此外，QD_4 型行列机还配有控制气路的阀箱和协调转鼓机构，以及输瓶机构、压缩空气和冷却风系统，详细结构及工作过程可参见设备的说明书，限于篇幅，不再赘述。

十、制品的成形缺陷

造成玻璃制品缺陷的原因较多，但主要有两个：一个是玻璃本身的缺点；另一个是成形过程中造成的缺陷。这里仅讨论成形过程中造成的玻璃缺陷。这类缺陷分为两大类，即机械性缺陷和温度性缺陷。

1. 机械性缺陷

机械性缺陷是由模具（包括模子、口模、芯子、套筒、模底等）之间配合不当所造成。

2. 温度性缺陷

温度性缺陷产生的原因是玻璃在成形过程中冷却太多或不足，冷却速度过快或过慢，或者冷却不均匀。

成形过程中常见以下几种玻璃缺陷。

（1）裂纹

① 温度性裂纹　温度性裂纹是一种在成形过程中由于玻璃料接触冷物体或湿物体产生的缺陷。因此，要求在成形过程中，凡与玻璃直接接触的模具部件都要具有较高温度。

② 机械性裂纹　机械性裂纹是由于玻璃制品在成形过程中受到冲击、弯扭等直接或间接作用造成的缺陷。

（2）壁厚不均　产生瓶壁厚薄不均的原因：玻璃料滴温度不均匀；模具温度分布不均匀；作业温度过低；初形模设计不合理等。

（3）变形　玻璃瓶罐变形的主要原因是成形作业温度过高（包括料温和模温），脱模后的制品未能硬化固形，在放置或运输过程中变形。消除变形的方法有加强冷却、降低机速以及延缓钳瓶等。

（4）冷斑　由于成形作业温度过低，制品表面会出现不平滑鳞片状冷斑。这种冷斑常常发生在刚开机时，随着模具逐渐加热，冷斑就会减少，当模具受热稳定后，即可消除。

（5）皱纹　玻璃料滴过冷、料滴过长、料滴落不下等都会造成制品表面出现皱纹。

（6）合缝线　合缝线是可拆模的一种弊病，特别是当模具制造不良或安装不啮合，或由于模具磨损关闭不严时较为严重。

表 9-5 为 QD_4 型行列机的技术参数。

表 9-5　QD_4 型行列机的技术参数

型号			QD_4
瓶的质量/g	小口瓶	极限范围	30～1200
		适宜范围	120～800
	大口瓶	极限范围	30～1000
		适宜范围	100～600
瓶的尺寸/mm	瓶头外径	吹-吹法	＜50
		压-吹法	＜90
	瓶身高度(不算瓶头)	吹-吹法	＜315
		压-吹法	约 200(＜240)
	瓶身外径		50～120(＜150)
分部数			4
生产率/(个/min)	每个分部	极限范围	2.5～15
		适宜范围	4～12
	全机	极限范围	10～60
		适宜范围	16～48
压缩空气	压力/Pa	低压气	$1.96\times10^5\pm1.47\times10^4$
		高压气	$2.7\times10^5\sim3.43\times10^5$
	耗气量/(m^3/min)	低压气	10.3
		高压气	6.95
		总量	＜16.75
冷却气	压力/Pa		3.7×10^8
	风量/(m^3/h)		15300
外形尺寸(长×宽×高)/mm			370×2630×2948
机重/t			11.66

第四节　制瓶机的主要操作方法

操作人员必须系统地、透彻地掌握行列式制瓶机的主要操作方法，严格遵守操作规程，以保证设备正常运转，避免设备、人身事故的发生（本节以 QD_4 行列机操作为例）。

① 操作时要始终穿好工作服、工作鞋和工作帽。

② 工作时间不允许喝酒。

③ 操作时要集中精神。

④ 要爱护设备、合理装卸，防止乱砸。

⑤ 要经常擦拭机器，搞好文明生产。

一、开始运转操作

1.冷试车

① 在初形模、成形模、口模夹钳、扑气头支架、吹气头支架、模底未装上而接料开关手柄关闭的情况下，开动风动离合器进行分段空载冷试车，检验各部件是否正常运转、气缸终点缓冲调节是否合乎要求、装配是否牢固、各接料机构之间的配合是否合适等。

② 在分段空载冷试车基本没有问题的情况下停车，装好初形模、口模夹钳、成形模、扑气头支架、扑气头、吹气头支架、吹气头、模底。

③ 调好各机构的高度和中心后，进行承载试车。

2.热试车

在冷试车成功的基础上进行热试车，其具体步骤如下。

① 查看玻璃料的温度是否符合所生产制品的要求。

② 开供料机匀料筒电动机，再开冲头剪刀电动机。

③ 开启剪刀冷却喷水、冲头开关柄，然后开剪刀开关柄。

④ 冲头开始动作后，将它降至能够对玻璃液起冲压作用的位置，必要时适当升高匀料筒，让足够的玻璃液流出。

⑤ 剪刀开始运动后，应注意料块的形状和重量。

⑥ 料重与料形调好后，开转鼓风动离合器，关排料槽注水阀门，打开接料开关，分段调料试车。当接料时间不合适时，调节传动机构中的差动机构，当拨瓶时间不合适时，调节输瓶机构传动箱的差动调节手柄；根据产品质量缺陷情况调节定时转鼓阀钮和有关气路上的针形阀，均无问题后全机开车。待模具温度合适后，开冷却风。

当制品的瓶底、容量、重量、光亮度等合乎要求时，进行正常生产。

在整个试车过程中，要有 2～3 人相互照应进行。

二、正常生产中的操作

在机器运转过程中，操作人员需随时观察设备运转情况，及时发现问题，排除问题。

正常生产中的操作主要有以下 6 步。

（一）单段停机

① 关本段接料开关。

② 关本段风动离合器（定时转鼓停）。

③ 必要时最后关本段高、低总进气，停转鼓必须在“停车”位置。

（二）停机

停机步骤：①开足排料槽水。②关各组接料开关。③关各组风动离合器。

如需长时间停机，其操作方法是：①开足排料槽水。②关各组接料开关。③关供料机剪刀刹车手柄。④关供料机冲头刹车手柄。⑤关匀料筒电动机。⑥降低匀料筒，使其降至供料盆上。⑦在“停车”位置关风动离合器（逐段进行）。⑧关各段分段高、低压总进气。⑨关制瓶机高、低压总进气。⑩关供料机剪刀冲头电动机。⑪关油箱出油阀。⑫关冷却风。⑬最后停本机外专设的输瓶机和推瓶机（指制瓶机至退火炉之间的专用设备）。

停车后，不要轻易撬动顶杆，更不要轻易转动定时转鼓。必须变动时应注意安全，变动结束后恢复到“停车”位置。

（三）单段启动

首先检查本段转鼓是否仍在“停车”位置，如是则先开风动离合器，而后开接料开关。如本段高、低压气已关，应最先开本段高、低压气。

（四）开机运转

开机步骤：①开各段风动离合器。②开各段接料开关。③关排料槽水。

如经长时间停车后，在供料机电动机已关闭的情况下，请参照“开始运转操作”热试车部分所述程序进行操作。

（五）生产过程中模具的更换

在生产过程中，模具经常处于高热状态下工作，经过灼热的玻璃料反复磨损，使模具在使用一定时间后，不能再满足生产的需要，应及时更换，更换模具是操作者在正常生产中经常做的一项工作。需要更换模具的条件如下。

① 瓶子光亮度不够，需换成形模。

② 初形模油灰或碳化沉积物过多，需换初形模。

③ 模子有碰损。

④ 合缝线过大，需换成形模。

⑤ 瓶口有飞刺，需换芯子（或冲头）。

⑥ 瓶口处合缝过大，需换口模。

⑦ 底麻，需换模底。

如以上几项均无问题却出现瓶身炸裂现象，说明模具使用时间过长（新模瓶身出现炸裂现象，一般为高压气过大，或吹气时间过长所致）。

更换模具一律停机进行，包括换初形模，换成形模，换口模，换芯子，换冲头，换模底，换漏斗、扑气头、吹气头、钳瓶钳等。

（六）更换产品

1.准备工作

准备好待生产制品的设备替换件。

① 供料机所用的剪刀凸轮、冲头凸轮、落料碗、托料块。

② 接料槽、直料槽、转向槽。

③ 初形吹制装置或初形压制装置，如不改变成形方法，只需准备好更换的芯子、套筒和衬垫（或冲头、垫管及调节螺钉），如生产矮瓶，还需准备好间隔块及间隔筒。

④ 扑气头、漏斗、吹气头和钳瓶钳。必要时还需备用更换的漏斗支架。

2.调整

① 定时转鼓的调整。在特殊情况下，如需要改变各段转鼓相对角度，可以用调整传动环的方法，即根据开机段数和选定的接料次序，调整各段转鼓内的传动环上齿槽的相对角度，以协调各段的接料动作。

新装机器或大修后调整各段的相对角度时，一般在转鼓装到制瓶机上前，首先调好各段传动环与本段转鼓的相对位置，而后再装到制瓶机上。

关阀箱总气，根据产品和机速参考表，调整转鼓上各阀钮的位置。阀钮不应太靠近压条，以免失去再调节余地，控制接料的阀钮不应放到压条前方（即0以后），以免计算相对角度时带来烦琐。定时转鼓调整完后，需将转鼓按运转方向用手扳动两转，确定无问题后，令转鼓处于“停车”位置。

② 调整机速。根据制瓶机开动段数，变换供料机上的传动无声链轮。关压缩空气总进气阀门，开动供料机电动机后，借供料机无级变速箱手轮调节机速。此时可测读定时转鼓大齿轮转速至要求的机速。按开始运转操作的方法进行试车、生产。

③ 装初形模夹钳及初形模。装初形模夹钳后，先装上一扇初形模，而后调整压-吹机构的高度（放一扇本次欲用的口模于本压-吹机构的顶部，升降本机构，直至初形模关闭时，该口模能快速地进入初形模的槽内，最好初形模能将口模稍微提升一些），装另一扇初形模，插上模子夹钳销轴。

④ 装模底、成形模夹钳和成形模。装模底将夹环定位。装成形模夹钳并装上任意一扇成形模。调整模底高度（升降模底翻倒机构，直至成形模关闭时，模底能爽快地进入成形模的槽内，最好成形模能将模底稍微提升0.5mm），装另一扇成形模，插上模子夹钳销轴。

⑤ 装口钳及口模。注意：在口模安装和调整时，压缩空气压力必须保持稳定，以免调整失误，开关气路时注意安全。

⑥ 进行装漏斗，装扑气头，装吹气头，装钳瓶钳，换玻璃瓶凸轮，变换输瓶机传动箱链轮和转盘机构的推板，装各段的接料槽、直料槽、转向槽，调整风嘴垫等操作。

三、突发事故紧急操作

(1) 突然停电　依次按下面叙述顺序进行操作。

① 迅速开排料槽水。

② 关供料机所有电机。如剪刀在闭合位置，迅速导拉无声链，使剪刀脱开，并将开关柄关死。如冲头在下边位置，迅速将冲头提起并将冲头开关柄关死。

③ 关各段风动离合器。

④ 模内如有料，应立即去除。

⑤ 将机器调到正常开车位置。

(2) 突然停气

① 立即关各段接料开关手柄。

② 依次关各段风动离合器。

③ 开排料槽水。

④ 将供料机开关柄关死，如停气时间长，将冲头开关柄也关死；关匀料筒电机，降低匀料筒至供料盆上，然后再关剪刀冲头电机，卸下剪刀。

⑤ 把机器调到正常开车位置。

⑥ 关油箱出油阀。

⑦ 关冷却风（停输瓶机、推瓶机）。

(3) 突然停水　迅速接上供料机备用水桶用水，主要用于剪刀喷水及放料时的突然停水。

(4) 突然发生事故　制瓶机上如发生意外人身事故，若事故发生在各气动制瓶机构上，应立即关接料开关和风动离合器。若事故发生在传动机构上，应立即关供料机剪刀冲头电机，按突然停电处理。如输瓶机构出现问题，可扳动传动箱离合器手柄至离开的位置。

第五节　玻璃成形模具

一、模具的分类

对于单件玻璃制品的机械成形，都是在具有一定形状内腔的模具中进行的。因此，玻璃制品的质量在很大程度上与模具的材质、结构、加工精度和其维护情况有密切关系。

模具在成形玻璃制品中占有重要的地位，而成形机械只是用机械的方法管理模具的设备。

玻璃制品的成形方法较多，模具的种类也很繁杂。按成形方法可分为压模和吹模；按成形阶段可分为初形模和成形模；按润滑方式可分为敷模和热模；按模具结构类别分为不可拆模和可拆模（图 9-27）。其中，不可拆模是整体模。为了改善成形条件，方便制品脱模，模具内壁应有不小于 2°5′的角度。不可拆模包括压制成形用的压模、压-吹法成形用的初形模以及吹泡机用的初形模。可拆模是由对称的两片半模组成，能开能合（图 9-27）。为了避免模具在开合

图 9-27　可拆模具的定位示意图

时错位，在两片模的接触处制成凸凹结构，起定位作用。

按模具的支撑方法分为铰链式支撑模具和夹钳式支撑模具。其中，铰链式支撑模具的支撑体与模具铸为一体（图 9-28）。这样不仅使模具制造复杂化，而且使模具壁在有支撑装置处加厚，致使模壁厚度不均。因而在成形制品时温度难以保证，同时安装拆卸也不方便。特别是当模具磨损报废时，支撑装置也同时被抛弃。夹钳式支撑模具如图 9-29 所示，根据模具外形尺寸选择相应的夹钳，将模具装在夹钳上。夹钳与铰链铸为一体。模具的开合通过夹钳操纵。

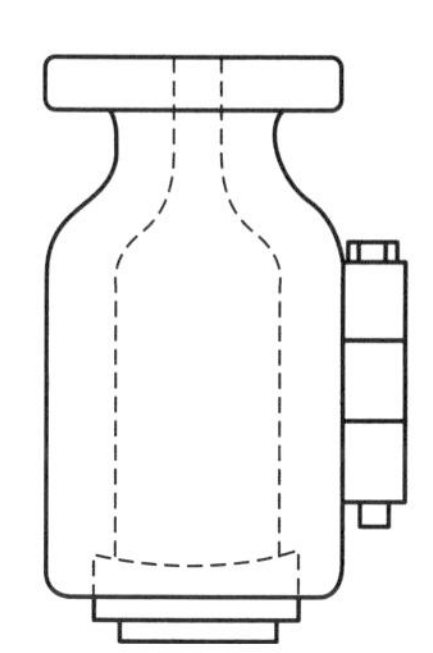

图 9-28　铰链式支承模具

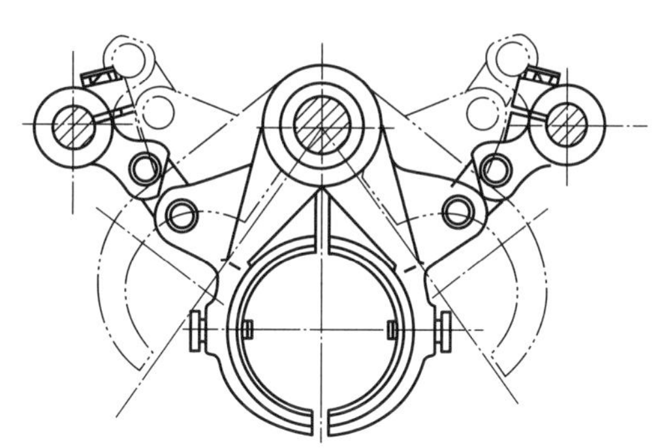

图 9-29　夹钳式支承模具

按模具的开合机构分为机械凸轮开合机构和气缸（或液压油缸）开合机构。其中，凸轮机构开合的模具如图 9-30 所示，开合时凸轮盘 1 压迫与模具夹钳 2 相连的滚轮 3 做径向运动，滚轮 3 通过左、右推臂 4 开合模具。多数吹泡机采用此种结构。气缸开合机构的模具如图 9-31 所示，气缸主要用于气动或液压传动的制瓶机上。当气缸活塞向右运动时，模具被打开；反之，当气缸活塞向左运动时，模具闭合。

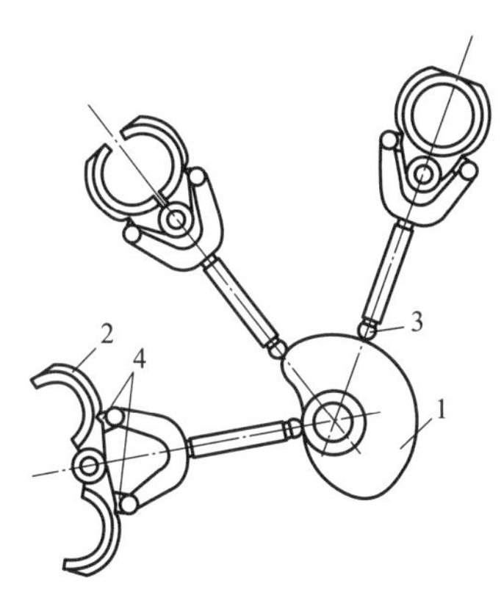

图 9-30　凸轮开合机构的模具

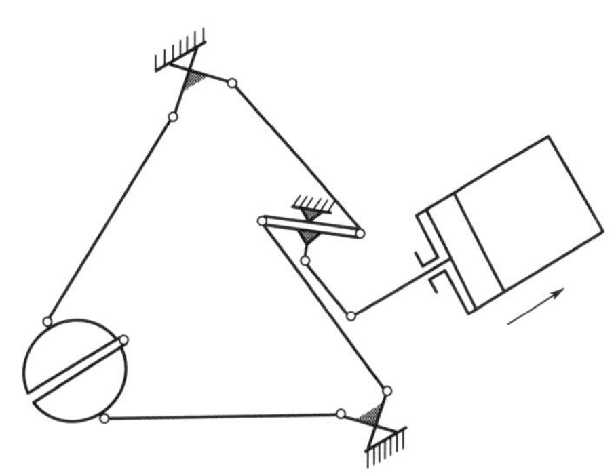

图 9-31　气缸开合机构的模具

二、玻璃成形模具材料

1. 对模具材料的要求

模具在玻璃制品成形过程中直接与高温的玻璃料接触，限制了玻璃制品的形状。因此，模具材质的优劣直接影响模具的寿命和制品的质量。

在选择模具制造材料时，必须具备以下条件。

① 材质需致密，易于加工。只有材质致密，才能加工出高精度的成形模具，模具的制造要经过车、钳、铣、刨、钻等手段，所用材料必须具备这些加工性能，加工后要求模壁无杂质和针孔，并具有高的表面粗糙度。

② 化学稳定性优良。模具材料要具有一定的抗剥离腐蚀和抗氧化能力，否则模具在使用时将会出现脱皮和起鳞现象，将影响玻璃制品的质量和模具自身寿命。一般含有 Ni、Al、Cr、Si 的合金铸铁比普通铸铁的化学稳定性好。

③ 高的比热容和热导率。高的比热容可使模具周期性温度变化的幅度小，形成温度稳定。高的热导率可以使模具蓄热很快散失，模具温度降低，有利于提高成形效率。

④ 热膨胀系数小，抗热裂性好。小的热膨胀系数能保证模具在工作温度下，尺寸稳定，开闭灵活。

模具在使用时受到循环交替的加热和冷却，造成很大的温差，严重时会导致模具开裂。因此，要求模具在所处温度范围内不开裂、不变形，这种性能称为抗热裂性。

⑤ 应具有较高的黏合温度。所谓黏合温度，是指模具与玻璃开始发生粘贴而使成形条件显著恶化的温度。各种材料的黏合温度是不一样的。模具与玻璃接触时的温度很高，如用黏合温度较低的材料做模具时，为了避免黏合，维持模具的正常连续工作，势必延长模具的冷却时间或加强对模具的人工冷却，才能使模具的温度降低。延长模具的冷却时间就是延长模具的工作周期，从而降低了机速。而加强模具的人工冷却会增加设备和运转费用。反之，如模具采用黏合温度高的材料制成，模具在工作过程中的温度可以很高，这不仅能减少模具的冷却时间，提高机速，而且模具在工作过程中的温度越高，则所得的制品就越光滑。

⑥ 耐磨性优良。在成形过程中，玻璃料、碎玻璃对模具的摩擦，会使模具磨损，内壁变得粗糙，合缝线扩大，从而影响制品质量。因此，要求模具材料具有一定的硬度。

⑦ 按单位玻璃核算，所用材料的价格要低。

2. 玻璃成形模具材料的种类

常用模具材料考虑到模具各部件在实际生产中与玻璃液的接触先后顺序不同，以及所受的机械作用差异，例如初形模比成形模的温度高，为了使整个模具有较长的使用寿命，因而可对初形模和成形模选择不相同的材料。制造模具的材料主要为金属，有时也用非金属材料（如木材等）。金属材料的种类很多，其中以铸铁为主，其次是耐热钢。表 9-6 为铸铁、合金铸铁和球墨铸铁等各类常用模具材料的性能及用途比较。

表 9-6　各类常用模具材料的性能及用途比较

项目		类别				
		铁素体非合金铸铁	铁素体 Ni、Mo 合金铸铁	铁素体 Mo-V(Ti) 合金铸铁	高铝合金铸铁	球墨铸铁
质量分数/%	总 C	3.40～3.70	3.5～3.6	3.40～3.70	3.0～3.80	3.60～3.80
	总 Si	1.80～2.20	2.0～2.2	1.80～2.20	0.7	2.60～2.80
	Mn	0.55～0.85	3.6～0.75	0.55～0.85	0.2～0.4	0.1
	S	0.07	0.04	0.07	0.07	0.015
	P	0.12	0.05	0.12	0.12	0.015
	Ni	—	0.2～0.3	—	—	—
	Cr	—	—	—	—	—
	Mo	—	0.45～0.5	0.34～0.45	—	—
	Ti	—	—	0.2～0.3	—	—
	V	—	—	0.1～0.2	—	—
	Al	—	—	—	2.0～3.0	—

续表

项目		类别				
		铁素体非合金铸铁	铁素体 Ni、Mo 合金铸铁	铁素体 Mo-V(Ti) 合金铸铁	高铝合金铸铁	球墨铸铁
性能	布氏硬度(HBS)	130～155	140～160	150～170	180～200	160～180
	拉伸强度/MPa	100～150	200～220	220～260	320～360	420～450
	压缩强度/MPa	—	500～800	600～1800	—	—
	热导率/[4.18×10^2W/(m·K)]	0.148～0.001	0.148～0.001	0.148～0.001	0.13～0.000064	0.083～0.0001
	热膨胀系数/10^{-6}℃$^{-1}$	—	12	12	12	12
用途		适宜制作口模	适宜制作吹-吹法或压-吹法模具材料	—	可作为成形批量较大玻璃制品模具	可作为成形批量较大及小玻璃制品模具

为提高模具寿命，采用新型铸铁代替 HT200 铸铁已成为趋势，6 种新型铸铁的化学成分如表 9-7 所示，HT200 和 6 种新型铸铁用于玻璃瓶模具的工作寿命如表 9-8 所示。从以上表中可以看出，模具寿命以低锡蠕铁和低铝蠕铁最高，但低铝蠕铁的熔炼及铸造工艺比较复杂，所含珠光体量也少，耐磨性较差，因此，以低锡蠕铁制作模具较为合适。

表 9-7 6 种新型铸铁的化学成分（质量分数）

材料	化学成分(质量分数)/%										合金组织		
	C	Si	Mn	S	P	Sn	Cu	Cr	Al	Mo	基体	石墨	保护膜
低锡铸铁	3.0～3.2	1.8～2.2	0.55～0.71	0.23～0.26	<0.1	0.08	—	—	—	—	珠光体 98%	A 型	—
铜铬铸铁	3.0～3.2	1.8～2.2	0.55～0.71	0.23～0.26	<0.1	—	1.0	0.65	—	—	珠光体 90%	A 型	—
中硅稀土	3.0～3.2	4.17	0.55～0.71	0.23～0.26	<0.1	—	—	—	—	1.0	铁素体	蠕虫状	SiO_2
中硅钼稀土	3.0～3.2	4.23	0.55～0.71	0.23～0.26	<0.1	—	—	—	—	—	铁素体	细片状	SiO_2
低锡蠕铁	3.0～3.2	1.8～2.3	0.55～0.71	0.23～0.26	0.1	0.08	—	—	—	—	珠光体 70%～80%	蠕虫状	—
低铝蠕铁	3.0～3.2	1.8～2.3	0.55～0.71	0.23～0.26	0.1	—	—	—	2.5	—	珠光体 20%	蠕虫状	Al_2O_3

表 9-8 玻璃瓶模具的工作寿命

材料	一次连续使用寿命		提高倍数(和 HT200 对比)	备注
	工作时间/h	制瓶数/个		
HT200	48	20000	—	氧化
低锡铸铁	192	83000	3.15	氧化

续表

材料	一次连续使用寿命		提高倍数(和 HT200 对比)	备注
	工作时间/h	制瓶数/个		
铜铬铸铁	96	41000	1.05	氧化
中硅稀土	76	33000	0.65	瓶变形
中硅钼稀土	195	84000	3.2	瓶变形
低锡蠕铁	260	110000	4.5	正常
低铝蠕铁	235	102000	4.1	正常

此外，还有 SMRL86 型合金铸铁和稀土蠕铁两种新型玻璃瓶成形模具材料。

(1) SMRL86 型合金铸铁模具特性

① SMRL86 型合金铸铁的化学组成　SMRL86 型合金铸铁的化学组成如表 9-9 所示。

② 力学性能　1320～1340℃浇铸成形，经处理后，硬度为 204～216HBS。经 660℃、8h 抗生长及热疲劳抗力均优于灰铸铁，拉伸强度 σ_b=260MPa。

③ 使用寿命　用 SMRL86 型合金铸铁制作的 640mL 啤酒玻璃瓶成形模具，当制瓶机机速为 62 次/min 时，使用寿命比灰铸铁提高 1～2 倍，见表 9-10。

表 9-9　SMRL86 型合金铸铁的化学组成

元素	C	Si	Mn	P	S
质量分数/%	3.27	1.92	0.68	0.078	0.498

表 9-10　SMRL86 型合金的玻璃瓶成形模寿命

模具名称	模具材料	清洗次数/次	使用寿命/万只	失效形式
640mL 玻璃啤酒瓶成形模	SMRL86 型合金铸铁	3	65	模底部位棱角处磨损
	Cr-Mo-Cu 合金铸铁	5	20	型腔磨损、氧化
	低 SiAl 系蠕铁	—	30	—
	ABX 合金铸铁	—	40～50	—
	R-7 合金铸铁	—	50～60	—
	BZX 合金铸铁	—	50～60	—

(2) 稀土蠕铁模具特性

① 稀土蠕铁的化学组成　稀土蠕铁化学成分如表 9-11 所示。

表 9-11　稀土蠕铁化学成分

元素	C	Si	Mn	Cr	Re	Mg
质量分数/%	3.8	1.4	1.8	0.4	0.03	0.035

② 模具材料金相组织　基体为铁素体加珠光体，石墨形态是模具内腔为球状，中间为球状和蠕虫状，外部为蠕虫状加片状。

③ 力学性能　拉伸强度 σ_b 为 528MPa，硬度为 225HBS。

④ 使用寿命　在同样条件下，采用稀土蠕铁制作的医用盐水瓶模具，平均寿命为合金灰铸铁的 4 倍。

常用模具材料除铸铁基外，其他模具材料种类及适用范围如表 9-12 所示。

表 9-12 其他模具材料种类及适用范围

序号	种类	名称组成	适用范围
1	铸铁	孕育铸铁、普通灰铸铁、球墨铸铁	压制模具、吹制模具
2	低合金铸铁	掺杂微量的镍、铬、镍铬、硅、铝、钛、钼等	压制模具、吹制模具
3	耐热钢	镍、铬、铁，镍、铬、钴、铜、铁，铬、钴、锰、钼、硅、铁	压制模具和吹制模具中的冲头、芯子和口模
4	青铜	微量铝或无铝	吹模、冲头和芯子、口模、压制模具
5	镍铬合金	—	镂花模
6	蒙乃尔合金	—	小型模具
7	镍	—	镂花模、压模、小型模具
8	铂、铂-铑		喷嘴(玻璃纤维)
9	石墨	人造石墨	转动模
10	木材	梨木、杨木等	人工吹制用模

在薄壁玻璃制品成形时，温度制度非常重要。在高温下，玻璃料易黏附于模壁。产生玻璃的黏附因素较多，有时还可能是若干因素同时作用的结果。常用模具材料的黏附温度如表 9-13 所示。在选择模具材料时，要考虑玻璃黏附于金属时的温度。

表 9-13 常用模具材料的黏附温度 ℃

种类	名称	400	500	600	700	备注	种类	名称	400	500	600	700	备注
铁碳合金	铸铁(3.27%C)					落滴法试验数据	纯金属	Ti					落滴法试验数据
	铸铁(2.97%C)							Ag					
	铸铁(2.54%C)							Al					
	不锈钢							Au					
	铸铁(2.22%C)							Be					
	钢(1.20%C)							Ni					
	钢(0.80%C)							W					
	钢(0.45%C)						合金	Cr-Ni-Fe					
	钢(0.20%C)							Fe-V					
	钢(0.05%C)							黄铜(旧)					
纯金属	Mo							Cr-Mo					
	Cr							黄铜(新)					
	Cu							Ni-Cu-Fe(旧)					
	Pt							Ni-Cu-Fe(新)					
	Co						碳	C					

玻璃料与金属的黏附温度，除与金属种类和成分有关外，还与玻璃料的化学组成有关，如表 9-14 所示。

表 9-14　玻璃的组成对黏附温度的影响　%

玻璃种类	化学组成(质量分数)											铸铁含碳量	黏附温度/℃	
	SiO_2	Al_2O_3	Fe_2O_3	CaO	MgO	B_2O_3	Na_2O	K_2O	BaO	TiO_2	F		静滴	落滴
棕色钠钙玻璃	71.3	2.5	0.18	10.8		0.4	0.8	13.4	—	—	—	2.54	—	400
无色钠钙玻璃	67.7	—	—	5.6	4.0	1.5	15.1	1.2	—	—	—	2.54	—	400
钡玻璃	67.5	5.0	—	—	—	—	7.0	7.0	12.0	0.6	0.9	2.51	590	405
硼硅酸盐玻璃	66.9	3.5	—	—	—	20.3	3.9	5.4	—	—	—	2.51	720	—

此外，模具加工的精度，表面处理（如电镀、渗碳、氰化、氮化、淬火等）都会影响黏附温度和模具使用寿命。如模腔表面镀铬（0.002～0.005mm 厚），使制品表层光洁，并能防止铸铁氧化和延长使用寿命。铬可以直接镀在研磨过的干净铸铁表面上，也可以镀在先用镍镀成的底膜上。后者可防止镀膜剥落。镀铬的模腔具有良好的耐磨损能力，适应在高温下使用。

为了消除黏附现象，可采用压缩空气对模具进行冷却，或向模具内壁涂油、胶体石墨等涂料，以及石蜡、橡胶、硫黄、滑石粉、炭粉、松香、白垩粉等。同时需要注意，过多地使用涂料会使模具内壁积炭，结果反而会损害制品的外观。

三、瓶罐设计及模具设计的要求

瓶罐的模具设计包括成形模的内腔设计和初形模内腔设计，这两者紧密相连而且直接影响瓶罐的成形质量，在此仅给出瓶罐模具设计的要点。

1. 瓶型设计

瓶罐的设计应充分考虑到采用自动化制瓶机生产要求，应满足大批量、高机速生产，应做到高质量、低成本生产。此外，有时还应适应灌装生产线的要求。灌装线上的洗瓶机、压瓶盖机、贴商标等设备，以及由制瓶工厂向用户运输中的包装成本如何降低等方面，如瓶体形状过于复杂，则使这些设备难以发挥正常效率。如年产量为几万至十几万吨啤酒厂，灌装速度要求较高。瓶型若不适应要求，用户就不会接受。一些瓶罐的外观设计还应给人以高级豪华感，如化妆品瓶、香水瓶的设计在一定程度上应是一件工艺品。

玻璃各部位的分布是通过计算机设计确定的，山村硝子公司对此做了细致的总结，表 9-15 为瓶型各部位形状或尺寸设计可能引起的缺陷。

表 9-15　瓶型各部位形状或尺寸设计可能引起的缺陷

瓶体部位	形状或尺寸设计	缺陷
瓶口部	口部壁厚过大或过小	瓶口变形、椭圆、皱纹、瓶口顶面不饱满
瓶颈部	细长颈、缩颈	瓶颈偏壁厚、瓶颈部弯曲、瓶颈处皱纹、瓶口内过细
瓶肩部	平肩、小曲率半径过渡	薄肩、肩部皱纹、瓶体全长变化，肩部裂纹、隆起
瓶身部	瓶腰部细，瓶身直线部过长	瓶身椭圆，瓶身部出现凹凸
瓶跟部	下部过于平直，下部过细	瓶跟部薄，出型模打开后易变形
瓶底部	向上凸起过大	底裂纹、底皱纹、底偏厚
其他	文字、图案凸起	裂纹、图案不清晰

为了使瓶子具有一定美观性、实用性及突出商标，在瓶颈、瓶肩、瓶身处会出现一些装饰

花纹或凹凸不平类似雕刻一样的图案。这些突出瓶子表面的文字或装饰往往使局部的壁厚增大或使壁厚差变大，这些位置易出现炸裂纹，应在模具设计及制造中加以注意。

瓶罐的形状与其强度有直接关系。一般除圆形截面瓶罐外，其他截面的瓶罐可认为是异型瓶。F. W. Preston 以圆形截面的瓶罐耐压强度指数为 10，给出其他形状瓶罐的强度指数，如表 9-16 所示。由表可知，圆形瓶的强度最好，所以啤酒瓶、汽水瓶等碳酸饮料瓶最好采用圆形瓶。

表 9-16　各种截面形状瓶罐的耐压强度

截面形状	圆形	四角为圆弧的四边形	椭圆(长短径比为 2)	四角有尖棱的四方形
耐压强度指数	10	2.5	5	1

2. 初形的设计要求

影响瓶罐质量最重要的一点是瓶罐壁厚分布是否合理。壁厚分布受模具的影响较大，其中最为关键的是初形的形状，即初形模内腔的设计。一般对应不同的制备方法，对初形的要求也有所不同。

对于吹-吹法制备小口瓶，要求初形模内腔形状可以保证料滴进入初形模的装料过程是以滑动进行的。这样装料使玻璃可以顺利滑进口模部位，而且扑气的压力及时间不需过大和过长。这样的初形成形后有利于瓶罐壁厚的合理分布。此外，初形的玻璃体积与初形体积之比即过容量率的设定也比较重要。若太小，初形在初形模处散失热量过少，影响机速，而且会使瓶罐的底部增厚。相反，过容量率过大时，则会产生瓶底薄，或断腰（扑气箍）现象。

对于压-吹法制备大口瓶，要求在不采用过高的冲压压力下，玻璃即可以顺利进入口模。设计中应注意对瓶口壁厚、冲头形状、初形形状进行综合考虑，制备出壁厚分布合理的初形。

对于小口压吹（NNPB）制备小口轻量瓶，要求初形的外表面为一圆滑的外形。对于不同的瓶型初形也有所不同，但基本上都是一拉长的葫芦形，而且各处均为圆滑过渡。由于小口压吹的重热时间长，因而初形正立在初形模中的时间也长。这样就要求初形有足够长的延伸位置。初形的形状和尺寸均以轻瓶的壁厚分布是否合理为设计依据。

图 9-32 为用 NNPB 法生产小口瓶的模具。

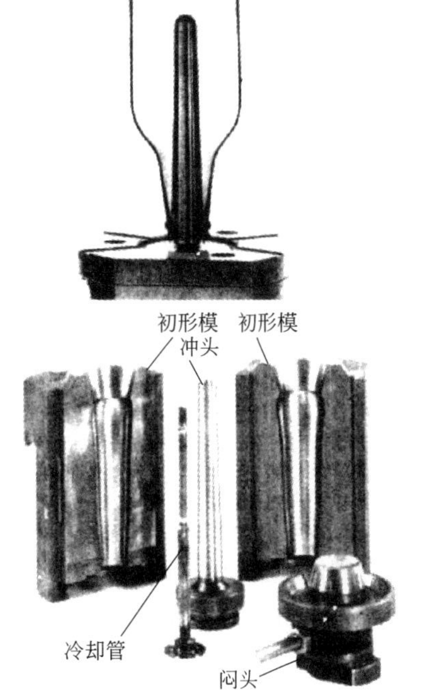

图 9-32　用 NNPB 法生产小口瓶的模具

3. 模具的设计要求

首先应依据瓶罐的大小、形状、重量及生产条件等，确定成形方法及制瓶机机型，然后选择适当的初形模、成形模、口模及它们的夹钳。参考初形模打开及其冷却位置确定最适当的翻转尺寸和夹钳抱钳位置。若能将翻转及口模夹钳位置统一，也可以缩短换模具时间。

其次根据模具材料的热膨胀性能确定相关模具间配合尺寸。如初形模与口模、成形模与底模、冲头与相关的配合件等尺寸及配合公差。此外，对应玻璃的收缩量数据应做出成形模内腔尺寸的准确设计计算，确定好口模及口环等相关部件的尺寸及其成形的条件。

对模具本身还应该做好对应瓶罐种类、成形方法、机速等的冷却设计。此外对成形模还应考虑到开模时不划伤瓶罐。模具在成形过程中会遇到磨损，与高温玻璃接触后氧化、脱皮、磨损均较严重。合缝的边缘处，冲头等应使用耐磨的硬质（Ni 基、Co 基）合金涂层。成形模的排气设计也应做到充分，同时又不影响外表面的外观等。

四、模具的润滑与维护

模具润滑是玻璃成形工艺中的一个关键环节，它直接影响成形操作、产品质量及环境卫生。在过去玻璃成形工艺中多用矿物油作为润滑剂。在成形过程中利用喷油器直接往初形模喷油或人工频繁擦拭润滑。这种润滑方式会产生油斑、油垢和油烟，造成制品缺陷，同时会污染操作环境和机器设备。

为了适应玻璃瓶罐高速度、高质量、轻量化的发展要求，近年来出现了许多新型模具润滑剂，润滑方式也相应地不断改进。喷油方式已为定期人工涂敷所代替，为把人工涂敷减至最少，已开始采用半永久性模具预涂层，大大延长了模具润滑连续使用时间，甚至达到涂层与模具同期使用，从而大大提高了成形机生产率，改善了劳动条件，减轻了劳动强度。

随着涂料工业的发展，玻璃成形模具润滑正在朝着实现涂料水性化、无溶剂化和固体粉末化，以及涂敷技术的机械化和自动化方向发展。

1. 概述

为了防止玻璃料黏附模壁，降低制品成形时玻璃料与模壁之间的摩擦系数，便于制品或料泡出模，以期保证制品质量和提高成形机产量，玻璃成形模具工作面需要涂敷润滑剂。

模具润滑剂的作用是多方面的。有些润滑剂能在玻璃料和模具工作面之间形成干的或半干的涂层，还有些润滑剂则形成气体夹层（气垫），使玻璃料和模具之间避免直接接触。润滑剂蒸发时，模具工作面温度能被降低 4～30℃。此外，使用润滑剂后，还能使玻璃料的黏附温度提高 10～70℃。

在玻璃成形模具中使用的润滑剂应具有以下性质：玻璃料的摩擦系数要小、黏附温度高、热导率要小、抗氧化性能要好。此外，它还应符合卫生要求和容易涂敷要求。

制造模用润滑剂的原料很多，如各种矿物油、凡士林、石蜡、石墨、橡胶、硫黄等。欧美一些国家玻璃工业用的润滑剂，多半都是优质油脂或石墨粉和特制耐热树脂做的溶剂性混合物。还有用胶体石墨和矿物油。但这种润滑剂基料存在耐火度低，烧失快，燃烧产物污染模具工作面和操作环境等缺点。

此外，为了提高在模具工作面上成膜的石墨颗粒之间的内聚力，并提高润滑剂在成形温度下的稳定性和在模具工作面上的附着力，还往这种胶体石墨润滑剂中引入黏结剂（红松香）。试验证明，红松香黏结剂能使石墨保持稳定的悬浮状态，可以改善铸铁模表面的润滑性能。润滑剂能均匀地分布在模工作面上，从而在成形温度下形成厚薄均匀的稳定薄膜。其重量组成为：以天然石墨为基料的胶体石墨制剂 50%，20 号中性工业油 35%和红松香 15%。采用人工涂敷，每隔 25～30min 涂敷一次。将这种油胶体石墨润滑剂用于润滑 BB-7 型、R7 型和 AB-6 型自动成形机的初形模与口模，收到了良好效果，改善了制品质量，减少了自动机停机时间，使模具使用寿命延长一倍左右。

近年来，以非烃类合成油脂为基料的润滑剂在瓶罐成形模具上得到广泛应用，其中包括水性硅树脂润滑剂。硅树脂润滑剂兼有耐热性强、挥发度小和对模具材料的化学惰性等优点。一些国家已成功地使用了低浓度硅树脂乳液来润滑剪刀、导料槽和模具。用硅树脂乳液润滑模具时，其基料（二氧化硅）一部分沉积在模具工作面上形成漆膜，还有一部分与玻璃料相结合。因此必须采用特制的喷雾装置进行喷涂，以保证润滑剂在模具工作面上得以均匀涂布。常用模用硅树脂润滑剂组成为硅树脂液 1%、油酸钠 0.01%、亚硝酸钠 0.05%、蒸馏水 98.94%。此外另加胶体石墨水 0.5%。

在玻璃成形机操作过程中，必须严格遵守润滑剂的涂敷制度。根据润滑剂的类型不同，可采用以下几种涂敷方法：用毛刷手工涂敷，用喷雾器喷涂以及自动喷涂。其中，自动喷涂工艺可以大大降低操作工人的劳动强度。

2.模具预涂层

由于金属表面能量高（表面张力较大），造成玻璃料粘壁现象，为确保玻璃成形过程正常进行，模具工作表面需要涂敷一层预涂层。

内力强的材料（如制模用金属及其氧化物），相应地表面张力也大，因而使内力较弱的材料被黏附到该表面上，从而使不平衡的表面张力达到平衡。对于常见的材料，表面张力大小顺序为铸铁＞紫铜＞氧化铁＞熔融玻璃＞石墨＞聚四氟乙烯。因此，要防止玻璃料粘壁，则必须降低模具表面能量。因此，一般用涂敷润滑油（为提高润滑性能，常加入石墨类的固体润滑剂）的方法使模具表面上形成碳化物或硫化物涂层。

比较理想的方法是在模具表面上涂预涂层。预涂层一般在模具交付使用前进行涂敷。

其实玻璃成形过程中，较早就用过碳化物预涂层（由热蓖麻子油与软木粉或锯末制成），至今一些规模较小的器皿玻璃工厂还使用这种方法敷模。但是这种预涂层一般过于粗糙，高速成形时寿命较短。目前多采用石墨和其他固体润滑剂与耐热黏结剂的混合物作为涂料。

现在市面上出售的含耐热黏结剂的固体润滑剂均可作为预涂层涂料。使用预涂层的优点较多，例如可以延长模具使用寿命，能改善制品玻璃料的分布，减少表面变形，降低废品率，减少烟雾，改善环境卫生，便于成形操作。试验证明，用于预涂层效果良好。

和一般的润滑剂涂层不同，预涂层不能牢固地黏附在有油的表面上，所以表面清洗十分重要。如果不是清洗后立即喷涂，则应该用细金刚砂纸或钢丝刷擦掉锈层，用不易燃性溶剂（如三氯乙烷）或去污剂水溶液清洗表面。清洗后还需仔细进行干燥。对新模具也要这样处理，其原因为新模具常涂蜡质材料。

涂层厚度与涂敷次数视所加工的产品而定。和普通的润滑涂敷一样，不要误认为润滑剂涂得越多越好。涂层过厚会造成起泡和脱落，涂层厚度应随喷涂温度而变化，温度较高时应多喷涂一些，以补偿喷涂期间的水分蒸发。

同样的模具，预涂层效果可能不一样，这主要与其清洗时间的早晚有关。金属与空气一旦接触，其表面就会产生一层氧化薄膜，起保护作用。若无此层保护膜，刚清洗过的模具表层与涂层之间反应会更剧烈。在这种情况下，稍许提高温度，会使涂料在未发生严重反应前即行干燥。

有些预涂层需要进行炉内烘烤固化处理。固化处理的优势是：若涂层喷涂不当（涂层过厚或喷涂在有油脂的表面上），固化处理时就会产生气泡，这比模具交付使用后出现气泡要好得多。另外，固化处理过的模具保管简便。

有些预涂层在一定湿度下会突然失效，剥落。例如：预涂层在甲厂使用效果良好，而用在气候条件不同的乙厂效果却不好。即使在同一环境下，有的模具预涂层会因碰到水珠而失效。

在玻璃生产中，预涂层的优点是显而易见的，但要求精心操作，才能取得良好效果。

3.冷模具润滑涂层

成形薄壁吹制玻璃制品时，冷模内壁需敷以特殊润滑涂料。涂层的作用是使吸水含碳层在炽热玻璃料作用下产生蒸气夹层，防止制品表面同模具金属直接接触。涂层原料种类较多。各工厂的涂层几乎都是按各自的配方制作的。其中，基料有天然或人造干性油、亚麻子油、橄榄油等。填充物有锌白、红丹、松香等。模子粉有木屑、木炭粉、软木粉和石墨粉等。

为了确定基料、填充物和模子粉对涂层性能的影响，以便优先选用最耐用的涂料成分，近年来，国外对其进行了深入的试验研究。研究的项目有各组成原料含量对涂层吸收率的影响，涂层吸水率与固化温度的关系，以及涂层基料稳定性与温度的关系。

填充物含量与涂层吸水率的关系如表 9-17 所示。涂层的基料为干性油，模子粉用桦木屑。

表 9-17 填充物含量与涂层吸水率的关系 %

填充物	填充物含量(质量分数)	涂层吸水率	填充物	填充物含量(质量分数)	涂层吸水率
红丹	15	60.4	锌白膏	15	41.8
	25	42.5		25	23.6
	40	18.9		40	14.2

由表 9-17 可见，当填充物含量为 15%时，涂层吸水率最大。试验证明，用锌白膏作为填充物所得的涂层较光滑，因为锌白颗粒分散度比红丹要高，同时使用锌白膏作为填充物比较环保。

关于成膜基料对涂层性能的影响，试验证明，各种干性油中以天然干性油和 K_4 干性油为基料的涂层效果最好。

关于模子粉对涂层性能的影响，试验证明，用白杨木屑的涂层吸水率最高。用白杨木粉和白杨木炭粉时，涂层吸水率虽然差些，但涂层质量最好，因为木粉和木炭粉分散度均较高，能均匀地分散于涂料基料中，故所制得的涂料较均匀。

涂层吸水率与固化温度之间的关系曲线如图 9-33 所示。由图可见，用木屑时，固化温度为 150℃时，涂层吸水率最高，200℃时涂层吸水率最低，当温度进一步提高至 250℃时，因木粉和木屑发生炭化，涂层吸水率再次迅速提高，但由于基料被局部烧失，致使涂层强度降低。用木炭粉时，涂层吸水率随着固化温度提高始终呈降低趋势。

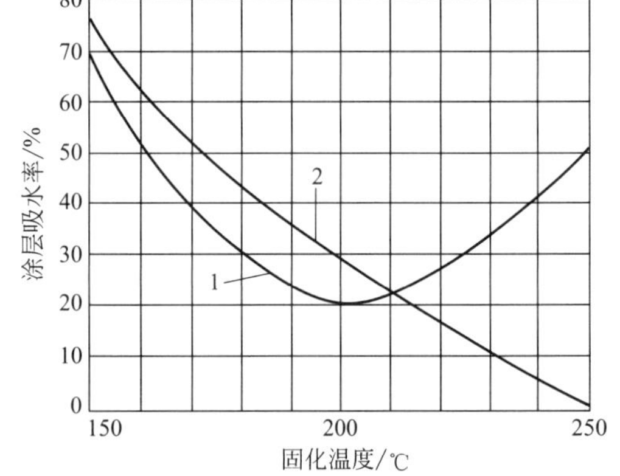

图 9-33 涂层吸水率与固化温度之间的关系曲线

1—用木屑时；2—用木炭粉时

耐热性试验表明，干性油中耐热性较高的是天然干性油和 K_4 干性油，其破坏温度为 340℃。BΦ-2 胶水耐热度为 380℃。CΦ-1 有机硅漆耐热度为 360℃。

生产中需要根据试验研究结果选用冷模涂层的配比。同时需注意：只有做到精心涂敷，适当控制涂层成分及固化温度，才会大大延长涂层使用时间。

4. 模具的安装与维护

制备好的模具需经试模合格后才可办理登记入库，并要精心存放，防止表面损伤。使用模具时，要正确安装，这是保证产品质量的基本要求。安装前，要对模具的表面状态进行检验，可拆模还要检查各部件相互配合情况。经过检查达到要求后，才能安装。否则，不仅会影响产品的质量，还会降低模具的使用寿命。安装时，要求各部件、夹具、模体、冲头、夹环、模底等的垂直轴线要准确重合，水平接触面之间要互相平行，并与成形机的垂直轴成正交。

在使用过程中，模具的损坏大多是由于操作工人维护保养不够所造成。对成形机和模具的缺陷与故障产生原因不明，排除不力，常常也会造成模具损坏。

模具损伤形式表现为成形腔表面、棱角及分模面损伤。其产生原因较多，如模内残留有冷硬玻璃，分模面上有异物，模具冷却过分和过快产生裂纹，模具装配不当，硬物撞击，模具材料热膨胀，两个表面之间彼此猛烈撞击，分模面变形，成形压力过大，模具温度高，润滑不当及模具在夹钳内固定不牢等原因，都会使模具受到损伤。

如果需要在机器上安装或者拆除热模具，则必须使用模具夹持器。若零件不大，可用钳子或戴上石棉手套操作。

由机器上卸下来的模具和待装到机器上的模具，应该放置在专用工作台或架上。模具的进一步修配和组装，一般在机器附近的工作地点进行。为了更好地保护模具，在工作地点要设置移动式轻便工作台。此外，在工作地点附近应设置装配式安装架，供放置待装的模具零件。为了上机安装，机器旁应设置踏步，对每个模具的成形腔都要特别加以防护。

在机器上安装模具也要用专用安装夹具和扳手，若使用的扳手不合适，就会损坏紧固件，达不到要求的紧固程度，这样势必影响制品质量，损伤模具和机器。

在玻璃生产中，对工作地点的平面组织不可能做出统一的硬性规定，因为机器对窑炉有各种各样的布置方案。工作地点的各种设备布置还与所生产的制品类型有关。图 9-34 所示为一种行列式制瓶机周围工作地点的布置方式，这种成形机及其所用模具要求精心维护。

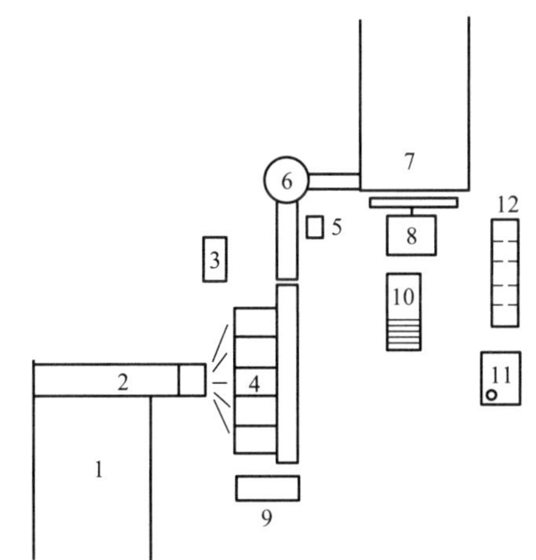

图 9-34 行列式制瓶机周围工作地点的布置方式

1—窑炉；2—供料机料道；3—测量检验仪器；4—行列式制瓶机；5—电子秤；6—输瓶装置；7—退火炉；8—推瓶机；9—废品箱；10—安装踏步；11—工作台；12—备件存放

模具使用时如果维护得好，可以延长寿命。使用过程中，要特别注意模具的润滑（尤其是模具活动件表面），要做到润滑充分而不过量，使机器运行平稳，零件相互贴合的表面彼此无剧烈撞击。要注意清除落入模具和零件分模面上的玻璃，及时更换磨损件，把损坏不严重的模具立即送往维修车间进行修理。模具润滑要严格遵守机器的润滑规程。

遵守机器和模具的使用维护规程不仅会延长模具及其附件的使用寿命，而且也会获得优质制品。正确安排工作地点的使用，能减轻劳动，改善环境，提高生产效率。

5.模具维修

为了充分利用生产设备和模具，必须使其保持所需的完好状态。

由于润滑不足而损伤的表面，一般来说修理费用较高，所以往往只能报废。

要特别重视由于生产过程中的高温引起的模具成形腔磨损。开始时模壁因受冷与加热的交替作用，会出现许多细裂纹。在高温热负荷作用下，这些细裂纹会逐渐扩展，甚至扩展到制品表面上。

模具机械损伤往往是由于使用、制造、运输和保管不经心造成的。模具成形腔或棱角的损伤多半是由于撞击引起的。有时机械损伤是由于材料的应力或隐患（如铸件的缩孔砂眼等）造成的。

模具的大修费用较高，已损伤的模具究竟是否值得修理，要看新零件费用与修理成本而定。有时因重新制造时间来不及，不论成本高低只能修理，否则会影响生产计划的完成。

修复受损的模具可以采用焊接、加衬、铆接以及变更模具尺寸等方法。近年来，也有采用粉末合金喷镀方法进行修模。

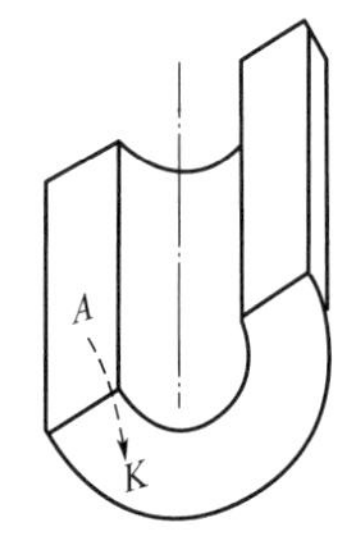

图 9-35　焊接模具受损的棱角
A—电焊条所在的位置；
K—电焊条离开焊接部位的方向

只要模具材料允许，所有受损部位均可采用焊接方法修复。电弧焊与自动焊比较，最好是用电弧焊，因为它只是局部加热模具，不致产生裂纹或变形。电焊条的材料应与模具材料一致或性质接近。电焊条要位于模具成形腔之外的平面上，以免烧坏好的地方。焊接时，应以最短的距离把焊条送到受损部位（图 9-35），然后再退至成形腔之外原来所在的平面上。这种方法还可以用于成形腔内大面积焊补。

焊补时，要将模具预热至暗红色，焊好后将模具缓慢冷却，以防止模具产生的棱角裂纹和变形，降低焊接部位的硬度。焊补后，模具的焊补部分要经过磨制加工才能进行使用。

① 加衬　加衬也是一种常用的维修方法，但它的缺点是与模具本身材料不同质，恶化传热，结果使衬套过热，故加衬时要力求两者材料一致。衬套和模具零件的修配表面要按最高精度进行加工，使两者紧密配合。图 9-36 所示为几种常用的衬板，它们一般都需要补充加工，才能达到所需的轮廓。

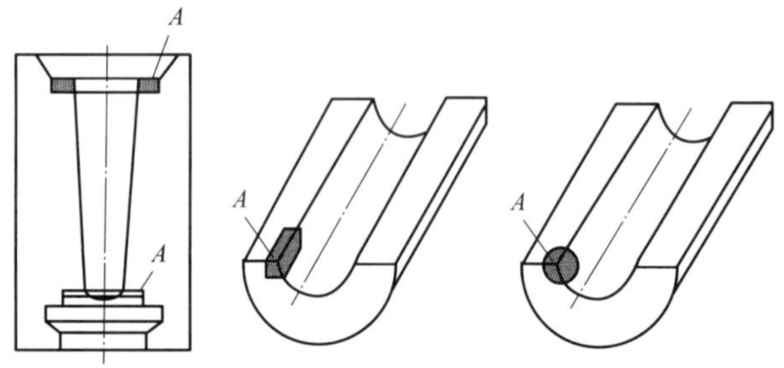

图 9-36　在模具受损部位加衬板 A

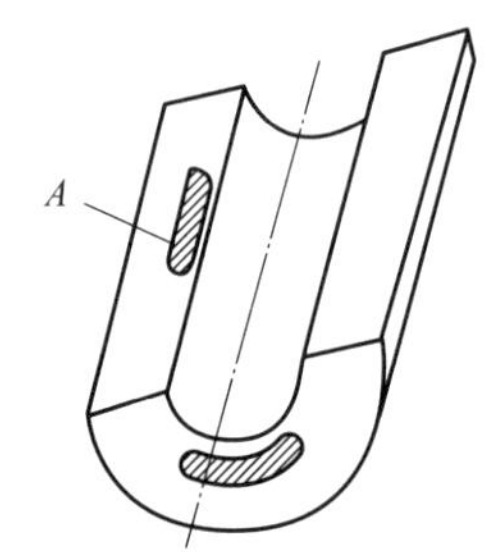

图 9-37　铆接修复受损的棱面 A——铆接部位

② 铆接　即用材料填补磨损部位，常用于修理两半模具的棱边。用这种方法只能修复小面积损伤（图 9-37）。另外，还可用此法减小由于摩擦面的磨损造成的间隙。

③ 变更尺寸　一般利用变更模具其他尺寸的方法来校正，必须遵守一定公差范围的尺寸。常用的做法是降低分模面尺寸，提高或降低模底凸起高度，增加模腔直径，降低模具或其零件的高度等。

思　考　题

1. 简述玻璃制品的成形方法有哪些。
2. 简述玻璃成形过程中都与玻璃的哪些性能有关。
3. 简述行列式制瓶机的特点。
4. 简述吹-吹法制造小口瓶的工艺过程。
5. 简述压-吹法制造广口瓶的工艺过程。
6. 什么是重热？简述重热对玻璃瓶罐成形的意义。
7. 简述 QD_4 型行列机的主要制瓶机构名称。
8. 举例说明玻璃成形过程中会产生哪些缺陷。
9. 作为玻璃成形模具，简述对模具材料都有哪些要求。
10. 写出玻璃成形模具常用的 3 种材料名称，并简述这些材料的特性。
11. 简述玻璃成形模具使用涂层的作用，并写出常用的涂层材料名称。

第十章　玻璃灯泡、管、纤维等制品的成形及生产辅助设备

第一节　吹　泡　机

（一）概述

行列机多用于厚壁玻璃制品的成形生产，虽然有些玻璃工厂的行列机可以生产薄壁轻量瓶，但瓶身上仍留有合缝线。为了消除合缝线以满足产品使用要求，必须在成形工艺方面采取相应的措施，在成形模具中初形料坯与模子之间不停地做相对运动。同时还需严格控制各阶段的吹制气，确保玻璃料均匀分布。相应的需要采取转动式的成形机。

对于薄壁玻璃制品的成形，目前我国多数玻璃工厂采用多模（如 24 工位）吹泡机，用于吹制保温瓶内、外胆，白炽灯泡壳，电子管玻壳等。其中，以 M830 型吹泡机较为常用，该机经过数年改进，可适用于吹制各种类型的薄壁玻璃制品，如水杯、酒瓶、烧杯、烧瓶、灯泡桅灯罩、保温瓶胆等。

本节就 M830 型吹泡机做简要介绍。M830 型吹泡机是机械传动与气动相结合，成形过程为先压成料饼，然后进行吹制。M830-H18 型吹泡机是一个装着 18 个机组（包括吹头装置、模具开关装置、顺序控制装置等）连续运转的台式成形机，由滴料式供料机进行供料。供料机由吹泡机通过万向轴带动运转（图 10-1）。

灯泡的成形工艺过程如图 10-1 所示，由供料机提供的料滴经过 90°圆弧形导料槽 1，被挡臂 2 挡落在压头（型模下半部）3 上。此时，压头垂直向上运动与吸头 4 共同作用，将料滴压成扁平圆形料饼 5。随后吸头 4 吸着料饼回转 105°，然后料饼再通过吹头 6 挡回 15°。此时吸头接通压缩空气，使料饼落在不停公转的吹头装置工作台 7 的口环 8 上。料饼由于自重使中部自然下垂后形成空穴。然后吹头 6 垂直向下运动压在料饼的边缘，同时口环 8 和料饼一起自转，开始第一次吹气形成料泡。随后料泡进行适当延伸后，成形模具 9 关闭，进行第二次吹气（长气）。当制品吹成后，开启成形模，口环 8 继续自转以便冷却制品。当口环 8 停止转动后，盘形刀 10 的刃口楔进口环 8 与料帽间，使料帽与料泡分离。制品经斜槽进入传送系统，而料帽被排杆 11 挡落至废料池中。口环 8 继续公转冷却，直至再重复上述工作。

（二）吹泡机的构造

M830-H18 型吹泡机由电动机驱动部分和压缩空气驱动部分组成传动系统。主机包括导料装置、料滴压饼装置、吸头回转装置、真空和压缩空气转换阀、定时装置、吹气装置、模具开关装置、工作台旋转装置、料帽切割装置以及料帽排除装置等。

1. 导料装置

导料装置结构如图 10-2 所示，供料机垂直落下的料滴经过导料装置上的 90°圆弧导料槽和料滴挡臂，迅速落到压头上。导料槽 1 装在气缸体 2 的可调节装置上，气缸体通过辊轮 3 夹住导轨 4。由于气缸活塞与活塞杆 5 是固定的，当停机时，通过电磁换向阀，变换气缸的压缩空气配气方向，使导料槽移到一侧，料滴便落到废料池中。

手柄 6 用来调节导料槽的垂直高度，手柄 7 用来调节导料槽水平角度及水平高度，松开螺栓 8 可调节导料槽前后的位置，螺栓 9 用来调节导料槽左右位置。当挡臂能把导料槽水平送来

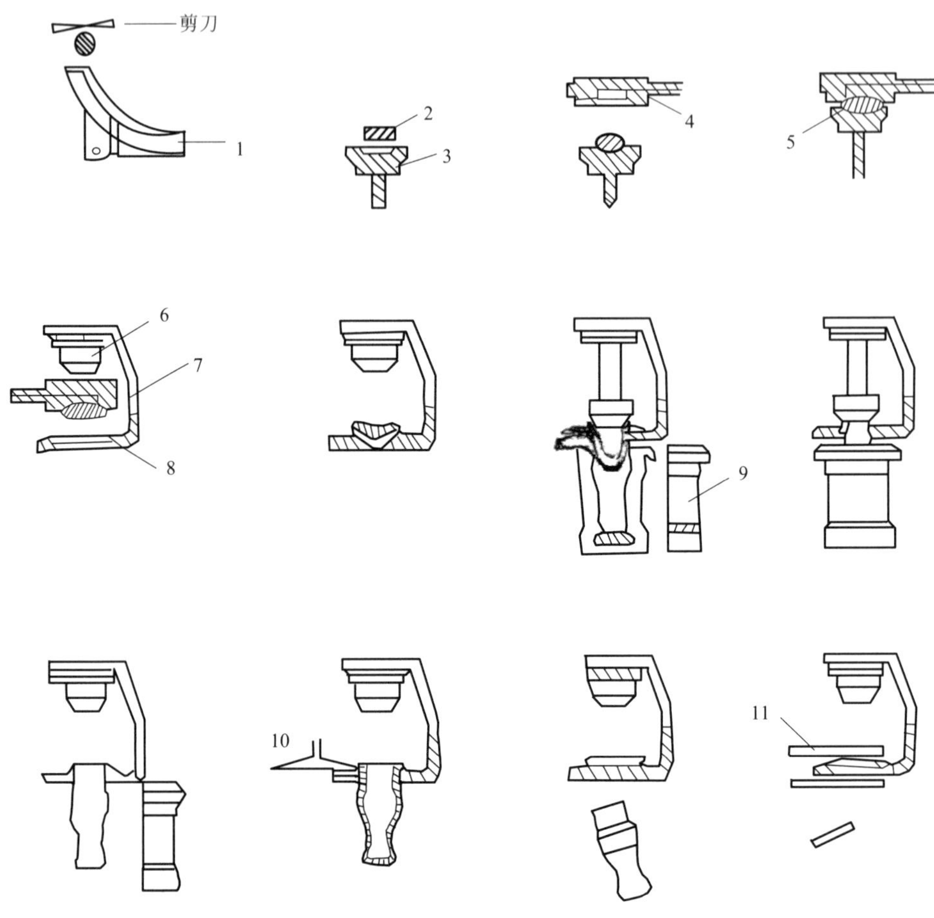

图 10-1　灯泡的成形工艺过程

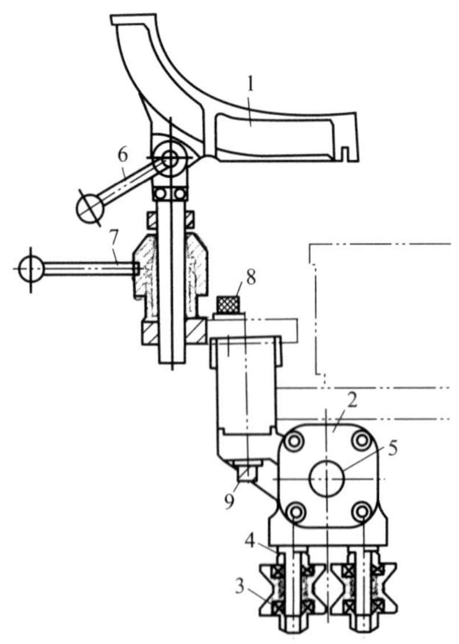

图 10-2　导料装置结构

的料滴挡落在压头上后，迅速移开，以免妨碍压头的垂直运动。

2.料滴压饼装置

料滴压饼装置结构如图 10-3 所示，当料滴被挡落在压头上后，压头垂直向上运动使料滴在静止的吸头和上升的压头之间被压成圆扁平状料饼。压头 1 的上下运动通过定时配气阀和气缸 2 来完成。压头安装在有冷却水管的活塞杆 3 上，可以通过水量的大小来调节压头的温度。气缸活塞的行程一般是固定的，但可以通过调节压头和吸头的间隙改变扁平圆料饼的厚度。

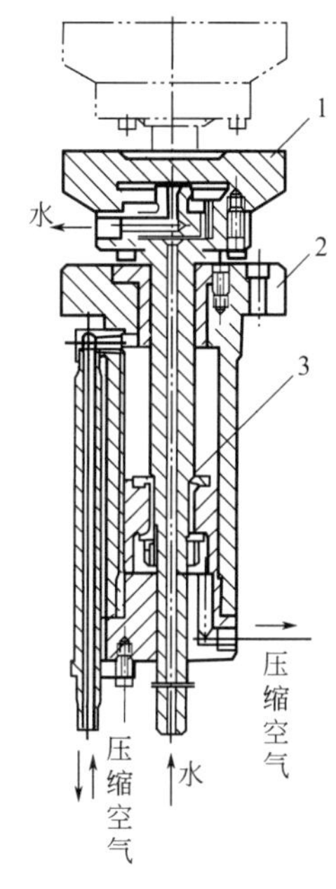

图 10-3 料滴压饼装置结构

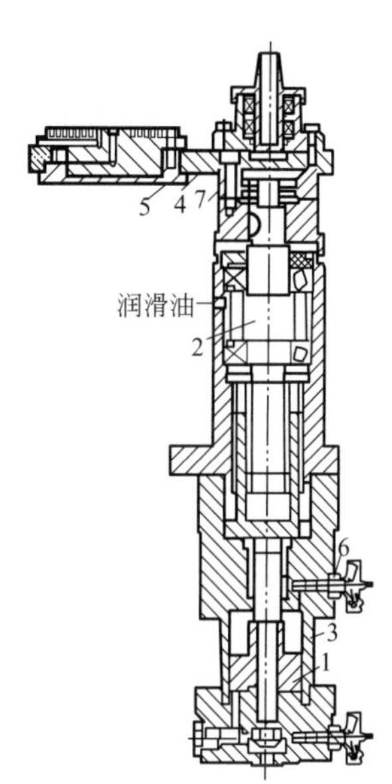

图 10-4 吸头回转装置结构

3.吸头回转装置

吸头回转装置结构如图 10-4 所示，吸头回转装置的作用是配合压头将料滴压成料饼，并且真空吸住料饼回转一定角度，将其送至吹头装置工作台的口环上。

吸头回转装置由气缸 3、螺旋花键、吸头臂 4 等部分组成。气缸活塞杆 1 的上端表面是直槽花键，内孔为阴螺旋花键槽，阳螺旋花键轴 2 与活塞杆 1 的阴螺旋花键配合。当气缸 3 的下端通入压缩空气时，活塞杆 1 垂直上升 35mm，使花键轴 2、吸头臂 4、吸头 5 及料饼一起逆时针回转 105°，当吸头 5 的中心位于吹泡机中心，同吸头回转装置中心相连的直线上时，吸头圆环缝隙中的真空转换为压缩空气，将料饼吹到吹头装置工作台的口环上。然后，压缩空气通入气缸 3 的上端，使吸头顺时针回转 90°，吸头回转过程中，碰到料滴挡落装置上的滚轮，使料滴挡臂摆开，让开压头垂直向上的通道。在吸头与压头间，料滴被压成扁平圆料饼，在吸头的圆环间缝隙的真空吸着料饼后，压头落下。

气缸 3 的两端设有缓冲装置，其缓冲程度通过螺杆 6 调节。吸头的冷却通过可调节的压缩空气进行，吸头吸附的料饼落到口环上的高度通过调节垫块 7 完成。吸头顺、逆时针回转的时间及顺序由定时阀配给的压缩空气的程序决定。吸头中真空与压缩空气的转换由凸轮控制的转换阀完成。

4.真空和压缩空气转换阀

真空和压缩空气依次通过真空和压缩空气转换阀进入吸头，完成吸住料饼和吹下料饼的操作，如图 10-5 所示。在滚轮 1 被凸轮 2 顶起时，顶杆 3 带动阀芯 4 运动到右端，接通孔 6 真空头（即图中位置）。当滚轮 1 在弹簧 7 的作用下复位，压缩空气再从孔 8 经过孔 6 通向吸头。其中真空与压缩空气的转换时间与顺序，由凸轮形状和位置决定。

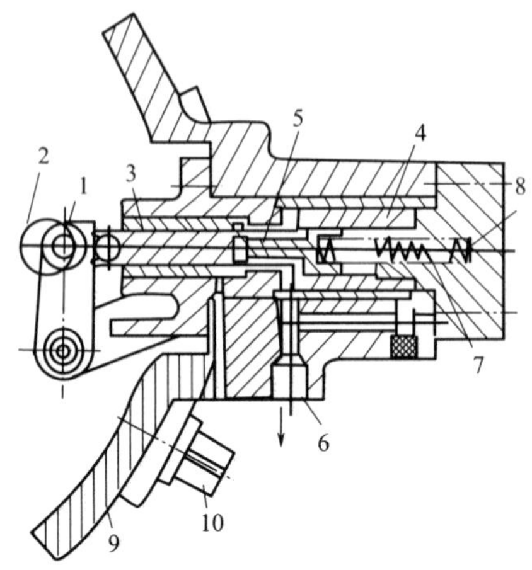

图 10-5　真空和压缩空气转换阀结构

1—滚轮；2—凸轮；3—顶杆；4—阀芯；5，6，8—孔；7—弹簧；9—阀体；10—螺栓

阀体 9 固定在定时凸轮箱外壳上，松开螺栓 10 可做 10°范围以内的调节。

5. 定时装置

定时装置的作用是按照指定的程序供给压缩空气，使吸头回转装置、料滴挡落装置、料滴压饼装置、真空压缩空气转换阀（图 10-6）等协调工作，完成从料滴被压成料饼至送到吹头装置工作台口环上的操作。

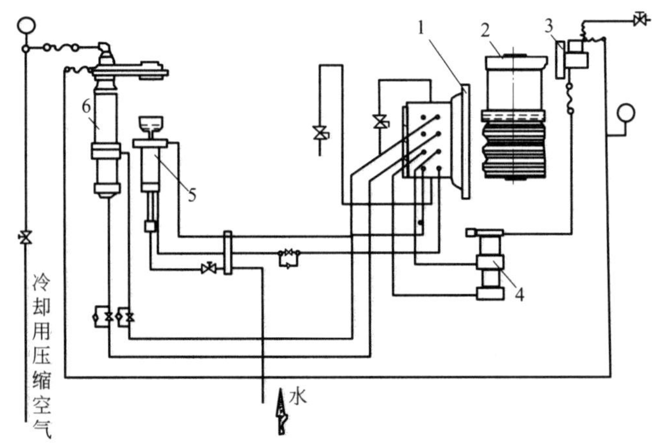

图 10-6　料饼成形各装置气路原理

1—定时阀；2—凸轮体；3—真空压缩空气转换阀；4—真空泵；5—料滴压饼装置；6—吸头回转装置

定时装置由定时凸轮及定时阀组成，如图 10-7、图 10-8 所示。定时凸轮座体 1 安装在传动机构的垂直轴 2 上，当吹泡机旋转一个工位时，它旋转 360°。由上至下共装有 5 个凸轮：真空和压缩空气转换凸轮 3，吸头臂的顺时针回转凸轮 4 及逆时针回转凸轮 5，真空产生与消失凸轮 6，压头气缸的上下凸轮 7。其中每两个凸轮被装置在一起组成一副凸轮，凸轮工作时间的长短由两者间的滑动来调节。每副凸轮由 6 个内六角圆柱头螺钉 8 固定。

如图 10-8 所示，定时阀由 4 个受凸轮控制的换向阀组成，安装在凸轮箱外壳上。当滚轮 1 被凸轮 2 顶起时，换向阀芯 3 向右滑动，压缩空气便从孔 4 进入工作气缸。当凸轮 2 的工作部位转过去后，换向阀芯 3 在弹簧 5 的作用下复位，此时压缩空气从孔 6 进入工作气缸的另一端。

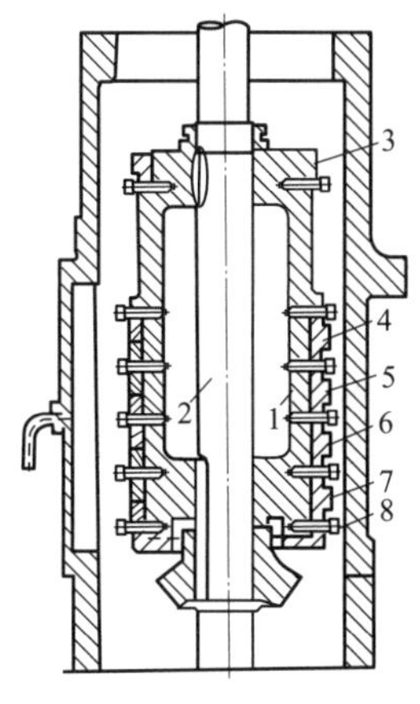

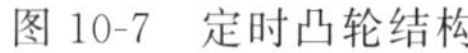
图 10-7　定时凸轮结构

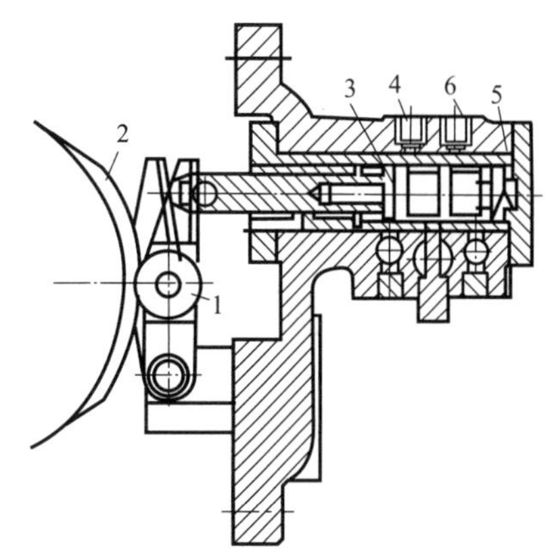

图 10-8　定时阀结构

为保证料饼准确地送到吹头装置工作台的口环上，可通过差动装置的手轮调节来实现。手轮按顺时针方向转 14 圈，定时凸轮便滞后 360°，料饼送到口环上就相差一个工位，即相差 20°；逆时针旋转则提前。

6. 吹气装置

吹气装置是供给制品在吹制成形中第一次吹气（短气）和第二次吹气（长气）的机构(图 10-9)。其中制品成形所需的低压空气由离心风机供给。

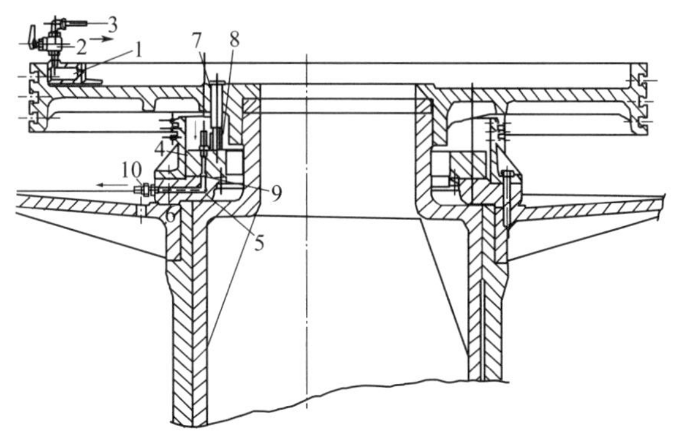

图 10-9　吹气装置结构

两种压力不同的低压空气经橡胶管通到吹泡机顶部大盘的两个圆弧形方管 1 中。方管分别有 11 个和 10 个可调节气量的小旋塞 2，均用尼龙软管 3 通入吹泡机内部直径为 720mm 的圆环固定配气阀 4 中。圆环固定配气阀 4 下面安装有圆环旋转滑阀 5，它固定在吹泡机旋转机体 6 上。通过定位销 7 及销套 8，使圆环固定配气阀不能转动。圆环固定配气阀平面有 18 个等分分布的孔 9，其中心与圆环固定配气阀的圆弧槽中心相重合，每个小孔都与圆环旋转配气阀的外缘接头 10 接通，然后再用尼龙软管与吹气阀（图 10-10）接通。

图 10-10 所示吹气阀用来矫正 18 个吹气系统存在的轻微的阻力差别。通过调节阀杆 1 便可以克服这种差别。用阀杆 2 调节排气量。当模具关闭时，模具开关气缸工作气源进入进气孔 3，阀芯 4 上升，排气通路关闭，而第二次吹气在不排气的情况下进入料饼。当模具开关工作

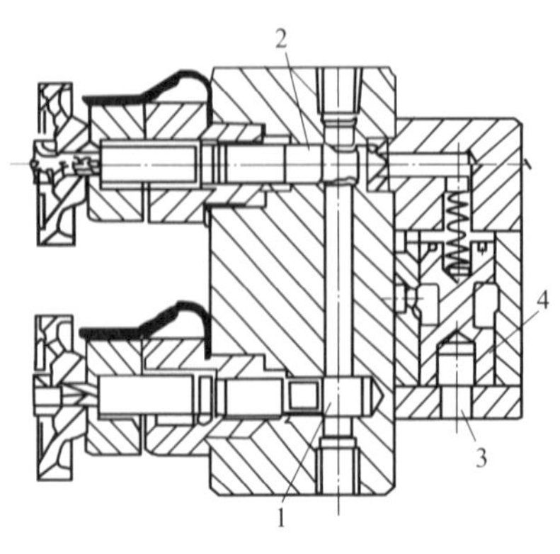

图 10-10 吹气阀结构

气消失时，阀芯 4 复位，使排气通路顺畅。一般情况下，调节阀杆 1 全开，阀杆 2 微开。

7. 模具开关装置

吹头第一次吹气后，料饼形成料泡。然后由模具开关装置将料泡关闭在模具内，进行第二次吹气吹成制品，随后打开模具（图 10-11）。

模具开关装置共有 18 组，安装在吹泡机旋转机体上。当模具开关气缸 1 的活塞杆 2 连同滚轮 3 进入凸轮 4 轨道时，模具开关气缸 1 右端供气，使活塞杆 2 向左运动。由于滚轮 3 受到渐升的凸轮 4 的限制，使活塞杆 2 随着公转而慢慢向左移动，通过铰链装置使模具夹具 5 缓缓关闭。当制品成形完毕，公转着的滚轮 3 进入渐降的凸轮 4 时，气缸右侧停止供气，使活塞杆 2 慢慢向右移动，模具夹具 5 便缓缓开启。模具开关气缸的动作与顺序由程序控制阀配气控制。

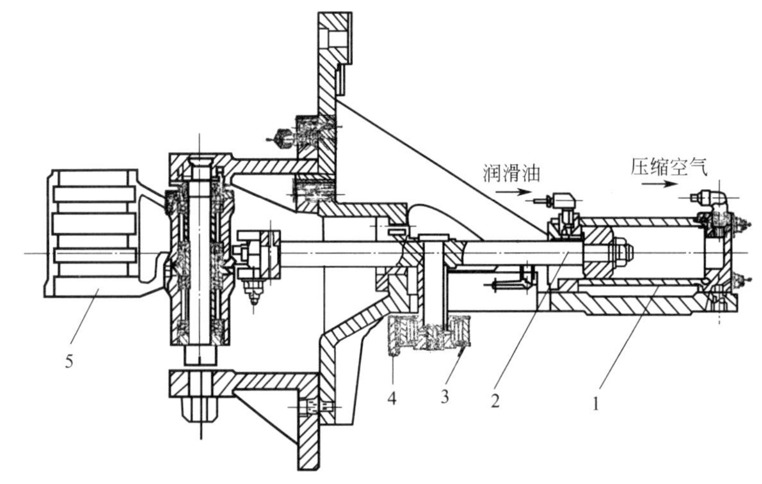

图 10-11 模具开关装置结构

8. 工作台旋转装置

吹泡机操纵工作台按制品成形的要求准确地旋转和停车。当吹头下降压着料饼边缘时，吹头装置的链轮进入张紧链条的圆周线上，链轮带着工作台和口环上的料饼旋转。当模具开启后，成形好的制品经旋转冷却后，链轮便脱开链条，此时吹头装置制动气缸的制动块刹住制动轮，工作台停止转动，以便料帽切割装置进行工作。链条末端固定在气缸的活塞杆上，调节气缸的工作气压力便可控制链条的松紧。

9. 料帽切割和排除装置

料帽切割装置不仅可以使吹制的制品与料帽分离，而且当工作台不正常工作时，它还起保险作用，使吹泡机主电机停止工作，如图 10-12 所示。

当工作台公转过来时，料帽切割装置的盘形刀 1 正好切入口环上料帽的下面，给料帽一个向上的力，同时木条碰到料泡，料帽与料泡即可分离。

盘形刀 1 的轴 2 由滑动轴承支撑。轴 2 可以转动，并能在 5mm 范围上下移动。整个装置用立柱 3 的螺母 4 调整高低。盘形刀与工作台的中心距由螺栓 5 进行调整。整个装置固定不动。如图 10-13 所示，当工作台不正而撞到导杆 1 时，整个装置便回转一个角度，使图 10-12

的制动锁 6 克服弹簧 7 的压力向下运动触及限位开关 9，主电机停止工作。

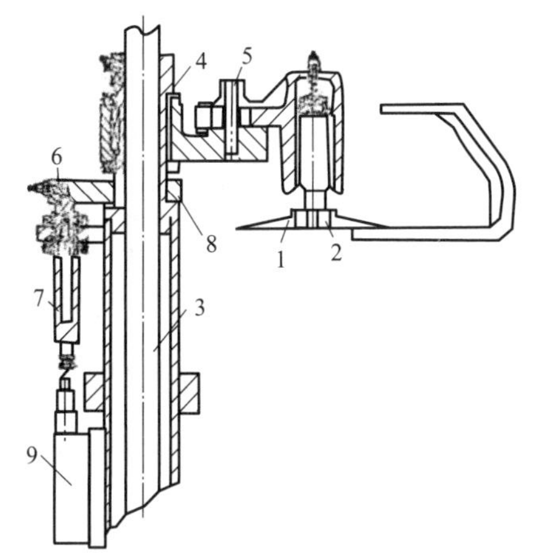

图 10-12　料帽切割装置结构

1—盘形刀；2—轴；3—立柱；4—螺母；5—螺栓；6—制动锁；7—弹簧；8—盘；9—限位开关

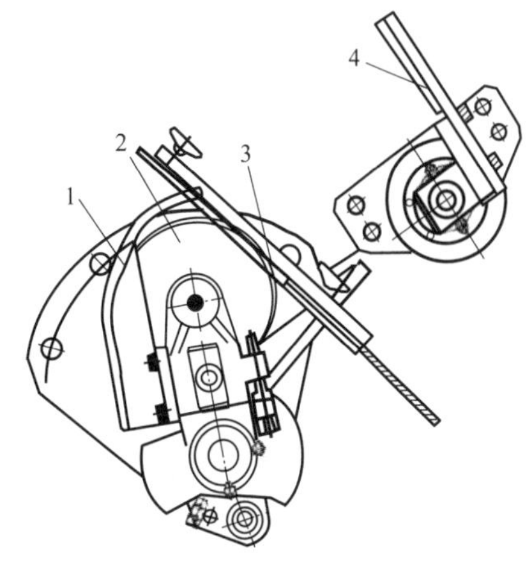

图 10-13　料帽切割、排除装置结构

1—导杆；2—盘形刀；3—木条；4—排料帽杆

表 10-1 为 M830-H18 型吹泡机的技术参数。

表 10-1　M830-H18 型吹泡机的技术参数

项目		参数
机速/(件/min)		17～60
最大料滴/g		400
最大料泡/g		260
产品尺寸/mm	最大直径	96
	最大高度	300
	产品壁厚	0.3～2
	产品底厚	0.3～12
主电机功率/kW	2.2	
压缩空气	压力/Pa	3.9×10^{5}(4.0kg/cm^{3})
	耗量/(m^{3}/min)	8.8
机器尺寸(直径×高)/mm	ϕ2600×2100	
机器质量/kg	10500	

第二节　压　杯　机

（一）概述

压杯机工作台一般靠气缸推动，在气缸的推动下经连杆与摇臂的转换而形成摇臂的往复摆动，再通过摇臂上的传动销的上下插入及拔出，而达到工作台定向间歇转动。目前，转盘式气动压杯机经过改进，生产效率及操作环境已有了很大改进，但其成形结构原理基本相似。本节主要讲解气动十模压杯机机构及工作过程。

气动十模压杯机适用于压制 20～160mL 玻璃杯。图 10-14 为气动十模压杯机结构。它由冲压机构 1、转盘机构 2、风冷装置 3、机座 4 及钳杯装置 5 组成。它成形制品的最大尺寸为 ϕ90mm×150mm。

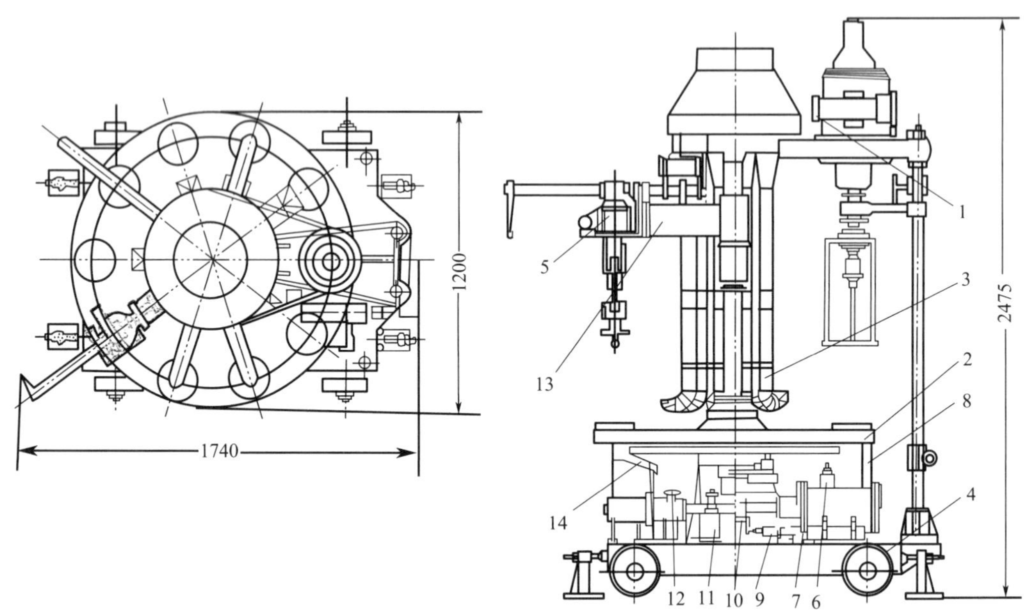

图 10-14　气动十模压杯机结构

1—冲压机构；2—转盘机构；3—风冷装置；4—机座；5—钳杯装置；6—定位气缸；7—推动气缸；8—转盘支承；9，12—顶气阀；10—推动臂；11—拉杆气缸；13—送杯气缸；14—顶杯滑板

（二）气动压杯机的构造

1. 冲压机构

冲压机构是压杯机的主要工作机构。当供料机剪下的玻璃料滴落入压杯机的模子内后，在压杯机的工作位置上被此机构的冲头挤压成制品。冲压机构主要由冲压气缸、冲头、固定三脚架、活动三脚架、伸缩螺杆等组成。

冲压机构的冲压气缸安装在三脚架上。冲压气缸的活塞杆伸出部分的下端装有活动的三脚架。活动三脚架、伸缩螺杆及锁紧机构随气缸活塞杆一起上下移动。活塞杆向下伸出部分的上端通过连杆沿两个支柱滑动，具有导向作用。伸缩杆下端安装冲头，冲头上装有进出水口，以便通水冷却。伸缩杆可根据冲头的长短做轴向调整，调整以后要用螺母锁紧。在伸缩螺杆上装有模具压环，其位置可根据模具压环所要求的压力进行调整。

2. 转盘机构

气动十模压杯机的转盘上有 10 个模位。转盘做周期性间歇转动，每转动一个模位便压制出一个制品。

从图 10-14 可以看出，转盘机构包括转盘 2、推动臂 10、推动气缸 7、拉杆气缸 11 及定位气缸 6。转盘装在中心柱座上，其中心部位有径向滑动轴承和轴向止推滚动轴承。在转盘上均匀分布 10 个模具安装位置。

转盘转位如图 10-15 所示，1 为落料位置，2 为冲压位置，3～5 为制品冷却位置，6 或 7 为钳杯位置，其余为模具冷却位置。

转盘底面的镶圈上装有 10 个推动销座和 10 个定位销座，分别均匀地分布在两个同心圆周

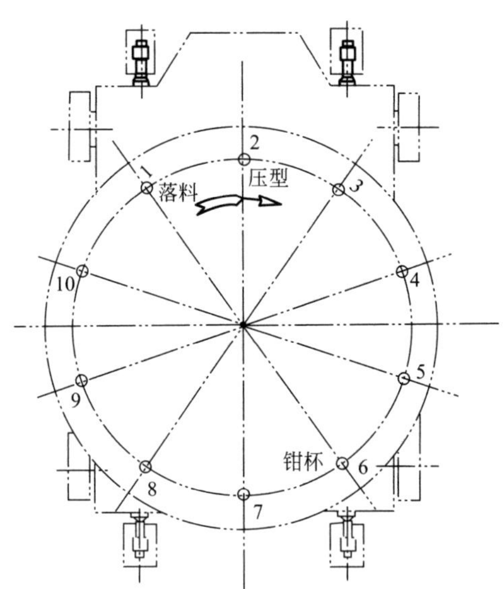

图 10-15　转盘转位

上。推动臂部件为摆动杆件，装在中心柱的下部。其摆动端装有推动销及摆杆销轴，摆杆销轴下端装有摇杆和连杆，连杆固定在推动气缸的活塞杆上。

推动气缸部件包括推动气缸和缓冲气缸。当推动气缸活塞处于工作行程时，活塞杆经过推动臂带动转盘回转。当空程时，推动销被拉杆气缸的拉杆拉下，脱离转盘上的推动销座，不带动转盘回转。当空程接近终点时，推动销由于弹簧的作用力自动插入下一个推动销座孔中。

在推动气缸活塞工作行程开始之前，定位气缸的活塞杆（即定位销）由转盘上的定位销座孔中拔出，使转盘可以回转。在推动气缸活塞工作行程结束后，定位气缸动作，将定位销插入定位销座孔中，以确保转盘准确定位，便于冲压和钳杯正常进行。

3. 机座

机座是整个机器的安装和装配基础。其主体是一个矩形体铸铁件。机座上固定转盘支承 8（图 10-14），用来减少转盘在冲压气缸作用下的变形。顶杯滑板 14 用来将压制成形的玻璃杯从模具中顶出后，便于钳取。

4. 钳杯装置

钳杯装置的作用是将玻璃杯从模具中钳出并送往输送带。钳杯动作分为回程、起杯、送杯和放杯 4 个动作，均由两个气缸分别完成。

横向送杯气缸 13（图 10-14），一端固定在中心柱上，它有升降调整装置，另一端沿转盘径向悬臂伸出。横向气缸活塞杆伸出端与纵向钳杯气缸缸体相连。当横向气缸活塞运动时，带动纵向气缸沿上部水平导轴移动。横向气缸的配气阀装在导轴上，纵向气缸的上盖带有导套，装在水平导轴上，下部装有钳杯机构，气缸的侧面装有带顶气阀的配气阀。现在改进的压杯机中，上述动作的运行速度已有了较大的改进。

5. 模具风冷装置

模具风冷装置的作用是确保模具的工作温度，将玻璃料传给模具的热量采用冷风带走。风冷装置安装在中心柱上，上部是风罩，下部是各分支风管，风管的下端为风嘴。每支分支风管中部都有蝶形阀，用于调节风量。风嘴的布置要根据工艺要求进行调整。

6. 压杯机气路系统

气动十模压杯机有 7 个工作气缸，5 个配气阀，5 个顶气阀和 2 个手动换向控制阀，共有 19 个气缸和气阀。将这些气缸、气阀用输气管路连接起来，便构成压杯机的气路系统。

当使用滴料式供料机向压杯机供料时，压缩空气传动系统气路工作过程为：首先将旋塞关闭，供料机落料后，即向配气阀右端供气，将阀芯推向左端，使压缩空气进入推动气缸的右端，推动活塞杆向左运动，推动臂向左摆动使转盘回转。当推动臂到达左端极限位置时，撞开顶气阀使配气阀左端进气，将阀芯推向右端，使压缩空气进入定位气缸下部，推动活塞向上运动插入定位销，将转盘定位。此时，定位气缸下部的空气，一路通过换向控制阀进入配气阀使冲压气缸上部进气，推动冲头向下进行压制；另一路气进入拉杆气缸，推动活塞下降。同时此路气通过管路进入配气阀，使推动气缸和缓冲气缸左端进气，推动活塞杆向右运动，推动臂做空行直至触动顶气阀。这时压缩空气经顶气阀和换向控制阀进入配气阀的右端，阀芯向左移动，使冲压气缸下部进气冲头返回。同时与冲头一起运动的下三脚架上装的撞杆撞开顶气阀，使压缩空气经顶气阀进入配气阀的左端，使拉杆气缸下部进气，活塞上升，拉杆空程返回。与此同时，定位气缸上部进气使定位销退出。这样便完成了一个循环。

表 10-2 为气动十模压杯机的技术参数。

表 10-2　气动十模压杯机的技术参数

项目		
产品范围/mL	120～600	
产品尺寸/mm	最大高度	150
	最大直径	90
生产能力/(个/min)	30～45	
压缩空气	工作压力/Pa	3.43×10^5～3.92×10^5
	消耗量/(m^3/min)	1.6～2.0
冷却风	风压/Pa	9.8×10^3～3.43×10^4
	风量/(m^3/min)	约 100
冷却用水量/(kg/min)		2.5～5.0
外形尺寸(长×宽×高)/mm		1740×1200×2415
机重/kg		约 1920

第三节　拉　管　机

（一）概述

拉管机是玻璃管成形的通用机械设备。拉管机是连续成形玻璃管的重要设备，产量高，质量稳定，成品率高，变换玻璃管规格容易。

机械成形玻璃管方法较多，其主要方法有以下几种。

① 水平拉制法　用于大批量的仪器的玻璃管、电子管，医药用玻璃管等拉制。

② 垂直引上法　用于拉制较大直径和厚壁的特殊玻璃管。

③ 垂直引下法　既能拉制大直径厚壁管，又能拉制小直径的薄壁管，兼有水平拉制和垂直引上拉制两者的共同特点。

④ 转绕法　用于制造大直径、厚壁和外形尺寸要求严格的管。转绕法的原理是将玻璃液绕在一个转筒形的成形轴上，再用滚压轮压平并拉长，用于成形内径略比转筒粗的玻璃管。如图 10-16 所示，玻璃液从熔窑的供料器 1 均匀地流下后，绕在耐热钢的转筒成形轴 2 上。环形

的喷嘴 3 的火焰将转筒轴上呈螺旋线的玻璃熔为一体，然后用滚压轮 4 轻轻压平和挤长，成为一个比转筒直径稍大的玻璃管。再用辊 5 把它推向左边，继续绕转成形，直至玻璃管达到要求的长度后切割下来，经退火窑退火即成最终制品。

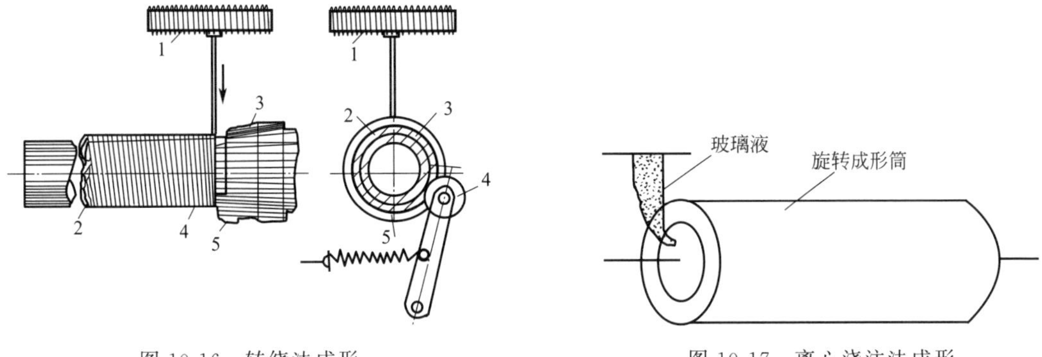

图 10-16 转绕法成形

图 10-17 离心浇注法成形

⑤ 离心浇注法 用离心浇注法可以形成大直径的玻璃管，也可以制造各种铸石管。它的缺点是间歇操作，产量较低。离心浇注法成形如图 10-17 所示，当玻璃液注入可拆的模型后，使模型绕水平轴高速旋转，玻璃液在离心力作用下成为管形并变冷而固化。

目前，玻璃管的生产以水平拉制生产为主。

（二）水平拉管机的种类及结构

水平拉管法有维罗法和丹纳法两种。其中，维罗法是在垂直引下法的基础上改进而来，首先在成形池漏料孔的中心部位设置空心的耐火材料管，玻璃液沿管而下，当用压缩空气通入芯管后随即形成玻璃管，待管下降到一定距离再逐渐拐弯成水平状态，由和丹纳法一样的拉管机拉伸成制品。如图 10-18 所示，该拉管方法由于开始成形阶段类似于垂直引下法，其比丹纳法的生产能力要大，而且成品壁厚均匀。例如，用于生产太阳能热水管等产品。

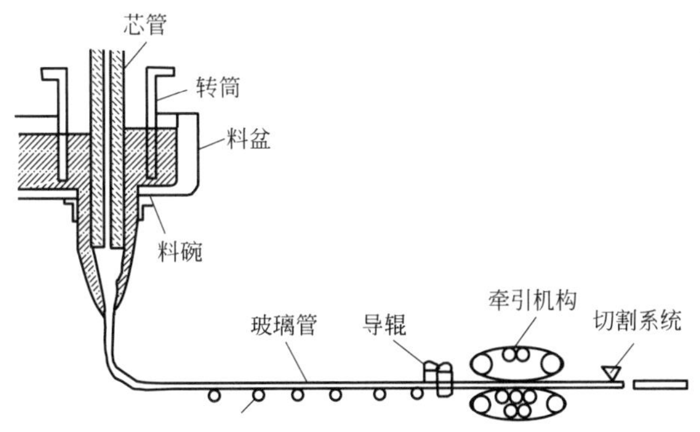

图 10-18 维罗法成形

丹纳法的工作过程：玻璃液从池窑的工作部经流槽流出，由闸板控制其流量，流出的玻璃液呈带状落在耐火材料制成的旋转管上。旋转管上端直径大，下端直径小，并以一定的倾斜角装在机头上，由中心钢管连续送入空气，旋转管以净化煤气加热。在不停旋转下，玻璃液从上端流到下端形成管根，管根被拉成玻璃管；经石棉辊道引入牵引机构中，牵引机构的上下两组压辊夹持玻璃管，使之被连续拉出，并由切割系统按一定长度截断。丹纳法成形如图 10-19 所示。

丹纳法拉管机由作业室、拉管机机头、成形旋转管、导辊和拉管机机尾等部分组成。

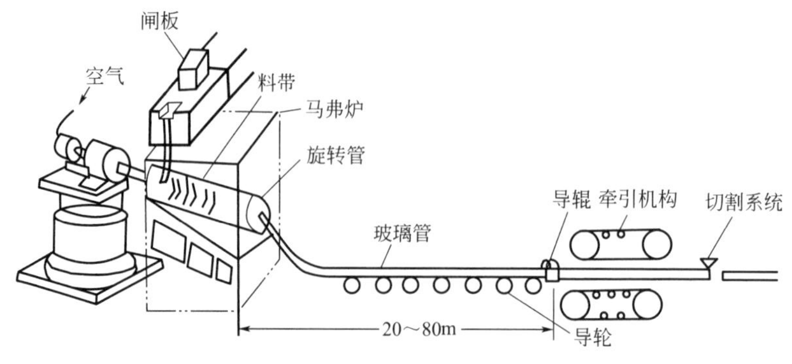

图 10-19　丹纳法成形

1. 作业室

丹纳法拉管机的作业室如图 10-20 所示，水平拉管机的成形旋转管 1 装在作业室 2 中，作业室 2 有直焰式和马弗式两种。玻璃液由槽 3 流出，流量由闸板 4 调节。

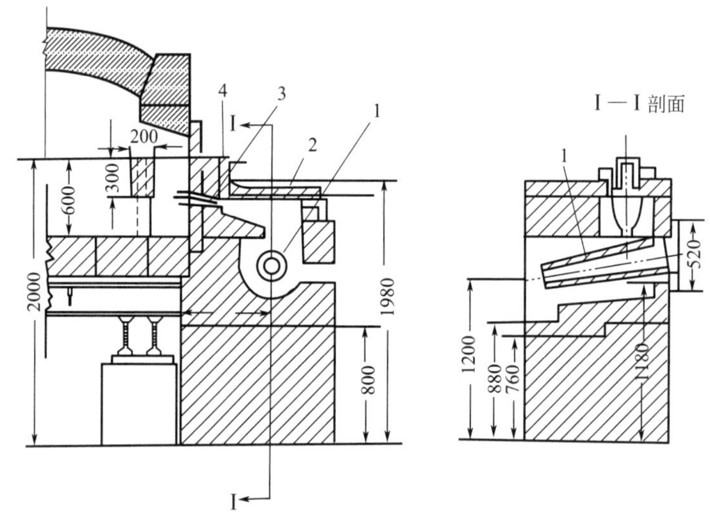

图 10-20　丹纳法拉管机的作业室

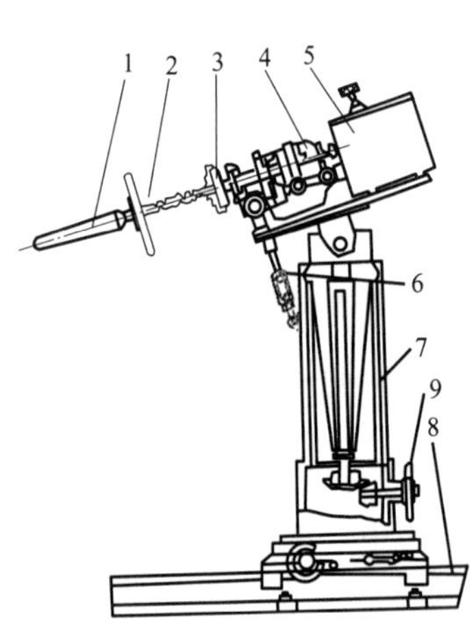

图 10-21　水平拉管机机头

水平拉管机的作业室属于玻璃熔窑的组成部分，位于熔窑冷却带的末端。玻璃液由这里流下，沿成形旋转管 1 流动，中间通压缩空气吹成管状，被拉出作业室。作业室的作用是使玻璃液流到成形旋转管上不致过冷，并保证温度均匀。一般作业室温度要保持在 1000～1100℃。

作业室除保持玻璃液成形温度均匀外，还可对吹管上均匀的玻璃液进行表面抛光，以利于初成形。为了保证玻璃液由槽 3 顺利流出，槽应比窑门玻璃液面低 120～200mm。为了使拉出的玻璃管均匀一致，还要保证窑内玻璃液面的稳定。

2. 拉管机机头

水平拉管机机头被安装在作业室外面，如图 10-21 所示，拉管机机头受窑炉的热辐射较强。它伸入作业室内的靠近成形旋转管附近的部位，采用水冷的方法维持其正常运转。耐火材料的成形旋转管 1 由两个耐热钢制的端头和压饼固定在金属轴 2 上，再用卡头 3 与直流电动机 4 的变速箱 5 连接。

水平拉管机机头安装时一般与水平线成 10°～20°角。利用角度调节器 6 可以调节其倾斜角。机架 7 安放在轨道 9 上。其中，机头还可以通过升降轮 8 进行高度调节。

3. 成形旋转管

成形旋转管是耐火材料制品，它在作业室中不断地旋转，从出料口流下的玻璃液均匀地分布于其表面，由高的一端流向低的一端，形成管状液料。在高的一端的中央通入压缩空气，将玻璃液吹成玻璃管。由于成形旋转管对玻璃管的质量影响极大，因此要求它的外形尺寸准确，表面光滑平整，结构致密，开口气孔率小于 2%，直线度小于 5mm，前端圆度小于 1.5mm。后端圆度小于 3～5mm。成形旋转管的构造和安装见图 10-22。

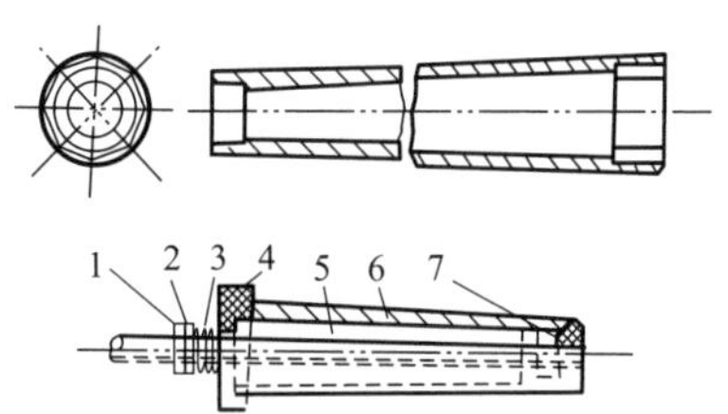

图 10-22　成形旋转管的构造和安装

1—防松螺母；2—螺母；3—弹簧；4—压饼；5—轴；6—成形旋转管；7—端头

4. 辊道

水平拉管机的机头与机尾之间一般具有较长的距离，以便使拉出的玻璃管有足够的冷却时间硬化定形。在这段距离内，为防止玻璃管挠曲变形，需设置支撑辊道。辊道的长短主要由产量、玻璃管规格、玻璃成分来决定。辊道过短，玻璃管管根储气波动大，料形不易控制。同时冷却过快，玻璃管除产生应力外，还易变形弯曲。辊道长，可采取隔热保温或强迫通风的措施，使玻璃管渐冷，起退火作用消除应力，利于切割。一般辊道长度为 15～30m。

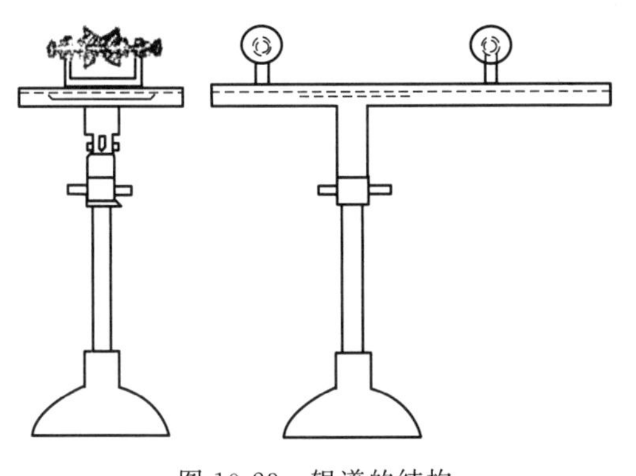

图 10-23　辊道的结构

图 10-23 为辊道的结构。辊道无传动装置，辊轮支托玻璃管，仅靠玻璃管与辊道的摩擦力使辊轮转动。辊轮多为双锥金属铝辊表面包裹石棉（绳布）并用水玻璃作黏合剂而制成的。目前也有用石墨辊轮空气衬垫，或石墨衬套、铝芯、槽缝覆耐热索带的。

通常，辊轮外径为 ϕ120mm、带有 90°角的 V 形凹槽、内孔与辊轴间隙配合。

5. 拉管机机尾

机尾是将玻璃管从作业室拉出，并由粗拉细的执行机构。拉制玻璃管的直径不同，拉管机尾的类型也不同。带式机尾用来拉制直径小的玻璃管，当拉制较大直径的玻璃管时，需采用链式拉管机尾，但结构较复杂。链式机尾用来控制 50mm 以下的较大直径的玻璃管。

图 10-24 为带式拉管机机尾。它由两根石棉带 1 组成，电机 4 经减速箱 3 带动主动轮 2 转动。两根石棉带做相反方向的同步转动。玻璃管被两根石棉带与玻璃管之间的摩擦力拉动，这是水平拉管机的拉力来源，在拉管机机尾安装自动切割机构 6。

图 10-25 为链式拉管机机尾。来自辊道的玻璃管经挡轮进机尾，由链条向前拉引，上下链轮带动。链条的夹持部分由石棉衬垫组成，上链条处还有弹簧压紧。夹持间隙的大小由手轮、连杆、锥齿轮进行调节。玻璃管经过挡轮和割刀，最后由转轮割取。

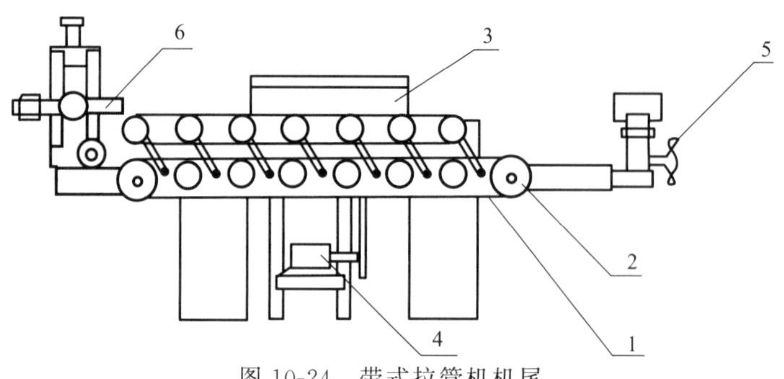

图 10-24　带式拉管机机尾

1—石棉带；2—主动轮；3—减速箱；4—电机；5—手柄；6—切割机构

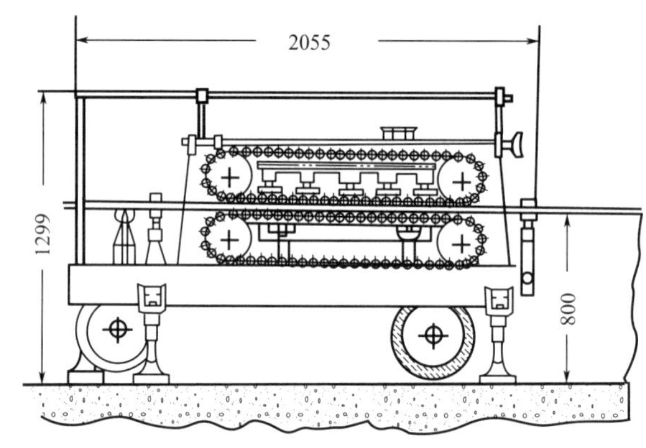

图 10-25　链式拉管机机尾

第四节　拉　丝　机

早在古代，埃及匠人就从熔融的玻璃熔体拉制玻璃纤维。其后的若干世纪里，人们仍然用手工方法拉制玻璃丝，用它们做成装饰材料。

20 世纪 30 年代，美国人发明了用铂坩埚拉制连续玻璃纤维的工艺技术。1938 年欧文斯·康宁玻璃纤维公司成立，从而使玻璃纤维的生产具有工业性规模。当时玻璃纤维产品的主要用途仅仅是作为绝缘材料。1935 年，常温下能固化的树脂问世。将含有固化剂的树脂用到玻璃纤维布上，从此诞生了玻璃纤维增强塑料这门工业，开拓了玻璃纤维的新用途。

1959～1960 年，欧文斯·康宁公司和匹兹堡板玻璃公司相继建成了年产约 18 万吨的池窑拉丝方法的玻璃纤维工厂，使生产工业技术和生产率都向前跨了一大步。20 世纪 60 年代期间，科学研究发现玻璃纤维增强塑料制品的强度不随单根纤维直径的粗细而有明显变化。这一发现启发人们用比一般纺织用玻璃纤维更粗的玻璃纤维来制造玻璃纤维增强塑料，从而又引起连续玻璃纤维生产工艺上的进展。继之玻璃纤维增强橡胶制品问世。20 世纪 70 年代，作为增强水泥制品的耐碱玻璃纤维技术有了突破，所有这些都对玻璃纤维工业发展有很大推动作用。目前世界连续玻璃纤维的总产量已达到 300 万吨以上，其中 90%以上是用池窑拉丝方法生产。

我国连续玻璃纤维工业始于 20 世纪 50 年代后期。开始时也是采用陶土坩埚法和镍铬合金孔板法生产。1959 年，考察了苏联生产连续玻璃纤维的技术，开始采用全铂坩埚方法生产连续玻璃纤维。20 世纪 60 年代中期，为了加快玻璃纤维工业的发展，而又考虑尽量节约铂族贵金属的用量，在科研、设计、生产部门以及协作单位的共同努力下，研制成功具有我国特色的代铂坩埚法生产工艺，即除拉丝漏板是用铂合金材料做成外，坩埚的其余部分均用耐火材料砌筑成。代铂坩埚法推广到生产中，使我国连续玻璃纤维工业得到了迅速发展。从 20 世纪 60 年代后期，我国开始着手研制全电熔和火焰法的池窑拉丝工艺。目前我国新建玻璃纤维工厂基本都采用池窑拉丝法生产，其漏板孔数可达 2000 孔以上。目前中国玻璃纤维产量及出口量均在世界排名第一。

一、拉丝机的结构

拉丝机是生产连续玻璃纤维的主机，它先进与否直接反映出玻璃纤维生产工艺的水平。因此各国对拉丝机的研制工作抓得很紧，有关拉丝机的专利申请接连不断。几年来，我国玻纤工业也有很大发展，产品品种不断增多，原有的拉丝机已不能满足要求，相继出现了诸如 691 型自动换筒拉丝机、大机头大卷装拉丝机、液压双倒边拉丝机、分拉拉丝机以及直接无捻粗纱拉丝机等。

1. 拉丝机机头结构

拉丝机机头是实现拉伸和卷取功能的重要部件，是拉丝机必不可少的组成部分，一般有硬筒机头和软筒机头两大类。

硬筒机头是我国目前普遍使用的结构形式，它适用于排线轮短程排线，原丝筒无需烘干，而且便于找头。但是卷装量较小。在拉粗纤维时，硬筒机头也可用于长程排线，以求得大卷装，但是找头较困难，毛丝也较多。软筒机头是国外普遍使用的结构形式，它适用于拉长程排线，卷装量较大，需要烘干的纤维品种，原丝筒可烘干后自由内退。

软筒机头大都是离心涨块式，每个机头常有 8～16 个离心涨块，通常叫作离心片。它是由铝合金铸造加工而成，也可用异型不锈钢管或不锈钢板冲压而成。当机头高速回转时，离心片撑住软筒，纤维则绕在软筒表面。离心涨块式软筒机头结构如图 10-26 所示。

图 10-26　离心涨块式软筒机头结构

软筒机头在使用中常可看到原丝筒的内层有褶皱现象，8 个离心片就有 8 个皱纹。在皱纹处成形松散的玻纤，退解时容易造成脱圈。这些褶皱是由于具有张力的原丝，在软筒上圈复一圈、层复一层地交叉卷绕时产生包扎压强所致。

原丝张力在软筒上产生的压强是随着卷绕层的增厚而增加的。这个压强比离心片的离心力要大。因此，当原丝增厚到一定程度时，离心片便抗不住而向里缩。原丝层越厚，缩得越多。当离心片向里缩的时候，最里层的原丝松弛了。松弛的原丝在两离心片间即形成了褶皱。

2. 机头的调速与制动

要获得恒线速拉丝，需在拉丝过程中使机头自动调速。为获得高质量的原丝，这一环节是必不可少的（此外也可以用漏板调温的方法）。从资料看，用于纺织纱的拉丝机多半是自动换筒的，其卷装量为 2～4kg，机头用中频电机直接拖动。中频电机的电源多数用 SOR 逆变器，也有用微型变频发电机组的。至于单机头大卷装拉丝机和直接无捻粗纱拉丝机，则多数采用电磁调速电机或直流电机调速，并通过一对皮带轮拖动机头。

当机头上的丝筒绕满以后，就必须关车，以便取下丝筒并套上空筒。因此拉丝机头在正常工作时仍需频繁开车和制动。机头制动虽然对原丝质量并无多大影响，但是刹车不好会影响到车工的操作，带来拉丝机的振动并影响拉丝的有效作业时间。目前国内采用摩擦式刹车的居多，诸如抱闸、靠闸、带闸或是摩擦片式电磁离合器等。它们虽然结构简单，但是磨损很快，维修量太大。

对于每分钟高达 7000 余转的拉丝机机头，用电磁能耗制动是最为理想的。它不接触、无磨损，制动力矩大，工作稳定可靠。目前有 4 种不同形式的能耗制动可供选用。

① 对于外转子式或共主轴式中频变频拉丝机，可将经降压整流后的直流电输入电机定子绕组，从而产生与回转方向相反的电磁力矩，实现制动。

② 在一般拉丝机头的轴承壳内装设定子绕组，在机头主轴上装设笼型转子，当向定子绕组输入直流电时，产生制动力矩，实现制动。

③ 在机头主轴近皮带轮处装一个铁质涡流盘，盘外装一组固定在机座上的马蹄型硅钢片，其外有线圈绕组，当向线圈输入交流电时，盘上产生涡流，从而实现制动。

④ 在机头皮带轮上做一个圆台平面，叫作平板转子，迎着它装设由磁极、线圈、磁靴等组成的固定在机座上的平面定子。当向线圈输入直流电时，磁靴上形成 N、S 极，平板转子切割磁力线产生与旋转方向相反的电磁力，从而实现制动。

平板转子能耗制动的电磁力矩 M 可用下式估算：

$$M=\frac{c}{\rho}\omega B_{p}(D^{2}-d^{2})^{2} \tag{10-1}$$

式中，c 为平板转子上与导磁、导电有关的断面系数；ρ 为平板转子的电阻率，Ω · m；ω 为平板转子的角速度，rad；B_p 为磁感应强度，T；D 为平板转子直径，mm；d 为两个磁靴间的距离，mm。

式(10-1) 表明：①能耗制动适用于高速回转体的制动，转速越高，制动力矩越大；②为获得大的制动力矩，应建立足够大的磁感应强度，同时定子与转子的空气隙越小越好；③在外形尺寸许可的情况下，应尽量加大平面转子直径。

3. 机头的振动与减振

由于机头本身的质量偏心和绕丝筒的质量不匀，以及套筒时定位误差等原因，机头的旋转部分总是存在着静、动不平衡。不平衡的存在必将产生不平衡惯性力和不平衡惯性力矩，激励机头振动体做强迫振动。机头振动直接影响拉丝作业、机件寿命以及劳动条件。

由南京玻璃纤维研究设计院研制成功的 ZRY-18 型拉丝机，其机头采用“双支承弹性减振子减振系统”，以金属弹簧减振子为主，辅以橡胶减振子作为阻尼和定位元件。ZRY-18 型拉丝机的机头结构如图 10-27 所示。在轴承座的外侧，沿轴向前向后各有一组径向排列的金属弹簧以构成弹性双支承，在弹簧附近，放置若干橡胶柱共同将拉丝机机头回转件的轴承座与机架隔开，以达到减振目的。这种结构设计不仅降低了系统的弯曲刚度 K_w，而且大大降低了系统的压缩刚度 K_c。同时因为是双支承，所以在降低压缩刚度后，可以做到机头不摇晃。更由于金属弹簧的力学性能比较稳定，不受老化和变形的影响，也无需调节预压缩量。实践表明：虽然 ZRY-18 型拉丝机的机头长度和卷装量比 691 型拉丝机增加了近一倍，但其减振效果却有明

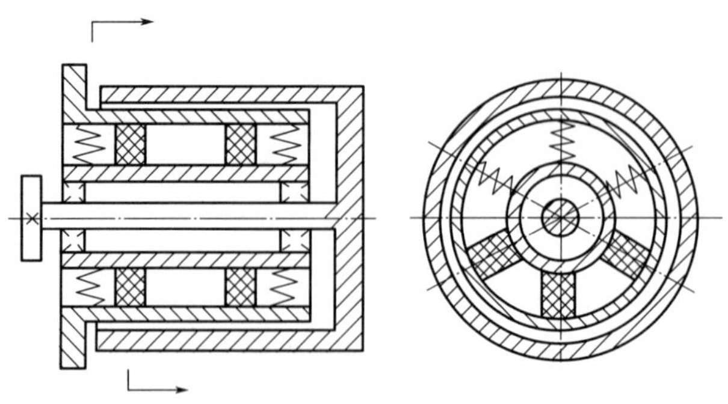

图 10-27　ZRY-18 型拉丝机的机头结构

显改善。当拉丝机转速为 200r/min 时，运转平稳，机头振幅仅为单纯用橡胶环减振装置时的 1/4，噪声比 691 型拉丝机的下降了 8dB。

4. 几种卷绕成形方式及其排线机构

玻璃纤维拉丝机的原丝筒成形主要有以下 3 种方式，如图 10-28 所示。

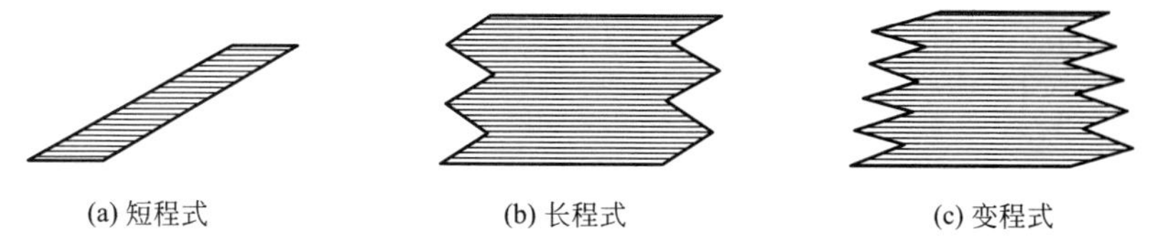

图 10-28　原丝筒成形的三种方式

① 短程式　排线一次动程较小，每往复一次，起点前移一小段距离，当移到丝筒另一端时，完成了一个满筒，如图 10-28(a) 所示。它靠排线轮旋转而排线，排线轮在旋转的同时匀速后退，从而形成了如图 10-29(a) 所示的原丝筒形状。

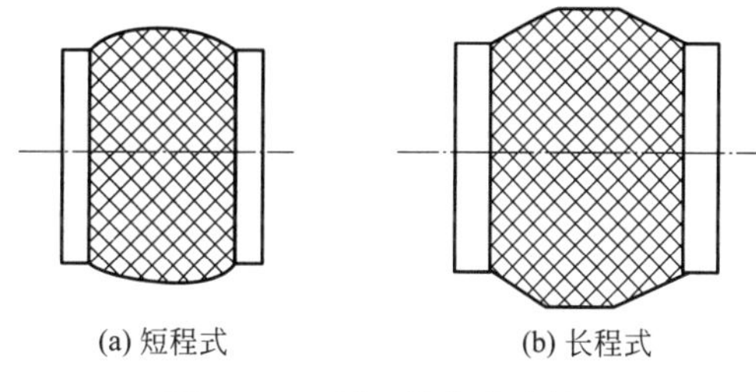

图 10-29　原丝筒的成形外形

这种成形常使用略带锥度的硬筒，形成的原丝筒也呈锥形表面。它的优点是：首先，可以自由退解，退解过程丝层表面磨损小，退解机纱架结构简单，原丝退解前一般不需要烘干；其次，找头方便，原丝损耗少；最后拉丝时，从上车到满筒，拉丝速度只在允许的范围内有小量波动。但该种方式卷装量受到限制，同时对丝筒材质要求较高，一般用电缆纸层压管在车床上加工成所需尺寸的筒子，表面涂以树脂漆料制成，价格较高。这种排线的传动机构的动作原理如图 10-30 所示。电机 1 通过皮带 2 使排线轮 5 旋转，由于半开螺母 10 不能做轴向移动，因此行程螺杆就带动减速箱和排线轮 5 向后移动。当绕满一个原丝筒并换筒时，半开螺母脱开，排线轮靠弹簧 11 自动复位，准备重新开始排线。

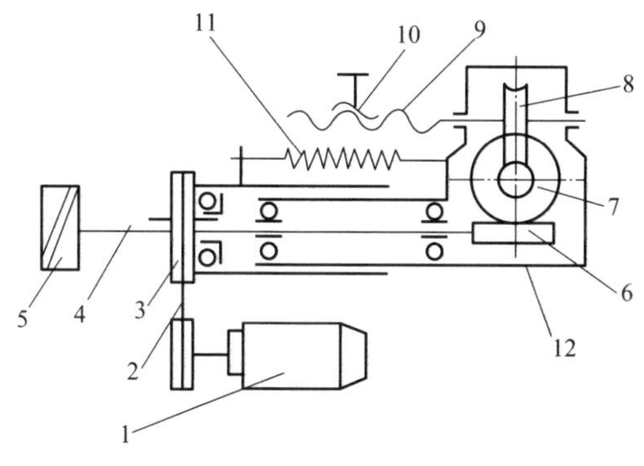

图 10-30　短程式排线的传动机构的动作原理

1—电机；2—皮带；3—皮带轮；4—排线器轴；5—排线轮；6，9—蜗杆；7，8—蜗轮；10—半开螺母；11—弹簧；12—筒体

② 长程式　排线一次动程较大，每往复一次起始点向前或向后移一小段距离，有规律地周而复始地变化着，直到完成一个满筒，如图 10-28(b) 所示。这就是当前常用的螺旋钢丝排线器，得到的原丝筒如图 10-29(b) 所示。这种成形方式的优点是：采用螺旋排线器，排幅宽，交叉角大，一般可用于烘干后进行自由内退；卷装量大，ZRY-18 型拉丝机可卷装 2.5kg。其缺点是要增设烘干工序及设备，若采用强制退解，退解机纱架结构较复杂。

这种排线机构的动作原理有两种：第一种见图 10-31，电机 1 通过皮带 2 带动螺旋排线器 5 旋转，同时花键轴 4 通过蜗轮副 7、8 带动凸轮 9 旋转，由于凸轮 9 的回转和弹簧 6 的作用，实现排线器的往复运动。这种结构的优点是可以做到匀速的往复运动，缺点是振动和噪声较大，凸轮的桃尖和桃凹磨损较快。

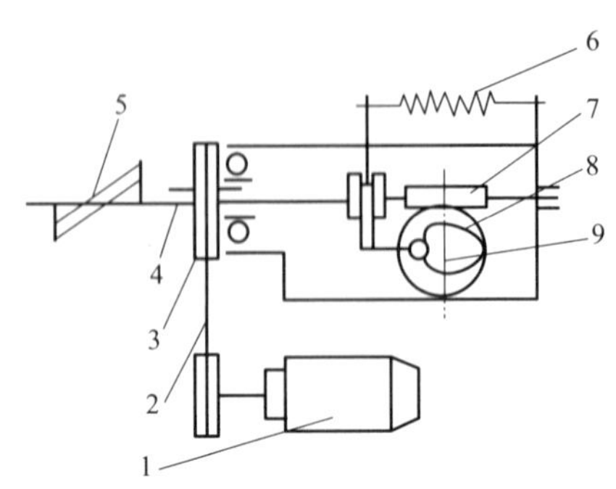

图 10-31　凸轮传动式长程排线传动机构

1—电机；2—皮带；3—皮带轮；4—花键轴；5—螺旋排线器；6—弹簧；7，8—蜗轮副；9—凸轮

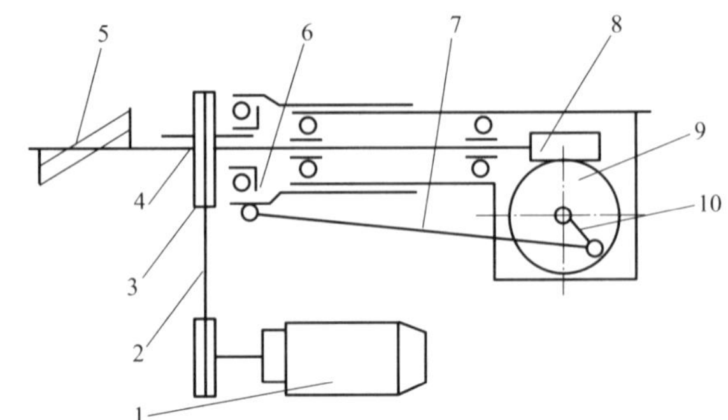

图 10-32　曲柄连杆式长程排线传动机构

1—电机；2—皮带；3—皮带轮；4—花键轴；5—螺旋排线器；6—销轴；7—连杆；8，9—蜗轮副；10—曲柄

第二种见图 10-32，电机 1 通过皮带 2 带动螺旋排线器 6 旋转，同时花键轴 4 通过蜗轮副 8、9 带动曲柄 10 和连杆 7 运动，连杆是利用销轴 6 铰连在机壳上，因此随着曲拐的旋转，带动螺旋排线器做往复适动。连杆越长，往复速度越趋均匀。这种结构的优点是运动平稳，无振动和噪声，调节动程量也较为方便。

③ 变程式　由于排线成形时自由线段很长，因而在整个卷绕过程中，自由线段对排线幅宽的影响较大。随着卷装的增大，自由线段越变越小，排线幅宽则越来越大，因此前面所讲的长程式，实际上只是排线机构动程不变，而实际排幅是内窄外宽的。这种成形有利于烘干内退。而另一种更适用于强制外退的成形方式为：排线器初始往复动程较大，随着卷装的增加，往复动程逐渐减小，如图 10-28（c）所示。这种丝层结构的特点是：只要成形良好，就可逐层叠加，有利于实现大卷装。但是变程式排线机构比较复杂，其传动方式可有机械式、气动和液压传动的，以液压传动的居多。

5. 自动换筒与自动上车

实现自动换筒的方法是多种多样的，主要使用的是转速差和气流吸附原理。气流吸附法对于较粗的原丝却失去了应有的可靠性。因此采用较多的是用钩子或沟槽钩丝的方法实现“强制性上丝”。

国产 ZRY-18 型拉丝机就是采用这种原理实现自动换筒，换筒时装在机头端部的钩子钩丝动作较为简单，而换筒能否成功关键在于能否准确无误地完成导纱过程。ZRY-18 型拉丝机的整个导纱过程分成 3 个阶段进行：一是前导纱杆作第一次导纱，其目的是防止原丝离开排线轮后造成“回过头”疵点；二是将原丝推至满筒尾端，为下道工序留出纱头；三是为第二次导纱提供条件。

在换筒过程中，当满筒机头、空筒机头和集束轮成公切线位置时，原丝就被导至空筒机头的钩子下方，高速回转的钩子即将原丝钩住，并将它绕在自己的空筒上。

正常作业时，自动换筒机构使作业连续不断。但是当断头飞丝使作业中断后，则要求人工操作，重新上丝。对于多排多孔粗支纱的拉丝操作，手工上车就显得十分困难，往往刚一上车，漏板两端就出现断头或者干脆飞丝，手工操作需要重复多次方能成功。近年来已开始用慢拉辊进行自动上车。慢拉辊是一对弹性啮合的圆弧齿轮，它装在拉丝机操作面一侧，在非正常作业时，用于代替人工缓慢地拽引原丝，以便于引丝或清理漏板。

用慢拉辊进行自动上车的过程：装设在机头下方的慢拉辊以比正常拉丝低得多的速度拉拽原丝，被拉拽的原丝紧贴着机头的前端盖。当机头启动时，利用机头前端盖的正面或侧面上所装的钩子或沟槽钩住原丝强制上车。同时，与慢拉辊相连的一端被迅速拉断，自动上车成功。

6.分拉拉丝机和直接无捻粗纱拉丝机

在多孔漏板下拉制较细的纺织纤维原丝时，常用分拉拉丝工艺，这时就需采用分拉拉丝机。分拉拉丝机的形式随具体的分拉工艺而定，一般有两种形式：一种是将大漏板分两股集束，两股原丝分别绕在同一长机头上套着的两个绕丝筒上，并用同一根排线轴上前后装设着的两个排线器进行排线。两个丝筒同时上车，并同时下车。下车后两个丝筒可分别退解使用，这是一种较普遍使用的“双分拉”法。另一种是将大漏板分成多股集束，集束后的原丝又同绕在一个绕丝筒上，由一个排线器进行排线。这种分拉法的成形丝筒只有一个，退绕时需在积极退解式拾线机上，将原丝分别退成多个锭子。用这种形式拉丝，其工艺线不复杂，拉丝机结构也简单，退绕机因丝筒少，锭距可以较密，是一种比较好的方法。但是它对浸润剂配方和排线器设计提出了新的要求。如果用常规的排线器进行拉丝，则在退解时会发现分股纱绞在一起，而且各股原丝间张力不同，造成退解的困难。目前解决的办法是：对于用圆柱凸轮和导丝器排线的拉丝机，可用梳形导丝器，各股原丝分别通过各梳槽，平行地卷绕在丝筒上，使得各股原丝不会互相绞在一起，而且各股原丝具有相同的长度，因而退解时各股原丝的张力基本一致；对于螺旋钢丝排线器，可在两根螺旋钢丝之间加设一根“辅助钢丝”，如图10-33所示。当原丝被推向小端时，辅助钢丝将原丝托起，使得另一根钢丝推动原丝折回时，不会绞在一起，以保证两股原丝在丝筒上平行地卷绕，这种方法十分简便。

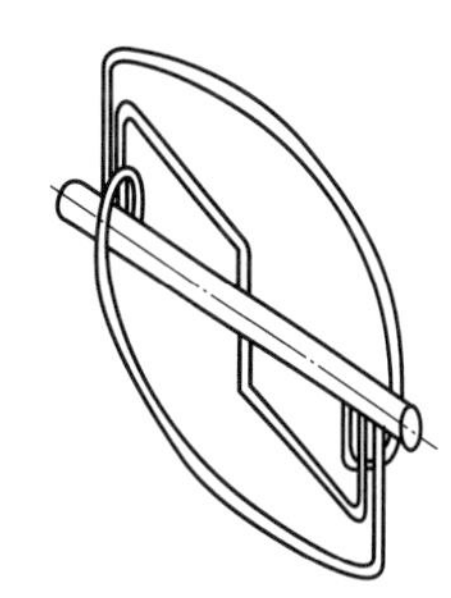

图10-33　加辅助钢丝的螺旋钢丝排线器

分拉拉丝工艺的经济效益是显而易见的，在多孔漏板拉丝工艺渐趋成熟的条件下，分拉拉丝机对于一般拉丝机大有取而代之的趋势。

在拉制另一些制品（如增强树脂、增强橡胶用短切纱以及缠绕制品等）要求用粗纤维低支纱时，可在多孔漏板下用直接无捻粗纱拉丝机拉制无捻粗纱。它的成形纱筒具有如下优点：①强力均匀，强力大；②容量大，卷装量为15～25kg；③纱筒软硬适度，内外层强力差异小；④原丝分布均匀，密度一致，纱筒无凸边，不呈马鞍形；⑤纱筒形状十分稳定，经久不变，丝层之间层次分明，利于退解。多用于800孔、1000孔或2000孔以上的拉丝工艺中。

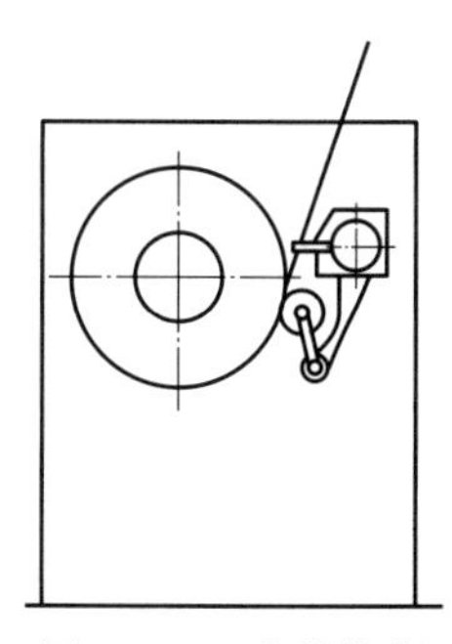

图10-34　直接拉制无捻粗纱拉丝机

直接拉制无捻粗纱拉丝机如图10-34所示。它的主要技术关键在于以下几点。

① 机头必须调速。机头直径约为150mm，纱筒直径可达300mm。因此必须调速，并需注意调速幅度与卷绕直径之间并非线性关系。

② 由于对成形的严峻要求，它必须由圆柱凸轮和导丝器等零件组成。圆柱凸轮的沟槽中装有滑梭和转子，它们带着导丝器做急速往复运动，原丝则通过导丝器进行排线。

③ 为了成形好，必须减小自由线段的长度，即让导丝器尽可能靠近纱筒，当纱筒直径增大后，触发发信系统，让排线机构外移一段距离，或让机头外让一段距离。在整个卷绕过程中，触发系统时时发信，直至满筒。

④ 从卷绕基本原理来看，这种拉丝机可以设计成“轴向等螺距卷绕”或“等升角卷绕”。

用等螺距卷绕时，随着卷绕直径加大，升角越来越小。为了在满筒时升角不致太小，必须加大起始的升角，也就是必须加快导丝器往复运动的起始速度。

⑤ 导丝器的材质。它应既不损伤玻璃纤维，又要耐磨。这种拉丝机近来发展很快，能自动换筒的直接无捻粗纱拉丝机已被多家生产企业使用。

二、拉丝装置其他部件

1. 喷雾器

在漏板和单丝涂油器之间的纤维扇面区要用喷雾器给纤维喷上水雾。其作用是使纤维更好地被浸润剂所润湿，除这个主要作用外，喷雾能使纤维冷却，便于操作工人的上丝操作，尤其是多孔粗直径低支原丝，没有喷雾器，纤维温度很高，操作较为困难。此外，纤维成形经常喷雾，下面的单丝涂油器、分束器和集束器上就经常能保持潮湿，不易使断掉的纤维毛和浸润剂一道干燥结成皮膜，并且容易清洗。

喷雾器的结构要设计得能喷出 5μm 左右的水雾，并沿喷嘴近似切线方向喷出，不能对着纤维扇面有太大的冲击力，有时为了均化水雾和减弱冲力，在纤维扇面和喷雾器之间设一层网状挂帘。每只喷雾器的用水量约 $5L^3/h$，可以是普通水，也可以是去离子水。

2. 单丝涂油器

原丝中纤维根数较少时，可以不用单丝涂油器，直接在集束器上施加浸润剂即可。但是纤维根数较多时，如超过 200 根，为了使每根纤维上更均匀地涂覆一薄层浸润剂，最好用单丝涂油器。

目前，单丝涂油器常用的有辊式和带式两种形式，如图 10-35 所示。

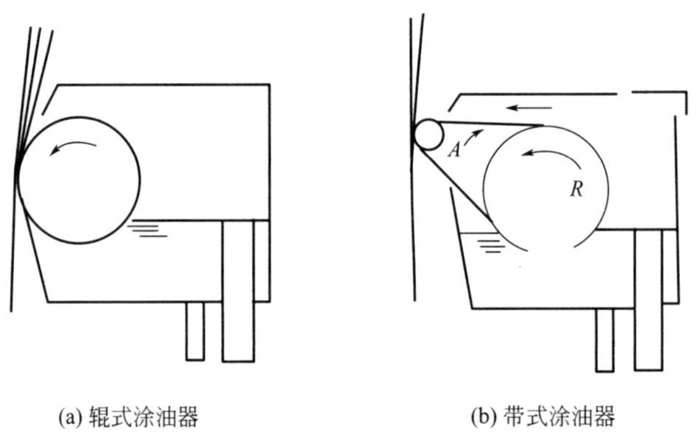

(a) 辊式涂油器　　(b) 带式涂油器

图 10-35　单丝涂油器的结构

辊式涂油器中，单根纤维经过一个转动的涂油辊，在此被涂上一层浸润剂。辊子材料可以是橡胶、陶瓷或石墨。辊子直径为 60～100mm，转速为 100～300r/min，相应线速度为 6～20m/min。辊子浸在恒定液位的浸润剂槽中，浸入深度约 3mrn。这种涂油器的结构见图 10-35(a)。从图可以看出，为了要使辊子能伸出一段距离，辊子直径不可太小，一般要大于 50mm。此外，辊子下方的槽边离纤维的走行线太近，若槽边上粘有已被浸润剂粘住的纤维毛，就会影响拉丝作业，故要经常清洗保持清洁，这是该涂油器的缺点。

带式涂油器在这方面就比辊式涂油器好些，其结构见图 10-35(b)。皮带一端经过一只浸于浸润剂槽中的传动辊，另一端是一根固定不转动的硬质镀铬钢棒，皮带绕它通过，同时纤维在经过这里时被涂覆上一层浸润剂。皮带一般由耐油橡胶制成。线速度可调，一般为 6～25m/min。

涂油辊或皮带上的浸润剂层的厚薄和其转速成正比，而纤维上涂覆的润浸剂量一般与转速的平方成正比。

纤维在涂油器上的包角不宜过大，一般只要有3°左右就足以保证浸润剂的满意涂覆。角度太大会增加纤维上的附加张力，自然也就容易磨损涂油器的表面。

涂油器的辊子或皮带都要易于装卸，以便定期清洗。此外，辊子或皮带的固定装置要设计得3个方向都可调，以便于正确地放在拉丝工艺位置上。

3.分束器

有些产品，如做玻璃纤维增强塑料用的分束原丝，即将拉下的数百根或上千根纤维先分成根数较少（如50根左右）的几束，然后再汇集成一根原丝。这时就要在涂油器和集束器之间加一个分束器，如图10-36所示。

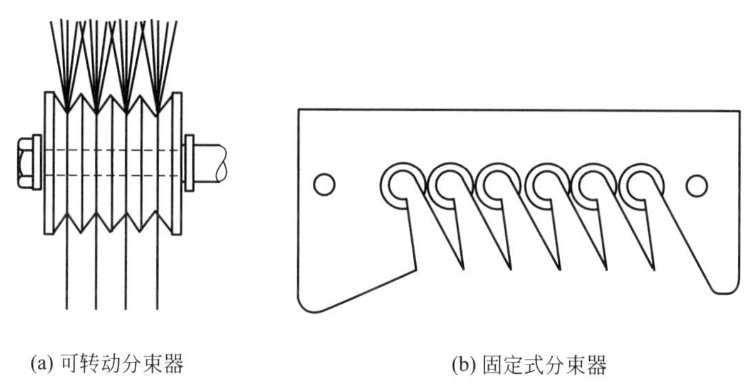

(a) 可转动分束器　　(b) 固定式分束器

图10-36　分束器

如果工艺位置许可，则宜采用可转动分束器，如图10-36(a)所示。轮子一般用石墨制成，直径50mm左右。每只轮子呈V形槽状，槽的角度为60°～70°，槽宽10mm左右。这种分束器在使用中可定时地转动一下，并向槽内喷水雾，以减小摩擦，保持清洁，可以连续使用数星期。

此外根据工艺位置也可以采用固定式分束器，如图10-36(b)所示。它一般由树脂层压板制成，厚5～10mm。这种分束器由于总是在固定的一处和纤维摩擦，因而容易磨损，更换较频繁。

4.集束器

集束器是将分束或不分束的纤维汇集成一束，形成一根原丝。原丝经过集束器后就被下面的拉丝机卷绕在绕丝筒上。

在不用单丝涂油器时，集束器还起着向原丝上涂覆浸润剂的作用，即兼作涂油器。这时的集束器是一个带V形槽的轮子或轮子的一个部分。在V形槽里垫有一块毛毡条，毛毡上贴一层缎布条。从槽的上方不停地以细流股方式将浸润剂加到槽上，毛毡吸饱了浸润剂，原丝经过其上时，就被涂覆上浸润剂。V形槽的角度为90°～100°，槽深度约12mm。

采用单丝涂油器时，不需要用上述垫毛毡的办法，也不需要在集束器上加上浸润剂。这时，它只起集束作用。常用的方法是用一只可转动的石墨轮。在拉比较粗的纤维时，如9μm以上的纤维，则常采用含金属的石墨轮，其传热性能要比纯石墨的好。

第五节　制　球　机

制球机的作用是用来制造玻璃球，它是将玻璃池窑熔制好的、由落料嘴流下的圆柱形玻璃料剪切和搓滚加工成为供拉丝用的玻璃球或弹子的专用设备。玻璃球是白金坩埚法生产玻璃纤维的原料，玻璃纤维是一种人造纤维，广泛应用于建筑、化工、航空等领域。

玻璃球的形成过程：凸轮转动一圈时，剪刀就剪下两个球坯，球坯先后落入流槽，分球装置将球坯分向两条支路分别进入两只漏斗，最后滚入滚筒的两条螺旋槽上被滚压成形。图 10-37 为制球机传动系统结构。

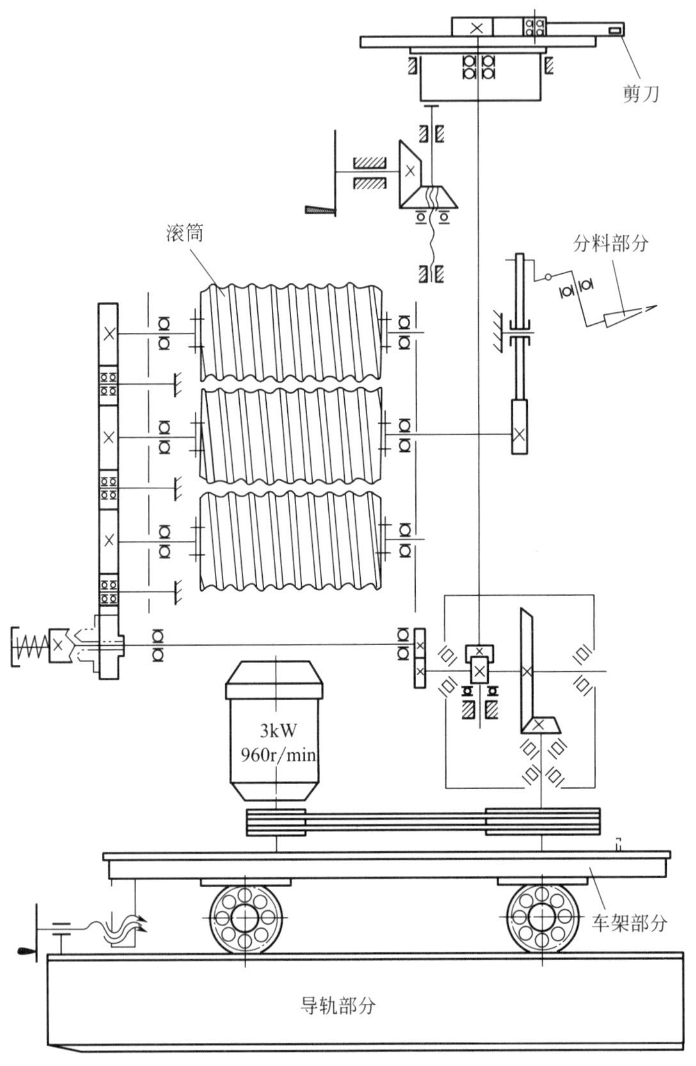

图 10-37 制球机传动系统结构

一、制球机的结构

制球机由剪刀、分料机构、滚筒和车架 4 个部分组成。

1. 剪刀

剪刀的作用是把从池窑喂料嘴流出的玻璃液柱剪成一定长短的球坯。它由机体内立轴上的双凸轮来带动，当双凸轮转动时，其凸出部分周期性地推动剪刀的挡杆。由于剪刀的转动轴上装有一对相互啮合的齿轮，因而剪刀迅速合拢，同时弹簧被拉长，当双凸轮凸出部分离开挡杆时，由于弹簧的收缩力，又使剪刀重新张开。如此重复进行，可知当双凸轮转动一圈，剪刀即剪切两次。剪刀的剪切次数一般为 200 次/min。

为了控制球坯的大小，剪刀是装在可升降的平台上，平台下部的套筒和机体采用间隙配合。工作时用固定螺钉固定在一定高度，升降是通过手轮和装在机体内的锥齿轮来驱动。

被剪刀剪下的球坯，通过流槽落入具有圆形螺旋槽的滚筒上。滚槽呈人形，它的顶端接在剪刀下面 30～40cm 处，两只下脚焊上两只漏斗，这两只漏斗靠近并对准滚筒的两条螺旋槽，使球坯能准确地落在螺旋辊上。漏斗位置的高低或偏斜都会影响玻璃球的产量和质量。

2. 分料机构

分料机构是一块装在流槽三叉口上的铁板，铁板利用一个安装在滚筒轴上的凸轮和一根反力弹簧来控制。由于滚筒的转动，分球机（铁板）便进行有规律的摆动，将剪切下来的球坯有规律地分向两边漏斗。

3. 滚筒

滚筒共有 3 个，是用铸铁制成。它们内腔是空的，并通水冷却。制球机工作时，要求 3 个滚筒的螺旋槽圆弧必须对准，否则就不能制得完整光滑的圆球。图 10-38 为滚筒结构。它的表面具有圆弧形螺旋槽，对螺旋槽的要求是线条均匀，表面粗糙度低，否则将影响制出的玻璃球的圆滑和清洁程度。

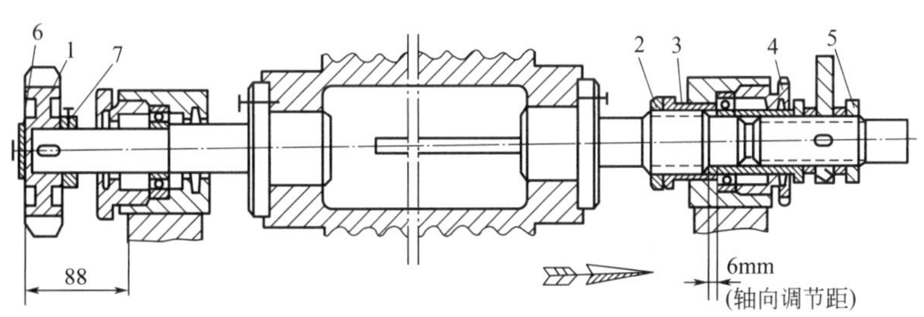

图 10-38 滚筒结构

1—齿轮；2，3，5—螺母；4—螺母套；6—固定垫圈；7—挡圈

滚筒直径一般为 170mm，长 720mm，滚筒间距（以螺旋槽最深处为准）为 17mm，转速为 100r/min，满槽球数为 64 粒。滚筒的中心是空的，以水冷却。冷却水出口温度为 30～35℃。

4. 车架

车架是一个装有 4 个车轮的小车，其余 3 个部分均固定在车面板上。小车可沿窑前地面上的导轨滚动，以便在调换剪刀或修理机器时摇动导轨上的手轮使其离开池窑，减少辐射热，便于操作。当需要微调时，可通过它的微调装置进行前后调整。

二、制球机各机构的调节

1. 剪刀箱

为了控制料坯的大小，需要调节刀刃口和落料口之间的距离。在调节剪刀高度时，先松开螺钉，通过摇动手轮，丝杠即带动转盘在托盘内上下滑动，从而使剪刀达到所需要的高度。

2. 滚筒

制球机工作时，要求 3 个滚筒的螺旋槽圆弧必须对准，否则就不能制得完整光滑的圆球。在调整 3 个滚筒相互位置时，要以中间的滚筒为基准。如图 10-38 所示，先用齿轮 1 的搭齿找正，余下的偏差用轴向移动来调整。松开螺母 2 和 3，拧动螺母套 4，使筒向箭头所示的方向移动（轴承不动）。待两个螺旋槽对准中间滚筒的螺旋槽的圆弧后，再拧紧螺母套 4 和螺母 2，最后拧紧螺母 3。还要重新固定垫圈 6 和挡圈 7。齿轮 1 与支架侧面的距离不变。当需要调节滚筒间距时，也是以中间滚筒为基准，将另两个滚筒轴承外斜边的调整块加以调节，以达到所需间距。

第六节　管制注射剂瓶生产设备

管制注射剂瓶制造设备按形式和运行方式划分，按形式可分为立式机和卧式机，按运行方式可分为间歇式和连续式。管制注射剂瓶生产设备以立式机为主，间歇式立式机以国产 ZP-18 系列机器为主，高档生产设备为连续式立式机，连续式立式机主要包括 Eurowatic 公司生产的 FLA-35 型制瓶机和 FLA-24 型制瓶机，NEG 公司生产的 V-18 型制瓶机，以及 Spsmai 公司生产的 3BS-24 型制瓶机。

一、管制注射剂瓶成套设备及组成结构

目前，管制注射剂瓶成套设备主要包括自动上管机、制瓶机、自动排瓶机构、退火炉、自动检测与包装装置。卧式管制瓶生产线因操作难度较大，国内现已很少使用。

（1）自动上管机　2011 年，QZD-W 型全自动上管机在中国研制成功，自动上管机的应用可取代人工上管，大幅度降低操作员工的劳动强度，同时也节约了人力成本，减少了操作人员数量，提高了生产效率，插管直径范围为 10～30mm，适合玻璃管长度范围 1700～2000mm，该机主要用于配套 ZP-18 型立式制瓶机使用，QZD-W 型全自动上管机见图 10-39。

图 10-39　QZD-W 型全自动上管机

（2）制瓶机　目前，中国管制瓶生产企业广泛使用的是 ZP-18 型立式制瓶机，该设备是参照中国 20 世纪 50 年代从国外引进的管制瓶生产设备进行研制开发的，经过改进与完善，已经发展成为系列管制瓶生产设备，包括 WZPA16-B10 型 16 机位双卡头全数控制瓶机、ZP18CW 型 12 机位制瓶机、ZP30-32W 型 16 机位双夹头制瓶机、ZP65-40 型 18 机位卡头立转卧式制瓶机。中国管制瓶生产设备主要技术参数见表 10-3。

表 10-3　中国管制瓶生产设备主要技术参数

设备型号		WZPA16-B10 型 16 机位双卡头全数控制瓶机	ZP18CW 型 12 机位制瓶机	ZP30-32W 型 16 机位双夹头制瓶机	ZP65-40 型 18 机位卡头立转卧式制瓶机
生产能力/(支/h)		1350～1500	>1200	>1200	450～600
制瓶规格/mm	瓶身外径	16～32	13～32	8～32	40～65
	口内径	6～20	6～20	6～20	12～35
	瓶全高	25～80	25～80	25～80	60～180
	瓶口外径	12～28	12～28	12～28	20～40

ZP-18 型立式制瓶机的命名方式包括两部分：第一部分以大写汉语拼音字母表示，如 Z（zhi，制），P（ping，瓶）；第二部分以阿拉伯数字表示制瓶机的夹具数量或机位，例如 18，即有 18 个夹具。ZP-18 型立式制瓶机属于 18 机位管制瓶专用设备，如图 10-40 所示。ZP-18 型立式制瓶机可以制造直口、锥口、螺纹口等多种规格的药用小瓶，ZP-18 型立式制瓶机是目前中国生产管制注射剂瓶的主要机型。ZP-18 型立式制瓶机主要特点：体积小，结构简单，便

于维修，设备寿命长；立式间歇运行，便于工装调整，易于操作使用；上下夹具为直径可调式夹头，玻璃管定心精度高，可确保玻璃瓶稳定成形；设备热稳定好；性价比高；该机器配备自动上管设备可以实现单人操作多台制瓶机。

图 10-40 ZP-18 型立式制瓶机

ZP-18 型立式制瓶机是我国注射剂瓶主要机型。主要由 A 部和 B 部两部分组成，其中 A 部为 12 个机位，B 部为 6 个机位，总计 18 个机位。A 部主要是制造瓶口部分，通过不同机位的热加工与二次成形，完成瓶口的加工；B 部主要是完成瓶底的制作成形，最后形成完整的玻璃瓶产品进入退火炉。ZP-18 型立式制瓶机 A 部和 B 部机位功能如图 10-41 所示。

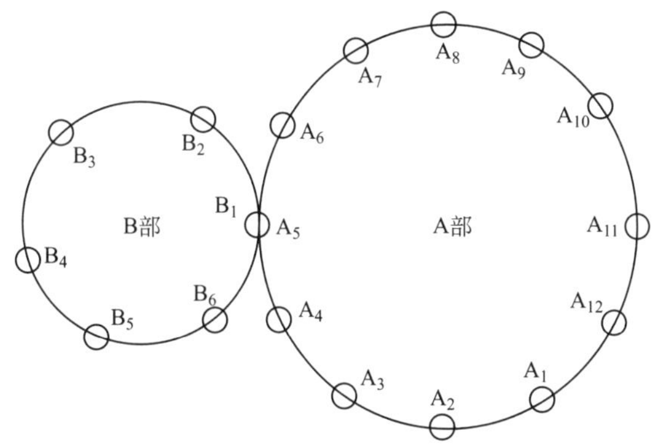

图 10-41 ZP-18 型立式制瓶机的各个机位分布

① A 部和 B 部机位功能 为了简单明了地介绍 ZP-18 型立式制瓶机各机位的功能，将其罗列于表 10-4。

表 10-4 ZP-18 型立式制瓶机 A 部和 B 部机位功能

机位	内容	机位	内容
A 部		B 部	
A_1	瓶口部降温，卸废料	B_1	切割制底
A_2	人工上管，产品定长	B_2	切割后第一瓶底火焰烤底抛光
A_3	玻璃管切割前第一次预热	B_3	瓶底部火焰烤底抛光最终成形
A_4	玻璃管切割前第二次预热	B_4	烤底后保温（消除应力）
A_5	玻璃管切割	B_5	自然冷却降温
A_6	火焰吹穿	B_6	保温落料
A_7	制颈前第一次加热（侧重肩部）		
A_8	制颈前第二次加热（侧重颈部）		
A_9	制颈前第三次加热（侧重口部）		
A_{10}	玻璃瓶口瓶肩部初成形		
A_{11}	瓶口瓶颈精成形前加热		
A_{12}	玻璃瓶口颈部精成形		

② ZP-18 型立式制瓶机生产操作　生产不同规格的管制瓶产品，需要选用不同的模具和工具，以下结合 ZP-18 型立式制瓶机各个机位分布（图 10-41）来讲解制瓶机生产调试方法，为了使说明更加清晰明了，将各机位调试方法列于表 10-5。

表 10-5　ZP-18 型立式制瓶机 A 部和 B 部机位调试方法

机位	内容
	A 部
A_1	此机位可实现玻璃管头卸除。观察(目检)是否存在扁口、歪头等一些质量问题，还可以在此机位更换夹具、校正夹具等，此机位有一个与玻璃管成 45°角的风管对玻璃管内壁吹风，可除去潮气在玻璃管内壁产生的水雾和模具润滑油燃烧后产生的碳化物等，还可对夹具降温，从而起到减少炸管和保护设备的作用，可通过开关或将吹风管口与瓶口的距离拉大来调节风量
A_2	此机位为人工上管、定长。接料盘应与瓶口中心对准。为避免瓶口擦伤，当接料盘升至最高处时，盘面与瓶口距离应保持在 1～3mm，避免瓶口碎破、造成炸口或导致瓶脖、瓶肩变形，因此，它的高度应随着 A_{12} 机位钳子高低的变化而变化，定长机构的调节：玻璃管从 A_1 到 A_2 机位定位的同时，接料盘升至最高点，然后手柄凸轮工作，手柄上升，夹具打开，待接料器和玻璃管平稳落至最低点时，手柄凸轮运转，手柄下落到位，锁紧玻璃管定位后，大盘开始移动
A_3	此机位为玻璃管切割前预热。燃烧器与玻璃管间距离保持在 5～10mm，喷出的火焰与玻璃管呈 90°，高低位置应根据瓶高而定。此机位温度不宜过高，氧气调节保留一定的加大余地，以适应插管后第一圈加热。A_3 机位燃烧器应与 A_4、A_5 机位燃烧器保持在同一水平线上，焰芯长短一致，火孔通畅。此机位加热温度以玻璃管不变色为宜，如偶尔有炸管，说明此火焰温度已达最高值。加热燃烧器下有一个空气喷嘴对玻璃管进行冷却
A_4	此机位为瓶底切割前加热，燃烧器与玻璃管距离保持在 4～6mm。火焰与玻璃管呈 90°，位置视瓶高而定，温度比 A_3 机位略高，以见到玻璃管有一圈明显加热宽度的红色为宜，便于 A_3 机位切割，两玻璃管的加热宽度根据瓶底厚度而定。加热燃烧器下有一个空气喷嘴对玻璃管进行冷却
A_5	此机位用于瓶底切割，将直接影响瓶口和瓶底的质量。燃烧器距玻璃管表面垂直距离 3～5mm，火焰与玻璃管呈垂直作用。此机位的燃烧器位置高低是整个制瓶的基本参考点，钳子、B 部、接料盘、瓶子高矮、瓶口质量等直接受其影响。因此，此机位燃烧器的位置固定牢固，火焰温度适宜，切割时，玻璃管应轻易分离且温度不宜过高。温度过高，易造成拉小辫，影响瓶底质量；温度过低，造成无规律矮瓶。B 部移至此机位时，B 部夹具顶端应比瓶口低 2～5mm，以保证在升至最高点最大限度地夹住切割后的玻璃管，避免造成斜底
A_6	此机位燃烧器是唯一向上燃烧的，其作用为吹(烧)穿玻璃管在 A_5 位形成的熔膜，火焰呈利剑形，距熔膜 5～10mm，与玻璃管中心线对正，火力大小视熔膜厚度而定，吹(烧)穿速度应适宜，过快易造成炸管，过慢易造成瓶口毛刺。同时保持气孔畅通，氧气不宜过大，以免造成熄火
A_7	此机位为制颈前第一次加热，燃烧器距玻璃管 5～8mm 处，火焰与玻璃管垂直，火焰长度以包住玻璃管为宜，温度过高易造成溜肩，温度过低易造成肩部过大和炸肩，此机位燃烧器位置应视产品规格和瓶肩而定，但火焰不能烧到 A 部夹具，以免造成炸管
A_8	此机位为制颈前第二次加热，燃烧器距玻璃管 3～5mm。火焰与玻璃管垂直，火焰水平中线应与玻璃管下沿保持水平(视规格而定)，燃烧面积和温度应严格控制，天然气与氧气的配比应适当，保证天然气充分燃烧，所烧的料形应与瓶口用料保持一致或略大，此机位燃烧器的位置和火焰的温度，与瓶口的质量有直接关系
A_9	此机位为制颈前第三次加热，燃烧器距玻璃管 8～10mm。火焰对准 A_8 机位所烧的位置进行加热，保持火焰平吹，以保证对瓶口、瓶肩部加热。A_7、A_8、A_9 不允许燃烧器倾斜，向上烧易导致火焰窜入玻璃管内壁，易造成内表面耐水性变差
A_{10}	此机位为瓶口瓶肩部初成形，此机位两模轮平面与芯子底台平面应保持平行，且两模轮高度一致。模轮表面应保持光滑、干净。芯子与模具表面要加注润滑油，便于瓶口与模具分离。润滑油在高温燃烧后会形成碳灰层，模具各表面不能有过厚的碳灰层，以免造成瓶子口部缺陷

续表

机位	内容
	A部
A_{11}	此机位为瓶口瓶颈精成形前加热，燃烧器与瓶口距离3～7mm，火焰对准瓶口部平烧，不允许火焰吹至瓶口内壁，氧气用量不宜过大。温度过高时会造成扁口，温度过低不利于瓶口成形
A_{12}	此机位对瓶口颈部精成形，对瓶的肩、颈部质量起着重要作用，产品的很多缺陷都是在此机位产生的，因此调整时应格外细心，钳子的高度应与A_{10}机位保持一致，芯子的高矮和模轮的松紧根据瓶口部的规格尺寸和外观要求，适当调整。模具内表面应进行必要的润滑与降温，模具必须保持一定的表面粗糙度，否则易造成瓶口部的尺寸和外观缺陷，同时模轮应转动顺畅。此机位的模具润滑与模具温度控制是成形的关键
	B部
B_1	此机位与A_5机位配合对玻璃管进行分底切割，B部夹具顶端与瓶口应保持2～5mm的距离，在此机位B部夹具与A部夹具中心应重合，B部夹具在此机位升到最高点时进行火焰切割，夹具随即关闭，但不能关闭过猛，否则易夹碎玻璃管。关闭过早或过晚易造成料形不匀或高矮瓶
B_2	此机位为切割后第一瓶底机位，火焰宜向下倾斜烧瓶底，不宜烧至瓶身，温度不宜过高，燃烧器距瓶底5～10mm
B_3	此机位为底部成形抛光，火焰比B_2略大，火焰与瓶底持平
B_4	此机位为保温退火，温度过高易造成粘底或瓶底变形
B_5	此机位为自然冷却降温
B_6	此机位为落料(卸瓶)，落料槽应保持干燥、清洁，否则易造成黑点、铁锈、脏瓶等，接瓶处应加聚四氟乙烯板，以免发生破口及瓶体划伤

③ 生产缺陷与解决方法　管制瓶生产缺陷妨碍和影响生产效益和产品质量，制瓶机是导致玻璃瓶生产缺陷的最主要因素，为了更加清晰地表述生产缺陷，管制瓶缺陷与生产工艺中各机位的参数相关，下面以Z-18型立式制瓶机生产线为例，将缺陷归纳为25类，并且提供了与之对应的缺陷产生原因和解决方法，见表10-6。

表10-6　管制瓶缺陷产生原因和解决方法

序号	缺陷名称	缺陷产生原因	解决方法
1	瓶口外径大	料多，温度低，模轮太松，钳子高，芯子高	降芯子，升温，换玻璃管，紧模轮，降钳子
2	瓶口外径小	料少，温度高。模轮太紧，芯子低，钳子低，玻璃管外径小，壁薄	升钳子，升芯子，松模轮，降温，换玻璃管
3	瓶口内径大或小	A部大盘中心不正，芯子直径大或小，两模轮距离不同，A_7、A_8、A_9、A_{11}机位温度高或低，芯子上碳保护膜太厚(内径大)，内径小主要因为芯子磨损	校正A部夹头与芯子同心度，换芯子，调整模轮，调整A_7、A_8、A_9、A_{11}机位温度，清理碳保护膜
4	口边厚或薄	口边厚：料多，芯子低，模轮紧，玻璃管外径大，壁厚，钳子高 口边薄：料少，芯子高，模轮松，钳子低	口边厚：降钳子，升芯子，换玻璃管，松模轮 口边薄：升钳子，降芯子，紧模轮
5	圆口或半圆口	温度高，料少，玻璃管壁厚偏差大，夹头转速不适，A_6机位火焰调节不当	降温度，升钳子，换玻璃管，调节自转转速，调节A_6机位火焰
6	椭圆口	料形长，温度低，A_{10}机位磨具润滑不够	升温，降低燃烧器位置，芯子、模轮抹油润滑

续表

序号	缺陷名称	缺陷产生原因	解决方法
7	口部裂纹	A_{12} 机位模具润滑不够，模轮紧，模具温度高，A_2 接料盘位置高	润滑磨具，松模轮，A_{11} 机位调温度，降低接料盘高度
8	扁口	A_{10} 机位料多，芯子高，A_{11} 机位温度高，A_{12} 机位模轮、芯子开合关闭时间不合理	A_{10}、A_{11} 相应调节，调节 A_{12} 机位模轮，降芯子行程
9	斜肩	A 部夹头歪，A_7、A_8、A_9 机位温度高	校正 A 部夹头，调节 A_7、A_8、A_9 机位温度
10	底薄	A_3、A_4 机位温度低，A_5 机位温度高，氧气大，B_2、B_3 机位温度低、位置高，B_2 机位氧气过大，A_5 机位火孔不畅	调节相应的温度、位置和配比度，通火孔
11	斜底	B 部夹头歪，A_7 机位置高、温度高，A_3、A_4 温度高	校正 B 部夹头，调节相应机位的温度和位置
12	气泡口、气泡底	玻璃管内有气泡线，A_5 机位拉小辫，A_6 机位温度调节不当，B_2 机位温度过高，A_9、A_{11} 机位温度高	更换合格玻璃管，调节相应机位和温度
13	铁锈	有油污的手或工具接触产品或玻璃管，A、B 部套筒内脏，B 部落料槽脏，退火炉网带脏	戴干净手套，避免用油污的手接触产品及玻璃管，及时清理 A 部、B 部套筒和 B 部落料槽，及时清理退火炉网带
14	炸身	B 部夹头与瓶身温差大，A_3、A_4 机位降温风位置及风量不适	调节 A_3、A_4 降温风位置和风量，调节 A_6 机位保温火焰，减小 B 部夹头与瓶身之间的温差
15	炸底	B_2、B_3 机位燃烧器位置低、瓶底厚，B_4、B_5 机位保温温度低	调节 B_2、B_3 机位燃烧器位置，降低瓶底厚度，提高 B_4、B_5 机位保温温度
16	破口	瓶子在 B_6 机位落瓶时，产生碰撞，A_2 机位接料盘顶端与瓶口之间距离大(应为 2mm 左右)	在 B_6 机位落料槽上加聚四氟乙烯垫板，调节 A_2 接料盘高度
17	凹底	A_5 机位温度高，B_2、B_3 机位温度高、位置低	调节相应机位的温度和高度，必要时在底部加上一向上吹的风吹瓶底
18	螺旋底	A_3、A_4、A_5 机位燃烧器位置不在同一水平面上，A_5 机位燃烧器距玻璃管较远，切割不均匀，B_2、B_3 机位燃烧器距瓶身太远，温度低，氧气压力小，玻璃管壁厚不均匀	严格调整 A_3、A_4、A_5 机位燃烧器位置，使其在同一水平面上，调节 A_5 机位燃烧器位置，调节 B_2、B_3 机位燃烧器位置和温度，更换合格玻璃管
19	疙瘩底	A_3、A_4、A_5 机位燃烧器不在同一水平面上或温度不当，造成交割时拉丝长；B_2、B_3 机位燃烧器位置温度不当	调整各机位燃烧器相应位置和温度
20	瓶底黄点	A_5 机位拉丝太长或有疙瘩底，B_2、B_3 机位位置高，温度低，火焰无法熔化瓶底中的疙瘩，易产生黄底	调整 A_3、A_4、A_5 机位燃烧器位置及温度，降低 B_2、B_3 机位燃烧器位置，提高 B_2、B_3 机位位置

续表

序号	缺陷名称	缺陷产生原因	解决方法
21	瓶口窝、缺口	玻璃管交割后，玻璃膜不均匀，A_6 机位火焰吹穿时产生结瘤，到 A_7、A_8、A_9 机位制颈时结瘤均化不好，到 A_{12} 机位成形时产生不规则的变形，易产生瓶口窝、扯裂口、缺口，成形芯子上有缺陷也能产生这种缺陷	调整 A_3、A_4、A_5 机位火焰温度及位置，使玻璃管交割均匀，调节 A_6 机位温度及位置，及时更换芯子
22	黑点	A 部、B 部套筒内脏，B 部落料槽脏，玻璃管外壁脏，用污手接触玻璃管或瓶子。A_{10}、A_{12} 机位芯子上碳保护膜过多，降温风使用不当，位置不适合，润滑油不干净	清理套筒和落料槽，擦拭玻璃管，清洁手或戴干净手套
23	黑底	A_5 机位交割时温度低，氧气比例过大，交割后出现的疙瘩大且发黑	A_4、A_5 机位燃烧器火孔保持畅通，喷出的火焰要在同一水平面上，A_4、A_5 机位增多氧气配比，玻璃管从 A_4 到 A_5 机位交割时，加温处呈暗红色，交割后的疙瘩要集中在瓶底中央，并且不宜过大，且颜色发白
24	瓶口皱纹（毛口）	玻璃管在 A_4、A_5 机位由于燃气火焰厚，致使受热面积增大，在交割时形成玻璃膜厚，至 A_6 机位烧穿时间长，玻璃管内部温度高，A_8、A_9 机位火焰温度不适宜，造成玻璃管内外温差大，料性不均匀，在瓶口成形时，形成此缺陷	调低 A_4、A_5 机位火焰温度，换小孔燃烧器，调整 A_5 机位火焰距离，A_8、A_9 机位温度要适宜
25	高矮瓶	A_3、A_4、A_5 机位不在同一水平面上，B 部夹头张开口不一样大，A_4、A_5 机位火焰位置太高或太低，瓶底厚，夹头太松或太紧，关闭杆运行不协调，B 部夹头磨损严重	调整夹头，调节 A_4、A_5 机位火焰温度

(3) 退火炉　随着医药玻璃瓶单机生产能力和企业生产模式的增大，退火炉从以前的集中式退火炉转变成连续退火炉，退火炉加热方式主要有电加热与燃气加热两种。电加热热风循环式退火炉是未来的发展方向，成形后的医药玻璃瓶依靠炉膛内循环热风消除其热应力。

目前，与 ZP-18 型立式制瓶机相配套的连续退火炉主要由山东某厂生产，其型号为 QTHL-200-600，其外观见图 10-42。该设备的特点在于能耗低，控制系统稳定可靠，可满足

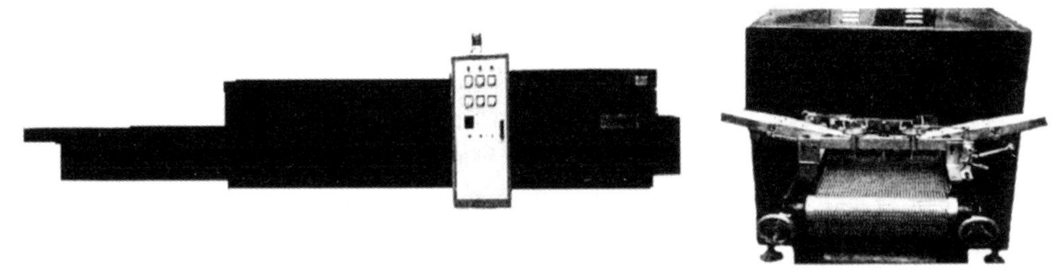

(a) 侧视图　(b) 主视图

图 10-42　QTHL-200-600 型连续退火炉

各类硼硅玻璃管制注射剂瓶的退火要求，退火炉内温差可控制在±2℃，采用V形网带，配备分瓶理瓶装置，确保玻璃瓶在退火网带上间距均匀，不碰撞，有序排列。

一台QTHL-200-600型退火炉配套2～3台ZP-18型立式制瓶机，可以有效节约场地和能源。根据使用能源种类不同，QTHL-200-600型退火炉可分为电加热退火炉（简称电退火炉）和燃气退火炉。电加热退火炉主要依靠多组电热丝（棒）进行加热，在退火炉高温区的炉膛顶部和下部并排放置加热丝（棒），日耗电量约240kW·h，其优点是加热温度稳定，波动小，不产生烟气废气，对环境污染小，控制系统简单易操作，但当退火炉启动时，升温时间相对较长。

燃气退火炉可使用天然气、液化石油气、焦炉煤气、发生炉煤气等气体燃料，通过燃烧器在加热炉内组织燃烧，依靠辐射和对流传热方式将热量传递给医药玻璃制品。燃烧所产生的烟气通过烟囱排到车间之外。为了进一步实现退火炉温度均匀性，一般采用热风搅拌系统，利用搅拌风机将燃烧器燃烧的热气进行搅拌，可以有效解决明焰加热方式炉内断面温度场不均匀的情况，热风搅拌系统可使加热温度控制在±1℃，退火炉断面温差小于5℃，可以很好地消除医药玻璃瓶的热应力，确保玻璃制品的退火质量。燃气加热系统依靠电子控制阀进行煤气流量的微量调整，窑炉升温速度快，燃气源丰富地区可使用此类退火炉，天然气消耗量为2～3m^3/h。

（4）自动排瓶机构　自动排瓶机构的功能是在制瓶机生产注射剂瓶后，可将其有序地排列在退火炉的耐热金属网带上，避免玻璃制品表面磕碰、划伤，减少破碎，提高注射剂瓶的外观质量，自动排瓶机构是连续退火炉的配套设备。

（5）自动检测装置　玻璃瓶自动检测装置是机器代替人眼对玻璃瓶进行测量和判断的机器视觉系统。机器视觉系统综合了光学、机械、电子、计算机等技术，涉及图像处理、模式识别、人工智能、信号处理、光机电一体化等多个学科领域。玻璃瓶自动检测装置将被检测目标转换成图像信号，传送给图像处理系统，根据像素分布、亮度、颜色等信息，转变成数字化的图像信号；图像系统对这些信号进行各种运算来抽取目标的特征，进而根据判定结果来控制现场的分选设备对产品进行质量分类。

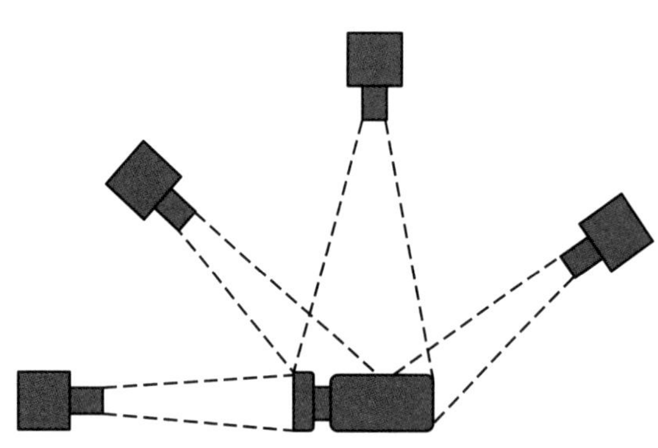
图10-43　玻璃瓶自动检测装置相机布置

玻璃瓶自动检测装置包括相机、光源、传感器、图像采集卡、图像处理软件、控制单元等。玻璃瓶自动检测系统中设置了4个相机单元，分别进行瓶口、瓶身、瓶肩、瓶底的检测，相机布置如图10-43所示，相机可以是彩色相机或者黑白相机。光源作为辅助成像器件，对成像质量的好坏往往能起到至关重要的作用。传感器通常选用光纤开关、接近开关，用于判断被测对象的位置和状态。图像采集卡安装在计算机扩展槽内，图像采集卡的作用是把相机采集的图像输送给计算机，计算机将来自相机的数字信号转换成一定格式的图像数据，同时它还可以控制相机的一些参数，如触发信号、曝光时间、图像增益等。图像处理软件用于完成输入的图像数据的处理，然后通过一定的运算得出结果，这个输出的结果是以PASS/FAIL来表示。控制单元用于完成对生产过程的控制，如废品的识别和剔除，以及声光报警等。

自动检测装置可以最大限度地代替人工检测。实现对玻璃瓶质量的在线自动检测，避免漏检和误检。一般来说，玻璃瓶厂主要从理化性能、尺寸规格和外观质量3个方面对玻璃瓶质量进行检查和控制，自动检测装置可完成尺寸规格和外观质量检测，根据所检测的质量指标来设计检测方案，实现自动检测功能。

按照医药玻璃管制瓶产品不同，自动检测装置可以分为安瓿自动检测装置和管制注射剂瓶自动检测装置，除进行相应产品的外观及尺寸检测以外，安瓿自动检测装置还要检测刻痕及蓝点的质量，而管制注射剂瓶自动检测装置还要进行口边厚及口内径的检测。

玻璃管制瓶自动检测装置缺陷检测包括：瓶身外观缺陷（如气泡、杂质、褶皱、气线、横竖条纹、粘连、结石、裂纹、刻痕、擦伤及明显的油脏、手印等）；瓶底缺陷（如瓶底凹凸不平、粘底、底刺、偏底等）；瓶肩部缺陷（如斜肩、歪瓶）；瓶口缺陷（如缺口、破口、毛口、瓶口圆边、圆口不齐等）。瓶子各项尺寸检测（如瓶全高、瓶身外径、瓶口外径、瓶口内径、瓶口边厚、瓶脖外径、瓶脖高度、肩部半径等）；斜底、溜肩等外形缺陷。

目前，国内已经开发管制瓶在线检测系统，检测速度为 60～80 支/min，一条管制注射剂瓶生产线仅需配备一台自动检测设备。玻璃瓶自动检测线使医药玻璃瓶规格尺寸、外观缺陷得到有效的控制。

二、管制安瓿成套设备及组成结构

1. 概述

安瓿是用于灌装针剂或药粉用的细颈薄壁玻璃小瓶，也可用于封装疫苗和血清等。安瓿可分为点痕易折安瓿（它有 A、B、C、D 4 种造型，如图 10-44 所示），色环易折安瓿，无色透明安瓿，有色安瓿（棕色为主）。有色安瓿用于贮存需避光保存的药剂。A 型是扩口曲径安瓿，它有环刻和点刻两种形式，是我国安瓿主要品种；B 型是切丝曲径安瓿，它有环刻和点刻两种形式，是不扩口安瓿，目前用量少；C 型是翻口安瓿，也称喇叭口安瓿，目前国内使用很少，国外使用较多；D 型是真空圆头安瓿，国内基本不使用。

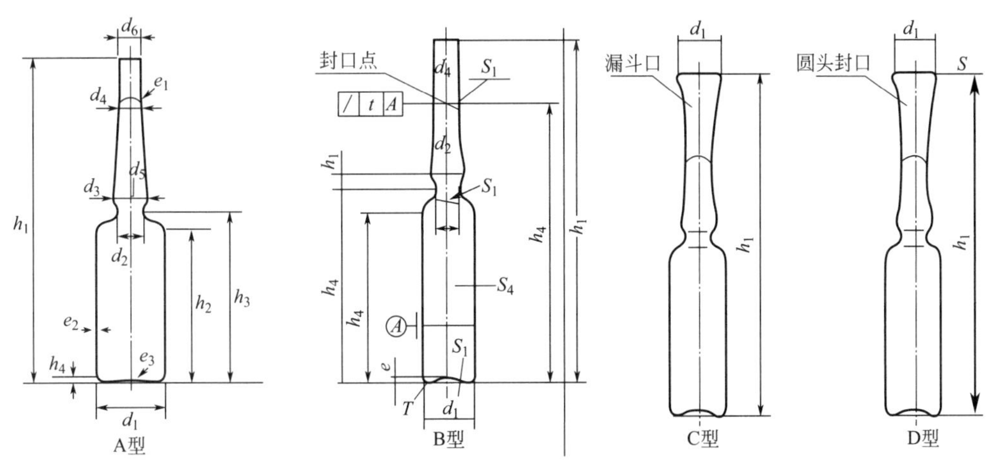

图 10-44 各种样式安瓿

安瓿形状有曲颈、双联、直颈形式，按容积可分为 1mL、2mL、5mL、10mL、20mL 多种规格，按材质可分为中硼硅玻璃和低硼硅玻璃两种。中硼硅玻璃具有相对较好的化学稳定性和抗热震稳定性，将是医药玻璃包装容器的发展趋势，现在绝大多数国家的安瓿使用中硼硅玻璃管制造。由于安瓿具有透明度好、密封性好、价格低、使用方便、良好的化学稳定性等特点，因此成为重要的医药包装容器。

2. 安瓿生产工艺

WAC 系列安瓿生产线是我国安瓿主要生产设备，因此本节以 WAC 系列安瓿生产线为例，对生产工艺进行综合论述。安瓿生产工艺流程如图 10-45 所示。

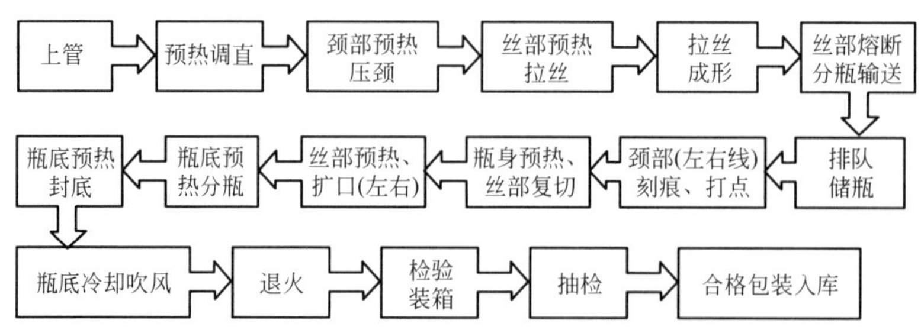

图 10-45　安瓿生产工艺流程

图 10-46 是 13 联 WAC 横式安瓿机机位图，第 1 机位为提管上料系统；第 2 机位为玻璃管调直；第 3 机位为压颈预热，小规格安瓿产品使用 2 排预热火嘴（燃烧器），大规格安瓿产品使用 3 排预热火嘴（燃烧器）；第 4 机位为压颈成形，使用 28 个火嘴（燃烧器）；第 5 机位为拉丝预热，小规格安瓿产品使用 3 排预热火嘴（燃烧器），大规格安瓿产品使用 4 排预热火嘴（燃烧器），每排有 14 个瓦形火嘴（燃烧器）；第 6 机位为拉丝成形；第 7 机位为晾丝（丝部冷却）；第 8 机位为熔断分瓶；第 9 机位为半成品储存；第 10 机位为刻痕、打点；第 11 机位为切丝；第 12 机位为扩口；第 13 机位为分瓶制底；第 14 机位为退火；第 15 机位为检验包装。

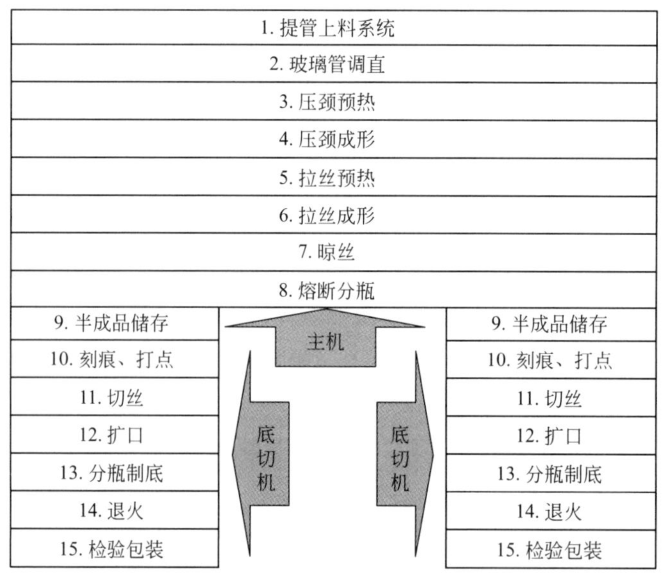

图 10-46　13 联 WAC 横式安瓿机机位图

3. 安瓿生产设备

目前，中国安瓿生产设备分为卧式安瓿生产线和立式安瓿生产线。卧式安瓿生产线是在引进日本消化吸收改进的 WAC 系列卧式安瓿机基础改进的。立式安瓿生产线主要是欧洲设备，如 MM30、FA-36D 安瓿生产线，立式安瓿生产线生产的玻璃瓶质量好，但对玻璃管和生产配套设施条件要求相对较高。

（1）国产 WAC 系列安瓿生产设备　国产 WAC 系列安瓿生产设备（图 10-47）占我国安瓿生产线 80％以上，通过 20 多年的改进和完善，此设备已经能够满足曲径点痕易折安瓿的生产。WAC 系列安瓿生产线的优点是：产能高，单机品种生产稳定，便于长期生产，质量、产量稳定，玻璃管利用率高。缺点是：操作复杂，对技术工人要求比较高，不宜进行品种的频繁更换，不适合生产C型安瓿，折断力控制不稳定，需要长期监控与调试。

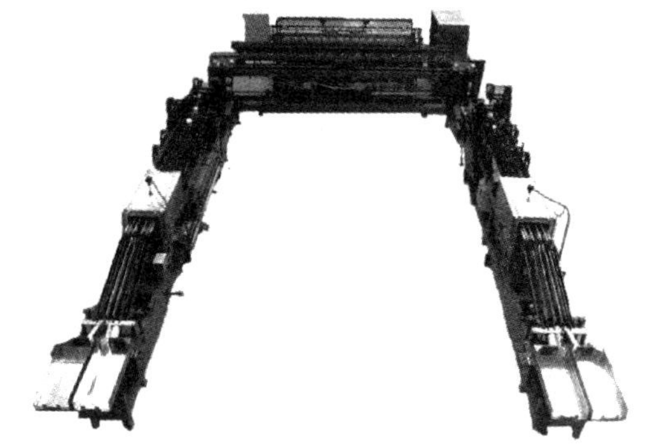

图10-47 国产WAC系列安瓿生产设备

图10-48 MM30机位安瓿机及后处理机

(2) 进口安瓿生产设备 进口安瓿生产设备主要以MM30和M36D为主，见图10-48，其工艺布置见图10-49，MM30生产线生产安瓿质量稳定，可以一机生产各种规格的安瓿，在后处理机上可以完成易折曲颈安瓿的割丝圆口、定点划痕、涂环、印字、退火、外径筛选分类等工作，它有一机两线和一机一线两种类型。

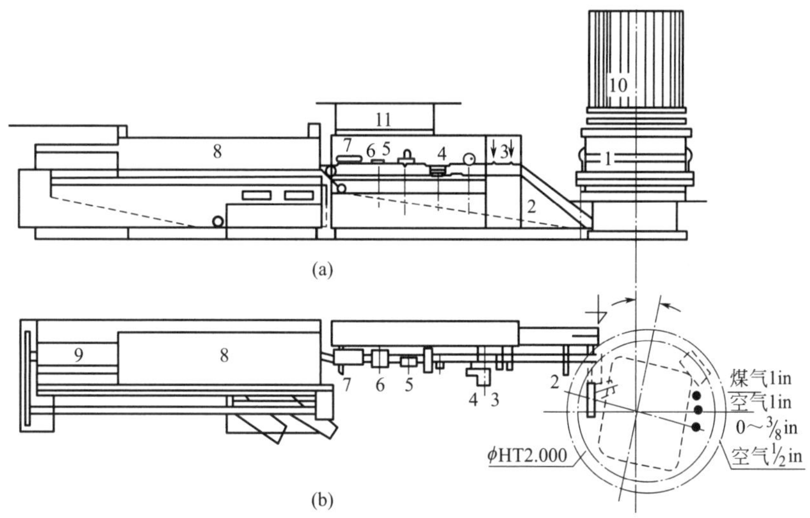

图10-49 MM30机位安瓿制造机及处理机工艺布置

1—30机位安瓿制造机；2—输送带；3—割丝；4—旋转冷却；5—涂易折环；6—压痕；7—上定向点；8—退火；9—包装；10—贮满的玻璃管；11—电气控制装置

安贝格（AMBEG）公司生产的30机位和36机位立式安瓿制瓶机配套意大利生产的后处理装置以及“莫丹尼”自产的30机位立式安瓿制瓶机和后处理机都能代表当今世界曲颈安瓿生产加工的先进水平。

(3) 安瓿品种与适用生产设备 安瓿品种与适用生产设备见表10-7，能够生产的玻璃材质包括低硼硅玻璃和中硼硅玻璃，国产的WAC系列安瓿生产线只能生产中低端安瓿产品，MM30和M36D生产线可以生产高端安瓿产品，由此可见我国在安瓿生产设备开发方面与国外尚存在较大差距。

表 10-7　安瓿品种与适用生产设备

安瓿品种	主要规格	主要生产设备
点痕易折安瓿	1～20mL	WAC 系列安瓿生产线
色环易折安瓿	1～20mL	WAC 系列安瓿生产线，MM30、M36D 安瓿生产线
C 型安瓿	1～20mL	MM30、M36D 安瓿生产线

(4) 13 联 WAC 横式安瓿机生产操作　13 联 WAC 横式安瓿机各机位在生产中的主要操作要求与注意事项见表 10-8，主机开机前必须预热 20～30min。表 10-9 为生产调试过程中的缺陷产生原因和解决方法。

表 10-8　13 联 WAC 横式安瓿机各机位在生产中的主要操作要求与注意事项

序号	机位名称	主要操作要求与注意事项
1	提管上料系统	在操作中必须将玻璃管整齐地放置在提升机上，向定长一端靠齐，放置前必须将破损的玻璃管挑出。当主机出现故障，可以打开离合器，停止上管
2	玻璃管调直	此机位为调整玻璃的直线度，避免玻璃管在压颈时跳动。一般只有 2 组喷火燃烧器进行调直，也称玻璃管热整型
3	压颈预热	通常称为压颈火，空气与燃气采用化学当量预混燃烧，火焰温度较高，小于 5mL 安瓿，采用 2 排燃烧器进行预热，5～20mL 安瓿，采用 3 排燃烧器进行预热，每排有 28 组燃烧器。要求压颈火的位置与压颈轮相对应
4	压颈成形	压颈机位是安瓿颈部的成形机位，通过压颈轮在预热后的玻璃管上压制成形。此机位是在压制过程中同时加热，是安瓿生产的关键部位，安瓿的主要尺寸在此机位定形
5	拉丝预热	此机位小规格安瓿要求 3 排瓦型燃烧器、大规格安瓿要求 4 排瓦型燃烧器火焰加热，是对安瓿丝部成形前玻璃管的预热。通常在拉丝前调整好火焰的位置和大小，称为导丝，此机位火焰是安瓿丝、泡成形的关键（空气、燃气满足化学当量燃烧）
6	拉丝成形	将预热好的玻璃管翻至拉伸卡头内，对玻璃管进行拉制成形，安瓿的丝、泡、颈的尺寸就全部定形。在一根玻璃管上形成 13 个半成品
7	晾丝（丝部冷却）	安瓿拉丝成形后，在此工序进行自然冷却，避免丝弯
8	熔断分瓶	将一根玻璃管上的 13 个半成品进行切割分开，形成独立的半成品，并分配给左右底切机进行底与口的加工。此工序的火焰是氧气与燃气满足化学当量配比
9	半成品储存	存储上工序的半成品，起到底切机与主机的连接过渡作用
10	刻痕、打点	此机位应注意点痕相对位置，以及刻痕刀片锋利程度，确保刻痕的形状，刻痕刀片是通过高速变频电机带动，操作工必须能够正确使用变频器、高速电机与更换调整刻痕刀的方法
11	切丝	此机位是对半成品丝多余部分进行切除
12	预热扩口	对复切后的半成品进行扩口，扩口前有两个火焰对丝的口部进行预热，要随时观察扩口刀的使用情况，磨损严重需要及时进行修正与更换
13	分瓶（切割）制底	此工序是安瓿底部成形工序，应注意分底火焰的位置、大小，分底压轮的角度与速度，分底后底部修正火焰的位置，底部成形后形成完整的安瓿
14	退火	退火工序是通过明火方式对安瓿进行应力消除，并将色点烧结在玻璃上，制作色环安瓿时，也是在退火炉内进行色环烧结
15	检验包装	退火后的产品经风冷降温后在线自动装盒，检验合格后装箱

表 10-9　生产调试过程中的缺陷产生原因和解决方法

序号	主要问题	缺陷产生原因	解决方法
1	丝粗或丝细	拉丝火焰温度高时丝细，温度低时丝粗	使用大头针对燃烧器的火孔进行合理地通、堵，调整火焰温度
2	颈粗或颈细	压颈火焰温度高时颈粗，温度低时颈细。压颈轮力量大小不一致	调整压颈火焰与压颈轮力量一致
3	泡大或泡小	拉丝预热火焰的温度调整不合理	相应的机位调整火焰温度
4	点痕错位	大盘错位	维修调整大盘
5	点大小不一致	打点针磨损，色釉黏稠度不好	更换打点针、色釉
6	刻痕形状不规范，深浅不一致	高速电机转速不合理、刻痕刀片磨损、压瓶机构不稳定	调整高速电机速度、更换刻痕刀片、调整压瓶机构
7	口大小不一致	扩口刀磨损	更换修整扩口刀
8	口带玻璃疙瘩	切丝火焰温度位置不合理	调整切丝火温度相应位置
9	口部炸裂	扩口预热火焰、扩口刀温度低，位置不合理	调整此机位火焰温度与位置
10	歪底，底不平	制底火焰调整不合理，火焰位置不合理	合理调整制底火焰位置、温度
11	炸底	底厚，底部残余应力过大	合理调整底厚，调整底部退火
12	瓶身变形	退火温度高造成瓶身、丝弯曲变形	降低退火温度

(5) 安瓿折断力控制　安瓿折断力一般应满足以下两个基本要求。

① 折断力值　医务人员在使用安瓿时应该方便易折，一般希望折断力值小一些较好，而药厂在装药及运输时希望破损率越少越好，所以希望安瓿折断力大一些较好。双方均满意的安瓿折断力以 30～80N 为佳，安瓿折断力使用精度为 0.1N 的安瓿折断力仪测量。

② 断口平整度 安瓿折断时断口越平整越好，玻璃碎屑越少越好。

安瓿折断力的控制是企业面对的一个难题，稳定的折断力值大小是生产控制的关键，折断力的控制范围是衡量生产技术水平的重要参数。影响折断力大小的因素颇多，如头颈细，颈部玻璃厚薄，瓶的造型，刻痕的粗细、浅深，形状等。

刻痕、打点是国内常用的安瓿易折技术。其特点是在安瓿颈部用刻痕刀轮（俗称刻轮）划出枣核形刻痕，刻痕长度 3mm 左右。为便于使用者辨认掰断方向，在刻痕的对面颈部丝方向用玻璃色釉点上圆点。其折断力和折断平整度控制要求严格。实际操作中需严格控制刻痕形状和深度，并根据颈部壁厚进行调整。其中最重要的是及时更换刻痕刀轮。近年为保证折断面平整，开始采用刻环，即在颈部刻出封闭环状刻痕，但是生产难度很大。

色环所用的材料是一种低温玻璃色釉，色环是用转轮在瓶曲颈处旋转涂上一圈约 1mm 宽的低温玻璃色釉，在安瓿曲颈上形成一个封闭环状，因此称之为“色环”。由于色釉玻璃体比安瓿玻璃膨胀系数大 3%～5%，通过烧结，在瓶颈部产生一定的张应力，加上曲颈瓶本身的曲颈处与瓶身的厚薄差异，以及曲颈几何形状，可使应力集中，从而实现易折效果。色环的粗细、厚薄，色釉质量和黏度，施涂色釉时颈部的温度、环境温度、退火温度和时间等都将影响折断力的大小。上述这些因素在生产中是互相联系、互相制约，如随着颈部外径缩小，颈壁厚度将增加，这对改善断口平整度有利，但在增加颈壁厚度的同时，折断力也会增加。因此要合理调整这些因素，才能得到理想的折断力和平整的断口。相关生产企业对折断力的控制有着严格的工艺要求，确保达到用户的使用要求。

第七节　输送、检验和包装设备

在玻璃生产过程中，除料仓、熔窑、成形机、退火炉等主要设备外，还有输送及检验、加工及修饰等辅助设备，也起着不可或缺的作用。

成形机成形好的制品需经输送设备送往退火炉退火，然后再经过检验、包装方可入库或者出厂。

输送设备主要的包括输瓶（杯）机和推瓶（杯）机。

在国内制品的检验多用人工，这不仅需要大量的检验人员，而且由于检验人员技术熟练程度不一，以及长时检验的疲劳所导致的反应不灵敏，往往将不合格的产品留下，合格的产品扔掉，给工厂和用户都带来损失，然而现在国外已经广泛采用玻璃瓶自动检验线，以满足高速度、高质量成形瓶罐的要求，国内有些工厂也引进了国外的玻璃瓶自动检验线。它不仅节省人力、检验速度快、准确可靠，而且能记录并显示检验结果，供分析鉴定，以便及时纠正。

一、输瓶机

输瓶机的主要作用是将制瓶机的输瓶网带传来的瓶子输送给推瓶机。

(1) 输瓶机的构造　输瓶机主要由机座、机架、网带（链板）、鼓轮（链轮）、传动装置、张紧装置等构成（图 10-50）。

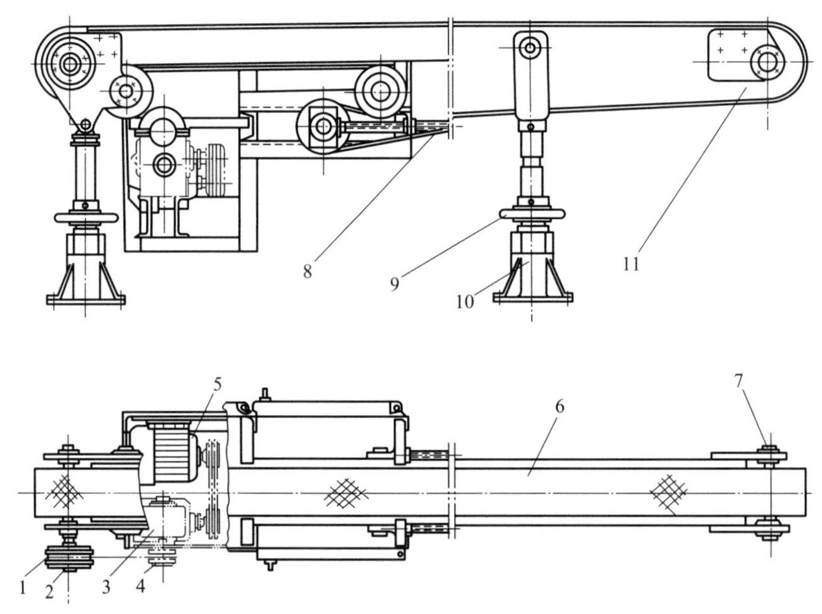

图 10-50　输瓶机结构

1—从动轮；2—主动轴；3—主动轮；4—减速器；5—电机；6—网带；7—从动轴；8—螺旋张紧装置；9—高度调节手柄；10—机座；11—机架

机架由两端的机座支承，机架的两端装有鼓轮，网带绕过机头机尾的鼓轮将首尾连接起来组成一条封闭的带。传动装置可使网带运转，为了防止网带在鼓轮上打滑，设有张紧装置，以便调节网带的松紧程度。

(2) 输瓶机的工作原理　电机 5 经过 V 带、减速器 4、皮带轮（主动轮 3 和从动轮 1）带动主动轴上的主动鼓轮转动，利用主动鼓轮与网带间的摩擦力带动网带运转，使放在网带上的瓶子从一端送到另一端。

高度调节手柄 9 可以调节网带的高度，以使输瓶机与推瓶机配合作业，其调节范围为 0～285mm。

输瓶机在安装时要与推瓶机有 80°～100°夹角，输瓶机的网带平面标高要与推瓶机转盘和链板平面标高配合一致。

输瓶机的规格以头尾两鼓轮的中心距来表示。

二、推瓶机

推瓶机是将输瓶机传来的瓶子定时地推入退火炉的设备，根据传动原理可分为气力传动和机械传动。

1. 气动推瓶机

气动推瓶机主要由板链部分、转盘部分、推瓶部分、上箱体、下箱体等构成。

板链部分包括板及其传动装置。板链传动电机经 V 带带动液压齿轮联合变速箱，再由链条带动输瓶板链运转。

转盘部分由转盘及其传动装置构成。转盘传动电机带动液压齿轮联合变速箱，通过链轮、链条、锥齿轮使转盘转动。液压齿轮联合变速箱通过手轮可以进行无级变速。两个电机由装在下箱体左右两侧的两个自动空气断路器控制。

推瓶部分主要由推杆升降气缸、推瓶气缸、行程控制螺栓及各种气阀构成。推杆升降气缸活塞运动可带动推杆装置上下移动，推瓶气缸活塞的运动通过齿条、齿轮、曲柄、连杆使车架和推杆向前或后退移动。为了使推杆动作平稳，两个气缸都设有活塞终止点缓冲装置。整个装置由下箱体支承。

2. 机械传动的推瓶机

机械传动的推瓶机（图 10-51）具有结构简单、制造方便等特点。电机通过皮带驱动蜗轮蜗杆减速器，减速器蜗轮轴上的小齿轮 4 与齿轮 5 啮合，带动摇臂 6 旋转，摇臂的两端连接着拨叉 7，摇臂每旋转半周，拨叉往退火炉推瓶一次。推瓶机的连续运动使成排的制品定时地推入退火炉。

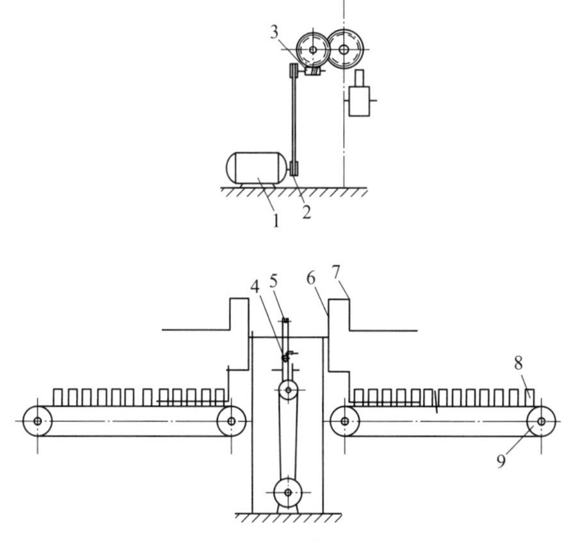

图 10-51　机械传动推瓶机

1—蜗轮蜗杆减速器；2—皮带轮；3—电机；4—小齿轮；5—齿轮；6—摇臂；7—拨叉；8—制品；9—输送带

机械传动推瓶机有左、右两个摇臂，两端的拨叉可以同时将推瓶机两侧的制品推入炉内，因而此种推瓶机可以完成两条生产线上的推瓶工作。

三、瓶罐自动检验设备

随着时代的发展、科技的进步，人们对工业产品的数量和质量要求越来越高，传统意义上的检测技术与飞速发展的工业要求之间的矛盾日益突出。玻璃瓶罐作为一种包装用品，由于其具有气密性好、光洁卫生、化学稳定性高、价格低廉、可回收利用等特点而普遍受到欢迎，已广泛应用于食品、药品、化妆品、饮料、化学等产品的包装。人们的日常生活离不开玻璃瓶，玻璃瓶生产在国民经济中占有不可忽视的地位。药品、酒水等灌装生产前必须对玻璃瓶进行检测，剔除不合格产品后，才能进行封装。玻璃瓶在生产过程中，会出现裂纹、缺损、气泡等缺陷，要求精确区分各类缺陷，完成瓶颈裂纹和瓶口缺损的检验，以便对产品的质量做出判断，剔除不合格产品。由于玻璃瓶在线生产要求检测精度高、准确性好、速度快，因此玻璃瓶生产工业流水线迫切需要在线自动检测设备，以往的玻璃瓶检测以人工检测为主，但是人工检测方法有许多缺点。

① 增加人工成本和管理成本，检测数据不方便保存和查询。

② 人工检测速度比较慢，无法适应现代化大生产的要求，而且工人劳动强度加大，容易受人眼分辨能力和易疲劳等主观因素的影响，无法保质保量地完成生产任务。

因此，必须寻求一种有效的自动化检测方法。

国外公司凭借其雄厚的经济实力和不断成熟的技术为基础，在 20 世纪 90 年代初就开始研制基于数字图像处理的产品在线检测设备，他们至今已经开发出多种玻璃瓶罐的在线检测机器。丹麦的一家公司自 1991 年开始着手研制，目前已经成功开发了多种用于玻璃制品质量检测的计算机视觉在线检测设备。检测的内容主要包括产品的内部缺陷检测及外形尺寸检测。NI 公司研制的基于 PC 的视觉检测系统，将机器视觉、运动控制功能与 LabView 虚拟仪器软件相结合，取得了突出的成效。SGCC 国际公司 M1 型全自动多功能玻璃瓶罐在线检测机 1998 年 3 月曾在北京国际玻璃机械设备展销会展出，备受国内玻璃制品生产厂家的青睐。Siemes 公司推出的智能化工业视觉系统 SIMATICV710，提供了一体化的、分布式高档图像处理方案。它将 CCD、图像处理器、I/O 集成在一个小型机箱内，提供 PROFIBUS 的联网方式或集成的 I/O 和 RS-232 接口。具有集成数字化照相机和快速图像处理器，标准连线接口，ProVision 组态软件等优点。AGR 国际公司研制生产了功能较齐全的玻璃瓶罐生产和用于饮料灌装的在线自动检测设备。美国工业动力机械有限公司开发了采用摄像技术的全方位空瓶检测机。采用摄像技术的空瓶检测机利用反射光学系统、高分辨率摄像技术和自动变焦镜头，对各个检测项目进行精确地检测。对于直径为 95mm 的瓶子，精确度为 98%，检测速度可达 700 瓶/min。Lasor 公司在线检验检测设备采用先进的 CCD 摄像技术进行在线缺陷检测，将检测的信号通过计算机进行处理，可区分气泡、夹杂物等玻璃缺陷，检测最小尺寸为 0.1mm。

在中国，机器视觉产品技术不够普及，大部分是购买国外设备。而直接引进国外的检测系统有许多弊端，例如价格昂贵。虽然国内在视觉检测方面的研究已经有很多年，但是主要做一些算法方面的研究。对于玻璃瓶的自动检测系统的开发和研究于近年开始起步，目前也有少数几个厂家在进行玻璃制品在线检测设备的研制，主要有北京赛腾动力科技有限公司研制生产的 Saturn 验瓶机以及广州市大元实业有限公司与北京四通电机技术责任有限公司利用日本的视觉系统联合开发的 DS 空瓶验瓶机，它们均采用了诸如计算机视觉、模式识别等先进技术。但是这些都未能满足目前国内大部分厂家的生产需要，例如速度就不能满足要求。总体来说，国内基于机器视觉的玻璃瓶检测系统的研究与应用还是比较落后的。因此，目前在国内研制具有自主知识产权的玻璃瓶检测系统具有重要的社会效益和经济效益。

（一）玻璃瓶罐的自动检验方法

早期的玻璃瓶罐自动检验设备大多是模拟人工检验的机械装置，属于接触性检验。近年来随着电子技术的发展和成形机生产速度的提高，利用光电、激光等新技术的非接触检验已成为主要方向。

1.机械检验法

机械检验法属于非接触性检验，主要用来检验瓶子的外形尺寸。例如瓶嘴检验机和模拟冲击试验机等。

瓶嘴检验机是用模拟人工的机械动作通过塞规对瓶口的尺寸进行检验的设备。这类检验设备检验结果可靠，但检验速度受到机械结构的一定限制，而且要求安装正确。

模拟冲击试验机用于直接试验瓶子的耐压强度和圆度，美国的186型模拟冲击试验机是使受检的瓶子在一个滚轮和一个压力垫之间通过时受到规定的挤压作用，如果瓶子不圆或者有结石、裂纹、局部过薄等缺陷，经受不起压力，便被挤破，合格的瓶子则通过，这种检验方法简单可靠，检验速度能满足现在制瓶生产的要求，但属于破坏性试验，瓶子挤破后碎片飞迸，需要采取妥善的保护措施，小心调节。

2.光电检验法

由于玻璃是透明的，在光线照射下，玻璃缺陷的反射、透射和折射方面都会产生差异现象，利用这个原理设计的检验设备有各种裂纹检验机、光电外形检验机、玻璃中异物检验机等。如瑞士某公司的237/238型瓶身旋转裂纹检测机，可检验圆柱形瓶子的瓶嘴、瓶颈、瓶肩、瓶体、瓶脚的各种裂纹，瑞士某公司生产的SE_{218}型预选器用来检验瓶子的高度、直径、瓶嘴偏值、瓶身歪斜和下陷等外观缺陷。美国某公司生产的亮场分析器用来检验玻璃瓶内的玻璃丝、玻璃屑等异物和结石、气泡等缺陷，是一种很有前途的新型光电检验设备，亮场分析器采用双光源，当瓶子随输送带进入检验区时受到两束光的照射，利用电视摄像管录下瓶子在光照下的投影，由于玻璃丝、玻璃屑、结石、气泡等缺陷对光产生的异常反应会影响投射到摄像管的光亮并形成一个暗区，于是缺陷就被显示出来，主要利用光透射法进行试验的直通式光电检验设备，检验速度快，每分钟可检460个。

光电检验设备所用的光源可以是普通光、红外光、紫外光、偏振光和激光等。光电检验设备用途很广，是主要的检验设备。

3.电容检验法

由于玻璃的介电常数远较空气大，当瓶壁与一个电容传感器接触时，就会使传感器的电容值发生显著变化，瓶壁厚薄不均匀就会被测出来，例如美国某公司生产的一种瓶子壁厚高速检验机就是利用这个原理对输送带上的瓶子进行直通式（瓶子不用进入旋转台）高速检测的，检测速度可以达到每分钟250个，精度±3%，受检瓶子直径可以达到83mm。

4.气压检验法

啤酒瓶、汽水瓶等在罐装时和罐装后都需要承受一定的内压力，在此压力下应保证瓶子不爆炸破裂，因此必须对瓶子做耐压试验。瓶子耐压试验可在内压试验机上进行，首先使瓶子进入检验台，由充气头直接向瓶内充气到规定的压力，不破碎的瓶子合格通过。这也是破坏性试验，需要妥善的安全保护措施。如无特别严格要求，检验线上尽可能不设这项设备进行逐个检验，可采用抽样检验的方法。

5.热辐射检验法

现在自动检验设备只能进行冷端检验，即等瓶子从退火炉出来后再进行检验。可是，瓶子从制瓶机生产出来到退火完毕一般需要2h，等瓶子的缺陷被发现时，已经生产了大量的废品。所以，理想的检验应该是热端检验，即瓶子在成形后输往退火炉的途中进行检验。由于这时的瓶子温度较高，在300℃以上，不易处理，要进行全面检验是很困难的，目前还不能实现，但是可以利用刚成形完的瓶子本身的辐射热作为检验信号，对瓶子的某些外形尺寸进行检验。1976年，欧文斯-伊利诺公司获得这项关于热端检验瓶子外形的方法和设备的专利，此种检验方法是采用上下2对（4个）热辐射探头，安装在制瓶机到退火炉之间的输瓶机旁，以瓶子本身的辐射热为信号源，利用硫化铅热电元件感测出瓶脚瓶颈的位置，从而检验出歪瓶子、两个粘在一起的瓶子和跌倒的瓶子，并且自动把它们抛除。

6. 放射性检验法

放射性同位素所发出的射线通过玻璃后，由于部分被玻璃所吸收而减弱，其强弱程度与玻璃的厚度存在着确定的函数关系。利用这个原理可以检验玻璃的厚度和外形尺寸。这种技术最适用于检验连续生产的平板玻璃和管玻璃，也可以用来检验玻璃瓶罐，但由于存在着放射线防护问题，所以很少采用。

（二）玻璃瓶自动检验线

玻璃瓶自动检验线由自动检验设备和辅助设备两部分构成。

自动检验设备可以是多台单项检验设备，也可以是综合检验设备，单项检验设备包括玻璃外形检验设备（检验瓶子的高度、直径、瓶嘴直径、歪斜等）、裂纹检验设备、壁厚分布检测设备、玻璃异物（瓶内玻璃丝、玻璃屑等）检验设备等，有些生产线很齐全，大小设备十余台，有些则很简单，应该根据生产规模和产品的要求来确定，综合自动检验设备是在一台检验机上完成多个项目的检验，例如德国的圆柱形玻璃瓶综合检验机设有多个检验站，瓶子通过检验机运转一周后便完成瓶嘴垂直裂纹和瓶身裂纹、瓶底垂直裂纹和瓶嘴瓶肩水平裂纹、玻璃厚度分布、瓶嘴尺寸、瓶嘴顶面水平度等多项检验。检验速度为每分钟120个。自动检验线采用综合自动检验设备比采用单项自动检验设备可以降低总的机械设备费用，但缺点是不灵活，一个部分出故障便导致全机停检。

辅助设备包括振动传输板、单列分行机、各种输送带、目测检验台、质量控制抽样器等。

四、自动包装设备

国内制品的包装也多由人工包装，采用麻袋、铁丝框、板条箱等。人工包装劳动强度大，需用人员多且效率低，与现代化制瓶厂的高速生产不相适应，因此包装工序已成为我国制瓶工业的一个薄弱环节，在国外近年来广泛采用货盘集装式和箱式两种自动包装方式，国内有的大型玻璃厂也采用货盘集装式。用麻袋包装容易回收、运输方便，但由于对瓶子无保护支持作用，破损率大。用铁丝框、板条箱包装对瓶子有较好的保护与支持作用，但体积不能压缩，回收运输困难。

货盘集装和装箱运输两种方式是在国外广泛使用的自动包装设备。货盘包装的流程是由自动检验线检验后的合格瓶子经过排瓶装置使一直列瓶流转变成一排排的瓶阵。瓶阵的长、宽与货盘的面积相适应。随后通过转移板或夹移盘把整个瓶阵转移到货盘上，然后在瓶阵上面放置另一个空的隔板，在隔板上再装另一层瓶阵，直到堆垛达规定的层数为止，在最上一层的瓶阵上加块盖板。国外标准的货盘尺寸为1000mm×1200mm。装好瓶子的货盘垛剖面如图10-52和图10-53所示。

装好瓶子的货盘再由货垛输送机送往塑料热缩包夹机包上塑料套，进入加热炉使塑料套收缩，紧紧地把整个瓶垛裹成一个结实的整体，然后用叉车运入仓库或装车外运。由于塑料套费用较高，也可以采用塑料带代替塑料套将瓶垛紧箍成一个整体。

采用货盘集装法可反复使用它的货盘、隔板、盖板等，所以包装费用很低。此外货盘集装还具有操作简单，运输量大，运输损失小，装卸快，便于堆放，能防雨、防风沙，易于实现瓶罐包装机械化等优点，是我国玻璃瓶罐包装运输的发展方向。

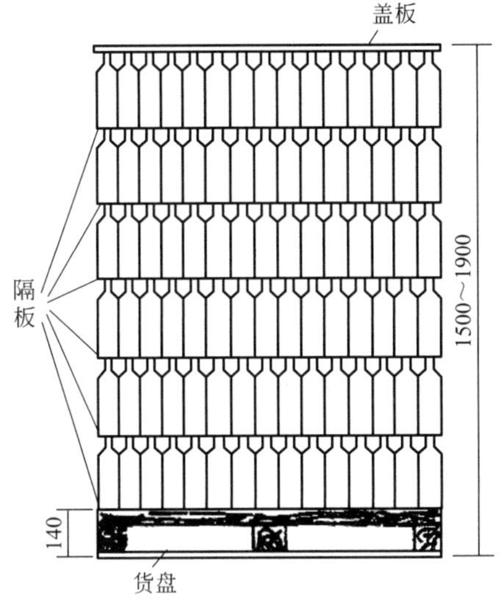

图 10-52 货盘集装法瓶垛垂直剖面图

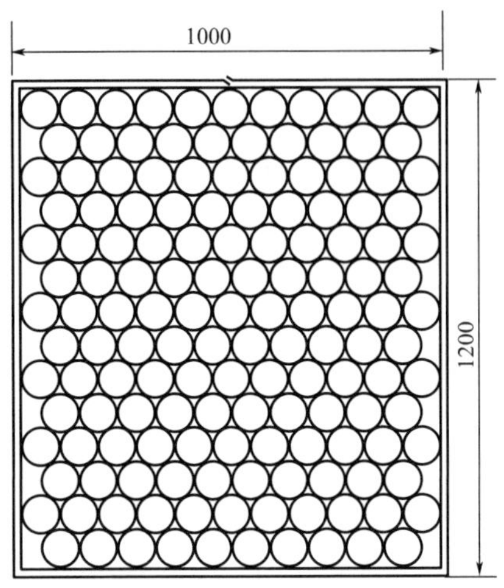

图 10-53 货盘集装法瓶阵示意图

第八节 泵及风机

玻璃工厂使用的辅助设备很多，这里主要介绍供水、供油和通风、除尘、冷却、气动成形机等所用的各种泵和风机。

一、泵

泵是一种能量转换机械，主要用于提高液体能量和输送液体。在玻璃生产中起到清洗、冷却等作用。按泵作用于液体的原理不同，大致将泵分为以下几种。

① 容积式泵 靠泵工作室封闭容积变化输送液体，例如活塞泵、齿轮泵等。

② 叶轮式泵 靠泵内叶轮的旋转运动对流体的作用输送液体，例如离心泵、轴流泵、旋涡泵等。

③ 流体动力作用泵 靠具有工作能量的流体对液体的作用输送液体，例如喷射泵。

泵也以用途或结构特点命名，例如悬臂式水泵、立式泵、卧式泵、油泵、深井泵、耐腐蚀泵等，但从原理上讲，还是属于上述 3 类中的一种类型。

由于输送液体的压力、流量、性质不同，泵的类型很多，大部分已标准定形，故主要应了解泵的型号、规格、性能特点，结合使用单位的工作要求进行选型。根据玻璃工厂的特点，下面主要介绍齿轮泵和离心泵。

（一）齿轮泵

1.结构和工作原理

齿轮泵的种类形式很多，按齿轮形状可分为正齿轮泵、斜齿轮泵和人字齿轮泵；按齿轮啮合方式可分为外啮合齿轮泵和内啮合齿轮泵等。一般外啮合正齿轮泵使用较广泛。

齿轮泵主要由壳体和两个互相啮合转动的齿轮所组成。齿轮的顶圆及端面和壳体及端盖之间的间隙很小，通常径向间隙为 0.10～0.15mm，端面间隙更小，一般为 0.04～0.10mm。当电动机带动其中一个主动齿轮旋转时，另一个从动齿轮与主动齿轮相啮合而转动。右边的空腔中，由于啮合齿退出啮合，齿间构成自由空间，形成局部真空。因此，油箱中的液体在外界大气压作用下被吸入空腔内，填满两齿所构成的自由空间。吸入的液体沿泵体壁由转动的齿轮带至左边空腔，这时由于齿轮不断啮合，其中一个齿轮的齿把另一个齿轮齿间内的液体挤出来从左腔压出并排往泵外。当两齿轮不断旋转，泵便能不断吸入和排出液体。

由于齿轮泵的压头高而流量小，常用于输送黏稠液体，习惯上称它为齿轮油泵。

2.齿轮泵的选型

根据生产中所需的最大工作压力和最大工作流量来决定齿轮泵的选型。考虑到油泵的泄漏和管路的压力损失，在选泵时，其压力和流量要偏大些，才能满足生产上的要求。

3.齿轮泵常见的故障及其排除方法

（1）流量不足、压力提不高

① 由于齿轮两端面及与其接触的两端盖（或轴承座圈）内侧面磨损，产生轴向间隙过大。解决办法是将磨损面修磨，并测量其尺寸与公差，据此来修磨泵体，使其保持合适的轴向间隙。

② 由于泵温度过高，油的黏度下降过多，造成泄漏严重，产生流量不足。应使泵的正常工作温度不超过55℃。但若油的黏度太大，吸油困难，也会产生同样故障。所以，根据油泵的工作条件，选择合适黏度的油液是很重要的。

③ 油泵位置离油面过高，造成吸油困难。滤油网过密或堵塞，吸油管接头处密封不好，吸油管过长过细，或油箱中油液不足等会造成流量不足。为了保证油液的吸入，泵的吸入高度不应超过0.5mm，并应采用直径较大的吸油管，以减少阻力损失。另外，还需严防管内漏气，清除污物，保持油液清洁，使油泵吸油通畅。

（2）压力波动大及产生噪声　漏气、空气侵入是噪声和压力波动大的主要原因。空气侵入的原因是泵的密封不好，如泵体与端盖结合面接触不良，密封件损坏，吸油管接头松动，以及端盖上的密封塞子密封不良等。排除时应仔细检查，采取相应措施解决。

（二）离心泵

1.离心泵的结构

离心泵主要由转子、泵壳、密封装置、平衡装置等部件组成。

（1）转子　离心泵的转子主要由泵轴和叶轮组成，叶轮用键固定在泵轴上，成为一个回转体。

① 泵轴　泵轴是传递动力的零件，它把叶轮、轴承、联轴器或皮带轮连接在一起，一般由碳素钢、合金钢或不锈钢车制而成。叶轮除用平键固定在轴上外，为防止旋转时自动松脱，还加装一个与叶轮旋转方向相反的反牙螺母。为减小对流体的阻力，螺母外形制成流线型。

② 叶轮　叶轮是离心泵的主要工作部件，由若干弯曲的叶片（清水泵一般为6～8片）、盖板等组成。一般用铸铁制成，当用来输送腐蚀性液体时，多采用耐腐蚀的合金钢或非金属材料来制造。叶片之间形成液流通道，液体由中央入口流入后，从流道流向外圆，在这个过程中，液体被带着运动而获得能量。

叶轮有闭式叶轮、半开式叶轮和开式叶轮3种基本结构形式。前后带有盖板的闭式叶轮，可以改善液体流动情况，提高泵的效率，适用于输送清洁液体，一般离心清水泵都采用此种叶轮。半开式或开式叶轮由于前后盖板不全或没有，所以叶轮不易堵塞，但效率较低，多用于杂质泵等。

叶轮根据吸液方式不同可分为单吸和双吸。单吸式是指液体只能从叶轮一侧进入，结构简单。但它在工作时会产生轴向推力，故必须消除。双吸式是指液体同时从叶轮两侧进入，由于对称性，叶轮两侧受到液体的压力几乎相等，基本上消除了不平衡的轴向推力。双吸式具有较大的送液能力，但由于结构（包括泵壳）复杂，所以只在大流量低扬程时使用。

（2）泵壳　液体从叶轮出口处获得流速达每秒十几米以至几十米，而液体的输送速度仅在每秒几米以内，以减少阻力损失。因此，泵壳的作用一个是把从叶轮中高速流出的液体汇集送到出水管，另一个重要的作用是做成流通截面逐渐扩大的蜗牛壳形，使流速逐渐降低，一部分动能转变为压力能，故泵壳又称转能装置。

从理论上讲，泵壳内壁曲线应做成和流体自由流动轨迹相一致的曲线，但为了加工制造方便，实际上是由几段半径逐渐增大的圆弧线连接而成的。出口管是变截面的扩散管，它起到使液体流速平缓降低的作用。为了减少液体对泵壳的摩擦而造成不必要的能量损失，加工泵壳时，内壁要求达到一定的粗糙度。

泵壳的具体形状是依据泵在某一特定条件下（转速、流量）设计的，故使用离心泵时，在其设计条件范围内操作效率较高。远离设计条件时，由于能量转换差，则效率很低。

(3) 密封装置 为了保证泵的正常工作，减少泄漏量，提高效率，密封装置是泵的重要结构之一。泵的密封包括下面两部分。

① 叶轮与泵壳间的密封 叶轮与泵壳间的密封采用密封环（又称减漏环、口环或承磨环等）密封，通常在泵体和叶轮吸入口处分别装入密封环（分别叫定环和动环），以构成很小的间隙，阻力或减少泵内压力较高的液体流向压力较低的叶轮吸入口处，即防止叶轮与泵体之间的液体漏损。密封环还起到承受摩擦的作用。当间隙磨大后，可更换新的密封环，以延长泵的使用寿命，所以密封环是泵的易损件。安装离心泵时，要注意使密封环处的间隙符合要求（一般保证在0.1～0.5mm），检查时要注意密封环的磨损情况。

② 轴封 旋转的泵轴从固定的泵体中伸出，在泵工作时，既要保证泵轴顺利转动，又要防止泵体内的高压液体漏出，同时防止外界空气进入泵体内，所以在两者之间设有密封装置，称作轴封。

轴封最常采用填料密封，填料密封又称填料函或盘根箱，由底衬环（又称填料座）、填料（又称盘根）、水封环（又称填料环）、填料压盖等组成。底衬环与填料压盖套在轴上填料两端，起着压紧填料的作用，密封的严密性可用松紧填料压盖的方法来调节。水封环装在填料的中间，将泵内高压水引至水封环，由泵轴实行水封，目的是防止当泵内的压力低于泵外周围的大气压（如吸液侧）时外界的空气侵入泵内。填料一般是用石棉绳编制的，用石蜡、石墨或黄油浸透后再压成正方形的断面，外表涂上黑铅粉。它具有耐磨、耐温和既刚又柔的特点。每圈填料采用45°料面来接口，且相邻两圈的接口应错开90°～120°，为了避免泵工作时填料与轴摩擦过剧，填料压盖的松紧度应适中，不应压得过紧，以泵在工作中有液体自填料函中大约每秒一滴漏出为度。

(4) 平衡装置 单面进水的离心泵工作时，叶轮的正面和背面所受的液体压力是不同的，相当于一个力 F 将叶轮推向吸水侧，这个力叫轴向推力。对高压泵或多级泵来说，轴向推力是很大的，有时可达几吨，因此，采用平衡装置就成为一个极其重要的问题。若这个轴向推力不加以平衡、消除，泵的转动部就会发生轴向窜动，从而引起泵内磨损、振动和发热，以致泵不能正常工作，因此必须予以平衡。

轴向平衡装置采用多种方法，对单级单吸离心泵大多采用平衡孔法。在叶轮后盘对应于吸液口处开几个平衡小孔，使叶轮前后空间连通起来。同时在叶轮后盘外侧铸出一密封突缘（它与泵壳上的密封环形成一迷宫密封），减少液体从高压区向平衡孔泄漏。这样即使漏过间隙 A 的高压液流也会通过平衡孔流向叶轮入口，以保证C室内的液压和叶轮入口的液压基本相等，使叶轮轴向力得到平衡。由于结构上的原因，平衡孔的总开孔面积不可能很大，泄漏的液流通过平衡孔时有一定的阻力，因而后盖盘两侧的压强差不可能完全消除，还有10％～25％的轴向力得不到平衡，这部分轴向力要靠轴承来承受。

2.工作原理

单吸单级离心泵输水装置的离心泵与电动机用联轴器连接，共同装在一底座上，这些通常都是由制造厂配套供应的。从吸液池液面下方的滤网开始到泵的吸入口法兰为止，这段管段叫做吸入管段。底阀用于泵启动前灌水时阻止漏水。泵的吸入口处装有真空计，用来观察吸入口处的真空度。吸入管段的水流阻力应尽可能降低，其上一般不设置阀门。水平管段要向泵方向抬升（坡度为1/50）。过长的吸入管段要装设防震件。泵出口以上的管段是压出管段。泵的出口装有压力表，以观察出口压强。止回阀用来防止压出管段中的液体倒流。闸阀则用来调节流量的大小。应当注意使压出管段的重量支承在适当的支承座上，而不直接作用于泵体上。此外，还应装设排水管，以便将填料盖处漏出的水引向排水沟。

离心泵开动前，泵内先灌满液体，开动后，叶轮旋转，充满于叶片之间的液体也跟着旋转，由于离心力的作用，液体由叶轮中心移到叶轮边缘，然后被甩出抛向蜗壳，在此过程中，液体获得能量，提高了压力能和动能，由于泵壳中液体流量逐渐扩大，则液体的流速渐渐降低，因此部分动能转变为静压能。于是液体以较高的压强被压出排液口。与此同时，由于叶轮内的液体不断被抛出去，在叶轮的中心部位处形成局部的没有液体的真空，由于吸液端吸液面上的压强较叶轮中心处压强大，因此吸液池中的液体在大气压力的作用下经吸液管进入叶轮中。这样，当叶轮不断旋转时，轮心部分的液体不断被甩出，同时又不断有液体进入叶轮中心填补被排出的液体位置。离心泵就是这样把液体源源不断地吸入泵内，并产生一定的压强而排至压出管，输送到需要的地方去。

由上述分析可知，离心泵是利用液体旋转时所受离心力来输送液体的。如果在开动泵前，泵壳内的吸入管中不预先灌满液体的话，叶轮内就藏有空气，当叶轮旋转时，因空气重度较液体小得多，所受的离心力也就小得多，故在叶轮中心部位就不能造成足够的真空度来抽吸液体，这样泵就无法工作，这种现象称为“气缚”。为了防止气缚的发生，在泵的吸入管底部装有一单向阀（常称底阀），以便开车前可事先在泵内和吸入管路内注满液体。为了防止杂物进入泵内堵塞叶轮，在底阀处安装有滤网。

3.选用原则

由于泵的用途和使用条件千变万化，而泵的种类又多种多样，因此如何正确选择泵的类型和大小来满足各种不同的生产要求就显得非常重要。

选泵工作主要包括选定泵的种类或形式以及决定它们的大小这两项。选用的步骤大致如下。

① 充分了解生产上对供水（液）的要求、管路布置、地形条件、被输送液体的状况（如黏度、重度、有无腐蚀性、温度、压强以及流量的大小等）、水位和运输条件等原始资料。

② 根据生产要求，合理确定最大流量和最高扬程。然后分别加10%～20%作为不可预计（如计算误差、漏损等）的安全量，作为选泵的依据。

③ 根据被输送液体的性质和操作条件，可通过查表10-10来确定使用哪一类泵，是清水泵还是专用泵。

表 10-10 泵的性能范围与用途

型号	名称	扬程范围 /m	流量范围 /(m^3/h)	电机功率 /kW	介质最高温度/℃	适用范围
B	离心式清水泵	9～98	4.5～360	1.5～55	80	工矿企业城市给排水
BA	离心式清水泵	8～98	4.5～360	1.5～55	80	输送清水或理化性质类似的液体
6BA2-8	离心式清水泵	25～36	126～238	17～22	80	输送清水或理化性质类似的液体
BAZ(BZ)	直联式离心泵	10～200	8～62	1.5～22	80	输送清水，也可作热电站循环泵
BL	直联式离心泵	8.8～62	4.5～120	1.5～18.5	110	输送清水或理化性质类似的液体

续表

型号	名称	扬程范围/m	流量范围/(m^3/h)	电机功率/kW	介质最高温度/℃	适用范围
Sh	双吸离心泵	9～140	126～12500	22～1150	80	输送清水,也可作热电站循环泵
D·DG	多级分段泵	12～1528	12～700	2.2～2500	80	输送清水或理化性质类似的液体
DA	多级分段泵	14～351	10.8～350	2.8～500	40	输送清水或理化性质类似的液体
GC	锅炉给水泵	46～576	6～55	3～185	110	小型锅炉给水
TSW	多级分段泵	20～369	15～260	3～500	80	输送清水或理化性质类似的液体
N·NL	冷凝泵	54～140	10～510	—	80	输送发电厂冷凝水
YGX-90	余热锅炉泵	35.5	90	—	210	强制循环及锅炉水循环
J·SD	深井泵	24～120	35～204	10～100	—	深井提水
JQ	深井潜水泵	30～204	10～1200	4～265	—	—
JQB	作业面潜水泵	4.5～25	15～3300	1.5～280	—	农田排灌,工厂浅井提水
4PA-6	氨水泵	86～301	30	22～75	—	输送20%浓度的氨水,吸收式冷冻设备主机

④ 泵的类型确定后，根据已知的流量和扬程选定泵的大小。具体方法如下。

一般可先用离心泵选择曲线图进行初选。根据已知的 Q 和 H，到离心泵选择曲线上找到一点，由此点所在的扇形面积即可读出应选泵的型号及转速。然后再按所选泵的型号查个别的性能曲线图而做出决定。

选泵也可以根据所需的流量口和扬程 H 直接在各类泵的性能表中进行选择。

4. 安装与运行

各种类型的泵都有泵生产部门提供的安装说明书，可供安装时参考。这里仅提出一些注意的事项。

(1) 安装

① 泵的安装高度不能大于计算出来的数值，以避免发生汽蚀现象。

② 若增加泵的允许安装高度，以减少土建工程，应尽量减少吸入管路的阻力。故吸入管路应尽量短而直，且管径不应小于泵吸入口径，也不能在吸入管路上装设节流阀门，因阀门关小时，会使吸上真空度增大，以致提前发生汽蚀。

③ 吸入管路要避免漏气，且管内不能积存空气，否则会破坏泵入口处的真空度，甚至导致断流。因此要特别注意水平段，除应有顺流动方向的向上坡度外，要避免设置易积存空气的部件。底间也应淹没于液面以下一定的深度。

④ 当泵安装在吸液面之上时，为使在泵启动前能灌满水，在吸入管底部应装一个底阀，且为防止杂物吸入泵内，在底阀处还应装一个滤网。

(2) 运行

① 在启动时，应注意其转动方向，如果方向错误，泵的流量和扬程显著降低。同时，因压紧叶轮的螺母的螺纹通常是左螺旋，故在叶轮反转时很可能松脱，造成事故。

② 当泵安装在吸液面之上时，启动前应先向泵和吸入管路中灌水，否则，因离心泵无自吸能力，空泵启动时不能输送液体。

③ 一般离心泵的轴功率是随流量的增加而增加的，故为了防止启动时电机过载，要在启动前将泵的出口阀门关闭（即在零流量下启动），这样所需轴功率最小，启动后再逐渐打开阀

门，使流量增大到所需要的数值。

④ 泵运行时还要经常检查填料函的泄漏和发热情况。填料的松紧程度要适当（一般在停车时用手能盘动轴，且运行时泄漏极慢）。

⑤ 泵在运行时要经常检查轴承是否过热，注意润滑。

⑥ 泵停车时首先要关闭出口阀门，以免发生水击，损坏泵壳等。

二、风机

在玻璃生产过程中，风机广泛用于除尘、通风、窑炉冷却以及成形机操作。它是输送和压缩气体的设备。

（一）风机分类

根据工作原理，可分为蜗轮式风机和容机式风机。

（1）蜗轮式风机　蜗轮式风机利用叶轮的旋转将机械能转变为气体的动能，原理与离心泵类似，气体均沿轴线方向进入叶轮，但出口方向不同，根据气体出口方向可分为以下几种。

① 离心式　气体出口方向垂直于轴线，沿叶轮的切线方向。

② 轴流式　气体出口方向与叶轮的轴线方向一致。

③ 混流式　气体出口方向与叶轮轴线成一定角度。

（2）容机式风机　容机式风机原理是由机械的往复移动或转动使工作室的容积增大或缩小，完成吸气和压缩气体的任务。风机根据出口压力不同分为以下 4 类。

① 通风机　排气压力为 15.2kPa（表压）以下，多为蜗轮式风机。

② 鼓风机　排气压力为 15.2～202.65kPa。

③ 压缩机　排气压力大于 202.65kPa。

④ 真空泵　进气压力低于大气压力，排气压力一般为大气压力，均为容积式。

（二）通风机

通风机又叫送风机，是低压下输送气体的设备。根据产生风压的大小分以下 3 种。

① 低压通风机　产生的压力小于 0.98kPa（表压）。

② 中压通风机　产生的压力为 0.98～2.942kPa（表压）。

③ 高压通风机　产生的压力为 2.942～14.710kPa（表压）。

通风机主要有离心式和轴流式两类。

① 离心式通风机

a. 工作原理。当轴带着叶轮高速旋转时，叶片间的气体也随着叶轮旋转而获得离心力，并使气体从叶片之间的开口处甩出。被甩出的气体挤入机壳，于是机壳内的气体压强增高，最后从导向出口排出。气体被甩出后，叶轮中心部分的压强降低，外界气体就能从风机的吸入口处通过叶轮前盘中央的孔口吸入，源源不断地输送气体。其工作原理与离心泵相似，但由于通风机输送的是气体，故比体积、黏度、可压缩性等与液体区别很大，所以相应引起结构与离心泵有所差异。

b. 结构。离心式通风机主要结构由吸入口、叶轮、机壳和轴等组成。

• 吸入口。吸入口具有集气的作用，它有圆筒式，锥筒式、曲线式等多种形式，可直接在大气中采气，使气体以损失最小的方式均匀流入机内。有些风机的吸入口也可以用法兰与吸气管道直接连接。

• 叶轮。叶轮是风机的主要部件，它由前盘、后盘、叶片和轮毂所组成。叶轮使吸入叶片间的气体强迫转动，产生离心力而从叶轮中甩出去，以提高气体的流速和压力。叶片通常可分为前弯、径向和后弯 3 种类型。

在其他条件相同时，前弯叶型风机总的压头较大，但它们的流动损失也大，效率较低，为了在大型风机中增加效率或降低噪声，几乎都采用后弯叶型。但就中小型风机而论，效率不是主要考虑因素，也有采用前弯叶型的，主要是因为在相同的压头下，前弯叶型风机的轮径和外形可以做得较小。

• 机壳。包围着叶轮的机壳是用钢板制成的，呈蜗壳形，它的断面绝大部分是矩形，有小部分为圆形，沿叶轮旋转方向逐渐扩大。其作用是收集来自叶轮中的气体，并将气体引向排风口，将部分动压转换为静压。

机壳的出口方向是固定的，一般安置多为上、下、左、右好几种，购置时应注明其出口方向。新型风机的机壳能在一定范围内转动，以适应用户对出口方向的不同需要。

• 轴、轴承和传动方式。风机的轴和叶轮连接在一起，一般用平键或槽形键来固定。轴承是支撑轴的，一般小型风机用滚珠轴承，大型风机采用带油环的滑动轴承，若输送高温气体，轴承箱上装有冷却水套以便冷却轴承。

轴承的安装位置和传动方式共分 A、B、C、D、E 和 F 六种形式。A 型风机的叶轮直接固装在风机轴上；B、C 和 E 型均为皮带传动，便于改变风机的转速；D 型和 F 型为联轴器传动；E 和 F 型的轴承分布于叶轮两侧，运转比较平稳，大都用于较大型的风机。

② 轴流式通风机　机壳和叶轮是轴流式通风机的两个基本部分。叶轮安装在机壳内，叶片扭转一定的角度，当动力机带动叶轮旋转时，气体由钟罩形入口（避免进气突然收缩）进入叶轮，由于叶轮把能量传给气体，使气体动能和压力增加，然后由扩散器流向出口。

轴流式风机和叶轮一般直接安装在电动机轴上，电动机用流线罩包装起来，与叶轮一起安置在机壳内的气流中（有的则放在气流的外面）。气体在轴流式通风机中，是沿着轴向流动的（这点与离心式通风机是不同的，离心式通风机的气体由轴向吸入，后改变为径向排出），故称轴流式通风机。

轴流式通风机的特点是产生的风压很小（0.098～1.471kPa），而风量却很大（有些高达 $8\times10^6 m^3/h$），所以，它适用于车间通风换气和玻璃制品的冷却。由于产生的风压很低，故一般不宜安装在管道中，而是安装在墙壁、天花板孔中进行车间换气，或直接架设在车间内冷却制品。

由于轴流式通风机在零流量下启动的轴功率为最大，因此，与离心式通风机相反，轴流式通风机应当在畅通下启动。一般不设置阀门来调节流量，大型轴流式通风机常用调节叶片安装角或改变转速的方法来达到调节流量的目的。

目前我国生产的轴流式通风机形式很多，需要时可查风机产品样本。

（三）活塞式空气压缩机

在自然界中空气取之不尽，用之不竭，而用压缩空气作为传递动力的介质具有安全、不怕泄漏的优点，所以玻璃工厂大量用压缩空气来驱动各种机械设备，控制仪表和自动化装置。压缩空气的制取是采用活塞式空气压缩机。

1. 工作原理和类型

在圆筒型气缸中具有一可往复运动的活塞，气缸上有控制进、排气的阀门。当活塞下行时，排气阀关闭，吸气阀打开，空气被吸入活塞腔；然后活塞开始上行，吸气阀关闭，气体因体积变小而受压缩，当压力提高到足以打开排气阀时，排气阀打开，排出压缩了的气体。这样，活塞往复一次，吸、排气各一次。由此可知，压缩机的工作循环是由吸气、压缩、排气 3 个过程组成的，而活塞的往复运动是通过曲柄连杆机构把发动机主轴的旋转运动转化为往复运动。

2. 压缩机的主要零件

(1) 气缸　根据气量、压力、冷却方式、气阀配置以及制造厂习惯等的不同，气缸结构形式很多。对于小型压缩机，气缸一般做成单作用式的，采用空气冷却气缸。为了提高散热能力，气缸外边铸有翅片。对于中型压缩机，气缸做成双作用式的，为了提高散热能力，气缸外设置水套，随着水在水套中不断流动将热量带走，水套的外边采用空气冷却，一般利用进气管路和排气管路通过水套外圈达到冷却。

一般气阀设置在气缸的端部，所以在气缸的端部留有气阀安装孔。气阀在气缸端部的布置形式很多。有很宽畅的阀室，气阀轴向地配置在气缸盖上，并且是从侧窗中装入。但它的气阀仅有一部分面积是正对着气缸，故气流对气阀有一定的偏吹现象。

活塞和活塞环在气缸镜面上摩擦，使气缸产生磨损，当磨损量达到一定值时，需要换新的气缸。有些气缸内壁设置有气缸套，当磨损后只需更换新的气缸套即可。

气缸一般都使用耐磨的灰口铸铁铸造而成。

（2）活塞　活塞的结构与气缸一样繁多，通常它与气缸的结构有关，并且取决于是否需要承受侧向力。现按活塞结构形式分述如下。

① 筒形活塞　筒形活塞一般是指需要承受侧向力的单作用式压缩机活塞。因为它呈圆筒状，故命名为筒形活塞。

筒形活塞与气缸组成封闭容积的部分称为顶部。顶部下面设置活塞环的部分称为环部，环部下面是裙部，用于承受轴向力。裙部上设有活塞销座，底部还常设有刮油环，借以刮去在单作用式压缩机气缸壁上过多的润滑油。

筒形活塞、气缸在单作用式压缩机中的布置形式是最常见的二级压缩——V 形空气压缩机的结构。

活塞销是连接活塞和连杆的零件，形状比较简单，一般为空心圆柱形，采用的材料是 20、15CrA、20Cr、20Mn2 等钢。

由于单作用式压缩机通常依靠曲轴箱中飞溅起来的油进行气缸润滑。当缸壁上的油过多时，润滑油便可被活塞环泵入气缸内，为了减少压缩空气中的含油量，并且减少润滑油的消耗量，刮油环可把气缸壁上附着的润滑油刮去一部分，留下必要的供气缸润滑。

筒形活塞一船采用铸铁、铝等材料制成。

② 盘形活塞　在有十字头压缩机中，侧向力已由十字头所承受，故活塞的作用仅作为一个滑动密封面。在双作用式压缩机中，根据气阀配置的情况以及气缸盖的形状，活塞常做成盘形。

常见于现代中、小型高速短行程压缩机中。因为活塞直径小，故做成实心的。活塞是铝制的，中心镶有一钢圈。

（3）活塞杆　活塞杆用来连接活塞和十字头。它同活塞的连接有 3 种形式：第一种是依靠活塞杆上的凸台用螺母将活塞夹持紧固；第二种是活塞和活塞杆直接采用螺纹连接；第三种是活塞同活塞杆采用锥面配合。活塞杆的材料为优质碳素钢。

（4）曲轴　曲轴是压缩机中重要运动零件之一，它由主轴颈、曲柄和曲柄销（或称连杆轴颈）3 部分组成。曲柄和曲柄销构成的弯曲部分称为曲拐，V 形、L 形空气压缩机一般只有一个曲拐，它与两个连杆相连接。为了平衡 L 形、V 形等角度式压缩机中往复所造成的惯性力，有些曲轴还设置了偏心配重。曲轴材料一般为优质碳素钢和球墨铸铁。

（5）连杆　连杆一端与活塞销或十字头销相连，称为小头；另一端与曲柄销相连，称为大头；中间部分为杆身。大部分连杆大头是剖分的，以便装配到曲轴上。剖分面大多是垂直杆身轴线，剖分的连杆大头由螺栓连接。

在采用飞溅润滑时，连杆大头盖上设有击油勺，并在大、小头上备有导油孔。击油勺一般是中空的，接近大头盖处有一小孔，其作用是排出勺中的空气，以便把润滑油导入大头瓦。连杆一般由钢或铸铁制成。

(6) 十字头 十字头是连接连杆与活塞杆的零件，连杆力、活塞力、侧向力在此交汇。

活塞杆通过螺纹或法兰与十字头相连接。最简单的螺纹连接方式，带有螺纹的活塞杆直接拧在具有螺孔的十字头体内，依靠台肩定位，十字头与连杆的连接由十字头销来完成。十字头一般由铸铁铸造而成，承压面往往和十字头体做成整体，承压面由于运行而磨损后，可更换新的十字头。

(7) 机身 机身供放置曲轴、连杆、十字头等零件以及其他辅助设备。它一端连接气缸，另一端固接于基础或底座上。因为机身中置有曲轴又呈箱形，所以也称曲轴箱。曲轴箱两端设有通孔，以便曲轴和轴承的插入。通常机身还兼作润滑油贮油池，设有观察油位的指示孔或油标尺以及加油孔和放油孔。

3.压缩机的气阀

气阀是压缩机中最重要的部件，并且是易损坏的部件之一。气阀的好坏直接影响压缩机的排气量、功率消耗以及运转的可靠性，而且，气阀是限制压缩机提高转速的主要障碍。

在压缩机上所使用的气阀一般属于自动阀，它的形式很多，但所有的气阀主要由 4 部分组成。①阀座。阀座具有能被阀片覆盖的气体通道，它与阀片一起闭锁进气（或排气）通道，是承受气缸内外压力差的零件。②启闭元件。用来交替地开启与关闭阀座通道，通常制成片状者则为阀片。③弹簧。它是关闭时推动阀片落下阀座的元件，并在开启时抑制阀片撞击升程限制器。④升程限制器。用来限制阀片的升程，并往往作为承座弹簧的零件。

4.压缩机的冷却器

压缩机的气缸一般需进行冷却，多级压缩时，被压缩的气体需进行中间冷却，有些压缩机在最后排出气体后还进行冷却，以便分离出气体中所含的水和油。冷却剂通常采用水。

冷却器的结构形式很多，一般空气压缩机采用管式冷却器。它是把管子绕成螺旋状，并置于一壳体中，气体在管内流动，水在管外的壳体内流动。冷却水自壳体底部进入，上部流出，随着水逐渐上升，温度也逐渐升高，这样可利用其自然对流的作用。

蛇管式冷却器的特点是结构简单，制造方便，且可把几个中间冷却器组合在一起，使其结构比较紧凑。蛇管材料采用紫铜，以改善总的传热效果。

压缩机工作过程中，除气体需要进行冷却外，气缸也需要进行冷却。由于所有冷却中，中间冷却的好坏对机器影响最大，一般采取最冷的水首先通入中间冷却器。冷却水的接入形式一般有串联式和混联式两种。

(1) 串联式冷却器 冷却水首先进入中间冷却器，然后进入一级气缸水套，再进入二级气缸水套，从二级气缸水套出来的水再进入后冷却器。

(2) 混联式冷却器 冷却水首先进入中间冷却器，然后分别进入一、二级气缸水套，最后进入后冷却器。

5.滑动密封

活塞与气缸之间，以及活塞杆与气缸之间，因为有相对滑动，故需留有必要的间隙，压缩机工作时，为防止被压缩气体从这些缝隙中泄漏，就需要采取相应的密封措施。

压缩机滑动密封的地方一个是活塞与气缸的间隙；另一个是活塞杆和气缸的间隙。

(1) 气缸与活塞的密封 气缸与活塞的密封都是采用活塞环，它镶嵌于活塞的环槽内。工作时外缘紧贴气缸镜面，背向高压气体一侧的端面紧压在环槽上，由此阻塞间隙达到密封气体；但是，普通的活塞环都具有切口，因此气体能通过切口泄漏，此外，气缸和活塞环的圆度和圆柱度都可能有误差，环槽和环的端面有平面度误差，这些也是造成泄漏的因素。所以，活塞环常常不是一道，而是需要两道或更多道同时使用，使气体每通过一道环便产生一次节流作用，进一步达到减少泄漏的目的。

（2）填料及填料函　填料是指密封气缸和活塞杆间隙的元件。填料函是指整个安装填料的部分。

① 填料　填料密封的原理和活塞环类似，所不同的是，活塞环利用外缘和气缸壁相接触，而填料则是由内缘和活塞杆相配合的。目前最普遍使用的平面填料由两块平面填料构成一组密封元件，一块由3瓣构成，它们的外缘绕有螺旋弹簧，将它们缚于活塞杆上。两块平面填料的切口应错位安装，以阻止气体泄漏。每一块填料的切口都具有间隙，以便内缘磨损后能自动补偿。

② 填料函　填料是从气缸工作腔中装入的。在接近气缸工作腔的第一小室中放置一个填料，其目的是使气体先进行一次节流，使其后的填料所承受的压力比较平稳，第二小室放置两个填料，最后的小室中是两个刮油环。小室由一个隔距环和一个环片所组成。填料两端面与环片成滑动配合，外缘与隔距环留有一定间隙，以便活塞杆有跳动时填料可以退让。

6.气体管路及管系设备

气体管路及管系设备的作用，主要是将气体引向压缩机，经压缩机各级压缩后，再引向使用场所。

从压缩机第一级前（工艺流程中为自进气管截面间开始），到压缩机末级排气管的截止间为止，其中的管道、阀门、滤清器、冷却器、液气分离器以及储气罐等设备，组成压缩机的主气体管路。此外，还有一系列辅助管路，如通向安全阀及压力表的气体管路等。

（1）液气分离器　压缩机气缸中排出的气体常含有油和水蒸气，经过中间冷却后就形成冷凝液滴。油滴和水滴如果不分离掉而随气体进入下一级气缸，它们会黏附在气阀上，使气阀工作失常，寿命缩短；水滴附着在下一级气缸壁上，使壁面润滑恶化。为把气体中的油滴和水滴分离掉，在各级冷却器之后设置液气分离器。最常采用的是惯性式液气分离器，其原理是靠液滴和气体分子的质量不同，通过气流转折利用惯性进行分离。

（2）滤清器　脏的气体进入压缩机之前必须经过滤清器，以防止气体中的灰尘等固体杂质进入气缸，增加相对滑动件的磨损。

滤清器的作用原理与液气分离器相类似，根据固体杂质颗粒的大小及质量与气体分布不同，利用阻隔（即过滤、惯性及吸附等）方法，使进入气缸的气体含尘量不大于$0.03mg/m^3$。

油浴式滤清器主要由滤芯和油池两部分组成，进入滤清器中的气体经过气流转折，较大的颗粒落入下面的油层而被清除，较小的颗粒被滤芯所阻隔。

（3）安全阀　压缩机每级的排气管路上部都装有安全阀，当压力超过规定值时，安全阀能自动开启放出气体；待气体压力下降到一定值时，安全阀又自动关闭。所以安全阀是一个起自动保护作用的器件。安全阀应保证：

① 阀在规定压力下处于开启状态时，放出的气体量应等于压缩机的排气量；

② 阀达到极限压力时，应及时且无阻碍地开启，阀在全开位置应稳定、无振荡现象；

③ 当压力略低于工作压力时，阀应当关闭；

④ 阀应在关闭状态下保证密封。

由于安全阀不经常工作，为避免锈蚀住，应定期检查，手柄是作为检查之用，扳动手柄可检查安全阀启动是否正常。贮气罐的作用主要就是贮存一定量的气体，以达到下列目的。

① 可以调节空气压缩机的输出气量与用气设备耗气量之间的不平衡情况，保证气流连续、稳定地输出。

② 减小气源输出气流的脉动，即增加气源输出气流的连续性和压力稳定性，并减弱由于空气压缩机排出气流的脉动等而引起对管道的振动。

③ 它有进一步分离压缩空气中的水分和油分的作用。

贮气罐的底部设有截止阀，以便将分离出来的水分和油分定期排出。贮气罐上部设有压力表和安全阀，以保证操作安全。

7. 调节

在玻璃厂，其设备的用气量是经常变化的，当耗气量小于压缩机排气量时，需对压缩机进行排气量调节，以便压缩机的排气量适应耗气量的要求。

(1) 排气量调节的方法

① 转速调节　改变压缩机的转速可达到调节排气量的目的，其调节可分连续的和间断的两种方式。

a. 连续的转速调节。此种调节必须设有变速装置，所以一般很少采用，它只适用于内燃机和蒸汽机驱动的压缩机。

b. 间断的停转调节。当用交流电机等不变转速发动机驱动时，可采用压缩机暂时停止运行的办法来调节排气量。

这种调节的优点是压缩机停止工作便不再消耗动力，压缩机本身也无需设置专门的调节机构。缺点是频繁的启动、停机，会增加摩擦零件的磨损；启动时消耗的电能比一般运行状态要大；要求启动设备简单，操作方便，启动时间短；要求有较大的贮气罐，以便贮存较多的气体，借以减少启动的次数。由于存在上述一系列缺点，所以，这种调节方法一般只用于微型压缩机，或者极少进行调节的场合。

② 管路调节　在管路方面增加适当的机构来进行排气量调节，而压缩机本身结构并无改变。

a. 节流进气。在压缩机进气管路上装有节流阀。调节时节流阀逐渐关闭，使进气受到节流，由此使排气量减少。由于这种调节结构简单，常被用于不频繁调节及大型压缩机装置中。

b. 切断进气。这种调节利用阀门关闭进气管路，由此使排气量为零，所以属间断调节。

切断进气后压缩机为空运行，此时的功率消耗为额定功率的 2%～3%。

切断进气调节，机构也很简单，我国一些动力用的空气压缩机采用此种调节方法。

切断进气用的调节阀，阀芯是双座的，双座可使关闭和开启时作用力较单座为小。调节时来自末级排气管路（或贮气罐）的高压气体通入伺服器，其中活塞受气体压力的作用克服阀杆顶部弹簧的力，推动阀芯关向阀座，于是进气管路被切断。当需要恢复正常工作时，由于调节器的控制，伺服器接通大气，其中的高压气体逸出，阀芯在弹簧的作用下被打开。手轮用于压缩机启动时切断进气，使空负荷启动；操作时旋转手轮，使之与相连的丝杆顶推阀芯关闭进气管路。

(2) 调节系统及调节器

① 调节系统

a. 手动操作。调节机构依靠人来控制，一般用于不经常调节的场合。如果调节比较频繁，通常都采用自动调节。

b. 自动调节。需要有下述功能的机构：指令机构——调节器，它适时发出需要进行调节的命令；传递机构，在压缩机装置中，通常都采用气体；执行机构，包括伺服器和调节机构。

② 调节器　调节器是发出指令的部分，其中具有感受元件。因为从压缩机中来的信号通常表示气体压力的高低，所以感受元件通常是具有一定负荷的阀门。

压缩机的调节器感受元件上的负荷大都用弹簧来完成，调节弹簧力的大小便可确定调节的压力，所以弹簧被称为指令元件，即指令是由弹簧来下达的。

具有弹簧指令元件的双位调节器调节时，由于排气压力升高，作用在阀芯上的力大于弹簧力，于是阀芯升起。阀芯升起后，一方面与限制升程的零件的锥面相接触，关闭调节系统与大气的通路；另一方面让高压气体进入调节系统的导管，使伺服机构动作。当排气压力降低时，阀芯落座，它一方面关闭高压气体的通路，另一方面接通大气，释放调节系统中的有压气体。因为只有一开一关两个位置，所以称为双位调节器。双位调节器仅能控制间断调节装置。当调节属分级调节时，则采用多位调节器。

思 考 题

1. 简述吹泡机一般都包括哪些装置。
2. 简述气动压杯机都包括哪些机构。
3. 机械成形玻璃管有哪些方法？
4. 丹纳法拉管机由哪几部分组成？
5. 简述玻璃纤维制备的发展经过。
6. 简述制球机的成球工艺过程。
7. 玻璃制球机由哪几部分组成？
8. 简述 ZP-18 型制瓶机名称的含义，并说明该机型的组成结构。
9. 简述安瓿的生产工艺流程。
10. 简述玻璃厂常用泵如何选用。

第十一章　平板玻璃成形及加工机械与设备

平板玻璃指其厚度远远小于其长和宽，上下表面平行的板状玻璃制品，是建筑玻璃中的基础建筑材料，还可以通过着色、表面处理、复合等工艺制成具有不同色彩的各种平板玻璃。按厚度可分为薄玻璃、厚玻璃、特厚玻璃。平板玻璃的生产方法有浮法、平拉法、压延法、无槽垂直引上法、溢流引下成形等。其中，浮法、压延法及平拉法是目前使用较多的方法，而90%的平板玻璃都是采用浮法成形，压延法目前主要用于制备光伏玻璃。

第一节　浮法玻璃生产主要设备

一、浮法玻璃成形工艺流程

在池窑熔制好的玻璃液，由流道进入锡槽，由于玻璃的密度为锡液的1/3左右，因而可漂浮于锡液上，在重力和表面张力作用下完成玻璃的平整化过程后，逐渐降温冷却成板，在输送辊道牵引力作用下，进入退火窑消除应力，再经过检测，纵横切割，装箱入库。在此过程中，为了防止锡液在高温下氧化，往往需要通入弱还原性的保护气体，以提高玻璃质量。浮法玻璃成形工艺流程如图11-1所示。

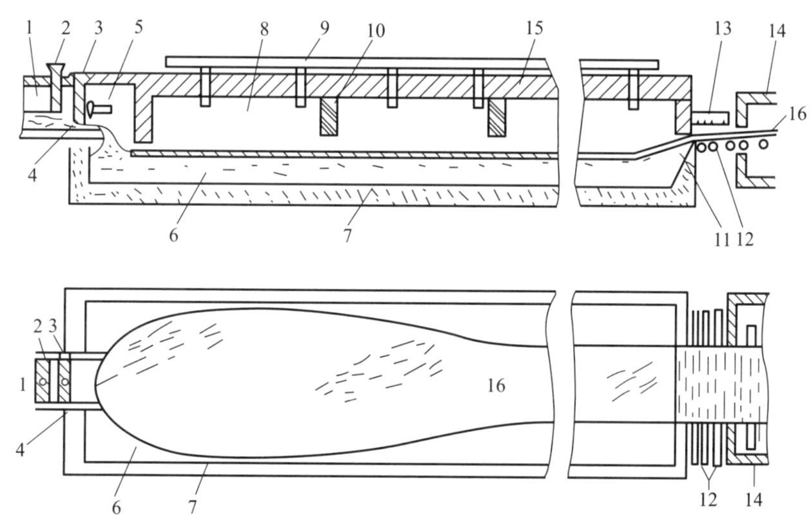

图11-1　浮法玻璃成形工艺流程

1—窑尾；2—安全闸板；3—节流闸板；4—流槽；5—流槽电加热；6—锡液；7—锡槽槽底；8—锡槽上部加热空间；9—保护气体管道；10—锡槽空气分隔墙；11—锡槽出口；12—过渡辊台传动辊子；13—过渡辊台电加热；14—退火窑；15—锡槽顶盖；16—玻璃带

二、浮法玻璃成形方法

浮法玻璃的成形指熔融态的玻璃液形成具有一定形状的玻璃板的过程。浮在锡液上的玻璃液在重力及表面张力的作用下，自然铺展形成一定的厚度。而实际的生产需要不同厚度的玻璃，因此需要相关的设备及工艺过程控制，满足实际生产的要求。

（一）拉薄措施

通常输送辊道提供拉薄所需的拉力，增大拉引速度时，玻璃带中的质点加速度增加，拉力增大，进而玻璃带被拉薄。所以，生产薄玻璃时往往应采用较高的拉引速度和较大的拉力。仅靠提高拉引速度是不够的，因为玻璃带不但需要在拉力作用下被拉薄，而且需要在其宽度方向上产生收缩。因此，必须通过对玻璃带施加横向拉力等措施，亦即采用拉边器或单辊道拉边器等来实现上述目的。实践证明，单辊式拉边机能够有效地满足生产要求。

（二）拉薄方法

薄玻璃的生产方法可分为低温拉薄法（加热重热法）和徐冷拉薄法（正常降温拉薄法）两种。

低温拉薄法是玻璃带在离开抛光区后急速冷却到700℃左右（黏度约为10^8Pa·s），然后进入加热重热区，玻璃液被加热到850℃左右（黏度约为10^6Pa·s），增加拉引速度，玻璃被拉薄。这种方法的特点是玻璃带在急冷区被冷却到软化温度以下并硬化，可以取得良好的拉薄效果。但是，这种操作会产生急冷急热作用，使玻璃温度的均匀性很难保证，进而引起玻璃带的不均匀收缩，导致抛光玻璃带质量下降。另外，其能耗较大，生产成本较高。

徐冷拉薄法是目前常用的薄玻璃生产方法，其温度曲线平缓下降，避免了热冲击，因而玻璃带温度比较均匀，且拉薄过程对玻璃质量没有产生明显影响，操作简单，耗电量小。其工艺过程一般分为摊平区、徐冷区、成形区和冷却区4个区。

（三）薄玻璃的生产

由上述可知，薄玻璃的生产是玻璃带在适当位置设置若干对拉边机，施加横向拉力使玻璃被拉薄。一般情况是：5mm玻璃设1～3对；4mm玻璃设3～4对；3mm玻璃设4～6对；2mm玻璃设6～8对；1mm以及小于1mm的超薄玻璃生产时需要10对以上的拉边机。依照浮法玻璃拉薄原理，拉边机应放在黏度为$10^{2.25}$～$10^{4.25}$Pa·s的玻璃带内。如果拉边机放置区温度太高，会使拉薄效果差；反之，如果放置温度太低，辊头将打滑，而拉不住带边。通常，第一对拉边机应放在离锡槽前端7～9m处，之后每隔1.5～3m设置一对拉边机。确定拉边机在锡槽内位置后，根据玻璃带宽度和厚度，拟定拉边机辊头伸入锡槽的距离、压入深度、机杆摆角等参数，如表11-1所示。

表11-1　生产薄玻璃时拉边机的速度与角度

拉边机	1#	2#	3#	4#	5#	6#
拉边机速度/(m/h)	175	240	340	395	420	440
机杆外余(S)/mm	960	900	870	880	860	790
机杆外余(N)/mm	1160	1120	1160	1130	1050	1010
拉边机角度/(°)	7.5	7.5	7.5	5	6	5.5

注：表中S表示南边，N表示北边。

玻璃生产实例（3mm）：拉引量440t/d，主传动速度709m/h，原板宽度3460mm，合格板3000mm，流道温度1083℃，锡槽出口温度（610±5)℃，使用6对拉边机。

（四）超薄玻璃的生产

通常厚度在3mm以下的平板玻璃称为薄玻璃，而厚度低于1.5mm的则称为超薄玻璃。

目前超薄浮法所制玻璃已能将厚度控制在0.3～1.5mm。超薄玻璃作为一种新兴的高技术含量的优质玻璃，具有透光率高、表面平整、化学稳定性好等优点。由于超薄浮法玻璃主要是用在电子行业，对玻璃质量有特殊的要求，因此其生产难度非常大。生产困难主要体现在以下几个方面：①要求玻璃板厚薄差小于0.05mm；②波纹度要求小于0.15μm/20mm；③在玻璃质量方面，要求几乎无气泡、杂物、铅锡等，且总缺陷数量需控制在 40 个/t 玻璃液之内；④包装不能有任何细小划伤，甚至对包装纸都有特殊要求。

（五）厚玻璃的生产

所谓厚玻璃，是指大于自然平衡厚度的玻璃。当玻璃液厚度大于其自然平衡厚度时，重力和侧向力的合力大于表面张力的合力使玻璃展薄。若玻璃越厚，其展薄作用就越强。因此生产厚玻璃，需施加一个阻挡展薄的力，使玻璃液层在较厚情况下处于平衡状态。通常采用负角度摆角拉边机产生的反推力使玻璃堆厚，或在玻璃带两边增设石墨挡墙阻挡玻璃液的横向流动来实现。厚玻璃的生产方法分以下 3 种。

1. 拉边机法

拉边机法简称 RADS 法（图 11-2），采用的拉边机和拉薄法相同，只是放置方向与拉薄法相反，即向锡槽进口端倾斜一定角度，阻止玻璃带向两边摊开，并使已摊薄的玻璃带堆积至大于自然厚度而达到增厚目的。

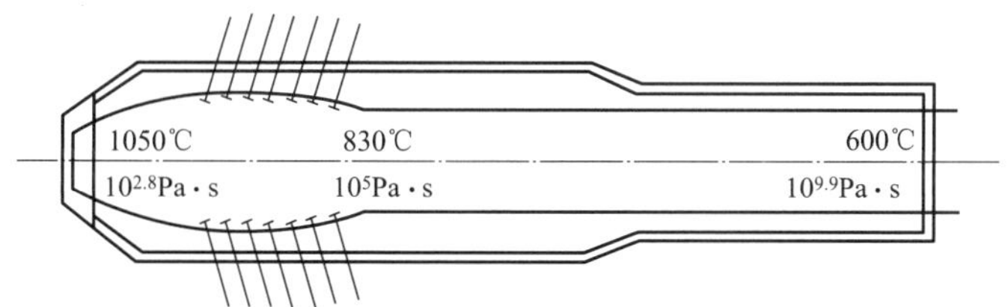

图 11-2　RADS 法

该生产工艺的优点是不需要其他辅助设备、厚度可以灵活地进行调整；缺点是生产厚度有一定的局限性，并受温度变化的影响较大，容易导致厚度堆积不够、沾边及满槽等事故，一般适用于 8～19mm 厚度玻璃的生产。表 11-2 为用拉边机法生产厚玻璃时拉边机的速度及角度。

表 11-2　用拉边机法生产厚玻璃时拉边机的速度与角度

拉边机	1#	2#	3#	4#	5#	6#	7#
拉边机速度/(m/h)	495	450	420	330	260	210	185
拉边机角度/(°)	12	－12	－11	－10	－10	－8	－5

2. 石墨挡墙法

石墨挡墙法又称 FS 法（图 11-3）。基本工艺：在锡槽高温区设置较长的石墨水冷挡墙，让玻璃在其间摊平，并堆积至所需厚度。此法实施过程中的难题是高温下石墨与玻璃的黏结，以及玻璃液流量与厚度的控制，对安装定位和水冷强度要求很高。通过利用石墨挡条可以避免玻璃带对挡条的黏附，减少边部摩擦阻力。充分利用了浮法成形的基本原理，使成形的玻璃具有良好的平整度及光学质量，适用于 15mm 以上超厚浮法玻璃的生产。但由于玻璃液在锡槽中停留时间较长，且在石墨挡条对接处往往残留一些几乎不流动的玻璃液，极易析晶。所以在生

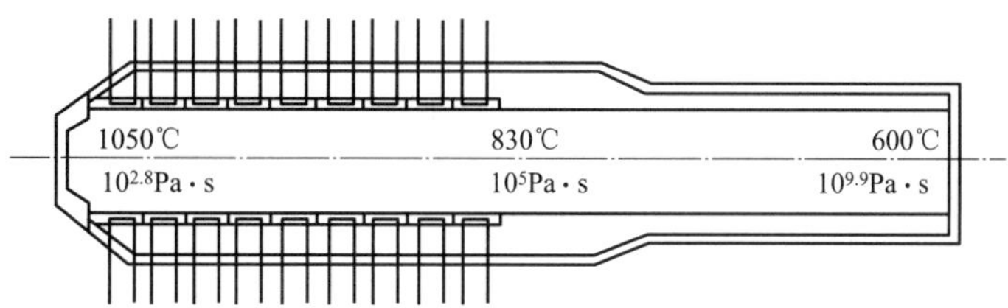

图 11-3　FS 法

产过程中需要进行清除，不能长时间生产。

3. 挡墙拉边机法

挡墙拉边机法简称 DT 法（图 11-4），它综合了拉边机法和石墨挡墙法的优点。工艺特点是：通过在高温区设置短挡墙，使玻璃液在其间堆积至所需厚度，然后在挡墙出口处设置几对倒八字拉边机来阻止玻璃带向外摊开。DT 法不但可以灵活调节开度，并且可以根据需要对石墨挡墙进行水冷却或电加热。一方面在发挥挡墙堆厚作用的同时避免了长挡墙结构复杂的弊端，另一方面又克服了单靠拉边机堆厚的困难，发挥了拉边机阻止摊薄的作用。具有结构简单、操作灵活、生产厚度范围大、玻璃质量好等优点，但也存在拉边机和挡墙结合困难，拉引成品率低等缺点。

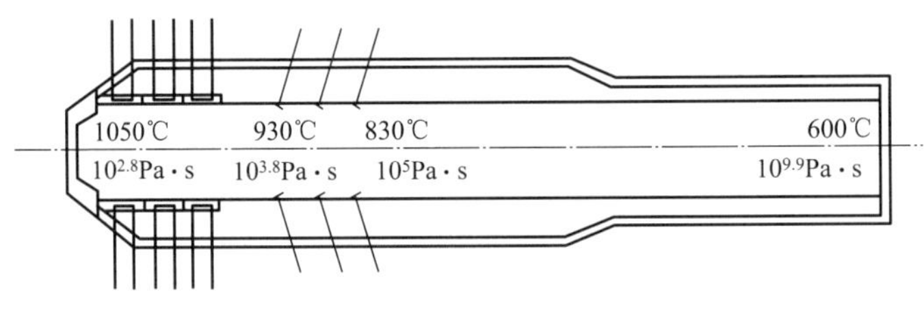

图 11-4　DT 法

三、锡槽

（一）锡槽的分类

1. 按照流槽主体结构分类

① 直通型　直通型锡槽进口端和出口端宽度相同，具有结构简单，制作方便等特点。一般配置宽流槽。

② 宽窄型　宽窄型又称大小头型，其进口端较宽而出口端较窄，结构较复杂。通常与窄流槽配合。

2. 按照流槽宽度分类

① 宽流槽型　流槽宽度和玻璃原板宽度相近。

② 窄流槽型　流槽宽度为 600～1800mm。

3. 按照胸墙结构形式分类

① 固定式胸墙　所设计胸墙为固定的，所有操作孔、检测孔都有固定的位置和尺寸。具有整体性好，便于密封等优点，但由于操作孔固定位置的限制，因此操作灵活性不足。

② 活动式胸墙　此种锡槽的胸墙上部分为固定式，且沿口以上至固定胸墙的间隙被活动边封填塞。这种结构的操作孔可以根据需要灵活设置，操作简便，所以适用于多品种产品的生产，但密封较为困难。

③ 固定胸墙加活动式边封　综合了上述两种结构的优点，将经常操作处设计成活动式边封，以便于锡槽的密封。国内锡槽多采用此种结构。

4. 按生产发明厂家分类

① PB 法锡槽　该法由英国皮尔金顿玻璃有限公司发明，其进口端设计为窄流槽形式，主体结构为宽窄型，内衬耐火材料，外壳为钢罩。锡槽的出口端由过渡辊台组成，如图 11-1 所示。

② LB 法锡槽　由美国匹兹堡玻璃公司设计发明，锡槽进口端为宽流槽形式，主体结构为直通型。同 PB 法锡槽相同，LB 法锡槽内衬以耐火材料，外壳为钢罩，且出口端也为过渡辊台结构，如图 11-5 所示。

③ 洛阳浮法锡槽　由中国玻璃工作者设计，因在洛阳试生产成功而得名。这种锡槽结构采用窄流槽、宽窄型主体结构，锡槽内衬为耐火材料，外壳为钢罩。

PB法锡槽、LB法锡槽以及洛阳浮法锡槽的根本区别在于进口端结构，主体结构上只是高温段宽度有所差异，而低温段等宽，且断面结构也基本相同。对于同规模的生产线，LB法锡槽较之另外两种锡槽略短些，这主要是因为LB法锡槽中摊平段较短，甚至不存在此段。

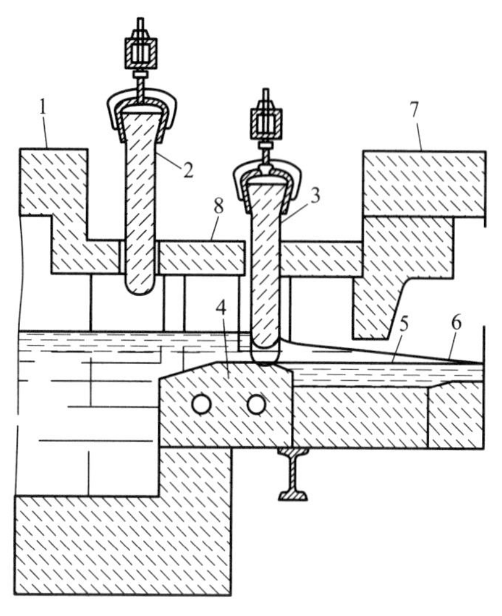

图 11-5　LB法锡槽

1—熔窑尾部；2—安全闸板；3—节流闸板；4—坎砖；5—锡液；6—玻璃；7—锡槽；8—平碹

（二）锡槽结构和材质匹配

锡槽是浮法玻璃成形的关键设备，其结构可分为进口端、主体部分及出口端3部分。

1. 进口端

进口端是连接熔窑末端和锡槽的通道，由流道、流槽、安全闸板、调节闸板、顶碹、侧墙、挡焰砖、盖板砖及挡气砖组成。

流道是玻璃液从熔窑进入锡槽的通道，它有收缩型、直通型和喇叭型三种。其中直通型结构简单，适用于规模较小的生产线；喇叭型结构复杂，但玻璃液流动通畅，没有死角，故适用于规模较大的生产线；而收缩型由于存在液流死角，所以目前较少使用。通常流道上会设有安全闸板和节流闸板的凹槽，以使结构严密，并起到防止闸板移动的作用。

流槽是部分伸进锡槽内的槽形耐火砖，它有平伸型和弯钩型两种。平伸型具有结构简单，耐久性好等优点，并且玻璃液落差小，流动平稳，因此玻璃液中不易出现滞流、线道、线条等，有利于玻璃液在锡槽内的摊平，并使之保持恒定厚度。

流道流槽内每天会有数吨乃至上千吨温度在1100℃左右的玻璃液流过，而且还得经受固液气三相界面的侵蚀，所以对材质有耐冲刷、耐侵蚀、耐高温及耐热震等方面的要求。流槽由流道底砖、流道垫砖和流道侧壁砖组成，除流道垫砖为黏土砖外，其余皆为结构致密性好、热稳定性和耐侵蚀性好的电熔刚玉。通常流道的底部和侧壁设有保温层，以保证进入锡槽的玻璃液具有良好的温度均匀性。而流道的胸墙和顶盖则用普通耐火材料砖或耐火混凝土砌块筑成，并在流道胸腔上预留小孔，以备更换流道砖和通过架火管加热用，目前常采用电加热方式。流槽和流道的结构如图11-6所示。

顶碹由漏板和平碹组成，选用硅质耐火材料。通常喇叭碹上留有测温孔，以便对流道温度进行更好的控制。侧墙一般采用黏土砖，并在适当的位置留有加热孔洞，以便在必要时用气体或液体对流道进行加热，一般情况下则使用水平硅碳棒电加热。

安全闸板由镍铬耐热钢制成，一旦出现事故，整个闸板将落下以起到截流作用。调节闸板时则是通过控制机构调节玻璃液流量，进而控制玻璃带宽度。因调节闸板是常用、易损部件，所以需选用耐侵蚀、抗热冲击性能好的熔融石英陶瓷。

通常对挡焰砖、盖板砖、挡气砖等材质的要求并不严格，若条件较差，也可用耐火混凝土，好点的则可用硅线石或熔融石英。目前较为先进的生产线采用的是O-Bay密封技术，这大大提高了锡槽前端的密封性。

宽流槽进口端，可分为坎砖、侧壁、平碹、闸板4部分。坎砖挡在玻璃横向液流上，其上表面凸起。而采用凸面坎砖的优势是当玻璃液与凸面坎砖的上游部分接触时，靠近坎砖的玻璃

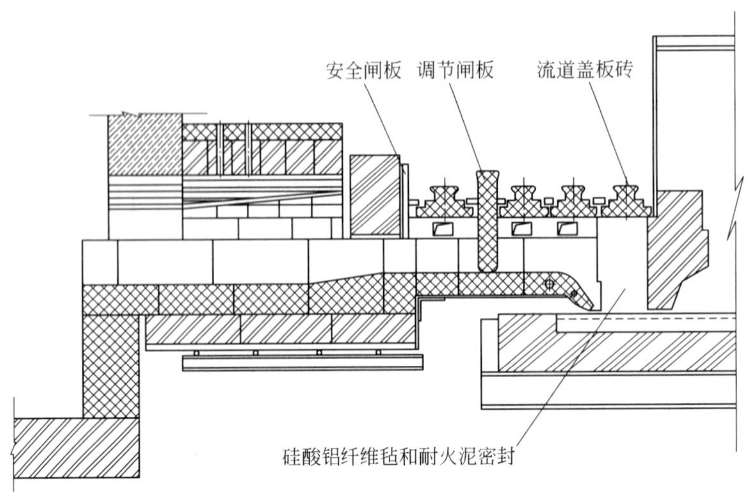

图 11-6　流道和流槽的结构

液流动较慢，而远离坎砖的玻璃液则流动较快，这样就会大大减轻坎砖受侵蚀的程度，能够使玻璃带的质量得以提高。坎砖可配置加热或冷却装置，例如在坎砖内穿冷却水管或电热元件。另外，坎砖、侧壁砖和闸板最好采用熔融石英砖。

2. 主体部分

锡槽的形式有等宽型和前宽后窄型两种，现在大多使用后者。其主体部分结构包括槽底、胸墙、顶盖、钢结构、电加热元件、保护气体、分隔装置等部分。为了避免锡液氧化，需要从顶部或侧壁通入保护气体。另外，锡槽顶部设有电加热装置，以满足投产前的烘烤升温、临时停产的保温以及正常生产时的温度调节需要。锡槽底部留有一定的高度空间，以便布置风冷却槽底，减少槽底钢壳的热变形。主体部分分为 8 个部分，锡槽平面图和横剖面图如图 11-7、图 11-8 所示。

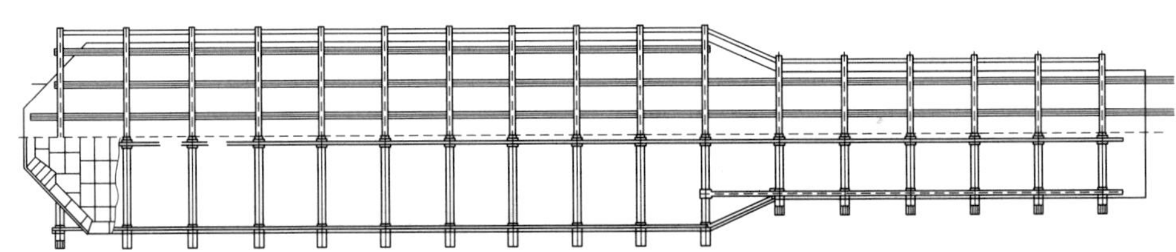

图 11-7　锡槽平面图

（1）槽底　槽底由钢壳、锡槽底砖和侧壁砖组成，用来直接盛装锡液。由于锡的密度大，渗透力强且在锡槽内不断对流，因而槽底需采用具有低氢渗透性、高抗碱性侵蚀、高强度、高弹性以及高密度等性质的黏土大砖砌筑，而槽底钢壳则采用气密性良好和抗锡液渗透的钢板。在结构上锡槽砖设计成阶梯形，并设有锡沟、挡坎及一些其他措施，以控制锡液的流动，减少锡液的横向温差和玻璃厚薄差，提高成品表面平整度。因石墨与锡液及玻璃液互不浸润，故通常在锡槽宽段池壁内侧安装石墨内衬，以使玻璃带不沾边，并减轻氧对锡液的污染。

（2）顶盖　锡槽顶盖常采用吊平顶全密封的结构形式，以起到密封、吊装和安装电热元件和测压元件、安装保护气体管道等作用。顶盖的外壳部分为钢。由于锡槽顶盖上装有电热元件，其工作温度比槽底高，因此在钢罩外壳内衬应使用钢筋耐火混凝土或硅线石材质。钢筋混凝土中的钢筋为渗铝钢筋，不但可以提高其使用温度（由 500℃提高到 800℃以上），而且可以防止钢筋被氧化、锈蚀导致断裂。另外，渗铝配筋便于悬吊顶盖，可防止混凝土破裂时掉落到

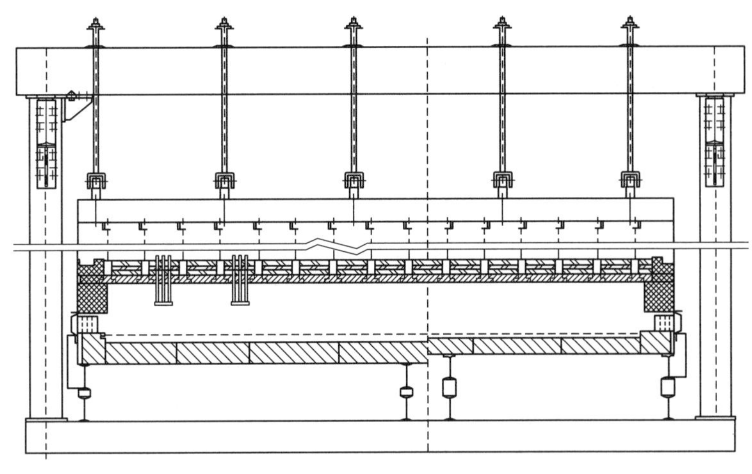

图 11-8 锡槽横剖面图

玻璃带或锡液中。

耐火砖结构是由蜂窝砖和过桥砖构成的栅格，各栅格内被模块填充，模块主要用于安装加热元件、测温热电偶和红外测温仪。无孔栅格则位于无加热元件和无测温元件的位置。为了降低上部空间温度，模块之间多设有保温砖。双模块组合结构顶盖的栅格砖尺寸比传统类型的大一倍，减少了接缝和吊挂件数量及槽顶的锡滴，并避免玻璃板发生光畸变，同时减少了投资成本。目前国外采用的是一种新型平顶结构，其槽顶耐火材料内表面基本呈水平状，避免锡蒸气凝结成的锡滴。

(3) 胸墙 胸墙是介于顶盖和锡槽侧壁砖之间的墙体，目前有固定式和边封两种结构。

固定式胸墙的墙体砌筑在胸墙内，孔的位置固定，不能随意移动。它具有密封性好、操作方便等优点，但适应操作的灵活性差。边封式结构的胸墙分为上、下两部分，其中上部采用隔热性好的漂珠轻质保温砖，下部为用不锈钢制成的活动边封和操作孔。测温孔、拉边机等都设置在边封上，生产过程中可根据工艺需要灵活更换位置。目前国内采用固定式与可拆式相结合的胸墙结构锡槽，两者相互补充，使得锡槽的工艺操作和密封便于进行。图 11-9 为胸墙的结构。

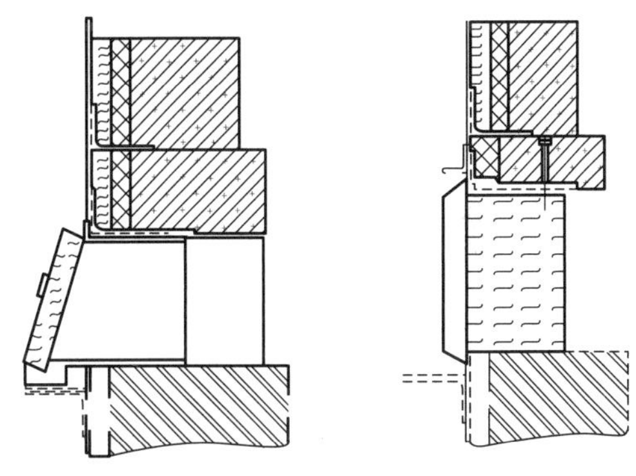

图 11-9 胸墙的结构

(4) 钢结构 钢结构是指钢槽耐火材料的支承件，锡槽的钢结构分为支撑钢结构、槽底钢结构和顶盖钢结构 3 种。其中支撑钢结构又包括锡槽立柱、槽底主梁、槽顶次梁和立柱联梁；槽底钢结构包括槽底次梁、槽底侧板、加强筋板和沿口用工字钢；顶盖钢结构主要起到密封作用，并用于吊挂顶盖砖，侧板由 6mm 厚钢板焊接而成。通常槽底钢壳厚度在 14mm 以上，且钢壳全长需与槽体长度相吻合，并分段制作，使钢壳底与锡液次梁、联梁点焊连成一体，而各段的钢壳通过放在数根工字钢主梁上拼焊而成。两侧立柱用工字钢或焊接槽钢，下部焊接在横梁上，上部由许多拉条拉紧，中部设顶紧钢壳。顶壳、纵梁、横梁均用工字钢制作，用于吊挂顶盖。

(5) 电加热元件 玻璃成形中不同部位应合理布置电加热功率和温控区。电加热元件有铁铬铝电热丝和硅碳棒两种。铁铬铝电热丝价格低廉、性能稳定、要求配套的供电装置简单，但其允许的表面热负荷低，需要布置的数量多，若长期在高温下使用会导致元件出现高温脆性和高温变形，最终断落在锡槽空间，影响正常生产；而硅碳棒表面负荷较大，便于集中布置，可调性强，且在高密度发热段有涂层，使用寿命长。

(6) 保护气体　保护气体主要为氮气和氢气的混合气体，起到防止高温状态下锡液被氧化的作用，其含氧量应小于 $10cm^3/m^3$，最好控制在 $1\sim3cm^3/m^3$，且纯度应达到 99.99%，露点－60～－65℃。正常生产时氢气含量一般为 4%～8%，而出事故时其最高含量可在短时间内达到 10%。保护气体在锡槽的顶盖钢罩内被分为前、中、后 3 个区，这 3 个区的氮气、氢气比例以及压力都是按照工艺要求进行配比控制的。浮法玻璃在玻璃成形过程中，对保护气体质量要求比较高，以保证锡槽内保持微正压，进而防止外界空气使玻璃板表面产生光畸变点、沾锡、钢化彩虹等缺陷。

(7) 锡槽中的分隔装置　锡槽中的分隔装置分为锡槽空间分隔装置和锡液分隔装置两类。其中锡槽空间分隔装置的作用是对锡槽的温度分区和不同温度区域内保护气体成分的控制。锡槽空间分隔装置有两种形式：一是固定式分隔墙，因它在顶盖制作时已固定位置，故将锡槽空间固定分隔成了几个区域。该种形式有利于密封，却不利于多种操作。同时它也为锡蒸气的凝聚提供了条件，增加了锡滴缺陷，因此，可将分隔墙改成可拆活动形式，只在使用时装上。二是活动式分隔墙，其分隔吊墙吊挂在锡槽空间，上下位置可根据操作要求进行调节，故可改变隔墙与锡液的距离。它可以有效地将气体空间分隔为不同的温度区域，并进一步阻止一个区域的热辐射进入另一个区域。这种隔墙的形状为长方形中空体，内填充轻质耐火材料（石棉纤维或陶瓷纤维），外为金属外壳。并且隔墙内通有冷却流体，以防止金属壳体变形烧坏。这种吊挂隔墙是解决固定隔断产生锡液缺陷的有效方法。锡液分隔装置采用挡坎或挡坝，在锡槽中设置挡坎，可实现对锡液对流的控制，避免玻璃因锡液对流而产生缺陷。

(8) 槽体保温　在胸墙钢壳外侧再贴一层岩棉板、纤维毡板或轻质硅酸钙板，可以减少槽体的横向温差，均匀散热，提高产品质量。

3.出口端

出口端是锡槽和退火窑之间的一段热工设施，也称过渡辊台，其结构很大程度上决定着锡槽气密性的好坏。过渡辊台由密封罩、渣箱、辊子以及传动装置组成。密封罩为内设轻质保温材料的方形钢壳。在上部安装第一道挡帘，将锡槽出口的空间缩小到仅让玻璃带通过，然后在每根辊子上部设有挡帘以分隔上部空间，挡帘的材质可选用波纹不锈钢或耐高温陶瓷纤维。下部的渣箱与锡槽连接一起，随锡槽一起膨胀后移。渣箱的侧壁上留有扒渣门，以便清理碎玻璃碴。3 根辊子呈爬坡状分布，可以上下调节高度，与退火窑辊子同步传动。在辊子的下部设置分隔板和石墨块擦锡装置。锡槽出口的端板冷却器上留有的氮气出口，可加强渣箱的密封。图 11-10 为出口端的结构。

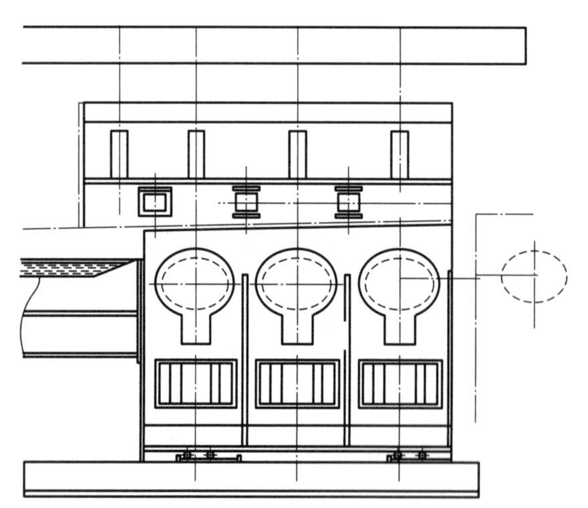

图 11-10　出口端的结构

四、锡槽的附属设备

锡槽在操作过程中，除主体和出口端外，还在不同的位置设有不同的附属设备。

(1) 拉边机　拉边机是生产浮法玻璃的

主要装备之一，起着节流、拉薄、积厚和控制原板走向的重要作用。其原理是拉边机最前端的拉边轮牵引浮在锡槽液面上的玻璃带前进，并调节拉边轮的线速度以及拉边轮的水平摆角、平面倾角等，从而达到控制玻璃带厚度及稳定玻璃带宽度的作用。拉边机按结构可分为落地式拉边机和悬挂式拉边机两种形式，对其基本要求有：辊头前后伸缩调节要灵活，上下控制要方便，能做水平回转运动，速度调节精密度要高，还要在高温还原性气氛下能长期连续使用。

目前我国的浮法玻璃生产线使用的仍是较落后的落地式拉边机，而发达国家的浮法玻璃生产线的锡槽已全部采用全自动拉边机作为生产操控设备。悬挂式全自动拉边机是采用计算机集散控制技术的机电系统产品，自动化程度高，可实现本地和远程控制，并可实现自动和手动切换，且拖动采用了交流变频同步控制技术，数显技术数字精度高、明晰、简约，保证了玻璃成形的稳定。较之国内通用的落地式拉边机有减少占地、自动化程度高、控制精度高、可靠性高、操作简便、生产效率高等优点。

(2) 直线电机　直线电机又称线性感应电机，是通过将电能转换成直线运动机械能以达到控制锡槽内锡液表层流的目的的电力装置。一般置于锡槽首、末端边部锡液的上方，而放在末端的直线电机还能及时排除锡槽出口端滞留在锡液面上的锡渣，减少玻璃带下表面划伤。当在直线电机三相绕组中通入交变电流时，产生“行波磁场”中的导体因切割磁力线而产生感应电流，电流与磁场再相互作用产生电磁力。在锡槽中，产生的电磁力推动锡液运动，因此通过调节电机参数，就可以轻易地控制锡液运动的方向与速度，使得锡液温度分布更加合理，操作简便且提高玻璃表面质量。

(3) 八字砖　八字砖安装在锡槽最前端，位于流槽唇砖两边，按 135°角度呈八字对称排列，用于稳定玻璃带的板根，控制板的走向，材质为硅线石。当玻璃液从流槽唇砖悬挂落至锡槽液面上，就会立即与八字砖接触，使板根位置固定。以前的浮法玻璃生产线多选用由水冷压杆固定的活八字砖，其角度可在 120°～135°之间调节，生产时更换较为方便。现在大多使用固定式八字砖，用特殊材质的铸件把八字砖和锡槽前端侧壁砖连在一起，或直接镶嵌在底砖里。八字砖安装时角度要准确、对称的尺寸要精确，首端务必要顶紧锡槽前壁墙，防止玻璃液从锡槽的前端漏出。

(4) 挡边轮　挡边轮往往设置在锡槽内两侧适当的位置上，以防止玻璃带摆动跑偏。材质为石墨，因而和玻璃带不黏结，与锡液也不浸润，且旋转灵活，故可避免使玻璃带边部产生剪应力。

(5) 冷却器　冷却器是在锡槽内随时横向穿插的冷却水管，又称冷却水包，主要用于降低玻璃带的温度。其结构简单，多采用方形套管，根据使用的部位和工艺要求的不同，它有单根、双根或多根排列方式，可放置在水包小车上推进锡槽。

(6) 锡槽玻璃测厚仪　测厚仪可在线连续测量玻璃的厚度，由光电测量头、滑轨车体和计算机系统组成，具有安全可靠、测量准确、实时性强、无辐射等独特的优点。通常测量头用冷却水和氮气保护，测量头外套管装有隔热层，可减少对锡槽温度的影响。通过电控操作自动进出锡槽，既可单侧安装一台，也可双侧对称安装，滑动测量玻璃板横向厚薄差，数字接口可与热端中央控制系统连接。

(7) 扒渣机　扒渣机对称设置在锡槽末端两侧，用来清除漂浮在锡液上的锡渣。

(8) 锡槽排气装置　锡槽排气装置利用气体引射原理，在锡槽热端两侧安装必要的管道设施，从槽内排除受污染的气体，减少槽内气体受污染程度。它由对称分布在锡槽宽段的前部和中部的带弯管的活动边封、直管、冷却套、三通管、针形阀、压力表等组成，在不影响锡槽内压力波动的前提下，可在锡槽钢壳上部安装射流装置，通以压缩空气作为引射气源将槽内气体带出，并通过冷却装置进行气体杂质冷却、收集。该装置具有制作容易，安装方便，操作工艺简单等优点。

（9）锡槽保护气体净化循环装置　锡槽保护气体净化循环装置包括密封加压装置、冷却装置、过滤装置、脱氧装置、脱硫装置、干燥装置等，还配备必要的仪表、管材等，对称安装在锡槽前端两侧胸墙上，可以提高玻璃表面质量，降低生产成本。它是目前先进生产线中使用的一种装置，主要起到提高锡槽内的压力以及锡槽内保护气体纯度的作用。

（10）浮法玻璃擦锡装置　擦锡装置的作用是清除玻璃下面从锡槽带出来的锡渣，其结构的优劣，决定着生产的玻璃的等级。由于从锡槽出来的玻璃往往在600℃左右经过过渡辊台和密封箱，因此要求擦锡装置的U形滑槽和石墨块受热时不能成块地脱落或有过大变形。若是带有冷却系统的，则应防止冷却液（一般为水）的泄漏。否则，冷却液在高温状态下急剧汽化，会影响密封箱内的气氛。

五、冷端设备

（一）冷端设备的构成

浮法玻璃生产线的冷端，主要由以下机械和设备构成。

（1）玻璃带输送设备　包括各种输送辊带、皮带、负压吸盘、气垫等输送、分片设备。

（2）玻璃带切裁、掰断装置　包括紧急横切机、纵切机、横切机、横向掰断装置、掰边装置、纵向掰断和分片装置以及废板的落板装置等。

（3）各项质量检测装置　如在线板边、应力、板厚位置跟踪检测、点状缺陷检测、打标记及抽样质量检验装置等。

（4）各种表面保护装置　如为防止发霉而设置的喷涂防霉药液的装置，为防止玻璃表面擦伤静电铺纸机和喷撒粉装置以及采用气垫输送等装置。

（5）玻璃板堆垛装箱设备　包括大片、中片以及小片的水平、垂直堆垛机组等。

（6）在支线或线外的大、中片的改切线　如纵、横向改切切桌，纵、横向掰断装置、落板装置及大、中片的可逆堆放取片机等。

（7）电子计算机集散控制系统　由于各条生产线的规模、生产品种、质量要求、销售对象、运输方式和投资情况等的不同，浮法玻璃生产线的冷端设备的装备水平往往存在着差别，但其冷端设备的基本功能是相同的。一般冷端的切裁掰断系统都已实现了机械化和自动化，质量检测、表面保护、堆垛装箱部分，则采用人工、机械化或半自动化来完成。目前浮法生产线冷端的自动化水平都已经很高，从各种检测、切裁掰断、质量分级、表面保护、分片取片到堆垛装箱都是自动进行的，并且实现了在线最佳切裁。

浮法玻璃生产线冷端设备与热端设备的电气控制系统是分开设置的，冷端单独设立控制室。一般采用集散控制方式，即将分区、分段或单机、机组的单项控制与整个冷端生产线的工艺程序控制相结合来进行控制。如有的生产线将缺陷检测、板边位置检测、玻璃带运送速度和距离的脉冲发信、纵切、横切、横掰、加速、掰边、纵掰、落板等组合在一起，作为一个区段用一台计算机进行控制，将每一台大、中片堆垛机作为另一个区段用一台小型计算机进行控制。

由于电子技术的发展，以及浮法生产线的建设和冷修时间的长短的不同，各浮法线的控制水平有很大差异。最近新建成和冷修过的生产线冷端的电气控制水平都比较高，目前冷端工艺操作流程大都已实现了自动化。控制水平较高的生产线，不但可以将所有用户所需的品种、数量、规格尺寸、质量要求等订货数据直接输入冷端控制计算机，并且可以根据缺陷检测装置测出的缺陷的位置、数量、大小和分布等情况，自动将缺陷部分切出去掉，并对余下的玻璃根据各用户要求的各种规格尺寸，自动进行搭配编排，做到最佳切裁，从而提高产品的产量和质量，取得最好的经济效益。

（二）冷端各项设备的功用、结构、性能和特点

浮法玻璃冷端设备是由五大类的几十个各项功用、结构、性能和特点各不相同设备所组成。同一类用途的设备，也有不同的结构和特点，现按分类系统，就各单项机械设备概要地叙述如下。

1. 玻璃带输送辊道

输送辊道是浮法冷端设备的主要输送设备，由于所处工艺过程的不同，输送辊道的结构和性能参数也有差异。玻璃带输送辊道指玻璃带离开退火窑到横向掰断为止的这段输送辊道，运送的玻璃与前面在退火窑内的玻璃带相连，这就要求此段辊道的线速度要与退火窑的拉引速度一致。因此，这段辊道一般由退火窑传动装置带动。此外在此段辊道上装有紧急切割、落板辊道、应力检测、板厚检测、板边位置跟踪、玻璃运行速度及距离的脉冲检测、洗涤干燥、点状缺陷检测、纵横切划痕和横向掰断等设备，进行各种精确的检测和切裁划痕，故对各辊子上母线的水平度和各辊子之间平行度要求都比较高，以使这段辊道运行平稳。

此输送辊道由结构略有差异的几种辊道多节组成，输送辊道一般设计成分段的标准长度，辊子间距由于生产工艺的功能要求而有所不同。

（1）一般输送辊道　一般输送辊道指退火窑出口到纵切机前的一段输送辊道，用于进行紧急切割，装有各种检测装置，正常生产时运送玻璃带。在型钢的支架上，装有辊间距为 220～550mm、平行排列在空心的芯轴上的辊子，套有相隔 500～400mm、直径为 145～230mm 的橡胶圈，芯轴两端焊有轴头，两端轴头支撑在调心滚动轴承上，由退火窑传动装置通过地轴、齿轮箱，再经 45°斜齿轮或同步齿形带进行传动。这种输送辊道一般设计成标准长度，长度为 7～10m，也可根据工艺布置要求进行配置。在此段辊道上要进行各项检测时，为保证检测的精度，要求辊子运行平稳，辊子表面平整。

（2）落板辊道　落板辊道的作用是将废品玻璃斜向送入玻璃破碎机，该段辊道的辊子，装在可以绕支架铰点旋转的框架上，当落板时可以下倾一个角度，使玻璃板沿倾斜辊道送入玻璃破碎机。通常利用气缸经连杆机构来驱动落板框架下倾或顶升成水平位置（图 11-11）。此种结构的辊道，分别位于在紧急切割后面、掰边辊道后面和主线或支线纵、横向掰断处的后面，用来排出废板或次板。

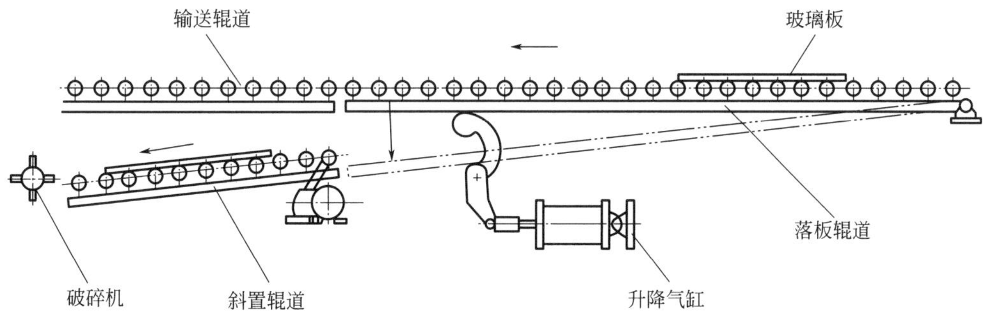

图 11-11　落板辊道

（3）纵、横切辊道　纵、横切辊道装有对玻璃带进行纵向切裁划痕和横向切裁划痕的跨越辊道的纵切机和横切机，其与一般输送辊道相比，不同之处在于纵切刀头落刀点下方的辊子是用橡胶全包裹的，以便纵切刀吃刀位置改变后，仍保持在辊子的上母线上。通常有几排纵切机，便设几根这种辊子，其余的辊子与一般输送辊道的辊子结构相同。而横切机下面的输送辊道与一般辊道的不同之处在于其辊距、橡胶圈间距变小，辊子间距改为 125～250mm，橡胶圈间距改为 80～125mm。一般在几台横切机斜置横梁跨越范围内，往往都要设置这种加密辊道，

这样可以保证切裁划痕质量，尤其对薄玻璃的切裁划痕是很有必要的。

（4）横向掰断辊道　横向掰断辊道是对已完成横向切裁划痕的玻璃带沿横向划痕进行掰断。横向划痕运送到掰断辊上面后，控制计算机发出指令，使顶升掰断辊的气缸工作，掰断辊横向将玻璃带沿划痕顶断，这样玻璃带就被掰断成玻璃板。

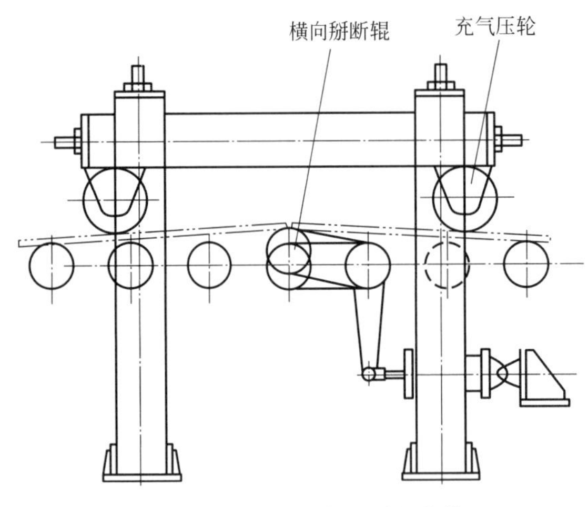

图 11-12　横向掰断辊道的结构

横向掰断辊道的结构与一般输送辊道大致相同，不同之处是横向掰断辊道的辊子有一根能顶起，辊道上面有压辊，如图 11-12 所示。掰断辊可以在气缸驱动下绕相邻辊子轴线旋转。上下升降辊子的直径与辊道辊子直径相同或略小，辊子全长用橡胶包裹，加工成“一段凸出、十段凹下”的式样。此辊占有一根输送辊子的位置，由相邻作为枢轴的辊子通过链条或同步齿形带进行传动，辊子表面线速度与输送辊道线速度相同。通常在掰断辊上方前后设置两排充气轮胎作为压辊，以保证掰断质量和掰断短而厚的玻璃板不至于将玻璃抬起。压辊的高低和前后位置可手动调节，此压辊只在掰断辊顶起时起到按压作用。

（5）加速辊道　加速辊道是将已完成横向掰断的玻璃板立即加速，使掰断后的玻璃板之间拉开一定的距离，以防止前后玻璃板相互碰撞，造成爆边和次板，同时，也为了使下接的各工位的工艺操作有一定的时间间隔和距离，一般要加速到退火窑拉引速度的 2 倍以上。为了防止玻璃表面在掰断前和掰断后擦伤，并使玻璃表面与辊子表面之间不产生相对滑动，掰断前的加速辊道与玻璃带接触的辊子的线速度要与退火窑的拉引速度一致，而掰断后的加速辊道与玻璃板接触的辊子必须立即加速到输送辊道的速度。而且为了适应所掰断的玻璃板长度的变化，一般将加速辊道分成 2～4 段，分别由 2～4 台调速范围很大的电机，经齿轮箱来传动。加速辊道的其他结构与一般输送辊道的结构基本相同。

（6）掰边辊道　掰边辊道是将已完成纵向切裁划痕的玻璃板的两个自然边掰掉。目前普遍采用的掰边方式有两种：两自然边各边只划一条划痕，用一段掰边辊道，一次掰掉两个边；或者两个自然边各边划两条划痕，用两段掰边辊道，进行两次掰边。采用两次掰边是为了在第一次掰边时将边部较大的内应力释放，第二次再掰时便可以掰得整齐，避免由于掰边所造成的次板。目前，掰边方法基本有两种：一种是辊轮碰撞按压式；另一种是长板侧面按压式。当玻璃板运送到掰边工位时，电子计算机发出信号，控制气缸动作。掰边辊道为了适应玻璃带的跑偏和板宽变化，要求辊道两侧外端部两排掰边支撑辊位置能跟踪玻璃板边切痕和板宽变化而进行自动调整，使辊道辊子的外侧两端的掰边支撑辊外缘与玻璃板两板边切痕基本保持在同一条直线上。掰边压辊和案板装在可移动的掰边辊道框架上，与辊道辊外侧两端的掰边支撑辊外缘基本保持固定，同时也可以做少量调整，以满足各种工艺的要求。

为满足上述的工艺要求，采用的掰边辊道的结构形式有两种：一种是将掰边辊道左右分开成两组，两组辊道的辊子中间以交叉插空方式排列；另一种是左右两台单独窄辊道中间留有空当来进行调整。还有一种是中间位设有一组窄辊道，辊道外侧有两排可以调整的掰边支撑辊。掰边辊道采用交叉辊道情形比较多，交叉辊道是两组相同的对称辊道，错开半个辊距安装，支撑辊子的支架下部装有在导轨上滚动的滚轮，每组辊道各有一台带辊道左右调整移动的变极电机或者调频电机，两组辊道辊子由两台齿轮调速电机带动。掰边头的按压滚轮通过气缸带动其上升和下降。

（7）斜坡辊道　在浮法玻璃生产线的建设中，出于工程地质、地下水位、土建结构以及投资等方面的考虑，有些生产线会将熔窑、锡槽、退火窑及冷端的切裁掰断系统布置在二层楼面上，并将单片玻璃板通过斜坡辊道运送到底层进行堆垛或装箱。而且为了使玻璃板在斜坡的凸折点和凹折点顺利、平稳通过，通常会在凸凹折点处的辊道表面设计有过渡圆弧。根据玻璃板的规格尺寸，弹性变形量和过渡圆滑的要求，这两个圆弧的半径一般取 90mm 以上。此外由于受玻璃对橡胶的摩擦角的限制，因此斜坡角度不得大于 9°。

斜坡辊道的结构与一般输送辊道在辊子间距、辊子直径和橡胶圈距离等方面相似，但辊子的传动，由于两个圆弧部分的存在，在圆弧段需用万向联轴器或其他挠性联轴器分段传动而不能用地轴或直长轴传动，而后再通过 45°斜齿轮或锥齿轮箱传动一组的一根辊子，由这种辊子的另一端通过链条或齿形同步来传动这根辊子的前后几根辊子。斜坡直线段与一般输送辊道完全相同。

采用斜坡辊道的优势是可以使成品运输简化，减少玻璃破损，节省管理费用。劣势却是将使冷端长度加长，占地面积大，土建投资增加。

（8）双层分配辊道　为使主线上接连运行的玻璃板，拉开更大的间距和间隔时间，可以用于分别处理不同规格尺寸和质量等级的玻璃，并方便后面各工序的处理和操作，有的冷端生产线会在落板辊道后，设计有双层分配辊道。双层分配辊道使分别位于上、下层的辊子支撑框架绕下铰点向上倾斜，由这两段辊道分别一上一下构成一段倾斜辊道。这样就使在主线辊道的玻璃板，顺着斜坡辊道送至下层辊道，当玻璃板后缘通过两段辊道接点后，上、下层辊道的下降和上升可以同时完成。下降和上升的动作，由电机经齿轮减速箱带动装有两对偏心凸轮的轴旋转，再通过偏心凸轮外套上的拉杆拉动两辊道的框架上下升降。

2.分片输送装置

分片输送装置是将主线上接连运行的玻璃板，横向（与主线成垂直方向）分送到各支线上，以便对玻璃板进行进一步的处理，如改切、掰断、表面保护及堆垛装箱等。由于玻璃板规格、品种的不同，在支线上处理的各工序也不同。这样就使为满足各种工艺要求的分片输送设备的结构形式也各不相同，现就其中的主要形式分述如下。

（1）皮带分片输送机　该装置是将玻璃板由主线输送辊道的侧面垂直分送到支线上，一般适用于大、中玻璃板的分片输送或小片的成组输送。当应分片的玻璃板到达此分片输送机上方时，整个输送机抬起使皮带表面高出辊道表面几毫米，同时皮带启动将玻璃板横向输送出主线。玻璃板后端走出主线辊道侧面后，皮带输送机立即下降，使后边的玻璃板通过主线。皮带分片输送机通常是由多根 V 带、平皮带或同步齿形带，经托槽托平，组成一个平面输送装置。一般皮带是利用插入辊道的辊子空当布置的，皮带的各皮带轮都串在一根轴上，沿与主辊道垂直的方向进行传动，并且皮带延伸到主辊道和支线辊道的全宽上。皮带、皮轮及其传动装置安装在一个型钢框架上，此框架由气缸带动旋转的偏心凸轮机构或者由电动机经齿轮减速箱来传动连杆机构升降。皮带分片输送机的速度可以高于主辊道运行速度，可达 1.5m/s。这种分片装置具有结构简单、运行平稳、动作可靠等特点，是一种比较常用的分片输送设备。

（2）负压吸盘连续分片机　该装置是将在主线辊道上已纵向掰断成几块的小片玻璃板，连续快速地从主辊道分送出去，再进行堆垛或装箱。通过将装在主辊道辊子空当内的升降辊台顶起，玻璃被按压在高速运行的吸盘上，进而吸盘变形排出大部分空气后，其内部呈负压将玻璃板吸上。吸盘装在运行的链条上，由链条传动将玻璃板分送出主线辊道。此种分片装置适合小片分片，因悬离辊道表面，不会产生追尾，并且链条可以高速且高效率地连续将小片玻璃板分送出主线。将不通真空的边缘浇注有小钢销的橡胶小吸盘，两个一组固定在板条上，然后将板条装在间距一定的两根链条的翼板上。两根链条由装在同一根轴上的两个同齿位的链条来带动，这样两根链条就会同步带动吸盘运行。当然，也有的设计成更加灵活的双向运行。负压吸盘连续分片机的最大特点是不需要通真空，没有真空管路及控制系统，所以结构简单、可靠、效率高。

（3）气垫分片机　气垫分片机利用气垫浮起输送，适合分送大、中玻璃板，可以连续、快速在无追尾的情况下，将玻璃板分送到支线上。由于玻璃板在输送过程中处于空气浮起状态，与输送设备无相对运动的机械接触，因而可避免玻璃表面的机械擦伤。该装置在主线落板以后，不用辊道输送，而改用气垫、链条来输送和分片。它是由气垫输送分片机、气浮箱等组成。气浮箱上表面铺有绒毡并开有气孔及纵向和斜向分片的带动玻璃运行方向的链条沟槽，槽内有带翼板链条。翼板上固定着小块塑料板，板上贴有表面带条纹和胶粒的橡胶板。分片位置的链条可以升降来决定经过的玻璃板是否分送到支线上，分片时沿斜向的链条分送出主线。气垫分片机结构简单、运行平稳，分片运输过程中不会产生破损，无擦伤，但动力消耗较其他方式也相对大些，是目前较为先进的分片设备。

第二节　压延法玻璃成形主要设备

一、概述

（一）压延法的发展及主要品种

压延法是生产平板玻璃的一种古老的成形方法，曾被吹制法替代过，直至 17 世纪末到 18 世纪初才得到改进重新恢复。20 世纪 60 年代浮法玻璃生产工艺问世后，发达国家中传统的平板玻璃生产工艺（垂直引上法、平拉法等）遭到了淘汰，只有连续压延法因其产品独具特色，成了和浮法玻璃生产工艺并存的工艺方法。随着压延法生产技术的不断进步，压延玻璃的品种和花样不断增加。压延玻璃品种繁多，广泛应用于建筑业、装饰玻璃和安全防护玻璃等。目前压延法生产的品种主要有以下 5 种。

（1）压花玻璃　压花玻璃是压延法生产玻璃的主要种类，单面带有别致的几何图案或花卉图案的压花玻璃用于建筑装饰玻璃，厚度一般为 2～12mm。压花玻璃也可制成中空玻璃。

（2）夹丝玻璃　夹丝玻璃指中间夹有钢丝的压延玻璃，钢丝直径一般为 0.4～0.53mm，有做成菱形或十字形的钢丝网或间距为 50mm 的平行钢丝。夹丝玻璃比普通玻璃强度高，在建筑中被广泛用作门、窗、天窗、隔墙等，破碎后仍被钢丝连在一起，主要用于防火、防盗和安全防护等方面的安全玻璃。

（3）磨光玻璃原板　磨光玻璃原板主要采用普通和夹丝两种压延玻璃，普通压延玻璃原板厚度一般为 4.3～17mm，夹丝压延玻璃原板厚度一般为 7.8～11.6mm。普通磨光玻璃又是深加工玻璃采用的主要原板，虽然现在大部分已被浮法玻璃所代替，但一些有特殊要求的深加工玻璃产品仍采用磨光玻璃。夹丝磨光玻璃可用来做橱窗玻璃或各种用途的防护玻璃。

（4）各种异型断面的玻璃　各种异型断面的玻璃，如厚度为 6～7mm 的波形玻璃和槽形玻璃，分为夹丝和不夹丝两种，波形玻璃又有大波形和小波形之分。主要用于屋面材料和围护材料，有优良的采光性能，夹丝后兼备可靠的安全性。

（5）着色压花玻璃　具有各种颜色的着色压花玻璃被广泛地用于建筑装饰玻璃。其作为艺术玻璃，在几个世纪以前就用于建筑装饰，在国外一些古老的建筑和教堂上装饰的各种色彩绚丽的压花玻璃，甚至被视为古代艺术珍品。

(二) 我国压延玻璃的发展

连续压延法在我国历史较短，1964 年在株洲玻璃厂建成我国第一条连续压延玻璃生产线，用于生产压花玻璃。1969 年在洛阳玻璃厂建成第二条连续压延玻璃生产线，用于生产压花玻璃和磨光玻璃原板，后来被改造成为我国第一条浮法玻璃试验生产线。1978 年在秦皇岛耀华玻璃厂建成第三条连续压延玻璃生产线，生产压花玻璃。我国压延玻璃生产的主要品种是压花玻璃。随着我国人民生活水平的提高，对压延玻璃的需求量与日俱增，为压延玻璃的生产提供了广阔的天地。

(三) 压延玻璃的生产方法

压延玻璃的生产方法分为间歇压延法和连续压延法两种，间歇压延法已不能适应时代的需要，目前主要是采用连续压延法，但是在一些特殊情况下，对有特殊要求的玻璃，如特厚玻璃、特殊成分的玻璃等，仍需采用间歇法生产。

间歇压延法分为平台压延法和辊间压延法两种。平台压延法是将熔融的玻璃液从坩埚或料勺中浇在铸铁平台上，经辊子轧压制成压延玻璃或加工用玻璃板 (图 11-13)，辗压辊 1 与铸铁平台 3 保持一定距离，在玻璃液 2 上向前滚动辗压出符合要求的玻璃。

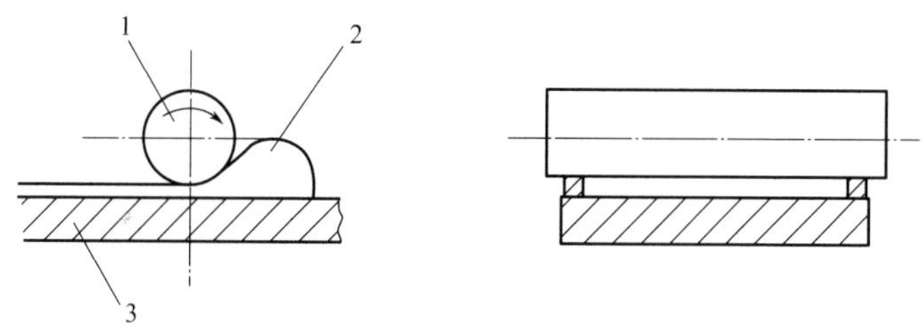

图 11-13 平台压延法

辊间压延法如图 11-14 所示。其装置如图 11-14(b) 所示，用坩埚或料勺将玻璃液倒在玻璃接料器 2 中，接料器将玻璃液倒向一对成形辊 3 之间，之后成形辊旋转将玻璃料轧压成符合要求厚度的玻璃板 4，并滑落到下面的多节接板台 1 上，接板台的移动速度与成形辊相同，将玻璃板边接边连续带走，并在接板台的接合点用切割器 5 将玻璃板切断，之后送往退火炉将玻璃板退火。

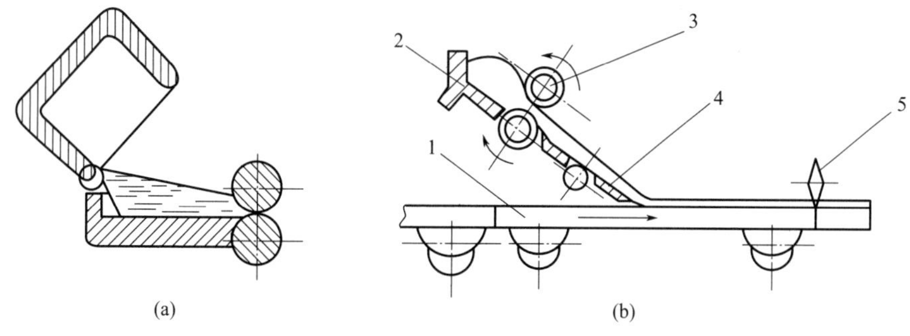

图 11-14 辊间压延法

连续压延法如图 11-15 所示。主要由压延辊、倾斜托辊、过渡辊台、退火窑和切装机组联合组成的机械和自动化生产线。其工艺过程是：经熔窑熔化好的玻璃液经溢流口连续地通过托砖流入一对压延辊，其中心是通水冷却的。玻璃带的拉引速度取决于压延辊旋转的圆周速度，玻璃的厚度则取决于辊间缝隙的距离。玻璃液通过压延辊时被压轧并快速冷却，出压延辊后即

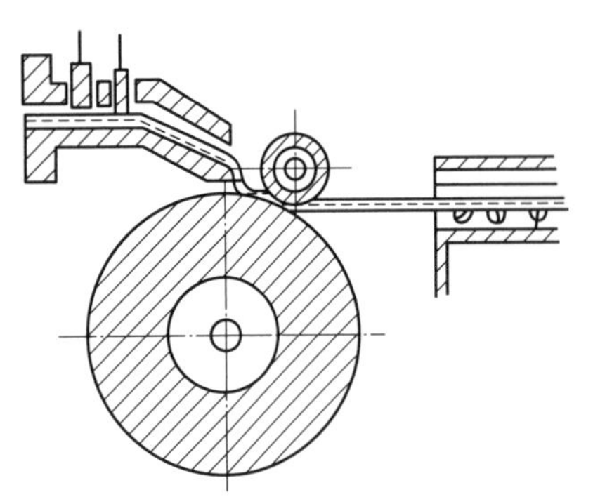

图 11-15 连续压延法

被成形成连续的玻璃带，其经倾斜托辊，过渡辊台进入退火窑退火，退火后的连续玻璃带进入冷端机组被切裁为单片玻璃板，在末端进行堆垛或装箱之后入库。连续压延法具有生产速度快、产品质量高和产量大的特点。

二、连续压延机结构

1.连续压延机的主要形式

连续压延机（简称压延机）是压延玻璃生产的主要设备，可按压延辊直径大小分为小直径压延辊和大直径压延辊两种，小直径压延机（或称欧洲式）的压辊直径通常在 ϕ200mm 以下，其压延速度较小，而大直径压延机（或称美国式）的压辊直径一般为 ϕ300～600mm，压延速度较大，生产的板宽较大。压延机按产品种类和生产方法基本可分为压花玻璃压延机、夹丝压花玻璃压延机、槽形瓦（包括 U 形瓦）压延机和波形瓦压延机。其中夹丝压花型又分为上夹丝一次压延机、上夹丝两次压延机和下夹丝压延机。

为了适应市场要求，国外的压延机往往是多功能的，一台压延机经过改装可以生产几个不同的产品品种。如一台压延机可生产压花玻璃、U 形瓦和夹丝槽形瓦，经改装后也可生产夹丝压花玻璃、夹网小波形玻璃瓦和夹网大波形玻璃瓦。

2.压延机的基本构造和性能

压延机形式较多，构造各异，生产光伏玻璃的压延机如图 11-16 所示。

图 11-16 压延机

如图 11-16 所示，一对压延辊中间设有进水管和冷却回水腔，对压延辊进行冷却，上下压延辊的构造基本相同，下压延辊的轴承是固定的，上压延辊两端的轴承分别装在两个滑块上，丝杠用于升降，上压延辊与下压延辊之间的距离是根据产品厚度不同来调节的（光伏玻璃的厚度一般为 3.2mm，辊间距一般固定）。受料水管装于压延辊与倾斜托辊组之间，且应尽量靠近压延辊，防止软化状态的玻璃带掉到受料水管与压辊之间的缝隙中。倾斜托辊组的角度是可以调节的，可通过丝杠调节前端的高度，丝杠调节托辊组末端的高度，滑座调节托辊组水平的位置。倾斜辊道的这些调节功能，能较好地补偿大窑、过渡辊台安装高度的误差和压延辊直径变化引起的标高变化。托砖是玻璃液由大窑溢流口进入压延辊的承接砖，丝杠调节托砖的高度，滑座调节托砖与下压延辊的水平位置，保证托砖和下压延辊之间的正确生产位置，对生产好坏起到至关重要的作用。压延机车架支承在各轮子上，更换压延机时，沿轨道推出来，并同时将另一台备用压延机推到工作位置。夹丝辊的水平位置是以回绕上边的悬挂铰点摆动的，用于达到调节加丝辊和压延辊之间的距离。上压延辊和下压延辊的单独驱动采用直流电机，上下压延辊的速度可单独调节。测速发电机用于直流电机的速度反馈控制，光电转速传感器用于压延辊的速度显示。

24m 连续压延机的主要技术参数如表 11-3 所示。

表 11-3 24m 连续压延机的主要技术参数

序号	名称	规格	单位	备注
1	玻璃规格 板厚 板宽	 3～15 2400	 mm mm	
2	压延速度	48.7～487	m/h	
3	压延辊规格 压辊中心距	ϕ300×2660 315～275	mm mm	直径×长度 考虑直径较小
4	夹丝辊规格	ϕ90×2660	mm	直径×长度
5	托辊规格 托辊最高转速	ϕ135×2660 19(Z=29),18.4(Z=30), 17.5(Z=31),17.2(Z=32)	mm r/min	直径×长度,共 4 根 Z—托辊上链轮的齿数, 有 4 挡供选择
6	上下压延辊中心 连线的倾斜角	0°或 17°		
7	压延机调节范围 车架垂直升降 上升架纵向移动 上下压延辊间隙 托辊的纵向移动 托砖的纵向移动	 80 100 3～15 50 50	 mm mm mm mm mm	
8	下压延辊电机传动功率 额定转速	4 1000	kW r/min	直流电机 Z_2-52
9	上压延辊电机传动功率 额定转速	3 750	kW r/min	直流电机 Z_2-52
10	光电转速传感器 上压延辊用 下压延辊用	 390 292	 脉冲/r 脉冲/r	
11	减速器速比 上压延辊 下压延辊	 87 87		
12	外形尺寸 质量	6700×1150×1900 11740	mm kg	长×宽×高

三、各种异型玻璃压延机的结构

各种异型压延玻璃如波形玻璃（有大波形和小波形）、U形瓦、槽形（U形）玻璃，都是应用两次成形法，让玻璃液首先通过牙一道圆柱体压延辊压制成平板玻璃，然后再通过牙二道异型压延辊将处于软化状态的平板玻璃压制成所需的形状。

1. U形玻璃压延机

U形玻璃（或称U形瓦）包括平板玻璃压延机和U形瓦成形机两部分。首先用平板玻璃压延机将玻璃液成形为两条平板玻璃带，再通过U形瓦成形机将尚处于塑性状态的玻璃带滚压成形为两条连续的U形瓦带，平板玻璃压延机安装在设有单独传动系统的台车上，两套U形瓦成形机安装在另一个由退火窑传动驱动的台车上。U形瓦压延机原理见图11-17。

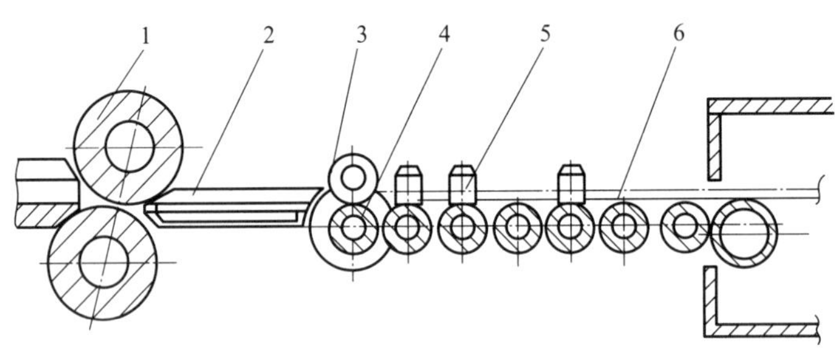

图 11-17　U形瓦压延机原理

1—平板玻璃压延辊；2—带有槽形过渡曲面的接料槽（表面压花）；
3—U形瓦成形凸辊；4—U形瓦成形凹辊；5—挡边辊；6—托辊

压延辊1中通水冷却可使玻璃液经过压辊时得到快速冷却并成形为玻璃带，接料槽2是一槽形板，槽宽在压延辊到成形辊之间距离逐渐变小，形成一个由平板玻璃到U形瓦之间的过渡曲面（即在进入端较平，在出口端接近U形）。玻璃带在U形瓦成形凸辊3和凹辊4之间最终成形为U形瓦，成形辊中心是靠通风冷却的，成形后的U形瓦依靠托辊和挡辊保持其形状，并逐渐地冷却定形，最后进入退火窑退火，退火后经切割掰断包装入库。U形瓦成形机也可用来生产槽形（U形）玻璃等。

2. 波形玻璃压延机

波形玻璃一般中间都夹有钢丝或钢丝网，波形可分为大波形和小波形两种产品。波形玻璃压延机是由牙一道和牙二道两部分组成，其中牙一道是平板玻璃压延机，另外牙二道是波形成形机，压延机和成形机同时装在一台车上，但两段分别设有单独的传动。丝网是经压延机下面通过导丝辊送入上下延辊之间而后压入玻璃瓶中（简称下加丝）。下夹网波形玻璃压延机原理如图11-18所示。

从大窑1出来的玻璃液经托砖2进入压延辊3后，压延辊内通入水用于冷却，下压延辊的上方装有通水冷却的加丝辊8，将丝网9导入略高于下压延辊上表面的位置，使丝网恰好能夹在玻璃板的正中间。经第一道压延辊3压延成形的平板玻璃在塑性状态下进入第二道波形压延辊5，成形为图11-18中下夹网波形玻璃，随后通过后边的托辊进入退火窑7退火。波形压辊内是靠通风冷却的，波形玻璃的厚度一般要求大波形为7mm，小波形为6mm。上压延辊3的上边设有风冷管4，用于对压延辊的上表面进行连续冷却。

四、压延机主要参数确定

1. 压延机功率

玻璃液在被压延机压延成形为玻璃带时，其功率主要消耗于克服玻璃带的轧制阻力（黏滞阻力）、压延轴承的摩擦阻力、托辊部分运输玻璃带的阻力。

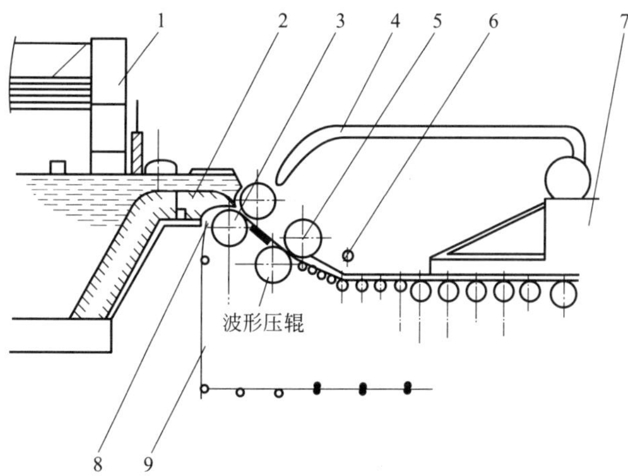

图 11-18 下夹网波形玻璃压延机原理

1—大窑；2—托砖；3，5—压延辊；4—风冷管；6—冷却管；7—退火窑；8—加丝辊；9—丝网

(1) 克服玻璃带轧制阻力（黏滞阻力）所需的转矩

$$M_1 = KL\delta R \tag{11-1}$$

式中，M_1 为克服玻璃带轧制阻力所需的转矩，N·cm；K 为轧制阻力系数，它和玻璃黏度、成分等因素有关，通常近似取值为 $85\mathrm{N/cm^2}$；L 为玻璃板宽度（可近似按压延辊长度计算），cm；δ 为玻璃板厚度，cm；R 为压延辊半径，cm。

(2) 克服压延辊轴承的摩擦阻力力矩

$$M_2 = P\tau \mathrm{f} \tag{11-2}$$

式中，M_2 为轴承的摩擦阻力力矩，N·cm；P 为轴承上的压力，N；τ 为压延辊轴承半径，cm；f 为轴承滑动摩擦系数，轴端有填料密封装置时，f 为 0.12。

(3) 作用在上压延辊轴承上的压力（$P_{上}$）和作用在下压延辊轴承上的压力（$P_{下}$） 分别为（图 11-19）

$$P_{上} = P_1 - G \tag{11-3}$$

$$P_{下} = P_1 + G \tag{11-4}$$

式中，G 为压延辊的自重，N；P_1 为压延辊作用在玻璃带上的压力，N。

$$P_1 = \frac{KL\delta}{2f_1} \tag{11-5}$$

式中，f_1 为压延辊与玻璃间的摩擦系数，近似取值为 0.3。

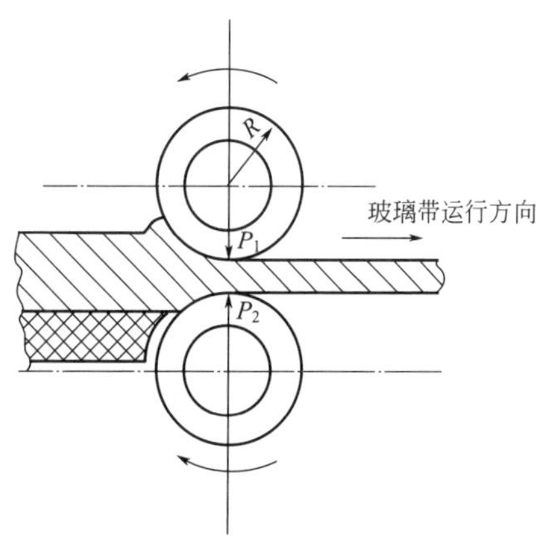

图 11-19 玻璃受力分析

(4) 克服托辊轴承的摩擦所需转矩（M_4）

$$M_4 = (G_1 + G_2)\tau_2\mu \tag{11-6}$$

式中，G_1 为托辊部分玻璃带质量，N；G_2 为托辊的质量，N；τ_2 为托辊轴承半径，cm；μ 为轴承的摩擦系数。

(5) 压延机的功率（N）

$$N = \frac{(M_1 + M_2)n}{97400\eta} + \frac{(M_3 + M_4)n_1}{97400\eta_1}(\mathrm{kW}) \tag{11-7}$$

式中，n 为压延辊转速，r/min；n_1 为托辊转速，r/min；η 为压延辊的总传动效率；η_1 为托辊的总传动效率。

其他符号含义同上。

必须指出的是，压延机功率的影响因素很多，只有依靠丰富的实践经验和必要的测试，才能得到实际生产中的压延机功率。

2. 压延机的压延速度

压延玻璃的成形原理与垂直引上成形原理之间有着根本的区别，后者受成形温度和玻璃液黏度的影响，如 2mm 玻璃的拉引速度仅为 110m/h，而压延玻璃的压延速度就没有这种限制，目前压延玻璃的生产速度已达 800m/h。压延机的压延速度的选择是根据玻璃熔窑的产量和压延玻璃的宽度和厚度等因素确定，因此，工厂规模不同时，压延机的最高压延速度也不一样，压延机的最高速度可以通过下式确定

$$v=\frac{q}{\delta\gamma B} \tag{11-8}$$

式中，v 为压延机的最高压延速度，m/h；q 为熔窑的小时产量，t/h；δ 为生产的最薄玻璃板厚度，m；γ 为玻璃重度，t/m^3；B 为玻璃带宽度，m。

3. 压延辊的直径

玻璃液成形的温度制度，根据玻璃的黏度特性是有一定温度范围要求的，一般玻璃液进入压延辊前的温度为 1100～1250℃，压延辊的出口温度为 850～950℃，而压延辊表面的温度为 350～450℃，并且保证压延辊对玻璃液表面适度的冷却，是对压延玻璃生产的关键一环。

依据压延玻璃的速度而选择最佳的压延辊直径，是保证生产的重要因素，压延辊直径一般为 ϕ200～600mm，目前采用 ϕ300～600mm 的较多。

压延辊的内孔用通冷却水来保持辊内壁温度的稳定，压延辊的外表面温度是连续周期性变化的，每循环一周吸收的总热量应等于冷却水带走的热量与向环境放出的热量之和，以达到稳定的生产温度制度。热平衡计算和生产实践都证明，压延辊直径增大与玻璃液接触面积加大，导致冷却进一步强化，可以带走更多玻璃液的热量，所以加大压延辊直径可以适应较高的压延玻璃生产速度。

在选择压延辊直径时应根据压延速度的大小选择相应的直径，压延速度较大时，就应选用大的压延辊直径，压延速度小就应选小的压延辊直径。如果压延辊直径选得过小，将导致对玻璃液冷却不足，就会使玻璃带难以成形。如果压延辊直径选得过大，导致对玻璃液冷却太急，玻璃带出辊温度低，会产生破碎和使压延机过载，因此压延辊直径选择不当，将直接影响压延玻璃的正常生产。

4. 压延玻璃的厚度

玻璃厚度主要是靠调节上压延辊与下压延辊之间的缝隙来得到所要求的厚度。压延机生产的玻璃厚度范围一般为 2～30mm，在生产中玻璃的厚度可多样调节，且操作简便。

5. 压延辊的表面形状

下压延辊的表面形状为圆柱体，上压延辊的表面形状根据长期的生产实践和理论分析总结大体可得出 4 种，如图 11-20 所示。

图 11-20(a)、(b)，压延辊直径中间小两头大，故其压辊表面多用于较厚玻璃。压延辊半径之差多为 0.3～0.8mm。图 11-20(c) 为圆柱面压辊，主要是在生产 3mm 左右的玻璃时采用。图 11-20(d) 所示的压延辊直径中间大、两头小，这种压延辊多用于薄玻璃。这些措施主要是为了消除压延玻璃沿横向产生的厚度差，使玻璃板的横向尺寸一致。压延辊补偿值的大小要根据对产品的测量统计来确定，并经生产中反复修正才可以得出满意的结果。

6.压延机各部分的速度配合

上下压延辊的速度应能够调节，但不要求完全一样，实际生产中，一方面要求上压延辊的速度必须要比下压延辊的速度低一点，才能够达到满意的效果，另一方面上下压延辊检修后的直径大小也不必完全一致，因而目前上下压延辊大都采用单独传动，或采用统一传动并在传动系统中加调速装置。另外，托辊的速度也要大于压延辊的速度，以便补偿在玻璃带还处于塑性状态时在托辊之间自重所引起的拉长，进而将玻璃带拉平。

此外，平板玻璃生产除浮法和压延法以外，还有平拉法成形生产，如图 11-21 所示。平拉法成形采用横火焰型或马蹄焰型玻璃熔窑，以重油（天然气或煤气）为燃料将投入熔窑内的配合料熔制成玻璃液。平拉法成形工艺过程如下：玻璃液 1 经流液洞进入冷却段和成形池，冷却到合适的温度后，通过引砖 2 及拉边机 3 后从自由液面向上拉引形成玻璃带 6，再经转向辊 4 使玻璃带由垂直方向转为水平方向送入退火窑。退火后经冷却的玻璃带切裁成规定的尺寸，然后取片、装箱、包装（图 11-21）。

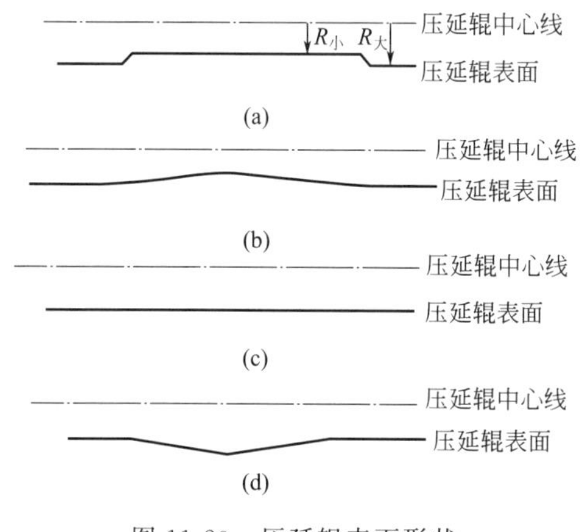

图 11-20 压延辊表面形状

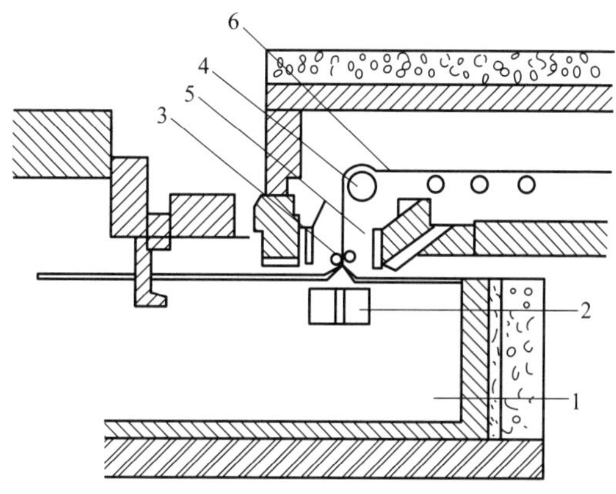

图 11-21 平拉法成形

1—玻璃液；2—引砖；3—拉边机；4—转向辊；5—水冷却器；6—玻璃带

用平拉法制得的玻璃板厚 0.8～12mm，最大特点是可以长期稳定生产 3mm 以下的薄玻璃。产品除用于建筑、橱窗、暖房外，也可用于仪表、电子产品等。目前平拉法由于生产工艺落后，能耗及污染严重，已逐渐被淘汰。

第三节 电子薄板玻璃成形工艺及设备

作为基板材料，要求玻璃具备一定的透明性、均质性、平坦光洁性、化学稳定性及耐热性等基本特性。随着精密成形技术的不断开发研究，使平板玻璃的用途不断地扩展到电子工业等其他技术领域。如用于制备液晶显示器（LCD）、等离子体显示器（PDP）、场致发光显示器（ELD）等平面显示器。用作人造卫星太阳能电池的基板玻璃、半导体激光的谐振腔玻璃、图像传感器的盖板玻璃、触摸式荧光屏等，将平板玻璃应用于这些领域时，要求玻璃的不平度较高，而且要求基板为薄板。电子薄板玻璃的制备工艺有浮法、溢流下拉法、铂金下拉法等方法。

一、浮法

浮法是指玻璃液漂浮在熔融金属上生产玻璃的方法，与生产窗玻璃的工艺大致相同，此处不再赘述。已经被广泛用于生产 0.2～2.5mm 厚的 PDP、LCD 等基板玻璃。采用此工艺生产出的玻璃基板质量最佳，平整度高，熔化量在 120t/d 以下，一般适用于硬质玻璃基板的大面积、大批量生产。

二、溢流下拉法

图 11-22 为溢流下拉法的结构。熔融的玻璃液通过图中的玻璃液入口进入一耐火材料的斜槽中，当玻璃液满槽后溢出，并沿着耐火材料两侧流至倾斜壁面。在耐火材料尖锥部两股玻璃合流形成玻璃板根部，由下方的辊子牵引后形成玻璃板。这种成形的方法由于其表面未与任何材料接触，从而可制成平整度非常好、平滑的火抛光表面，无需研磨抛光的厚度均一的玻璃板。

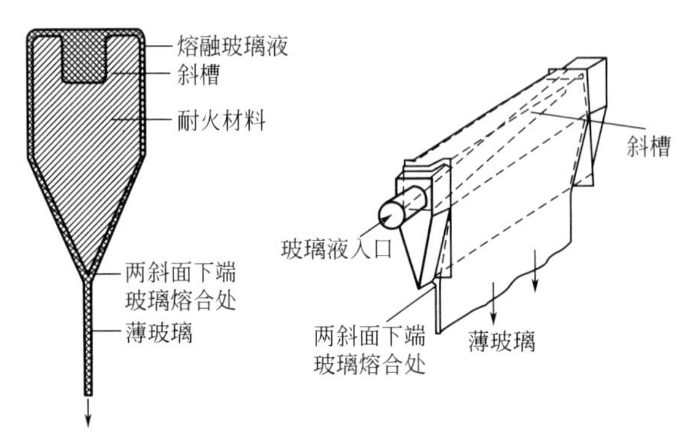

图 11-22　溢流下拉法的结构

这一技术的要点在于耐火材料上部的槽体，由斜槽各点溢出的玻璃液量应是一致的。否则板厚就不一致。熔融玻璃液流量 Q、玻璃的黏度 η、耐火斜槽的角度 φ 之间应形成如下的关系：$K=Q\eta/\tan\varphi$，式中，K 为导管常数。通过用油做的模拟试验，可以得到放大的最适宜装置及成形参数。通过数学模型计算确定适宜斜槽的设计，并确定出适宜的玻璃液流量及黏度。

由双辊引下的玻璃薄板为使板宽的缩窄减少，而设置板边的导向辊，此外高柔软的玻璃通过玻璃转变区后急冷成为具有一定厚度的薄板，需进入退火炉中充分退火。

采用这种方法制备的玻璃多为硼硅酸盐玻璃或无碱铝硅酸盐玻璃。一般要求其难以析晶，且在熔融状态下的黏度比 20000Pa・s 要高。此外要求进入耐火材料斜槽的玻璃应是充分均化的玻璃，防止成形时造成条纹。由于这种方法可以低成本得到火抛光表面的平整度高、厚度均一的薄板，而且可以连续生产，因而常用于生产 2mm 以下的薄板玻璃。生产的薄板宽度为 1m 以上，厚度为 0.7～1.1mm，其生产的出料量为每小时几十至几百千克。

三、铂金下拉法

铂金下拉法是 20 世纪 40 年代开发研制的成形薄板的方法，如图 11-23 所示。澄清均质的熔融玻璃液流过内衬白金的细长缝隙后利用双辊引下制成薄板。薄板的厚度取决于玻璃的黏度与引下用第一辊的速度，而要制备平整光洁的玻璃表面，应对白金容器的狭缝做高精度的加工和精细研磨。白金容器狭缝以上的两侧设置加热的装置，用于调整白金容器中温度分布及玻璃液黏度。狭缝两侧设置有薄板玻璃板边的导向装置。玻璃在这个位置的温度较低而黏度相对较高，这可保证玻璃在引下拉薄时不会缩窄。当向下牵引速度比较慢时，拉制的玻璃板易产生条纹节瘤，应以较快速度向下拉制，因而这种方

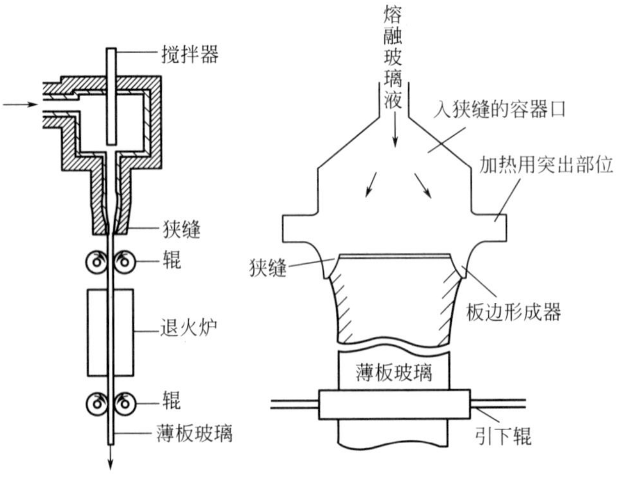

图 11-23　铂金下拉法结构

法仅适宜连续拉制薄板。尽管如此，由于白金使用中会被磨损，因而白金狭缝的状态决定了玻璃板表面的平整度，这种方法要比溢流法的平整度稍差。现在可生产宽 330mm、板厚为几十至几百微米卷绕在金属辊棒上的薄板。用于显微镜盖玻片、玻璃触摸屏、手表、计算机、数码相机的液晶基板和太阳能电池基板等。

四、重新引下法

重新引下是 NEG 开发的技术，它将已成形的板玻璃通过再加热软化后再一次引下拉薄，是一种较好的制备平整度好、精度高的薄板或超薄板的工艺方法。一般利用数毫米的平板玻璃加热后拉薄，可制备厚度 0.03～1.1mm、板宽 100～500mm 的薄板玻璃。重新引下法结构原理如图 11-24 所示。

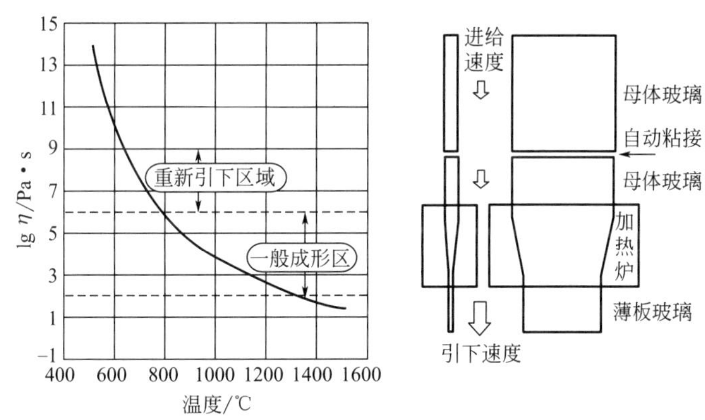

图 11-24　重新引下法结构原理

将具有相当平整性的平板玻璃垂直送入加热炉后，被加热至高于软化点以上的温度后，在其下方设置的辊子将玻璃板拉薄。这种方法的原理在于控制玻璃的黏度及表面张力，同时以适当的牵引力将玻璃拉薄，并得到高精度的尺寸。重新引下控制液晶基板用 Pyrax 玻璃的黏温曲线中给出制备这种玻璃板的成形区域和重新引下的黏度区域。由图 11-24 可知，重新引下法的黏度为 10000～1000000Pa·s。在这个范围内对应较宽范围的外形尺寸和板厚要求，在较短时间内的调整变化后，即可实现正常生产。

重新引下法的特点在于：薄板的平整性好；通过对加热炉的精密温度控制，可高效率生产精度高的薄板；适宜制备薄板玻璃；通过提高母体玻璃板的粘接技术水平，可以连续稳定生产；与其他成形方法相比，初期投资及生产成本低。

第四节　玻璃切割与钻孔设备

平板玻璃深加工工艺是指所有可能会改变玻璃的性能并赋予它新的或不同功能的技术。深加工就是提升平板玻璃的附加值。随着新产品的开发和新市场的拓展，它的附加值也越来越高。

深加工工艺一般可以分为以下 4 大类。

① 改变玻璃的晶格结构的工艺，如热钢化或化学强化。

② 改变玻璃形式的工艺，如热弯、钻孔、磨边工艺。

③ 利用连接技术加工的平板玻璃结构，如中空玻璃（IGU）、表面元件、LCD 显示器、光电模块等。

④ 表面处理工艺，包括减（研磨或刻蚀）工艺或增（沉积）工艺。镀膜工艺属于后一个

子分类。

现在，越来越多的简单产品开始综合采用多种深加工工艺，所以称之为“综合深加工平板玻璃”。例如，在交通工具中已经应用了很多年的中空玻璃就是深加工最经典的一个范例，前面已经提到的4种深加工技术在这里都必须采用。首先，玻璃需要弯曲；其次，玻璃需要被强化；再则，为了防止边缘密封受到紫外线辐射，玻璃的边缘需要镀上釉质；最后，利用黏合剂把一对玻璃片逐步加工成为中空玻璃。

目前，为了提高生产率，某些加工玻璃品种的规格趋于大型化，如镀膜玻璃、建筑夹层玻璃、其规格一般为（2000mm×3000mm）～（3300mm×6100mm）。通常采用装片机和卸片机来将这些大规格的玻璃原片装到生产线上及从生产线卸下产品。

某些加工玻璃在进行工艺加工之前，要对玻璃原片进行研磨抛光、切割、磨边、钻孔、洗涤干燥等处理，如钢化玻璃、夹层玻璃等。而一些加工玻璃，需经洗涤干燥再进行工艺加工，然后根据使用的要求进行研磨抛光、切割、磨边、钻孔、洗涤干燥等处理而成为最终产品，如玻璃镜。这些品种所使用的玻璃原片也是大规格的，将这些玻璃装到生产线或切割机上也需要采用装片机。

玻璃成形设备主要包括特殊切割与钻孔设备、热弯玻璃工艺及设备、钢化玻璃工艺及设备、镀膜玻璃工艺及设备以及中空玻璃成形设备等。

平板玻璃成形后，在进行深加工之前，一般需要经过清洗、研磨等工序。本节主要讲述玻璃的特殊切割与钻孔方法及设备。

一、激光切割与钻孔

激光能使物体局部产生10000℃以上的高温，所以可用于玻璃的切割与钻孔。其特点是准确、卫生、效率高，不存在切割工具的磨损问题等。通常采用CO_2激光器产生的激光，经转向棱镜，再经透镜聚焦到玻璃切割部分，激光切割的工作原理如图11-25所示。对厚度为1.6～3mm的钠-钙硅酸盐玻璃采用9W的激光器，其切割速度为5mm/s。对于不同厚度的玻璃，一般采用不同功率的激光器和切割速度。

激光也可用来连续切割平板玻璃的边缘，其特点是不需要掰断，而且断口整齐，没有玻璃碎屑附着在玻璃表面，也没有煤油等冷却液黏附玻璃，可以不用磨边，不需要洗涤、干燥，可省去生产中的一些工序。

此外激光也可与金刚砂刀轮组合起来，在浮法生产线中用于切边。安装在平拉与浮法生产线上的激光切边装置如图11-26所示。此装置由金刚砂刀轮2、3与激光光源4、5组成。金刚砂刀轮安装在臂1上，而臂1则安装在拉出的玻璃板上。通过金刚砂刀轮在拉制的玻璃板两边划出刻痕，然后再用激光照射。激光光源以水平方向发射，经反射器反射90°恰好射在刻痕上，

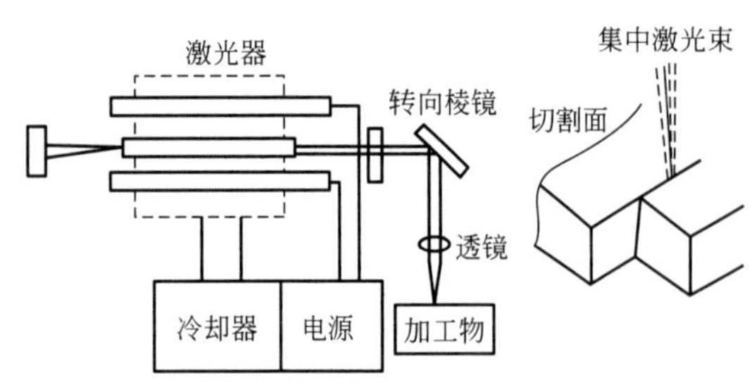

图11-25　激光切割的工作原理

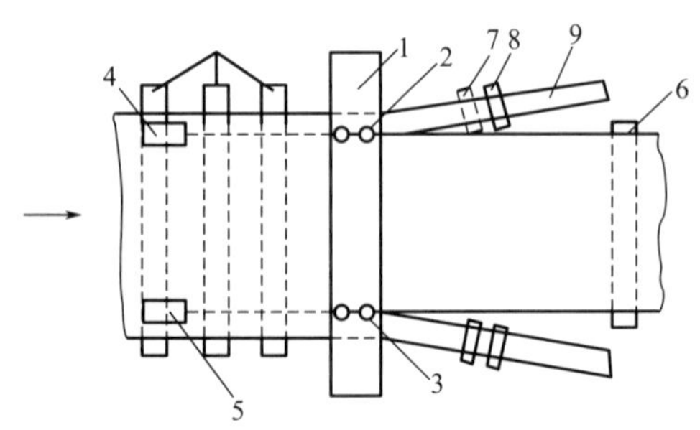

图11-26　平板玻璃生产线上的激光切边装置

1—安装臂；2，3—金刚砂刀轮；4，5—激光光源；6～8—转辊；9—切割下的玻璃边

使玻璃板主体断裂。切割下的玻璃边 9 用转辊 7、8 支持，在转辊的转动下，切下的玻璃边离开玻璃板的主体。采用此法的优点是激光束的功率较一般单用激光切割所需功率至少减小 50%，能切割普通玻璃与微晶玻璃，厚度可达 10mm 以上，板材的机械应力对切割没有影响。为了使玻璃能够吸收激光的能量，CO_2 激光的波长为 10.6μm。金刚砂刀轮刻具的负荷最好在 1kg 以下，切割速度为 95mm/s。

此外，对于空心玻璃制品（玻璃杯、烧杯）的切口与安瓿瓶的切口和封口，均可使用激光进行加工。

二、高压水射流切割与钻孔

1. 基本原理

高压泵、增压器、水力分配器使水达到 750～1000MPa 的压力，并将其由喷嘴射出，水流的速度为超音速，可达 500～1500m/s，从而可对玻璃进行切割和钻孔。在喷嘴中也可加入微粒（150μm 左右）磨料，如石榴石、石英砂等，磨料消耗量约 27kg/h。图 11-27 所示为高压射流喷嘴的结构。流体喷出的过程中，由于混合室中所造成的负压作用，使得磨料颗粒吸入快速液流中，与液流混合后喷出。切割玻璃边缘的效果（倒角）不仅取决于磨料颗粒大小，也取决于切割速度；磨料颗粒越小，切割速度越高，倒角越大。一般 3.8mm 厚的玻璃，用 1000MPa 射流切割时，其切割速度为 46mm/s，射流切割时无尘无味，这种方法也称高效节能水刀。

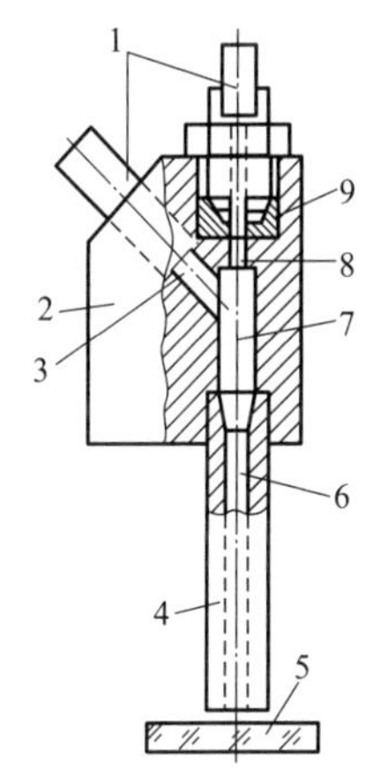

图 11-27　高压射流喷嘴的结构

1—管道；2—喷嘴（切割刀）；3—磨料输送管道；4—混料筒；5—玻璃；6—输出管道；7—流体和磨料混合室；8—喷出管；9—金刚砂喷嘴

2. 高压射流切割的应用

对于复杂外形玻璃的切割，一般先用普通切割工具将玻璃切割出粗略的外形，然后用掺有磨料的高压射流沿复杂形状的轮廓线进行切割，由此可以较精确地切割出所要求的形状。切刀的负荷为 40N，射流喷嘴直径 0.15mm，射流压力 800MPa，喷嘴口离玻璃表面的距离为 2mm。制品切割的全过程用时为 8s，与传统方法相比较，效率提高了 9～10 倍。

如 Waterknife 水压喷射设备，可产生 377MPa 压力的射流。PASER 型水加磨料的高压射流设备，不仅可切割玻璃、塑料、复合材料，也可切割钛、镍、铬基合金等金属。我国自行设计制造的高压射流切割机系列商品，水加压到 180～200MPa，磨料使用 60～100 目的石榴石，以 2 倍声速将水喷出，即为水刀，具有独特的防止回水功能，可切割各种硬度的金属材料和非金属材料，如普通钢材、合金钢材、玻璃、陶瓷、石材、塑料和复合材料等。并且它还设有计算机控制和编程软件，切缝质量好，切割智能化程度高，不仅可切割直线，而且任何形状的图案均可切割。

高压射流切割设备还可切割夹层玻璃、防弹玻璃、航空玻璃，如切割 37mm 厚的防弹玻璃，玻璃表面不受损伤，玻璃边缘质量与金刚砂磨光相似。用含细磨料颗粒在 700MPa 压力下高速喷射直径为 0.3mm 的射流来切割玻璃，不产生火花，无残余应力，切割断面的质量高。

3. 高压射流钻孔的应用

高压射流钻孔与上述切割相似，可用掺有磨料的水悬浮液，在 500～1000MPa 的压力下形成射流，可在平板玻璃上钻成要求的尺寸和形状的孔。如需在 0.5～3.0mm 厚的玻璃上钻任意形状的孔，可先用 1000MPa 压力、直径 0.15mm 脉冲射流在玻璃表面初钻孔。然后用磨料悬浮液流在 600～800MPa 压力下形成的射流继续钻孔。金刚砂磨料可采用平均颗粒尺寸为 10～

$60\mu m$ 或更大一些的石英砂，扩孔切割速度为 30～40mm/s。

4. 高压射流加工的特点

加工时无侧压力，切割时玻璃不变形，不会产生残余应力；切割缝隙宽度极小，切口整齐，无毛边，加工余量小，玻璃的损耗在同类加工方法中较小；可将玻璃切割成任意形状或在玻璃上钻任意形状的孔；加工时温度低，切割温度只有 60～90℃，不会对玻璃制品造成热应力和破坏；加工时无粉尘，与传统的加工方法相比，碎屑可减少 93%～95%；可用计算机控制，可全部实现自动化。

第五节 玻璃的激光加工

激光雕刻是 20 世纪末兴起的一项高新技术，用激光雕刻加工玻璃是利用计算机控制技术为基础，激光为加工媒介，使玻璃在激光照射下瞬间熔化和气化的物理变性，达到加工的目的。激光可以在玻璃表面雕刻，也可以在透明的玻璃内部雕刻出由精细明亮的点组成的立体图案。

一、玻璃表面激光雕刻基本原理

玻璃表面雕刻是将激光器发射的激光通过透镜聚焦到玻璃表面，玻璃吸收光能后，将光能转变为热能，使玻璃表面加热、熔化、气化，在剧烈的气化过程中，产生加大的蒸气压力，使压力排挤和压缩熔融玻璃，造成了溅射现象。此时溅射速率很快，达到 340m/s，形成很大的反冲，在玻璃表面造成定向冲击波，在冲击波的作用下，使表面层产生微裂纹并剥落。另外，由于激光是局部加热，微区温度很高，而附近区域仍处于低温，这种温度不均所引起的表面热膨胀不一致，产生很大的应力，也引起玻璃表面裂纹和剥落，达到玻璃表面雕刻的目的。

由于玻璃对可见光的透过性，仅吸收中、近红外线，所以输出可见光的激光器就不适用于玻璃加工，只有输出中、近红外线的激光器才适用，如 CO_2 激光器、YAG 激光器可用于玻璃雕刻。

CO_2 气体分子激光器是以掺有 N_2、He 和 CO_2 气体为工作物质，采用气体放电进行激发，在一定能级间产生受激辐射，再通过光学共振腔，提供光学反馈能力，使受激辐射光子在腔内多次往返以形成相干的持续振荡，并限制振荡光的方向和频率，保证激光具有一定的定向性和单向性。CO_2 激光器输出波长主要在 $10.6\mu m$ 附近的中红外区，有利于玻璃吸收，同时器件能量转换率比较高，可达 20%，在脉冲运转下，达到较高能量（数千焦耳以上）的脉冲输出，目前横流 CO_2 激光器每米放电长度输出功率可达 3000W。

YAG 固体激光器是以掺 Nd^{3+} 的钇-铝石榴石为工作物质，具有四能级系统，量子效率高，受激辐射截面大，阈值极低，热稳定性好，热导率高，热膨胀系数小，适合于脉冲连续，高重复频率等多种器件，输出波长为 $10.6\mu m$，平均功率 1000W，如采用多级串联、功率达 2000W 以上。

由激光器输出的激光需要用透镜聚焦，以提高功率密度。利用脉冲激光可以达到 10^{10}℃/s 的加热速率，由于加热区域受到严格限制，产生的温度梯度大于 10^{6}℃/cm，足以使玻璃产生微裂纹而从表面剥落。

二、工艺流程

玻璃表面在激光雕刻前，需进行清洁处理，再在玻璃制品外覆盖雕刻花纹的镂空金属模板。为了减少激光透过模板给非雕刻部位的热量，可对模板进行涂黑等表面处理，以增加模板对激光的吸收。雕刻时将 CO_2 激光器发出的激光经光学聚焦形成所需形状的光斑后，对准模板的镂空部位。激光雕刻装置的工作原理如图 11-28 所示。

电源为激光器提供高压电源，在气体激光器中，电源直接激励气体放电管。光学系统的作用是把激光束从激光器输出窗口聚焦，获得雕刻所需的光斑形状、尺寸、大小及功率密度，进而引导到玻璃表面。机械系统包括对玻璃制品的上料、下料、夹紧、定位装置的运转、协调。控制系统是为了可调的工艺参数而设置的。在激光器的光电转换过程中，大部分能量转化为热能，工作温度的升高将导致输出功率和光束下降，冷却系统即起到稳定激光器件、光学器件热状态的作用，以提高激光器的输出功率和延长各部件的使用寿命。

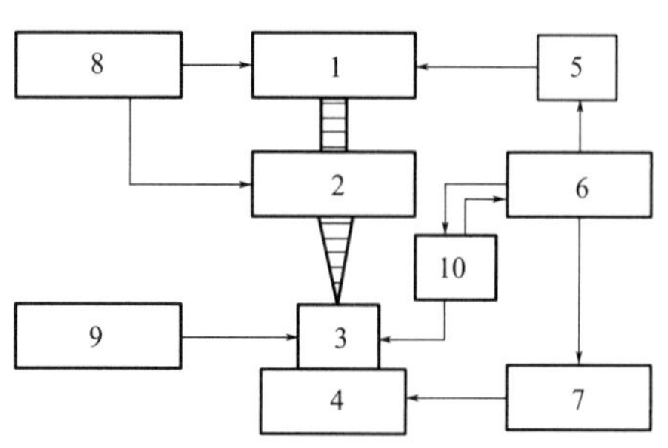

图 11-28 激光雕刻装置的工作原理
1—激光器；2—光学系统；3—待雕刻玻璃；4—工作台；5—电源；6—控制系统；7—机械系统；8—冷却系统；9—辅助能源；10—测试系统

激光雕刻设备及结构如图 11-29 和图 11-30 所示。激光器 1 输出的激光束由控制系统 9 对活门片 2 进行控制操作，经聚焦透镜 3 聚焦后的激光束，通过喷嘴 4 作用于镂空模板 6 的玻璃制品 5 上，嘴嘴可做水平运动，玻璃制品安放在由多工位托盘 7 托着的大旋转盘 8 上，通过机械传动系统 10，玻璃制品可以自转，大旋转盘旋转，以便将待雕刻玻璃制品送至激光雕刻位置，而多工位托盘 7 又能自转与垂直运动，以使整个玻璃制品外表都能与激光束接触，一个玻璃制品雕刻结束，大旋转盘就将该制品送走，转动后送上另一个玻璃制品至激光雕刻工位。聚焦透镜用水进行冷却，雕刻时高温蒸发出玻璃废气由废气排放系统 11 排除。例如，采用 60W 的 CO_2 激光器在玻璃杯上雕刻葡萄叶的图案只需 35～55s。

图 11-29 玻璃激光雕刻机

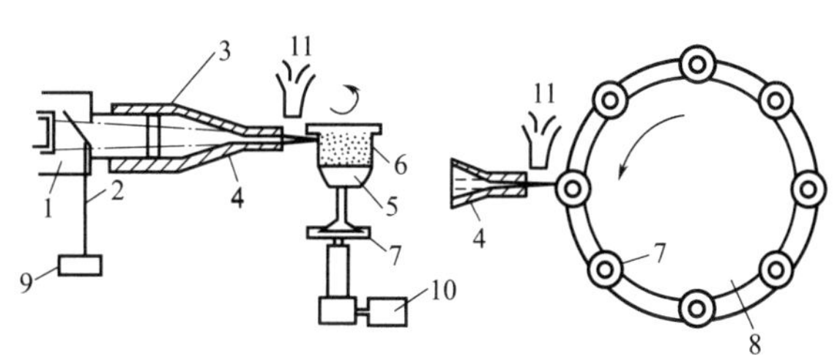

图 11-30 激光雕刻设备的结构

三、工艺特点

利用激光进行雕刻玻璃，激光的能量密度必须大于使玻璃破坏的某一临界值，而激光在某处的能量密度与它在该点光斑的大小有关，同一束激光，光斑越小的地方产生的能量密度越大。这样，通过适当聚焦，可以使激光的能量密度在进入玻璃及到达加工区之前低于玻璃的破坏阈值，而在希望加工的区域则超过这一临界值，激光在极短的时间内产生脉冲，其能量能够在瞬间使玻璃受热破裂，从而产生极小的白点，在玻璃内部雕出预定的形状，而玻璃的其余部分则保持原样完好无损。

激光雕刻的工艺特点主要如下。

① 激光雕刻是以非机械式的刀具对玻璃进行装饰，对材料不产生机械积压或机械应力，无刀具磨损。

② 精度高，激光雕刻永久牢固、清晰美观。

③ 无毒、无污染，能在大气中或保护气氛中进行加工。

④ 使用计算机编辑，灵活性强，速度快。

⑤ 不产生 X 射线，不会受到电场和磁场的干扰。

⑥ 可穿过透光物质对其内部零件进行加工。

⑦ 材料的消耗小，无热变形。

⑧ 可通过棱镜或反射镜对表面或倾斜面进行加工。

目前有两种技术的激光内雕机：一种是采用半导体泵固体激光技术的内雕机；另一种是灯泵 Nd-YAG 激光内雕机。半导体泵激光内雕机采用半导体泵固体产生激光，其具有高的雕刻速率，没有耗材，但其价格极高。灯泵激光内雕机采用氙灯泵产生激光，其雕刻速率较慢，有耗材，需要 2～3 个月更换一只氙灯，但其价格相对便宜很多。

四、激光内雕机操作规程

（1）开机顺序

① 合上设备操作面板上的总电源开关。

② 检查设备操作面板上的电压表指针所指示的数字，正常状态应为 220V AC 的 10％。

③ 检查设备操作面板上的急停开关是否处在弹出状态（弹出为正常工作状态，按下为紧急停止状态，正常工作时应为弹出状态）。

④ 打开设备操作面板上的钥匙开关。

⑤ 当设备操作面板上的钥匙开关打开后，请检查恒温冷水机的水泵是否运转，且冷水机面板上的水压指示表的指针所指示的数值，正常状态为 $2.4kgf/cm^2$ 左右。

⑥ 打开激光电源面板上的钥匙开关。

⑦ 检查激光电源面板上的电压调节旋钮，此时调节旋钮应处于零位置（轻轻地逆时针方向旋不动即为零位置）。检查激光电源面板上的 Q-SW-ON 按钮（红色），以及出光外控按钮（EXT，红色），此两按钮正常雕刻时都应处于按下状态。

⑧ 按下激光电源面板上的预燃按钮（SIMMER，灰色），然后按下激光电源面板上的工作按钮（WORK，红色）。

⑨ 顺时针慢慢调节激光电源面板上的电压调节旋钮，直到激光电源面板上电压表显示的电压到工作电压（注意：工作电压指的是雕刻水晶时的电压，随着氙灯的慢慢老化，工作电压也会慢慢地升高，需注意工作电压严禁超过 800V）。

⑩ 启动计算机，然后打开设备操作面板上的驱动开关（绿色）。至此，开机过程结束。

（2）雕刻图形

① 双击打开内雕软件。

② 调入想要雕刻的图形。

③ 检查软件菜单“参数设置”中的玻璃尺寸是否和将要雕刻的玻璃尺寸一致。

④ 单击软件菜单“对中校准”或“自动系统原点校对”，进行系统原点自动校对。

⑤ 完成系统原点自动校对后，将玻璃固定在设备工作台上。

⑥ 单击软件界面右下角的“雕刻”按钮，系统将自动完成图形的雕刻工作。

（3）关机顺序

① 关闭计算机。

② 关闭设备操作面板上的驱动开关（绿色）。

③ 将激光电源面板上的电压调节旋钮逆时针调节到零位置。

④ 当激光电源面板上电压表显示为 100V 以下时，将激光电源上的工作按钮 WORK（红色）按出到弹起状态。

另外，以平板玻璃为原材料，还可以进行热弯、镀膜、钢化、中空等工艺操作。目前针对平板玻璃深加工产品的种类，用途在不断更新，各种热弯设备、镀膜设备、钢化设备、中空设备层出不穷，同时受知识产权保护等的影响，各个厂家所用设备也各有特点，限于篇幅，将不再详叙。

思考题

1. 什么是平板玻璃，平板玻璃常用的生产工艺有哪些?
2. 浮法玻璃生产的热工设备有哪些?
3. 薄板玻璃的制备方法有几种? 分别简述其原理。
4. 浮法成形中自由成形的板厚约为多少? 厚板生产有几种方法?
5. 浮法玻璃锡槽都有哪几种结构形式?
6. 锡槽的附属设备都有哪些?
7. 压延法可生产哪些玻璃产品?
8. 平板玻璃深加工工艺有哪4类?
9. 简述玻璃表面激光雕刻的基本原理。
10. 简述玻璃激光雕刻工艺有哪些特点。

第十二章　光学玻璃生产及加工设备

光学玻璃是光电技术产业的基础和重要组成部分。用于制造光学仪器或机械系统的透镜、棱镜、反射镜、窗口等的玻璃材料。之前，光学玻璃生产都采用传统的成形工艺，即在坩埚中熔炼光学玻璃，在炉外冷却成形。20 世纪 50 年代以后出现的玻璃液通过漏料管引出炉外成形的漏料成形方法迅速发展，能直接拉棒或滴料压形或漏料成形大尺寸毛坯，提高了料滴利用率和成品率。从 20 世纪 70 年代开始，光学玻璃发达的日本、德国、美国等国家在光学玻璃生产中已采用无研磨精密压形新工艺。这种先进的压形工艺是将玻璃直接压制成光学元件，不再经过粗磨、细磨、抛光、镀膜等工序。可直接装备到光学仪器上。这样可大量节省人力和设备，降低能耗，提高原材料的利用率，缩短生产周期。生产出的光学元件质量高，良品率达 90%。精密压形可解决非球面透镜的加工困难，为光学仪器设计开辟了新途径。

第一节　热成形工艺及设备

传统的玻璃成形工艺有破埚法（古典法）、滚压法和浇注法，其成型工艺如图 12-1 所示。

一、古典法

将在黏土坩埚中熔炼好的玻璃，连同坩埚从炉中取出，放在隔热罩中冷却后，经过破埚粗选、槽沉、研磨、检验、切割、精密退火及成品质量检验等步骤。根据要求，有时还热压成光学元件大的坯料。古典法成形的光学玻璃成品质量高，均匀性好；但成品率低，尤其是很难得到大尺寸成品，生产工序繁多，劳动生产率低。

(1) 炉外处理　当炉温降低，玻璃液黏度增加到不易发生对流时，将坩埚取出炉外，表面敷一层石英砂或硅藻土后，再移入隔热罩中冷却，如图 12-2 所示。待冷却至 150℃左右起罩快冷，50℃以下打破坩埚。在应力作用下，玻璃炸成碎块。应用古典法成形时，常常会由于操作不当出现对流条纹、真空泡、玻璃破裂成洋葱皮状或角锥体状破块等缺点，造成玻璃的利用率非常低。

(2) 粗选　破碎后的玻璃块，经目视粗选，除去含有条纹、杂质、局部析晶以及超过允许存在的气泡结石等缺陷的玻璃。其中观察条纹比较困难，要凭借丰富的实践经验。检查条纹时，应在光线充足的场所，并借助一定的背景来进行。如果玻璃表面不平、棱角多，条纹和棱角不易区别，可放在具有相近折射率的浸液中进行检查。

(3) 槽沉　加热玻璃块至软化，利用玻璃自重摊成一定形状的块料或薄板。这种方法也用来改变包括其他方法生产的半成品玻璃的形状，使之达到成品所要求的规格。

在采用破埚法大量生产的工厂，槽沉是在隧道炉内进行。隧道炉按其温度分布分为预热区及摊平区。图 12-3 为一个长 10m 的隧道炉的温度分布曲线。对于经过粗选的玻璃块，修整掉在槽沉过程中可能形成折叠的棱角，根据容器的大小选择合适的瓷盒，在盒中将玻璃块放置得当，使之在槽沉过程中不会引起流卷或出现气泡等缺陷。槽沉之后的玻璃经过研磨、检验，再切割成一定规格的成品。

(4) 热压成形　将光学玻璃块料加热压制成光学元件的毛坯，可提高光学玻璃的利用率，减少光学元件的加工量，同时，还可充分利用光学玻璃生产过程中的碎块或边角料。这种成形方法，亦称二次压形。古典法、浇注法、滚压法以及漏注拉棒生产的玻璃都可利用加热压制成

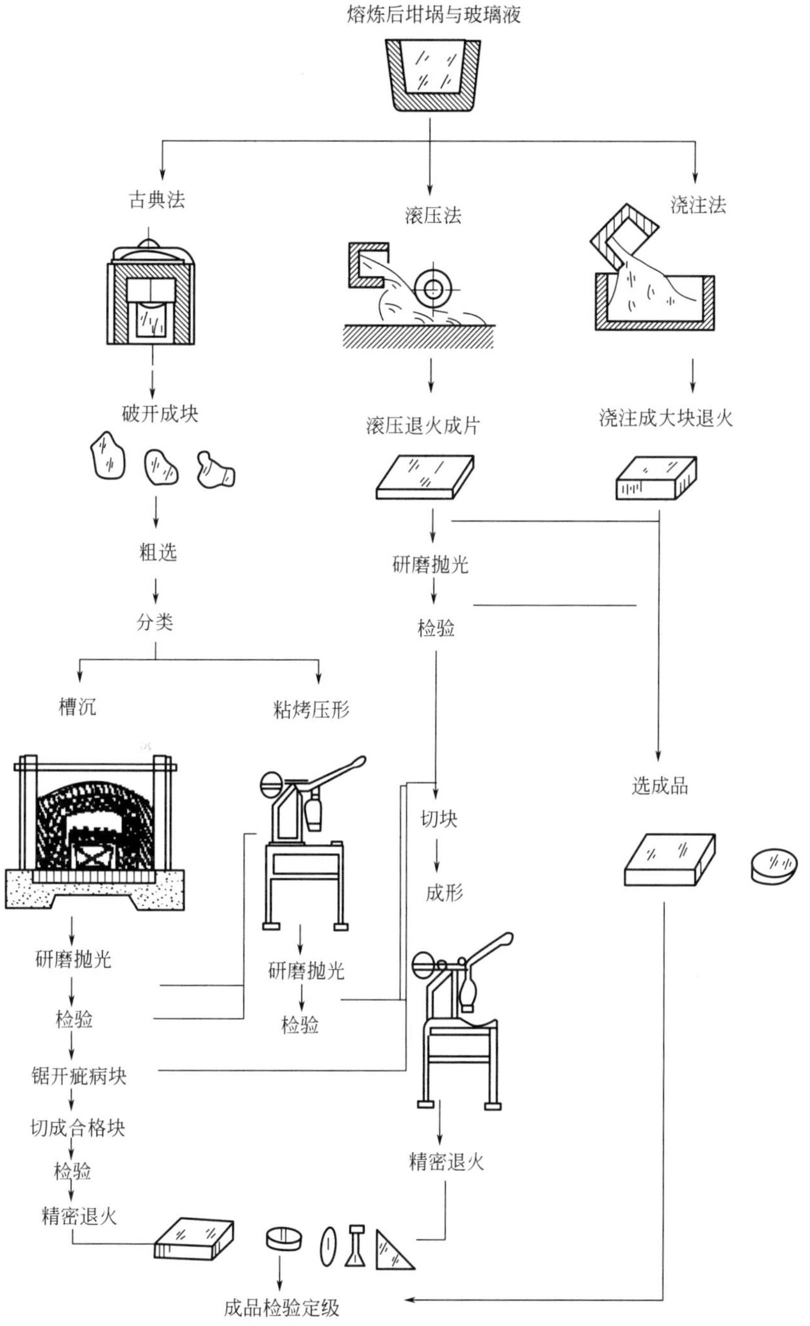

图 12-1　光学玻璃传统的成形工艺

小规格的光学元件毛坯。根据预压光学元器件的大小、加工余量和备料损耗，确定切割块料的重量。

预热是在梯度炉内进行，块料由低温缓慢移向高温，被加热到黏度为 $10^2 \sim 10^6$ Pa·s 时，拍成与压模断面相近的外形，移入模中压形。压模和压芯由铸铁制成，可用煤气喷灯或电能加热。压制 K、ZK 类玻璃时，模具的预热温度为 500～600℃。压制 F、ZF 类玻璃时，模具的预热温度要低些。模具温度太高，会造成粘模或制品变形；温度太低，则易出现炸裂皱纹等。压制后需稍冷再脱模以免变形，依据玻璃料性长短和制品的大小确定冷却时间。

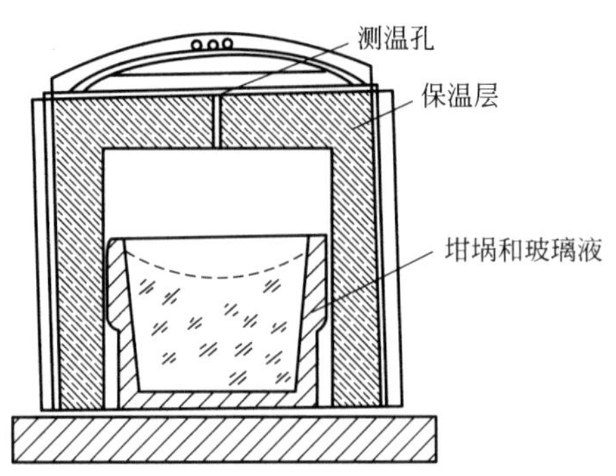

图 12-2　隔热罩内坩埚与玻璃液冷却示意图

1—测温孔；2—保温层；3—坩埚和玻璃液

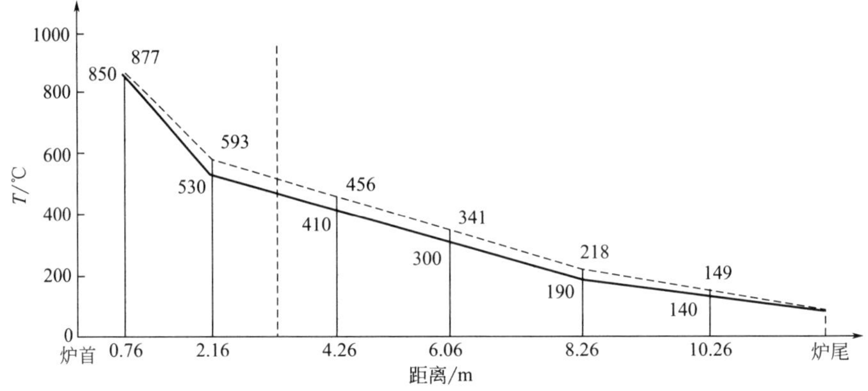

图 12-3　隧道炉内温度分布曲线

二、浇注法

浇注法是将玻璃液浇注在一定形状的模子中的工艺方法，根据浇注时的黏度可分为大黏度浇注和稀黏度浇注。

1. 大黏度浇注

用黏土坩埚熔炼的玻璃，表面和沿坩埚壁部、底部的一层玻璃液存在细条纹，中间有中心条纹。如图 12-4 所示，在浇注过程中如何减少有条纹的玻璃混入无条纹的玻璃中，是保证玻璃质量和提高成品率的关键之一。

大黏度浇注是以坩埚中部为回转中心翻转坩埚，使玻璃液倾出，如图 12-5 所示。在浇注过程中为减少有条纹的玻璃混入无条纹的玻璃中，出炉后首先刮去表面层，在 300L 坩埚中刮去 30～50mm，紧接着快速将坩埚翻转 135°，玻璃液成大团倾入模中，浇注量约占总量的 2/3。由于玻璃黏度大、翻转快，沿壁部和底部留下一层较厚的玻璃，使带条纹层玻璃大都留在坩埚

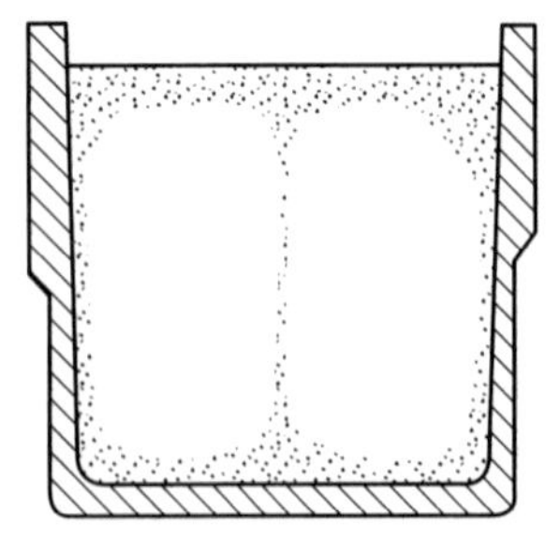

图 12-4　黏土坩埚内玻璃条纹分布

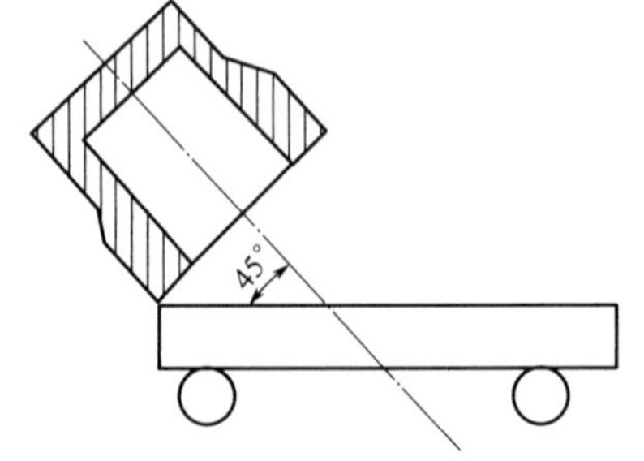

图 12-5　大黏度浇注

内，中心条纹和细条纹也不易扩散。玻璃毛坯中的条纹沿浇注方向分布，除中心条纹外，在垂直大面的方向上不易发现细条纹。与破埚法相比，成品率高，例如300L黏土坩埚熔炼的K玻璃，成品率可达46%，如果遵守合理的熔炼工艺及浇注程序，可选出相当数量的A级条纹的玻璃，质量好的坩埚浇注完后，仍可送回炉内连续重复使用。

大黏度的浇注容易因操作不当而引起玻璃折叠（图12-6），尤其是浇注成窄而长的玻璃时，其原因有黏度太小、坩埚离模子太高、坩埚翻转太慢、移模速度（或移坩埚）不合适等。浇注窄而长的玻璃时，玻璃液先落在模的前部，浇注过程中，根据模子中玻璃液向后流动情况，以合适的速度向前移动模子，特别是当黏度较小时，如移模不当，则常出现覆盖折叠。

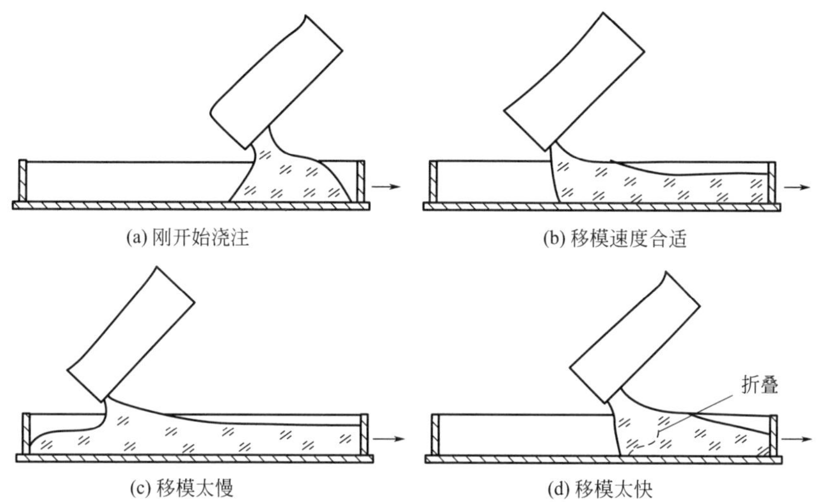

图12-6 大黏度浇注玻璃

玻璃液团倒入模子后，在向前部冲流的同时也向后部流动，见图12-6(a)。移模速度应稍大于后流速度，将浇注点引到玻璃液的最后边，见图12-6(b)。此后可加快移模速度，如果移动太慢，玻璃液向后流动超过浇注点太多，则在尾部必然形成覆盖折叠，见图12-6(c)。如果开始移模太快，玻璃液会在前部形成覆盖折叠，见图12-6(d)。

2.稀黏度浇注

某些易析晶的玻璃（如氟磷酸盐玻璃、磷酸盐玻璃和镧冕类玻璃）必须在稀黏度下出炉。稀黏度浇注是以坩埚口为回转中心进行浇注，故又称偏心浇注。用铂坩埚中熔炼的玻璃才可用稀黏度浇注，因为铂坩埚中的壁部、底部条纹少或不存在条纹，局部细条纹也少，因此采用稀黏度浇注可增加玻璃的浇注量并能提高成品率。

稀黏度浇注时，坩埚口与浇注模子的端挡板相接，端挡板为一斜面，玻璃液平稳地流进模子。与大黏度浇注相比，浇注过程稳定，易于掌握。对于黏度适应范围大，出炉温度比一般大黏度浇注高50～70℃。具体的出炉温度大小，还要按照玻璃料性和模子长短而定。在保证能注满模子的前提下，增大黏度是有利的。即使对黏度较小的某些玻璃牌号，只要操作得当，也能顺利地进行浇注。图12-7为稀黏度浇注。表12-1列举了100L铂

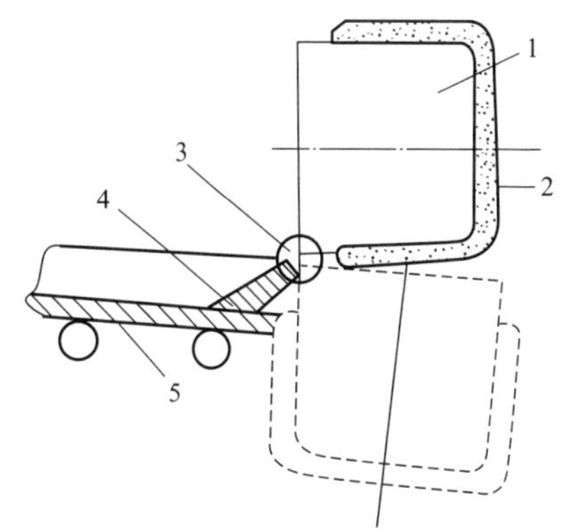

图12-7 稀黏度浇注

1—铂金坩埚；2—坩埚套；3—铂金坩埚侧翻中心；4—斜挡板；5—模具

坩埚中熔炼的几种光学玻璃采用不同浇注方法时的出炉温度。

表 12-1　两种浇注方法出炉温度对照　℃

牌号		ZK_8	ZK_9	$ZBaF_{20}$	$ZBaF_5$	硅酸盐玻璃
出炉温度/℃	大黏度	900～970	900～880	790～770	890～870	1160～1140
	稀黏度	1040～1000	950	840	940	1280～1250

稀黏度浇注操作的关键是以同转轴线为基线，调整好坩埚和模子的位置，特别是当黏度很小时尤为重要。坩埚浇注口高于轴线约 10mm，外壁靠近轴线，浇注模子斜挡板上棱稍微低于轴线，这样浇注时坩埚口与挡板相接。浇注开始时以较快的速度翻转坩埚约 90°，此后的速度及翻转角视黏土大小不同而定。

三、滚压法

滚压法主要是将玻璃液滚压成大块薄板。玻璃液黏度为 10^3～10^5 Pa·s，将坩埚移出炉外，刮去表面条纹层，倒在干净的铁板平台上，用滚筒压成薄板，进行退火。在滚压过程中，由于玻璃液中的细条纹被分散开，因此难以选出 3 个方向无条纹的玻璃，但在垂直大面方向检查时不易发现条纹。用这种方法成形的玻璃能制造那些要求不高的光学元件，而且成品率较高。当前滚压法主要用来生产大块防护玻璃和有色光学玻璃。

采用浇注法和滚压法成形的大块玻璃毛坯经退火、粗选后，借助切割或热炸裂方法制成小块。小块玻璃制品经细磨后放在浸液中或者放在条纹仪上检查条纹，然后再按照订货合同切割成一定规格的光学玻璃成品料块。

第二节　漏料成形工艺及设备

一、概述

漏料成形工艺在光学玻璃生产中应用也较为广泛。光学玻璃漏料成形可分为拉直条状玻璃、直接压制光学元件毛坯（称一次成形）和漏注大尺寸制品 3 大类。光学玻璃漏料成形工艺流程如图 12-8 所示。与传统的成形工艺相比，漏料成形工艺具有生产过程稳定、周期短、成品率高、适于实现生产过程的连续化自动化等优点。目前光学玻璃中的大部分产品，都是采用漏料成形工艺。

玻璃液从连续熔炼池炉或单坩埚中通过漏料管流出然后成形。漏料管是咽喉，在成形工艺中起重要作用。掌握这一流动过程的规律和计算方法，对工艺设计和工艺控制是十分必要的，上海光学精密机械研究所在这方面进行了研究并取得了成果。图 12-9 是光学玻璃漏料坩埚示意图。玻璃液靠自身的位能在管中做滞流运动，由于玻璃液黏度大和漏料管直径小、管也长，玻璃液的流速缓慢。实际计算表明，位能主要用来克服管内玻璃液流动时的摩擦阻力。据此进行流体力学运算而推导出了 3 个基本公式

$$W=\frac{d^2\rho g}{32\eta l}H \tag{12-1}$$

$$V=\frac{\pi d^4\rho g}{128\eta l}H \tag{12-2}$$

$$t=\frac{32\eta l D^2}{d^4\rho g}\ln\frac{H_1}{H_2} \tag{12-3}$$

式中，W 为平均流速，mm/min；V 为平均体积流量（简称流量），L/min；t 为液位由

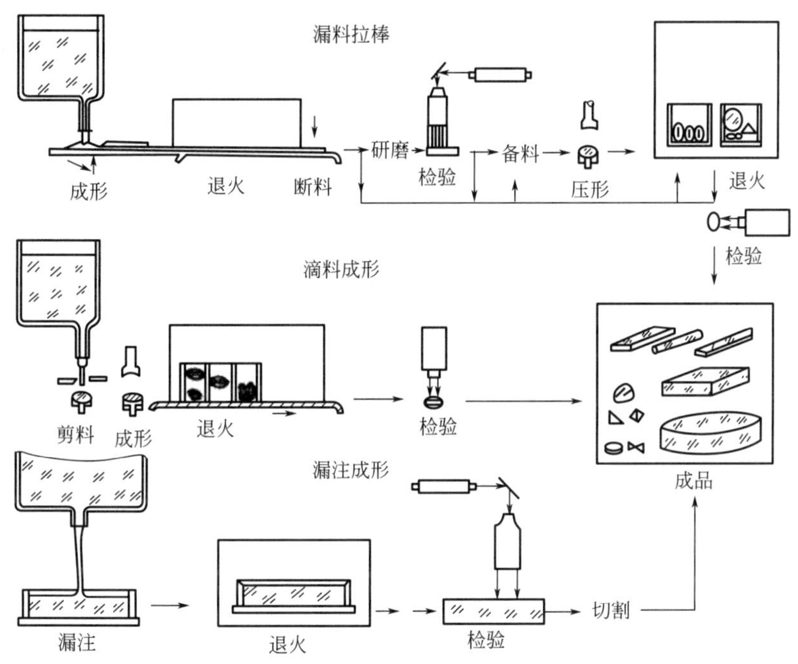

图 12-8　光学玻璃漏料成形工艺

H_1 降至 H_2 所用时间，s；η 为黏度，Pa·s；ρ 为密度，g/cm^3；g 为重力加速度，m/s^2。

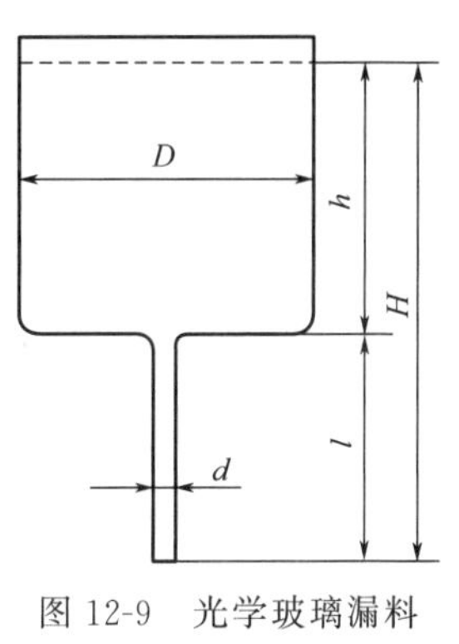

图 12-9　光学玻璃漏料坩埚示意图

其他参数含义如图 12-9 所示，图中 h 为坩埚有效高度。

二、漏料拉棒

从漏料管流出的玻璃液，经过模具成形为条状，并由传输带拉引进隧道炉中退火。条料的断面根据需要可以是圆形、长方形、三角形和其他形状。

玻璃液在漏料管中流出的黏度对棒坯质量影响很大。黏度过小，出模后容易变形；黏度过大，表面皱纹较深。一般光学玻璃漏料黏度为 500～600Pa·s。由于不同类型光学玻璃料性长短不一，以及拉模长度、温度、棒的截面大小不同，所要求的黏度也应相应不同。

有些玻璃易出现闪烁颗粒，在这种情况下，炉温应高于形成闪烁颗粒的上限温度 10～20℃。有些玻璃（如磷酸盐玻璃）在很小的黏度就出现析晶，此时炉温应保持在析晶温度以上。并采用长而细的漏料管和降低管温，使通过漏料管的玻璃液达到合适的黏度，必要时还可采用冷却措施，上述关于玻璃黏度对工艺过程的影响及控制黏度的方法也同样适用下面叙述的漏料压形机漏注大块玻璃。

成形模具对于棒坯的表面质量也有影响。模具保持较高的温度有利于减少表面皱纹的深度。采用热导率高的铜合金制造成形模，其内表面应磨光，并附有测温和风冷系统以保持合适的温度，铜模温度要在 600℃左右。图 12-10 为圆棒拉模图。

保持拉引速度与漏料速度相匹配是拉棒成形工艺的关键之一。若漏料速度大于拉引速度，则因玻璃液堆积过多和硬化而使拉模阻塞，反之会使制品不合格而报废。由式(12-2) 可得

$$n=\frac{K'}{FL}H \tag{12-4}$$

式中，n 为传送带拖动电机转速，r/min；F 为拉模截面积，mm^2；L 为电机每转一转传送带拉引距离，mm。

$$K'=\frac{\pi d^4 \rho g}{128\eta l} \tag{12-5}$$

在连续熔炼中，必须保持因液面波动和温度波动所引起的流量波动处于允许的范围内，此时电机可恒速运转。在单坩埚漏料中，H 随时间变化，所以 n 也相应变化。

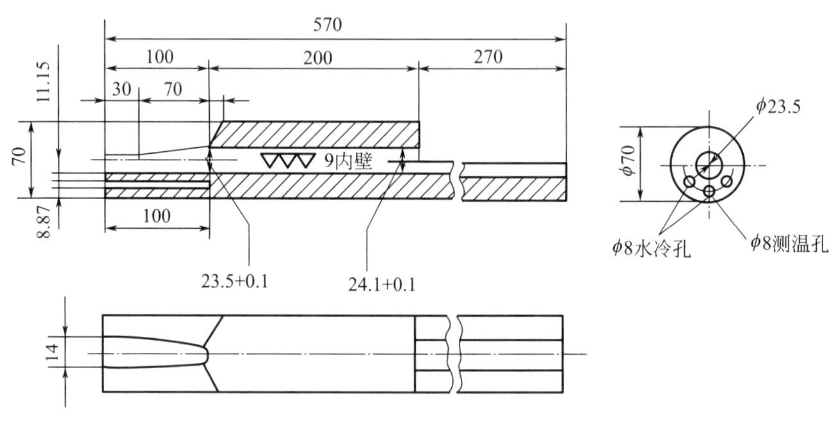

图 12-10　圆棒拉模图

三、滴料压形

将漏出的玻璃液经剪刀剪成一定重量的液滴，然后用压机直接压制成光学元件的毛坯。滴料压形也称一次成形。这种工艺既可减少生产工序，又可减少光学元件加工量和材料消耗。在生产大批量、小尺寸的光学元件毛坯中，广泛采用这种工艺。

滴料压形配备自动压机。压机转盘上有 8～10 个模位，每剪一次料，转动一个模位。料滴落入第一个模位后，随转盘的转动，依次完成冷却、压形、冷却、脱模、压模预热等工序。脱模后的毛坯经徐冷固化后可自动装盒或单个送进隧道式退火炉。装盒是为了提高隧道炉空间利用率，以便在不太长的炉中一次完成精密退火。

在压形过程中，必须使各个环节紧密配合，以选择最佳工艺条件，这主要是为了减少压制毛坯对成品光学元件的加工余量。

(1) 合适的模具　压模需用导热性好、耐磨的材料制造，模具的尺寸要求准确，制品表面的平整度和完整性以及压制时与常温下玻璃体积的变化决定了加工余量。由于这种体积变化很难精确计算，因此可通过试验来修正压模尺寸。

(2) 掌握合适的压料条件　由于漏料玻璃黏度大、模具太冷、压制冷却时间过长或脱模速度太慢等原因会造成制品表面有皱纹、炸纹及炸裂和棱角不完整。黏模或变形则是由于黏度太小、压模温度过高或脱模太快等原因而造成的。因此，必须根据玻璃的黏度和压机的具体条件，选择合适的工艺参数。

(3) 减少刀痕　剪刀痕提前固化将造成表面缺陷，减小剪料黏度、增加压制前的冷却时间有利于刀痕的消融。必要时也可采取煤气喷灯或其他方法加热刀痕等措施，此时应在短时间内集中加热刀痕使其消融，而不得使整个料滴升温太高造成粘模。

(4) 减少料滴重量波动　为了减少料滴重量波动，要求漏料速度稳定和提高剪料精度。在连续熔炼条件下，可通过严格控制液面和温度来保持漏料管内玻璃液流速稳定。剪料应保持在某一合适的恒定速度下进行，并定时抽样检查，出现偏差时能及时予以调整。剪刀速度需满足下式

$$n=\frac{K'}{C}H \tag{12-6}$$

式中，C 为滴料体积，它与室温下料滴体积之差可由试验求得。

单坩埚滴料压形的速度控制要比连续熔炼的情况复杂，在单坩埚滴料压形情况下，可以采用液面探测法、给定程序法、称重法、光电控制法。

四、漏料成形大块玻璃

玻璃液从漏料管流出后注入模子，可成形制成大块玻璃毛坯。这种方法常用在生产大尺寸光学玻璃毛坯或大型望远镜坯。根据成形模与漏料管出口的距离不同，又可分为高柱成形和低柱成形。

高柱成形时，管口与模子之间的距离较大，有的达 1m 以上。原上海新沪玻璃厂漏柱直径 2.2m 微晶玻璃镜坯就采用高柱成形。高柱成形的关键是掌握合适的漏料黏度（图 12-11）。玻璃液自由下落的距离较大，有一定的冲力，如图 12-11(a) 所示，若黏度太小，料柱冲入模中的玻璃液内，并卷入大量气泡。如图 12-11(b) 所示，若黏度太大，玻璃液不能及时摊平，堆积凸起。浇注点沿堆积尖端不断转移至窄移料柱摆动，也会卷入大量气泡。当漏注黏度合适时，如图 12-11(c) 所示，浇注点附近稍向下凹。

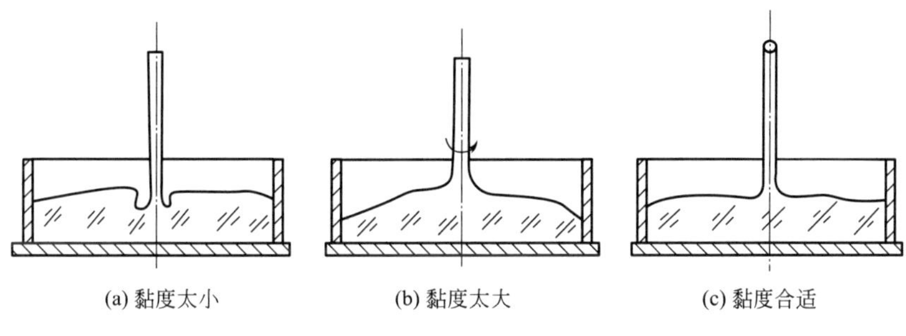

图 12-11　高柱漏注

低柱成形时，管口接近型模，漏柱虽平稳，但操作不便，当漏注大尺寸镜坯时，这种情况尤为突出。管口与模子的距离必须减小。在此情况下，要使模子能随着液面的升高而逐渐降低，以保持较近的距离。可以采用定点漏注，这时管口在模子中间或边部上方，如图 12-12 所示。在某种情况下，还可采用移模成形，当玻璃料性短而模子较长时宜采用此法，见图 12-13。

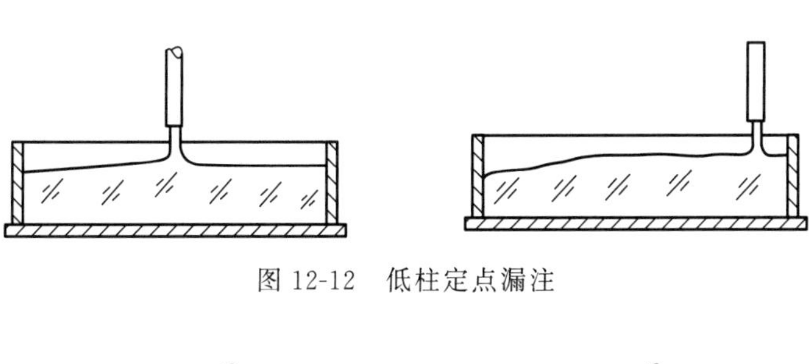

图 12-12　低柱定点漏注

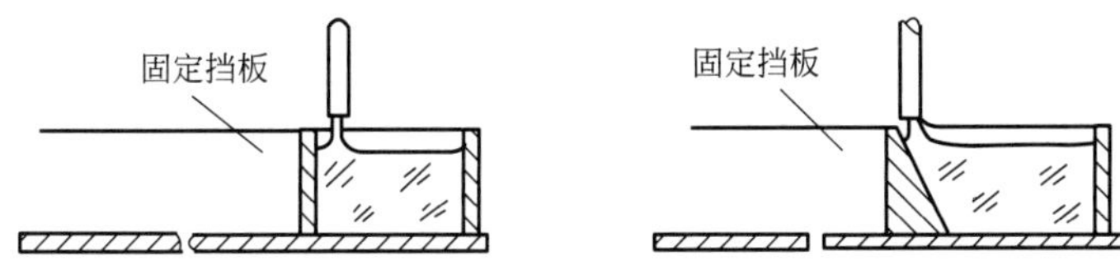

图 12-13　低柱移模漏注

第三节　连续熔炼工艺及设备

在光学玻璃熔制工艺中，将几个坩埚串联起来，使玻璃成形、澄清、均化及冷却 4 个阶段同时于不同的坩埚中进行，成为光学玻璃的连续熔炼（即连熔）。连续熔炼已被制备产量较大的光学玻璃采用。它具有生产量大、可节省能源、连熔周期短和玻璃良品率高等优点。这种方法是第二次世界大战时美国发明的，从 20 世纪 50 年代末期已被各国采用。20 世纪 70 年代日本主要光学玻璃厂不断完善连续熔炼生产线，到 20 世纪 70 年代末期实现了光学玻璃生产的三直工艺，即直接熔化、直接压形、直接退火。由于采用精密压形使压形尺寸误差达到 ±(0.30～0.50) mm。这样既减少了光学玻璃加工量，也大大提高了光学玻璃利用率。

按玻璃熔炼材料划分，连续熔炼一般可分为：全部用铂金做容器的全铂金池炉和熔化部用陶瓷材料、均化部用铂金的瓷铂池炉两大类。前者适用于熔炼 ZK、LaK、LaF、变色玻璃及质量要求较高的玻璃；后者适用于熔炼大量生产的 K 类、F 类、BaK 类玻璃以及大规模集成电路基板玻璃。按生产能力，池炉可分为大、中、小 3 种类型，其中，大型池炉产量 2～5t/d，中型池炉产量 0.8～1.5t/d，小型池炉产量 0.2～0.5t/d。

一、小型铂金池炉

光学玻璃全铂金池炉从加料到出料的全部容器用铂金制作，一般使用 3 个或 5 个铂金坩埚串联而成，光学玻璃全铂金连熔线结构类型如图 12-14 所示。在使用铂金坩埚熔炼玻璃时，为了降低操作温度，通常采用碎玻璃碴为熟料。先从第一坩埚加入，熔融玻璃液经过第二、第三坩埚达到澄清的目的。搅拌和均化是在最后的两个或一个坩埚内进行，所采用的搅拌器也需要用铂金制成，整个全铂金池炉铂金用量为 45～60kg。熔炉采用硅钼棒或硅碳棒加热，出料管部分采用直接通电加热，总功率为 100～200kW。铂金容器用陶瓷材料作套筒，以保护铂金不受发热体侵蚀和避免铂金容器高温变形。连续熔炼池炉采用自动或半自动加料机加料，利用钴源、激光器等测量液面调节加料速度。

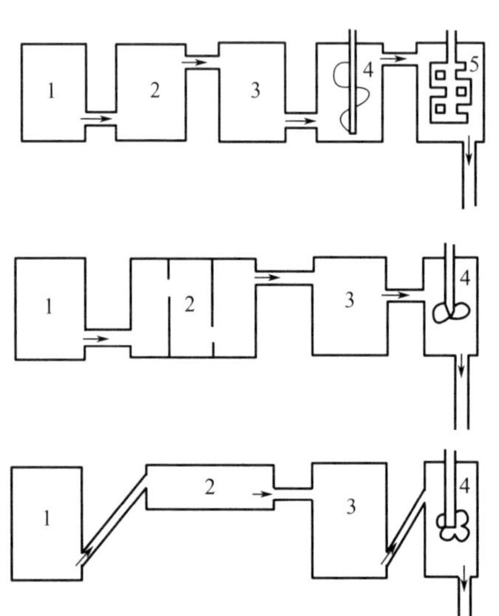

图 12-14　光学玻璃全铂金连熔线结构类型

经过均化的玻璃液在最后一个坩埚的底部或下部沿导管流出。导管是一根长约 1.5m、直径较小的铂金管，其作用是调节玻璃液黏度和控制流量。全铂金池炉通常用于生产板料和圆料棒，也可直接压制光学元件型料，成形尺寸比较精确。全铂金池炉可熔制多种牌号玻璃，更换也比较方便。

二、瓷铂池炉连续熔炼

瓷铂池炉包括中型瓷铂池炉和大型瓷铂池炉。瓷铂池炉是用耐火材料（陶瓷）砌筑熔化池和澄清池，一般是加入生料熔制玻璃，化料和澄清都是在陶瓷材料的池炉中完成。瓷铂池炉能大大扩大生产规模，用铂金制作均化、出料部分的容器以保证玻璃产品质量。在澄清池中的玻璃液是经过一根铂金管流入铂金池炉。玻璃的搅拌均化是在铂金池炉内进行的。各种结构形式的瓷铂池炉连熔示意图如图 12-15 所示。

瓷铂池炉在耐火材料部分（陶瓷部分）大多采用电助熔技术，以提高熔化温度和熔化速度，炉子的上部空间采用天然气或煤气加热，以维持上部空间的温度，为了获得较好的澄清效果，可增大澄清池容积。瓷铂池炉的铂金池炉部分不承受高温，因而铂金使用寿命较长。中型池炉的产品一般是板块料或压形料，中型池炉更换牌号较困难，一年内只能更换几种牌号玻璃。大型瓷铂池炉在炉型结构与中型瓷铂池炉相似，但容量较大，出料部一般设有 2～4 个出料管。大型池炉常用于生产量大的玻璃，一般不能更换牌号。

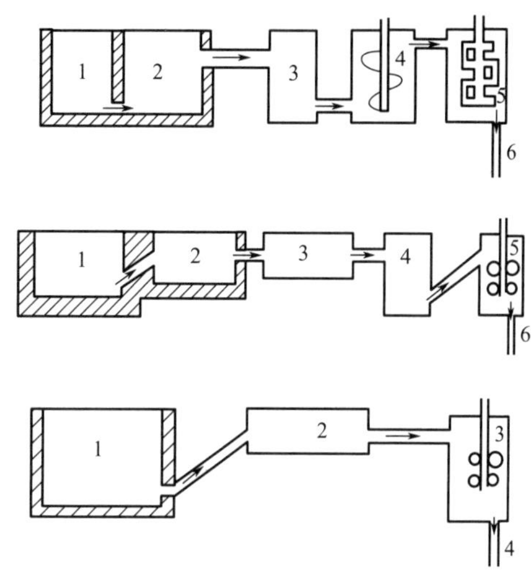

图 12-15　各种结构形式的瓷铂池炉连熔示意图

在设计池炉时，为有利于光学常数稳定，熔化池容积要比其他池大数倍；澄清池要浅些，有利于气泡排出，同时可减轻玻璃液上下温差。在保证玻璃液正常流动的情况下，流液洞尽量要小，为保证出料池液面稳定，铂金连接管不要太细，这可保证出料速度稳定。出料管的形状通常为上粗下细的锥形。

三、电极材料

电极材料是玻璃直接电熔的关键材料，对直接电熔技术的发展起着重大的影响。由于要把强大的电流通过电极送到玻璃液中，因此，要求电极本身具有低的电阻，易被玻璃液浸润，电极表面接触电阻小、耐玻璃液腐蚀，不与玻璃成分发生化学反应，它有好的机械强度和耐热冲击性。在电熔技术发展过程中曾出现过铁、石墨、钼、铂和氧化锡电极。瓷铂池炉连续熔炼一般使用钼电极、氧化锡电极铂电极等。

（1）钼电极　钼是瓷铂池炉连续熔炼通常使用的电极材料。钼电极一般是由钼粉经过成形后，在高温炉内烧结，进一步加工锻造而成。也可以采用电子射线冶炼法、真空电弧冶炼法制备，其使用寿命更长。

金属钼熔点高，导电性能好，机械强度大，耐热冲击性能好，耐玻璃液腐蚀性能好，钼几乎不使玻璃着色，与玻璃接触电阻小，价格便宜，是目前理想的电极材料。钼电极缺点是高温易氧化，在 400℃时已缓慢氧化，600℃时较剧烈氧化，因而使用钼电极时必须采取措施防止氧化。

（2）氧化锡电极　由于钼电极易把玻璃中的 PbO 还原成 Pb，因此不能用钼电极熔化铅玻璃，但可采用二氧化锡电极熔化铅玻璃。

SnO_2 电极是在氧化锡粉末中加入烧结促进剂和能降低电阻的添加剂烧结而成。Au、Ag、Cu、Co、Fe、Ni、K 等金属氧化物可用作烧结促进剂；As_2O_3、Sb_2O_3、SiO_2 用作降低电阻的填加剂。

SnO_2 电极是一种气孔率小，密度较大的烧结体。

（3）铂电极　由于钼、氧化锡电极都不同程度地污染玻璃，为了熔化高质量的玻璃，尤其是要求高的光学玻璃生产近年来已采用铂电极。

第四节　光学玻璃精密模压工艺及设备

玻璃的精密模压技术是 20 世纪 80 年代由柯达公司及保谷公司，为提高成像质量和简化光学系统所开发的。这种先进的压形工艺是将玻璃直接压制成光学元件，不再经过粗磨、细磨、抛光、镀膜工序，可直接装备到光学仪器上。这样可大量节省人力和设备，降低能耗，提高原材料的利用率，缩短生产周期。生产出的光学元件质量高，良品率可达 90%。

一、精密模压工艺及设备

传统的光学玻璃镜头加工方法研磨加工工序烦琐，而且加工周期长，玻璃的材料利用率低，见表 12-2。利用精密压制的方法则减少了多数工艺过程，而且可大批量生产非球面镜头、棱镜及有凹凸形状的薄板等制品。

表 12-2　光学玻璃镜头的生产过程

传统的加工过程	精密压制过程
玻璃熔融	玻璃熔融
坯体成形	制初形坯体
退　火	
第一面粗磨	
第二面粗磨	
洗　净	
粘　接	
第一面细磨	→加热加压成形（由“坯体成形”至第二个“清　洗”各工序）
第一面精磨	
揭　取	退火
清　洗	
第一面细磨	清洗
第二面精磨	
揭　取	包装
清　洗	
检　验	
清　洗	
包　装	

精密压制技术是多学科的复合技术，一般包括：非球面镜头的光学设计；适宜精密压制工艺的玻璃；超精密模具加工技术；新型模具材料；预成形技术；精密成形（模具结构、压机、压制工艺条件）；非球面形状的检测技术。

现在精密模具压制技术生产的光学玻璃元件，已广泛用于摄像机、数码相机、手机中的摄像镜头，车载 CD 机、单镜头相机、各种光盘系统的拾波器透镜、激光打印机的准直透镜、光通信中与光纤结合的透镜等。此外一些形状复杂的透镜、棱镜、歪像非球面透镜、带有微细突起的透镜（如高度差仅十几个微米的菲涅耳透镜）、微细透镜阵列等，近年来也采用精密模压的方法制造。一些研究报告还给出利用玻璃态碳模具压制派莱克斯玻璃、石英玻璃基质的有精密尺寸要求的生物芯片用基板，这些已成为精密压制技术的新应用。

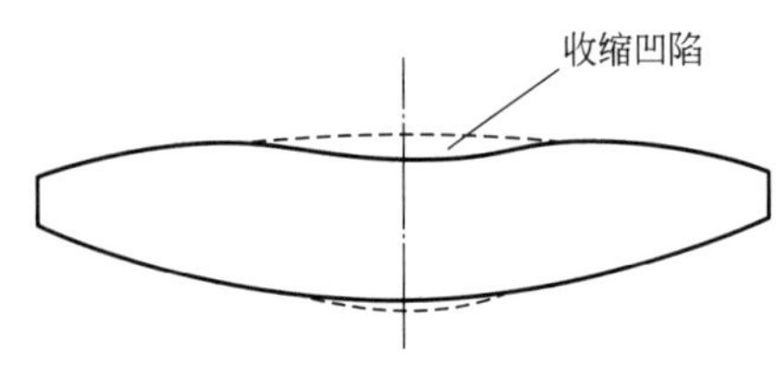

图 12-16　压制中产生的凹陷收缩

一般玻璃的直接压制方法是将熔融态的光学玻璃在 $10\sim10^{3}$dPa · s 黏度状态下滴入比玻璃转变点（T_g）低 50℃以下的金属模具中压制成形。此时玻璃与模具间温差为 400～600℃，由于模具温度低，可防止玻璃与金属模具的黏附。而压制中玻璃与模具接触部分（主要是表面）快速冷却固化，其内部的玻璃在压制后仍具有流动性。图 12-16 所示为这种压制方法生产透镜的缺陷，即玻璃表面产生凹陷，这导致形状精度为 0.05～0.1mm，将不能用于透镜，除此之外，还使玻璃形成胡须状、橘皮状的粗糙表面以及剪刀疤痕。

1970 年，柯达公司申请了精密压制成形透镜的专利，并将其用于相机中。包括球面透镜和非球面透镜。1971 年，保谷（HOYA）公司也申请了精密压制的专利。制备方法是将模具温度保持在玻璃转变点（T_g）以上，接近软化点以下的温度范围内，对尚具有流动性的玻璃加压，直至玻璃温度分布均匀，在此状态下保压 20s 以上，以防止产生缩孔。此处玻璃的转变点对应玻璃黏度为 $10^{13} \sim 10^{14}$dPa·s，而软化点为 $10^{7.6}$dPa·s。

柯达公司的成形方法如下：①向模具内放入一块玻璃；②将模具包围的容器排气抽真空，并且注入非氧化性气体；③将模具和玻璃升温至玻璃转变点附近；④对模具加压使玻璃成形；⑤在维持对玻璃的压力同时，使玻璃模具温度降至玻璃转变点（T_g）以下（对应黏度为 $10^{13} \sim 10^{14}$dPa·s）；⑥撤除压力；⑦为防止模具氧化，将模具进一步冷却至 300℃；⑧开模。

1981 年康宁公司也申请了专利，成形步骤如下：①制备接近最终形状的玻璃预制件；②制备具有最终形状的模具；③将预制件与模具分别升温至与玻璃黏度 $10^{8} \sim 10^{12}$dPa·s 对应的黏度（与柯达专利相比，其黏度稍高一些）；④将预制件置于模具中；⑤对模具加压使玻璃成形，保压一定时间，至少在模具的边缘使模具与玻璃为同一温度，最终使预制件与模具内腔形状一致；⑥当达到 $10^{11} \sim 10^{13}$dPa·s 区间对应的温度时，将已成形的透镜由模具中取出；⑦对已压制好的制品进行精密退火。

随着对产量的要求及技术上的突破，一些公司采取了新的方法。即对上述的二次压制法采取一次直接压制的方法。与二次压制方法相比，从精度上看，二次压制方法的精度要高，但从铂金坩埚滴下的料滴直接压制的方法则可以大大提高产量，而且玻璃的利用率高。

图 12-17 和图 12-18 分别为保谷（HOYA）公司及佳能公司的两种精密压制设备。图 12-19

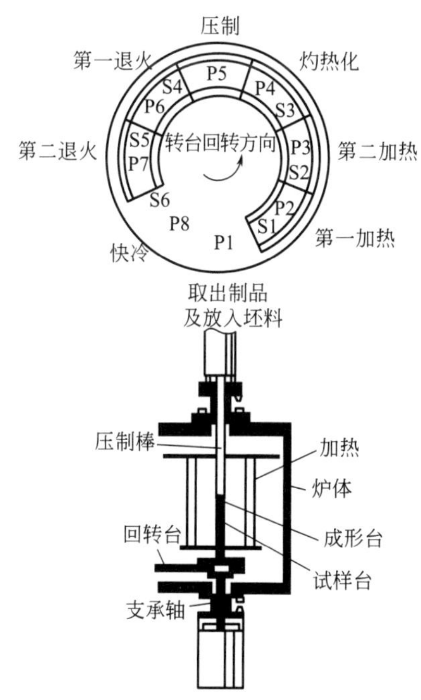

图 12-17　转台式紧密模压设备

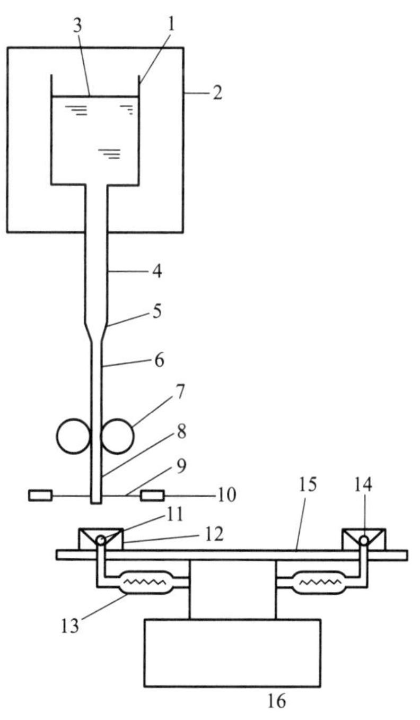

图 12-18　引下玻璃拉棒的精密压制装置

1—铂金坩埚；2—电炉；3—玻璃液；4—铂金漏管；5—铂电极漏管；6—流出玻璃；7—玻璃棒引下机；8—将冷硬的玻璃棒；9—利用热冲击切断机；10—冷却介质（水或气）；11—落入漏斗的玻璃棒；12—装在转台上的漏斗支承器；13—高温气体加热部；14—漏斗；15—转台；16—基座

为将熔融玻璃直接制备初形的方法。这种直接压制（一次）的设备各公司开发的种类不同，也对应玻璃组成及黏-温曲线的不同而有所区别。图 12-19 为玻璃精密压制初形的工艺过程，首先，将熔融玻璃形成料滴后利用玻璃表面张力及黏-温曲线，使料滴成形为球状或椭球体，然后移送至压机，进行精密压制。

如图 12-19(a) 所示，对应低黏度玻璃，由流料管滴下的玻璃料滴落入一锥形漏斗中，由下部小孔中吹出的热气流托住玻璃料滴，同时调整其温度（黏度），使其在表面张力作用下呈球状，然后移送至成形模具（与之温度接近的模具）中压制成形。而对应黏度大的玻璃，如图 12-19(b) 所示，需要用剪刀将流出流料管的玻璃剪下，落入一初形模具中，这些模具下方开有小孔，热气流由初形模具下方吹出，使料滴圆整化（成为接近球状或椭圆形状），同时利用玻璃内部热量的重热作用使剪刀疤消除。这些制备初形的方法中，最关键是如何保证每个料滴的重量一致，以及在流料管口处不析晶。

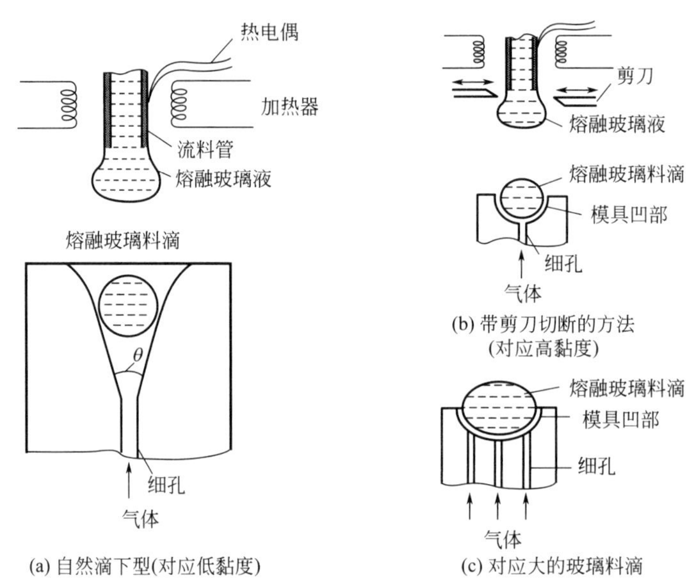

图 12-19　玻璃精密压制初形的工艺过程

为保证模具不被氧化，在图 12-17 中的转台式（间歇式回转）压机上设有压制室的快门式挡板，可以保证压制室内不进入过多的空气并保持非氧化气氛，HOYA 专利给出的这种压机压制时初形温度应与 $10^{7.4}\sim10^{10.5}$dPa·s 黏度对应。

图 12-18 所示的系统是将熔融玻璃液由流料管处拉制成光洁圆整的玻璃棒，通过在棒上的准确划痕后，利用急冷制成料重不变的圆形截面的饼状玻璃块，落入下方石墨模中后，由热氮气将其加热，并使之上浮在锥形石墨模具中，玻璃通过加热，黏度达到 $10^4\sim10^7$dPa·s，此时的玻璃由其表面张力作用而球形化，然后再送至压制室压制成形。这种成形方法中元件的重量偏差较小。

二、精密模压模具材料及模具加工

（1）模具材料　精密模压技术要求模具材料无气孔，且可以研磨出平滑的光学镜面；高温下耐氧化且其材料结构不变形，可以保持表面的原状态；与玻璃不黏结、不反应且脱模性好；在高温下保持高强度、高硬度。

模具材料一般采用超硬合金材料，在与玻璃接触的表面镀覆一层或几层陶瓷材料膜。其材质各公司不尽相同，见表 12-3。HOYA 公司对模具材料所做的评价试验（氮气氛，温度为膨胀软化点＋10℃，压制时间 20s，试验次数为 500 次、1000 次、2000 次、5000 次、10000 次后，观察膜的寿命）表明，从膜的硬度、与模具附着强度变化方面，可以看出如下顺序：TiCN/WC、DLC/WC、SiC、Cr_2O_3/Al_2O_3、TiAlN/WC、BN/WC、TiN/WC、$Pt\text{-}Ir^{65}$/WC、$Pt\text{-}Au^{5}$/WC。

表 12-3　陶瓷膜种类

玻璃牌号	陶瓷膜种类	玻璃牌号	陶瓷膜种类
BK	TiCN/WC、DLC/WC	SF8	TiCN/WC、BN/WC、TiAlN/WC、Cr_2O_3/Al_2O_3
SK5	TiCN/WC、DLC/WC、SiC	F2	$Pt\text{-}Ir^{67}$/WC、TiAlN/WC、TiN/WC

（2）模具加工　模具的加工采用高刚性、高于 0.01μm 分辨率的精密加工机床（专用的非球面加工）。非球面镜头模具基材的加工过程如图 12-20 所示。合金模具采用金刚石磨轮研磨，待研磨加工完成后镀上陶瓷膜。图 12-21 为模具镀膜后的精磨加工过程。

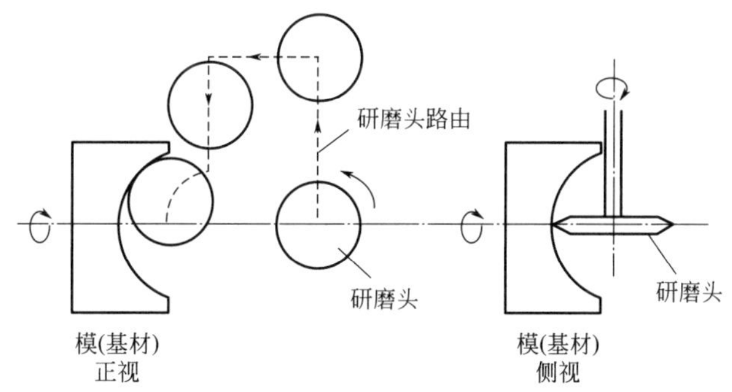

图 12-20　非球面镜头模具基材的加工过程

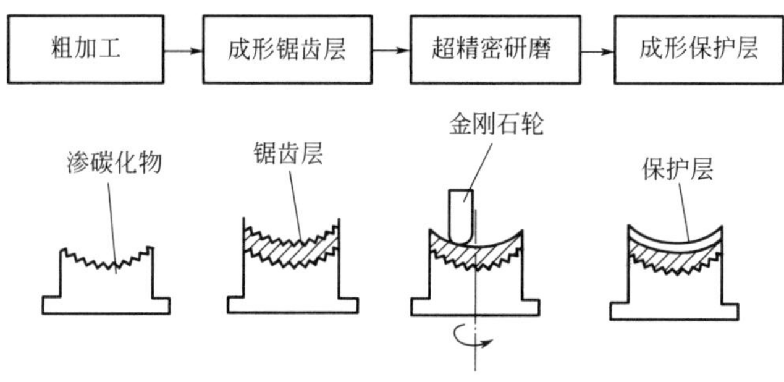

图 12-21　模具镀膜后的精磨加工过程

精密压制成形可以使玻璃很容易地将模具的形状精密复制出来，这与软化玻璃不黏附模具的研发是不可分的。以往的成形是将熔融态玻璃在低温金属模具中压制成形。这种方法防止了玻璃在模具上的黏附，但是因产生疵点、表面皱纹而失去形状精度。采用特殊的模具材料，在非氧化气氛中将玻璃和模具同时升温至玻璃的软化点附近，在两者温度一致时，以较高压力用模具压制一段时间后，在维持压力状况下，使其模具与玻璃的温度同时降低至玻璃的转变点以下。由此可以看出，采用精密压制时，模具需要加热而且与玻璃同时冷却至转变点以下，因而压制时间长，这使得生产速度低，要求设备采用多副模具。

思考题

1. 简述光学玻璃与日用玻璃的制备工艺及设备有哪些不同之处。
2. 传统的光学玻璃成形工艺有哪些?
3. 简述稀黏度浇注光学玻璃的一般步骤。
4. 光学玻璃漏料成形分为哪三大类? 并简述这三类漏料成形过程。
5. 简述连熔工艺制备光学玻璃有哪些优点。
6. 简述精密压制成形的工艺过程。
7. 电熔化光学玻璃常用的电极材料有哪些? 并说明分别有哪些特点。
8. 写出5种常用的光学玻璃精密压形的模具材料名称。

第十三章 玻璃窑炉烟气脱硫脱硝设备

我国玻璃行业现在执行的排放标准是《工业窑炉大气污染物排放标准》(GB 9078—1996)、《大气污染物综合排放标准》(GB 16297—1996)和《平板玻璃工业大气污染物排放标准》(GB 26453—2011)。在《平板玻璃工业大气污染物排放标准》(GB 26453—2011)中比较突出的一点就是严格规范了 SO_2 和 NO_x 的排放，规定 SO_2 的排放浓度小于 $400mg/m^3$，NO_x 的排放浓度小于 $700mg/m^3$，而此前未对玻璃行业 SO_2 和 NO_x 的排放浓度进行严格限制，因此如何选择玻璃窑炉的烟气脱硫脱硝方案将是玻璃行业健康发展的重点之一。

第一节 窑炉烟气脱硫主要工艺及设备

一、烟气脱硫技术分类

烟气脱硫(Flue Gas Desulfurization，FGD)是世界上唯一大规模商业化应用的脱硫方法，是控制酸雨和二氧化硫污染最为有效的技术手段。烟气脱硫工艺方法很多，这些方法的应用主要取决于燃烧设备的类型、燃料的种类和含硫量的多少、脱硫效率、脱硫剂的供应条件等因素。

按脱硫的方式和产物的处理形式划分，FGD 技术可分为湿法、半干法和干法 3 类(表 13-1)。

表 13-1 常见的脱硫方法分类

分类	脱硫方法	脱硫剂	副产物
湿法	石灰石-石膏	石灰石/石灰	石膏
	海水脱硫	海水	海水
	氨-硫酸铵法	液氨/氨水/尿素	硫酸铵
	氨-酸法	氨水	硫酸铵、硝酸铵
	双碱法	氢氧化钠、氢氧化钙	石膏、亚硫酸钙
	氧化镁法	氧化镁	元素硫
	氢氧化镁法	氢氧化镁	硫酸镁
	磷铵肥法	磷矿石、氨	磷铵复合肥
半干法	烟道喷雾法	石灰	灰、渣
	吸收塔喷入法	石灰	亚硫酸钙
	电子束法	氨	硫铵、硝氨
干法	回流式循环流化床	石灰	灰、渣
	炉内吹入法	石灰石	灰、渣
	活性炭吸附法	活性炭(吸附剂)	硫酸/硫黄
	NID	石灰	灰、渣

(1) 湿法烟气脱硫技术 湿法烟气脱硫技术(Wet Flue Gas Desulfurization，WFGD)是采用碱性浆液或溶液作吸收剂在湿状态下脱硫和处理脱硫产物，主要有石灰/石灰石-石膏法、氧化镁法、海水脱硫法、柠檬酸钠法、磷铵肥法、双碱法等。该法具有脱硫反应速度快、脱硫

效率高等优点，但存在投资和运行维护费用都很高、脱硫后产物处理较难、易造成二次污染、系统复杂、启停不便等问题。其中石灰石-石膏湿法烟气脱硫技术具有吸收剂资源丰富、成本低廉等优点，成为世界上技术最成熟，实用业绩最多的脱硫工艺，脱硫效率在95%以上。

（2）半干法烟气脱硫技术　半干法烟气脱硫技术（Semi-Dry Flue Gas Desulfurization，SDFGD）是在气、固、液三相中进行脱硫反应，利用烟气显热蒸发吸收液中的水分，从而使最终产物为干粒状。主要有循环悬浮式半干法、喷雾干燥法、气体悬浮吸收烟气脱硫工艺等。半干法兼有干法与湿法的一些特点，既具有湿法脱硫反应速度快、脱硫效率高的优点，又具有干法无污水、废酸排出，脱硫后产物易于处理的优点，受到越来越广泛的关注。

（3）干法烟气脱硫技术　干法烟气脱硫技术（Dry Flue Gas Desulfurization，DFGD）是在无液相介入的完全干燥条件下进行脱硫反应，主要有炉内喷钙尾部增湿活化脱硫工艺、电子射线辐射法、荷电干式吸收剂喷射脱硫法等。干法脱硫反应产物呈粒状，具有无污水废酸排出、设备腐蚀小，烟气在净化过程中无明显温降、净化后烟温高、利于烟囱排气扩散等优点。干法脱硫的流程和设备也相对比较简单，但设备体积过大，吸收过程气固反应速率较低，脱硫效果差。由于环保要求的不断提高，已很少采用。

本节重点介绍目前国内外应用最为广泛的石灰石-石膏湿法烟气脱硫技术。

二、石灰石-石膏湿法烟气脱硫技术及设备

湿法烟气脱硫工艺中，根据吸收剂的不同又可以分为多种不同的工艺。其中石灰石-石膏法由于具有吸收剂资源丰富、成本低廉等优点，已经成为世界上最为成熟、应用最为广泛的一种烟气脱硫工艺。

1.工艺原理及工艺流程

该工艺的主要反应是在吸收塔中进行的，送入吸收塔的吸收剂——石灰石浆液与经烟气再热器冷却后进入吸收塔的烟气接触混合，烟气中的SO_2与吸收剂浆液中的$CaCO_3$以及与浆液池中鼓入的空气中的O_2发生化学反应，生成$CaSO_4 \cdot 2H_2O$，即石膏；脱硫后的烟气依次经过除雾器除去雾滴、烟气再热器加热升温后，经烟囱排入大气。

该工艺的化学反应原理如下

$$SO_2(g) + H_2O \rightleftharpoons H^+ + HSO_3^- \tag{13-1}$$

$$CaCO_3 + 2H^+ \rightleftharpoons Ca^{2+} + H_2O + CO_2(g) \tag{13-2}$$

$$HSO_3^- + O_2 \rightleftharpoons H^+ + SO_4^{2-} \tag{13-3}$$

$$Ca^{2+} + SO_4^{2-} + 2H_2O \rightleftharpoons CaSO_4 \cdot 2H_2O(s) \tag{13-4}$$

典型的工艺流程主要包括烟气系统（烟道挡板、烟气换热器、脱硫风机等）、吸收塔系统（吸收塔、循环泵、氧化风机、除雾器等）、吸收剂制备系统（石灰石粉仓、石灰石磨机、石灰石浆液罐、浆液泵等）、石膏脱水及储存系统（石膏浆泵、水力旋流器、真空皮带脱水机等）、废水处理系统及公用系统（工艺水、电、压缩空气等）。石灰石/石灰-石膏湿法脱硫系统工艺流程如图13-1所示。

2.吸收剂的选择

石灰石是石灰石/石灰-石膏湿法烟气脱硫工艺中的吸收剂，石灰石活性是石灰石作为吸收剂品质的判别指标，它不仅影响系统设计阶段吸收剂的选择，而且影响运行阶段确定最优运行操作参数，进而降低投资与运行费用。影响石灰石活性的因素主要有物理性质（$CaCO_3$含量、粒径、地质年代）及其所处的运行环境（浆液pH值、浆液中所含离子、CO_2分压、温度、搅拌速率等）。选用石灰石时，主要从$CaCO_3$含量、粒径和可磨性等方面进行综合考虑。

3.关键子系统及设备

烟气脱硫装置主要包括烟气系统、吸收塔系统、氧化空气系统、石灰石浆液制备系统、石

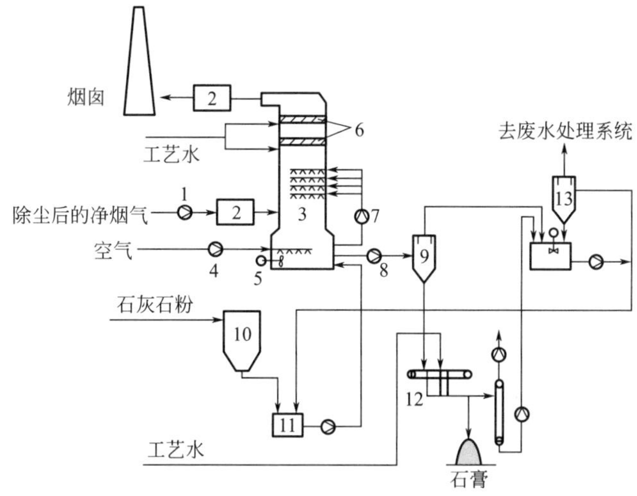

图 13-1 石灰石/石灰-石膏湿法脱硫系统工艺流程

1—脱硫风机；2—烟气换热器；3—吸收塔；4—氧化风机；5—搅拌器；
6—除雾器；7—循环泵；8—抽出泵；9—石膏旋流器；10—石灰石粉仓；
11—吸收剂浆液槽；12—真空脱水机；13—废水旋流器

膏脱水系统、事故排放系统、工艺水系统、石膏炒制系统、自动控制系统、电气系统等。

（1）烟气系统　烟气系统工艺流程如图 13-2 所示，主要由脱硫烟气进出口挡板门、旁路挡板门、增压风机、烟气换热器（Gas-Gas Heater，GGH）、吸收塔、烟道及相应的辅助系统组成。

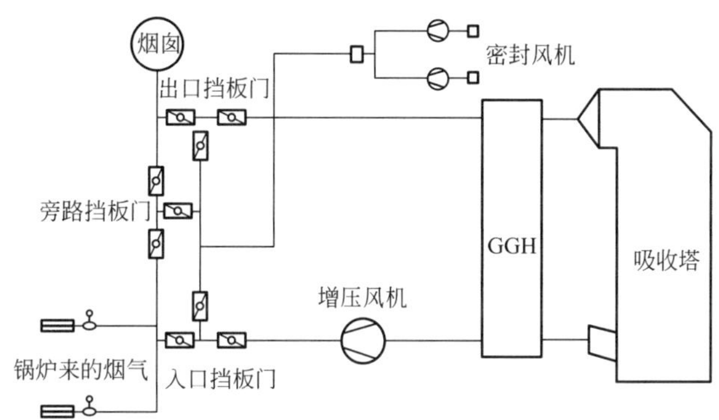

图 13-2 烟气系统工艺流程

① 增压风机　增压风机是用于克服 FGD 装置的烟气阻力，将原烟气引入脱硫系统，并稳定锅炉引风机出口压力的重要设备。它的运行特点是低压头、大流量、低转速。在加装脱硫装置的情况下，锅炉送、引风机无法克服 FGD 装置的烟气阻力，所以锅炉加装脱硫装置时，必须设置增压风机。

② 烟气换热器　烟气换热器是 WFGD 中仅次于脱硫塔的第二大设备，对系统的脱硫效率和安全稳定运行影响较大。烟气换热器是利用原烟气中的余热来加热脱硫后的洁净冷烟气，不需要其热源，是最经济的加热方式。原烟气和洁净烟气经过烟气换热器后，使洁净烟气的排烟温度达到露点之上，减轻对洁净烟气烟道和烟囱的腐蚀，同时降低进入吸收塔的原烟气温度，降低塔内对防腐的工艺技术要求。由于 GGH 热端烟气含硫量高，温度高，冷端温度低，含水率大，故 GGH 的烟气进出口均需用耐腐蚀材料，如搪玻璃、柯登钢等。

③ 烟气挡板门　为保证 FGD 的停运不影响机组烟风系统的正常运行，在烟道上分别设置了原烟气挡板门、净烟气挡板门和旁路挡板门。该挡板一般采用双百叶窗形式（图 13-3）。百叶窗式挡板无论开启还是关闭，均停留在烟道内，由一块或多块阀板组成。百叶窗式挡板可分为单阀板百叶窗式挡板和多阀板百叶窗式挡板。吸收塔进、出口烟气挡板及旁路烟气挡板多采用多阀板百叶窗式挡板，这些阀板由挡板外的连接件连接，由电动或气动执行器驱动。

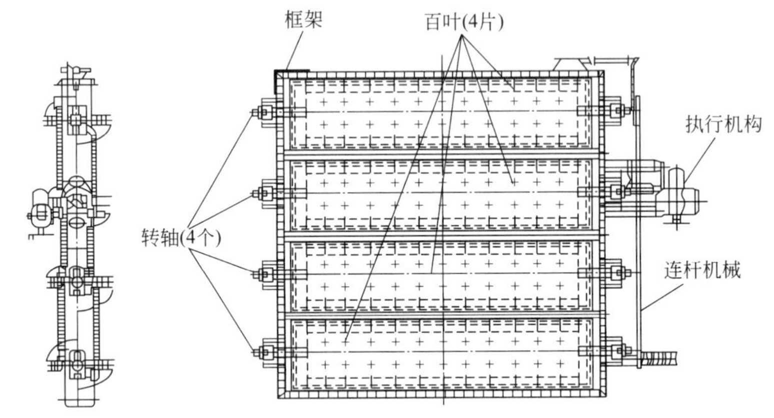

图 13-3　关闭状态的双百叶窗烟气挡板

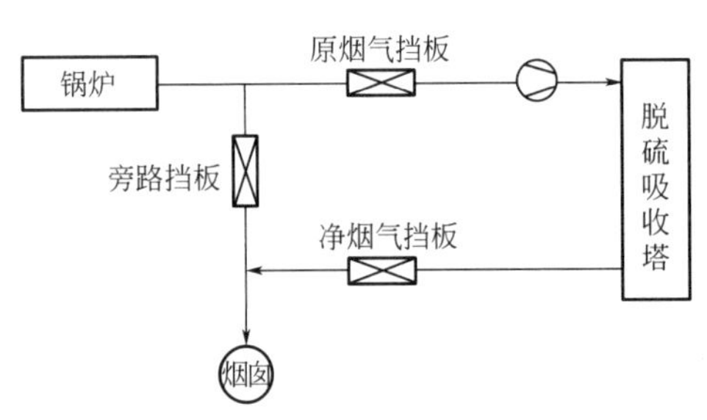

图 13-4　烟气挡板门系统

图 13-4 所示为烟气挡板门系统。

烟气挡板门的作用如下：a. 在脱硫系统正常运行时，将原烟气切换至脱硫系统。b. 在脱硫系统故障或停运时，使原烟气走旁路，直接排到烟囱。

④ 烟道　烟气换热器前的原烟道可不采取防腐措施。对于设有烟气换热器的脱硫装置，应从烟气换热器原烟道侧入口弯头处至烟囱的烟道采取防腐措施，防腐材料的选取应根据适用条件采用鳞片树脂或衬胶。对于没有装设烟气换热器的脱硫装置，应从距离吸收塔入口至少 5m 处开始采取防腐措施，但具体应从实际布置情况考虑。

（2）吸收塔系统　吸收塔系统关键设备有吸收塔、喷淋层、除雾器、侧向搅拌器以及氧化空气布气层。吸收浆液池尺寸经优化设计以保证足够的氧化停留时间，氧化反应的控制步骤为溶解氧量，氧化空气布气层布置在足够的深度，以保证吸收塔浆液池的氧化区水中溶解氧的量和烟气中 SO_2 的质量之比不低于 3。pH 值不是控制步骤，但应控制在较低的水平（4.5～6），以保证足够的亚硫酸钙的溶解度。多重进气管便于在线冲洗/清洁曝气孔、布气管采用开放式顶端设计（液封），便于冲洗去除沉积物，曝气孔应侧向布置。

（3）石灰石浆液制备系统　石灰石浆液制备系统的关键系统是卸料系统、磨料系统和制浆系统。卸料系统相对比较成熟，各种设备的选择比较固定。磨料系统的关键是石灰石磨煤机的选择，在 FGD 中通常以湿式磨煤机为主，而且主要都是采用卧式布置。目前普遍采用进口的湿式球磨机，因为相对国产设备，进口设备具有体积小、效率高、能耗低、运行稳定和维护费用低等优点，但是价格比国产设备高 120％左右。要求湿式球磨机最终产品 90％的颗粒粒径小于 30μm，50％的颗粒粒径小于 10μm。

（4）石膏脱水系统　石膏脱水系统的关键系统是一级脱水系统和二级脱水系统。一级脱水系统是由一个水力旋流分离器来实现的，二级脱水系统是由脱水机实现的。脱水机主要有转鼓脱水机、皮带脱水机、篮式离心脱水机3种形式。转鼓脱水机的特点是脱水效率低，滤饼含水率高于10%，滤饼洗涤效率有限，但是结构简单，造价低；皮带脱水机脱水效率高，滤饼含水率低于10%，滤饼洗涤效率高；篮式离心脱水机脱水效率非常高，滤饼洗涤效率有限，但造价高，运行费用高。在FGD系统中，常用的主要是皮带脱水机，而且一般采用的都是卧式真空皮带脱水机。其主要特点如下：不易被中、高速沉降物堵塞；滤饼洗涤效率高，可多级冲洗；运转速度低于篮式离心脱水机；处理能力大于篮式离心脱水机；脱水效率低于篮式离心脱水机。

二级脱水之后，石膏品质指标要求达到：含湿量小于10%，纯度为90%～95%，结晶颗粒尽可能为粗粒状，尽量避免针形和薄片状，60%的颗粒平均粒径超过32μm，且含氟量不超过0.01%，尽量降低重金属含量。

(5) 自动控制系统　FGD的自动控制系统采用集中控制方式，FGD及辅助系统设一个集中控制室。控制系统主要有数据采集与处理系统、闭环控制回路、开环控制和联锁保护和报警系统等部分组成。数据采集与处理系统的主要作用是对现场工艺过程参数和设备状态进行连续采集和处理，具有报警、记录、屏幕显示、性能计算、事故追忆和操作指导等功能；闭环控制回路主要实现设备参数的自动控制，包括增压风机控制、吸收塔pH值自动控制和制浆罐液位自动控制等。开环控制采用分级设计，包括驱动控制级、子组控制级、组控制级。联锁保护和报警系统主要包括FGD紧急停机联锁，石灰石浆液泵启/停及事故联锁等。

此外，还有事故排放系统，用于在事故和大修时排放和存储浆液以及保留石膏晶种。其中事故浆液罐用于在事故时存放浆液，容积要求能够容纳吸收塔浆液的要求。废水处理系统用于对废水进行中和、絮凝、沉淀、浓缩。工艺水系统用于制备、输送FGD系统所需的工艺水，如制备石灰石浆液、石膏冲洗、除雾器冲洗、设备冷却、管道冲洗以及洗涤塔的干湿界面事故紧急冲洗降温用水。

三、其他湿法烟气脱硫技术

1.海水烟气脱硫技术

海水中含有大量Ca、Mg、K、Na等碱金属元属，一般含盐3.5%，主要含有碳酸氢盐、碳酸盐、硫酸盐、磷酸盐、砷酸盐和硫化物等。其中碳酸盐占海水盐分的0.34%，硫酸盐占10.8%，氯化物占88.5%，其他盐分占0.36%。海水pH值为7.5～8.3，自然碱度为1.2～2.5mmol/L。

海水脱硫法的原理是用海水作为脱硫剂，在吸收塔内对烟气进行逆向喷淋洗涤，烟气中的SO_2被海水吸收成为液态SO_2，液态的SO_2在洗涤液中发生水解和氧化作用，洗涤液被引入曝气池，用增大pH值的方法抑制SO_2气体的溢出，鼓入空气，使曝气池中的水溶性SO_2被氧化成为SO_4^{2-}。

由于H_2SO_3具有还原性，使海水中化学耗氧量增加，导致海水中的溶解氧减少，不利于海生生物的生长。因此，在吸收液排海之前，必须将SO_3^{2-}氧化，其氧化生成SO_4^{2-}后，海水直接排入海中，其化学反应式如下

$$SO_2 + H_2O \longrightarrow 2H^+ + SO_3^{2-} \tag{13-5}$$

$$2SO_3^{2-} + O_2 \longrightarrow 2SO_4^{2-} \tag{13-6}$$

$$HCO_3^- + H^+ \longrightarrow CO_2 + H_2O \tag{13-7}$$

可以看出，由于氢离子浓度增加，海水pH值降低，使海水变为酸性水。但由于海水中有大量碳酸根离子，与H^+反应生成CO_2和H_2O，因而阻止和抵消了上述的酸化作用，使pH值恢复正常，有利于海水对SO_2的继续吸收，洗涤后流入海中。生成物CO_2的一部分溶于水

中，其余的随气体进入大气，使反应向右进行，促进了 SO_2 的吸收。整个脱硫过程中要消耗一定的氧气，而氧气是海洋生物生存所必需的。因此海水处理厂要将空气输入海水中，以保证海水中含氧量维持正常。反应中生成的硫酸盐，对于海水的影响是微不足道的。

海水脱硫技术的工艺流程如图 13-5 所示。烟气先经除尘处理，然后进入 SO_2 吸收塔底部，与自上而下的海水相向流过，使之充分接触混合，一次循环。由吸收塔出来的洁净烟气通过塔顶除雾器，洗涤后烟温为 52～55℃，故需再经加热，以防止腐蚀和保证足够的烟气抬升高度（若处理烟气量为锅炉排烟的一部分，则烟温较高，可以不加热）。吸收 SO_2 后的海水靠重力流入海水处理厂（曝气池），与其余的海水混合并鼓风通入适量空气，使 SO_3^{2-} 氧化成 SO_4^{2-}，同时将 pH 值恢复海水正常水平（pH 值为 6.5～6.8）后排入大海。

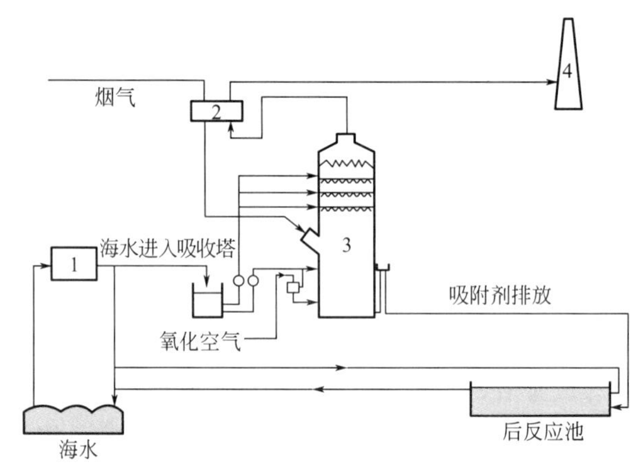

图 13-5　海水脱硫技术的工艺流程

1—电厂凝汽器；2—GGH；3—吸收塔；4—烟囱

海水脱硫工艺简单、系统可靠、效率高，可达 90%，无需添加脱硫剂，无废水废料排出。但该法只能用于海边玻璃厂；装置的布置容易，能耗较低，无堵塞问题，运行可靠。但吸收塔设备管道要求用高防腐材料，占地面积较大，用水量大。海水脱硫工艺在国外已经实现工业化。

2. 氨法脱硫技术

氨是一种良好的碱性吸收剂，其碱性强于钙基吸收剂。用氨吸收烟气中的 SO_2 是气-液或气-气反应，反应速率快、反应完全，吸收剂利用率高，设备体积小、能耗低。另外，其脱硫副产品硫酸铵在某些特定地区是一种农用肥料。

氨法的基本原理有两种：一种是采用氨水作为脱硫吸收剂，与进入吸收塔的烟气接触混合，烟气中 SO_2 与氨水反应，生成亚硫酸铵，经与鼓入的强制氧化空气进行氧化反应，生成硫酸铵溶液，经结晶、离心机脱水、干燥器干燥后，即制得化学肥料硫酸铵；另一种就是用于自由基脱硫脱硝中，烟气经过放电区经电晕激活，产生大量活性很高的自由基，此时氨水进入烟气与烟气反应，能同时脱硫脱硝。应用比较广泛的主要是湿式氨法工艺。

湿法氨水脱硫工艺最早是由克虏伯公司 20 世纪七八十年代开发的氨法 AMASOX 工艺，20 世纪 80 年代初有一定的应用，包括一台处理烟气量 750000m^3/h（标准状态下）的装置。湿式氨法脱硫工艺流程如图 13-6 所示。除尘后的烟气经换热器后，进入冷却装置高压喷淋水雾降温、除尘（去除残存的烟尘），冷却到接近饱和露点温度的洁净烟气再进入吸收洗涤塔中。吸收塔内布置了两段吸收洗涤层，使洗涤液和烟气得以充分混合接触，脱硫后的烟气经塔内的湿式电除尘和除雾后，再进入换热器升温，达到排放标准后经烟囱排入大气。脱硫后含有硫酸铵的洗涤液经结晶系统形成副产品硫酸铵。整个脱硫反应在结构紧凑的吸收塔内进行，反应生成的 $(NH_4)_2SO_3$ 经氧化最后形成脱硫副产品硫酸铵 $(NH_4)_2SO_4$。

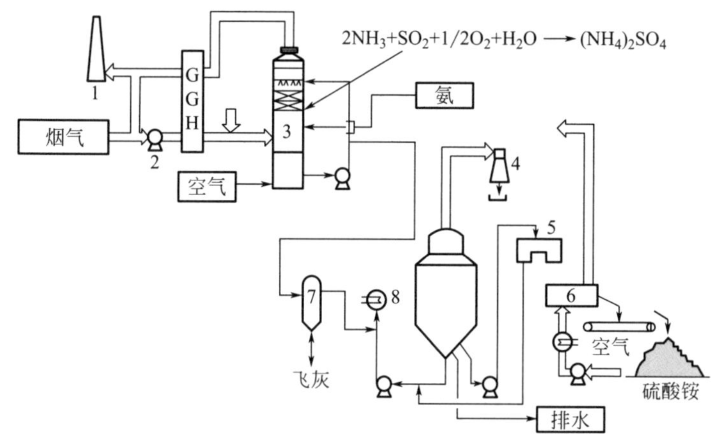

图 13-6　湿式氨法脱硫工艺流程

1—烟囱；2—增压风机；3—吸收塔；4—喷射器；5—脱水机；6—干燥机；7—过滤器；8—硫酸铵结晶器

氨水脱硫过程中主要的反应如下

$$2NH_4OH + SO_2 \longrightarrow (NH_4)_2SO_3 + H_2O \tag{13-8}$$

$$(NH_4)_2SO_3 + SO_2 + H_2O \longrightarrow 2NH_4HSO_3 \tag{13-9}$$

$$NH_4HSO_3 + NH_3 \longrightarrow (NH_4)_2SO_3 \tag{13-10}$$

$$2(NH_4)_2SO_3 + O_2 \longrightarrow 2(NH_4)_2SO_4 \tag{13-11}$$

3. 双碱法烟气脱硫技术

为了克服石灰石/石灰法容易结垢的缺点，并进一步提高脱硫效率，进而发展了双碱法烟气脱硫工艺。它采用碱金属盐类，例如钠盐的水溶液（NaOH 与 Na_2CO_3 按一定配比混合成水溶液）吸收 SO_2。然后在另一石灰反应器中用石灰或石灰石将吸收了 SO_2 的吸收液再生，再生后的吸收液返回吸收塔再用，最终产物以亚硫酸钙和石膏形式析出。

主要的化学反应如下。

吸收塔内吸收 SO_2 反应

$$2NaOH + SO_2 \longrightarrow Na_2SO_3 + H_2O \tag{13-12}$$

$$Na_2SO_3 + SO_2 + H_2O \longrightarrow 2NaHSO_3 \tag{13-13}$$

$$Na_2CO_3 + SO_2 \longrightarrow Na_2SO_3 + CO_2 \tag{13-14}$$

吸收了 SO_2 的吸收液送到石灰反应器，进行吸收液的再生和固体副产品的析出

$$Ca(OH)_2 + Na_2SO_3 \longrightarrow 2NaOH + CaSO_3 \tag{13-15}$$

$$Ca(OH)_2 + 2NaHSO_3 \longrightarrow Na_2SO_3 + CaSO_3 \cdot H_2O + H_2O \tag{13-16}$$

再生的 NaOH 和 Na_2SO_3 等脱硫剂可循环使用，实际消耗的是廉价的 $Ca(OH)_2$。由于存在着一定的氧气，因此同时发生了下面副反应

$$Na_2SO_3 + O_2 \longrightarrow Na_2SO_4 \tag{13-17}$$

$$Ca(OH)_2 + Na_2SO_4 + O_2 + 2H_2O \longrightarrow 2NaOH + CaSO_4 \cdot 2H_2O \tag{13-18}$$

双碱法的工艺流程如图 13-7 所示。

4. 镁法烟气脱硫技术

镁法脱硫是利用镁盐代替钙基脱硫的一种技术，其基本原理是：烟气中 SO_2 被水吸收成

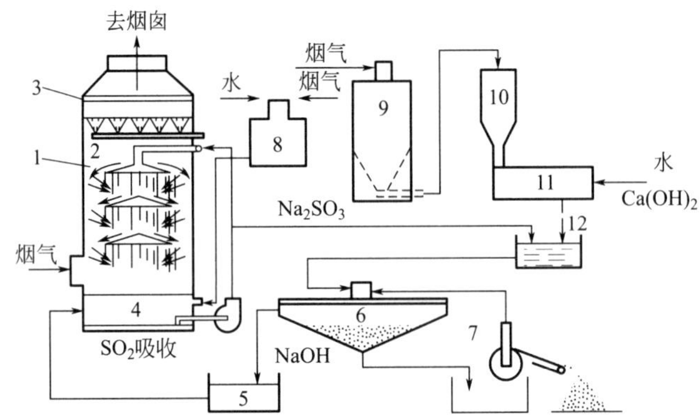

图 13-7　双碱法的工艺流程

1—吸收塔；2—喷淋装置；3—除雾装置；4—瀑布幕；5—缓冲箱；6—浓缩器；7—过滤器；8—Na_2CO_3 吸收液；9—石灰仓；10—中间仓；11—熟化器；12—石灰反应器

亚硫酸，亚硫酸先与循环液中的亚硫酸镁生成亚硫酸氢镁，亚硫酸氢镁再与氢氧化镁生成亚硫酸镁，这时的亚硫酸镁一部分循环作为 SO_2 的吸收液，另一部分通过曝气氧化生成硫酸镁盐溶液直接排放。具有代表性的镁法脱硫工艺有基里洛（Girillo）法和凯米克（Chemico）法。基里洛法采用 MgO、MnO_2 为吸收剂，凯米克法采用 MgO 的水溶液 Mg（OH）$_2$ 为吸收剂。

氧化镁法在美国的烟气脱硫系统中是较常用的一种方法，工艺流程如图 13-8 所示。在适当温度下，将 MgO 和水按一定比例在 Mg（OH）$_2$ 槽中配成 Mg（OH）$_2$ 溶液，通过泵将 Mg（OH）$_2$ 溶液送入脱硫塔底部的溶液缓冲槽，再用循环泵将循环液送入脱硫塔上部与从塔底上升的烟气形成逆流吸收烟气中的 SO_2，通过脱硫达标的烟气经烟囱排出。生成的亚硫酸镁由循环泵送入氧化槽与曝气风机鼓入的氧气生成一定浓度的硫酸镁溶液排出。

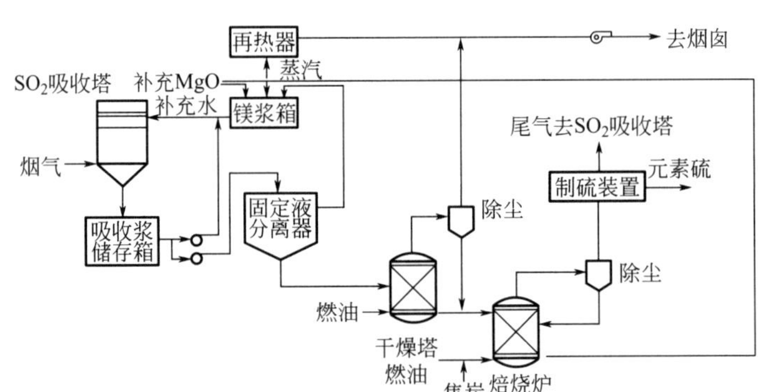

图 13-8　氧化镁法烟气脱硫工艺流程

烟气经过预处理后进入吸收塔，在塔内 SO_2 与吸收液 Mg（OH）$_2$ 和 $MgSO_3$ 反应如下

$$Mg(OH)_2 + SO_2 \longrightarrow MgSO_3 + H_2O \tag{13-19}$$

$$MgSO_3 + SO_2 + H_2O \longrightarrow Mg(HSO_3)_2 \tag{13-20}$$

其中 Mg（HSO_3）$_2$ 还可以与 Mg（OH）$_2$ 反应为

$$Mg(HSO_3)_2 + Mg(OH)_2 \longrightarrow 2MgSO_3 + 2H_2O \tag{13-21}$$

在生产中常有少量 $MgSO_3$ 被氧化成 $MgSO_4$，$MgSO_3$ 与 $MgSO_4$ 沉降下来时都呈水合结晶态，它们的晶体大且易分离，分离后再送入干燥器制取干燥的 $MgSO_3/MgSO_4$，以便输送到再生工段，在再生工段，$MgSO_3$ 在煅烧中经高温分解，$MgSO_4$ 则以焦炭为还原剂进行反

应，即

$$MgSO_3 \longrightarrow MgO + SO_2 \quad (13\text{-}22)$$

$$MgSO_4 + C \longrightarrow MgO + SO_2 + C \quad (13\text{-}23)$$

从煅烧炉出来的 SO_2 气体经除尘后送往制硫或制酸，再生的 MgO 与新增加的 MgO 一道，经加水熟化成 Mg $(OH)_2$，循环送至吸收塔。

氧化镁法脱硫工艺流程短、占地面积少、设备投资低、脱硫效率高、适用范围广。脱硫产物可直接排放，不产生二次污染。

四、干法/半干法烟气脱硫技术及设备

干法的脱硫吸收和产物处理均在干状态下进行，脱硫效率低，但该法较好地避免了湿法烟气脱硫技术存在的腐蚀和二次污染问题，近年来在发展中国家得到迅速发展和广泛应用。半干法实际上是湿法与干法有机结合的一种方法，它设法避免干法和湿法两者的缺点而发挥其长处，是脱硫剂在干燥状态下脱硫且在湿状态下再生（如水洗活性炭再生），或者在湿状态下脱硫且在干状态下处理脱硫产物的一种烟气脱硫技术，脱硫效率可以和湿法相媲美，该方法已成为烟气脱硫领域的研究热点。

（一）炉内喷钙尾部增湿活化法

炉内喷钙尾部增湿活化法（Limestone Injection into the Furnace and Activation of Calcium oxide，LIFAC 工艺）是一种常见的干法烟气脱硫工艺，是由 Tempella 公司和 IVO 公司首先开发成功并投入商业应用的。

1. 工艺流程及工艺原理

将石灰石粉于锅炉的 900～1150℃部位喷入，起到部分固硫作用。在尾部烟道的适当部位装设增湿活化器，使炉内未反应的 CaO 和水反应生成 Ca $(OH)_2$，进一步吸收二氧化硫，提高脱硫效率。LIFAC 工艺主要包括两步：向高温炉膛喷射石灰石粉和炉后活化器中用水增湿活化，其工艺流程如图 13-9 所示。

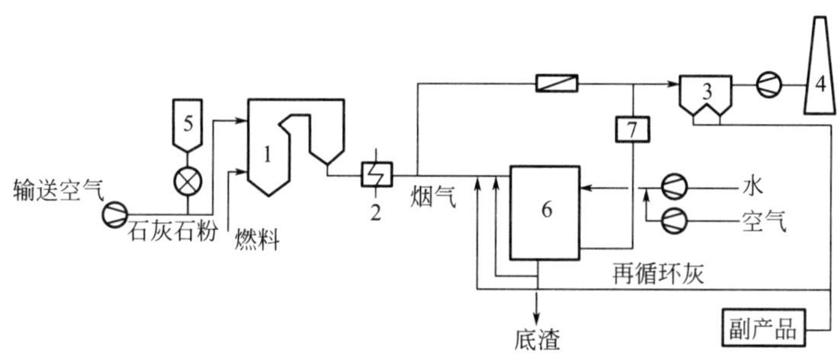

图 13-9　LI FAC 烟气脱硫工艺流程

1—锅炉；2—空气预热器；3—静电除尘器；4—烟囱；
5—石灰石粉计量仓；6—活化器；7—空气加热器

首先将磨细到 0.045μm 左右的石灰石粉，用气流输送方法喷射到炉膛上部温度为 900～1150℃的区域，$CaCO_3$ 立即分解并与烟气中 SO_2 和少量 SO_3 反应生成亚硫酸钙和硫酸钙。炉内喷钙的脱硫率为 25%～35%，投资占整个脱硫系统投资的 10%左右，其反应式为

$$CaCO_3 \longrightarrow CaO + CO_2 \quad (13\text{-}24)$$

$$CaO + SO_2 + O_2 \longrightarrow CaSO_4 \quad (13\text{-}25)$$

$$CaO + SO_3 \longrightarrow CaSO_4 \quad (13\text{-}26)$$

增湿活化在安装于锅炉与电除尘器之间的增湿活化器中完成。在活化器内，炉膛中未反应的 CaO 与喷入的水反应生成 $Ca(OH)_2$，SO_2 与生成的新鲜 $Ca(OH)_2$ 快速反应生成亚硫酸钙，

然后又部分地被氧化为硫酸钙，可使系统的总脱硫率提高到70%以上，而其投资约占整个系统投资的85%。

$$CaO + H_2O \longrightarrow Ca(OH)_2 \tag{13-27}$$

$$Ca(OH)_2 + SO_2 \longrightarrow CaSO_3 + H_2O \tag{13-28}$$

$$CaSO_3 + O_2 \longrightarrow CaSO_4 \tag{13-29}$$

2.关键子系统及设备

(1) 炉内喷钙系统　炉内喷钙系统由石灰石粉输送系统和石灰石粉喷射系统组成，如图13-10所示。石灰石粉输送系统由主粉仓和气力仓泵组成。石灰石粉由厂外用密罐车运至厂内，通过压缩空气正压输送到主粉仓。主粉仓采用钢结构，布置在炉后静电除尘器附近。主粉仓下部设有流化板。石灰石粉经过卸料口由一只仓泵输送到计量仓。石灰石粉喷射系统由计量仓、平衡料斗、给料斗、变频调速螺旋给料机、罗茨风机、混合器、分配器、石灰石粉喷嘴和阀门等组成。

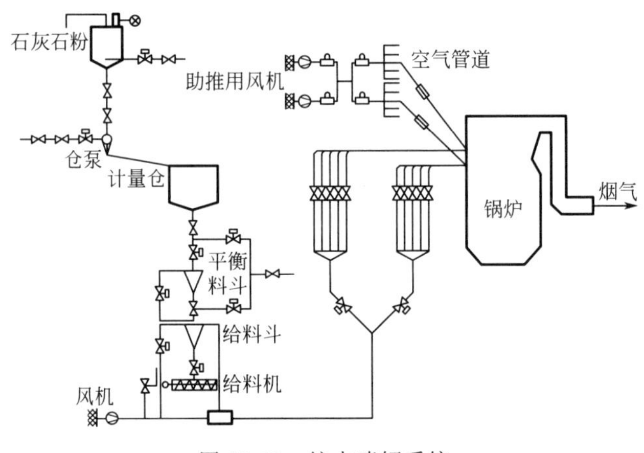

图 13-10　炉内喷钙系统

(2) 炉后增湿活化系统　炉后增湿活化系统由活化器、压缩空气系统、增湿水系统、烟气加热系统、脱硫灰再循环系统以及旁路烟道等组成，如图13-11所示。

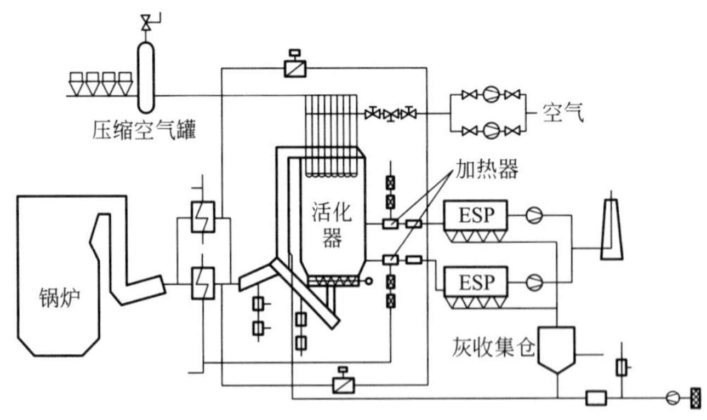

图 13-11　炉后增湿活化系统

① 活化器　由空气预热器出来的烟气在活化器顶部分成数股进入活化器，每股通道中有一个喷嘴组，压缩空气和水通过一根同心双层管进入喷嘴组。每个喷嘴组头部设有雾化喷嘴。为防止喷嘴积灰堵塞，活化器上方对应每个喷嘴组设置了自动清扫装置，并按顺序根据设置的

清扫时间依次自动清扫。

② 压缩空气系统　压缩空气系统由压缩机、储气罐、干燥器等设备组成，它提供活化器喷水的雾化用气、仓泵输送用气、活化器振打器和喷嘴清扫装置用气、气动执行机构驱动用气和气动阀门开关仪表用气。系统配有一个储气罐，采用单元母管制。共有两只干燥器：一只为吸附式干燥器，用来干燥活化器振打器和喷嘴清扫装置用压缩空气；另一只为冷却式干燥器，用来干燥仪用空气，防止气体带水引起锈蚀卡涩。

③ 增湿水系统　增湿水系统主要设备是两台水泵，一台运行，一台备用。水源来自循环水母管，经增湿水泵升压后送入活化器上方的喷嘴组，用作雾化水。

④ 烟气加热系统　烟气加热系统主要设备是布置在活化器出口的两只烟气加热混合室。来自空气预热器出口的空气与活化器出口的烟气在加热混合室内直接混合，使进入电除尘器的烟温高于烟气露点 10℃以上，以确保电除尘等设备的安全运行。在两个加热空气管路上各有一个加热空气控制挡板门，用来调节加热空气量，从而调节电除尘器的入口烟温。

⑤ 脱硫灰再循环系统　为了充分利用脱硫灰中未反应完全的 CaO 和 $Ca(OH)_2$，可进行脱硫灰的再循环。这样既可以提高吸收剂的利用率，降低运行成本，提高脱硫效率，还可改善活化器的运行状况，消除结垢，减少结灰。

⑥ 旁路烟道　每套 LIFAC 系统对应于锅炉设有两个旁路烟道。当锅炉运行而活化器停运时，烟气通过旁路烟道进入电除尘。旁路烟道设有带密封风机的旁路风门。机组运行时旁路风门和活化器进出口风门之间实现联锁，确保两路风门必须有一路开通，以防止造成锅炉停炉。

（二）循环流化床干法/半干法烟气脱硫技术

循环流化床（Circulating Fluidized Bed，CFB）烟气脱硫技术是近几年国际上新兴起的烟气脱硫技术。该类技术以循环流化床原理为基础，通过吸收剂的多次再循环，延长吸收剂与烟气的接触时间，大大提高了系统脱硫率和吸收剂利用率。在 Ca/S 比为 1.2～1.5 时，脱硫效率可以达到 90%以上。国外掌握此项技术比较成熟的公司主要有鲁奇（Lurgi）公司的 CFB、Wulff 公司的 RCFB（Reflux Circulating Fluidized Bed）、FLS. moljo 公司的 GSA（Gas Suspension Absorber）和 ABB 公司的 NID（New Integrated Desulfurization System）等脱硫工艺。

1. 工艺原理

循环流化床烟气脱硫技术主要是从化工等生产领域流化床技术发展而形成的，利用流化床高速气流与密相悬浮颗粒充分接触加强污染物对吸收剂传质，强化化学反应的进行。在循环流化床反应器内，吸收剂 $Ca(OH)_2$ 与烟气中的 SO_2、SO_3、HCl 和 HF 等气体发生反应，生成 $CaSO_4$、$CaSO_3$、$CaCl_2$ 和 CaF_2 等混合物，其反应如下

$$2Ca(OH)_2 + 2SO_2 \longrightarrow 2CaSO_3 \cdot H_2O + H_2O \tag{13-30}$$

$$2Ca(OH)_2 + 2SO_3 \longrightarrow 2CaSO_4 \cdot H_2O + H_2O \tag{13-31}$$

$$CaSO_3 \cdot H_2O + O_2 \longrightarrow CaSO_4 \cdot H_2O \tag{13-32}$$

$$Ca(OH)_2 + 2HCl \longrightarrow CaCl_2 + 2H_2O \tag{13-33}$$

$$Ca(OH)_2 + 2HF \longrightarrow CaF_2 + 2H_2O \tag{13-34}$$

副反应：

$$Ca(OH)_2 + CO_2 \longrightarrow CaCO_3 + H_2O \tag{13-35}$$

2. 典型工艺

（1）循环流化床烟气脱硫工艺（CFB-FGD）　CFB-FGD 工艺是 20 世纪 80 年代末由 Lurgi 公司首先提出的一种烟气脱硫工艺。该工艺一般采用干态的消石灰粉作为吸收剂，在特殊情况下也可采用其他对 SO_2 有吸收能力的碱性干粉或浆液作吸收剂。该系统主要设备有 CFB 反应

塔、带有特殊预除尘装置的除尘器、吸收剂再循环装置、水及蒸气喷入装置等，其工艺流程如图 13-12 所示。

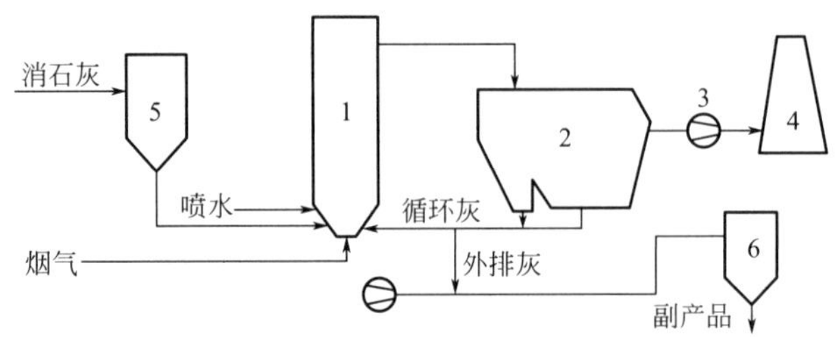

图 13-12　循环流化床烟气脱硫系统工艺流程

1—CFB 反应塔；2—除尘器；3—风机；4—烟囱；5—消石灰储仓；6—灰仓

锅炉出来的原烟气从 CFB 反应塔底部进入。在反应塔底部设有一文丘里装置（单管或多管文丘里），烟气在文丘里管喉部得到加速，经文丘里管扩散段迅速进入 CFB 反应区。在 CFB 反应区内，烟气与加入的吸收剂粉末和喷入的雾化水剧烈混合、接触反应，使烟气中的酸性气体得以净化为干态产物。由于吸收剂的循环利用，CFB 反应塔内颗粒物的质量浓度高达 800～1000g/m^3（标准状态下）。经脱硫后，带有大量固体颗粒的烟气由反应塔顶部排出，进入后续的除尘器。除尘器捕集下来的干灰，大部分通过吸收剂再循环装置回送入塔，以提高吸收剂利用率，小部分送至灰库外排。

CFB 反应塔是 CFB-FGD 中的核心设备，塔内烟气流速一般为 3～7m/s，烟气在塔内的停留时间比较短（3～4s），而吸收剂由于多次循环在塔内的停留时间达 30min 以上。

CFB-FGD 工艺一般包含 3 个控制回路：①通过系统出口 SO_2 含量与反应塔的进气量来调节吸收剂加入量；②通过反应塔出口烟温来调节喷水量；③通过反应塔压降 Δp 来调节循环灰量和外排灰量，以调节塔内的吸收剂浓度。

（2）回流式循环流化床烟气脱硫工艺（RCFB-FGD）　RCFB-FGD 是 Wulff 公司在 Lurgi 公司的 CFB-FGD 技术基础上开发出的一种新技术，其工艺流程如图 13-13 所示。

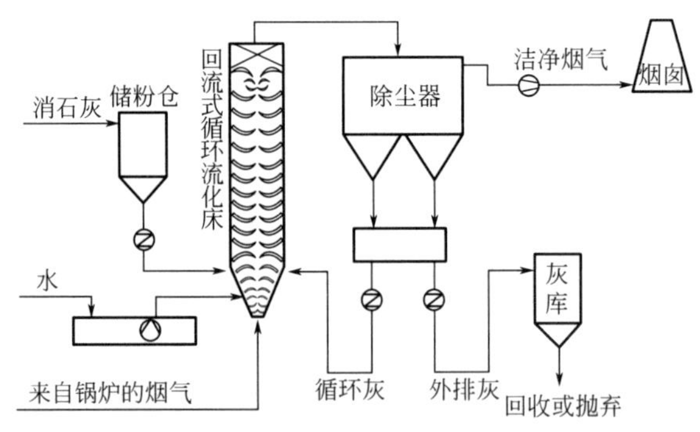

图 13-13　RCFB-FGD 工艺流程

在工艺原理及工艺流程上，Wulff 公司的 RCFB-FGD 与 Lurgi 公司的 CFB-FGD 相类似。但是，RCFB-FGD 主要在反应塔的流场设计和塔顶结构上做了较大改变，使得反应塔中的烟气和吸收剂颗粒在向上运动时，会有一部分烟气产生回流，形成很强的内部湍流，从而增加了烟气与吸收剂的接触时间，在外部循环同时存在的情况下，使脱硫过程得到了极大改善，提高了吸收剂的利用率和脱硫率。另外，反应塔内产生回流使得塔出口的含尘浓度大大降低，内部回流的固体物料是外部再循环灰量的 30％～50％，大大减轻了后续除尘器的负荷。

(3) 气体悬浮吸收烟气脱硫工艺（GSA）　F. L. Smith Miljo 公司开发的气体悬浮吸收脱硫工艺（GSA）也是循环流化床脱硫工艺的一种。与 Lurgi 公司的 CFB-FGD 和 Wulff 公司的 RCFB-FGD 相比，不同之处是，GSA 工艺不是喷干粉吸收剂，而是将经雾化后的石灰浆液从 GSA 反应器底部喷入烟气中，并在反应器中保持悬浮湍动状态，边反应、边干燥。干燥后的未反应吸收剂颗粒、反应产物及飞灰一起随烟气进入在旋风分离器中分离，大部分床料经调速螺旋装置回送至反应器循环利用，小部分床料作为脱硫灰渣排出系统。脱硫灰的循环意味着未反应的石灰可以继续进行脱硫反应，并且脱硫灰的循环可以更好地分散雾化石灰浆，促进脱硫反应的进行。图 13-14 所示为 FLS-GSA 工艺流程。

(4) 新型一体化脱硫系统（NID）　NID 技术是 ABB 公司研制的一种集除尘与脱硫一体化的综合工艺，其工艺流程示意如图 13-15 所示。NID 技术采用矩形烟道反应器，容积较小，一般为喷雾干燥塔或流化床塔的 20%左右，可以与除尘器结合一起，占地面积较小。在烟道反应器内，烟气流速高达 18m/s 以上，烟气在反应器内的停留时间大约只有 1s。

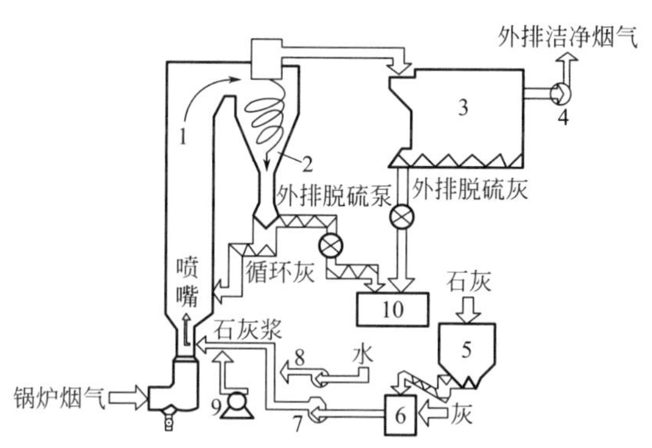

图 13-14　FLS-GSA 工艺流程

1—反应器；2—旋风分离器；3—除尘器；4—引风机；5—石灰仓；6—石灰浆制备槽；7—石灰浆泵；8—水泵；9—压缩机；10—脱硫灰仓

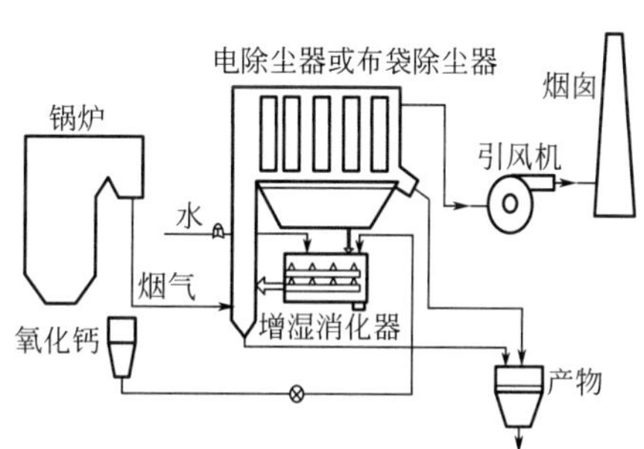

图 13-15　NID 工艺流程

NID 技术常用的脱硫剂为 CaO，要求平均粒径不大于 1mm。NID 技术取消了制浆系统，CaO 在一个专利设计的消化器中加水消化成 $Ca(OH)_2$，然后与布袋或电除尘器除下的大量循环灰进入混合增湿器，在此加水增湿使混合灰的水分含量从 2%增加到 5%，然后含钙循环灰被导入烟道反应器。大量的循环灰经过增湿后进入反应器，由于具有极大的蒸发表面，水分很快蒸发掉，在极短的时间内使烟气温度从 140℃左右降到 70℃左右，烟气相对湿度很快增加到 40%～50%。同时，未反应的 $Ca(OH)_2$ 进一步参与循环脱硫，所以反应器中 $Ca(OH)_2$ 的浓度很高，有效 Ca/S 很大，且加水消化制得的新鲜 $Ca(OH)_2$ 具有很高的活性，这样可以弥补反应时间的不足，保证在 1s 内脱硫效率大于 80%。由于在增湿混合器内加入了再循环灰、吸收剂和水，这 3 种物料的搅拌类似于混凝土搅拌，要求严格控制工艺参数来保证混合器内物料不结块。

(5) 国产 CFB-FGD 技术　近几年来，国内各大科研院校在引进消化吸收国外先进技术的基础上，通过自主创新、集成创新，开发出了一系列具有自主知识产权的 CFB-FGD 技术。其中，浙江大学自主开发的循环悬浮多级增湿干法烟气净化技术（Circulating Suspension & Multistage Humidification Dry Flue Gas Cleaning Technology，CSMHD-FGC），解决了 CFB-FGD 技术在负荷适应性、煤种适应性、物料流动性、可靠性等方面的问题，已在国内自备电厂和垃圾焚烧电厂上推广应用 50 多套。实践证明，CSMHD-FGC 技术具有一塔多脱、高效脱硫等特点，是一项适合中国国情的新型 CFB-FGD 技术，NID 工艺流程如图 13-15 所示。

3. 吸收剂的制备

消石灰粉或消石灰浆是干法/半干法烟气脱硫工艺（含 CFB-FGD 工艺）中采用最为广泛的吸收剂，由生石灰和适量水在石灰消化装置中发生化学反应制备而成。目前，石灰消化工艺包括湿式消化工艺和干式消化工艺两种。

湿式消化工艺制取消石灰浆液，主要装置有滞留式、打浆式和回转式等几种消化器，一般用于半干法中的 SDA 法等采用消石灰浆作为吸收剂的脱硫工艺。而 CFB-FGD 工艺中一般采用干石灰消化工艺制取干消石灰粉脱硫剂，并通过机械筛分、布袋分离、旋风分离等方式分离下来或直接入塔使用，而消化过程产生的粉尘则由除尘装置除掉或直接引入塔前烟道参与系统脱硫反应，避免污染环境。干式消化工艺主要有两种方式：一种是机械搅拌消化方式；另一种是气流扰动搅拌方式。

机械搅拌消化方式以卧式双轴搅拌干式消化装置最为典型。在卧式双轴搅拌干式消化装置中加入生石灰粉的同时，经计量泵加入消化水，通过双轴桨叶搅拌，使生石灰粉和消化水均匀混合、反应，并使表面游离水蒸发，保证干式消石灰达到工艺要求。该设备的主要特点是：①消化水由两个喷嘴加入，一个喷嘴供基本流量，另一个喷嘴微调喷水量；②为使消化过程产生的水蒸气顺畅排出，在排气管根部处切向通入热空气，在排气管内旋转形成热空气幕，防止水蒸气携带的消石灰粉黏结管壁；③消化装置出口设可调节高度的溢流堰，用于控制消化槽的粉位及消化时间。对消化原料生石灰，一般要求其纯度（CaO 含量）不低于 80%，细度在 2mm 以下，且加适量水后 4min 内温度可升高到 60℃。

4. CFB-FGD 副产物的处置

CFB-FGD 脱硫工艺的副产物是一种干粉态混合物，包含飞灰、消石灰及反应后产生的各种钙基化合物，主要成分为 $CaSO_4 \cdot H_2O$、$CaSO_3 \cdot H_2O$、未完全反应的吸收剂 $Ca(OH)_2$ 及吸收剂中所含少量杂质等。其平均粒径为 20μm 或更细，粒径分布与普通锅炉飞灰大致相同。

CFB-FGD 脱硫工艺的副产物的性质与 LIFAC 工艺和 SDA 法的相近，三者的处置方法大体上也相同，可分为抛弃法和综合利用法两种。抛弃法一般用于峡谷、矿坑等的回填；综合利用法主要是作为建筑和筑路材料，如水泥添加剂、混凝土添加剂等。

五、脱硫技术的新进展及应用

近年来，由于环保的要求越来越高，各国对 SO_2 的排放要求也越来越严格。除技术成熟、应用广泛的湿法烟气脱硫之外，世界各国都在积极研究开发脱硫新技术。

1. 粉粒-颗粒喷动床烟气脱硫工艺（PPSB）

PPSB 是日本学者开发出的一种新的半干法脱硫方法，也称为射流床烟气脱硫技术，其原理为：在一个圆筒状反应器（底部有小尺寸进气口）内填装粗颗粒，粗颗粒同时受上升气流和下降浆液的作用，气速高于一定值后，到达某一高度后下降，形成环状区。整个床层都从环状区向喷动区剧烈地传热和传质，反应过程中，首先浆液和粗颗粒产生碰撞，黏附在后者表面上，并从气流和粗颗粒表面吸收热量；随后浆液中的水分蒸发，吸收剂迅速变干且因粗颗粒间的相互碰撞而脱落；最后干燥的吸收剂细颗粒随气流排出反应器。

与传统流化床干燥器相比，干燥效率明显提高且短时间内即可稳定运行。PPSB 技术在结构、废物处理、操作和费用方面比湿法脱硫技术有所提高，同时又比干法和其他半干法的脱硫效率和吸收剂利用率高，适用于规模相对较小的工业锅炉。

2. 干法炭基脱硫技术

干法炭基脱硫技术指的是以纯粹的活性炭或者是负载了活性组分的活性炭作为脱硫吸附剂

用于脱除烟气中的硫氧化物。活性炭（AC）脱除 SO_2 的途径主要有两种：①AC 作为吸附剂，将 SO_2 物理吸附在其微孔内；②AC 充当催化剂，SO_2、H_2O 和 O_2 被催化氧化生成硫酸储存在其微孔中。AC 脱硫时往往吸附和催化氧化交织进行，很难完全区分。有关 AC 的脱硫机理，大多认为如下

$$SO_2 + C \longrightarrow C\text{-}SO \tag{13-36}$$

$$O_2 + C \longrightarrow C\text{-}O \tag{13-37}$$

$$C\text{-}SO_2 + C\text{-}O \longrightarrow C\text{-}SO_3 + C \tag{13-38}$$

$$H_2O + C \longrightarrow C\text{-}H_2O \tag{13-39}$$

$$C\text{-}SO_3 + C\text{-}H_2O \longrightarrow C\text{-}H_2SO_4 + C \tag{13-40}$$

$$C\text{-}H_2SO_4 \longrightarrow H_2SO_4 + C \tag{13-41}$$

首先是 SO_2 和 O_2 被表面活性位吸附，其次是 SO_2 被氧化为 SO_3，然后与水反应生成的 H_2SO_4 迁移至微孔储存，最后释放活性吸附位继续吸附 SO_2。吸硫饱和的 AC 则需要通过再生以释放硫的储存位，再生后的 AC 可继续循环使用。目前，工业上应用最广的再生工艺是热再生（一般在 400℃左右，惰性气氛中再生）。热再生所释放的高浓度 SO_2 气体（20%～30%）可加工成 H_2SO_4、单质 S 等多种化工产品。普遍认可的热再生机理如下

$$2H_2SO_4 + C \longrightarrow 2SO_2 + CO_2 + 2H_2O$$

除热再生外，也有采用水洗再生和还原再生的相关工艺或研究。以鲁奇和住友等为代表的工艺采用的是水洗工艺，但这种再生方法对负载了金属活性组分的活性炭脱硫剂不太适用，因为这样会导致活性组分迅速流失，催化剂性能大幅衰减，近年来已很少见到这方面的研究。此外，国内外大量学者还对还原再生进行了研究，主要包括 H_2 再生、CO 再生、NH_3 再生和 CH_4 再生等。天津大学、山西煤炭化学研究所、华东理工大学以及台湾大学等学者对其中的 NH_3 再生、CO 再生研究较多，这两种再生方法也被认为是最具有工业应用潜力的技术。国外学者对再生技术的研究也主要集中在 NH_3 再生和 CO 再生上。

3. 荷电干式吸收剂喷射脱硫系统（CDSI）

CDSI 脱硫技术是由美国阿兰柯环境资源公司开发的最新专利。它通过在锅炉炉膛出口处喷入干的吸收刑（通常用熟石灰），使吸收剂与烟道气中的 SO_2 反应产生颗粒物质，被后面的除尘设备除去，从而达到脱硫的目的。与普通干法脱硫技术不同的是，其吸收剂在喷入烟道前，以高速流过高压静电电晕区，获得强大的静电。由于吸收剂颗粒带有同种电性的电荷相互排斥，因而呈均匀的悬浮状态，增加了与 SO_2 反应的概率，故提高了脱硫效率。该法投资少，工艺简单，占地面积小，适用于中小型工业锅炉的脱硫。

第二节　窑炉烟气脱硝主要工艺及设备

一、玻璃窑炉烟气脱硝工艺

根据玻璃窑炉烟气特性，本节将重点介绍选择性催化还原技术和选择性非催化还原技术。

1. 选择性催化还原技术

选择性催化还原技术（Selective Catalytic Reduction，SCR）是当前在西欧和日本等国家和地区广泛采用的烟气脱硝技术。日本和德国均有 30000MW 上的电站锅炉采用了该技术。由于选择性催化剂法能够达到 80%～90%的 NO_x 降低率，因此，在 NO_x 排放标准日益严格的国家和地区，该技术越来越受到重视。

选择性催化还原技术是工业上应用最广的一种脱硝技术，可应用于电站锅炉、工业锅炉、燃气锅炉、化工厂及炼钢厂等，理想状态下，可使 NO_x 的脱除率达到 90%以上。此法效率较

高，是目前最好的可以广泛用于固定源 NO_x 治理的技术。

（1）反应机理　低温下 NO_x 的简单分解在热力学角度上是可行的，并且反应能够进行，但反应非常缓慢；为了使 NO_x 转化为 N_2，需要在反应过程中加入还原剂。还原剂有 CH_4、H_2、CO 和 NH_3 等。其中，NH_3 是当今电厂 SCR 脱硝中广泛采用的还原剂，现在几乎所有的研究都一致认为在典型 SCR 反应条件下的化学反应式为

$$4NH_3 + 4NO + O_2 = 4N_2 + 6H_2O \tag{13-42}$$

$$2NH_3 + 4NO + NO_2 = 2N_2 + 3H_2O \tag{13-43}$$

通过使用适当的催化剂，上述反应可以在 200～450℃的温度范围内有效进行。反应时，排放气体中的 NO_x 和注入的 NH_3 几乎是以 1∶1 的物质的量之比进行反应，可以得到 80%～90%的脱硝率。在反应过程中，NH_3 可以选择性地和 NO_x 反应生成 N_2 和 H_2O，而不是被 O_2 所氧化，因此反应又被称为“选择性”。SCR 的反应原理如图 13-16 所示。

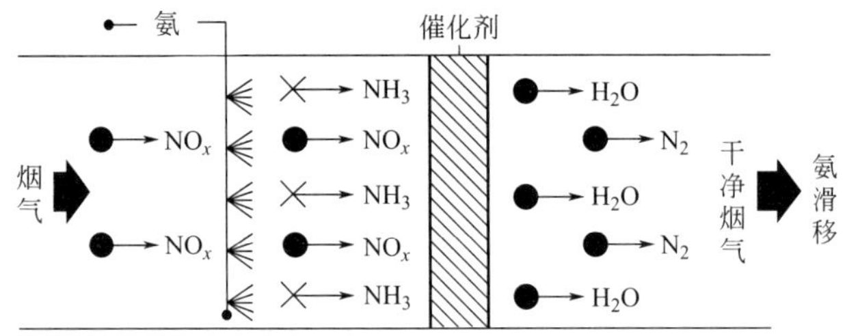

图 13-16　SCR 的反应原理

（2）还原剂的选择　对于 SCR 工艺，目前国内外电厂选择的还原剂有尿素、氨水和纯氨。采用尿素作还原剂时，需要将尿素热解或者水解得到氨蒸气，然后送入烟气系统；氨水法是将 25%的含氨水溶液通过加热装置使其蒸发，形成氨气和水蒸气；纯氨法是将液氨在蒸发器中加热成氨气，然后与稀释风机的空气混合成氨气体积含量为 5%的混合气体后送入烟气系统。不同还原剂的性能比较见表 13-2。

表 13-2　不同还原剂的性能比较

比较项目	液氨	氨水	尿素
脱硝剂成本	低	高	高
运输成本	低	高	低
安全性	有毒	有害	无害
存储条件	高压	常压	常压，干态
存储方式	液态	液态	微粒
初投资费用	低	高	高
运行费用	低，需要热量蒸发液氨	高，需要高热量蒸发蒸馏水和氨	高，需要高热量水解尿素和蒸发氨
设备安全要求	有法律规定	需要	基本不需要

（3）SCR 脱硝系统的组成　这里以采用液氨为还原剂的 SCR 脱硝系统为例，介绍 SCR 脱硝系统的组成。SCR 脱硝系统一般由催化反应器、氨储存及供应系统、氨喷射系统、吹灰系统及相关的控制系统等组成，如图 13-17 所示。

2. 选择性非催化还原技术

（1）反应机理　选择性非催化还原技术（Selective Non-Catalytic Reduction，SNCR）最早应用于 20 世纪 70 年代中期日本的一些燃油、燃气电厂，1974 年在日本首次投入商业运行。

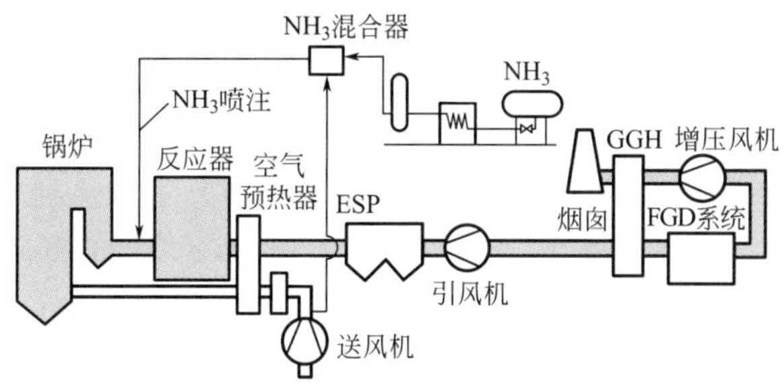

图 13-17　SCR 脱硝系统的组成

20 世纪 80 年代末，欧盟一些国家的燃煤电厂开始使用 SNCR 技术，SNCR 技术在美国燃煤电厂的工业应用则始于 20 世纪 90 年代初。

SNCR 方法不设置催化剂，主要使用含氮的还原剂在温度区域 870～1200℃内喷入炉膛，发生还原反应，以脱除 NO_x，生成氮气和水。在一定温度范围内，有氧气存在的情况下，还原剂对 NO_x 的还原，在所有其他化学反应中占主导地位，表现出选择性，因此称为选择性非催化还原。

SNCR 技术应用在大型锅炉上，短期示范期内能达到 75%的脱硝效率，典型的长期现场应用能达到 30%～50%的 NO_x 脱除率。在大型锅炉（300MW 机组锅炉）上运行，通常由于混合的限制，脱硝率低于 40%。

(2) 影响 SNCR 脱硝效率的因素

① 温度的影响和喷入点的选择　图 13-18 所示为 SNCR 脱硝效率随温度变化的曲线，描述了氨气和尿素在不同温度下的脱硝效率。对于氨气，最佳温度为 870～1100℃，尿素的最佳温度则为 900～1150℃。

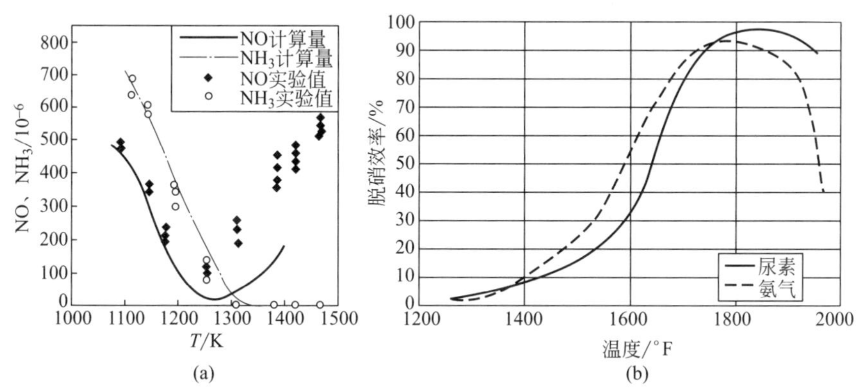

图 13-18　SNCR 脱硝效率随温度变化的曲线

反应温度是影响 SNCR 过程的主要因素，温度过高或过低都不利于对污染物排放的控制。温度过高时，NH_3 的氧化反应就会占主要地位，尿素溶液分解出来的 NH_3 没有还原 NO_x，反而和 O_2 反应生成 NO_x。温度过低时，反应速度下降，还原剂未反应就直接穿过锅炉，造成氨穿透。由于炉内的温度分布受到负荷、煤种等多种因素的影响，因此温度窗口随着锅炉负荷的变化而变动。根据锅炉特性和运行经验，最佳的温度窗口通常出现在折焰角附近的屏式过热器、再热器处及水平烟道的末级过热器、再热器所在的区域。

② 合适的停留时间　因为任何反应都需要时间，所以还原剂必须和 NO_x 在合适的温度区域内有足够的停留时间，这样才能保证烟气中的 NO_x 还原率。还原剂在最佳温度窗口的停留

时间越长，则脱除 NO_x 的效果越好。NH_3 的停留时间超过 1s，则可以出现最佳 NO_x 脱除率。尿素和氨水需要 0.3～0.4s 的停留时间，以达到有效地脱除 NO_x 的效果。

③ 适当的 NH_3/NO_x 摩尔比　NH_3/NO_x 摩尔比对 NO_x 还原率的影响也很大。根据化学反应方程，NH_3/NO_x 摩尔比应为 1，但实际上都要比 1 大才能达到较理想的 NO_x 还原率。已有运行经验显示，NH_3/NO_x 摩尔比一般控制在 1.0～2.5 之间，超过 2.5 对 NO_x 还原率已无大的影响。NH_3/NO_x 摩尔比过大，虽然有利于增大 NO_x 还原率，但氨逃逸加大又会造成新的问题，同时还增加了运行费用。在实际应用中，考虑到 NH_3 的泄漏问题，应选择尽可能小的 NH_3/NO_x 摩尔比值，同时为了保证 NO_x 还原率，要求必须采取措施强化氨水与烟气的混合。

④ 还原剂和烟气的充分混合　还原剂和烟气的充分混合是保证充分反应的又一个技术关键，是保证在适当的 NH_3/NO_x 摩尔比下得到较高 NO_x 还原率的基本条件之一。大量研究表明，烟气与还原剂快速而良好混合对于改善 NO_x 的还原率是很有必要的。

⑤ 氧量　合适的氧量也是保证 NH_3 与 NO 还原反应正常进行的制约因素。随着氧量的增加，NO 还原率不断下降。这是因为存在大量的 O_2，使 NH_3 与 O_2 的接触机会增多，从而促进了 NH_3 氧化反应的进行。烟气中的 O_2 在数量级上远大于 NO，在还原反应中微量的 O_2 可大大满足反应的需求，因此从氧量对于 NO 还原率的影响来看，氧量越小，越有利于 NO 的还原。

（3）SNCR 工艺所用的还原剂类型　SNCR 工艺所用的两种最基本的还原剂是液氨和尿素。液氨是易燃、易爆、有毒的化学危险品，氨水挥发性强且输运不便；尿素运输和储存方便，在使用上比氨水和液氨安全，是良好的 NO_x 基还原剂，国际上 SNCR 常选用它。

（4）SNCR 脱硝系统的组成　SNCR 脱硝系统主要包括尿素溶液配制系统、在线稀释系统和喷射系统 3 部分。

① 尿素溶液配制系统　尿素溶液配制系统可实现尿素储存、溶液配制和溶液储存的功能。

由汽车运送来的袋装尿素经搬运系统搬运至自动拆包系统后送至尿素料仓，料仓中的尿素由螺旋输送机送至带搅拌的配料池。配料池中定量加入自来水，并通入适量蒸汽以加快尿素溶解。配制成一定浓度的尿素溶液，用输送泵送至尿素溶液储罐储存待用。

② 在线稀释系统　在线稀释系统的功能是根据锅炉运行情况和 NO_x 排放情况在线稀释成所需的浓度，送入喷射系统，尿素溶液储罐里的尿素溶液由输送泵泵送，输送泵出口处设有稀释水路，根据运行要求将尿素溶液稀释到一定浓度，稀释后的尿素溶液再经不锈钢伴热管送至炉前喷射器，通过不锈钢软管与喷枪连接。

③ 喷射系统　喷射系统实现各喷射层的尿素溶液分配、雾化喷射和计量。喷射器一般分层布置在炉膛燃烧区域上部和炉膛出口处，根据锅炉负荷的高低，灵活投运不同层的喷枪组合。每只喷枪都配有电动推进器，实现自动推进和推出 SNCR 喷枪的动作。推进器的位置信号接到 SNCR 控制系统上，与开/停雾化蒸汽和开/停尿素溶液的阀门动作联动，实现整个 SNCR 系统的喷枪自动运行。

二、玻璃窑炉烟气脱硝设备

本节以液氨作还原剂的 SCR 脱硝系统为例，介绍烟气脱硝系统的主要设备。

1. SCR 催化剂

目前广泛应用的 SCR 催化剂大多以 TiO_2 为载体，以 VO 或 V_2O_5-WO_3、V_2O_5-MoO_3 为活性成分。表 13-3 给出了两种在实际运用中获得很好效果的催化剂，均以 TiO_2 为主，这种 TiO_2 需做成晶体结构，如 Anata-TiO_2 和 Ruhl-TiO_2，它可有效提高催化剂的活性，抑制 SO_3 的腐蚀。同时，还配有多种氧化物质，如 CaO、Fe_2O_3 等，也是为了加强催化剂的活性。另外，还有一些玻璃纤维等，用于提高整个催化剂的抗冲击强度。WO_3 不仅有提高硬度的作用，还可固定烟气中的砷，减小它对催化剂的毒化作用。

表 13-3　两种类型催化剂的组成　%

类型	WO_3 为载体	MoO_3 为载体	类型	WO_3 为载体	MoO_3 为载体
SiO_2	5.1	3.4	Na_2O	0.01	0.01
Al_2O_3	0.65	3.9	K_2O	0.02	0.02
Fe_2O_3	0.01	0.14	SO_2	1.1	3.4
TiO_2	79.7	73.3	P_2O_5	0.01	0.01
CaO	0.79	0.01	V_2O_5	0.59	1.6
MgO	0.01	0.01	MoO_3	—	12.9
BaO	0.01	0.01	WO_3	11.0	—

选择合适的催化剂是 SCR 技术的核心。试验和应用结果表明，催化剂因烟气特性的不同而异。对于煤粉炉，由于排出的烟气中携带有大量飞灰和 SO_2，因此选择的催化剂除应具有足够的活性外，还应具有耐热、抗尘、耐腐蚀、耐磨损以及低 SO_3 转化率的特性。

催化剂有蜂窝式、板式和波纹板式 3 种。3 种催化剂都采用 TiO_2 作为载体。其中，板式催化剂采用不锈钢网作为基材，载体和活性成分敷设于其上；蜂窝式催化剂为整体挤压成形，载体和活性成分在催化剂内均匀分布；波纹板式催化剂是采用制作玻璃纤维加固的 TiO_2 基板，再把基板放到催化剂活性液中浸泡而成。表 13-4 为 3 种催化剂的特性比较。

表 13-4　3 种催化剂的特性比较

项目	蜂窝式催化剂	板式催化剂	波纹板式催化剂
结构形式	蜂窝网眼型	折板型	波纹板
加工工艺	陶质挤压成形，整体内外材料均匀，均有活性	采用网状金属为载体，表面涂活性成分	用纤维作载体，表面涂活性成分
比表面积	大	小	中
同等烟气条件下需要体积	小	大	大
压力损失	一般	小	小
高灰分烟气适应性	一般	强	强
抗堵塞性	一般	强	强
操作性	不能叠放	可以叠放	可以叠放
烟温的适应性/℃	209～420	290～420	290～420

总的来说，如果设计正确，板式和蜂窝式都能满足脱硝装置的性能要求。实际中，应具体根据每个项目的设计条件，针对性地选用催化剂的配方、催化剂的型号（节距、壁厚）以及催化剂的体积，全面满足高脱硝率、低 SO_2/SO_3 转化率、低 NH_3 逃逸率、抗磨损、防积灰等性能设计要求。

2. SCR 系统烟道及其附件

SCR 系统烟道一般由足够强度的钢板制成，能承受所有荷重条件，并且是气密性的焊接结构。所有焊接接头里外都要进行连续焊。如果采用圆形管道，则需要使用必要的外部加固筋。因为烟气腐蚀的原因，烟道壁要预留充分的腐蚀裕量，总体上最小壁厚为 6mm，烟道外部要有充分的加固和支撑来防止过度的颤动和振动。

在所有烟道的转弯处一般都要设置导流板，导流板和转弯处应考虑适当的防磨措施。当烟道是合金材料或有内衬时，内部导流板和水收集装置应采用合金材料或耐酸钢制作，而不能采用非合金衬里或涂层来制造。为了避免连接的设备承受其他作用力，应特别注意烟道和钢支架的热膨胀。热膨胀可通过带有内部导向板的膨胀节进行调节。

3.吹灰器

因燃煤机组的烟气中飞灰含量较高，所以必须在SCR反应器中安装吹灰器，以除去可能覆盖催化剂活性表面及堵塞气流通道的颗粒物，从而使反应器压降保持在较低的水平。吹灰器还能够保持空气预热器通道畅通，从而降低系统的压降。SCR脱硝用吹灰器一般为蒸汽吹灰器或声波吹灰器。

蒸汽吹灰器通常为可伸缩的耙形结构，吹灰介质采用蒸汽，并且每层催化剂的上面都设置有吹灰器。一般各层催化器的吹扫时间错开，即每次只吹扫一层催化剂或一层中的部分催化剂。吹灰蒸汽汽源来自锅炉蒸汽吹灰减压站后和辅助蒸汽联箱，吹灰压力一般为0.8～1.3MPa，温度为300～350℃。

声波吹灰发展至今已有近30年的历史，声波吹灰器也经历了旋笛式、膜片式、共振腔式等发展。目前最新的产品为第四代声波吹灰器，称为大功率免维护共振腔式声波吹灰器，其原理是以气流在特定的几何空腔内振荡，激发空腔内气体的共振而发出高强声波。高强声波的能量对受热面管子上积灰结渣产生振荡悬浮流化作用、高速剥离作用和振动疲劳破碎作用，使积灰从受热面上剥落、落入灰斗或被烟气带出烟道，从而达到吹灰的目的。

采用声波吹灰器的吹灰频率比蒸汽吹灰要高，主要原因是声波吹灰的强度比蒸汽吹灰小，需要避免灰尘积聚过于严重的现象；但是，声波吹灰每个流程的能耗要远远小于蒸汽吹灰，总能耗与蒸汽吹灰相比也是经济的，同时带来的好处是吹灰时产生的瞬间烟气含尘量大大降低。声波吹灰器的噪声较大，在反应器外部的吹灰器发声部分必须做隔音处理，经过处理后的噪声水平可以降低到75dB以下。相对于蒸汽吹灰而言，声波吹灰器的优点在于：①量衰减慢；②无吹灰死区；③能够持续高频率对催化剂进行吹灰而不影响催化剂寿命；④故障率低，维护成本低；⑤结构紧凑，占地面积小；⑥耗气量小，节约运行成本。

4.稀释风机

稀释风机的作用是将稀释风引入氨气/空气混合系统，而稀释风的作用则是作为NH_3的载体，通过喷氨格栅（AIG）将NH_3送入烟道，有助于加强NH_3在烟道中的均匀分布。稀释风一般为常压且无腐蚀性，因此稀释风机一般按普通风机标准进行选型。稀释风量一般根据氨气/空气的体积比3%～5%的风量进行选型。常用的稀释风机为高压离心风机，风机进口处设置阀门，风机出口处设置止回阀，避免备用风机投入时停运风机倒转。图13-19所示为1000MW机组SCR脱硝系统用稀释风机。

图13-19　1000MW机组SCR脱硝系统用稀释风机

5.喷氨混合装置

SCR烟气脱硝装置中，氨气的扩散及其中氨气与氮氧化物的混合和分布效果是影响烟气脱硝效率的关键因素之一，目前工程上常用的喷氨混合装置主要有喷氨格栅（AIG）和涡流式混合器。

（1）喷氨格栅　喷氨格栅是目前SCR脱硝系统普遍采用的方法，即将烟道截面分成20～50个大小不同的控制区域，每个区域有若干个喷射孔，每个分区的流量单独可调，以匹配烟

气中 NO_x 的浓度分布。喷氨格栅包括喷氨管道、支撑、配件和氨气分布装置等。喷氨格栅的位置及喷嘴形式选择不当或烟气气流分布不均匀时，容易造成 NO_x 与 NH_3 的混合及反应不充分，不但影响脱硝效果及经济性，而且极易造成局部喷氨过量。此外，脱硝装置投运前，应根据烟气气流的分布情况，调整各氨气喷嘴阀门的开度，使各氨气喷嘴流量与烟气中需还原的 NO_x 含量相匹配，以免造成局部喷氨过量。

图 13-20 为 1000MW 机组 SCR 脱硝系统的喷氨格栅，喷氨格栅分若干个支管，每根管子上开一定数量及尺寸的小孔，稀释空气由此处喷入烟道与烟气混合；同时，整个烟道截面被分成若干个控制区域，每个控制区域由一定数量的喷氨管组成，并设有阀门控制对应区域的氨流量，以匹配烟道截面各处 NO_x 分布的不均衡。

（2）涡流式混合器　涡流式混合器又称“Delta Wing 混合器”，它是 FBE 公司的专利技术，从 1988 年开始工程应用，已经在多个项目上得到验证，其工作原理利用了空气动力学中的驻涡理论。图 13-21 所示为涡流式混合器工作原理，在烟道内部选择适当的直管段，布置几个圆形或其他形状的扰流板，并倾斜一定的角度，在背向烟气流动方向的适当位置安装氨气喷嘴，这样，在烟气流动的作用下，就会在扰流板的背面形成涡流区，这个涡流区在空气动力学上称为“驻涡区”。驻涡区的特点是其位置恒定不变，也就是说，无论烟气流速的大小怎样变化，涡流区的位置基本不变，稀释后的氨气通过管道喷射到驻涡区内，在涡流的强制作用下充分混合，实现混合均匀，达到催化剂入口混合均匀性的技术要求。涡流式混合器的优点是：①可适应不同的烟气条件；②全断面混合效果好；③喷射孔数量少，调节阀门数量少，运行维护简单；④喷射孔数量少，可防止堵塞。目前，涡流式混合器的使用已经得到了大量工程的验证，实际效果良好。另外，涡流式混合器的安装调试都非常简单，对安装人员的技术要求也较低，整个安装过程类似于钢结构的安装。

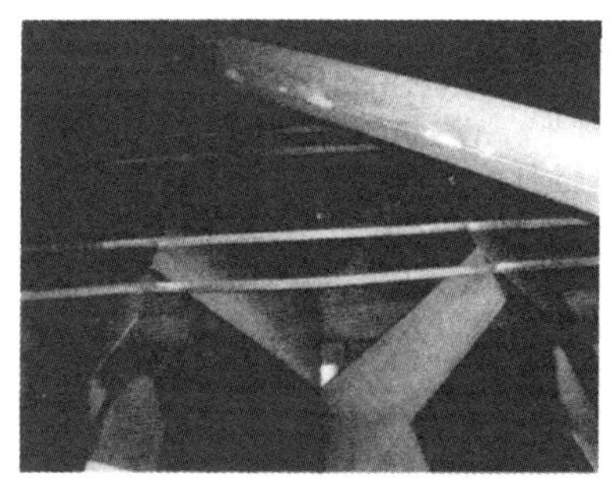

图 13-20　1000MW 机组 SCR 脱硝系统的喷氨格栅

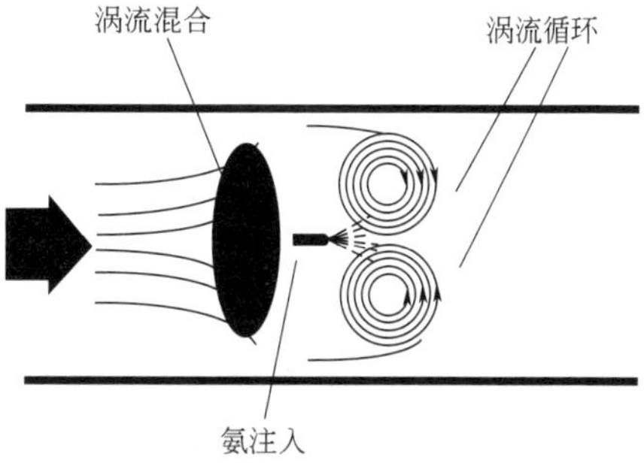

图 13-21　涡流式混合器工作原理

6. 氨气/空气混合器

氨气在进入喷氨格栅或涡流式混合器前，需要在氨气/空气混合器中充分混合。氨气/空气混合器有助于调节氨气的浓度，同时，氨气和空气在这里充分混合有助于喷氨格栅中喷氨均匀分布。一般情况下，氨气与稀释空气混合成氨气体积含量为 5% 的混合气体后送入喷氨格栅或涡流式混合器中。图 13-22 所示为 1000MW 机组 SCR 脱硝系统的氨气/空气混合器。

图 13-22　1000MW 机组 SCR 脱硝系统的氨气/空气混合器

7. 卸氨压缩机

卸氨压缩机的作用是把液氨的氨从运输的槽车中转

移到液氨储罐中，它是液氨卸载系统的关键设备。由于槽车向储罐供氨的过程中，随着槽车氨量的减少，其压力也不断下降，甚至影响继续供氨，因此用卸氨压缩机提高槽车罐内压力，以保证其罐内的液氨可以全部顺利卸出。

卸氨压缩机的卸氨原理：卸氨压缩机抽吸液氨储罐中的气态氨，经压缩机压缩后在较高温度下进入槽车，此时，高温气氨与液氨进行热交换，令一部分液氨汽化，还有氨气本身的压力，令槽车储罐的压力升高，在压差的作用下，槽车中的液氨被输送至储罐中，实现液氨的卸载。

卸氨压缩机一般选用双填料箱无油润滑的活塞式气体压缩机，在进口处配有氨液分离器，确保被压缩的氨气无油、无水。氨液分离器配有安全阀、液氨排放阀和液位检测报警，将液位信号传至DCS系统，在液位过高时发出报警信号。压缩机出口配有压力检测报警仪表，将出口压力信号传至DCS系统，当压力过低时，能发出低位报警信号。压缩机的开关控制可以通过就地卸载操作室的手动按钮和DCS控制室实现。压缩机配有四通阀，能实现不同管路间液氨转移的切换。图13-23所示为1000MW机组SCR脱硝系统的卸氨压缩机。

8.液氨储罐

液氨储存方式由于温度、压力的条件不同，应按照国家的规定选用储存容器，如储罐、槽车或钢瓶，储存形式有加压常温、加压低温、常压低温等。目前，电站锅炉SCR脱硝系统所用的液氨存储方式一般为加压常温，液氨储罐一般为卧式圆柱形。

液氨储罐的容积选择一般按锅炉BMCR工况下脱硝系统一周液氨的消耗量确定，并且要保证液氨储罐的上部至少留有全部容量的10%的汽化空间。液氨储罐属于三类容器，其设计原则执行《石油化工储运系统罐区设计规范》（SH/T 3007—2007），设计压力取液氨介质在50℃时的饱和蒸汽压力的1.1倍或者按《压力容器安全技术监察规程》中第34条的规定，两者的数值基本一致，工作温度一般为－10～4050℃，设备材质一般选用16MnR。

液氨储罐的液氨进料管、气氨出口管上配置限流阀、紧急关断阀，气氨进口管上配置关断阀和止回阀，在液氨管道的两切断阀之间设置安全阀。储罐四周安装有工业水喷淋管线及喷嘴，当储罐罐体温度过高时，自动淋水装置开启，对罐体进行喷淋降温，同时液氨储罐还必须有必要的接地装置。图13-24所示为1000MW机组SCR脱硝系统液氨储罐。

图13-23　1000MW机组SCR脱硝系统的卸氨压缩机

图13-24　1000MW机组SCR脱硝系统液氨储罐

9.液氨蒸发器

液氨蒸发器一般为螺旋管式，管内为液氨，管外为一定浓度的乙二醇温水浴，以蒸汽直接喷入乙二醇水溶液中加热至40℃左右，再以温水将液氨汽化，并加热至常温。蒸汽流量受蒸发槽本身水浴温度控制和调节。进入蒸发器的液氨，在热媒的加热下蒸发，产生气态氨，达到规定的压力后，从蒸发器上的气态氨出口送出至液氨缓冲罐。蒸发器的气液分离罐上配置有液氨液位开关，并与液氨进口气动切断阀联锁，当液氨液位上升到规定的高位时，气动阀自动关闭，停止液氨进料；当液氨液位低于要求的液位时，气动阀自动开启，液氨继续加入蒸发器内。如此反复，保证液氨蒸发器内液氨的液位在一定的水平上。

在蒸发器氨气出口管线上装有温度检测报警和压力检测报警装置，当气氨压力达不到要求或温度过低时，采取适当措施，使氨气维持适当温度及压力。蒸发器气液分离罐上装有安全阀，可防止设备压力异常过高。蒸发器的热媒储室上配有就地磁翻板液位计、温度显示、温度远传和温度开关测量仪表，当温度异常时，控制系统能迅速反应，升高或降低加热介质温度，或切断液氨进料。图 13-25 所示为 1000MW 机组 SCR 脱硝液氨蒸发器，图 13-26 所示为液氨蒸发器结构。

图 13-25 1000MW 机组 SCR 脱硝系统液氨蒸发器

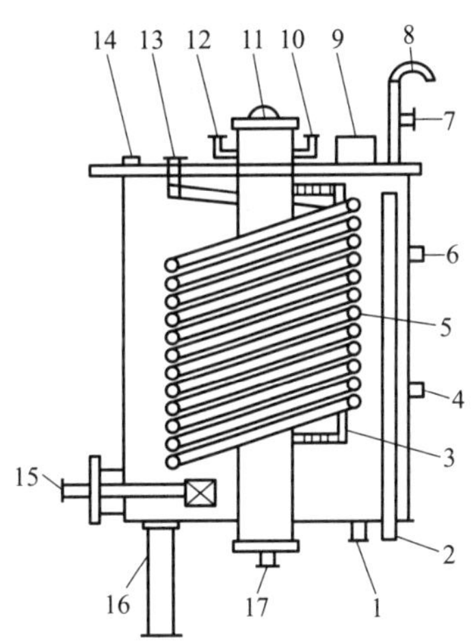

图 13-26 液氨蒸发器结构

1—工业水入口；2—磁流口；3—支架；4—温度显示；5—蒸发盘管；6，7—液位指示口；8—通风口；9—观察口（带盖板）；10—NH_3 出口；11—观察口（带盖板）；12—预留口；13—液氨入口；14—液位开关；15—蒸汽入口；16—支柱；17—排污口

10. 液氮缓冲罐

液氨经过液氨蒸发器蒸发为氨气后进入液氨缓冲罐，其作用是对氨气进行缓冲，保证氨气有一个稳定的压力。液氨缓冲罐的结构相对简单，主要有氨气的进出口、安全阀以及排污阀等。

11. 稀释槽

氨气稀释槽一般为立式水槽。液氨系统各排放处所排出的氨气由管线汇集后从稀释槽底部进入，通过分散管将氨气分散至稀释水槽中，并利用大量水来吸收安全阀排放的氨气。氨气稀释槽的喷淋系统和液位均采用自动控制的方式，在稀释槽的氨气进口管线上设置压力检测仪表，通过设定控制值，当检测到的压力达到或超过该值时，喷淋水自动开启；在稀释槽设置液位检测仪表，当液位过低时，自动开启进水球阀，液位过高时，进水球阀自动关闭；正常情况下，稀释槽的液位由溢流口来维持。

12. 废水泵

废水泵的作用就是把稀释槽中的废水抽取排到电厂的废水处理系统进行处理排放。由于脱硝系统中的废水具有一定的腐蚀性，因此要求泵具备耐腐蚀的能力。泵的容量取决于排水处理设备的废液接收能力。

13. 氨气泄漏检测仪

在液氨储存及供应系统周围需要设置氨气泄漏检测仪，用于监测气氨的泄漏。当检测到大气中氨的浓度过高时，控制室会发出报警，并通过联锁的自动喷水装置自动喷水，以吸收空气中泄漏的氨气。同时，操作人员可采取必要的措施，以防止氨气泄漏的异常情况发生。

第三节　窑炉烟气脱硫脱硝一体化工艺及设备

一体化脱硫脱硝技术的分类方法很多，按照处理过程，可分为两大类：一类是炉内燃烧过程中同时脱硫脱硝技术，这类方法的共同特点是通过控制燃烧温度来减少 NO_x 的生成，同时利用钙吸收剂来吸收燃烧过程中产生的 SO_2，如循环流化床燃烧法、钠质吸收剂喷射法等；另一类是燃烧后烟气联合脱硫脱硝技术，这类方法是在烟气脱硫法的基础上发展起来的，如活性炭法、SNOX（WSA-SNOX）、SNRB（SO_x-NO_x-RO_x-BO_x）工艺、NOXSO 工艺、电子束法等。近 20 年是脱落脱硝一体化技术发展最快的时期，研究开发的新技术达几十种，但其中已实现工业化应用的较少，大部分尚处于中间试验或实验室研究阶段。表 13-5 给出了几种实用的脱硫脱硝一体化技术概况。

表 13-5　几种实用的脱硫脱硝一体化技术概况

工艺	添加剂	脱硫率/%	脱硝率/%	副产物	技术评价	原理
NFT	石灰浆、尿素	50～60	50～60	硫酸钙	喷头易堵塞结垢，脱硫脱硝效率低，成本低	用石灰浆与尿素溶液混合后于1000℃条件下喷入炉膛，氮氧化物与尿素生成二氧化碳和水蒸气，同时二氧化硫与氧化钙生成固体硫酸钙
SNOX	空气、氨气	95	90	硫酸	投资与运行费用较高，脱硫脱硝效率高，基本无二次污染	对于氮氧化物，采用 SCR 工艺；对于二氧化硫催化氧化生成三氧化硫，三氧化硫与水生成硫酸
NOXSO	含碳酸钠的铝质吸收剂	98	75	元素硫或液态二氧化硫	无二次污染，亦无废水排放的问题，但目前工业示范试验仍在进行中	SO_2 和 NO_x 在吸收剂上吸附后，吸收剂在再生器内。对于氮氧化物，抑制热力 NO_x 的形成；对于二氧化硫，高温下的吸收剂和甲烷反应生成高浓度的二氧化硫和硫化氢气体，然后转化为元素硫，进而加工成液态二氧化硫
SO_x-NO_x-RO_x-BO_x	钙基或钠基脱硫剂、氨气	80	90	石膏	干法、无废水排放，脱硫、脱硝、除尘能自由组合；投资费用较高，且存在固体物质的处理问题	对于二氧化硫，采用钙基或钠基脱硫剂生成固体盐；对于氮氧化物，则采用 SCR
电子束脱硫脱硝	氨气	95	85	硫硝铵复合盐	脱硫脱硝的效率高，无二次污染；运行费用较高，关键设备的技术含量高，不易掌握	用电子束照射烟气，使生成强氧化 OH 基、O 原子和 NO_2，这些强氧化基团氧化烟气中的二氧化硫和氮氧化物，生成硫酸和硝酸，加入氨气，则生成硫硝铵复合盐

续表

工艺	添加剂	脱硫率/%	脱硝率/%	副产物	技术评价	原理
活性炭脱硫脱硝	活性炭	90	80	元素硫或液态二氧化硫	运行和操作费用低，无需水，无二次污染；合适的活性炭还不多，一次脱硫脱硝的效率不高	对于氮氧化物，能在烟气窗口温度进行 SCR；对于二氧化硫，则吸附催化氧化

一、联合脱硫脱硝工艺及设备

联合脱硫脱硝技术是指将单独脱硫和脱硝技术进行整合而形成的一体化技术。脱硫和脱硝分步进行，NO_x 的脱除仍以传统的 SCR 和 SNCR 为主。国外的研究开发较早，相关工艺研究较为成熟，已有成套的工艺设备，其中被认为具有实际应用价值的一些工艺已经进行了工业示范性应用。随着研究的进一步发展，将会有更多高效、廉价的联合脱硫脱硝新技术和新工艺用于烟气净化。

1. WSA-SNOX 工艺

WSA-SNOX 工艺即湿式洗涤并脱除 NO_x （Wet Scrubbing Additive for NO_x Removal）的技术，是针对电厂日益严格的 SO_2、NO_x、粉尘排放标准而设计的高级烟气净化技术。由锅炉出来的烟气先经袋式除尘器除去飞灰，无灰烟气先经过第一个反应器，其中的氨水在脱硫剂的作用下将氮氧化物转化为氮气和水。第二个反应器在脱硫剂的作用下将二氧化硫转化为三氧化硫，然后用特制的玻璃冷凝器将其水合成硫酸，WSA-SNOX 工艺流程如图 13-27 所示。

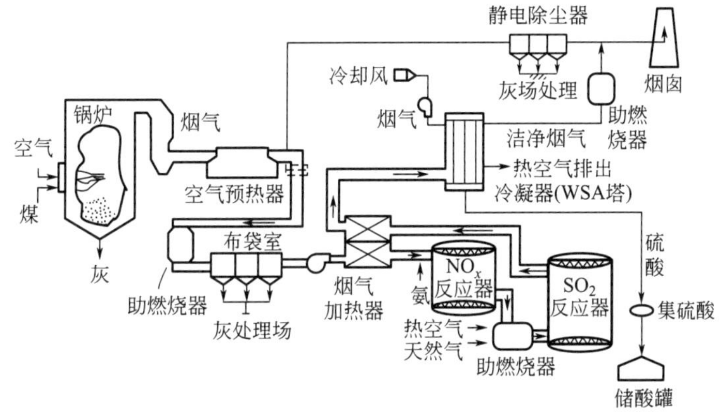

图 13-27　WSA-SNOX 工艺流程

2. 整体干式 NO_x/SO_2 工艺

整体干式一体化 NO_x/SO_2 排放控制系统由 Babcock & Wilcox 开发，包括的 4 项控制技术分别为 LNB（低 NO_x 燃烧器）、OFA（燃烬风）、SNCR（选择性非催化还原）以及 DSI（干吸附剂喷射）加上烟气增湿，如图 13-28 所示。NO_x 脱除通过前三者共同完成，脱硫则是由 DSI（钠基或钙基）和烟气增湿活化实现的。脱硝发生在炉内，脱硫则是在空气预热器和纤维布袋除尘器之间的管道系统内完成的。

3. 烟气联合脱硫脱硝工艺

烟气联合脱硫脱硝技术在 Schwandorf 电厂得到应用，并取得较好的效果，能实现 90% 和

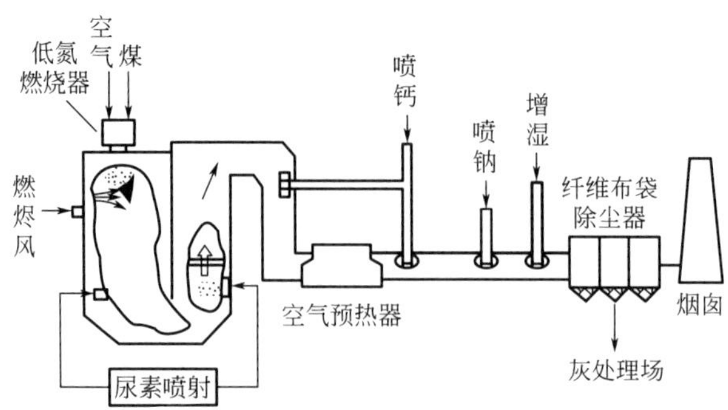

图 13-28　整体干式一体化 NO_x/SO_2 排放控制系统

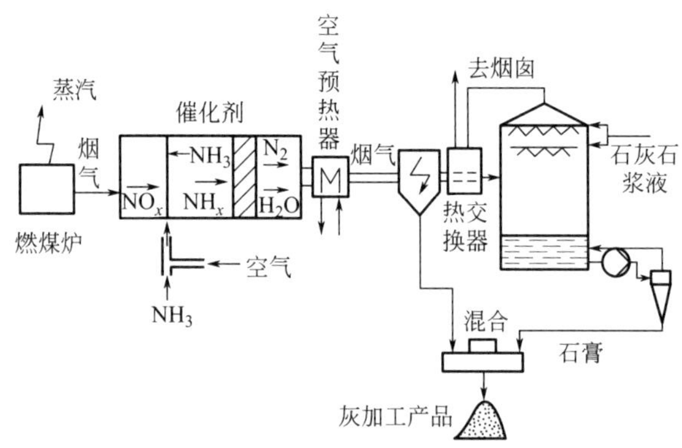

图 13-29　烟气联合脱硫脱硝工艺流程

70%以上的总脱硫脱硝率，基本无二次污染问题，而且设备效率较高。如图 13-29 所示，烟气通过脱硝设备，此时气体温度很高，一般利用氨气作为反应剂，在催化剂的作用下将 NO_x 转化为 N_2 和水，而作为空气组成部分的 N_2 和水不会对大气产生污染，烟气通过脱硝设备处理后，又通过电除尘器进行除尘（除尘效率在 99.9%以上），然后再借助鼓风机的作用将烟气传送到脱硫装置。脱硫装置主要由洗涤塔组成，向塔中喷入石灰吸收液以吸收烟气中 SO_2，形成石膏，石膏再和电除尘器分离出来的粉煤灰混合，进行废渣综合利用。处理后的尾气温度为 80℃左右，这种尾气含有少量 NO_x、SO_2 和飞灰，最后通过烟囱排入大气。脱硝主要采用硒作催化剂，脱硝装置位于烟气出口和空气预热器之间，在烟气进入脱硝装置之前，首先将 NH_3 和空气的混合气体（氨气为 5%）导入。氨气由许多精密喷嘴均匀分配在烟气通道的横断面上，烟气自上而下流动，催化剂上表面保持一定的温度，以确保反应顺利进行，NO_x 在催化剂表面和氨气反应生成 N_2 和水。

二、同时脱硫脱硝工艺及设备

同时脱硫脱硝技术是指用一种反应剂在一个过程内将烟气中的 NO_x 和 SO_2 同时脱除的技术。烟气同时脱硫脱硝技术可分为两大类，即炉内燃烧过程的同时脱除技术和燃烧后烟气中的同时脱除技术。其中，燃烧后烟气脱硝是今后进行大规模工业应用的重点。典型的工艺有湿法和干法：干式工艺包括固相吸收和再生法、碱性喷雾干燥法以及吸收剂喷射法等；湿式工艺主要是氧化/吸收法和铁的螯合剂吸收法等。

同时脱硫脱硝技术能够在一个过程内实现烟气中 NO_x 和 SO_2 的同时脱除。虽然目前大多处于研究阶段，离工业应用尚有一定距离，但从发展趋势来看，该类技术具有结构紧凑、运行费用低、脱除效率高等优点。

（一）干式同时脱硫脱硝工艺

1.固相吸收和再生法

固相吸收/再生烟气脱硫脱硝工艺是采用固体吸收剂或催化剂与烟气中的 NO_x 和 SO_2 吸收或反应，然后在再生器中硫或氮从吸收剂中释放出来，吸收剂可重新循环使用，回收的硫可进一步处理得到元素硫或硫酸等副产物；氮组分通过喷射氨或再循环至锅炉分解为 N_2 和 H_2O。该工艺常用的吸收剂为活性炭、氧化铜、分子筛、硅胶等，所用的吸收设备的床层形式有固定床和移动床，其吸收流程根据吸收剂再生方式和目的不同而多种多样。

2.气固催化法

气固催化同时脱硫脱硝技术主要包括DESONOX、SNRB、Parsons和循环流化床工艺等。这类工艺主要采用氧化、氢化或SCR等的催化反应，一般来说，NO_x 和 SO_2 的脱除率能达到90%以上，效果比较理想；同时，与传统的SCR工艺相比，气固催化同时脱硫脱硝技术的脱硝率更高，还可以回收元素硫，并且无废水产生。目前，该类工艺中有一些已经进入了商业运行阶段，前景广阔。

3.吸收剂喷射法

吸收剂喷射同时脱硫脱硝技术是把碱或尿素等干粉喷入炉膛、烟道或喷雾干式洗涤塔内，同时脱除 NO_x 和 SO_2 的一类技术。这些工艺能显著地脱除 NO_x，脱硝率主要取决于烟气中的 NO_x 和 SO_2 的比、反应温度、吸收剂的粒度和停留时间。

4.高能电子活化氧化法

烟气同时脱硫脱硝的高能电子活化氧化法主要指电子束辐射法（EBA）和脉冲等离子法（PPCP）。它们利用高能电子撞击烟气中的 H_2O、O_2 等分子，产生 O、OH、O_3 等氧化性很强的自由基，将 SO_2 氧化成 SO_3，SO_3 与 H_2O 反应生成 H_2SO_4，同时也将NO氧化成 NO_2，NO_2 与 H_2O 反应生成 HNO_3，生成的酸与喷入的 NH_3 反应生成硫酸铵和硝酸铵化肥。

（二）湿式同时脱硫脱稍工艺

1.氯酸氧化工艺

氯酸氧化工艺，又称Tri-NO_x-NO_xSorb工艺，是采用湿式洗涤的方法，在一套设备中同时脱除烟气中的 NO_x 和 SO_2。该工艺采用氧化吸收塔和碱式吸收塔两段工艺，其工艺流程如图13-30所示，氧化吸收塔是采用氧化剂氯酸 $HClO_3$ 来氧化 NO_x 和 SO_2 及有毒金属，生成HCl、HNO_3 和 H_2SO_4；碱式吸收塔则作为后续工艺，主要采用 Na_2S 及NaOH为吸收剂，吸收残余的酸性气体。所采用的 NO_xSorb溶液是含有 $HClO_3$ 的氧化吸收液。

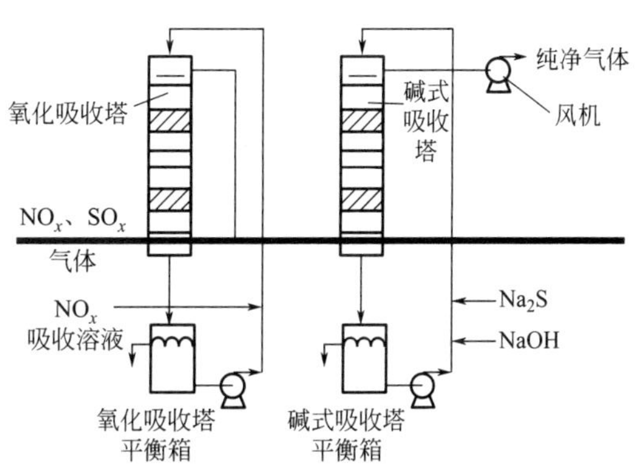

图13-30　氯酸氧化工艺流程

2.湿式配合吸收工艺

传统的湿式脱硫工艺可脱除90%以上的 SO_2，但是由于 NO_x 在水中的溶解度很低，难以去除。1986年，Sada等人发现了一些金属螯合剂，如Fe（Ⅱ）EDTA可与溶解的 NO_x 迅速发生反应。1986年和1993年，Harkness等人和Ponaon等人相继开发出用湿式洗涤系统联合脱除 NO_x 和 SO_2 的技术，采用6%氧化镁增强石灰，加Fe（Ⅱ）EDTA进行联合脱硫脱硝工艺中试验，试验得到60%以上的脱硝效率和约99%的脱硫率。湿式FGD加金属螯合剂工艺是在碱性或中性溶液中加入亚铁离子以形成氨基羧酸亚铁螯合剂，如Fe（EDTA）和Fe（NTA）。这类螯合剂吸收NO形成亚硝酰亚铁螯合剂，同时，NO能够和溶解的 SO_2 和 O_2 反

应生成 N_2、N_2O、连二硫酸盐、硫酸盐，以及各种 N_2S 化合物和三价铁螯合剂。该工艺需从吸收液中去除连二硫酸盐、硫酸盐和各种 N_2S 化合物。

湿式配合吸收工艺仍处于试验阶段，影响其工业化的主要障碍是反应过程中螯合剂的损失以及金属螯合剂再生困难，利用率低，且运行费用高。

3. CombiNOX 工艺

CombiNOX 工艺是采用碳酸钠、碳酸钙和硫代硫酸钠作为吸收剂的一种新型湿式工艺，其原理的关键反应为 $NO_2+SO_3^{2-} = NO_2^- + SO_3^-$。其中，亚碳酸钠的主要作用是提供吸附氮氧化物的亚硫酸根离子。碳酸钙的作用是：一方面吸附二氧化硫；另一方面利用它微溶的性质增加亚硫酸根在吸收液中的浓度，此工艺的吸收物为硫酸钙和氨基磺酸。该工艺的氮氧化物的脱除率为 90%～95%，二氧化硫的脱除率为 99%。此工艺的缺点是脱除后的产物为钠和钙的硫酸盐及亚硫酸盐的混合物，这给后续处理阶段带来困难。

4. 液膜法工艺

液膜法净化烟气是由美国能源部 Pittsburgh 能源技术中心（PETC）首先开发的。液膜为含水液体，置于两组多微孔憎水的中空纤维管之间，构成渗透器，这种结构可消除操作中时干时湿的不稳定性，延长了设备的寿命。

从原则上来说，对 NO_x 和 SO_2 有选择性吸收的任何液体均可作为液膜，但还需经试验测定证明气体在其中渗透性良好才能应用。试验证明，25℃的纯水渗透性最好，其次是 $NaHSO_4$ 和 $NaHSO_3$ 的水溶液，后者对含 0.05% SO_2 的气体的脱硫率可达 95%。用 Fe^{2+} 及 Fe^{3+} 的 EDTA 水溶液作液膜，可从含 0.05% NO 的烟气中除去 85%的 NO。若用含 0.01mol/L Fe^{2+} 的 EDTA 溶液作液膜，可同时去除烟气中的 NO_x 和 SO_2，其去除率分别达 90%和 60%。烟气中的 O_2 对含 Fe^{3+} 的 EDTA 溶液有影响，而对含 Fe^{3+} 的 EDTA 溶液无影响。但用含 Fe^{3+} 的 EDTA 溶液作液膜时，需在较高温度下进行操作。

思 考 题

1. 简述玻璃窑炉烟气脱硫的方法及原理。
2. 简述石灰石-石膏湿法烟气脱硫技术都包括哪些系统。
3. 简述氨水脱硫技术的原理和主要反应，并画出湿式氨法脱硫工艺流程。
4. 阐述双碱法烟气脱硫的原理和主要反应方程式，并画出双碱法的工艺流程图。
5. 阐述烟气脱硝的选择性催化还原技术和选择性非催化还原技术的反应原理。
6. 简述液氨烟气脱硝系统都包括哪些设备。
7. 简述一体化脱硫脱硝技术种类及原理。

参 考 文 献

[1] 张柏清，林云芳. 陶瓷工业机械与设备 [M]. 北京：中国轻工业出版社，1999.
[2] 齐齐哈尔轻工业学院. 玻璃机械设备 [M]. 北京：中国轻工业出版社，1981.
[3] 望亭发电厂. 660MW 超超临界火力发电机组培训教材 脱硫脱硝分册 [M]. 北京：中国电力出版社，2011.
[4] 王德琴. 玻璃工厂机械设备 [M]. 北京：中国轻工业出版社，1992.
[5] 杨保泉. 玻璃厂工艺设计概论 [M]. 武汉：武汉理工大学出版社，2006.
[6] 廖汉元，孔建益，钮国辉. 颚式破碎机 [M]. 北京：机械工业出版社，1998.
[7] 唐敬麟等. 破碎与筛分机械设计选用手册 [M]. 北京：化学工业出版社，2001.
[8] 郎宝贤，郎世平. 破碎机 [M]. 北京：冶金工业出版社，2008.
[9] 严峰等. 筛分机械 [M]. 北京：煤炭工业出版社，1995.
[10] 上潼具贞. 粉粒体的空气输送 [M]. 阮少明译. 北京：电力工业出版社，1982.
[11] 陈金方. 玻璃电熔化与电加热 [M]. 上海：华东理工大学出版社，2002.
[12] 赵彦钊，殷海荣. 玻璃工艺学 [M]. 北京：化学工业出版社，2006.
[13] F. Mear. Mechanical behavior and thermal and electrical properties of foam glass [J]. Ceramics International. 2007，33：543-550.
[14] 陈金芳. 玻璃电熔窑炉技术 [M]. 北京：化学工业出版社，2007.
[15] 华南工学院. 陶瓷工业机械设备 [M]. 北京：中国建筑工业出版社，1981.
[16] 刘江红，潘洋. 除尘技术研究进展 [J]. 辽宁化工，2010，39 (5)：511-513.
[17] 李德文. 粉尘防治技术的最新进展 [J]. 矿业安全与环保，2000，27 (1)：10-12.
[18] 向晓东. 现代除尘理论与技术 [M]. 北京：冶金工业出版社，2002.
[19] 王永忠，宋七棣. 电炉炼钢除尘 [M]. 北京：冶金工业出版社，2003.
[20] 中国石化集团上海工程有限公司. 除尘器 [M]. 北京：化学工业出版社，2008.
[21] 熊万斌. 通风除尘与气力输送 [M]. 北京：化学工业出版社，2008.
[22] 张殿印，王纯. 脉冲袋式除尘器手册 [M]. 北京：化学工业出版社，2010.
[23] 李诗久，周晓君. 气力输送理论与应用 [M]. 北京：机械工业出版社，1992.
[24] 杨伦，谢一华. 气力输送工程 [M]. 北京：机械工业出版社，2006.
[25] 丁志华. 玻璃机械 [M]. 武汉：武汉工业大学出版社，1994.
[26] 邓念东. QD4 型行列式制瓶机 [M]. 北京：中国轻工业出版社，1984.
[27] 张碧栋，吴正明. 连续玻璃纤维工艺基础 [M]. 北京：中国纺织出版社，2002.
[28] 高艳. 玻璃管水平牵引机的改进设计 [D]. 扬州：扬州大学，2010.
[29] 张战营，刘缙，谢军. 浮法玻璃生产技术与设备 [M]. 北京：化学工业出版社，2010.
[30] 于培霞，刘俊. 大型浮法玻璃生产装置及其施工 [M]. 北京：中国轻工业出版社，2010.
[31] 殷海荣，李启甲. 玻璃的成形与精密加工 [M]. 北京：化学工业出版社，2010.
[32] 王连发，赵墨砚. 光学玻璃工艺学 [M]. 北京：兵器工业出版社，1995.
[33] 范垂德，汪士治，燕公度. 玻璃模具与瓶型设计 [M]. 北京：中国轻工业出版社，1981.
[34] 杨裕国. 玻璃制品及模具设计 [M]. 北京：化学工业出版社，2003.
[35] 汉斯·琼彻·格雷瑟. 大面积玻璃镀膜 [M]. 德国冯阿登纳真空技术有限公司译. 上海：上海交通大学出版社，2006.
[36] 赵金柱. 玻璃深加工技术与设备 [M]. 北京：化学工业出版社，2012.
[37] 龙逸. 加工玻璃 [M]. 武汉：武汉工业大学出版社，1999.
[38] 刘起英. 浮法在线低辐射镀膜玻璃的结构和性能 [J]. 2005. 中国加工玻璃年会暨首届研讨会，2005：221.
[39] 朱雷波. 平板玻璃深加工学 [M]. 武汉：武汉理工大学出版社，2002.
[40] 左养利. 建筑玻璃加工技术：中空玻璃加工设备与技术 [M]. 广州：华南理工大学出版社，2010.
[41] 朱洪祥. 中空玻璃的生产与选用 [M]. 济南：山东大学出版社，2006.
[42] 石新勇. 安全玻璃 [M]. 北京：化学工业出版社，2006.
[43] 阿默斯托克. 建筑玻璃使用手册 [M]. 王铁华，李勇译. 北京：清华大学出版社，2004.
[44] 刘缙. 平板玻璃的加工 [M]. 北京：化学工业出版社，2008.
[45] Jeorge Y O，et al. Ceramic processing before firing [J]. New York：John Wiley & Sons，1978.
[46] Kodas T，Hampden S. The chemistry of metal CVD [M]. USA：VCH，1994.
[47] R D Arnell，P J Kelly. Surface and coating technology [J]. 1999 (112)：170-176.
[48] G Brauer. Surface and coatings technology [J]. 1999 (112)：358-365.
[49] U Heister，et al. Thin solid films [J]. 1999 (351)：27-31.
[50] John M. Chemical vapor deposition [J]. 1997 (34)：161.
[51] C Schaefer，et al. Surface and coatings technology [J]. 1997 (93)：37-45.
[52] 赵爱春，武迎春. 行星高能球磨机 [P]. 中国，201620018507. 4. 2016-01-08.
[53] 李浩，李鸿操. 高能球磨机技术探索 [J]. 中国新技术新产品，2012，8：106.
[54] 欧阳义芳，张雷，陈红梅，等. 低温行星式高能球磨机 [P]. 中国，201410689696. 3. 2014-11-25.
[55] 席生岐，冯三军. 一种刮铲搅拌卧式高能球磨机 [P]. 中国，201110458254. 4. 2011-12-31.
[56] 王守山. 一种抗震高能球磨机 [P]. 中国，201520202136. 0. 2015-04-07.
[57] 曲少忠. 一轴多筒多维球锤式微纳米高能球磨机 [P]. 中国，201410391780. 7. 2014-08-12.
[58] 冉旭，王勇，赵宇，等. 一种三维摆动式高能球磨机 [P]. 中国，201610047631. 8. 2016-01-25.
[59] 张殿印，王海涛. 除尘设备与运行管理 [M]. 北京：冶金工业出版社，2010.

[60] 刘晓勇. 玻璃生产工艺技术 [M]. 北京：化学工业出版社. 2008.
[61] 王伟，胡骈，方久华. 玻璃生产工艺技术 [M]. 武汉：武汉理工大学出版社，2013.
[62] 高鹤. 玻璃冷加工技术 [M]. 北京：化学工业出版社，2013.
[63] 郭宏伟，刘新年，韩方明. 玻璃工业机械与设备 [M]. 北京：化学工业出版社，2014.
[64] 张殿印，王海涛. 除尘设备与运行管理 [M]. 北京：冶金工业出版社，2010.
[65] 田英良. 医药玻璃 [M]. 北京：化学工业出版社，2015.
[66] 丁明，鞠淑丽，周珍民，等. 玻璃窑炉烟气脱硝脱硫除尘一体化技术 [J]. 玻璃，2011，8：3-10.
[67] 李建新. 燃烧污染物控制技术 [M]. 北京：中国电力出版社，2012.
[68] 《环境保护》编委会. 环境保护 [M]. 北京：中国电力出版社，2010.